雅砻江流域梯级电站

优化调控与风险决策

周建中　覃　晖　王雅军
莫　莉　蹇德平　蒋志强　著

长江出版社
CHANGJIANG PRESS

图书在版编目（CIP）数据

雅砻江流域梯级电站优化调控与风险决策 / 周建中等著. -- 武汉：长江出版社，2022.12

ISBN 978-7-5492-8653-9

Ⅰ. ①雅… Ⅱ. ①周… Ⅲ. ①梯级水电站－水库调度－研究－西南地区②梯级水电站－风险决策－研究－西南地区 Ⅳ. ① TV74

中国版本图书馆 CIP 数据核字 (2022) 第 251745 号

雅砻江流域梯级电站优化调控与风险决策

YALONGJIANGLIUYUTIJIDIANZHANYOUHUATIAOKONGYUFENGXIANJUECE

周建中等 著

责任编辑： 高婕妤
装帧设计： 彭微
出版发行： 长江出版社
地　　址： 武汉市江岸区解放大道 1863 号
邮　　编： 430010
网　　址： https://www.cjpress.cn
电　　话： 027-82926557（总编室）
027-82926806（市场营销部）
经　　销： 各地新华书店
印　　刷： 武汉新鸿业印务有限公司
规　　格： 787mm×1092mm
开　　本： 16
印　　张： 24.75
字　　数： 618 千字
版　　次： 2022 年 12 月第 1 版
印　　次： 2022 年 12 月第 1 次
书　　号： ISBN 978-7-5492-8653-9
定　　价： 198.00 元

PREFACE

前言

水是生命之源、生产之要、生态之基，也是人类赖以生存和发展的基本物质保障，而水能资源作为一种清洁能源，有效改变了能源结构，其开发和利用受到全世界的高度重视。雅砻江流域水能资源十分丰富，具有巨大的调节作用和梯级补偿效益。该流域梯级电站群联合优化调度能有效节约一次能源，降低污染排放，时空上合理分配水资源，经济、社会和环境效益显著。

随着全球气候变化和雅砻江流域干支流梯级电站陆续建成投运，电站群规模不断发展，水电站运行调度多由各自业主管理，不仅加剧了流域水资源的时空分布不均，流域水资源综合配置矛盾日益凸显，而且干支流汛前增泄期、汛后蓄水期集中蓄放水矛盾突出。流域梯级复杂水库群安全运行、控制和管理面临严峻挑战。目前，已有的理论与方法基本解决了雅砻江流域梯级电站在随机来水和平稳流态工况下的联合调度问题，但仍存在以下问题：传统的水力学原理已不能解释流域原有高原山区峡谷河道流量规律和水动力特性发生的显著变化；水库群调蓄、全球变暖和人类活动的多重影响，给流域水文气象预报工作带来了一系列难题；梯级电站优化调控和效益—风险均衡对支流电站不同运行方式的响应规律还有待进一步深入探究；现有的水资源管理系统也难以处理类型多样、来源广泛的数据。因此，开展雅砻江流域梯级电站优化调控与风险决策研究具有重要的科学意义和工程应用价值。

本书围绕雅砻江流域气候变化与人类活动影响下，水文响应及径流和流量过程变异导致来水不确定性，严重影响梯级电站安全经济运行的关键科学问题，分别探讨了水动力建模与径流传播规律、梯级电站区间来水非线性综合预报、梯级电站安全经济运行影响机理与效益—风险均衡优化调度，以及梯级电站多源异构数据处理与多专业模型集成技术四部分内容。第 1 篇基于数学物理方程构建了流域梯级电站间多维时空尺度河道非恒定流水动力学高效求解模型，探究了流量

前言

PREFACE

传播特性与洪水演进规律，包含第1～3章。第2篇采用现代智能学习方法，解析了流域水文气象数据长期演变规律和趋势，探明了气—海—陆数据驱动的流域非线性径流预报模型和误差校正方法，包含第4～6章。第3篇进行了流域梯级电站水位优化调控与来水不确定条件下效益—风险均衡优化研究，包含第7～9章。第4篇提出了梯级电站多源异构数据处理技术，设计了一种基于模型服务化的水资源管理系统多专业模型库体系，包含第10～12章。

全书由覃晖负责统稿，周建中、王雅军、莫莉、蹇德平、蒋志强、秦洲、徐占兴、任平安、朱思鹏、杨佩瑶、张千宜、刘志明等参与部分章节的撰写、排版和校正工作。书中内容是作者近几年专注相关研究领域的创新性工作成果的总结，得到了相关单位及有关专家、同仁的大力支持，同时吸纳了国内外专家学者在该领域的最新研究成果，在此一并表示衷心的感谢！

感谢国家自然科学基金联合基金重点支持项目“雅砻江流域流量传播规律和来水预报及梯级电站优化调控与风险决策研究”(U1865202)、国家自然科学基金重点项目“长江上游防洪系统介尺度洪水广域预报全景调度理论与方法”(52039004)对本书相关研究和出版的资助！

本书是在作者研究成果的基础上，反复修改、提炼完成的。鉴于雅砻江流域梯级电站运行情况复杂、调控难度大，许多关键科学问题和理论方法仍在探索之中，有待进一步解决和完善，加之作者水平有限，书中难免有不妥之处，恳请同行专家和读者朋友批评指正！

作 者

2022年11月于武汉喻家山

CONTENTS

目录

第1篇　水动力建模与径流传播规律

第 2 篇 梯级电站区间来水非线性综合预报方法

第1篇

水动力建模与径流传播规律

流域梯级电站的建成投运使流域水文过程演化规律和时空格局发生改变，尤其是水利工程胁迫下的自然径流破碎化。由于流域梯级水库群干支流电站分属不同业主单位，各自进行调度范围内的水库运行管理使梯级电站河道流量来水不确定性增加，从而使梯级电站间河道流量演进规律和水文动力特性发生显著变化，加剧水流运动时空耦合动力过程的复杂性。河道流量动力过程和传播规律难以用水力学一般原理解释，已有的理论和方法难以描述相应的物理现象及成因，急需针对复杂条件下流域梯级电站间流量的传播特性与洪水演进规律进行深入全面的解析。为此，本书以描述流域枝状河网天然非恒定水流运动的数学物理方程为切入点，构建了一套梯级电站间多维时空尺度河道非恒定流水动力学高效求解模型，对恒定流和非恒定流、枝状河网和环状河网等多种典型理想算例进行了模型可靠性与适用性测试，这些成果被成功应用于长江上游梯级水库群多个复杂枝状河网条件下的实际工程中；同时，从模型计算步长与网格大小等多个方面测试了模型的求解效率，对比分析了 HEC-RAS 和 MIKE 11 等运用成熟的模型软件的模拟效果，本书所提模型在保证足够精度的同时具有显著性的效率提高；基于上述所提枝状河网高精度模拟模型，假定库区分别发生渐变洪水波和急变洪水波情形，在不同坝前水位、不同洪水历时、不同洪峰流量、不同断波流量和不同最大流量持续时间的条件下，模拟计算了各情形的洪水传播时间，探究了坝址间、河道间、库区内多维时空耦合条件下流量的传播特性与洪水的演进规律；此外，基于上述高效一维枝状河网水动力学模型，提出描述水库库容分段的“坝前平直段”概念，将水库库容按照水位变幅大小分为坝前平直段和库区变化段，推求了初汛期、主汛期和后汛期的坝前平直段，并依据多年历史实测资料分析了三峡水库全河段以及不同长度坝前平直段的动静库容大小，探明了不同汛期时段三峡动静库容的变化规律；最后，分析了水库建库前与建库后对于下游多个控制点的水流状态影响规律，揭示了水利工程投运对于天然径流的割裂化因素，为深入开展干支流蓄控条件下雅砻江流域梯级电站间多维时空尺度流量传播规律与洪水演进特性研究奠定了基础。

第1章 高效率河网模型

在研究长河段水流运动问题时，现多采用水文学方法（如马斯京根法、单元划分法等）或水动力学简化方法（忽略圣维南方程中的部分项）。其中，马斯京根法难以准确模拟下游断面水位受顶托时的出流过程（Nsah，1959；Gill et al.，1978；Tung，1985）；单元划分法仅适用于流速随时间变化不大的情况（韩龙喜等，1994）；而水动力学简化方法均缺乏对水流运动过程中某些物理性质的考虑，因此往往用于特定情境，不具备通用性（王船海等，2003）。相较之下，将圣维南方程作为控制方程解决长河段的水流运动模拟问题具有模拟精确、可以反映沿程水流情势的特点，尤其在库区河道中，由于水库大坝的阻挡，河段下游水位受建筑物顶托，始终处于壅水状态，若采用水文学方法和简化水动力学方法模拟，难以反映顶托影响，造成下游流量模拟失准的问题，而将连续方程与动量方程联立求解完整圣维南方程则可有效避免。在实际应用的过程中，天然河网中的河道通常纵向长度远远大于横向宽度和水深，且由于河道长度过长，翔实的地形资料获取难度非常大，因此，针对河网水流运动的研究大多不会使用二维和三维的计算模型，在这种条件下，构建一维水动力模型进行研究具有独特的优势（李娜，2015）。

流域河网内一维水流运动可用圣维南方程组来描述，一维水动力模拟就是求解圣维南方程组的过程。多年来对于圣维南方程组进行的各种假定和简化，衍生出了许多种研究水流运动的方法（唐磊，2014；袁帅等，2020；刘洋，2011；李炜，2006；陈大宏等，2005；Cunge，1969；陈雪菲等，2015），这些方法虽然能够进行一定的水力学计算，但是由于简化和假设的存在，大多数情况下不能够准确反映真实的水流状态，且这些方法还会受到各种简化条件的制约，适用性受到影响（郑雄明，2017）。近年来，随着计算机技术的高速发展，数值模拟法发展迅速并逐渐占据主流地位，并衍生出了计算水力学（汪德爟，2011；周雪漪，1995）这一学科分支。方程离散是计算水力学中最重要的一步，常用的方程离散方法通常有五类：有限差分法、特征线法、有限元法、有限体积法和有限分析法（李志印等，2004；董磊磊等，2020），这些方法各有优缺点，且正朝着联合使用的趋势发展。为了保证水流模拟结果的可靠性，数值模拟法需要大量地形数据支撑，且求解过程计算量非常大，同时，为了保证计算的稳定性，往往采用较小的时间步长（Falconer et al.，1987；Yu et al.，2015），导致传统的串行模拟模型计算效率非常低，无法满足时效性要求（金溪等，2020）。流域的精细化管理也对水流模拟提出了更高的要求。随着个人计算机的发展，CPU 多核并行计算的使用逐渐增多。普通个人电脑普遍具备多核 CPU，个人用户利用多核或众核处理器实现高性能的并行计算逐渐成为可能，多核并行技术可以成倍提高气象预报或洪水模拟等计算程度密集型程序的计算效率。基于 CPU 的并行计算技术和基于 GPU（图形处理器）的高性能计算技术迅猛发展，为实现高效精细化数值模拟提供了强大、便利的技术支撑（许栋等，2016；Liang et al.，2015；刘强，2018）。

1.1 高效求解一维枝状河网模型

河网水流运动问题通常属于明渠非恒定流问题，可由流体力学 Navier-Stokes 方程精确描述其运动的物理机制，但其数值求解时间代价巨大且需要强大计算资源支撑，因此极少用于空间尺度巨大的复杂长河网水流运动数值模拟。对 Navier-Stokes 方程进行垂直方向平均得到的二维浅水方程虽需计算资源较少、计算速度较快，但在现有计算机技术下难以与水库调度模型耦合联算。故进一步在静水压强假定下，同时假设速度沿断面均匀分布、水面无横比降、河床纵向坡降较小，沿断面平均得到一维圣维南方程。在解决长河道、复杂河网问题方面，一维圣维南方程占用计算资源少、计算效率高、精度可以满足工程要求，因此是一种与水库调度模型联算的可能有效途径。

1.1.1 河网拓扑结构

一般地，河网由若干河段和若干个汊点组成，如图 1.1 所示。不同模型的河网拓扑结构不尽相同，其主要布置方式有交叉网格布置和同单元网格布置等。

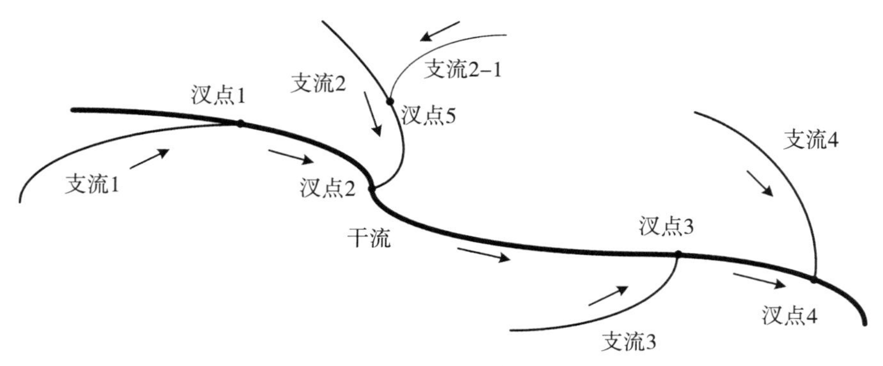

图 1.1 河网示意图

1.1.1.1 交叉网格布置结构

交叉网格布置结构即是将水位变量和流量变量交叉布置在相邻网格单元上，典型结构有 Abbott 六点布置格式，其顺序在网格节点处，即 x 方向上交替布置水位节点和流量节点，以水位节点为中心的单元定义为水位单元，以流量节点为中心的单元定义为流量单元，如图 1.2 所示。

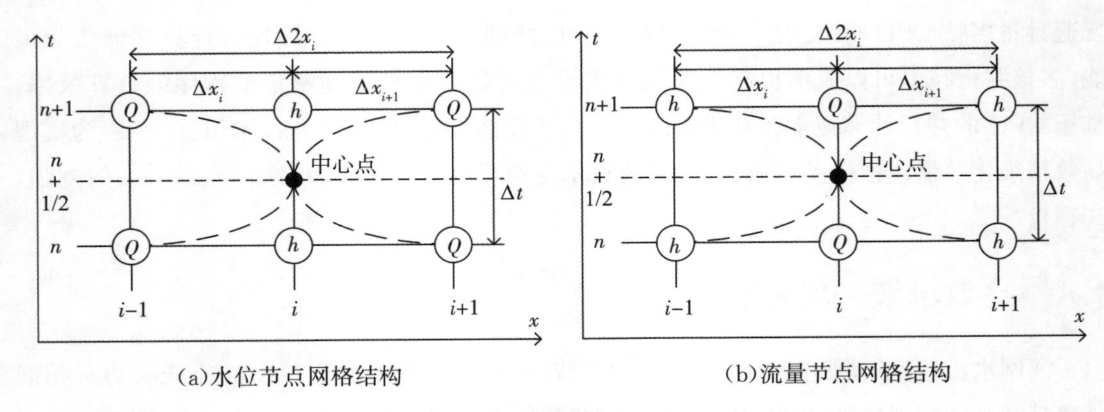

图 1.2 交叉网格布置结构示意图

1.1.1.2 同单元网格布置结构

相对地，同单元网格布置即是将水位要素和流量要素布置在同一单元节点上，其典型网格有 Preissmann 四点偏心格式(汪德灌，2011)，网格偏心点处于空间步长 Δx_i 中心，在时间步长 Δt 上偏向下一时刻，偏心权重为 θ，且 $0\leqslant\theta\leqslant1$，如图 1.3 所示。

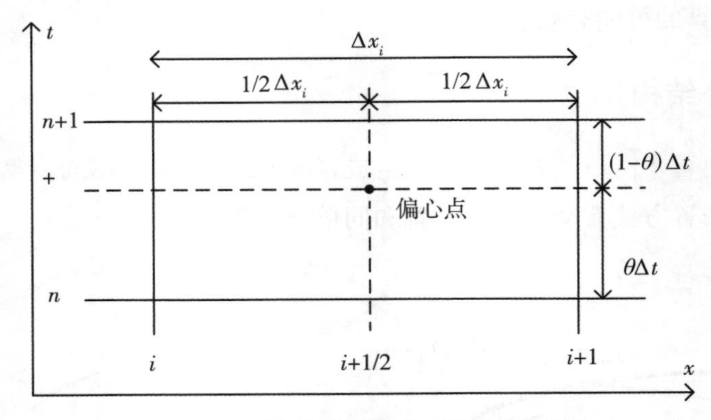

图 1.3 同单元网格布置结构示意图

本节研究模型所采用的河网拓扑结构如图 1.4 所示。为将河网的地理拓扑结构和断面间距数值化，模型需要输入各断面的实测中心点坐标或起止点坐标(Lu et al.，2018)。非汊点处，以实测断面为中心将河道划分为若干个子河段，定义这些子河段为水位单元或水位控制体；相应地，将以两个断面为边的单元定义为流量单元或水位控制体，如图 1.4(a)所示。由此，每个非汊点单元存在两条边——两条流量边或者两条水位边。非汊点起始单元和终止单元定义为边界单元，用于设置入流和出流边界条件。汊点处，设置一个多边形单元用于连接干流河道和支流河道，将其定义为汊点单元，如图 1.4(b)所示。在模型中，汊点单元不单独进行迭代求解，而是将汊点单元纳入其组成河流中断面宽度最大的河流(通常为干流河段)所构成的计算矩阵中解算，将位于干流河道上的断面宽度或者汊点单元所包含所有河段中最大的断面宽度作为该单元的宽度，汊点单元的大小也取决于单元连接河道的干流河道或最大的河道。

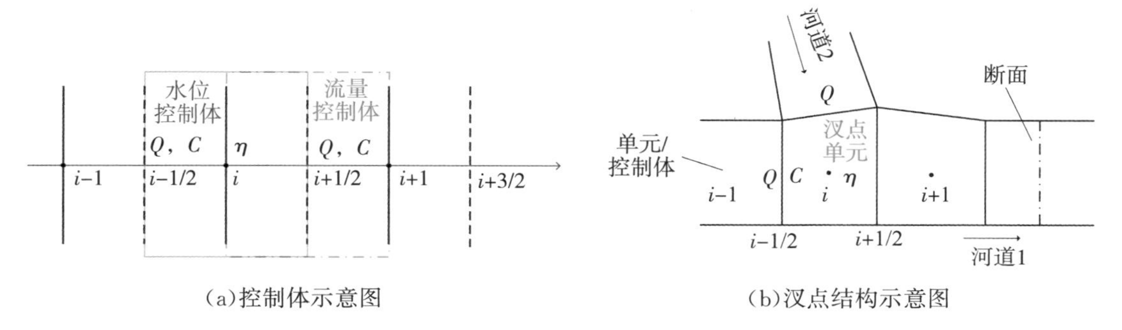

图 1.4　河网拓扑结构示意图

在拓扑结构中，选用交叉网格进行变量布设，如图 1.4(b)所示。其中，变量 η 定义在水位控制体中心，变量 Q 则定义在流量控制体中心。变量 NB 定义为河网的河道数目，每条河道上布置的断面数用变量 $Ni(i=1,2,\cdots,NB)$表示。变量 nwl 和变量 nd 分别表示水位控制体(单元)和流量控制体(边)的数目。变量 $i(i=0,\cdots,nwl-1)$用以对水位控制体进行编号，同时用变量 $i+1/2(i=0,\cdots,nwl-1)$对流量控制体编号。在全局拓扑结构中，每个单元的编号是唯一的，并遵循从上游到下游、从干流到支流顺序编号的原则。

1.1.2　控制方程的离散和求解

一维水动力学模型以断面积分的连续性方程、断面平均的时均 Navier-Stokes 方程，即圣维南方程为基础，如下式所示。

$$B\frac{\partial \eta}{\partial t}+\frac{\partial Q}{\partial x}=q \tag{1.1}$$

$$\frac{\partial Q}{\partial t}+\frac{\partial}{\partial x}\left(\frac{Q^2}{A}\right)+gA\frac{\partial \eta}{\partial x}+gA\frac{n^2Q\mid Q\mid}{AR^{\frac{4}{3}}}=0 \tag{1.2}$$

式中：B——断面宽度；

Q——流量；

q——侧向入流；

A——过水面积；

η——水位；

R——水力半径；

n——曼宁系数；

g——重力加速度；

x——河道里程坐标；

t——时间。

本书中的一维模型采用有限差分法对圣维南方程进行数值离散，使用有限单元法对研究区域进行网格划分，随后采用欧拉-拉格朗日法（ELM）求解动量方程中的对流量，最后应用“追赶法”求解大型稀疏线性方程组（汪德爟，2011；Lu et al.，2018）。

在离散一维水动力学模型部分的控制方程时，采用了 θ 半隐的离散格式。连续方程的离散可以写成：

$$B_i^n(\eta_i^{n+1}-\eta_i^n)\Delta x_i+[\theta(Q_{i+\frac{1}{2}}^{n+1}-Q_{i-\frac{1}{2}}^{n+1})+(1-\theta)(Q_{i+\frac{1}{2}}^n-Q_{i-\frac{1}{2}}^n)]\Delta t=0 \tag{1.3}$$

式中：带 n 上标的变量为当前时刻量，为已知量；

带 $n+1$ 上标的变量为下一时刻量，是未知量，需运用数值方法进行求解。

离散动量方程时，区别于大多数已有离散方法采用将动量方程中的对流项、河床阻力项及压力项同时纳入计算矩阵的处理方式[式(1.4)]，本节研究采用算子分裂法（Yanenko et al.，1971）的思想将动量方程拆分为三个子计算步分步进行求解，其优点是可以根据控制方程中各子项的物理机理或数学特性选择最合适的数值计算方法。

$$\frac{Q_{i+\frac{1}{2}}^{n+1}-Q_{i+\frac{1}{2}}^n}{\Delta t}=-gA_{i+\frac{1}{2}}^n\frac{\eta_{i+1}^{n+1}-\eta_i^{n+1}}{\Delta x_{i+\frac{1}{2}}}-\frac{1}{\Delta x_{i+\frac{1}{2}}}\left(\frac{Q_{i+1}^nQ_{i+1}^n}{A_{i+1}^n}-\frac{Q_i^nQ_i^n}{A_i^n}\right)-gn^2\frac{Q_{i+\frac{1}{2}}^n\left|Q_{i+\frac{1}{2}}^n\right|}{A_{i+\frac{1}{2}}^n(R_{i+\frac{1}{2}}^n)^{\frac{4}{3}}} \tag{1.4}$$

1）运用欧拉-拉格朗日追踪法（ELM）求解动量方程的对流项。该方法的主要思想是将水位或流量单元看作其中心点的质点，质点 $n+1$ 时刻在流量控制体中心的运动状态（在一维模型中主要指流速）通过回溯 n 时刻该质点的状态得到。ELM 法的计算原理见 1.1.3 节。求解对流项得到流量为 Q_{ELM}，依此求得第一步中间态流量记作 $(Q_{i+\frac{1}{2}}^{n+1})_1$，其对应流速为 $(u_{i+\frac{1}{2}}^{n+1})_1$。

2）利用有限差分法离散河床阻力项和压力项显式部分。通过式(1.5a)得到河床阻力项影响下的中间态流量，运用式(1.5b)获取计算压力项显示部分后的中间态流量 $(Q_{i+\frac{1}{2}}^{n+1})_2$，其对应流速为 $(u_{i+\frac{1}{2}}^{n+1})_2$：

$$\frac{(Q_{i+\frac{1}{2}}^{n+1})'_2-(Q_{i+\frac{1}{2}}^{n+1})_1}{\Delta t}=-gn^2\frac{Q_{i+\frac{1}{2}}^n\left|Q_{i+\frac{1}{2}}^n\right|}{A_{i+\frac{1}{2}}^n(R_{i+\frac{1}{2}}^n)^{\frac{4}{3}}} \tag{1.5a}$$

$$\frac{(Q_{i+\frac{1}{2}}^{n+1})_2-(Q_{i+\frac{1}{2}}^{n+1})_1}{\Delta t}=-gA_{i+\frac{1}{2}}^n(1-\theta)\frac{\eta_{i+1}^n-\eta_i^n}{\Delta x_{i+\frac{1}{2}}^n} \tag{1.5b}$$

3）最后采用有限体积法离散压力项隐式部分，得到式(1.6)的形式。通过式(1.6)和连续方程离散式(1.3)联立构造式(1.7)的三对角矩阵形式。

$$\frac{Q_{i+\frac{1}{2}}^{n+1}-(Q_{i+\frac{1}{2}}^{n+1})_2}{\Delta t}=-gA_{i+\frac{1}{2}}^n\theta\frac{\eta_{i+1}^{n+1}-\eta_i^{n+1}}{\Delta x_{i+\frac{1}{2}}^n} \tag{1.6}$$

$$\begin{bmatrix} E_{21} & E_{31} & & & & \\ E_{12} & E_{22} & E_{32} & & & \\ & \vdots & \vdots & \vdots & & \\ & & \vdots & \vdots & \vdots & \\ & & & E_{1n-1} & E_{2n-1} & E_{3n-1} \\ & & & & E_{1n} & E_{2n} \end{bmatrix} \begin{bmatrix} \eta_1 \\ \eta_2 \\ \vdots \\ \vdots \\ \eta_{n-1} \\ \eta_n \end{bmatrix} = \begin{bmatrix} F_1 \\ F_2 \\ \vdots \\ \vdots \\ F_{n-1} \\ F_n \end{bmatrix} \tag{1.7}$$

其中：

$$E_{1i} = -\frac{\theta^2 g \Delta t^2 A^n_{i-\frac{1}{2}}}{\Delta x_{i-\frac{1}{2}}} \tag{1.8}$$

$$E_{2i} = B_i^n \Delta x_i - E_{1i} - E_{3i}$$

$$E_{3i} = -\frac{\theta^2 g \Delta t^2 A^n_{i+\frac{1}{2}}}{\Delta x_{i+\frac{1}{2}}}$$

$$F = B_i^n \eta_i^n \Delta x_i - (1-\theta)\Delta t \left(Q^n_{i+\frac{1}{2}} - Q^n_{i-\frac{1}{2}}\right) - \left[\theta\left(Q^{n+1}_{i+\frac{1}{2}}\right)_1 \Delta t - \theta\left(Q^{n+1}_{i-\frac{1}{2}}\right)_1 \Delta t\right]$$

$$+\theta \Delta t^2 g (1-\theta)\left(A^n_{i+\frac{1}{2}} \frac{\eta^n_{i+1} - \eta^n_i}{\Delta x_{i+\frac{1}{2}}} - A^n_{i-\frac{1}{2}} \frac{\eta^n_i - \eta^n_{i-1}}{\Delta x_{i-\frac{1}{2}}}\right)$$

$$+ g \Delta t n^2 \left[\frac{Q^n_{i+\frac{1}{2}} \left|Q^n_{i+\frac{1}{2}}\right|}{A^n_{i+\frac{1}{2}} \left(R^n_{i+\frac{1}{2}}\right)^{\frac{4}{3}}} - \frac{Q^n_{i-\frac{1}{2}} \left|Q^n_{i-\frac{1}{2}}\right|}{A^n_{i-\frac{1}{2}} \left(R^n_{i-\frac{1}{2}}\right)^{\frac{4}{3}}}\right]$$

式(1.7)可改写成式(1.9)的向量矩阵形式：

$$\boldsymbol{D}_1 \eta^{n+1}_{i+1} + \boldsymbol{D}_2 \eta^{n+1}_i + \boldsymbol{D}_3 \eta^{n+1}_{i-1} = \mathbf{RHS} \tag{1.9}$$

式中：$\boldsymbol{D}_i\ (i=1,2,3)$——三对角矩阵的主对角线和次对角线的系数矩阵；

RHS——矩阵的右端项。由此计算得到 $n+1$ 时刻各流量单元(控制体)的流量值 $Q^{n+1}_{i+\frac{1}{2}}$。

运用追赶法(李庆扬等，2008)对式(1.9)求解。式(1.9)可表达为向量形式 $\boldsymbol{Ax}=\boldsymbol{f}$，由系数矩阵 $\boldsymbol{A}$ 的特点，可以将 $\boldsymbol{A}$ 分解为两个三角矩阵的乘积，即 $\boldsymbol{A}=\boldsymbol{LU}$；其中 $\boldsymbol{L}$ 为下三角矩阵，$\boldsymbol{U}$ 为单位上三角矩阵，假设：

$$\boldsymbol{L} = \begin{pmatrix} \alpha_1 & & & \\ \gamma_2 & \alpha_2 & & \\ & \ddots & \ddots & \\ & & \gamma_n & \alpha_n \end{pmatrix}, \boldsymbol{U} = \begin{pmatrix} 1 & \beta_1 & & \\ & 1 & \ddots & \\ & & \ddots & \beta_{n-1} \\ & & & 1 \end{pmatrix} \tag{1.10}$$

求解 $\boldsymbol{Ax}=\boldsymbol{f}$ 则可等价转换为求解两个三角形方程组：

1)$\boldsymbol{Ly}=\boldsymbol{f}$，求解 $\boldsymbol{y}$；

2)$\boldsymbol{U\eta}=\boldsymbol{y}$，求解 $\boldsymbol{\eta}$。

进而得到求解三对角线方程组的追赶法步骤与公式如下：

1)计算 $\{\beta_i\}$ 的递推公式:

$$\begin{aligned}\beta_1 &= C_1/B_1 \\ \beta_i &= C_i/(B_i - A_i\beta_{i-1})\end{aligned} \tag{1.11a}$$

2)解 $\boldsymbol{Ly}=\boldsymbol{f}$:

$$\begin{aligned}y_1 &= f_1/B_1 \\ y_i &= (f_i - A_i y_{i-1})/(B_i - A_i\beta_{i-1})\end{aligned} \tag{1.11b}$$

3)解 $\boldsymbol{U\eta}=\boldsymbol{y}$:

$$\begin{aligned}\eta_n &= y_n \\ \eta_i &= y_i - \beta_i\eta_{i-1}\end{aligned} \tag{1.11c}$$

1.1.3 欧拉-拉格朗日追踪法

在动量方程的离散中,处理对流项时使用了ELM法,其核心是从 $n+1$ 时刻的质点位置高效精确地沿流线逆向追踪到质点 n 时刻所处位置,由此获取 $n+1$ 时刻质点的运动状态(主要指流速)(Casulli,2010;Dimou,1992;胡德超,2009)。如图1.5所示,ELM法的关键求解步骤是逆向追踪部分,为此,采用分布追踪的方法兼顾计算效率和精度,即定义分步计算时间步长 Δt_{adv} 与追踪步数 N,故可得到 Δt 与 Δt_{adv} 的关系:

$$\Delta t_{\text{adv}} = \Delta t/N \tag{1.12}$$

进一步定义每分步追踪距离为:

$$\Delta x_{\text{adv}} = u_{\text{adv}}\Delta t/N \tag{1.13}$$

当流速或者梯度较大时,分步数 N 可取较大值以保证追踪稳定性与追踪精度。

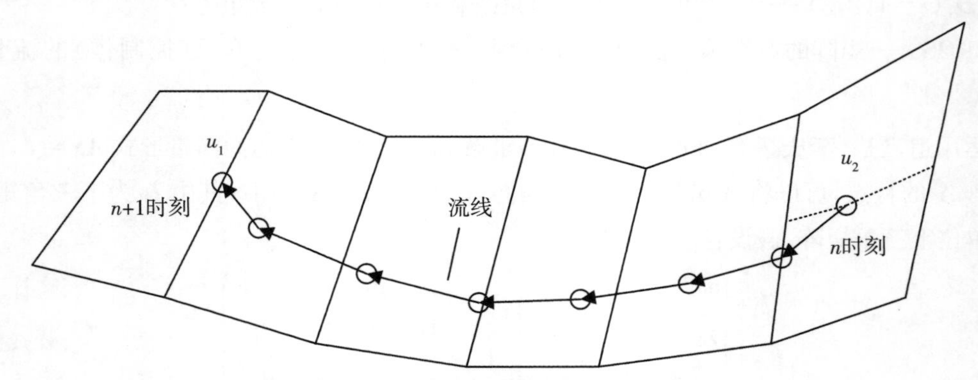

图1.5 ELM法在二维平面上逆向追踪示意图

而在一维模型中,假设质点运动方向是沿河道中心的,故只需求解每一分步的控制变量流速即可,其在时间 t 和空间 x 上的逆向追踪的具体过程如图1.6所示。假设位于 $x=i+1/2$ 的质点在 n 时刻的流速为 $u_{i+1/2}^n$,需求解其在 $n+1$ 时刻的流速,可通过以下两步获得:

1)在每一追踪分步长内,首先运用式(1.13)求解分步追踪位移,判断经过一次逆向追踪后，质点所处位置是否仍位于本单元内，若位于单元内，则通过单元上游边 n 时刻的流速值和前一追踪步质点流速值，根据距离线性插值出此分步对应的质点流速值，其数学表达可写作式(1.14)：

$$u_{\text{adv}}^{N}=\begin{cases}\dfrac{\Delta x_{\text{adv}}^{N}}{\Delta x_{i}}\cdot(u_{i-1/2}^{n}+u_{i+1/2}^{n}) & N=1\\ \dfrac{\Delta x_{\text{adv}}^{N}}{\Delta x_{i}-\Delta x_{\text{adv}}^{N-1}}\cdot(u_{i-1/2}^{n}+u_{\text{adv}}^{N-1}) & N\neq 1\end{cases}\tag{1.14}$$

2)在追踪到最后一步后，将计算得到的流速值赋予该质点 $n+1$ 时刻流速 $u_{i+1/2}^{n+1}$，并通过式(1.13)将其转换为流量要素：

$$u=Q/A\tag{1.15}$$

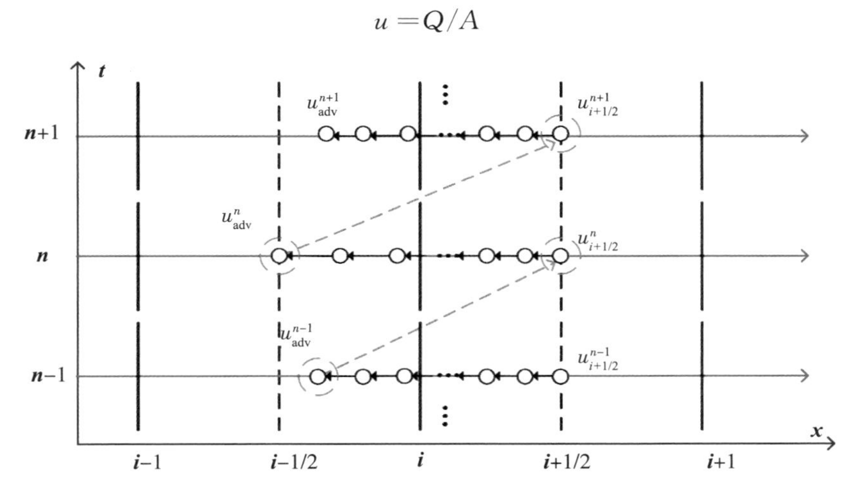

图1.6　ELM法在一维模型中时空逆向追踪示意图

1.1.4　预测-校正解法

对于河网自由水面的压力项隐式部分，采用预测—校正法(PCM)(Hu et al.，2015)进行求解，主要包括预测步和校正步两个步骤。每条河流均自构成一个三对角矩阵，作为整个河网系统的子系统，即 NB 条河流构造 NB 个三对角矩阵。将从输入文件中获取数据的起止边界单元定义为外部边界，将汊点周围的边界定义为内部边界。在预测步中计算得到临时内部边界变量值，并将其用于校正步中新的内部边界值。运用预测校正法可以避免求解河网全局计算矩阵，通过计算局部若干个子系统矩阵，实现采用较大计算步长 Δt。在每一计算时间步中，河网的预测校正法可以用式(1.16)和式(1.17)表示。

(1)预测步：在预测步内计算得到暂态变量 $\tilde{\eta}^{n+1}$

1)对于汊点单元：

$$\begin{cases} E_{2i}\tilde{\eta}_i^{n+1}+E_{3i}\tilde{\eta}_{i+1}^{n+1}=\mathrm{RHS}_i+g\theta^2\Delta t^2\sum_{l=1}^{L_i,l\neq l_0}\dfrac{A_{i+1/2,l}^n\eta_{i',l}^n}{F_{i+1/2,l}^n\Delta x_{i+1/2,l}^n} \\ F_{i+1/2,l}^n=1+(g\Delta tn^2\,|\,(u_{i+1/2,l}^{n+1})_2\,|\,)/(R_{i+1/2,l}^n)^{4/3} \\ E_{2i}=B_i^n\Delta x_i+g\theta^2\Delta t^2\sum_{l=1}^{L_i}\dfrac{A_{i+1/2,l}^n}{F_{i+1/2,l}^n\Delta x_{i+1/2,l}^n} \\ E_{3i}=-g\theta^2\Delta t^2A_{i+1/2}^n/(F_{i+1/2}^n\Delta x_{i+1/2}^n) \\ \mathrm{RHS}_i=-\theta\Delta t\sum_{l=1}^{L_i}\dfrac{A_{i+1/2,l}^nG_{i+1/2,l}^n}{F_{i+1/2,l}^n}-(1-\theta)\Delta t\sum_{l=1}^{L_i}Q_{i+1/2,l}^n+B_i^n\Delta x_i\eta_i^n \\ G_{i+1/2,l}^n=(u_{i+1/2,l}^{n+1})_2-(1-\theta)g\Delta t\dfrac{\eta_{i+1}^n-\eta_i^n}{\Delta x_{i+1/2}^n} \end{cases} \tag{1.16a}$$

式中：L_i——第 i 个汊点单元包含边的数目，以汊点所在最宽河道中相邻前一个单元的共边开始从 1 逆时针编号至 L_i；

l_0——汊点所在最宽河道中相邻后一个单元的共边在 L 中的顺序。

2）对于非汊点非结束单元：

$$E_{1i}\tilde{\eta}_{i-1}^{n+1}+E_{2i}\tilde{\eta}_i^{n+1}+E_{3i}\tilde{\eta}_{i+1}^{n+1}=\mathrm{RHS}_i \tag{1.16b}$$

式中：

$$\begin{cases} E_{1i}=-g\theta^2\Delta t^2A_{i-1/2}^n/(F_{i-1/2}^n\Delta x_{i-1/2}^n) \\ E_{2i}=B_i^n\Delta x_i+g\theta^2\Delta t^2\left(\dfrac{A_{i+1/2}^n}{F_{i+1/2}^n\Delta x_{i+1/2}^n}+\dfrac{A_{i-1/2}^n}{F_{i-1/2}^n\Delta x_{i-1/2}^n}\right) \\ E_{3i}=-g\theta^2\Delta t^2A_{i+1/2}^n/(F_{i+1/2}^n\Delta x_{i+1/2}^n) \\ \mathrm{RHS}_i=B_i^n\Delta x_i\eta_i^n-\theta\Delta t\left(\dfrac{A_{i+1/2}^nG_{i+1/2}^n}{F_{i+1/2}^n}-\dfrac{A_{i-1/2}^nG_{i-1/2}^n}{F_{i-1/2}^n}\right)- \\ \qquad (1-\theta)\Delta t\,[A_{i+1/2}^nu_{i+1/2}^n-A_{i-1/2}^nu_{i-1/2}^n] \end{cases}$$

3）对于非汊点结束单元：

$$\begin{cases} E_{1i}\tilde{\eta}_{i-1}^{n+1}+E_{2i}\tilde{\eta}_i^{n+1}=RHS_i+g\theta^2\Delta t^2\dfrac{A_{i+1/2,l'}^n\eta_{i',l'}^n}{F_{i+1/2,l'}^n\Delta x_{i+1/2,l'}^n} \\ E_{1i}=-g\theta^2\Delta t^2A_{i-1/2}^n/(F_{i-1/2}^n\Delta x_{i-1/2}^n) \\ E_{2i}=B_i^n\Delta x_i-E_{1i}+g\theta^2\Delta t^2\dfrac{A_{i+1/2,l'}^n}{F_{i+1/2,l'}^n\Delta x_{i+1/2,l'}^n} \\ \mathrm{RHS}_i=-\theta\Delta t\left(\dfrac{A_{i+1/2,l'}^nG_{i+1/2,l'}^n}{F_{i+1/2,l'}^n}-\dfrac{A_{i-1/2}^nG_{i-1/2}^n}{F_{i-1/2}^n}\right) \\ -(1-\theta)\Delta t\,[A_{i+1/2,l'}^nu_{i+1/2,l'}^n-A_{i-1/2}^nu_{i-1/2}^n] \end{cases} \tag{1.16c}$$

式中：l'——与结束单元相邻的不在相同河流上的单元。

(2)校正步

$$E_{2i}\eta_i^{n+1}+E_{3i}\eta_{i+1}^{n+1}=\mathrm{RHS}_i+g\theta^2\Delta t^2\sum_{l=1}^{L_i,l\neq l_0}\frac{A_{i+1/2,l}^n\tilde{\eta}_{i',l}^n}{F_{i+1/2,l}^n\Delta x_{i+1/2,l}^n}\tag{1.17a}$$

$$E_{1i}\eta_{i-1}^{n+1}+E_{2i}\eta_i^{n+1}+E_{3i}\eta_{i+1}^{n+1}=\mathrm{RHS}_i\tag{1.17b}$$

$$E_{1i}\eta_{i-1}^{n+1}+E_{2i}\eta_i^{n+1}=\mathrm{RHS}_i+g\theta^2\Delta t^2\frac{A_{i+1/2,l'}^n\tilde{\eta}_{i',l'}^n}{F_{i+1/2,l'}^n\Delta x_{i+1/2,l'}^n}\tag{1.17c}$$

在预测步中，每条河流所构造的矩阵及其右端项分别独立计算，其初始计算下边界采用 n 时刻结束单元的水位值。在完成预测步计算后，可获取控制变量的暂态值，进而将这些暂态值作为校正步中各子矩阵系统下边界的更新水位值，对各子矩阵重构，最终得到计算终态值。

1.1.5 边界条件

对于河道的上下边界条件，通常有三种类型。

(1)水位边界条件

在河道边界单元上给定水位随时间的变化过程线：$Z=Z(t)$。

(2)流量边界条件

在河道边界单元上给定流量随时间的变化过程线：$Q=Q(t)$。

(3)水位流量关系

在河道边界单元上给定边界面或断面的流量随水位变化的过程线：$Q=Q(Z)$。

在本节研究的一维水动力模型中，入流边界条件选取一组流量序列输入起始单元，出流边界条件选取一组水位序列输入河网末端非汊点单元。对于河段中支流入汇采取侧向入流的形式，直接加入计算矩阵右端项对应的单元上。

1.1.6 适用性条件与稳定性条件

Hu et al. (2015)在二维模型研究中对预测校正法的适用性条件做了研究，在其基础上，H1DM 模型的稳定性条件亦可由式(1.18)表示：

$$\theta^2\frac{\Delta t^3c^2}{W\Delta x}\frac{M}{T}<L_e\tag{1.18}$$

式中：小于号左边项整体——预测步河道界面处的计算误差，其中，

θ——隐式因子；

Δt——时间步长；

c——波速；

Δx——网格长度；

W——河道宽度；

M/T——最大水位变幅；

L_e——左边项的上限值。

H1DM模型是无条件稳定的，式(1.18)主要用于确定合适的参数使河网耦合系统计算准确性，根据在理想河道和实际冲积河道的计算测试(Hu et al.,2015)，L_e 建议值为1.5cm。一旦模型计算条件满足式(1.18)，校正步中水位的期望最大计算误差理论上等于 $0.5\times(\theta^2\Delta t^2 c/\sqrt{W\Delta x})(M/T)$。

1.1.7 计算流程

在前述关于控制方程、数值离散方法和求解方法的描述基础上，每一计算时间步 Δt 内的计算流程可以总结如下，其完整计算流程如图1.7所示。

步骤1:更新边界条件。获取每一计算时间步的入流、水位或侧向入流边界值。

步骤2:计算主程序。首先计算动量方程显式项，再计算水位梯度项以获取河网自由水面流断面水位值，最后通过已求水位值回溯各流量控制体的流量值。

步骤3:更新单元干湿状态。

步骤4:更新控制变量值并输出。

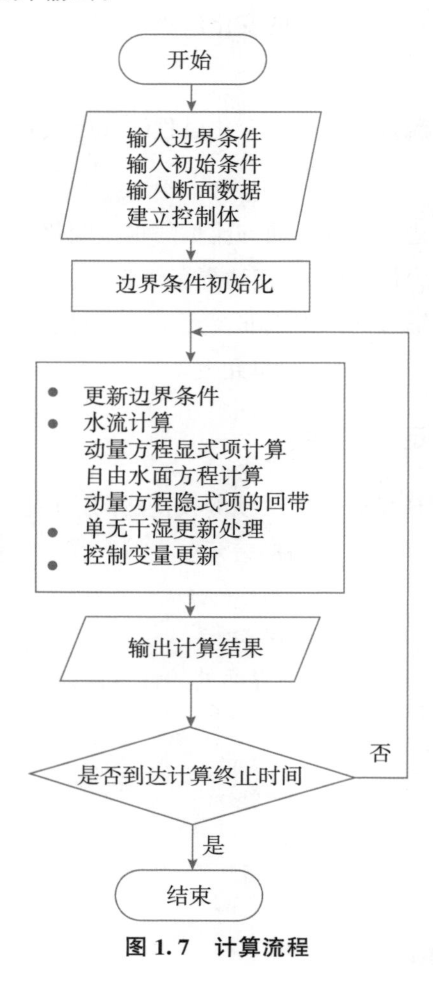

图1.7 计算流程

1.2 理论算例验证与分析

为检验所建模型的合理性、可靠性和计算精度，本节研究选用了枝状河网、枝状—环状耦合河网以及环状河网对模型进行了测试与验证，包括恒定流与非恒定流条件。

1.2.1 枝状河网恒定流算例

Naidu et al.(1997)和 Islam et al.(2005)给出了复杂一维枝状河网在恒定流条件下检验模型计算稳定性和精度的数值模拟计算河网结构和边界条件。枝状河网算例河网拓扑结构示意图如图 1.8 所示，包含 41 个计算河段、429 个计算断面，其河段编号、河段长度、河床底宽、断面边坡、河段糙率、河段断面数量以及河段底坡的具体情况如表 1.1 所示。图中，数字 1～42 表示 42 个节点，数字(2)～(42)表示 41 个河段。节点 1 为河网上边界，其恒定流量为 $40m^3/s$，节点 5、9、12、15、18、20、22、25、28、30、33～42 为河网下边界，其恒定水位值如表 1.2 所示。此外，模型隐式因子 θ 设置为 0.6，计算步长 Δt 为 60s。

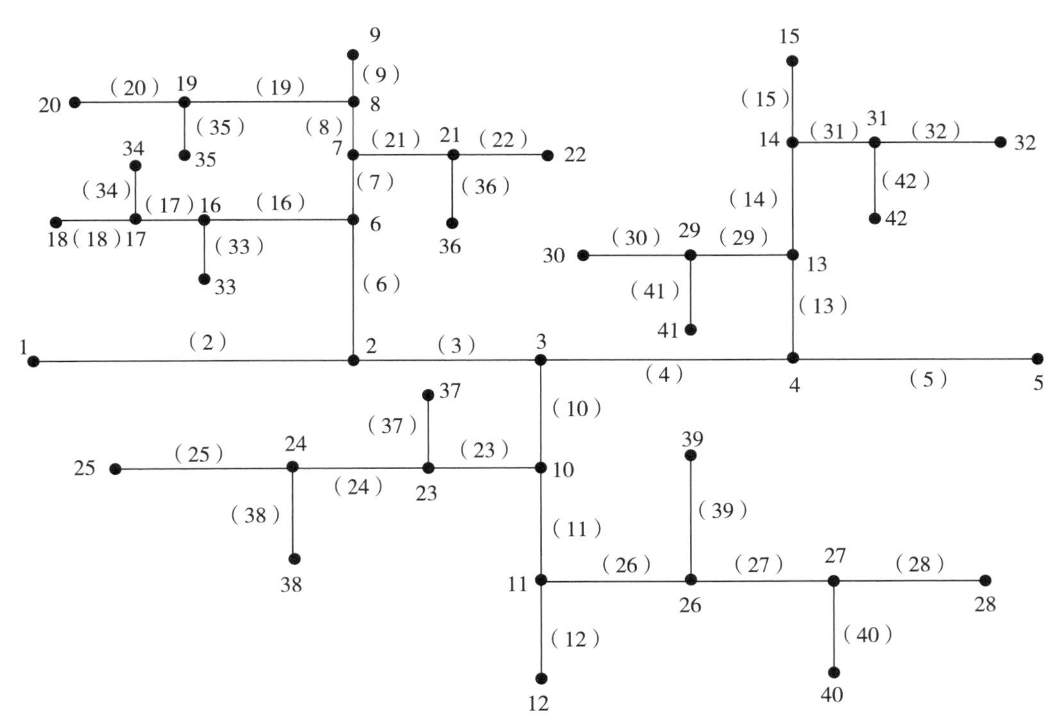

图 1.8 枝状河网算例河网拓扑结构示意图

表 1.1 枝状河网算例河网拓扑结构及参数

河段编号	河段长度/m	河床底宽/m	断面边坡	河段糙率	断面数量	河段底坡
(2)	2500	10	2	0.015	20	0.00013
(3)	2000	8.5	2	0.016	20	0.00015

续表

河段编号	河段长度/m	河床底宽/m	断面边坡	河段糙率	断面数量	河段底坡
(4)	1700	7	2	0.017	15	0.00016
(5)	1500	5	2	0.018	15	0.00017
(6)	1500	5	2	0.02	15	0.0002
(7)	1400	4	2	0.02	15	0.00021
(8)	1200	3	2	0.02	15	0.00022
(9)	1000	2	2	0.022	10	0.00024
(10)	1400	3.5	1	0.022	15	0.00025
(11)	1200	2.7	1	0.022	15	0.00022
(12)	1000	1.75	2	0.022	15	0.00024
(13)	1300	2.5	2	0.022	15	0.00022
(14)	1200	1.5	1	0.022	15	0.00025
(15)	1000	1	2	0.022	15	0.00022
(16)	1000	1.5	2	0.022	10	0.00024
(17)	1000	1	1	0.022	10	0.00025
(18)	1000	1.75	2	0.022	10	0.00024
(19)	1000	1.5	2	0.022	10	0.00024
(20)	900	0.9	0.9	0.022	10	0.00025
(21)	1100	1.5	2	0.022	10	0.00024
(22)	1000	1	1	0.022	10	0.00025
(23)	1200	1.75	2	0.022	10	0.00024
(24)	1100	1.5	2	0.022	10	0.00024
(25)	1000	1	1	0.025	10	0.00025
(26)	1200	2	2	0.02	10	0.00024
(27)	1000	1.75	2	0.022	10	0.00024
(28)	900	1.5	2	0.022	10	0.00024
(29)	900	1.5	1	0.022	10	0.00025
(30)	800	1	1	0.022	8	0.00025
(31)	800	1.25	2	0.022	8	0.00024
(32)	700	0.75	2	0.022	8	0.00024
(33)	700	0.5	1	0.03	5	0.0005
(34)	700	0.5	1	0.03	5	0.0005
(35)	700	0.5	1	0.03	5	0.0005
(36)	700	0.5	1	0.03	5	0.0005

续表

河段编号	河段长度/m	河床底宽/m	断面边坡	河段糙率	断面数量	河段底坡
(37)	700	0.5	1	0.03	5	0.0005
(38)	700	0.5	1	0.03	5	0.0005
(39)	700	0.5	1	0.03	5	0.0005
(40)	700	0.5	1	0.03	5	0.0005
(41)	700	0.5	1	0.03	5	0.0005
(42)	700	0.5	1	0.03	5	0.0005

表 1.2　　枝状河网算例节点水位边界

节点	水深/m	节	水深/m
5	0.9111	33	1.4777
9	1.6559	34	1.7107
12	0.9759	35	2.007
15	0.9127	36	1.7769
18	1.6021	37	1.219
20	1.8784	38	1.4745
22	1.6729	39	1.3719
25	1.3622	40	1.6091
28	1.4766	41	1.331
30	1.1741	42	1.2535

计算结果对比如图 1.9 所示。H1DM 模型计算得到的河道流量、上游水位和下游水位与 Naidu 等和 Islam 等的平均相对计算的结果的比值分别为－0.93％、0.24％、0.29％和－0.95％、0.23％、0.29％。

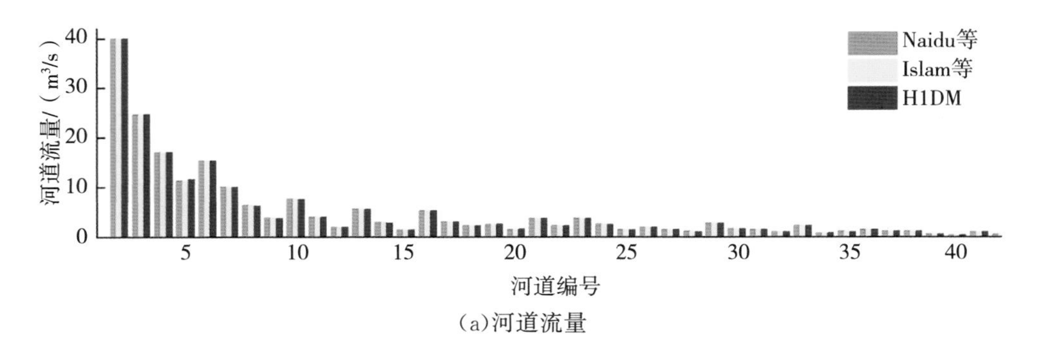

(a)河道流量

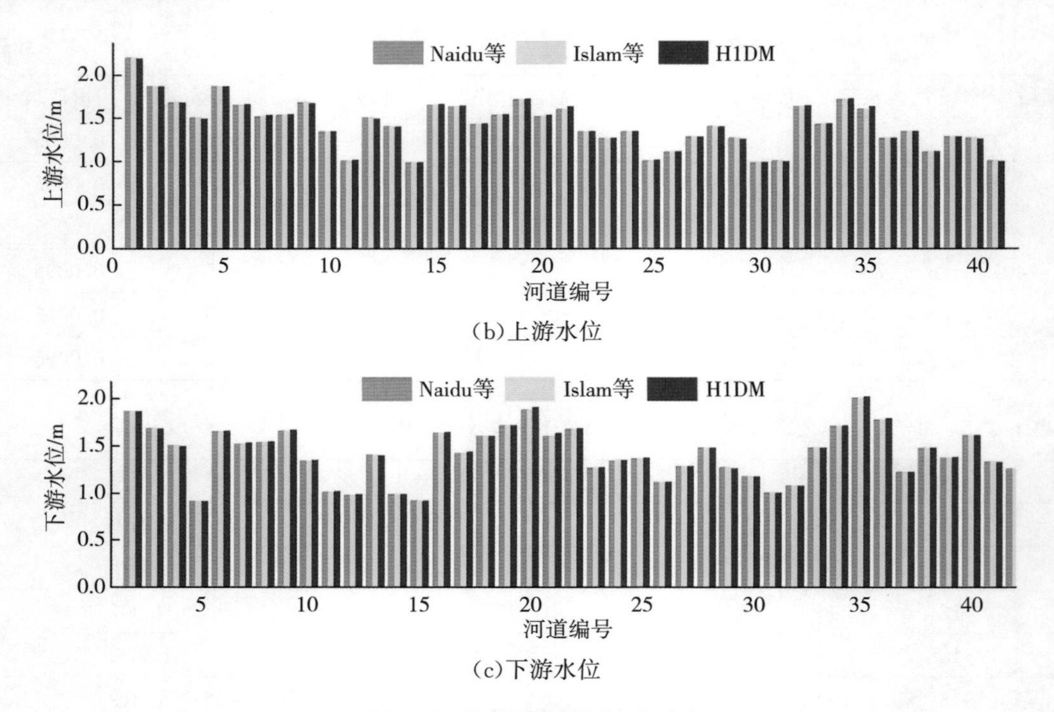

(b)上游水位

(c)下游水位

图 1.9 枝状河网算例结果对比

1.2.2 枝状—环状河网非恒定流算例

此算例(Zhu et al.,2011)可用于验证模型对枝状—环状河网的实用性,其河网拓扑结构包括河床底坡为 0.00016~0.00047 的 14 个河段和 6 个汊点,如图 1.10 所示,图中数字标号含义同枝状河网算例,其中河段 11~13 构成环状河网。

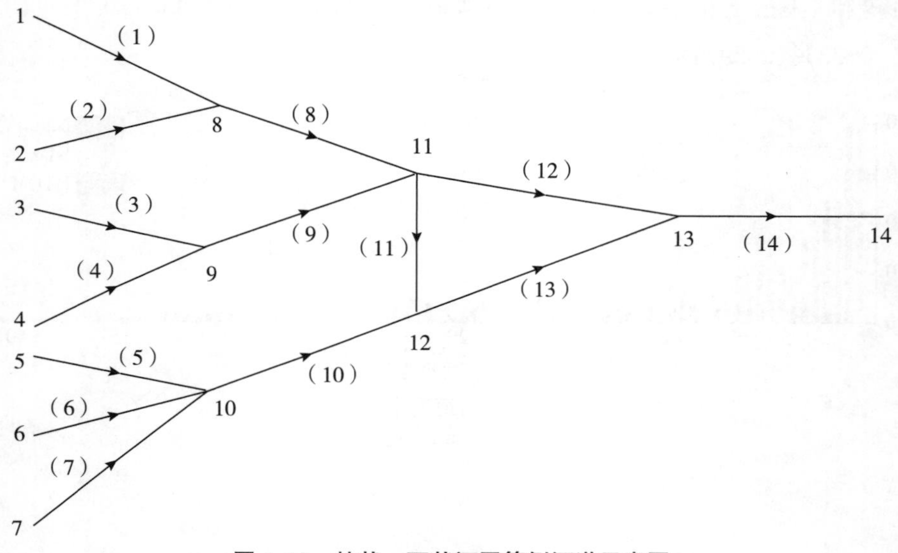

图 1.10 枝状—环状河网算例河道示意图

如表1.3所示，158个断面以100m的间距均匀布置在各河段中，断面形状为底宽10～30m的三角形或矩形，边坡为1∶1或者垂直于底边，断面糙率为0.022或0.025。上边界条件设置在节点1～7上，下边界条件设置在节点14，如图1.11所示。汊点11和12作为结果验证节点，通过比较模型水位、流量模拟值与算例真实值检验模型计算精度及其合理性。在模拟时，模型隐式因子θ设置为0.6，计算步长Δt为60s。

表1.3 枝状—环状河网算例河网拓扑结构及参数

河段编号	河段长度/m	河床底宽/m	断面边坡	河段底坡	河段糙率	断面数量
1	1500	10	1.00	0.00027	0.022	15
2	1500	10	1.00	0.00027	0.022	15
3	3000	10	1.00	0.00047	0.025	30
4	3000	10	1.00	0.00047	0.025	30
5	2000	10	1.00	0.0003	0.022	20
6	2000	10	1.00	0.0003	0.022	20
7	2000	10	1.00	0.0003	0.022	20
8	1500	10	1.00	0.00027	0.022	15
9	1500	10	1.00	0.00027	0.022	15
10	2000	10	1.00	0.0003	0.022	20
11	1200	10	垂直	0.00033	0.022	12
12	3600	20	垂直	0.00025	0.022	36
13	2000	20	垂直	0.00025	0.022	20
14	2500	30	垂直	0.00016	0.022	25

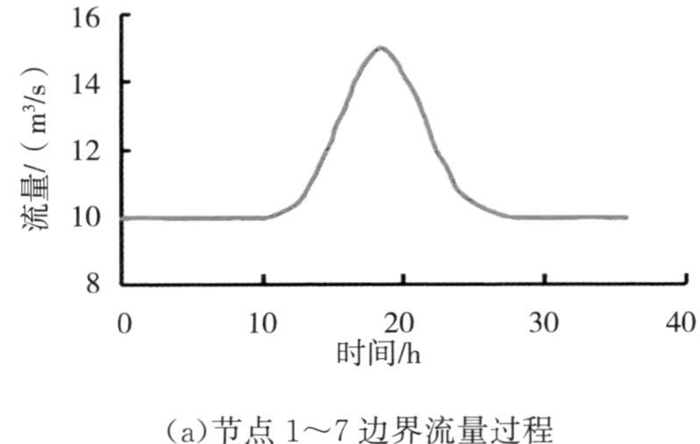

(a)节点1～7边界流量过程

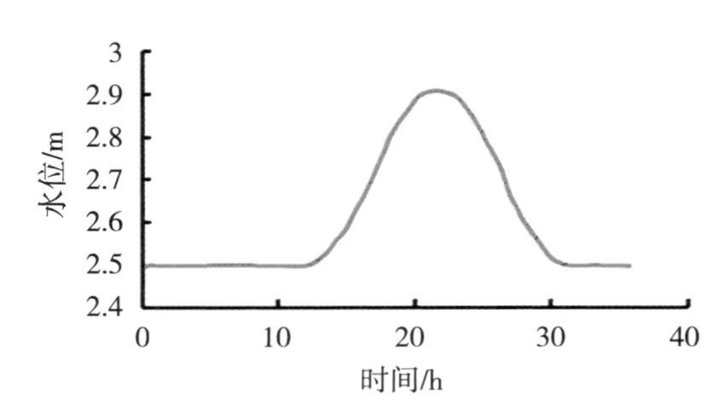

(b)节点14边界水位过程

图1.11 边界条件

图1.12给出了汊点11和12的流量过程和水位过程，从该图可知，模型H1DM模拟结果较好，与Islam等、Zhu等(Islam et al.，2005；Zhu et al.，2011)算例结果差值较小。对于汊点11，H1DM计算平均流量相对误差小于1.4%，计算平均水位误差小于0.01 m；对于汊

点 12，H1DM 计算平均流量相对误差小于 2.7%，计算平均水位误差小于 0.016 m。算例证明，H1DM 模型具备模拟枝状—环状河网的能力，且计算精度高。

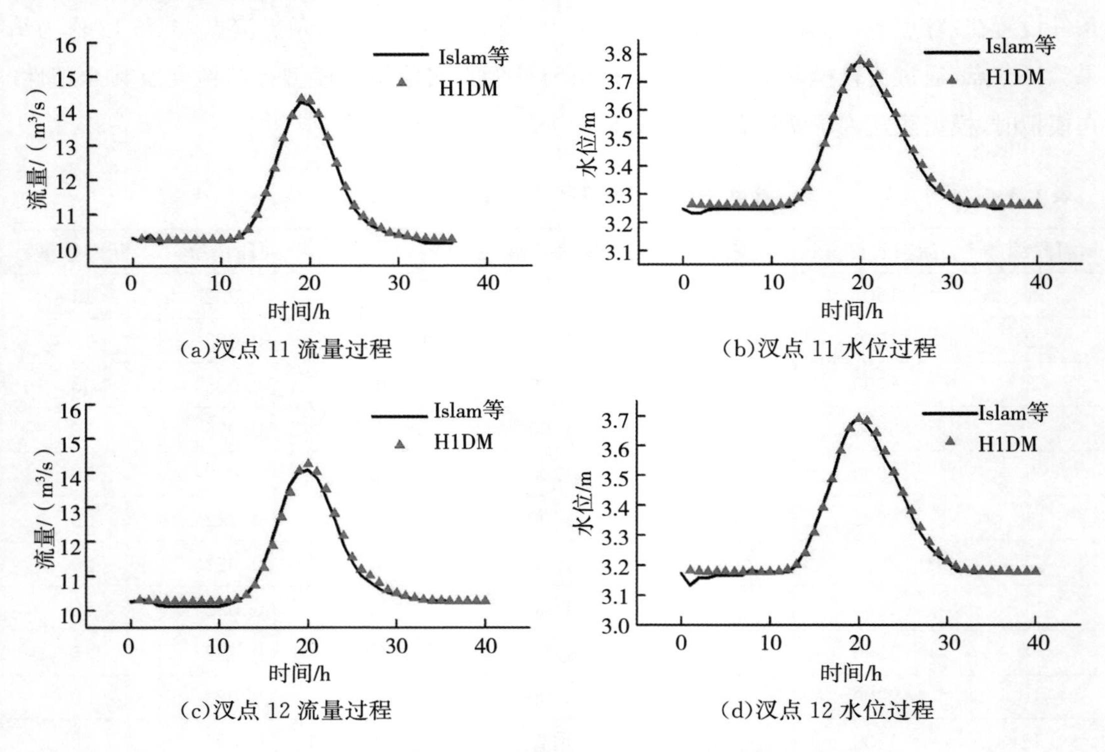

(a)汊点 11 流量过程　(b)汊点 11 水位过程

(c)汊点 12 流量过程　(d)汊点 12 水位过程

图 1.12　汊点 11 和汊点 12 模拟计算结果对比

1.2.3　环状河网非恒定流算例

此算例(Sen et al.，2002)用于测试模型在计算环状河网的合理性、准确性与可靠性，其河网拓扑结构如图 1.13 所示，其中河段(1)、(2)、(6)、(7)和(9)围成环状河网。各河段断面布置数、断面形态、断面糙率等如表 1.4 所示。节点 4-1、5-1 和 8-1 为河网入流边界，其中，节点 4-1 和 5-1 为恒定入流，流量为 $10m^3/s$，节点 8-1 的入流边界如图 1.14(a)所示。节点 3-6 和节点 10-11 为河网下边界，设置其水位均始终恒定为 5m。选取节点 1-1、7-6、6-1、3-6 和 10-11 的流量过程作为验证参照。模型隐式因子选取 0.6，计算步长 Δt 选取为 180s。

模拟计算结果如图 1.14(b)～(f)所示，从这些图可以看出，模型模拟结果与算例流量十分接近，节点 1-1、7-6、6-1、3-6 和 10-11 的最大流量相对误差分别为 0.59%、2.3%、0.12%、0.14%、0.51%。算例证明，在计算环状河网时，H1DM 模型亦具备高精度模拟的能力。

表 1.4　　环状河网算例河网拓扑结构及参数

河段编号	长度/m	河床底宽/m	断面边坡	底坡	断面糙率	断面数量
1	2000	100	0.5	0.0001	0.025	10
2	1000	50	0.5	0.0002	0.025	5
3	1000	75	0.5	0.0001	0.025	5
4	1000	50	0.5	0.0002	0.025	5
5	1000	50	0.5	0.0002	0.025	5
6	1000	75	0.5	0.0001	0.025	5
7	1000	50	0.5	0.0002	0.025	5
8	1000	50	0.5	0.0002	0.025	5
9	1000	75	0.5	0.0001	0.025	5
10	2000	100	0.5	0.0001	0.025	10

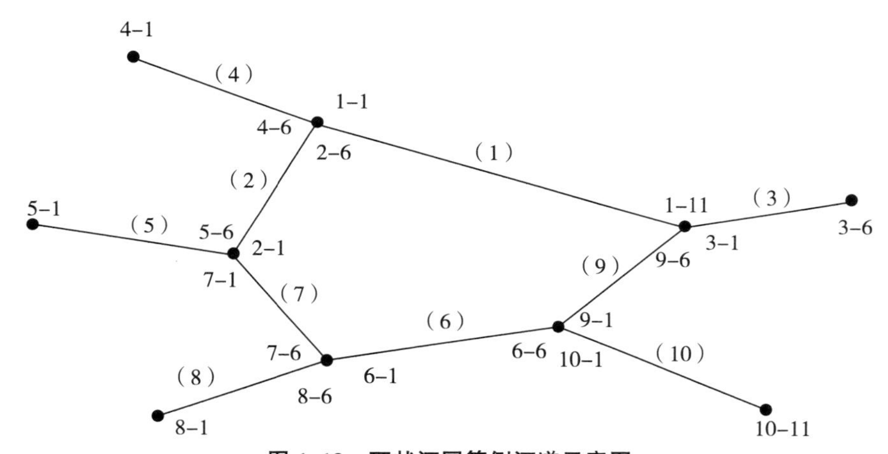

图 1.13　环状河网算例河道示意图

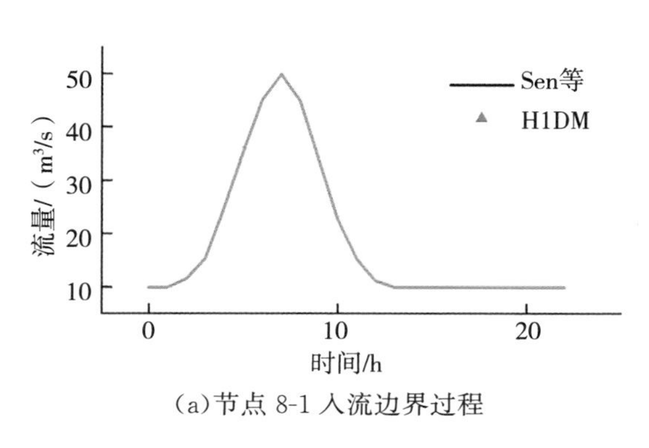

(a)节点 8-1 入流边界过程

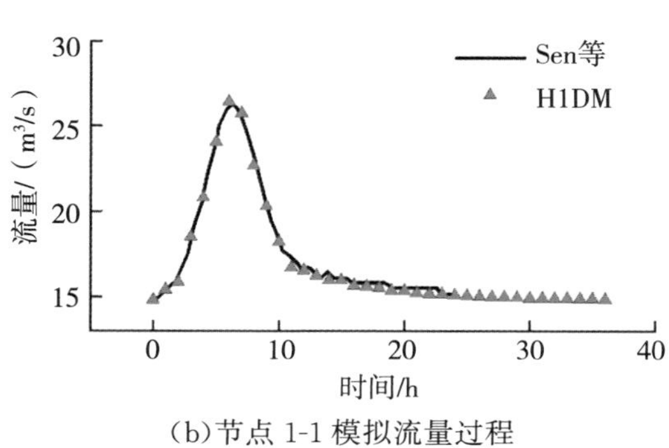

(b)节点 1-1 模拟流量过程

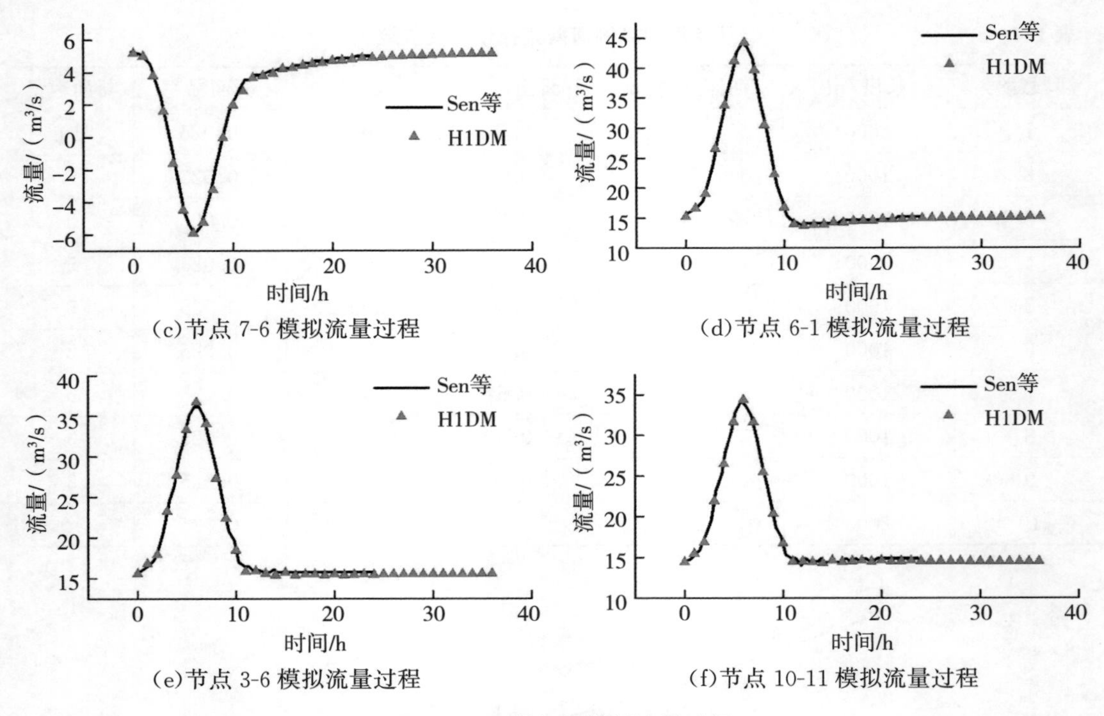

图 1.14 环状河网算例流量过程

1.2.4 算例小结

通过以上 3 个算例的测试与验证，本节所建模型具有在恒定流和非恒定流、枝状河网和环状河网等一维复杂河网问题上的模拟计算能力，可以满足一般复杂河网计算要求，具备一定的通用性，能保证模型计算的精度，因此，可运用于实际工程计算与模拟分析。

1.3 实例计算与分析

为进一步验证所建模型的实用性，本节选取了长江干流上游朱沱至三峡坝址所处的库区河道类型河段和长江干流螺山至汉口河道类型河段两种具有代表性的河段进行了实例计算与分析。此外，研究也使用现有运用较广泛的水动力学模拟软件——美国陆军兵团开发的 HEC-RAS 软件和丹麦 DHI 研发的 MIKE 11 软件进行了效率对比实验，以验证模型解算的性能。

1.3.1 长江干流朱沱—三峡坝址库区河段实例分析

长江干流朱沱—三峡坝址河段长约 760km，干流河道库面宽度一般为 700～1700m，丘陵峡谷交替变化，地貌奇特，地形复杂，为典型的河道型水库（黄仁勇，2017），如图 1.15 所示。受河段地形约束，三峡水库库面平面形态宽窄相间，库区大部分库段库面宽度不超过 1000m，宽于 1000m 库段主要分布在坝区河段、香溪等宽谷段。河段自上而下沿程设有朱沱、寸滩、清溪场、万县、凤凰山等多个水文水位站，坝址附近凤凰山水位站为坝前水位代表站。朱沱—三峡坝址河段内两大支流嘉陵江和乌江的入库控制站分别为北碚站和武隆站。设置模型上边界条件为朱沱站流量过程，下边界条件为凤凰山站水位过程，主要中间边界条件为北碚站和武隆站流量过程。区间入流数据采用相邻水文站实测流量差值得到[式(1.18)]。

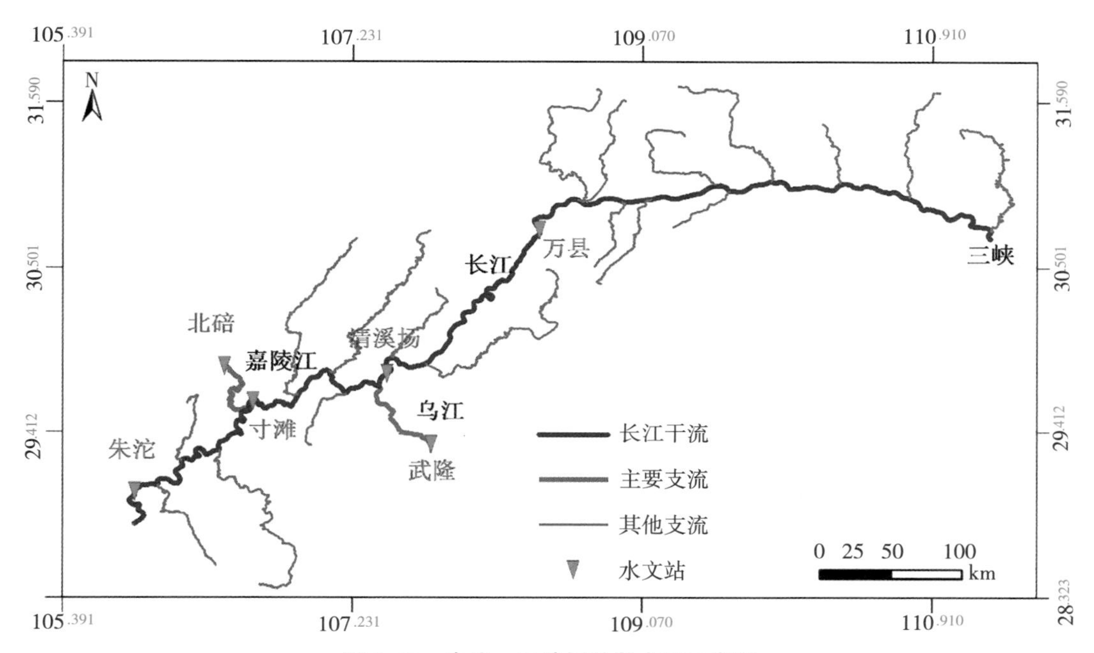

图1.15　朱沱—三峡坝址段水系示意图

$$\widetilde{Q}^t=\begin{cases}Q_{\text{down}}^t-Q_{\text{up}}^t & \text{区间无大支流}\\ Q_{\text{down}}^t-Q_{\text{up}}^t-Q_l^t & \text{区间有大支流}\end{cases}\tag{1.19}$$

式中：$\widetilde{Q}^t$——区间入流；

Q_{down}^t——下游水文站流量；

Q_{up}^t——相邻上游水文站流量；

Q_l^t——区间大支流入汇流量(河段内主要指北碚和武隆流量)。

采用2017年实测断面资料建模，其中长江干流河段长约746km，共设置400个断面，断面间距为0.3～5.1km，平均间距约1.9km，坝址附近较为密集；嘉陵江北碚—汇入口河段长约54.8km，共设置24个断面，断面间距为0.8～4.3km，平均间距约2.3km；乌江武隆—汇入口河段长约85.1km，共设置43个断面，断面间距为0.7～4.2km，平均间距约2.0km；其余支流均按区间入流处理。选取2016年实测数据进行参数率定，选取2017年实测数据进行验证，并结合天然河道糙率取值综合分析，如表1.5所示。

表 1.5　　朱沱—三峡坝址河段糙率分段率定

区间	糙率	区间	糙率
朱沱—寸滩	0.03～0.038	忠县—万县	0.03～0.038
寸滩—长寿	0.038～0.044	万县—奉节	0.038～0.065
长寿—清溪场	0.042～0.046	奉节—三峡坝址	0.067～0.078
清溪场—忠县	0.035～0.038		

此外，选取相同参数和相同边界条件运用 HEC-RAS 和 MIKE 软件建模计算，寸滩站水位、流量率定验证结果，以及清溪场、万县站水位率定验证结果如图 1.16 所示，由该图可以看出，H1DM 模型的计算精度具有高可靠性，尤其对回水变动区的水位模拟较准确。

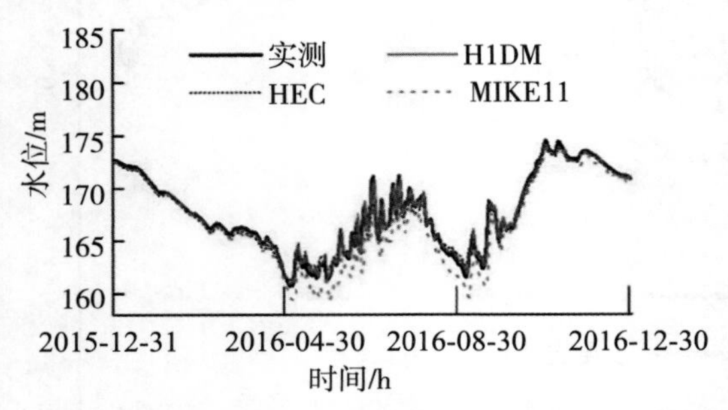

(a)2016 年寸滩水位率定结果

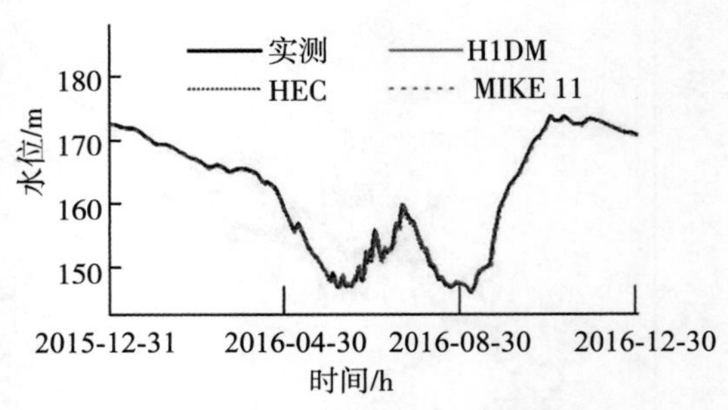

(b)2016 年清溪场水位率定结果

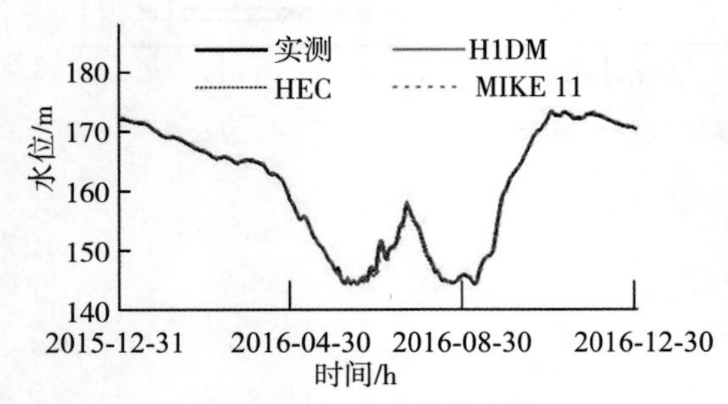

(c)2016 年万县水位率定结果

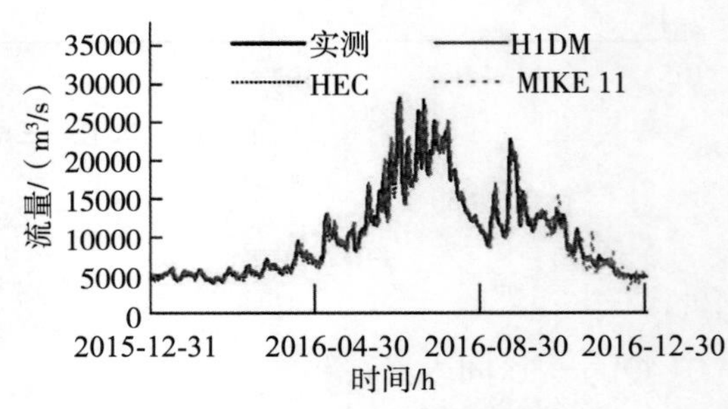

(d)2016 年寸滩流量率定结果

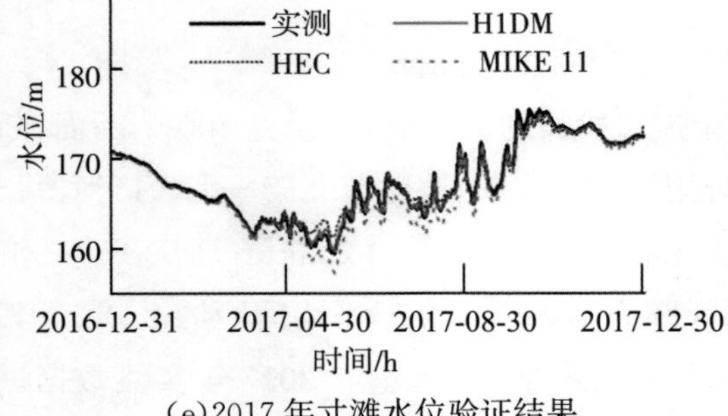

(e)2017 年寸滩水位验证结果

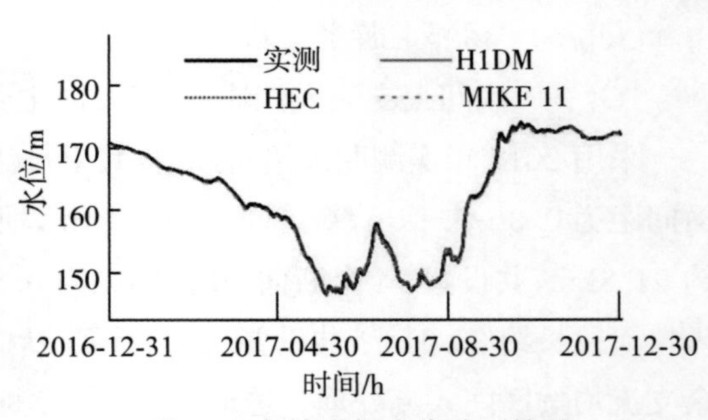

(f)2017 年清溪场水位验证结果

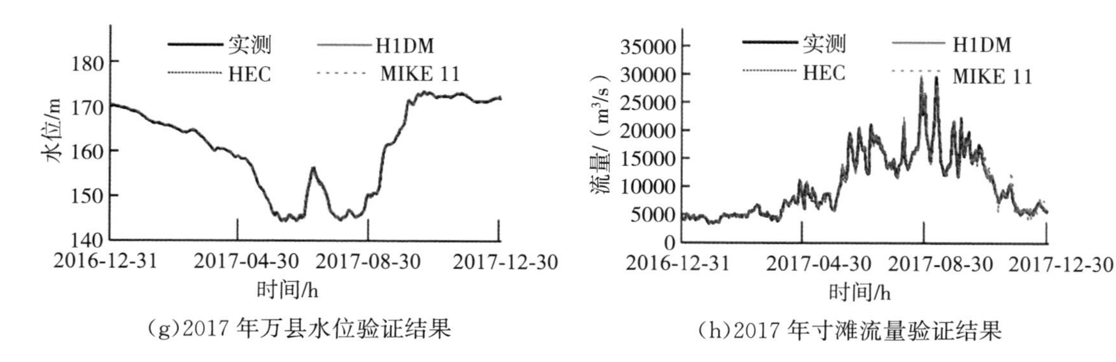

(g)2017年万县水位验证结果

(h)2017年寸滩流量验证结果

图1.16 朱沱—三峡坝址段率定验证结果

H1DM模型计算结果特征指标如表1.6所示，率定期结果较验证期结果好，符合一般规律，回水变动区寸滩附近的水位率定结果较差，但总体来说计算结果精度较高，具有实际工程计算价值。

表1.6 H1DM模型计算结果特征指标

时间	特征要素	站点	峰值差	计算均值	实测均值	均值差	峰值相对误差
2016	水位/m	寸滩	−0.28	163.11	163.19	−0.08	—
		清溪场	−0.17	161.59	161.65	−0.06	—
		万县	0.1	160.62	160.51	0.11	—
	流量/(m^3/s)	寸滩	−525	10213	10190	23	1.87%
2017	水位/m	寸滩	−0.42	167.36	167.49	−0.13	—
		清溪场	−0.3	161.71	161.86	−0.15	—
		万县	0.04	160.84	160.8	0.04	—
	流量/(m^3/s)	寸滩	236	10409	10375	34	0.08%

1.3.2 长江干流螺山—汉口河道河段实例分析

为验证H1DM模型在天然河道上的适用性，选取长江干流螺山—汉口河段作为研究对象，该河段长度为196km，河段流域范围内主要包括陆水河、东荆河和汉江等主要支流，如图1.17所示，主要水文站点有螺山水文站和汉口水文站。选用2011年实测断面地形资料建模。

选用2011年实测资料对模型参数进行率定，选用2010年实测资料对模型参数进行验证。螺山站流量过程作为模型上边界，汉口站水位过程作为模型下边界，陆水河、东荆河和汉江入流以点源入汇的方式加入模型。根据率定验证结结果，并结合天然河道糙率取值综合分析，选取糙率为0.023～0.026。此外，选取相同参数和相同边界条件运用HEC-RAS和MIKE软件建模计算，汉口站率定验证流量和螺山站率定验证水位结果如图1.18所示。从图1.18(b)和(d)中可以看出，三种模型在螺山—汉口河段的模拟流量值基本一致。分析图

1.18(a)和(c)的水位模拟结果，可以看出，对此河段 MIKE 11 模型水位模拟精度最高，其次是本节所构建的 H1DM 模型，精度相对较低的是 HEC-RAS 模型。

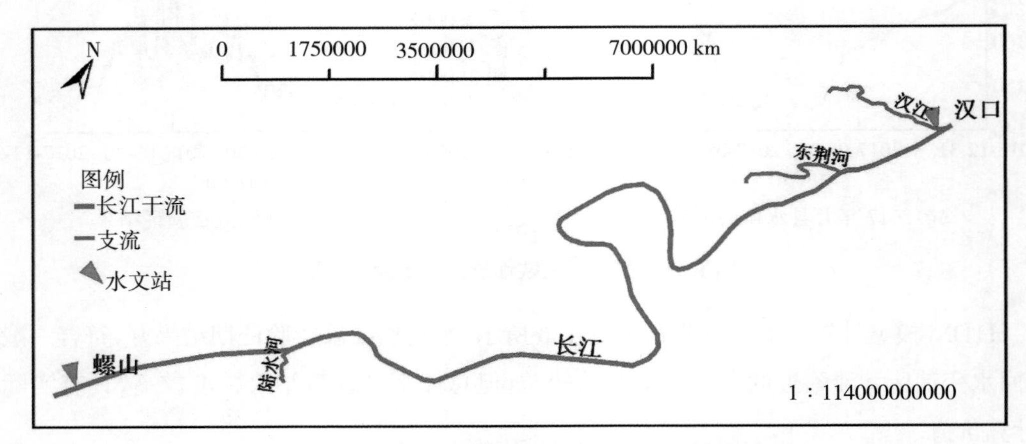

图 1.17 长江干流螺山—汉口河段水系示意图

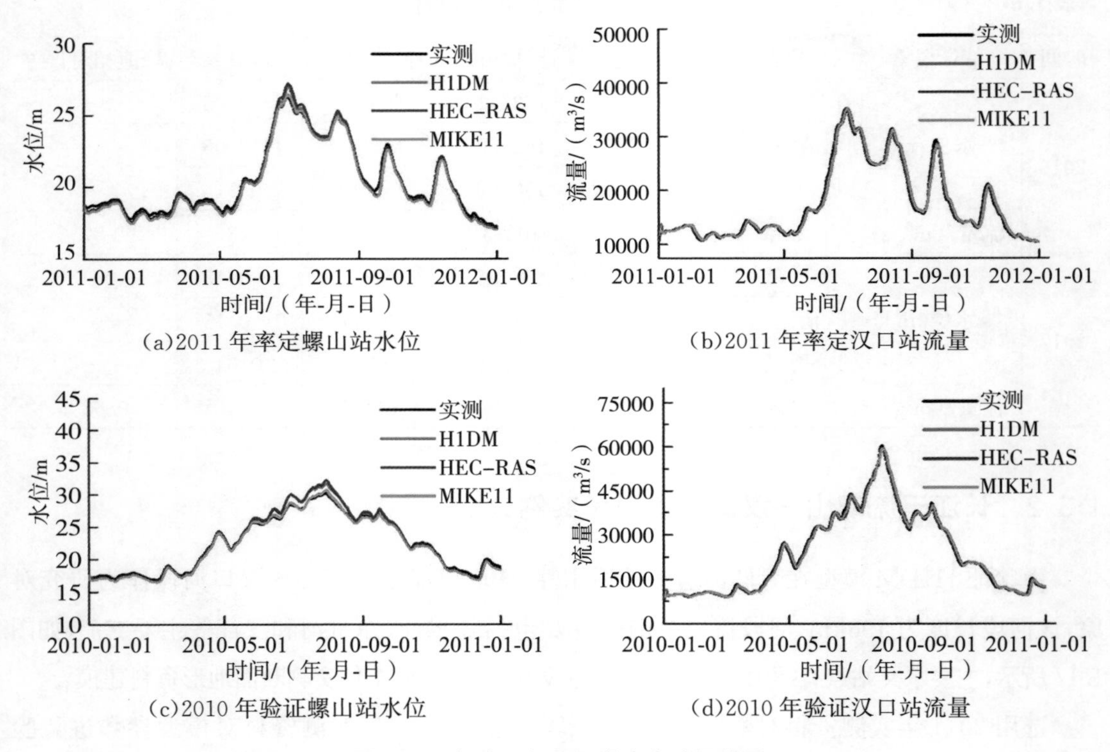

(a)2011 年率定螺山站水位

(b)2011 年率定汉口站流量

(c)2010 年验证螺山站水位

(d)2010 年验证汉口站流量

图 1.18 螺山—汉口河段率定验证结果

1.3.3 模型计算效率分析

本节研究实例均在硬件配置为 Intel(R)Core(TM)i5-8250U 的 CPU 和 8G 内存的笔记本计算机上进行测试，H1DM 模型、HEC-RAS 模型和 MIKE11 模型均采用单线程计算。在计算精度相当的前提下，实例1采取900s计算步长进行比较；实例2中三种模型均采用计算步长分别为900s和60s。各模型的计算效率如表1.7所示。结果表明，H1DM模型具有高效的求解效率，为与调度模型耦合提供了有力的技术支撑。

表1.7 模型计算效率统计

计算河段	计算步长	模拟年份	模拟时间			效率最高模型
			H1DM	HEC-RAS	MIKE 11	
朱沱—三峡坝址河段	900	2016	37.929s	89.72s	48s	H1DM
	900	2017	39.291s	90.07s	50s	H1DM
螺山—汉口河段	900	2010	7.84s	14.55s	11s	H1DM
	900	2011	7.77s	13.67s	12s	H1DM
	60	2010	106.40s	181.38s	164s	H1DM
	60	2011	106.53s	184.78s	166s	H1DM

1.4 一维河网模型并行化改进研究

1.4.1 多核计算机并行计算理论

应用程序并行计算的实现需要硬件设备与软件设计同时支持。多核计算机的快速发展与普及为并行技术发展提供了良好的硬件基础，同时，各种并行计算技术和软件设计模式的开发也充分挖掘了硬件设施的潜力，二者相辅相成，共同促进并行计算的发展。

多核计算机通常表示搭载多核处理器的计算机，多核处理器在一个物理处理器上集成了两个或两个以上完整的计算内核，一个物理处理器就是一个独立的硬件处理单元，通常被称作“CPU”。早期的CPU性能提升的主要手段是提升CPU的计算频率，但随着半导体制程工艺的发展，单核芯片频率的快速提升会导致发热量大大增加而无法带来有效的性能提升，因此CPU频率提升的发展逐渐缓慢，此后，CPU性能提升的发展转向内核数量的提升，对称多处理器(Symmetric Multi-Processing，SMP)技术被运用在CPU的开发上，为了与原本的SMP区分，在单个物理CPU内，等同原来单个CPU的模块被称为Core(核心)，这样的CPU被称为“多核处理器”。图1.19所示为多核处理器的结构。每个处理器核心Core内都有自身的L1级和L2级高速缓存，用来缓存数据和指令，此外，CPU内还有一个L3级高速缓存，用来缓存多个计算核心之间的共享数据，在L3级高速缓存中单个计算核心可以与主存及其他计算核心进行高效数据交换。

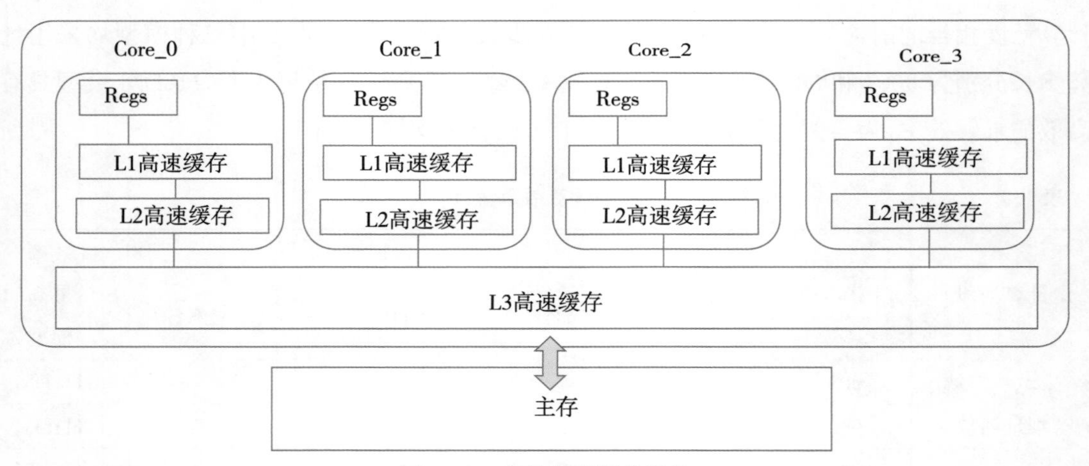

图 1.19　多核处理器的结构

在并行的程序设计中，多个计算核心读取公共缓存时，如何解决数据访问冲突是最为关键的问题。线程是操作系统能够进行运算调度的最小单位，被包含在进程中，是进程中的实际运作单位。图 1.20 展示了数据访问冲突的例子，Threadl 和 Thread2 两个进程分别运行在计算核心 Core_1 和 Core_2 中，当 Core_1 中的 Thread1 正在对 Num 进行读写操作时，Core2 中运行的进程 Thread2 正好读取 Num 的数值式，此时就会出现数据冲突，Core2 读取到的结果远离预期。因此，在并行程序的设计中，需要对内存的数据进行处理，采用数据的互斥访问设计，或者利用消息队列、管道等技术等进行线程间数据的传输可以有效避免出现数据操作冲突情况的发生。

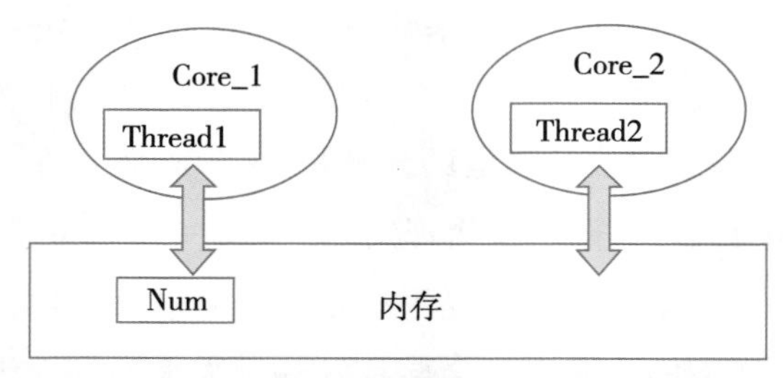

图 1.20　共享内存的数据访问冲突示意图

多核处理器中的处理器核心之间数据交换速度快，非常适合并行任务的处理。由于处理器大小限制，核心数无法无限提升，目前的多核处理器普遍采用超线程(Hyper-threading)技术，即把处理器内部的逻辑内核模拟成物理芯片，使用该技术，单个处理器也可以完成线程级别的并行计算。超线程技术充分发掘了 CPU 计算潜力，可有效提升程序的计算效率。

为实现并行计算，在足够的硬件基础上，同时需要对软件进行对应的程序设计。在普通的串行程序中，计算机按照代码顺序单步执行，同一时间处理器只执行一条程序语句，而在并行程序中，计算机在同一时间可以同步执行多条语句或指令。

并行程序设计可以分为数据并行(Data Parallelism)设计与任务并行(Task Parallelism)设计两块。数据较易实现,即将需要进行处理的数据不重复且不缺失地分配到多个核心中同时进行,最后再将处理结果进行同步,图 1.21 展示了简单的数据并行,每个 Task 同时处理 Data 中的一部分数据。

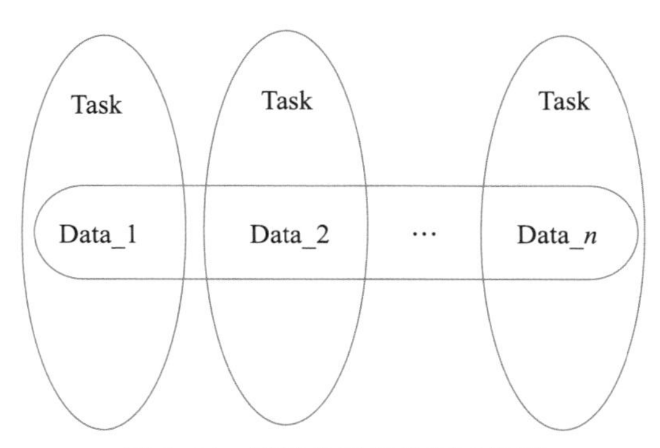

图 1.21　简单的数据并行示意图

任务并行则较难实现,且并非所有程序都能进行任务并行的设计。任务并行的实现需要对程序计算流程进行充分分析与解耦,将程序中能够独立完成的任务单独拿出来分配给单个处理器处理。与数据并行相同的是,任务并行同样也要求任务之间无冲突与联系,因此,任务并行需要完全厘清任务之间的耦合联系,充分分析任务之间的关系并对任务进行足够解耦才能实现(图 1.22)。对于无法进行任务并行设计的程序采用数据并行的方式也可以得到较为满意的结果。

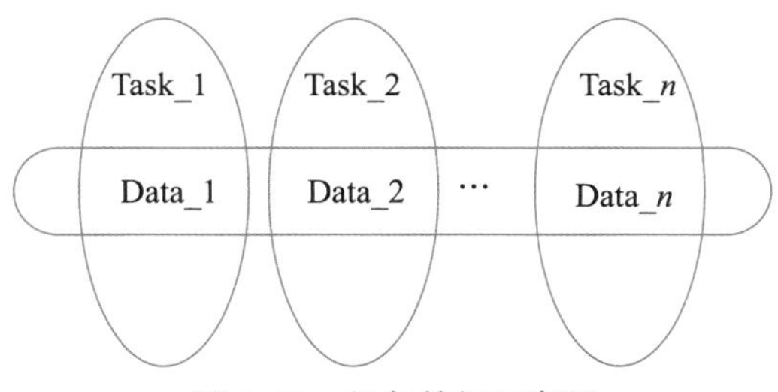

图 1.22　任务并行示意图

1.4.2　OpenMP 并行设计模型原理

OpenMP(Open Multi-Processing)是一种较为简单的并行设计方法,同时也是一个接口,用于实现多线程、共享内存的并行设计。对于习惯于传统串行程序设计的程序设计人员,只需要熟悉数据并行、任务并行和需要并行的程序结构,可以较为容易地设计出基于 OpenMP 的并行程序。

只使用数据并行手段时,在已经完成的项目程序中不需要大幅度地修改源代码,只在需要进行数据并行的部分加上专用的并行制导语句,编译器可自动识别该制导语句并将该部分代码并行化处理,此外也需要在必要的地方加入同步互斥与线程之间的通信。当所使用的编译器不支持 OpenMP 时,并行程序自动退化成串行程序,程序以串行方式正常运行,因此,使用 OpenMP 技术设计的并行程序具有较高的鲁棒性。OpenMP 技术提供了非常高层的抽象手段,大大降低了并行程序设计的难度,使程序设计者能够更多地关注与程序本身,而不是并行设计的具体实现细节。对于有较多数据并行的程序而言,OpenMP 技术是一个很好的选择。当使用任务并行策略时,设计人员需要对原始程序进行足够的分析,将任务分解为多个可以独立执行的任务,分配给不同的线程同时执行,最终再由主线程进行任务合并及数据同步。

使用 OpenMP 技术设计的并行程序,线程的粒度与系统的负载均衡都由系统自身决定,并不需要人为干预,OpenMP 技术不适用于线程间包含同步和互斥的情况。OpenMP 使用 fork-join 的并行执行模拟,按照以下模式执行:

1)当程序开始运行时,系统首先开辟一个主进程,该主进程会生成一个唯一的主线程,用来控制程序的运行以及对进程之间进行协调,主线程以串行的方式运行。

2)主线程在执行代码的过程中,当遇到 OpenMP 制导语句时,则自动开辟相应的线程与主线程组成线程组,称为 1 级线程组,线程组中的线程同步执行。

3)在 1 级线程组的执行过程中,若在任意线程中又遇到 OpenMP 制导语句,则以同样的方式开辟新的线程并组成新的下级线程组,称为 2 级线程组,以此类推。

4)任意线程组结束的地方,OpenMP 设置了一个隐式栅栏,用来使该线程组中的所有线程在此处进行同步,同步完成后,该线程组的主线程保留,其余线程均结束运行并释放所占内存,此后,该线程组的主线程继续执行后续的代码。

每一次开辟新的线程组的过程称为 fork,每一次线程组内保留主线程而结束其他线程的过程称为 join。OpenMP 中 fork-join 执行模型如图 1.23 所示。

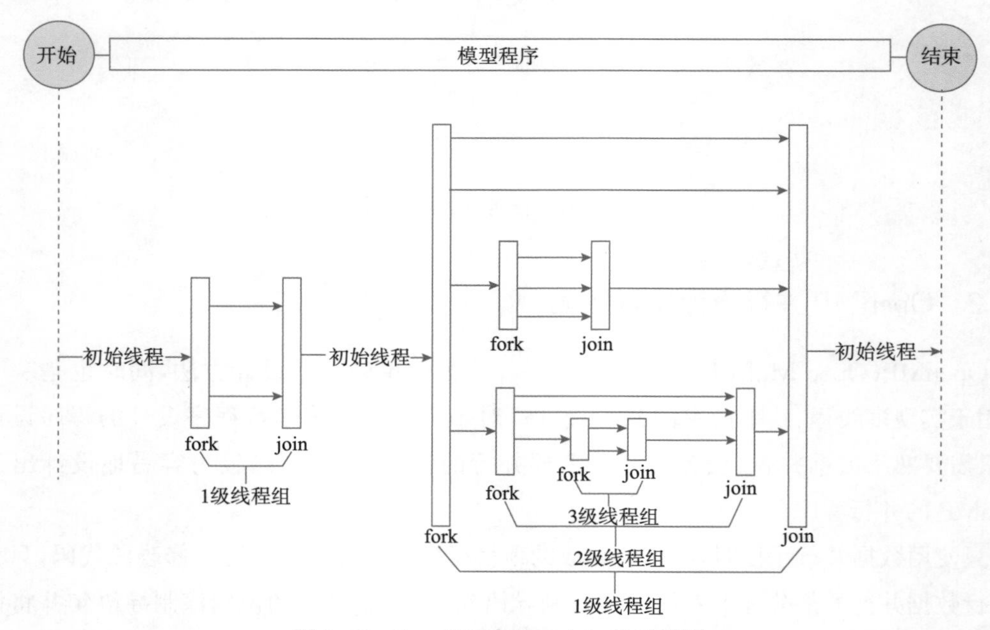

图 1.23 OpenMP 中 fork-join 执行模型

1.4.3 OpenMP基本指令及并行化流程详解

1.4.3.1 OpenMP的基本指令介绍

OpenMP支持的编程语言包括C、C++和Fortran，在C++语言中，OpenMP的制导语句的格式一般可写作：# pragma omp 指令[子句[子句]…]，如：# pragma omp parallel private(k,l)，其中，parallel表示指令部分，private后面接并行子句。OpenMP指令、常用库函数和子句如附录1中附表1至附表3所示。

1.4.3.2 并行化流程详解

本节所使用的一维水力学模型包含前处理、主计算过程、后处理三个主要模块。前述小节已经介绍了控制方程及其数值离散方法，模型具体的求解流程在每一计算步上的描述如图1.24所示。

前处理：输入边界条件，输入模型初始状态，输入断面地形，输入河网拓扑结构，输入模型参数。

主计算过程分为4个步骤进行：

步骤1：更新模型的边界条件。获取每一计算时间步的模型上下边界以及内部边界条件。

步骤2：主要计算部分。①计算动量方程中的显式部分；②计算水位梯度项以获取控制体的水位值；③通过上一步得到的水位回代入连续方程，求解控制体的流量值。

步骤3：更新所有单元干湿状态及水力参数。

步骤4：更新控制体变量值。

后处理：读取控制体状态并根据需求输出相应的计算结果。

在以上步骤中，前处理和后处理模块涉及文件读写操作，需按照顺序进行读写操作，且这两部分相对于主计算过程耗时较少，不需要进行并行化处理。

计算主程序中，有时间和空间两个维度，一般的计算顺序是，先计算时间维度，再计算空间维度，即先计算第一时刻所有断面上的水位流量，再根据上一时刻所有断面上的水位流量计算下一时刻过程。在这种计算方式下，因为下一时刻所有断面上的状态受上一时刻状态的影响，所以时间维度计算必须严格按照顺序执行，时间维度无法并行化处理。同时，理想情况下，对空间维度而言，当前断面的水位流量状态与该断面前后两个断面都有关，因此也无法并行化处理（并行化处理要求并行模块之间不相关），但是本书所采取的求解算法在一定程度避免了该问题。在本书所使用的模型求解算法中，空间维度计算同样无法完全并行化，计算流程严格按照流程图所示，但是在空间维度计算的每一个子步骤中都可采用并行化技术以提高计算速度。

子步骤1:粒子追踪。以边为载体,所有边同时开始反向追踪。

子步骤2:动量方程显式部分计算。以边为载体,所有边显式部分同时计算。

子步骤3:自由水面方程计算。以控制体为载体,所有控制体同时处理。

子步骤4:计算水力参数。以边为载体,所有控制体同时计算水力参数。

子步骤5:动量方程隐式部分回带。以边为载体,所有边同时计算。

子步骤6:更新计算水力参数。以边为载体,所有控制体同时更新。

子步骤7:控制体状态更新。水位和流量同时进行更新。

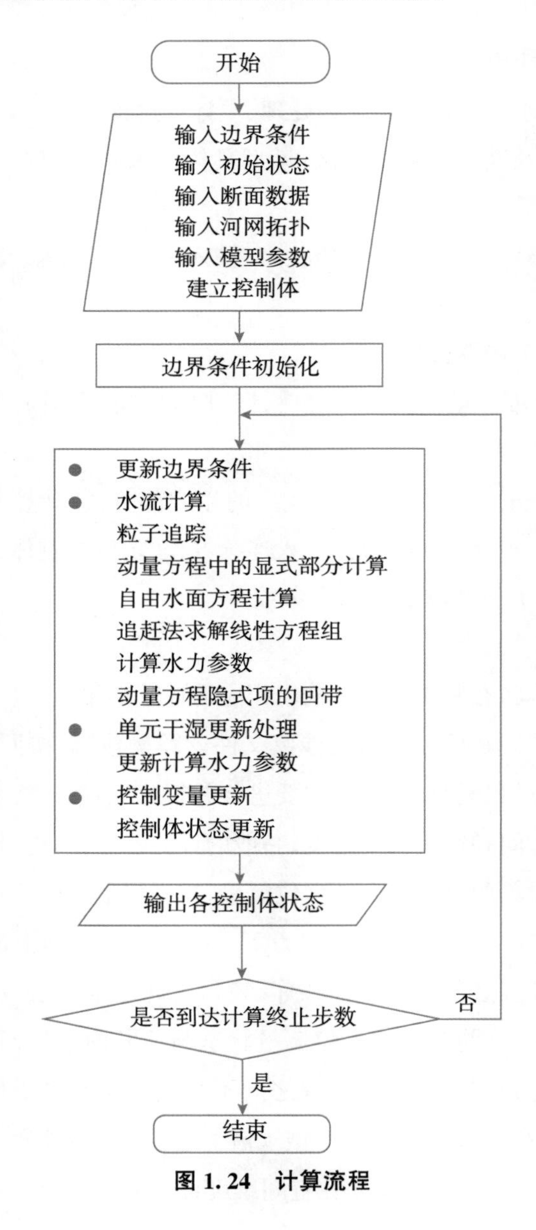

图1.24 计算流程

1.5 本章小结

本节基于圣维南控制方程组，运用 ELM 法求解动量方程的对流项，采用 θ 半隐方法离散动量方程的水位梯度项，利用有限体积法离散连续性方程，结合预测校正法将复杂枝状河网稀疏矩阵分解为若干三对角子矩阵，避免了汊点方程的迭代计算，建立了一种可实现河网系统简单、快速及高精度求解的 H1DM 枝状河网模型。选用枝状河网恒定流算例、枝状-环状河网非恒定流算例和环状河网非恒定流算例进行了模型测试，算例结果表明，模型对枝状河网具有较好的模拟效果，并针对其他河网情形也具有适用性。最后，选取了两个实例河网验证了模型的工程应用价值，并与 HEC-RAS 和 MIKE 11 等运用成熟的模型比较分析，进一步说明了 H1DM 模型在保证精度前提下能实现高效性，可以为与梯级水库调度耦合计算提供有力的技术支撑。

第2章 流域梯级电站间多维时空尺度水动力学建模及其高效解算方法

水流数值模型由描述水流运动的基本控制方程组和求解该方程组的数值计算方法组成。在控制方程的选择上，根据研究区域的地形和水动力学条件，河流水流运动可概化为一维、二维或三维流动问题，其相应控制方程的复杂程度各有差异，从而决定了数学模型求解的精度和效率。基于现有计算机硬件条件，采用二维浅水方程描述河流与浅水湖泊的水流运动，能较好地平衡模型的计算精度和计算效率。对于模型求解，国内外学者针对不同的实际工程用途，建立了一系列相应的数值模拟模型，但仍然存在以下几个问题：①通量梯度与底坡项平衡(和谐性)问题；②数值计算过程中水量守恒问题；③复杂计算域上的复杂流态、间断或大梯度解和强非恒定流模拟失真；④干湿界面问题；⑤摩阻项处理不当引起的刚性问题。

针对以上问题，本书以守恒形式的二维圣维南方程作为水流控制方程，并以 Godunov 型有限体积法为基本框架，建立了自适应网格下求解二维浅水方程的高精度有限体积模型。该模型不仅具有较好的和谐性、稳定性和水量守恒性，还能准确模拟复杂计算条件下的缓流、急流、混合流、间断流等不同水流形态。此外，本书从黎曼间断问题的角度出发，通过引入虚拟单元作为一二维水流的耦合区域，提出了一种一、二维水流控制方程的联解模式。

2.1 基于 Godunov 的平面二维水动力模型

2.1.1 一维水流控制方程

对于较大的河流流域，一维水流控制方程的数值求解能充分发挥其计算优势。因此在实际工程中，当研究问题着眼于断面平均水力要素时，通常采用一维浅水方程来描述河道水流的运动规律：

$$\frac{\partial A}{\partial t}+\frac{\partial Q}{\partial x}=Q_l$$

$$\frac{\partial Q}{\partial t}+\frac{\partial}{\partial x}(\frac{Q^2}{A})+gA\frac{\partial \eta}{\partial x}+gA\frac{|Q|Q}{K^2}=Q_l v_x \tag{2.1}$$

式中：t——时间；

x——空间坐标；

A——过水面积；

Q——断面流量；

$K=AC\sqrt{R}$——流量模数，C 为谢才系数，R 为水力半径；

Q_l——旁侧入流；

v_x——旁侧入流沿水流方向的速度分量。河道过水面积可以是任意形状，并沿程变化，其变化程度应满足下列假设条件：

1)水流是一维的，流速沿整个过水断面呈均匀分布，由断面平均值来表达。河道曲率所产生的离心作用忽略不计。

2)水压分布与水深成正比；流体密度假设为常数，因而沿横向的水面为水平。

3)一维河道的边界摩擦力影响和紊动作用可通过调节阻力系数来表示。

2.1.2 基于 Godunov 的平面二维水动力学模型

对于平面大范围的自由表面流动或者垂向流速小的浅水流动，通常在 N-S 方程中引入静水压力分布、物理量沿垂向均匀分布等假设条件，并沿水深方向进行积分简化方程，简化后可得到二维浅水方程(Saint-Venant et al.，1871)：

$$\frac{\partial \boldsymbol{U}}{\partial t}+\frac{\partial \boldsymbol{E}^{\text{adv}}}{\partial x}+\frac{\partial \boldsymbol{G}^{\text{adv}}}{\partial y}=\frac{\partial \boldsymbol{E}^{\text{diff}}}{\partial x}+\frac{\partial \boldsymbol{G}^{\text{diff}}}{\partial y}+\boldsymbol{S} \tag{2.2}$$

式中：$\boldsymbol{U}$——守恒向量；

$\partial \boldsymbol{E}^{\text{adv}}$ 和$\partial \boldsymbol{G}^{\text{adv}}$——$x$ 和 y 方向的对流通量向量；

$\boldsymbol{E}^{\text{diff}}$ 与$\boldsymbol{G}^{\text{diff}}$——$x$ 和 y 方向的紊动扩散通量；

$\boldsymbol{S}$——源项向量，由底坡项 $\boldsymbol{S}_0$、摩擦项与风应力$\boldsymbol{S}_{wf}$ 以及地转科氏力 $\boldsymbol{S}_c$ 组成：

$$\boldsymbol{U}=\begin{bmatrix}h\\hu\\hv\end{bmatrix},\boldsymbol{F}^{\text{adv}}=\begin{bmatrix}hu\\hu^2+\frac{1}{2}gh^2\\huv\end{bmatrix},\boldsymbol{G}^{\text{adv}}=\begin{bmatrix}hv\\huv\\hv^2+\frac{1}{2}gh^2\end{bmatrix}$$

$$\boldsymbol{F}^{\text{diff}}=\begin{bmatrix}0\\2h\gamma_t\frac{\partial u}{\partial x}\\h\gamma_t(\frac{\partial u}{\partial y}+\frac{\partial v}{\partial x})\end{bmatrix},\boldsymbol{G}^{\text{diff}}=\begin{bmatrix}0\\h\gamma_t(\frac{\partial u}{\partial y}+\frac{\partial v}{\partial x})\\2h\gamma_t\frac{\partial v}{\partial y}\end{bmatrix}$$

$$\boldsymbol{S}=\boldsymbol{S}_0+\boldsymbol{S}_{wf}+\boldsymbol{S}_c=\begin{bmatrix}0\\-gh\frac{\partial b}{\partial x}\\-gh\frac{\partial b}{\partial y}\end{bmatrix}+\begin{bmatrix}0\\\frac{\tau_{wx}-\tau_{fx}}{h}\\\frac{\tau_{wy}-\tau_{fy}}{h}\end{bmatrix}+\begin{bmatrix}0\\fv\\-fu\end{bmatrix} \tag{2.3}$$

式中：h ——平均水深；

u 和 v——沿 x 和 y 方向的流速；

g——重力加速度；

$f=2\omega\sin\varphi$ ——科氏系数，ω 和 φ 分别为地球的转动角速度和纬度；

S_{0x} 和 S_{0y} ——x 和 y 方向的底坡项：

$$S_{0x}=-\frac{\partial b(x,y)}{\partial x},S_{0y}=-\frac{\partial b(x,y)}{\partial y} \tag{2.4}$$

紊动黏性系数的 γ_t 计算方法包括取常数值，利用代数封闭模型（Mellor et al.，1982；Nakanishi et al.，2004；Mellor et al.，2004；Begnudelli et al.，2010），以及 k—ε 紊流模型（Han et al.，1995；Murakami et al.，1990；Park et al.，1995；张云等，1992）。考虑到模型的计算复杂程度和精度，本书采用如下代数关系计算（Begnudelli et al.，2010）：

$$\gamma_t=\alpha k u_* h \tag{2.5}$$

式中：α ——比例系数，一般取 0.2；

k ——卡门系数，取 0.4；

u_* ——床面剪切流速：

$$u_*=\sqrt{\frac{gn^2(u^2+v^2)}{h^{1/3}}} \tag{2.6}$$

τ_{fx} 与 τ_{fy} 分别为 x 和 y 方向的河底阻力：

$$\tau_{fx}=\frac{n^2u\sqrt{u^2+v^2}}{h^{1/3}},\tau_{fy}=\frac{n^2v\sqrt{u^2+v^2}}{h^{1/3}} \tag{2.7}$$

式中：n——河床糙率，与地形地貌、地表粗糙程度、植被覆盖等下垫面情况有关，通常结合经验给定。

τ_{wx} 与 τ_{wy} ——x 和 y 方向的风应力（华祖林等，2001）：

$$\tau_{wx}=\rho_a C_D|\upsilon_x|\upsilon_x,\tau_{wy}=\rho_a C_D|\upsilon_y|\upsilon_y \tag{2.8}$$

式中：ρ_a ——空气密度；

C_D ——风力拖曳系数；

υ_x 和 υ_y ——水面上 10m 处的风速。

2.1.3 二维浅水方程的和谐形式

式（2.2）和式（2.3）组成的二维浅水方程在实际工程中常用于描述河道与浅水湖泊的水流运动机制。然而，当模型采用斜底三角网格或者自适应网格时，需要构造额外的动量通量或者底坡校正项来保证计算格式满足动量梯度与底坡离散平衡。针对这个问题，Liang et al.（2009）以水位变量代替水深变量，对控制方程形式进行了如下改进：

以 x 方向为列，由于水位为 $h+b$，因此有：

$$\frac{\partial h^2}{\partial x}=\frac{\partial}{\partial x}(\eta-b)^2=\frac{\partial}{\partial x}(\eta^2-2\eta b+b^2) \tag{2.9}$$

则浅水方程在 x 方向的动量守恒方程为：

$$\frac{\partial hu}{\partial t}+\frac{\partial}{\partial x}(hu^2+\frac{1}{2}g(\eta^2-2\eta b+b^2))+\frac{\partial huv}{\partial y}=2h\gamma_t\frac{\partial u}{\partial x}+h\gamma_t(\frac{\partial u}{\partial y}+\frac{\partial v}{\partial x})-gh\frac{\partial b}{\partial x}+\frac{\tau_{wx}-\tau_{fx}}{h}+fv \tag{2.10}$$

整理式(2.10)可得：

$$\frac{\partial hu}{\partial t}+\frac{\partial}{\partial x}(hu^2+\frac{1}{2}g(\eta^2-2\eta b)+\frac{1}{2}b^2)+\frac{\partial huv}{\partial y}=2h\gamma_t\frac{\partial u}{\partial x}+h\gamma_t(\frac{\partial u}{\partial y}+\frac{\partial v}{\partial x})-g\eta\frac{\partial b}{\partial x}+\frac{\tau_{wx}-\tau_{fx}}{h}+fv \tag{2.11}$$

采用同样方法可以得到 y 方向动量方程的类似形式：

$$\frac{\partial hu}{\partial t}+\frac{\partial huv}{\partial y}+\frac{\partial}{\partial y}(hv^2+\frac{1}{2}g(\eta^2-2\eta b)+\frac{1}{2}b^2)=h\gamma_t(\frac{\partial u}{\partial y}+\frac{\partial v}{\partial x})+2h\gamma_t\frac{\partial v}{\partial y}-g\eta\frac{\partial b}{\partial y}+\frac{\tau_{wy}-\tau_{fy}}{h}-fu \tag{2.12}$$

暂不考虑泥沙运动的影响，因此有：

$$\frac{\partial b}{\partial t}=0,\frac{\partial h}{\partial t}=\frac{\partial(\eta-b)}{\partial t}=\frac{\partial\eta}{\partial t} \tag{2.13}$$

结合式(2.2)、式(2.3)、式(2.11)至式(2.13)，二维浅水方程有如下改进形式：

$$\frac{\partial \boldsymbol{U}}{\partial t}+\frac{\partial \boldsymbol{F}^{\text{adv}}}{\partial x}+\frac{\partial \boldsymbol{G}^{\text{adv}}}{\partial y}=\frac{\partial \boldsymbol{F}^{\text{diff}}}{\partial x}+\frac{\partial \boldsymbol{G}^{\text{diff}}}{\partial y}+\boldsymbol{S} \tag{2.14}$$

$$\boldsymbol{U}=\begin{bmatrix}\eta\\hu\\hv\end{bmatrix},\boldsymbol{F}^{\text{adv}}=\begin{bmatrix}hu\\hu^2+\frac{1}{2}g(\eta^2-2\eta z_b)\\huv\end{bmatrix},\boldsymbol{G}^{\text{adv}}=\begin{bmatrix}hv\\huv\\hv^2+\frac{1}{2}g(\eta^2-2\eta z_b)\end{bmatrix},$$

$$\boldsymbol{F}^{\text{diff}}=\begin{bmatrix}0\\2h\gamma_t\frac{\partial u}{\partial x}\\h\gamma_t(\frac{\partial u}{\partial y}+\frac{\partial v}{\partial x})\end{bmatrix},\boldsymbol{G}^{\text{diff}}=\begin{bmatrix}0\\h\gamma_t(\frac{\partial u}{\partial y}+\frac{\partial v}{\partial x})\\2h\gamma_t\frac{\partial v}{\partial y}\end{bmatrix},$$

$$\boldsymbol{S}=\boldsymbol{S}_0+\boldsymbol{S}_{wf}+\boldsymbol{S}_c=\begin{bmatrix}0\\-g\eta\frac{\partial b}{\partial x}\\-g\eta\frac{\partial b}{\partial y}\end{bmatrix}+\begin{bmatrix}0\\\frac{\tau_{wx}-\tau_{fx}}{h}\\\frac{\tau_{wy}-\tau_{fy}}{h}\end{bmatrix}+\begin{bmatrix}0\\fu\\-fv\end{bmatrix} \tag{2.15}$$

与传统形式二维浅水方程相比，改进的方程式(2.14)和式(2.15)能够保证通量梯度与底坡项之间的平衡，现证明如下：

静水条件下，紊动扩散通量与摩阻项均为零，忽略风应力以及地转科氏力的影响，水流的运动状态仅由对流数值通量与底坡项近似之差决定，如果对流通量梯度与底坡离散平衡，那么水流运动能够保证静水状态，即模型具备和谐性质。以 x 方向为列，在改进的浅水方程形式下，水平方向对流通量梯度 ΔF 为：

$$\Delta F = \frac{F_\mathrm{E} - F_\mathrm{W}}{\Delta x} \tag{2.16}$$

式中：F_E 和 F_W ——单元东、西界面处的对流通量，本书采用 HLLC 型近似黎曼算子计算对流通量时（详见 2.2.4 节），静水条件下水位 η 为定值，x 和 y 方向上的流速为 0，因此 F_E 和 F_W 分别为：

$$F_\mathrm{E} = \frac{g}{2}(\eta^2 - 2\eta b_\mathrm{E}),\ F_\mathrm{W} = \frac{g}{2}(\eta^2 - 2\eta b_\mathrm{W}) \tag{2.17}$$

将式(2.17)带入式(2.16)，得到：

$$\frac{F_\mathrm{E} - F_\mathrm{W}}{\Delta x} = -g\,\frac{\eta b_\mathrm{E} - \eta b_\mathrm{W}}{\Delta x} = -g\eta\,\frac{b_\mathrm{E} - b_\mathrm{W}}{\Delta x} \tag{2.18}$$

由式(2.18)可知，采用中心离散方法计算 x 方向的底坡项即可保证格式和谐：

$$\frac{F_\mathrm{E} - F_\mathrm{W}}{\Delta x} = -g\,\frac{\eta b_\mathrm{E} - \eta b_\mathrm{W}}{\Delta x} = -g\eta\,\frac{b_\mathrm{E} - b_\mathrm{W}}{\Delta x} = -g\eta\,\frac{\partial b}{\partial x} \tag{2.19}$$

同样方法可得 y 方向有：

$$\frac{G_\mathrm{N} - G_\mathrm{S}}{\Delta y} = -g\,\frac{\eta b_\mathrm{N} - \eta b_\mathrm{S}}{\Delta y} = -g\eta\,\frac{b_\mathrm{N} - b_\mathrm{S}}{\Delta y} = -g\eta\,\frac{\partial b}{\partial y} \tag{2.20}$$

由式(2.19)和式(2.20)可知改进形式的二维浅水控制方程不需要添加额外通量和底坡校正项就能保证数值格式的静水和谐性。

2.2 平面二维水动力模型计算方法

本节围绕河道与浅水湖泊水流数值模拟的若干关键科学问题，综合考虑了水流形态、计算精度和计算效率等因素，研究自适应结构网格下二维浅水方程的高精度数值求解方法。以 Godunov 型有限体积法为框架，运用具有时空二阶精度的 MUSCL-Hancock 预测-校正格式对浅水控制方程进行离散。基于局部 Froude 数，提出了水深—水位加权变量重构技术，能准确模拟缓流、急流、混合流、间断流等复杂流态，并结合 minmod 限制器保证了格式的 TVD 特性，避免了间断解或大梯度解附近产生非物理虚假振荡；深入分析了通量计算可能导致的负水深问题，创新性地提出了一种水量通量矫正方法，解决了数值计算过程中产生负水深的难题，有效提高了计算过程的水量守恒性；采用 HLLC 近似黎曼算子计算界面通量，能够有效地捕获接触间断；运用半隐式格式处理摩阻项，能有效避免小水深引起的非物理大流速问题，极大地提高了数值计算的稳定性；最后结合 CFL 稳定条件给出了数值模型的自适应时间步长方法。

2.2.1　有限体积法及浅水方程的离散形式

采用迎风格式下的Godunov型有限体积法对浅水方程进行离散。在任意控制体Ω上对式(2.14)所示的控制方程进行积分得：

$$\frac{\partial}{\partial t}\int_{\Omega}\boldsymbol{U}\mathrm{d}\Omega+\int_{\Omega}\left(\frac{\partial \boldsymbol{F}^{\mathrm{adv}}}{\partial x}+\frac{\partial \boldsymbol{G}^{\mathrm{adv}}}{\partial y}\right)\mathrm{d}\Omega=\int_{\Omega}\left(\frac{\partial \boldsymbol{F}^{\mathrm{diff}}}{\partial x}+\frac{\partial \boldsymbol{G}^{\mathrm{diff}}}{\partial y}\right)\mathrm{d}\Omega+\int_{\Omega}\boldsymbol{S}\mathrm{d}\Omega \qquad (2.21)$$

式(2.21)的向量项均由式(2.15)给出。将式(2.21)移项并运用Green公式，可得控制方程沿其边界的线积分：

$$\frac{\partial}{\partial t}\int_{\Omega}\boldsymbol{U}\mathrm{d}\Omega+\oint_{s}(\boldsymbol{H}^{\mathrm{adv}}-\boldsymbol{H}^{\mathrm{diff}})\mathrm{d}s=\int_{\Omega}\boldsymbol{S}\mathrm{d}\Omega \qquad (2.22)$$

式中：s——控制体Ω的边界；

$\mathrm{d}\Omega$——面积微元；

$\boldsymbol{H}^{\mathrm{adv}}=[\boldsymbol{F}^{\mathrm{adv}},\boldsymbol{G}^{\mathrm{adv}}]^{\mathrm{T}}$ 和 $\boldsymbol{H}^{\mathrm{diff}}=[\boldsymbol{F}^{\mathrm{diff}},\boldsymbol{G}^{\mathrm{diff}}]^{\mathrm{T}}$——对流通量与扩散通量。令 $\boldsymbol{H}=\boldsymbol{H}^{\mathrm{adv}}-\boldsymbol{H}^{\mathrm{diff}}$，则在平面正交网格中式(2.22)的第二项所示数值通量为：

$$\oint_{s}(\boldsymbol{H}^{\mathrm{adv}}-\boldsymbol{H}^{\mathrm{diff}})\mathrm{d}s=\oint_{s}\boldsymbol{H}\mathrm{d}s=(\boldsymbol{F}_{\mathrm{E}}-\boldsymbol{F}_{\mathrm{W}})\Delta y+(\boldsymbol{G}_{\mathrm{N}}-\boldsymbol{G}_{\mathrm{S}})\Delta x \qquad (2.23)$$

式中：Δx 和 Δy——网格单元的边长；

$\boldsymbol{F}=\boldsymbol{F}^{\mathrm{adv}}-\boldsymbol{F}^{\mathrm{diff}}$ 和 $\boldsymbol{G}=\boldsymbol{G}^{\mathrm{adv}}-\boldsymbol{G}^{\mathrm{diff}}$——网格单元表面的数值通量向量。结合式(2.22)和式(2.23)可得到时间步长上的微分守恒形式：

$$\boldsymbol{U}_{i,j}^{n+1}=\boldsymbol{U}_{i,j}^{n}-\frac{\Delta t}{\Delta x}(\boldsymbol{F}_{\mathrm{E}}-\boldsymbol{F}_{\mathrm{W}})-\frac{\Delta t}{\Delta y}(\boldsymbol{G}_{\mathrm{N}}-\boldsymbol{G}_{\mathrm{S}})+\Delta t\boldsymbol{S}_{i,j} \qquad (2.24)$$

式中：上标 n——时间；

下标 i——单元序号；

Δt——时间步长；

$\boldsymbol{F}_{\mathrm{E}}$、$\boldsymbol{F}_{\mathrm{W}}$、$\boldsymbol{G}_{\mathrm{N}}$ 和 $\boldsymbol{G}_{\mathrm{S}}$——计算单元4个方向界面处的数值通量，均由对流通量和扩散通量组成；

$\boldsymbol{S}_{i,j}$——源项近似。

2.2.2　自适应非统一网格体系

有限体积法求解二维浅水方程需要将计算区域划分成有限个计算单元，每个计算单元的控制范围通过网格来表达，因此网格的大小决定了计算单元的数量。如果采用大量高分辨率的网格来划分计算区域，能显著提高模型计算精度与复杂地形的拟合能力，但会极大程度地增加数值模型的计算量，降低程序的运行效率。在实际工程中，计算区域内不同子区域通常对网格分辨率的要求不同。因此，如何在提高网格分辨率的同时减少数值计算量是国内外研究学者非常关注的问题。

针对上述问题，本书在正交网格基础上，提出了一种网格动态自适应方法，该方法能根据计算区域的水位梯度特征和污染物梯度特征动态加密或稀疏网格数量，在提高数值模拟空间精度的同时减少计算单元数量。

结构网格不对直角坐标下的控制方程作任何变换，它可以采用简单的阶梯网格拟合复杂边界，或者先用规则矩形网格划分整个计算区域，然后对计算域内的不规则地形区域进行局部加密，加密后的矩形网格也叫非统一结构网格，常见的非统一结构网格有(Liang et al.，2011；Kesserwani et al.，2012；Lee et al.，2011；Muller et al.，2009)：

由图 2.1 可知，采用方法(a)生成的非统一结构网格比较灵活，但其相邻单元(包括子单元)之间的关系需要通过计算机复杂的内存预处理来指定；采用方法(b)生成的非统一网格，其相邻单元之间的拓扑结构相对简单，并且保留了结构网格的行列特点，其邻接单元能够通过相应的行列关系来顺序描述。本书在图 2.1(b)形式的非统一结构网格基础上，提出了一种网格编号方式。通过这种方式，任意单元及其邻接单元都可以通过相应的编号来描述，如图 2.2 所示。

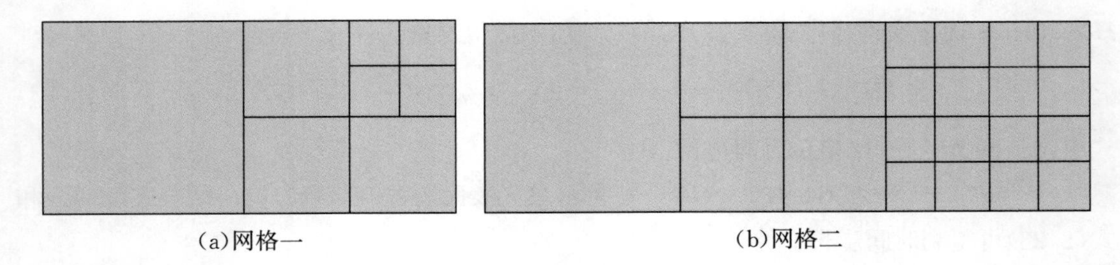

图 2.1　两种非统一结构网格

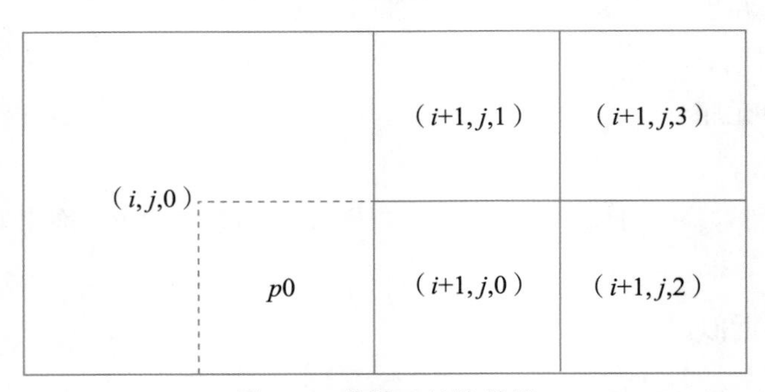

图 2.2　非统一结构单元

非统一网格中每个初始背景单元$(i,j)$$(i,j)$的子单元用$(i,j,p)$来表示，子单元编号 p 的值为 0,2,…,$N-1$，其中 $N=4^{lel}$，为背景单元(i,j)的子单元个数，lel 为背景单元的加密等级。图 2.2 分别给出 2 种不同等级单元，其中初始单元(i,j)和$(i+1,j)$的划分等级 lel 分别为 0 和 1，$(i+1,j)$的子单元按照左下右上、先行后列的顺序编号，分别为$(i+1,j,0)$，$(i+1,j,1)$，$(i+1,j,2)$以及$(i+1,j,3)$，其中任意子单元与其相邻单元编号存在的关系如图 2.3 所示。

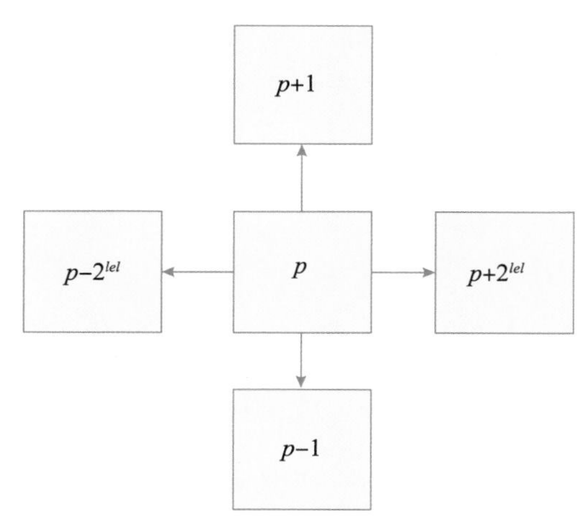

图 2.3　非统一网格相邻单元编号关系

采用上述网格体系，网格单元之间的拓扑关系可通过上述编号关系来表达，在进行有限体积求解时任意单元可根据其对应的编号判断邻接单元，而不需要通过计算机复杂的内存预处理来指定。

非统一网格体系下可能存在不同等级的邻接单元，即在两个单元界面间存在悬挂节点，当子单元 p 位于背景单元边界时，如 $(i+1,j,0)$，需引入镜像单元 $p0$ 作为其西边相邻单元，如图 2.2 所示。此外，不同等级单元界面的左右的状态需进行三角形线性插值计算得到（Liang et al.，2009）。

基于上述网格编号方法，实现了计算区域内不同等级的计算单元同时存在，在此基础上，下面给出自适应网格的主要实现过程：

步骤 1：采用均匀网格划分计算区域，并以 (i,j) 表示网格序号，网格等级为 lel；

步骤 2：给定一个加密准则 Θ_R 和一个稀疏准则 Θ_C；

步骤 3：将符合 Θ_R 的计算单元划分成 4 个子单元（加密），符合 Θ_C 的 4 个子单元合并成一个母单元（稀疏），并且所有加密单元等级为 $lel+1$，稀疏单元等级为 $lel-1$；

步骤 4：重复步骤 3，直至加密或者稀疏结束；

步骤 5：网格光滑处理，确保所有相邻单元之间等级之差不大于 2；

步骤 6：对新生成的计算单元进行三角线性插值；

步骤 7：加密和稀疏结束。

至此，在方程数值离散的每个时间步长内进行上述加密和稀疏步骤，即可实现网格的自适应过程。

2.2.3　水深-水位加权重构方法及无震荡格式

一阶迎风格式数值耗散很大，无法准确处理陡峭的激波问题，在解均匀的区域精度低；中心差分格式在解均匀的区域精度高，但是在间断附近常常出现虚假数值震荡，格式不具有

TVD 特性。因此，本节针对上述问题，空间上，采用 MUSCL 变量重构和 minmod 限制器技术，提高了模型的空间精度且保证了格式的 TVD 特性；时间上，引入 Hancock 预测-校正方法提高了模型的时空精度(Liang，2012)：

预测步：

$$U_i^{n+1/2}=U_i^n-\frac{\Delta t}{2\Delta x}(F_{\mathrm{E}}-F_{\mathrm{W}})-\frac{\Delta t}{2\Delta y}(G_{\mathrm{N}}-G_{\mathrm{S}})+\frac{\Delta t}{2}S_i \tag{2.25}$$

校正步：

$$U_i^{n+1}=U_i^{n+1/2}-\frac{\Delta t}{\Delta x}(F_{\mathrm{E}}-F_{\mathrm{W}})-\frac{\Delta t}{\Delta y}(G_{\mathrm{N}}-G_{\mathrm{S}})+\Delta t S_i \tag{2.26}$$

式中：$U_i^{n+1/2}$——中间变量。MUSCL-Hancock 预测校正法在预测步时，数值通量可由通量公式计算得到，因此只需要在校正步计算一次 Riemann 问题，其效率相对 Runge-kutta 法较高。

为了提高数值模拟的空间精度，须对单元界面处的变量值进行重构：

$$U_{\mathrm{L}}=U_i+\frac{1}{2}(U_{i,j}-U_{i-1,j}),U_{\mathrm{R}}=U_{i+1}-\frac{1}{2}(U_{i+1,j}-U_{i,j}) \tag{2.27}$$

传统的水深重构方法包括水深重构法与水位重构法：

$$h_{i+1/2,j}^{\mathrm{L,D}}=h_{i,j}+\frac{1}{2}\psi(r)(h_{i,j}-h_{i-1,j})$$

$$h_{i+1/2,j}^{\mathrm{R,D}}=h_{i+1,j}-\frac{1}{2}\psi(r)(h_{i+1,j}-h_{i,j}) \tag{2.28}$$

$$h_{i+1/2,j}^{\mathrm{L,S}}=\eta_{i,j}+\frac{1}{2}\psi(r)(\eta_{i,j}-\eta_{i-1,j})-b_{i+1/2,j}$$

$$h_{i+1/2,j}^{\mathrm{R,S}}=\eta_{i+1,j}-\frac{1}{2}\psi(r)(\eta_{i+1,j}-\eta_{i,j})-b_{i+1/2,j} \tag{2.29}$$

式中：$b_{i+1/2,j}=\max(\eta_{i+1/2,j}^{\mathrm{L}}-h_{i+1/2,j}^{\mathrm{L}},\eta_{i+1/2,j}^{\mathrm{R}}-h_{i+1/2,j}^{\mathrm{R}})$——单元界面处的底高程。

由于传统的水深重构方法在采用中心离散底坡项的条件下不能完全保证静水和谐；而 Zhou(2001)提出的水位重构可以有效保证计算格式的和谐性质，但是在干湿界面附近容易出现小水深大流速和负水深问题，从而导致计算失稳且不利于水量守恒。针对这个问题，本书引入局部 Froude 数，提出了一种水深-水位加权重构方法，可根据不同水流形态选择水深或水位重构方法，有效提高模型在复杂流体运动中的适应能力，其表达式为：

$$\begin{aligned}h_{i+1/2,j}^{\mathrm{L}}&=\omega_{i,j}h_{i+1/2,j}^{\mathrm{L,D}}+(1-\omega_{i,j})h_{i+1/2,j}^{\mathrm{L,S}}\\h_{i+1/2,j}^{\mathrm{R}}&=\omega_{i,j}h_{i+1/2,j}^{\mathrm{R,D}}+(1-\omega_{i,j})h_{i+1/2,j}^{\mathrm{R,S}}\end{aligned} \tag{2.30}$$

式中：$\omega_{i,j}$——加权系数。为了提高模型模拟复杂混合流态的能力，本书基于局部 Froude 数选择加权系数：

$$\omega_{i,j}=\begin{cases}0 & 0\leqslant Fr_{i,j}\leqslant 1\\1 & Fr_{i,j}>1\end{cases} \tag{2.31}$$

采用水深-水位加权重构方法时，模型可根据不同水流形态自适应选择空间重构方法，当流态为缓流时采用水位重构法，反之，则采用水深重构法。

为保证计算格式的 TVD 特性，引入 minmod 限制器技术，以 x 方向为例：

$$U_{\mathrm{L}}=U_i+\frac{1}{2}\psi(r)(U_{i,j}-U_{i-1,j}),U_{\mathrm{R}}=U_{i+1}-\frac{1}{2}\psi(r)(U_{i+1,j}-U_{i,j}) \tag{2.32}$$

式中：$r=(U_{i,j}-U_{i-1,j})/(U_{i+1,j}-U_{i,j})$——限制因子；

$\psi(r)$——通量限制器，本书取（Anastasiou et al.，1997）：

$$\psi(r)=\begin{cases}\min(r,1) & r>0\\ 0 & r\leqslant 0\end{cases} \tag{2.33}$$

2.2.4 对流与扩散数值通量计算

在有限体积法中，物理变量在每个单元内部为常数，因此在单元界面处两侧的物理量可能不相等，即存在接触间断，从而在界面处构成了局部 Riemann 问题。早在 1959 年，Godunov(1959)首次在空气动力学中引入了 Riemann 间断的思想，该思想目前已在计算流体动力学领域得到广泛应用。在目前较为常见的 Riemann 算子中，HLLC 格式具有较强的激波捕获能力并且适应干湿界面计算，因此本书采用该格式计算二维浅水方程的对流数值通量，其解的结构如图 2.4 所示（Liang et al.，2009）。

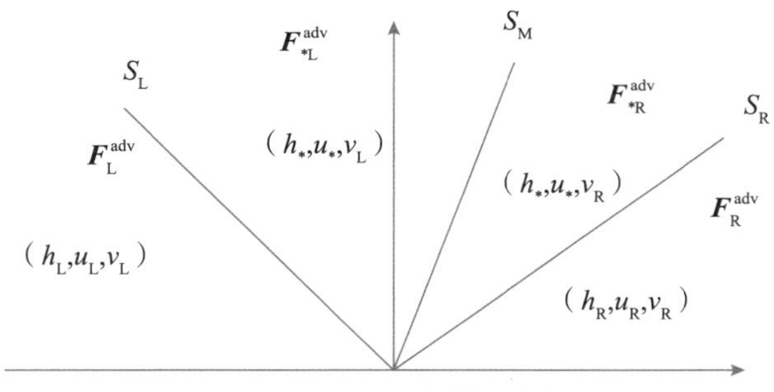

图 2.4 HLLC 黎曼解结构

以单元东边为例，其通量为：

$$\boldsymbol{F}_{\mathrm{E}}^{\mathrm{adv}}=\begin{cases}\boldsymbol{F}_{\mathrm{L}}^{\mathrm{adv}} & 0\leqslant S_{\mathrm{L}}\\ \boldsymbol{F}_{*\mathrm{L}}^{\mathrm{adv}} & S_{\mathrm{L}}\leqslant 0\leqslant S_{\mathrm{M}}\\ \boldsymbol{F}_{*\mathrm{R}}^{\mathrm{adv}} & S_{\mathrm{M}}\leqslant 0\leqslant S_{\mathrm{R}}\\ \boldsymbol{F}_{\mathrm{R}}^{\mathrm{adv}} & 0\geqslant S_{\mathrm{R}}\end{cases} \tag{2.34}$$

式中：$\boldsymbol{F}_{\mathrm{L}}^{\mathrm{adv}}=\boldsymbol{F}(U_{\mathrm{L}})$，$\boldsymbol{F}_{\mathrm{R}}^{\mathrm{adv}}=\boldsymbol{F}(U_{\mathrm{R}})$由边界处左右两边的黎曼状态 $\boldsymbol{U}_{\mathrm{L}}$ 和 $\boldsymbol{U}_{\mathrm{R}}$ 计算得到，边界处的守恒量由单元中心守恒量通过线性重构得到；

S_{L}，S_{M}，S_{R}——黎曼间断处的波速。式(2.34)中 S_{M} 的左右两边通量 $\boldsymbol{F}_{*\mathrm{L}}^{\mathrm{adv}}$ 和 $\boldsymbol{F}_{*\mathrm{R}}^{\mathrm{adv}}$ 有：

$$\boldsymbol{F}_{*\mathrm{L}}^{\mathrm{adv}}=\begin{bmatrix}f_{*1}\\f_{*2}\\v_{\mathrm{L}}f_{*1}\end{bmatrix},\boldsymbol{F}_{*\mathrm{R}}^{\mathrm{adv}}=\begin{bmatrix}f_{*1}\\f_{*2}\\v_{\mathrm{R}}f_{*1}\end{bmatrix} \tag{2.35}$$

式中：v_L 和 v_R——黎曼处的左右切线速度，它们在左右波处保持不变。HLL 形式下有（Toro et al.，1994）：

$$\boldsymbol{F}_{*}^{\mathrm{adv}}=\frac{S_{\mathrm{R}}\boldsymbol{F}_{\mathrm{L}}^{\mathrm{adv}}-S_{\mathrm{L}}\boldsymbol{F}_{\mathrm{R}}^{\mathrm{adv}}+S_{\mathrm{L}}S_{\mathrm{R}}(U_{\mathrm{R}}-U_{\mathrm{L}})}{S_{\mathrm{R}}-S_{\mathrm{L}}} \tag{2.36}$$

通过式(2.36)，得到在 HLL 形式下的 $\boldsymbol{F}_{*\mathrm{L}}^{\mathrm{adv}}$ 和 $\boldsymbol{F}_{*\mathrm{R}}^{\mathrm{adv}}$，其中第 3 个分量分别为 $f_{*3}=v_{\mathrm{L}}f_{*1}$ 和 $f_{*3}=v_{\mathrm{R}}f_{*1}$。

由式(2.34)和式(2.36)可知，采用 HLLC 格式计算数值通量的关键在于波速近似。目前，存在多种波速估计方法，如 Fraccarollo et al.(1995)采用双稀疏波假设并考虑干底情况的方法以计算波速近似值，Zia et al.(2008)采用综合考虑激波、稀疏波和干底情况的方法计算波速。本书黎曼解的波速选择为：

$$S_{\mathrm{L}}=\begin{cases}u_{\mathrm{R}}-2\sqrt{gh_{\mathrm{R}}} & h_{\mathrm{L}}=0\\ \min(u_{\mathrm{L}}-\sqrt{gh_{\mathrm{L}}},u_{*}-\sqrt{gh_{*}}) & h_{\mathrm{L}}>0\end{cases} \tag{2.37}$$

$$S_{\mathrm{R}}=\begin{cases}u_{\mathrm{L}}+2\sqrt{gh_{\mathrm{L}}} & h_{\mathrm{R}}=0\\ \max(u_{\mathrm{R}}+\sqrt{gh_{\mathrm{R}}},u_{*}+\sqrt{gh_{*}}) & h_{\mathrm{R}}>0\end{cases} \tag{2.38}$$

式中：$u_{\mathrm{L}},u_{\mathrm{R}},h_{\mathrm{L}},h_{\mathrm{R}}$——黎曼问题当中的左右状态量，且：

$$u_{*}=\frac{1}{2}(u_L+u_R)+\sqrt{gh_L}-\sqrt{gh_R}$$

$$h_{*}=\frac{1}{g}\left[\frac{1}{2}(\sqrt{gh_L}+\sqrt{gh_R})+\frac{1}{4}(u_L-u_R)\right]^2 \tag{2.39}$$

中间波速 S_{M} 可以表示为：

$$S_{\mathrm{M}}=\frac{S_{\mathrm{L}}h_{\mathrm{R}}(u_{\mathrm{R}}-S_{\mathrm{R}})-S_{\mathrm{R}}h_{\mathrm{L}}(u_{\mathrm{L}}-S_{\mathrm{L}})}{h_{\mathrm{R}}(u_{\mathrm{R}}-S_{\mathrm{R}})-h_{\mathrm{L}}(u_{\mathrm{L}}-S_{\mathrm{L}})} \tag{2.40}$$

对于另外 3 个方向的通量，可以采用类似的方法计算。

式(2.34)至式(2.40)给出了对流数值通量的计算方法。相比对流数值通量的计算过程，扩散数值通量的计算方法较为简单，同样以东边单元为例，其扩散数值通量可通过式(2.41)计算得到：

$$\boldsymbol{F}_{\mathrm{E}}^{\mathrm{diff}}=\begin{bmatrix}0\\2h_{\mathrm{E}}\gamma_t\dfrac{\partial u_{\mathrm{E}}}{\partial x}\\h_{\mathrm{E}}\gamma_t\left(\dfrac{\partial u_{\mathrm{E}}}{\partial y}+\dfrac{\partial v_{\mathrm{E}}}{\partial x}\right)\end{bmatrix} \tag{2.41}$$

式中：h_{E}——计算单元东边界面处的水深，本书取界面两侧单元水深重构后的平均值；

$\frac{\partial u_E}{\partial x}$、$\frac{\partial u_E}{\partial y}$ 和 $\frac{\partial v_E}{\partial x}$——流速分量在计算单元东边界面处的斜率，可通过界面两侧的单元梯度平均计算得到，详细计算方法见 2.2.3 节。

2.2.5 水量守恒性分析与计算通量校正

采用有限体积法求解浅水方程时，计算过程中可能出现负水深，产生这种现象的主要原因之一是计算单元入流或出流的数值通量计算不准确使计算更新时水深出现负值。目前，国内外比较普遍的处理方法是设置一个很小的临界水深 h_ε，当计算更新得到的水深 h^{n+1} 小于 h_ε 时，令 h^{n+1} 和相应的流速为 0。这种方法能保证数值计算过程的稳定性，但是也导致了水量增加。当 $0<h^{n+1}\leqslant h_\varepsilon$ 时，由于 h_ε 非常小（本书取 $h_\varepsilon=10^{-8}$m），令 $h^{n+1}=0$，水量的增加量尚在接受范围内，但是当更新计算得到 $h^{n+1}<0$ 时，如果令 $h^{n+1}=0$，可能导致水量严重不守恒。

本书针对数值计算过程中水量守恒性这一热点与难点问题，深入分析了通量计算引起导致负水深现象的原因，并提出了一种水量通量矫正方法，该方法对产生负水深的计算单元进行出流通量限制，有效克服了数值计算过程中产生负水深的难题，极大地提高了计算过程中的水量守恒性。

由式(2.24)可知引起负水深现象的原因：

$$h_{i,j}^{n+1}<0 \Leftrightarrow h_{i,j}^{n}-\frac{\Delta t}{\Delta x}(\boldsymbol{F}_E^1-\boldsymbol{F}_W^1)-\frac{\Delta t}{\Delta y}(\boldsymbol{G}_N^1-\boldsymbol{G}_S^1)<0 \tag{2.42}$$

式中：$\boldsymbol{F}_E^1$，$\boldsymbol{F}_W^1$，$\boldsymbol{G}_N^1$ 以及 $\boldsymbol{G}_S^1$——单元东、西、北和南四个方向的第一个分量，即质量通量。假设单元外法向向量为 $\vec{\boldsymbol{n}}$，则不等式(2.42)为：

$$h_{i,j}^{n}-\frac{\Delta t}{\Delta x}(|\boldsymbol{F}_E^1|\vec{\boldsymbol{n}}+|\boldsymbol{F}_W^1|\vec{\boldsymbol{n}})-\frac{\Delta t}{\Delta y}(|\boldsymbol{G}_N^1|\vec{\boldsymbol{n}}+|\boldsymbol{G}_S^1|\vec{\boldsymbol{n}})<0 \tag{2.43}$$

式中：$|\boldsymbol{F}^1|$ 和 $|\boldsymbol{G}^1|$——x 和 y 方向的质量通量绝对值，当 $\boldsymbol{F}^1\vec{\boldsymbol{n}}>0$ 或者 $\boldsymbol{G}^1\vec{\boldsymbol{n}}>0$ 时，表明 $\boldsymbol{F}^1\vec{\boldsymbol{n}}$ 或 $\boldsymbol{G}^1\vec{\boldsymbol{n}}$ 为出流，反之为入流。由式(2.43)可知产生负水深的原因是单元出流计算过大。因此，本书对单元出流引入一个校正系数 $c_{i,j}$，使得所有出流通量在经过校正后保证 $h_{i,j}^{n+1}=0$。下面给出校正系数 $c_{i,j}$ 的推导过程。

引入 4 个判断通量方向的常系数 a_1，a_2，a_3，a_4，分别满足下列等式：

$$\begin{aligned}
a_1&=\begin{cases}1 & |\boldsymbol{F}_E^1|\vec{\boldsymbol{n}}>0\\ -1 & |\boldsymbol{F}_E^1|\vec{\boldsymbol{n}}<0\end{cases}, \quad a_2=\begin{cases}1 & |\boldsymbol{F}_W^1|\vec{\boldsymbol{n}}>0\\ -1 & |\boldsymbol{F}_W^1|\vec{\boldsymbol{n}}<0\end{cases}\\
a_3&=\begin{cases}1 & |\boldsymbol{G}_N^1|\vec{\boldsymbol{n}}>0\\ -1 & |\boldsymbol{G}_N^1|\vec{\boldsymbol{n}}<0\end{cases}, \quad a_4=\begin{cases}1 & |\boldsymbol{G}_S^1|\vec{\boldsymbol{n}}>0\\ -1 & |\boldsymbol{G}_S^1|\vec{\boldsymbol{n}}<0\end{cases}
\end{aligned} \tag{2.44}$$

则数值通量有：

$$
\begin{aligned}
&|\boldsymbol{F}_{\mathrm{E}}^{1}|\vec{\boldsymbol{n}}=a_1|\boldsymbol{F}_{\mathrm{E}}^{1}|=\frac{1}{2}(a_1|\boldsymbol{F}_{\mathrm{E}}^{1}|-|\boldsymbol{F}_{\mathrm{E}}^{1}|)+\frac{1}{2}(a_1|\boldsymbol{F}_{\mathrm{E}}^{1}|+|\boldsymbol{F}_{\mathrm{E}}^{1}|)\\
&|\boldsymbol{F}_{\mathrm{W}}^{1}|\vec{\boldsymbol{n}}=a_2|\boldsymbol{F}_{\mathrm{W}}^{1}|=\frac{1}{2}(a_2|\boldsymbol{F}_{\mathrm{W}}^{1}|-|\boldsymbol{F}_{\mathrm{W}}^{1}|)+\frac{1}{2}(a_2|\boldsymbol{F}_{\mathrm{W}}^{1}|+|\boldsymbol{F}_{\mathrm{W}}^{1}|)\\
&|\boldsymbol{G}_{\mathrm{N}}^{1}|\vec{\boldsymbol{n}}=a_3|\boldsymbol{G}_{\mathrm{N}}^{1}|=\frac{1}{2}(a_3|\boldsymbol{G}_{\mathrm{N}}^{1}|-|\boldsymbol{G}_{\mathrm{N}}^{1}|)+\frac{1}{2}(a_3|\boldsymbol{G}_{\mathrm{N}}^{1}|+|\boldsymbol{G}_{\mathrm{N}}^{1}|)\\
&|\boldsymbol{G}_{\mathrm{S}}^{1}|\vec{\boldsymbol{n}}=a_4|\boldsymbol{G}_{\mathrm{S}}^{1}|=\frac{1}{2}(a_4|\boldsymbol{G}_{\mathrm{S}}^{1}|-|\boldsymbol{G}_{\mathrm{S}}^{1}|)+\frac{1}{2}(a_4|\boldsymbol{G}_{\mathrm{S}}^{1}|+|\boldsymbol{G}_{\mathrm{S}}^{1}|)
\end{aligned}
\tag{2.45}
$$

将式(2.45)带入不等式(2.43),移项并整理有:

$$
\begin{aligned}
&h_{i,j}^{n}+\frac{1}{2}\frac{\Delta t}{\Delta x}[(|\boldsymbol{F}_{\mathrm{E}}^{1}|-a_1|\boldsymbol{F}_{\mathrm{E}}^{1}|)+(|\boldsymbol{F}_{\mathrm{W}}^{1}|-a_2|\boldsymbol{F}_{\mathrm{W}}^{1}|)]\\
&+\frac{1}{2}\frac{\Delta t}{\Delta y}[(|\boldsymbol{G}_{\mathrm{N}}^{1}|-a_3|\boldsymbol{G}_{\mathrm{N}}^{1}|)+(|\boldsymbol{G}_{\mathrm{S}}^{1}|-a_4|\boldsymbol{G}_{\mathrm{S}}^{1}|)]\\
&<\frac{1}{2}\frac{\Delta t}{\Delta x}[(a_1|\boldsymbol{F}_{\mathrm{E}}^{1}|+|\boldsymbol{F}_{\mathrm{E}}^{1}|)+(a_2|\boldsymbol{F}_{\mathrm{W}}^{1}|+|\boldsymbol{F}_{\mathrm{W}}^{1}|)]\\
&+\frac{1}{2}\frac{\Delta t}{\Delta y}[(a_3|\boldsymbol{G}_{\mathrm{N}}^{1}|+|\boldsymbol{G}_{\mathrm{N}}^{1}|)+(a_4|\boldsymbol{G}_{\mathrm{S}}^{1}|+|\boldsymbol{G}_{\mathrm{S}}^{1}|)]
\end{aligned}
\tag{2.46}
$$

不等式(2.46)的左侧第二、三项分别为 x,y 方向的入流量,不等式右侧分别为 x,y 方向的出流量,该式的物理意义为单元已有水量与入流量之和小于出流量,从而产生的负水深现象。

对出流通量引入校正系数 $c_{i,j}$,使得 $h_{i,j}^{n+1}=0$,即:

$$
\begin{aligned}
&h_{i,j}^{n}+\frac{1}{2}\frac{\Delta t}{\Delta x}[(|\boldsymbol{F}_{\mathrm{E}}^{1}|-a_1|\boldsymbol{F}_{\mathrm{E}}^{1}|)+(|\boldsymbol{F}_{\mathrm{W}}^{1}|-a_2|\boldsymbol{F}_{\mathrm{W}}^{1}|)]\\
&+\frac{1}{2}\frac{\Delta t}{\Delta y}[(|\boldsymbol{G}_{\mathrm{N}}^{1}|-a_3|\boldsymbol{G}_{\mathrm{N}}^{1}|)+(|\boldsymbol{G}_{\mathrm{S}}^{1}|-a_4|\boldsymbol{G}_{\mathrm{S}}^{1}|)]\\
&=c_{i,j}\left\{\begin{array}{l}\frac{1}{2}\frac{\Delta t}{\Delta x}[(a_1|\boldsymbol{F}_{\mathrm{E}}^{1}|+|\boldsymbol{F}_{\mathrm{E}}^{1}|)+(a_2|\boldsymbol{F}_{\mathrm{W}}^{1}|+|\boldsymbol{F}_{\mathrm{W}}^{1}|)]\\+\frac{1}{2}\frac{\Delta t}{\Delta y}[(a_3|\boldsymbol{G}_{\mathrm{N}}^{1}|+|\boldsymbol{G}_{\mathrm{N}}^{1}|)+(a_4|\boldsymbol{G}_{\mathrm{S}}^{1}|+|\boldsymbol{G}_{\mathrm{S}}^{1}|)]\end{array}\right\}
\end{aligned}
\tag{2.47}
$$

由式(2.47)可计算得到 $c_{i,j}$ 为:

$$
c_{i,j}=\frac{\begin{array}{l}h_{i,j}^{n}+\frac{1}{2}\frac{\Delta t}{\Delta x}[(|\boldsymbol{F}_{\mathrm{E}}^{1}|-a_1|\boldsymbol{F}_{\mathrm{E}}^{1}|)+(|\boldsymbol{F}_{\mathrm{W}}^{1}|-a_2|\boldsymbol{F}_{\mathrm{W}}^{1}|)]\\+\frac{1}{2}\frac{\Delta t}{\Delta y}[(|\boldsymbol{G}_{\mathrm{N}}^{1}|-a_3|\boldsymbol{G}_{\mathrm{N}}^{1}|)+(|\boldsymbol{G}_{\mathrm{S}}^{1}|-a_4|\boldsymbol{G}_{\mathrm{S}}^{1}|)]\end{array}}{\begin{array}{l}\frac{1}{2}\frac{\Delta t}{\Delta x}[(a_1|\boldsymbol{F}_{\mathrm{E}}^{1}|+|\boldsymbol{F}_{\mathrm{E}}^{1}|)+(a_2|\boldsymbol{F}_{\mathrm{W}}^{1}|+|\boldsymbol{F}_{\mathrm{W}}^{1}|)]\\+\frac{1}{2}\frac{\Delta t}{\Delta y}[(a_3|\boldsymbol{G}_{\mathrm{N}}^{1}|+|\boldsymbol{G}_{\mathrm{N}}^{1}|)+(a_4|\boldsymbol{G}_{\mathrm{S}}^{1}|+|\boldsymbol{G}_{\mathrm{S}}^{1}|)]\end{array}}
\tag{2.48}
$$

由不等式(2.46)和式(2.48)可知,校正系数 $0\leqslant c_{i,j}\leqslant 1$,表明校正过程不会导致计算过程发散。需要注意的是，该方法在限制单元出流通量时也限制了其相邻单元的入流通量，进而可能会导致相邻单元水深为负，因此需要对所有水深为负的计算单元进行相应的出流通量校正。校正后，计算单元出流数值通量 $\widehat{\boldsymbol{F}}_{i,j}^{\text{out}}$ 和 $\widehat{\boldsymbol{G}}_{i,j}^{\text{out}}$ 为：

$$\widehat{\boldsymbol{F}}_{i,j}^{\text{out}}=c_{i,j}\boldsymbol{F}_{i,j}^{\text{out}},\widehat{\boldsymbol{G}}_{i,j}^{\text{out}}=c_{i,j}\boldsymbol{G}_{i,j}^{\text{out}} \tag{2.49}$$

式中：$\boldsymbol{F}_{i,j}^{\text{out}}$ 和 $\boldsymbol{G}_{i,j}^{\text{out}}$——校正前出流数值通量向量。由校正系数 $c_{i,j}$ 的推导过程可知，该系数仅对水深变量更新后为负的单元进行校正，对于更新后水深大于 0 的计算单元，有 $c_{i,j}=0$。

2.2.6 底坡与摩擦项近似

第 2.1.2 节证明了在改进形式控制方程的前提下，底坡项采用中心型离散时，格式不需要任何通量或者底坡校正项就能保证静水和谐性，因此底坡项离散为：

$$-g\eta\frac{\partial b}{\partial x}=-g\eta\frac{b_{\text{E}}-b_{\text{W}}}{\Delta x},-g\eta\frac{\partial b}{\partial y}=-g\eta\frac{b_{\text{N}}-b_{\text{S}}}{\Delta y} \tag{2.50}$$

在实际工程应用中，必须对摩擦项进行适当的近似，一旦摩擦项处理不当，会导致数值计算格式不稳定，甚至计算崩溃。水深变量位于摩擦项的分母，一般的隐式或半隐式计算格式可能会导致错误的大流速、u 和 v 方向改变等问题，因此本书采用如下改进的半隐式格式处理摩擦项（宋利祥等，2011）：

$$u=\frac{1}{1-\Delta t\tau}\hat{u},v=\frac{1}{1-\Delta t\tau}\hat{v},\hat{\tau}=-gn^{2}\sqrt{(\hat{u})^{2}+(\hat{v})^{2}}(\hat{h})^{-4/3} \tag{2.51}$$

式中：$\hat{u}$ 和 $\hat{v}$——摩擦项处理前的单元流速；

u 和 v——处理后的单元流速，该方法能有效减小流速的绝对值，并且不改变 u 和 v 的方向，有利于计算稳定。

2.2.7 边界条件设置

二维水流数学模型的边界条件实现，关键在于估算边界边中点处的水深、流速等水力要素，进而求得边界处的数值通量。假设状态向量 $\boldsymbol{U}_{\text{B}}=(h_{\text{B}},u_{\text{B}},v_{\text{B}})$ 和 $\boldsymbol{U}_{\text{in}}=(h_{\text{in}},u_{\text{in}},v_{\text{in}})$ 分别表示边界和边界所在单元形心处的水深、坐标系中的法向、垂向流速。

（1）固壁边界条件

$$h_{\text{B}}=h_{\text{in}},u_{\text{B}}=0,v_{\text{B}}=v_{\text{in}} \tag{2.52}$$

（2）$Fr>1$（急流开边界）

急流状态下水流状态向下游传播，并且出口边界的水流扰动对计算域内的水流状态没有影响，因此急流边界处的水力要素值为边界所在内单元的水力要素值：

$$h_{\text{B}}=h_{\text{in}},u_{\text{B}}=u_{\text{in}},v_{\text{B}}=v_{\text{in}} \tag{2.53}$$

（3）$Fr<1$（缓流开边界）

缓流开边界中比较常见的边界条件包括给定水位、流速以及单宽流量三种方式。无论给定哪种方式的边界条件，均可通过一维浅水方程的 Riemann 不变量推导得到：

$$u_B + 2\sqrt{gh_B} = u_{in} + 2\sqrt{gh_{in}} \tag{2.54}$$

由式(2.54)可知存在两个未知变量，因此需要结合边界条件建立关于 h_B 和 u_B 的方程组，进而求得边界处的守恒变量。

1)水位边界条件。

给定边界水位 η_B，则边界上水深为 $h_B = \eta_B - b$。由式(2.54)可得：

$$u_B = u_{in} + 2\sqrt{gh_{in}} - 2\sqrt{gh_B} \tag{2.55}$$

2)流速边界条件。

在边界上给定边界边外法向方向的流速分量 u_B，由式(2.54)可得：

$$h_B = \frac{1}{4g}(u_{in} + 2\sqrt{gh_{in}} - u_B)^2 \tag{2.56}$$

3)单宽流量边界条件。

在边界上给定边界边的外法向方向单宽流量 $Q_B = Q(t)$：

$$u_B = Q_B / h_B \tag{2.57}$$

令 $c_B = \sqrt{gh_B}$，则有

$$u_B = Q_B / (a^2 / g) \tag{2.58}$$

将式(2.58)代入式(2.54)并进行整理可得到一元三次代数方程：

$$c_B{}^3 - \frac{1}{2}a_{in}c_B + \frac{1}{2}gQ_B = 0 \tag{2.59}$$

式中：$a_{in} = u_{in} + 2\sqrt{gh_{in}}$。采用牛顿-拉夫逊迭代法(Newton-Raphson method)即可求出 c_B，进而计算得到 h_B 和 u_B。

对于边界处的切向流速，通常假设与边界边所在内单元的切向流速相等，即：

$$v_B = v_{in} \tag{2.60}$$

2.2.8 格式稳定性条件

本书中所采用的数值格式是显式的，它的稳定性由 CFL 准则决定。在二维网格中，CFL 准则是选取一个合适的时间步长 Δt，其表达式为[58]：

$$\begin{aligned} \Delta t &= C\min(\Delta t_x, \Delta t_y) \\ \Delta t_x &= \min_i \frac{\Delta x_i}{|u_i| + \sqrt{gh_i}} \\ \Delta t_y &= \min_i \frac{\Delta y_i}{|v_i| + \sqrt{gh_i}} \end{aligned} \tag{2.61}$$

式中：$0 \leqslant C \leqslant 1$，本书取 $C = 0.8$。

2.2.9　自适应网格上二维水流数值模拟流程

本书建立的自适应网格上二维浅水方程数值模型求解过程如下：

步骤 1：构建初始网格并标记网格初始等级，然后对每个网格上的计算单元进行内存分配和初始化等数据预处理；

步骤 2：添加虚拟单元并进行计算边界设置；

步骤 3：根据网格加密标准对网格进行细分或者稀疏处理；

步骤 4：对细分后的所有计算单元进行重新赋值；

步骤 5：采用式(2.61)计算自适应时间步长；

步骤 6：采用式(2.27)和式(2.30)对所有单元进行空间重构；

步骤 7：采用通量公式计算数值通量；

步骤 8：采用式(2.25)对所有单元进行预测步更新；

步骤 9：采用 HLLC 求解器计算校正步数值通量；

步骤 10：采用式(2.26)对所有单元进行校正步更新；

步骤 11：重复步骤(3)～(10)直到计算结束。

二维浅水水流数值模型的计算流程如图 2.5 所示。

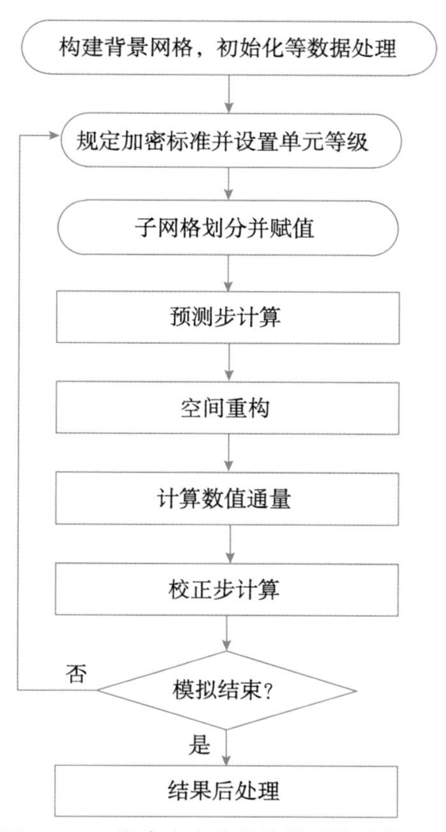

图 2.5　二维浅水水流数值模型的计算流程

2.3 一、二维耦合联解方法

一维水流运动方程是平面二维流动的一种简化结果，主要简化内容是忽略非主流方向的流动影响，因此2.2节中的数值计算方法对求解一、二维水流控制方程都适用。计算耦合区域的质量通量是一、二维水流方程联解的关键和难点。

实际工程中常用堰流公式对一维模型与二维模型的连接断面处进行连接，然而这种方法适用于溃坝水流耦合，存在一定的局限性。本书深入分析一、二维计算区域空间耦合特性，从黎曼间断问题的角度出发，引入虚拟单元作为一、二维水流的耦合区域，采用HLLC黎曼求解器同时计算一、二维以及耦合区域的水流数值通量，具有空间同步性，并解决了两种模型独立求解可能遇到的空间分辨率和计算精度差异问题。一、二维耦合模型中，无论是一维模型的下游边界或者旁侧流边界条件，还是二维模型的上游边界条件，都通过虚拟单元传递计算结果，两个模型的数值求解过程交替进行，实现耦合，如图2.6所示。

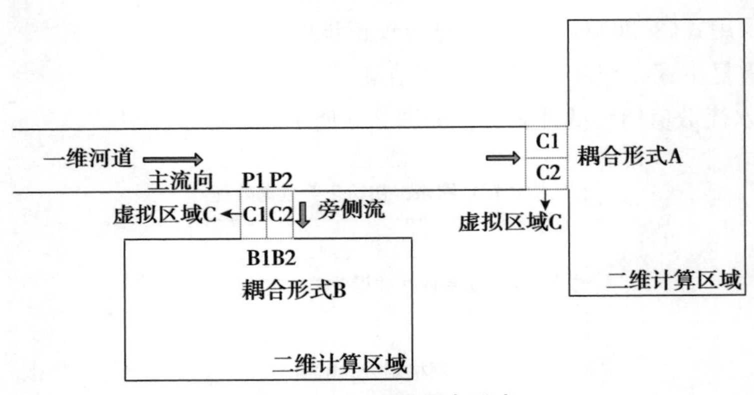

图2.6 一、二维耦合形式

由图2.6可知，一、二维耦合形式分为干流方向(形式A)和支流方向(形式B)耦合两种，无论以哪种形式耦合，求解一维、二维数学模型都是通过耦合区域所在交界面的水力连接条件来实现模型的耦合。对于耦合形式A，一维模型提供交界面处流量值作为二维模型的入流边界，二维模型提供交界面处水位值作为一维模型下个时间步长内的出流边界，此过程反复迭代计算，实现耦合。对于耦合形式B，计算耦合交界面处流量是模型联解的关键，也是难点所在。本书基于黎曼问题的思路，给出了耦合交接面处的计算方法。

假设二维区域耦合处单元有B1和B2，相应地引入虚拟单元C1和C2，如图2.6所示，虚拟单元内的水力要素为：

$$\Delta x_{Ci} = \Delta x_{Bi}$$

$$b_{Ci} = b_{Bi}$$

$$\eta_{Ci} = \eta_{Bi}$$

$$u_{Ci} = u_{Bi}$$

$$v_{Ci}=v_{Bi} \tag{2.62}$$

式中：$i=1,2$——虚拟区域单元个数。由于虚拟单元与一维耦合区域(P1 与 P2)之间构成了一个黎曼间断，接触左右单元的状态量分别为：

$$\boldsymbol{U}_{\mathrm{L}}=\begin{bmatrix}\eta_{Pi}\\ hu_{Pi}\end{bmatrix},\boldsymbol{U}_{\mathrm{R}}=\begin{bmatrix}\eta_{Ci}\\ hu_{\perp Ci}\end{bmatrix} \tag{2.63}$$

式中：$u_{\perp}$——二维区域流速沿一维方向的法向分量，可由 u_{Ci} 和 v_{Ci} 计算得到。虚拟单元的流量增量可以通过求解该黎曼问题得到(见 2.2.4 节)。由水量守恒性可知，虚拟单元的流量增量即为一、二维耦合交界处的流量值，将该流量值作为二维水流模型的上游边界，并将虚拟单元水位作为一维水流模型的下游边界，此过程反复迭代计算，即可实现一、二维水流方程联解。

2.4 基于 CPU 多线程的并行计算模式

从水流控制方程的复杂性可以看出，其数值求解往往需要耗费大量的计算资源。同时，遥测技术的不断进步使得高分辨率地形数据用于二维水流数值模拟成为未来的发展趋势，高分辨率的地形数据能显著地提高模型的计算精度，但势必需要更多的计算网格，极大地降低了模型的计算效率。鉴于上述两个原因，传统的串行程序模式在计算效率方面面临严峻的挑战，而解决这一难题的关键在于将数值计算从单核环境向多核系统迁移，实现二维水流数值模型的并行化计算。

并行计算模式首先需要选择合适的操作系统以及模型开发平台，在目前并行计算领域，比较常见的并行程序设计语言有 Fortran，C/C++和 Java 等，其中 Java 设计语言不仅具有非常优秀的移植性和扩展性，并且首次将跨平台线程模型和正规的内存模型集成到语言中的主流语言(俞黎敏，2007)，具有突出的并发性。因此，本书基于 Java 开发平台，提出了一种基于 CPU 多线程并行计算的水流模型求解模式，并建立了该模式下求解二维浅水方程的高精度数学模型。采用区域分解技术对计算区域进行分解，并引入虚拟单元对不同分解区域进行无缝衔接，保证了数值模型的可靠性以及计算过程 CPU 资源的合理分配。

2.4.1 区域分解与虚拟单元赋值

有限体积法求解二维浅水方程时将时空进行有限数值离散。由于在每个时间步长内，任意网格的数值通量和底坡项计算仅仅受其相邻单元的影响，该特性保证了并行后模型的可靠性。因此，如图 2.7 所示，首先将计算区域划分成若干个子区域，这里假设划分成 4 个子区域，通过引入虚拟单元衔接相邻子区域，然后采用有限体积方法独立求解每个子区域上浅水方程，进而实现整个计算区域上的二维水流数值模型的并行化计算。由于整个计算区域的边界条件可以通过虚拟镜像单元实现，因此，这里的虚拟单元也可以作为子区域的计算边界。

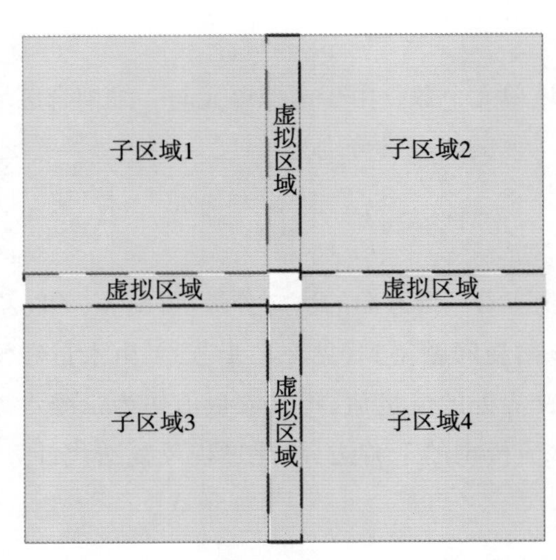

图 2.7 并行计算条件下计算区域划分

采用虚拟单元衔接计算子区域,为了保证并行模型仍然具有二阶空间精度,须引入两列或两行虚拟单元,以 x 方向为列,如图 2.8 所示。

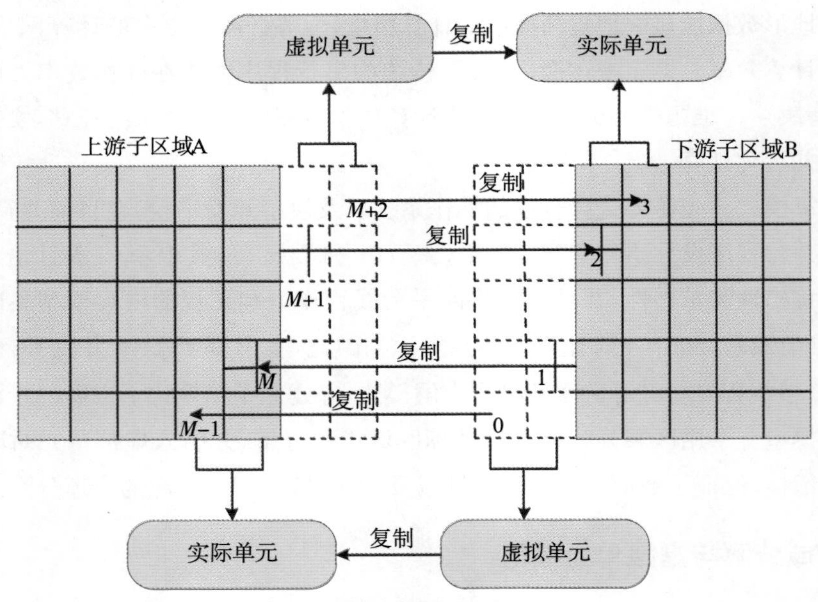

图 2.8 相邻计算区域连接形式

图 2.8 中假设两个相邻的子区域 A 和 B,其中第 0 列、第 1 列、第 $M+1$ 列以及第 $M+2$ 列均为虚拟单元。通过上游子区域中 A 的虚拟单元(第 $M+1$ 列和第 $M+2$ 列)复制下游子区域 B 中实际单元(第 2 列和第 3 列),下游子区域中 B 的虚拟单元(第 0 列和 1 列)复制上游子区域 B 中实际单元(第 $M-1$ 列和第 M 列),实现了上、下游子区域的衔接。由于本书采用非统一网格划分整个计算区域,加密单元同样需要复制。

2.4.2 Java 多线程并发机制

Java 本身是一个多线程体系，它支持多个进程在他们的地址空间中同时运行。Java 所有类库在设计时都采用了多线程机制，其线程总是处于新建(new)、可运行(runnable)、阻塞/挂起(blocked)及终止(dead)4 种状态，这些状态功能如下：

(1)new Thread()

当用 new 操作符创建一个线程时，该线程仅仅处于新建状态，这个程序并没有开始执行它的内部代码。

(2)runnalble()

一旦线程调用 start 方法，该程序处于可运行状态，一个处于可运行状态的线程并不一定在运行，这要取决于操作系统是否给这个线程分配时间来运行。

(3)blocked()

正在运行的线程暂时停止运行时处于阻塞/挂起状态。引起线程阻塞状态的原因包括调用 sleep()、wait()、suspend()等方法或调用 I/O 操作。

(4)dead()

线程结束的状态称为终止状态，它可能是线程正常退出或者非预期异常终止引起的。

在 Java 中有两种方法可以创建线程，分别是实现 Runnable 接口以及由 Thread 类派生出一个子类，其中采用 Runnable 接口实现创建线程的方法多用于系统开发，而对于模型计算，通过从 Thread 类中派生一个子类的方法更加直接。本书通过继承 Thread 类的方法，在派生的子类当中重新定义 run()方法，并通过调用 start()方法从而调用 run()方法来执行新线程，线程的创建和执行过程如图 2.9 所示。

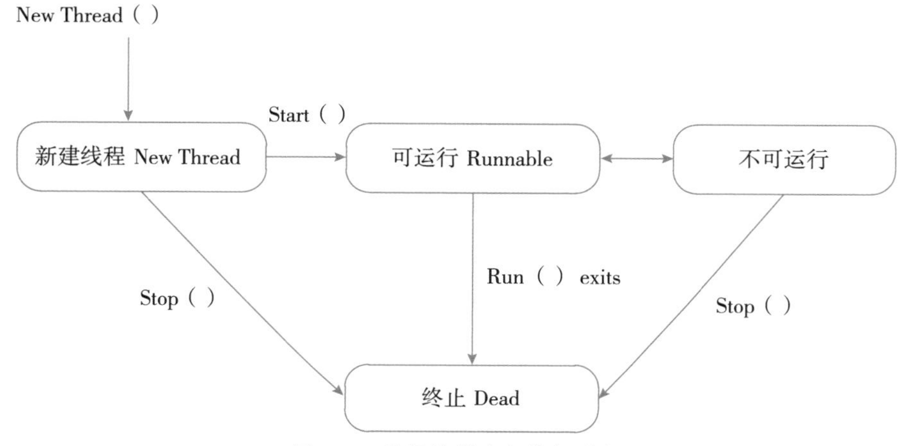

图 2.9 线程的创建和执行过程

2.4.3 并行计算模式下的水流水质数值模拟流程

本书建立的并行计算模式下水流水质数值模拟流程如图 2.10 所示。

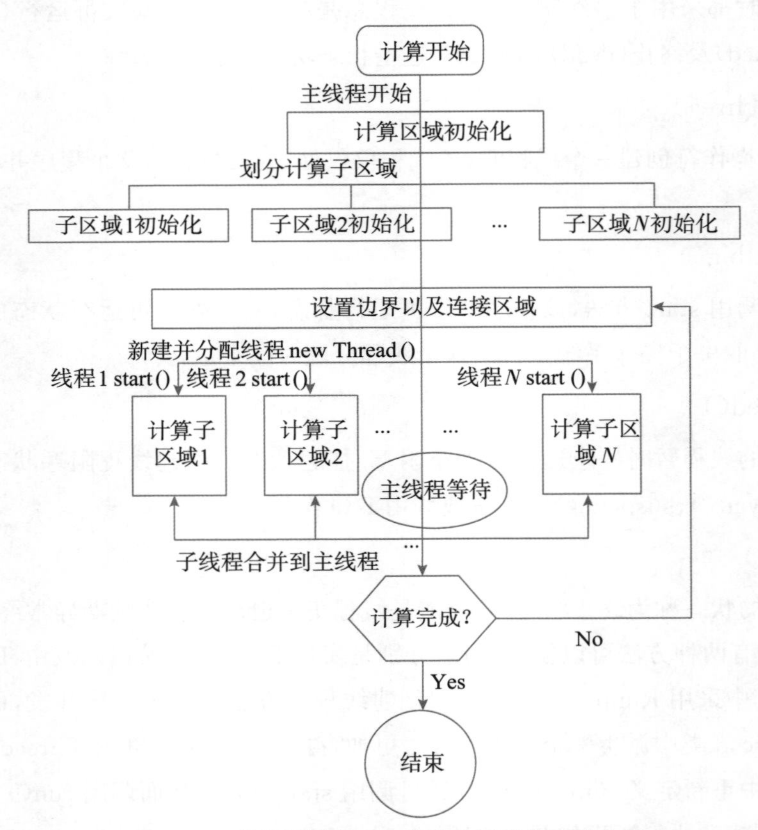

图 2.10 并行计算模式下水流水质数值模拟流程

2.5 算例验证

前两节基于水动力学和环境水力学理论以及 CPU 多线程并行计算技术，建立了并行计算模式下求解二维水流方程和对流扩散方程的 Godunov 型有限体积模型。本章通过运用理论算例和实际工程算例相结合的方法对已建立的水流水质模型进行系统的检验。首先采用经典理论算例，包括混合流算例、具有干湿界面的静水算例、自适应网格下圆形溃坝水流问题、污染物对流扩散问题、浓度锋面的推进问题等，验证了水流水质数值模型的计算精度、混合流态适应性、稳定性、水量守恒性、抑制数值阻尼的能力、计算网格的灵活性等性能指标；然后通过模拟西江河道水流并与实测值对比检验了模型模拟实际地形上天然水流的能力；最后，为了验证模型在工程实践上的效率优越性，分别在串行和并行模式下对漳河水库洪水演进问题进行模拟，并对比分析了模型在这两种模式下的计算效率。

2.5.1 水流模型验证

2.5.1.1 数值精度检验

该算例适用于解决理想溃坝水流问题，其结果与数值精度有关，并且存在精确解，因此常被用于检验数值模型的精度(Stoker，1957)。假设河道长2000m，宽10m，坝体位于$x=1000$m处；河道平底、无阻力；除下游给定自由出流边界外，其他边界假设为固壁边界；初始条件为：上游水深10.0m，下游水深0m，流速为0m/s。

图2.11给出了溃坝后25s和50s后河道的水深、流速及单宽流量的数值解与理论解，通过两者之间的对比结果可知，本书模型计算得到的数值解与理论解基本一致，表明模型精度较高；溃坝波向下游传播的过程中，上游水深大流速小，局部弗劳德数小，水流呈缓流形态，而干湿边界附近的水深小流速大，局部弗劳德数大，水流为急流，此时模型能通过水深-水位加权重构方法，根据不同的水流形态自适应选择重构变量，具有较好的混合流适应性。

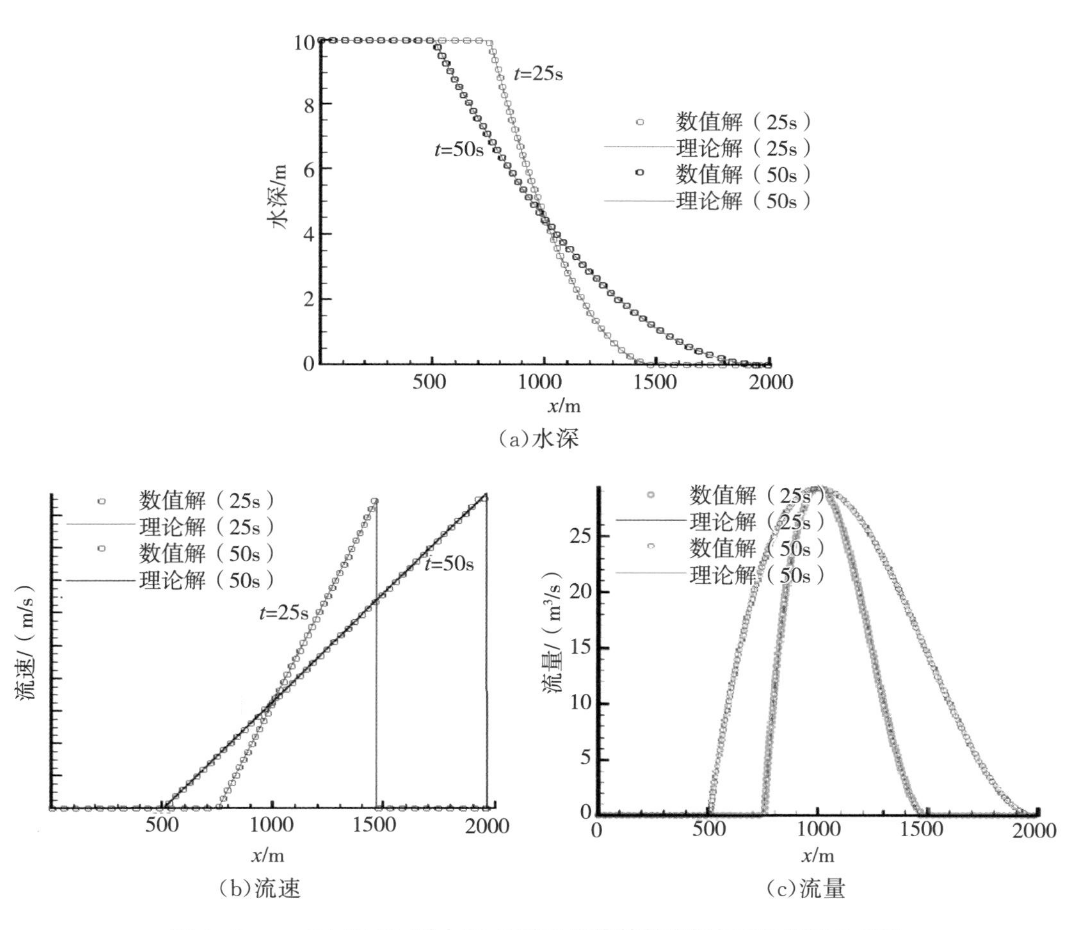

图2.11 $t=25$s和50s时水深、流速及流量的数值解与理论解对比结果

图2.11中流速数值解与理论解相符，没有出现明显的震荡，好于文献(Valiani et al.，

2006)的计算结果,表明模型能有效捕捉水流间断并且具备 TVD 特性。此外,图 2.11 表明流量在坝址处达到最大,随着时间的推移,波锋面继续往下游传播。模拟结果表明模型精度高,能有效处理动态干湿边界问题。

2.5.1.2 混合流态适应性验证

该算例被用于国际水利工程与研究协会水流模型工作组的基准测试(Goutal et al.,1997),由于它可以通过设置不同的上、下游边界获得不同水流形态的恒定流,通常被国内外研究学者通常用于检验水流数值模型模拟复杂流体运动的能力和计算收敛性(Vázquez-Cendón,1999;Aureli et al.,2008;Noelle et al.,2007)。该算例在计算过程中往往由于底坡离散不合理而出现错误的动量交换,从而使模型无法正确实现水流形态转换,进而使得计算结果发散。本算例为非平底恒定流模拟问题,包括急流、缓流以及缓急流交替的有激波混合流,采用的收敛准则取相邻两个时刻水深模拟值的相对误差:

$$R=\sqrt{\sum_{i=1}^{N}\left(\frac{h_i^n-h_i^{n-1}}{h_i^n}\right)^2}<10^{-6} \tag{2.64}$$

式中:R——所有计算单元水深相对误差之和;

N——单元总数;

上标 n——计算步数。

假设一个长 20m、宽 1m 的矩形光滑河道,河底高程为(Aureli et al.,2008):

$$z_b(x)=\begin{cases}0.8\left(1-\dfrac{x^2}{4}\right) & -2\mathrm{m}\leqslant x\leqslant 2\mathrm{m}\\ 0 & x<-2\mathrm{m}\text{ 或 }x>2\mathrm{m}\end{cases} \tag{2.65}$$

河道左、右岸给定固壁边界条件,模型采用 2000 个面积为 0.01m^2 的正交网格剖分计算域。本书选取的三种典型水流形态,分别为急流、缓流和有激波混合流。

(1)急流

边界条件:上游边界为固定单宽流量 1.5m^2/s,下游边界为固定水位 0.25m。

分别采用 SGM 和本书 WSDGM 重构方法模拟水位和流量值,计算至 70 s 左右,数值解收敛。计算结果如图 2.12 所示,结果表明,两种重构方法下水位数值解与理论解基本一致,但采用 SGM 方法是流量计算值在底坎处存在一定偏差,而采用 SWDGM 方法计算结果较好。经过计算统计,该算例 Froude 数范围为 2.31～3.83,是典型急流问题。

(2)缓流

边界条件:上游为固定单宽流量 1.0m^2/s,下游为固定水位 1.7m。

分别采用 DGM 和 WSDGM 重构方法模拟水位和流量值,计算至 100s 左右,数值解收敛,计算结果如图 2.13 所示。结果表明,采用 DGM 重构时,在底坎处水位和流量值存在误差,而采用 SWDGM 方法计算结果较好,仅底坎处流量模拟值存在一定误差;经过计算统计,该算例 Froude 数范围为 0.14～0.41,水流形态为缓流。

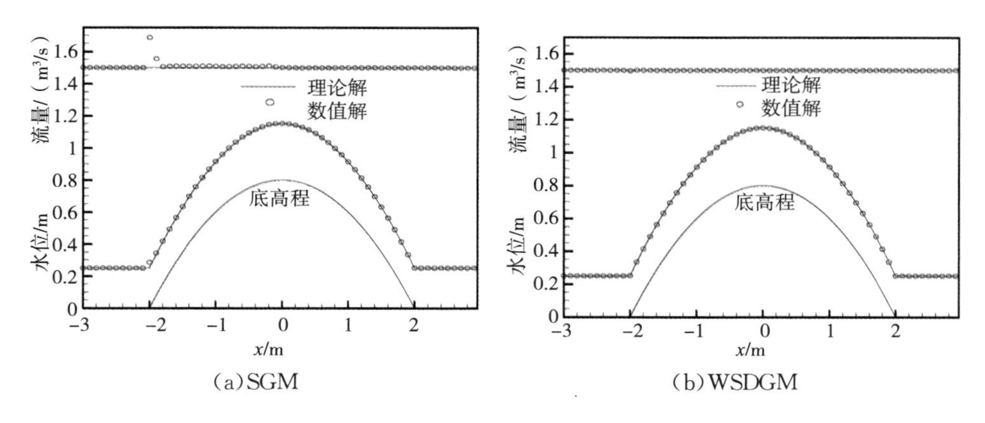

图 2.12 急流水位和流量的数值解与理论解对比结果

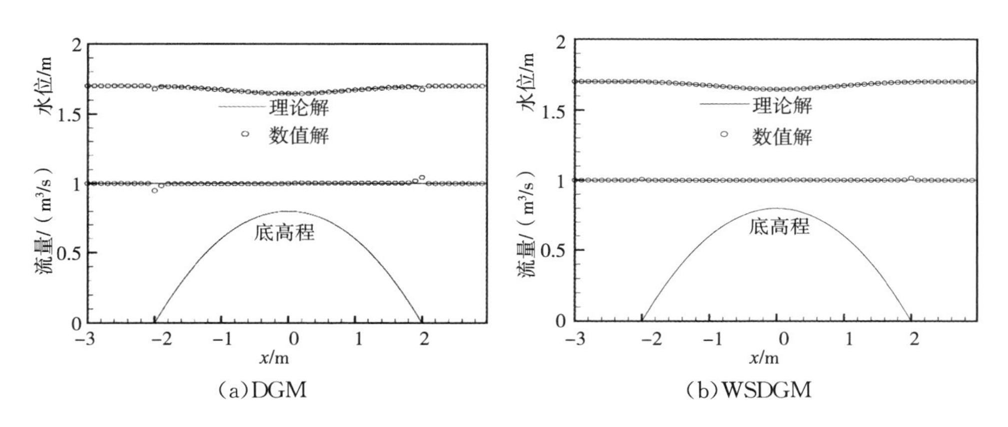

图 2.13 缓流水位和流量的数值解与理论解对比结果

(3)有激波混合流

边界条件:上游为单宽流量 0.4m^2/s,下游为固定水位 0.75m;计算至 300s 左右,数值解收敛。如图 2.14 所示,计算结果表明,水位的数值解与理论解基本一致,流量的数值解与理论解总体上吻合较好,仅在底坎处有轻微偏差。

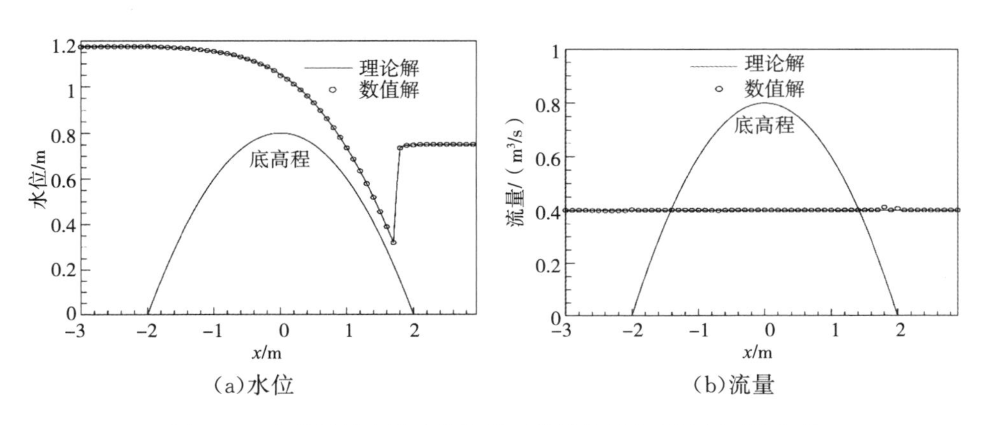

图 2.14 有激波混合流水位和流量的数值解与理论解对比结果

此外，水流未到达河道底坎之前为缓流形态，然后在底坎处由缓流向急流转变，并在底坎下游转变成缓流，从而形成了缓流—急流—缓流交换的有机波混合流。模拟结果表明，本书模型能较好地处理复杂混合流态。

2.5.2 静水和谐性验证

该算例适用于解决非平底地形上的二维静水问题，被国内外学者广泛用于检验模型的静水和谐性(Parés et al.，2004；Song et al.，2011)。假设一个长和宽均为 1m 的正方形区域，忽略河底摩擦力的影响，底高程为：

$$b(x,y)=\max[0,0.25-5((x-0.5)^2+(y-0.5)^2)]\text{m},\ 0\leqslant x,y\leqslant 1 \quad (2.66)$$

假设初始水位为 0.1m，初始水流静止，计算域四周给定固壁边界条件。理论上数值模型必须一直维持水位为常数、流速为零的静水状态。

模拟计算了 300s 内的水流运动情况，$t=300$s 时水面 3D 模拟结果如图 2.15 所示；图 2.16 给出了计算域内水位和单宽流量沿 y 轴中心方向的理论解与数值解，模拟结果表明，计算过程中水位不变，并且计算流速为 0，模型具备静水和谐性。

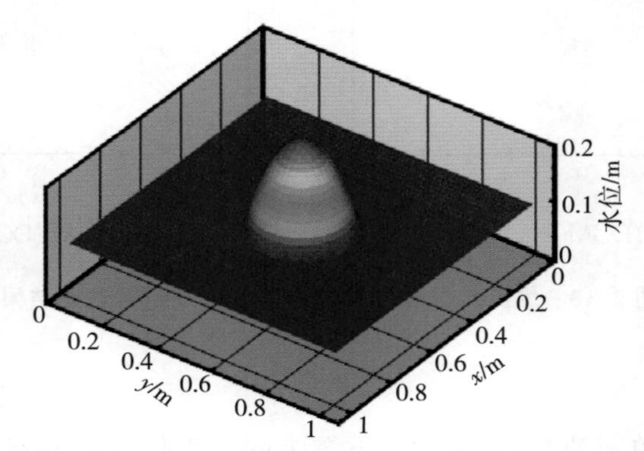

图 2.15 $t=300$s 时水面 3D 模拟结果

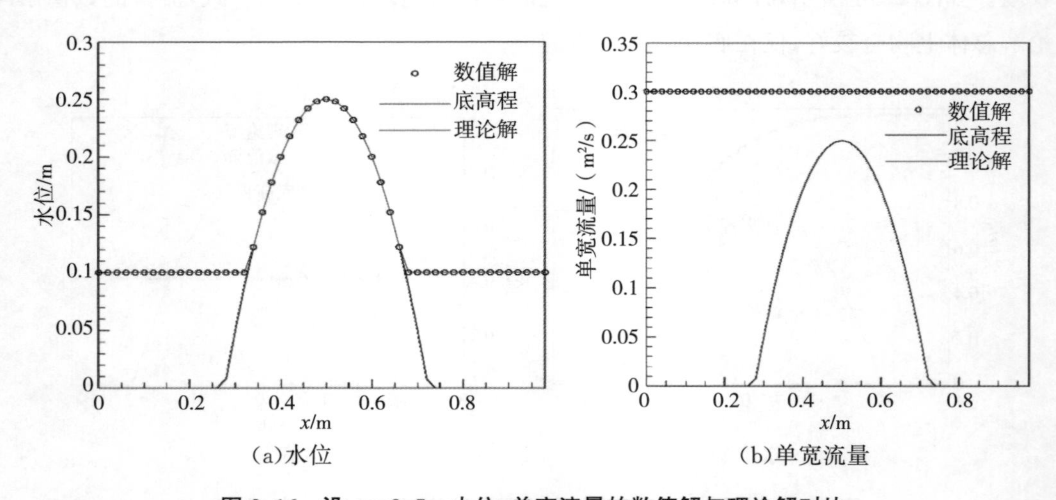

图 2.16 沿 $y=0.5$m 水位、单宽流量的数值解与理论解对比

2.5.3 自适应网格下圆形溃坝水流验证

该算例常被用于检验数值模型在计算过程中保持对称间断的能力(王立辉,2006;Kesserwani et al.,2010;Guinot,2005)。假设初始时半径为50m的圆形坝堤将边长为200m的正方形平底无摩擦计算区域分成内外两个水域,其中圆形域内水深为10m,为了检验模型处理间断流态的能力,域外水深考虑5m和0m两种情况,并假设圆形堤坝瞬时全溃。采用自适应加密网格划分计算区域,初始网格大小为$\Delta x=\Delta y=2$m,计算网格数量为100×100。依据水位梯度运用自适应技术对网格进行动态加密和稀疏,自适应准则由式(2.67)给出,其中加密和稀疏判别标准分别取0.08和0.04。2s后计算结束,图2.17给出了下游水深为5m的条件下$t=1$s和$t=2$s时的计算网格分布。

$$\Theta=\sqrt{\left(\frac{\partial \eta}{\partial x}\right)^2+\left(\frac{\partial \eta}{\partial y}\right)^2} \tag{2.67}$$

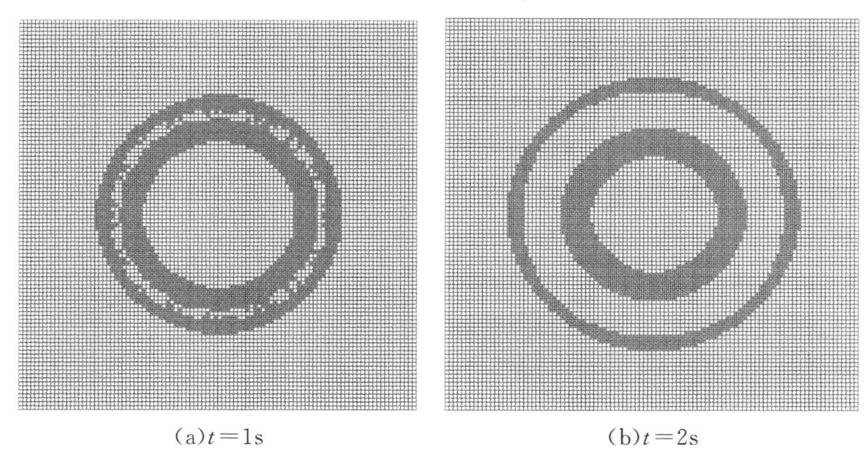

图2.17 圆形溃坝下游水深为5m条件下$t=1$s和$t=2$s时计算网格分布

两种初始条件下的三维水面和等高线模拟结果分别如图2.18和图2.19所示。由模拟结果可知,对于下游水深为5m的情况,从三维水面模拟结果可知水流在圆形域内外交界处出现明显的激波,表现为缓流向急流转变,而对于下游为干底的情况则不存在水流形态的转变,表现为稀疏波径直向下游传播。

为了验证自适应网格能在保证计算精度的同时提高计算效率,本书分别在网格大小Δx为1m、2m以及4m的均匀结构网格上对初始下游水深为5m的情况进行模拟,并将不同网格体系下的模拟结果、网格数量、网格大小以及CPU耗时与自适应网格的计算结果进行对比,结果分别如图2.20和表2.1所示。由对比结果可知,采用自适应网格划分计算域,其计算精度高于另外两种网格体系,与网格大小1m的均匀网格基本相同,而表2.1表明无论在CPU计算耗时还是内存占用上,采用自适应网格明显优于1m的均匀网格。

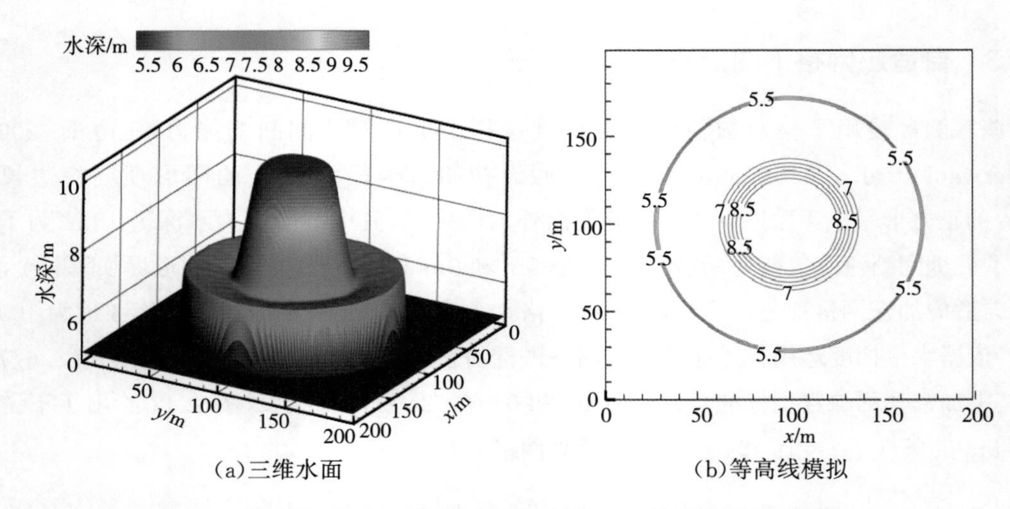

(a)三维水面　　(b)等高线模拟

图 2.18　圆形溃坝下游水深为 5m 的情况下模型计算水面结果

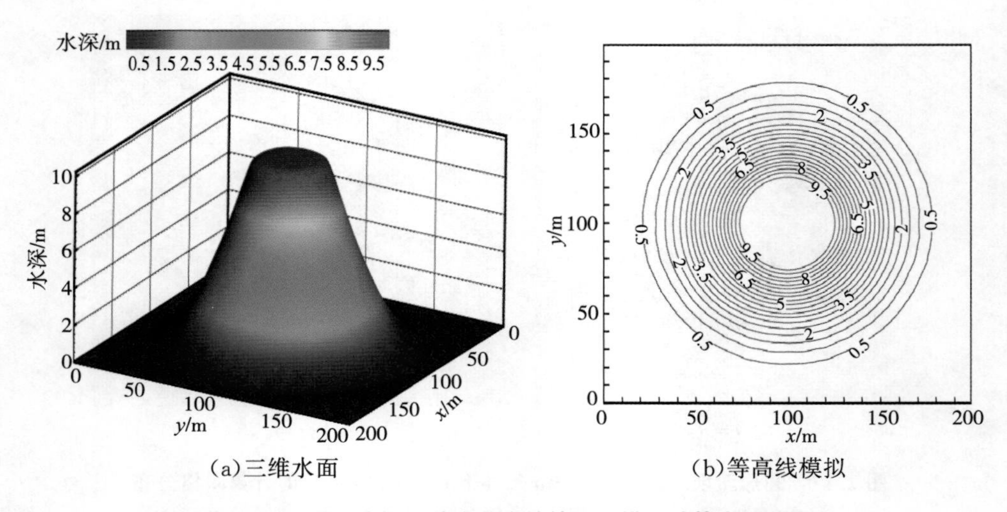

(a)三维水面　　(b)等高线模拟

图 2.19　圆形溃坝下游为干底的情况下模型计算水面结果

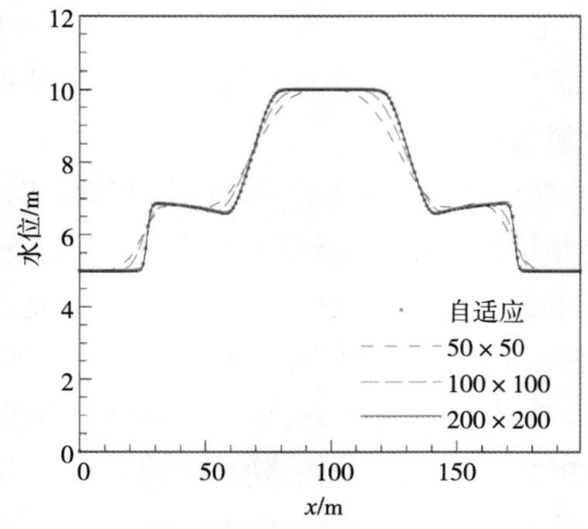

图 2.20　圆形溃坝不同网格上模型计算结果

表 2.1 圆形溃坝 CPU 耗时比较

网格种类	均匀网格			自适应网格
网格数量	2500	10000	40000	16562
Δx/m	4	2	1	1 或 2
CPU 耗时/s	0.375	1.247	6.621	2.510

此外，模拟过程中统计了水量守恒情况，计算最大水量绝对误差为 $1.231\times10^{-12}\mathrm{m}^3$，属于数值误差数量级，且没有现单元水深小于 0 的情况，表明模型具有良好的水量守恒性。

2.5.4 复杂地形上水流数值模拟

选取西江某长约 147km 的河道作为计算区域，节点底高程为 200m 分辨率的正方形格网 DEM。模型采用背景网格大小为 200m 的均匀网格划分计算域，并沿河道进行局部加密。边界条件设置为上游给定流量边界和下游给定水位边界，流量和水位值分别如图 2.21 所示。

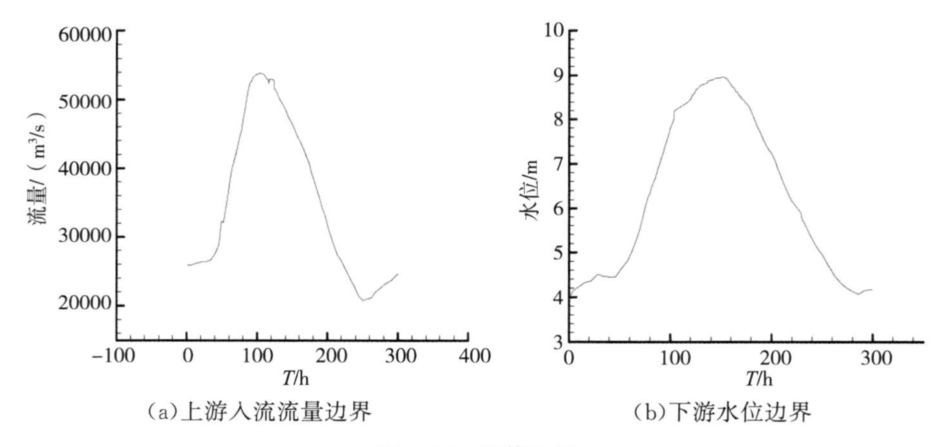

(a)上游入流流量边界　(b)下游水位边界

图 2.21 计算边界

河道沿程布置 3 个水位观测站点，同时为了查看河道局部模拟结果，分别选取 3 个观测区域，图 2.22 分别显示了计算区域内底高程、观测点位置以及观测区域范围。

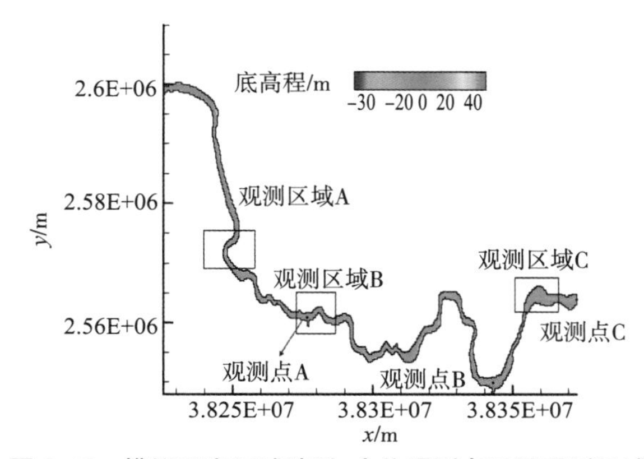

图 2.22 模拟研究区域地形、水位观测点以及观测区域

初始时，假设河道水位给定 17.33m 并且 $u=v=0$m/s，为了获得水流恒定状态，模拟时间为 300h，反复试算后得到河道糙率系数为 0.019。图 2.23 展示了 3 个观测站点的水位计算值与实测值对比结果。由图 2.23 可知，3 个水位观测点的计算值与实测值较吻合，水流趋势一致，表明计算模型能准确模拟复杂天然河道的水流运动。

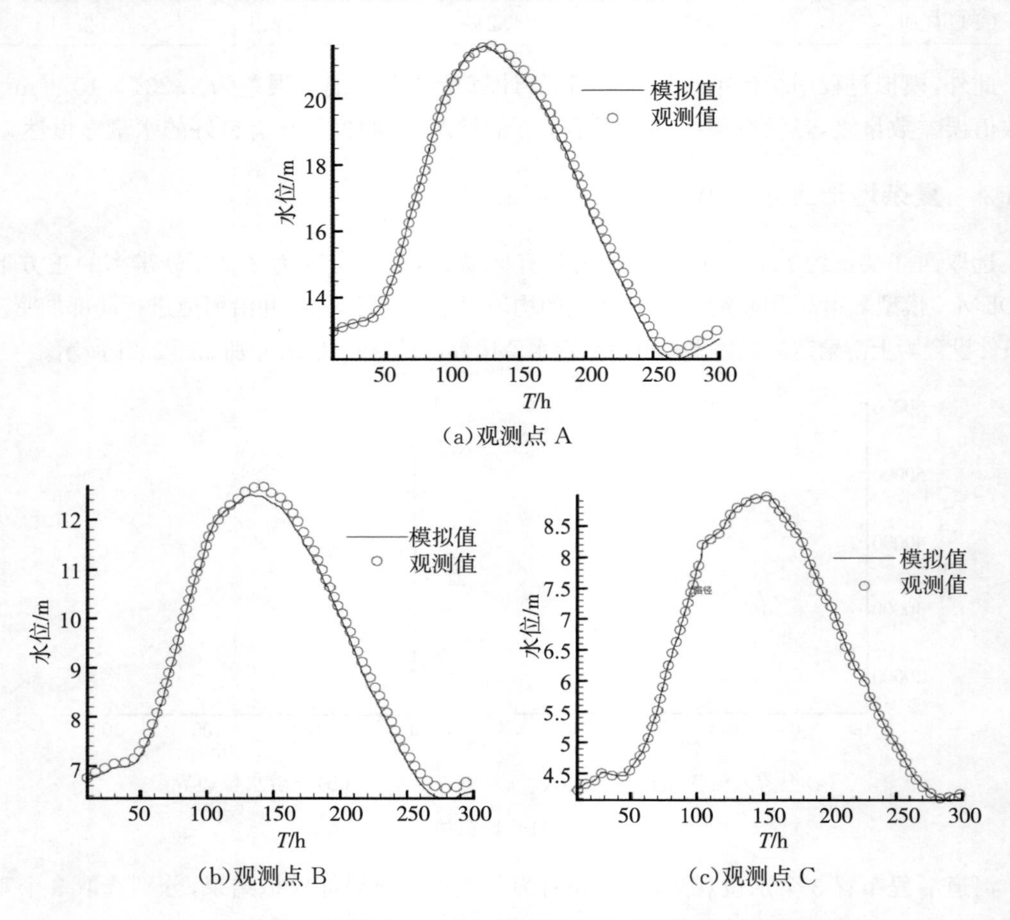

图 2.23 观测点 A、B 和 C 的模拟值与实测值对比结果

图 2.24 分别给出了 3 个观测区域的二维流场结果。由图可知河道水流模拟过程比较稳定，流速大约都在 2m/s，通过对模拟过程中的流速进行实时监控，发现在整个计算过程中没有出现非物理流速(大于 25m/s)的情况。除此之外，从图 2.24(c)中可以看到在观测区域 C 由于存在一个较大的沙洲，水流出现了明显的绕流现象，并且在沙洲附近干湿界面处水流依然稳定，表明模型具有较好的干湿界面处理能力。

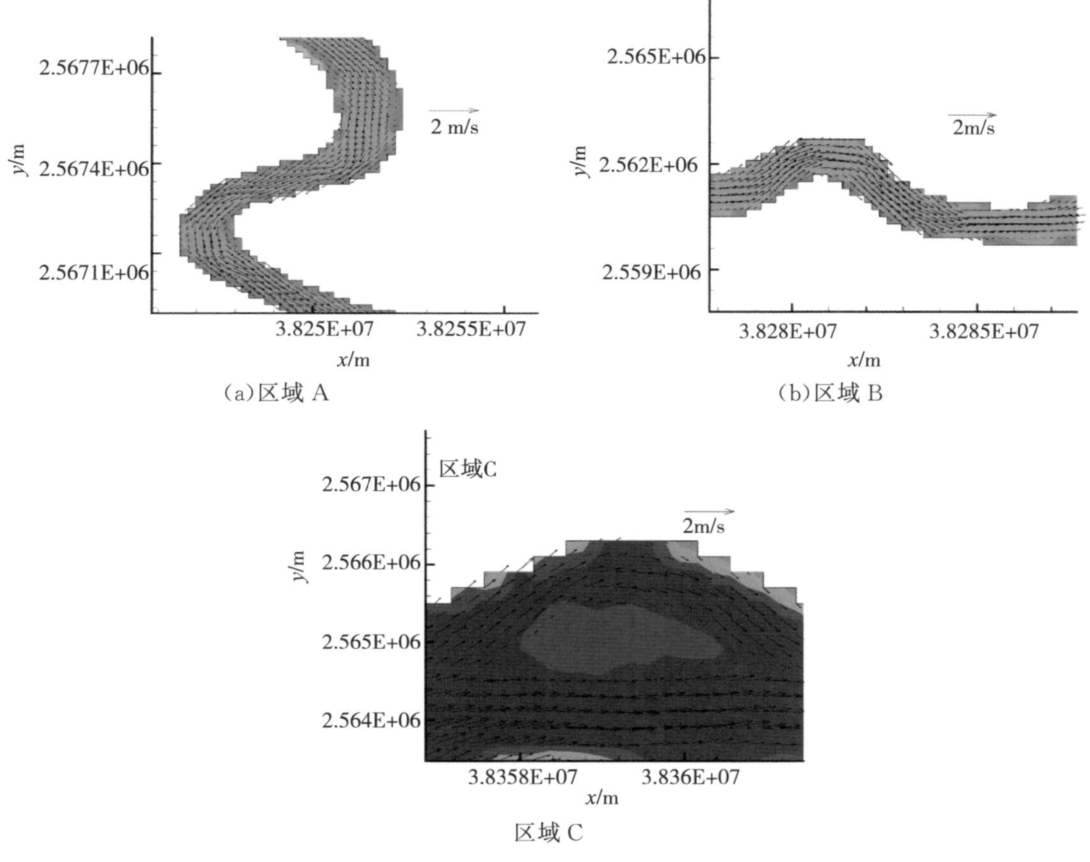

(a)区域 A　　(b)区域 B

区域 C

图 2.24　观测区域流场模拟结果

2.6　本章小结

本章从传统二维浅水方程的改进形式出发，针对河流与浅水湖泊水流数值模拟面临复杂计算域、强不规则地形、大接触间断、复杂水流形态、移动干湿界面、静水和谐等难题，综合考虑计算过程的效率、精度、数值稳定性和水量守恒性等因素的影响，以 Godunov 格式的有限体积法为框架，建立了适用于河道与浅水湖泊水流数值计算的一、二维耦合水动力学模型，该模型具有如下特色与创新。

1)基于局部 Froude 数，提出了一种水深—水位加权变量重构技术，具有高分辨率激波捕获能力，能准确模拟缓流、急流、混合流、间断流等复杂流态。

2)深入分析了通量计算可能导致的负水深问题，推导了一种水量通量矫正方法，有效解决了数值计算过程中产生负水深的难题，提高了数值计算过程中水量守恒性。

3)针对大尺度计算区域的水流水质数值模拟面临计算效率过低以及网格分辨率要求不同的难题，提出了一种网格自适应动态加密方法，该方法能根据计算区域的水位梯度特征和污染物梯度特征动态加密或稀疏网格数量，在提高数值模拟空间精度的同时减少计算单元数量，实现模型计算精度与计算效率的均衡。

4)提出了一种基于黎曼近似解的一、二维耦合联解模式，在耦合区域处引入虚拟计算单元，并采用近似黎曼算子计算虚拟单元的水流数值通量，具有空间同步性，并解决了两种模型独立求解可能遇到的空间分辨率和计算精度差异问题。

5)采用 Java 编程语言，提出了一种基于 CPU 多线程并行计算的水流水质模型求解模式。运用区域分解技术对计算区域进行分解，并引入虚拟单元对不同分解区域进行无缝衔接，保证了模型在计算过程中 CPU 资源的合理分配，进而通过多线程并行计算技术加速模型求解，极大地提高了水流水质模型的计算效率，有效解决了实际工程中水流水质模拟面临计算用时过长的难题。

6)经典理论算例和实际工程算例相结合的方法对模型进行系统验证。运用经典算例验证了模型具有和谐性、水量守恒性、计算精度、复杂混合流态处理能力、不规则地形处理能力、复杂边界拟合能力、克服数值阻尼能力与数值振荡、高分辨率捕捉激波与大浓度梯度、计算网格灵活等优点；采用实际工程算例检验了模型处理实际问题的能力，并通过计算结果和实测数据比较表明了模型能够合理模拟具有动态干湿界面的天然水流运动；通过与其他数值模型计算效率对比，表明了模型在处理实际工程问题时并行模式具有效率优越性。验证结果表明，本书建立的水流水质数值模型精度高、可靠性强、稳定性好，适合模拟实际复杂流体运动中物质的运输过程，具有较好的推广应用价值。

第3章 流域梯级电站间多维时空尺度河道水流运动规律分析

3.1 引言

三峡水利枢纽在长江防洪体系中占据关键地位，承担着对长江中下游荆江河段和城陵矶地区的防洪补偿任务。随着长江上游水库群的建成投运，巨型水库群联合防洪调度复杂度愈来愈高，在三峡水库防洪和应急调度期间，当入库流量短时间内发生较大变化或在不同流量级时，将直接影响三峡水库实时防洪调度决策，同时也将影响长江中下游江湖关系等。而且通常水库调洪计算主要是基于静库容曲线进行的，河道型水库调洪水位受洪水波动力特性影响，其调蓄库容难以用静库容调洪算法准确表达。研究表明，对于河道型水库，使用动库容调洪的计算方法往往使水库最高计算调洪水位增加，但可以较精确地反映水库实际调蓄库容量（王船海等，2004）。因此，研究水库入库洪水的洪水波动力特性（如传播时间等）是十分必要的。为此，本章在第1章提出的H1DM一维枝状河网模型的基础上，选取代表性库区河道朱沱—三峡坝址段，分析了各段河道在三角波、断波和实测场次洪水条件下的洪水传播规律，并根据2014—2018年数据计算了库区库容大小，在此基础上分析了库容变化规律。

3.2 库区洪水传播变化规律

洪水波传播规律是水文预报中的一个复杂问题，其主要表现内容之一在洪峰的传播时间，其在沿河道传播过程中，通常会发生推移和坦化现象。但是水利工程特别是大型水库的修建与运行，会在一定程度上改变洪水波的传播规律，进而影响洪水波的传播时间。根据水流的渐变和急变情形，可将洪水波分为渐变洪水波和急变洪水波（程海云等，2016）。当波动过程较为缓慢，流量、水位等水力要素是 x 和 t 的连续函数时，这样的洪水波为渐变洪水波；否则，属于急变洪水波。在实际中，洪水通常以渐变洪水波的形式在河道内传播，而当突遇暴雨或调洪建筑物突然加大或减小下泄流量时，则转变为急变洪水波的形式在河道内传播，随后在短时间内又转变为渐变洪水波。其中，当形成的断波流量急剧增加时，该断波为涨水波；反之当断波流量急剧减小时，该断波为落水波，其到达下游河道某一断面，产生的流量变化量为断波流量（程海云等，2016）。

本章以三峡库区朱沱—三峡坝址河段为研究对象，在第 2 章的研究成果基础上，运用所建 H1DM 模型进行模拟计算洪峰传播时间和库容变化，其水系示意图如图 1.15 所示，在此不再赘述。

3.2.1 研究河段实际洪水特性分析

根据研究河段水文站点布设情况，干流关键站点为朱沱水文站和寸滩水文站，主要支流嘉陵江和乌江代表站分别为北碚水文站和武隆水文站，长江上游梯级水库群近年来逐步投产运行对三峡水库入库具有一定影响，因此，选取 2013—2018 年实测洪水数据进行统计分析（其中 2018 年数据统计截止到 8 月 2 日），包括年最高洪峰、年平均流量、汛期平均流量、场次洪水历时等，统计结果如表 3.1 至表 3.5 所示（单位：m^3/s）。

表 3.1　2013—2018 年各站点最大洪峰流量统计

年份	站点			
	朱沱	寸滩	北碚	武隆
2013	28000	45700	24400	5320
2014	30800	50000	23800	15100
2015	23500	35700	23800	6100
2016	22040	28110	6227	12364
2017	28500	31100	13800	9670
2018	34800	59300	31900	9540
六年平均	27940	41652	20655	9682

表 3.2　2013—2018 年各站点年平均流量统计

年份	站点			
	朱沱	寸滩	北碚	武隆
2013	8085	11036	2715	1102
2014	9341	11918	2344	1934
2015	8614	11218	1878	1737
2016	8674	10189	1274	1840
2017	8273	10416	2029	1411
2018	8195	11429	2693	1525
六年平均	8530	11034	2156	1592

表 3.3 2013—2018 年各站点汛期(6 月 1 日—9 月 30 日)平均流量统计

年份	站点			
	朱沱	寸滩	北碚	武隆
2013	13315	19657	5634	1252
2014	15146	19772	3977	3160
2015	8052	12512	3453	3329
2016	14255	16349	1914	2533
2017	11340	14859	3505	2316
2018	14979	20983	5545	1871
六年平均	12848	17355	4005	2410

表 3.4 2013—2018 年干流朱沱、寸滩站场次洪水统计

序号	站点					
	朱沱			寸滩		
	场次洪水	历时/d	洪峰流量/(m^3/s)	场次洪水	历时/d	洪峰流量/(m^3/s)
1	2013/6/9—6/15	6	14300	2013/7/1—7/9	8	35900/32600
2	2013/6/20—6/29	8.5	15500	2013/7/10—7/16	6.5	39600
3	2013/7/10—7/16	6	28000	2013/7/18—7/26	7.5	45700/41100
4	2014/8/17—8/24	6.5	27000	2014/8/17—8/24	7.5	29100
5	2014/8/27—9/5	9	26700	2014/8/27—9/5	9	30900/33600
6	2014/9/16—9/23	7	30800	2014/9/11—9/24	12.75	40900/50000
7	2015/7/13—7/22	8.8	17000	2015/6/28—7/9	10.5	31300
8	2015/8/15—8/24	8.25	13800/17800/20200	2015/8/15—8/25	10	31500
9	2015/9/5—9/16	11	23500/23200	2015/9/5—9/15	10	26300/35700
10	2016/6/27—7/5	8	20698	2016/6/28—7/6	8	28110
11	2016/7/12—7/23	11	21768/21910	2016/7/13—7/23	10	26430/27864
12	2016/9/18—9/28	10	22040	2016/9/19—9/29	10	22640
13	2017/8/7—8/13	6	21300	2017/8/7—8/14	7	23700
14	2017/8/23—9/2	10.2	28400/21300	2017/8/24—9/5	12	30100/27500
15	2017/9/6—9/18	11	19000/19600	2017/9/6—9/17	11.5	31100
16	2018/7/3—7/7	4.25	31100	2018/7/3—7/8	4.8	46800
17	2018/7/12—7/21	8.5	29100/34000	2018/7/10—7/21	10.75	58500/47200

注：洪峰类型包含单峰、双峰和多峰情况，因此，洪峰流量列可能出现多个统计值。

表 3.5　　2013—2018 年支流北碚、武隆站场次洪水统计

序号	站点					
	北碚			武隆		
	场次洪水	历时/d	洪峰流量/(m^3/s)	场次洪水	历时/d	洪峰流量/(m^3/s)
1	2013/7/1—7/8	7.5	23100/17700	2013/9/9—9/19	10.5	5320
2	2013/7/9—7/16	7	16700	2014/7/3—7/11	8.5	9340
3	2013/7/18—7/27	8.5	24400/22300	2014/7/14—7/21	7.5	15100
4	2014/7/11—7/15	4	10200	2015/6/5—6/10	5.5	3910/4610/5350/3920
5	2014/8/31—9/5	5	10200	2015/6/17—6/25	8	5590/4880/4760/6070/5990
6	2014/9/10—9/22	11.75	16000/23800/18200/21700	2016/6/24—7/4	10	7310/12364/9496
7	2015/6/24—7/3	8.3	16500/23800	2016/7/17—7/24	7	7500
8	2015/8/17—8/22	5	14100	2017/6/24—7/6	11.6	9670
9	2015/9/9—9/15	6	11600	2018/7/5—7/10	5d	9440
10	2016/6/22—7/7	15	4692/6227			
11	2016/7/13—8/6	24	4472/5140/5230/5140			
12	2017/6/15—6/21	6	9480			
13	2017/7/6—7/12	6	9790			
14	2017/9/9—9/12	3.8	13800			
15	2018/7/3—7/9	6.25	15800			
16	2018/7/9—7/16	6.5	31900			

注：洪峰类型包含单峰、双峰和多峰情况，因此，洪峰流量列可能出现多个统计值。

从表统计结果中可以分析，长江干流朱沱站 2013—2018 年平均流量约 8530m^3/s，汛期平均流量约 12800m^3/s，最大洪峰流量为 34000m^3/s，场次洪水历时 6～11d。寸滩站洪水特性与朱沱站相似，受支流嘉陵江的来水影响，量级较朱沱站大。支流北碚站来水一般大于支流武隆站，2013—2018 年最大洪峰流量比为 2∶1，其中 2016 年例外。此外，武隆站洪水过程多为单峰情形，从六年数据分析来看，其在整个汛期的表现基本只出现一场大洪水，且一般发生在 8—9 月。

基于上述实测洪水过程与指标的统计分析，兼顾洪水传播模拟的实际意义，制定了几种典型模拟情形，具体分析了不同库水位或洪峰流量条件下的渐变洪水波和急变洪水波传播规律。

3.2.2 不同库水位或洪峰流量条件下的渐变洪水波传播模拟分析

对于渐变洪水波传播模拟，以干流洪水为研究对象，分别在 6d、8d、10d 洪水历时情况下，假设上边界条件为朱沱站洪峰流量为 $20000m^3/s$、$25000m^3/s$、$30000m^3/s$ 和 $35000m^3/s$ 的线性三角渐变波，起涨流量和退水流量均为 $10000m^3/s$；下边界条件选取三峡水库坝前水位分别为防洪限制水位 145m、枯水期最低消落水位 155m 和正常蓄水位 175m，支流嘉陵江和乌江来水假设为 2013—2018 年汛期平均来水量 $4000m^3/s$ 和 $2500m^3/s$，共模拟了 36 种情形。其中朱沱流量边界流量示意图如图 3.1 所示。

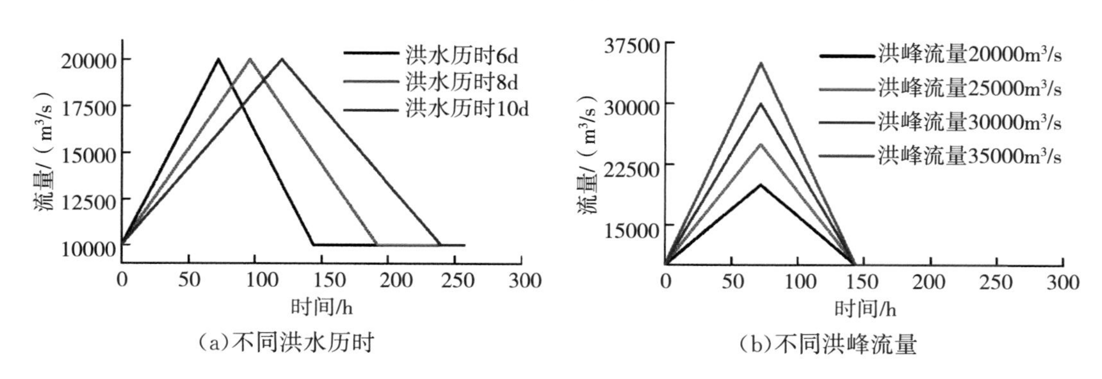

图 3.1 渐变洪水波上边界流量示意图

3.2.2.1 不同库水位条件下的渐变洪水波传播模拟分析

以洪峰流量 $30000m^3/s$、洪水历时 8d、不同库水位下的渐变洪水波边界条件模拟方案结果为例进行分析。选取寸滩、长寿、清溪场、忠县、万县和坝址附近断面作为代表断面，其洪水波传播示意图如图 3.2 所示。朱沱、寸滩、长寿、清溪场、忠县、万县距离坝址分别 745km、600km、530km、470km、372km、292km。

由图 3.2 可见，在不同库水位条件、相同流量条件下，朱沱—寸滩河段洪峰传播时间基本相同，均在 9h 左右。由于朱沱—寸滩河段位于三峡库区库尾，距离坝址 600～745km，对库水位的敏感性低，受库水位顶托影响较小，其运动规律接近天然河道的运动规律。从图(b)～图(f)可明显看出，随着水位升高，洪水波在河段内的传播时间缩短。当库水位为 145m 时，洪水波从朱沱演进至坝址所花时间约 37h；当库水位为 175m 时，朱沱—坝址河段洪水波演进时间缩短至 22h，即库水位平均每抬升 1m，洪水波传播时间缩短 0.5h，并且河段距离坝址越近，传播速度越快，传播时间越短。其中，寸滩—坝址河段是约束洪水波传播的主要河段。此外，表 3.6 的统计时间表明，不同洪峰流量或者不同洪水历时条件下，洪水波传播时间均符合前述规律。不同站点的洪峰流量和洪峰坦化率如表 3.6 所示，从表中可以发现，随着坝前水位升高，坦化程度越小。

3.2.2.2 不同洪峰流量条件下的渐变洪水波传播模拟分析

以库水位 145m、洪水历时 6d、不同洪峰流量下的渐变洪水波边界条件模拟方案结果为例进行分析。选取寸滩、长寿、清溪场、忠县、万县和坝址附近断面作为代表断面，其洪水波传播示意图如图 3.3 所示。

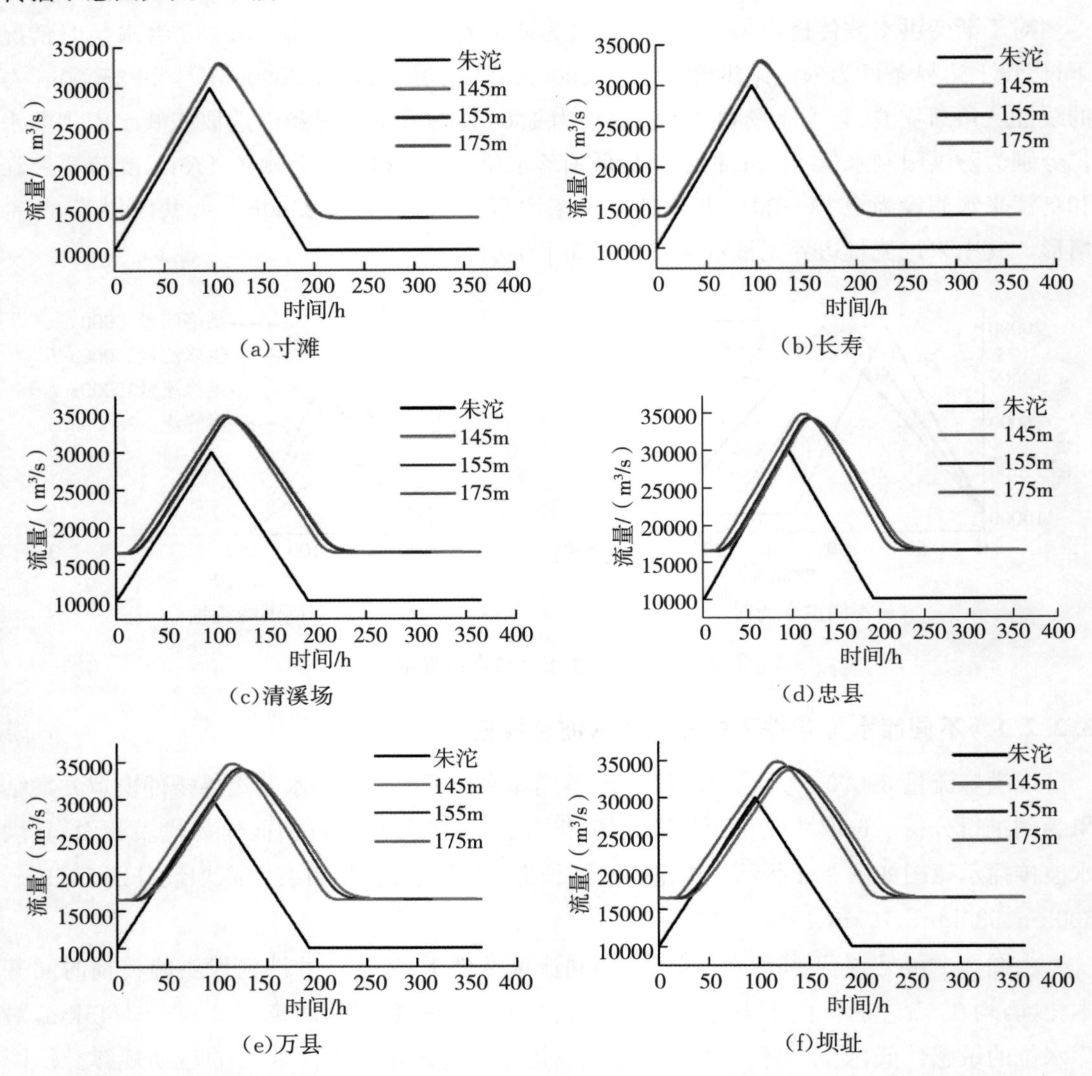

图 3.2 洪峰流量 30000m³/s、洪水历时 8d、不同库水位条件下的渐变洪水波传播示意图

表 3.6 洪峰流量 30000m³/s、洪水历时 8d、不同库水位条件下的渐变洪水波坦化率统计

水位/m	朱沱	寸滩	长寿	清溪场	忠县	万县	坝址
145	1.00	0.95	0.93	0.91	0.88	0.87	0.87
155	1.00	0.95	0.93	0.91	0.89	0.88	0.88
175	1.00	0.95	0.93	0.92	0.92	0.91	0.92

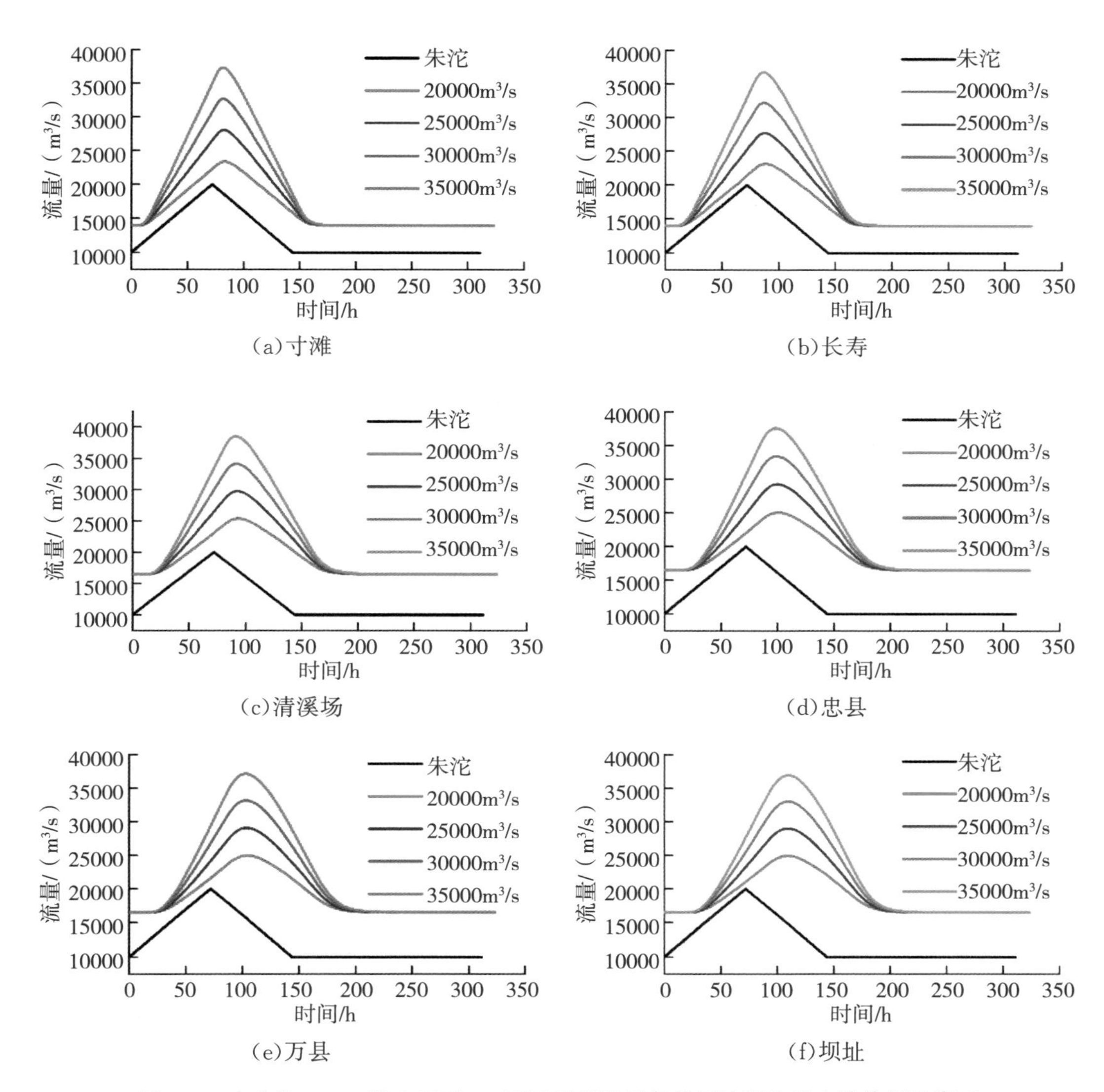

(a)寸滩

(b)长寿

(c)清溪场

(d)忠县

(e)万县

(f)坝址

图 3.3　库水位 145m、洪水历时 6d、不同洪峰流量条件下的渐变洪水波传播示意图

在此模拟方案情形下，洪峰流量变化所引起的传播时间变化响应较小，变化幅度在 1h 左右，从朱沱演进至坝址段，洪水波传播时间为 26～29h。总体分析 36 种模拟方案计算结果，洪峰流量对洪水波的传播时间影响不大，具体体现在朱沱—万县河段不同洪峰流量传播时间基本相同；而在万县—坝址河段，尤其是水库处于低水位时，洪峰流量变化导致的影响较大，随着洪峰流量增加，传播时间增加，其主要原因是近坝段水位变化极小，水位顶托作用强，壅水情况使洪水波在近坝段运动速度大幅度减缓。在此基础上，分析不同站点的洪水波坦化规律发现，在相同坝前水位和洪水历时条件下，洪峰流量越大，洪水波传播到各水文站点的坦化程度越大，如表 3.7 所示。

表 3.7　　库水位 145m、洪水历时 6d、不同洪峰流量条件下的渐变洪水波坦化率统计

洪峰流量/(m^3/s)	朱沱	寸滩	长寿	清溪场	忠县	万县	坝址
20000	1.00	0.94	0.92	0.89	0.86	0.85	0.84
25000	1.00	0.94	0.91	0.88	0.85	0.84	0.83
30000	1.00	0.93	0.91	0.88	0.85	0.83	0.83

3.2.2.3　不同洪水历时条件下的渐变洪水波传播模拟分析

以库水位 175m、洪峰流量 25000m^3/s、不同洪水历时下的渐变洪水波边界条件模拟方案结果为例进行分析。选取寸滩、长寿、清溪场、忠县、万县和坝址附近断面作为代表断面，其洪水波传播示意图如图 3.4 所示，区间传播时间(d)统计如表 3.8 所示。

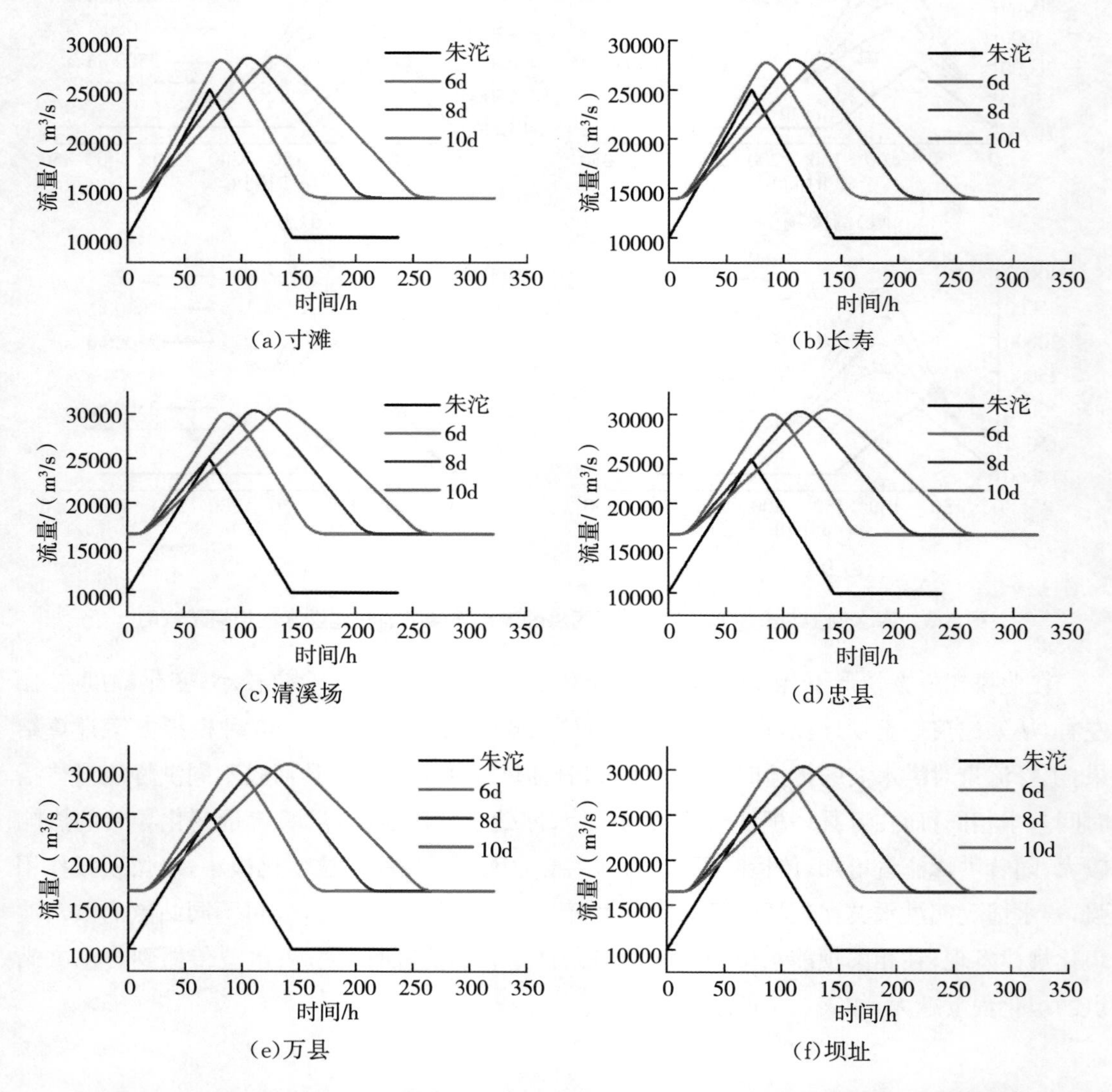

(a)寸滩　(b)长寿

(c)清溪场　(d)忠县

(e)万县　(f)坝址

图 3.4　库水位 175m、洪峰流量 25000m^3/s、不同洪水历时条件下的渐变洪水波传播示意图

表3.8 渐变洪水波模拟计算洪水波区间传播时间(d)统计

洪水历时	区间	水位145m洪峰流量/(m^3/s)				水位155m洪峰流量/(m^3/s)				水位175m洪峰流量/(m^3/s)			
		20000	25000	30000	35000	20000	25000	30000	35000	20000	25000	30000	35000
6d	朱沱—寸滩	11	10	9	9	11	10	9	9	10	10	9	9
	寸滩—长寿	5	5	6	5	4	4	6	5	3	3	3	3
	长寿—清溪场	5	5	4	5	5	6	4	4	2	2	3	3
	清溪场—忠县	7	7	8	7	5	4	5	6	3	3	3	3
	忠县—万县	4	5	4	4	3	3	4	3	1	2	2	2
	万县—坝址	5	5	6	7	3	5	4	5	2	2	2	3
	合计	37	37	37	37	31	32	32	32	21	22	22	23
8d	朱沱—寸滩	11	9	9	9	11	10	9	9	10	9	9	8
	寸滩—长寿	5	6	6	5	5	5	5	5	3	4	3	4
	长寿—清溪场	6	6	4	5	4	4	5	5	2	2	3	3
	清溪场—忠县	7	7	8	7	5	6	5	4	3	3	3	3
	忠县—万县	4	4	4	5	3	3	3	4	1	2	2	2
	万县—坝址	4	5	7	7	3	4	5	6	2	2	3	3
	合计	26	28	29	29	20	22	23	24	21	22	23	23
10d	朱沱—寸滩	11	10	9	9	11	9	9	9	9	9	8	9
	寸滩—长寿	6	6	5	5	5	7	5	5	4	3	4	3
	长寿—清溪场	5	4	6	5	4	4	5	4	2	3	3	3
	清溪场—忠县	7	7	6	7	5	5	6	6	3	3	3	3
	忠县—万县	4	5	5	4	3	3	2	4	1	2	2	3
	万县—坝址	4	5	7	7	3	4	6	5	2	2	3	3
	合计	26	27	29	28	20	23	24	24	21	22	23	24

综合分析图 3.4 和表 3.8，洪水历时分别为 6d、8d 和 10d 时，洪水波传播时间基本保持不变，不受其历时长短而变化，在所选模拟方案条件下，其从朱沱传播至坝址的时间均为 22h。相较洪峰流量和库水位而言，洪水历时对洪水波传播时间的影响最不敏感，可认为基本无影响，而库水位的影响最显著。此外，由表 3.9 可知，在相同库水位和洪峰流量条件下，随着洪水历时的增加，洪水波传播至各站点的洪峰流量坦化率越小，坦化程度越低。对比分析表 3.6 至表 3.9 可以发现，库水位和洪水历时对洪水波坦化率影响呈负相关关系，而洪峰流量与洪水波坦化率呈正相关关系。

表 3.9　库水位 175m、洪峰流量 25000m³/s、不同洪水历时条件下的渐变洪水波坦化率统计

洪水历时/d	朱沱	寸滩	长寿	清溪场	忠县	万县	坝址
6	1.00	0.93	0.92	0.91	0.90	0.90	0.90
8	1.00	0.94	0.94	0.93	0.92	0.92	0.93
10	1.00	0.96	0.95	0.94	0.94	0.94	0.94

3.2.3　不同库水位或洪峰流量条件下的急变洪水波传播模拟分析

对于急变洪水波传播模拟，以干流洪水为研究对象，分别在三峡坝前水位为防洪限制水位 145m、枯水期最低消落水位 155m 和正常蓄水位 175m 情况下，假设上边界条件：朱沱站起涨流量和退水流量均为 10000m³/s，根据向家坝水库出库流量统计数据，假定断波流量(增量)分别为 2500m³/s、5000m³/s、7500m³/s、10000m³/s，起涨和退水时间均为 6h，最大流量持续时间分别为 1d、2d、3d、4d 和 5d，如图 3.5 所示，其他支流条件与 3.2.1 节一致，模拟了共计 60 种情形。

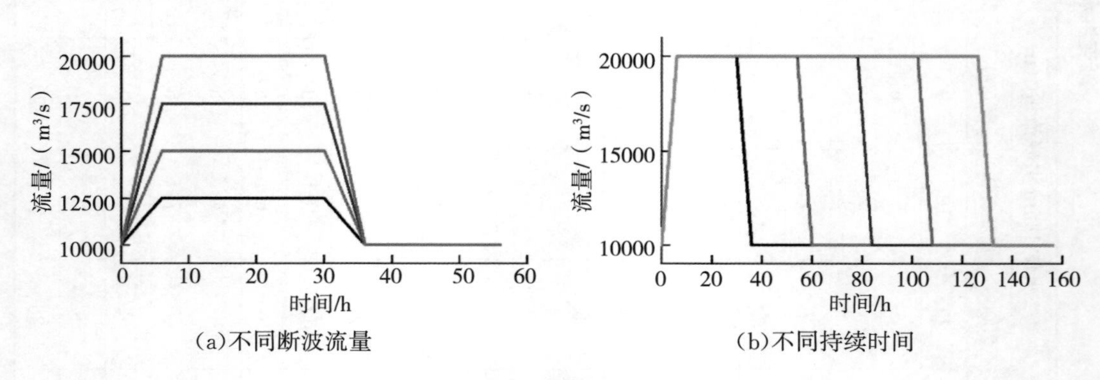

(a)不同断波流量　　(b)不同持续时间

图 3.5　急变洪水波上边界流量示意图

3.2.3.1　不同库水位条件下的急变洪水波传播模拟分析

以断波流量 5000m³/s、最大流量持续时间 5d、不同库水位下的急变洪水波边界条件模拟方案结果为例进行分析。选取寸滩、长寿、清溪场、忠县、万县和坝址附近断面作为代表断面，其洪水波传播示意图如图 3.6 所示。

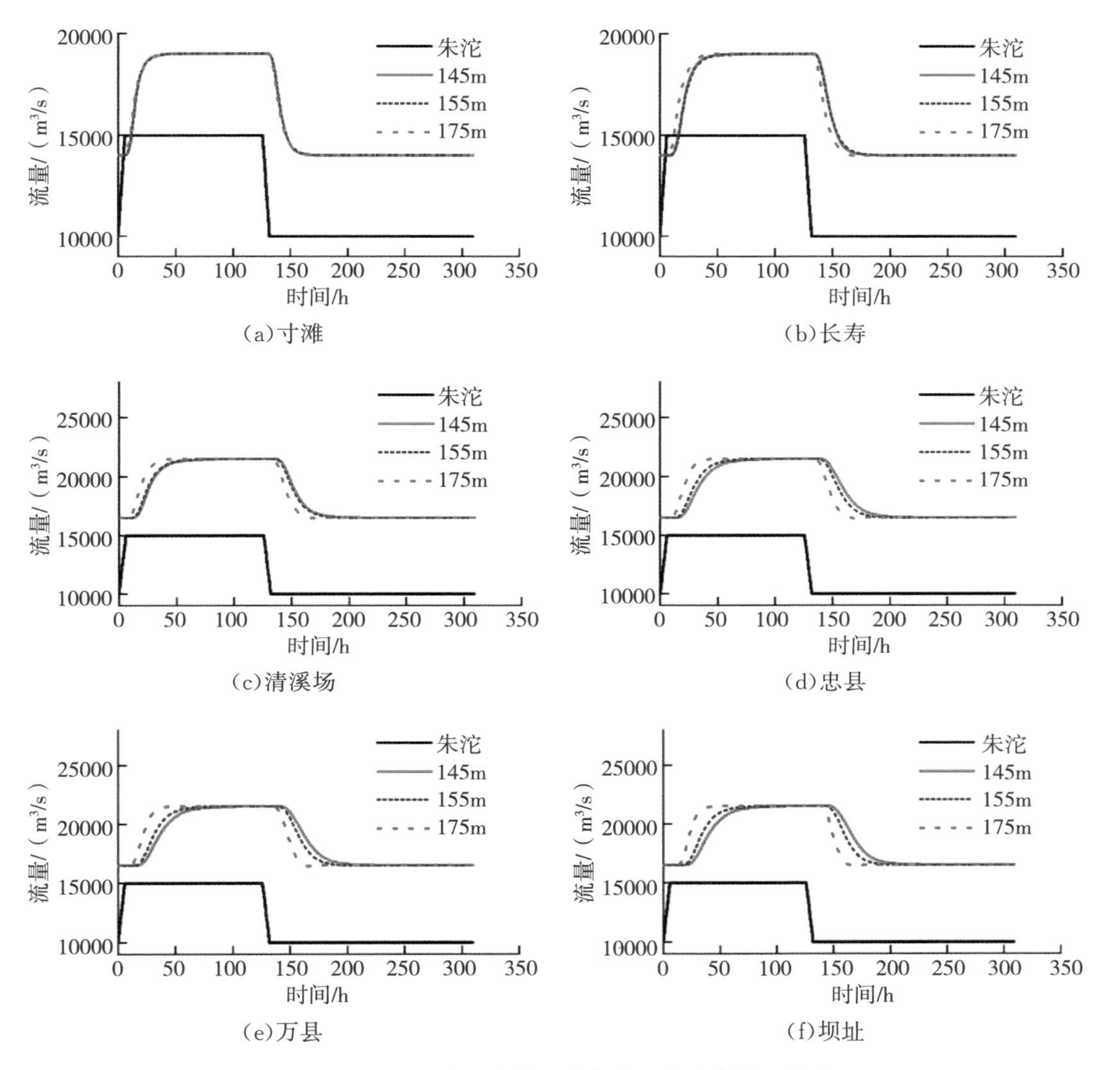

图 3.6 不同库水位条件下的急变洪水波传播示意图

由图 3.6 可知，相同断波边界、不同库水位条件下的断波在三峡库区内的传播规律与渐变洪水波相似，即库水位越高，传播时间越短，传播速度越快，水流坦化效果越弱，最大洪水流量持续时间越接近断波边界；反之，库水位降低，传播时间增加，水流坦化效果越明显，最大洪水流量持续时间越短。

3.2.3.2 不同断波流量条件下的急变洪水波传播模拟分析

以库水位 145m、最大流量持续时间 5d、不同断波流量下的急变洪水波边界条件模拟方案结果为例进行分析。选取寸滩、长寿、清溪场、忠县、万县和坝址附近断面作为代表断面，其洪水波传播示意图如图 3.7 所示。

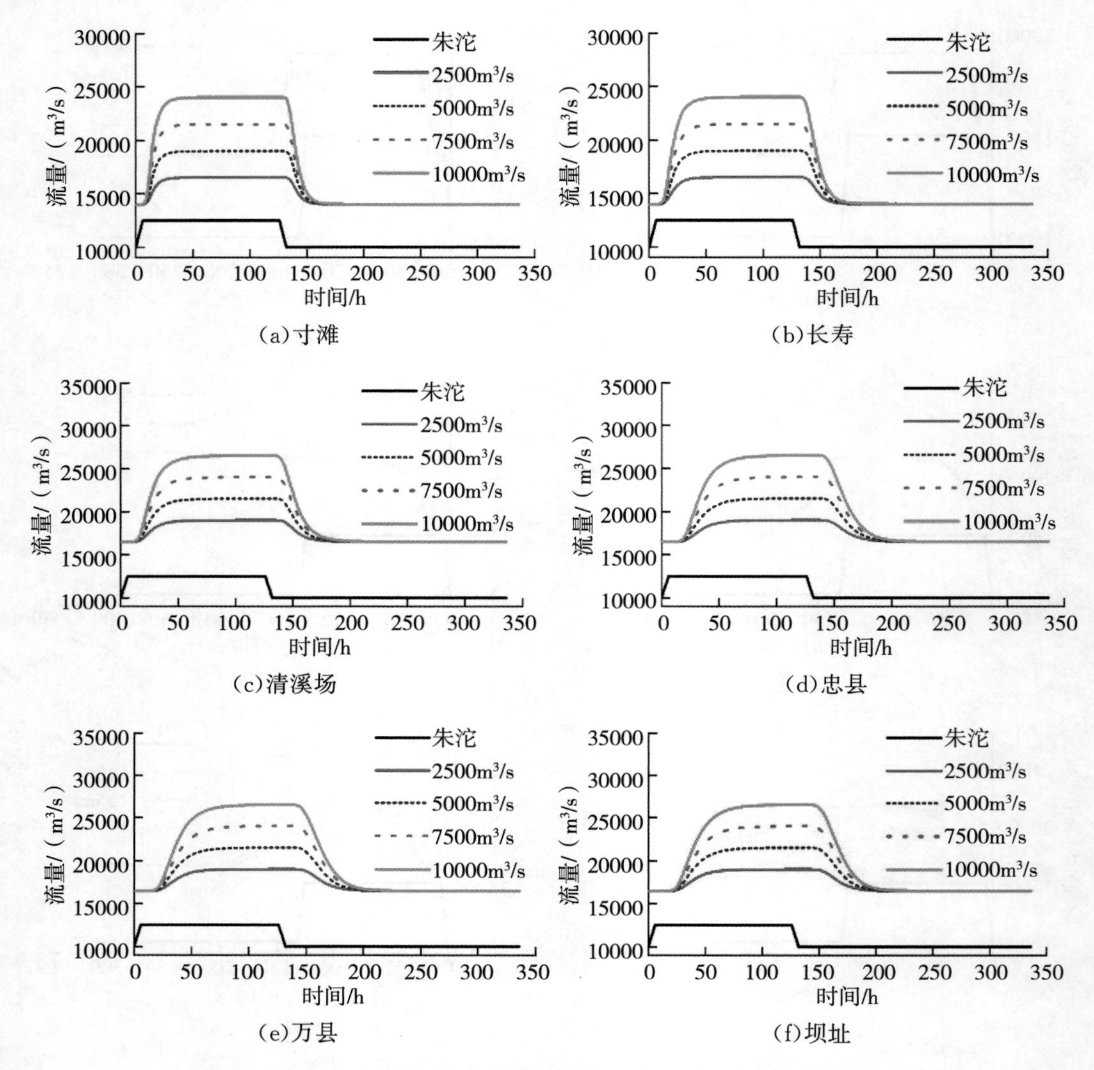

图 3.7 不同断波流量条件下的急变洪水波传播示意图

在不同断波流量条件下、其他状态不变时，洪水传播时间基本相同，洪水波朱沱—寸滩、寸滩—长寿、长寿—清溪场、清溪场—忠县、忠县—万县、万县—坝址河段的传播时间分别在3h、2h、3h、3h、3h、2h 左右，相较渐变洪水波传播时间均有较大幅度减少。

3.2.3.3 不同持续时间条件下的急变洪水波传播模拟分析

以库水位 175m、断波流量 10000m³/s、不同最大流量持续时间下的急变洪水波边界条件模拟方案结果为例进行分析。选取寸滩、长寿、清溪场、忠县、万县和坝址附近断面作为代表断面，其洪水波传播示意图如图 3.8 所示。

在相同断波流量和库水位的基础上，不同最大流量持续时间对急变洪水波传播时间的影响较小，持续时间越短，水流坦化作用越明显。在图 3.8 模拟方案中，断波流量持续时间在不同河段的衰减程度相当，从朱沱传播至坝址，其整体波形基本保持不变，在断波流量突变点（即上涨或下落的转折点）衰减程度较大，由梯形波变成近似梯形波。与渐变洪水波中库水位 175m、洪峰流量 20000m³/s 的方案模拟结果相比，传播时间大幅度减小，从渐变波的 21～24h 缩短至 8～16h。

总体而言，影响急变洪水波在河道中传播过程的因素较为复杂，传播规律较渐变洪水波的传播规律不明显，其具体表现在随最大洪水流量持续时间的增强，急变洪水波波形传递更为显著，而受支流入汇和库水位的影响，急变洪水波在库区传播时间较为固定，尤其是受水位变化的影响较渐变洪水波小，但总体传播时间较渐变洪水波短，平均缩短 10h 左右。

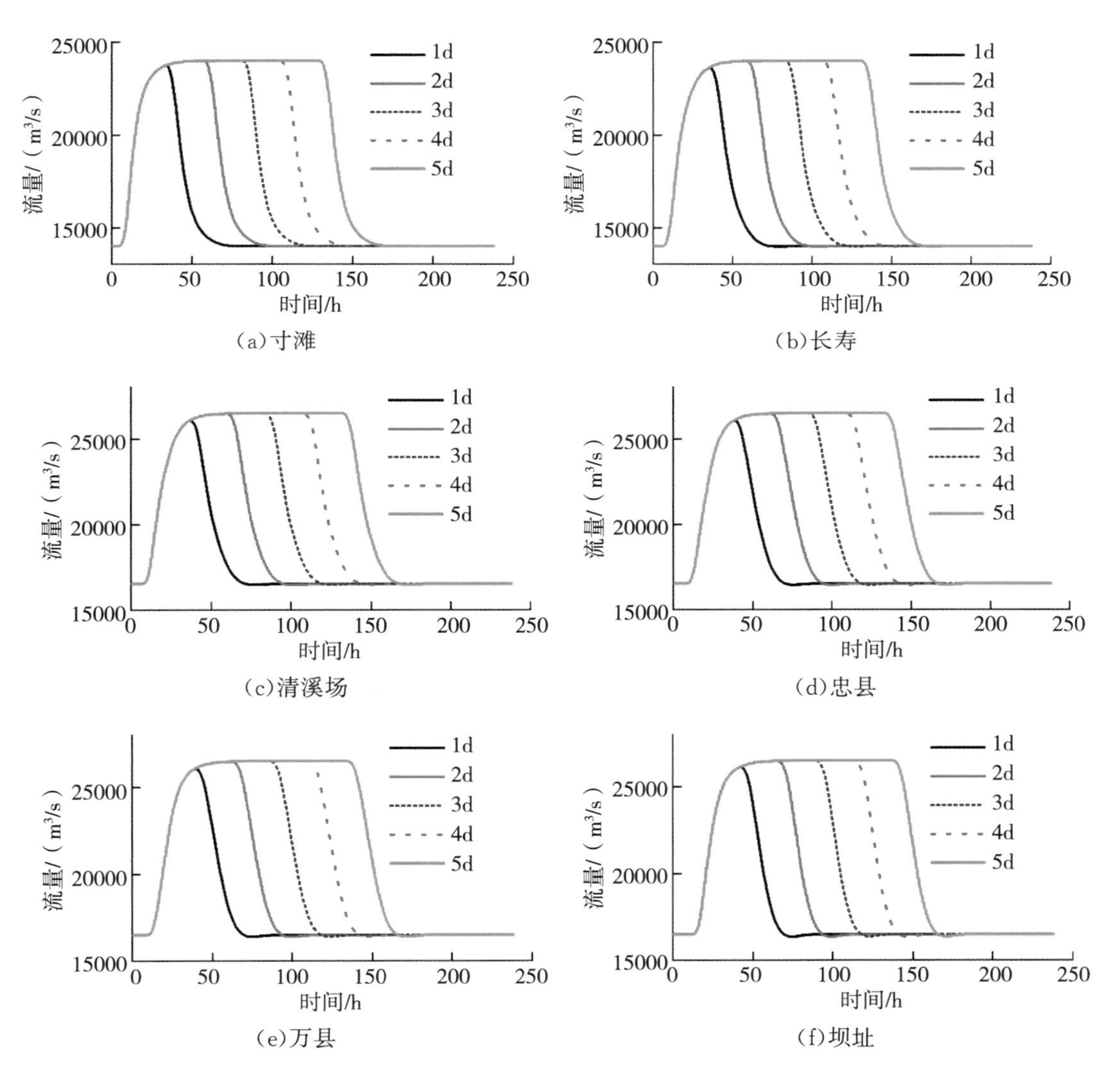

图 3.8　不同最大流量持续时间条件下的急变洪水波传播示意图

3.3　库容变化规律

在已有关于水库防洪调度的研究中，动库容调洪问题作为对调度决策、过程影响较大的问题之一，同时考虑静库容和楔形库容对洪水调节的影响，具有十分重要的研究价值，诸多学者也已对其开展了大量研究。主要分为三类方法：第一类是水文学方法，如相应水位流量法、下泄槽蓄关系法、马斯京根法等；第二类是水力学方法，如有限差分法、特征线法、有限元法等；第三类是借助遥感技术、GIS 手段和 DEM 数据进行遥测与分析。其中，针对三峡水库动库容调洪问题，仲志余等（2010）建立了基于瞬时水面线、Preissmann 隐式差分法和三级河网解法的动库容调洪模型；张俊等（2011）以三峡水库蓄水后汛期实测资料为基础，结合水面线分析、典型洪水过程动库容调洪演算和动库容关系曲线，分析并认为其动库容特性受坝前水位、入库流量和出库流量影响均较大；周建军等（2013）研究认为三峡水库坝前水位变化与库容变化是异步的，动静库容计算得到的水库蓄泄水量偏差可达 50%以上；Zhang 等（2017）基于 DEM 数据研究了三峡水库动库容特性，推求得到其静库容最大可达 434.3 亿 m^3，其中动态防洪能力 224.5 亿 m^3。

3.3.1 坝前平直段研究

基于前述研究，本节提出一种改进的分段思想，即认为库区主要分为两段：一段是坝前平直段，其日水位沿程变化基本保持不变；另一段是库区变化段，其日水位沿程逐渐抬升或降低。其中坝前平直段随调度时期变化可能变化，因此需首先确定不同时期的坝前平直段范围。若能得到坝前平直段的范围，则可认为坝前平直段的库容完全可通过查询静库容曲线获得，且其物理特性符合静库容曲线的意义，由此，库区可以划分为两部分，如图 3.9 所示，阴影部分是主要影响库区防洪库容变化的部分，需要利用查询静库容曲线之外的方法计算获取。为此，以 H1DM 模型为计算工具，以三峡库区朱沱—坝址段为研究对象，其 2014—2018 年汛期资料为数据支持，结合沿程水面线分析，初步推求了不同时期（初汛期、主汛期和后汛期）的坝前平直段。

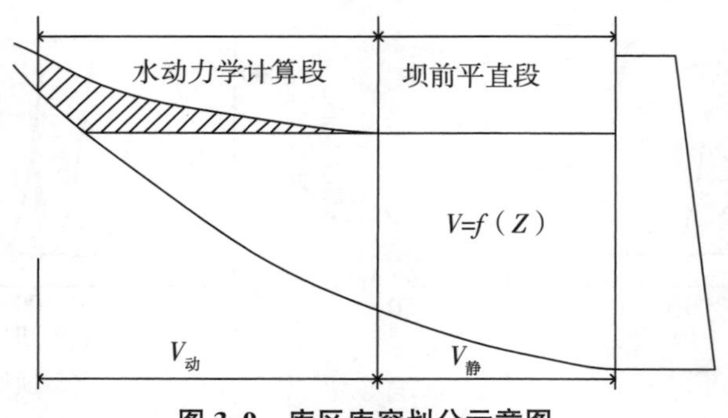

图 3.9 库区库容划分示意图

3.3.1.1 沿程水面线分析

选取 2014—2018 年逐年汛期 6 月 1 日—9 月 30 日的三峡库区实测数据和运行坝前水位数据作为模型计算边界，根据刘攀（2005）、秦智伟（2018）、郭倩（2011）等对三峡水库分期的成果，运用 H1DM 模型计算得到各分期沿程水面线结果。

(1)前汛期(初汛期)6 月 1 日—6 月 20 日

根据已有数据范围，通过 H1DM 模型计算得到 2014—2018 年初汛期的沿程水面线结果如图 3.10 所示。

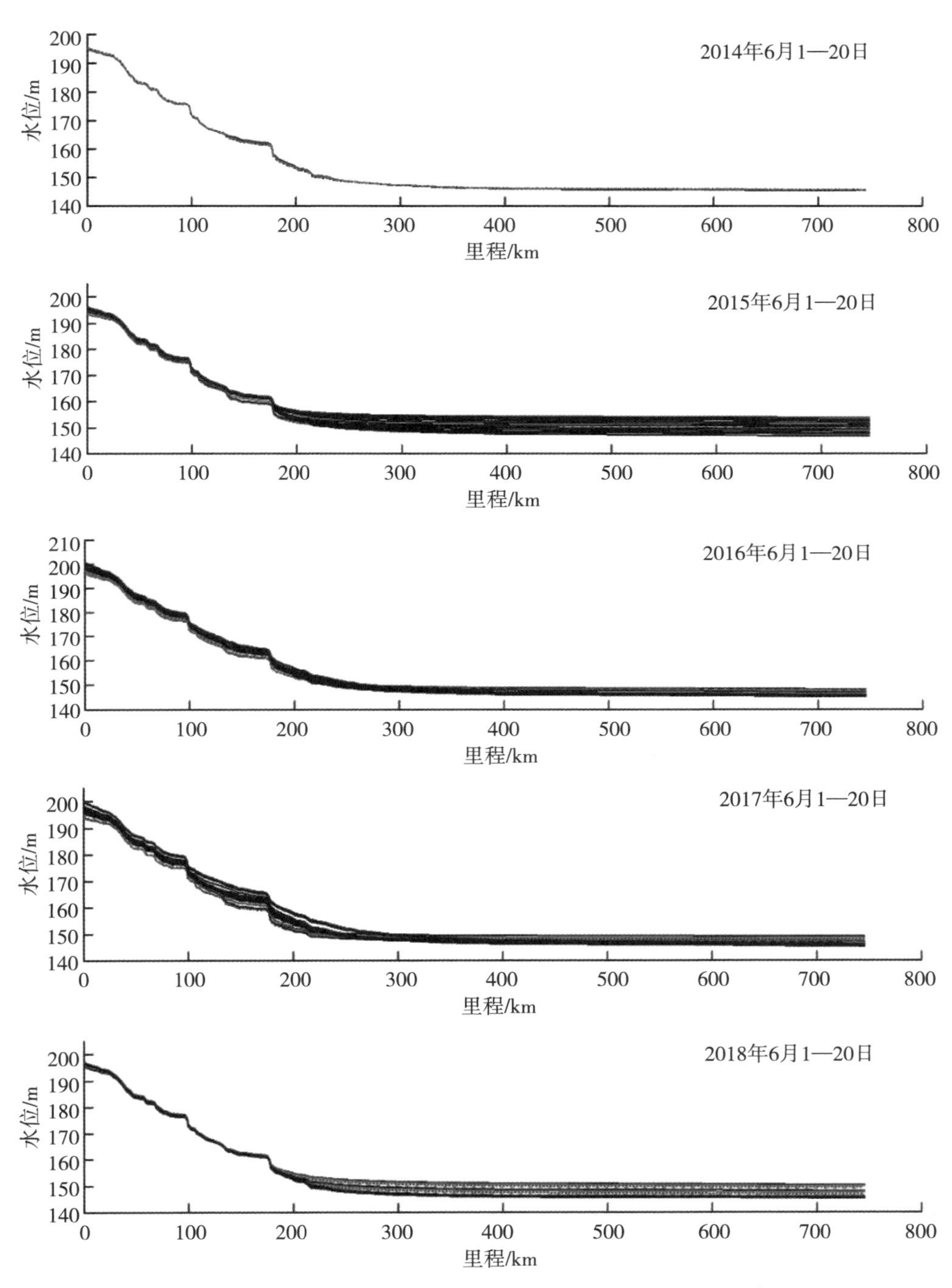

图 3.10 2014—2018 年初汛期朱沱—坝址段沿程水面线示意图

由于三峡库区库容巨大，水位每变化 1cm，库容变化量可多达几百万立方，若以水位变幅超过 1cm 为分界线，从坝址断面起往朱沱累计，若水位变幅超过 1cm，则认为坝前平直段结束。根据实测数据模拟结果，2014 年初汛期坝前断面水位计算相等的范围为 8.8～10.1km；2015 年初汛期为 4.8～47.4km；2016 年初汛期为 4.0～11.3km；2017 年初汛期为 4.0～17.7km；2018 年初汛期为 6.1～12.3km。若以三峡水位允许日最大变幅 0.6m 为标准，则坝前平直段范围可扩大到 131～485km，最大处在乌江入汇点附近，最近处在巫山与奉节之间。

(2)主汛期 6 月 21 日—9 月 15 日

2014—2018 年逐年主汛期的沿程水面线结果如图 3.11 所示。以 1cm 为判断标准对 2014—2018 年主汛期逐年统计，得到的坝前水位计算相等的范围分别为 1.8～17.7km、2.6～12.3km、1.8～11.3km、3.0～14.7km 和 1.14～6.8km；而以三峡水位允许日最大变幅为标准，其坝前水位在变幅范围内的河道长度达 59～423km，最近处位于巴东与秭归中间，最远处可至清溪场下游、白沙沱上游河段。

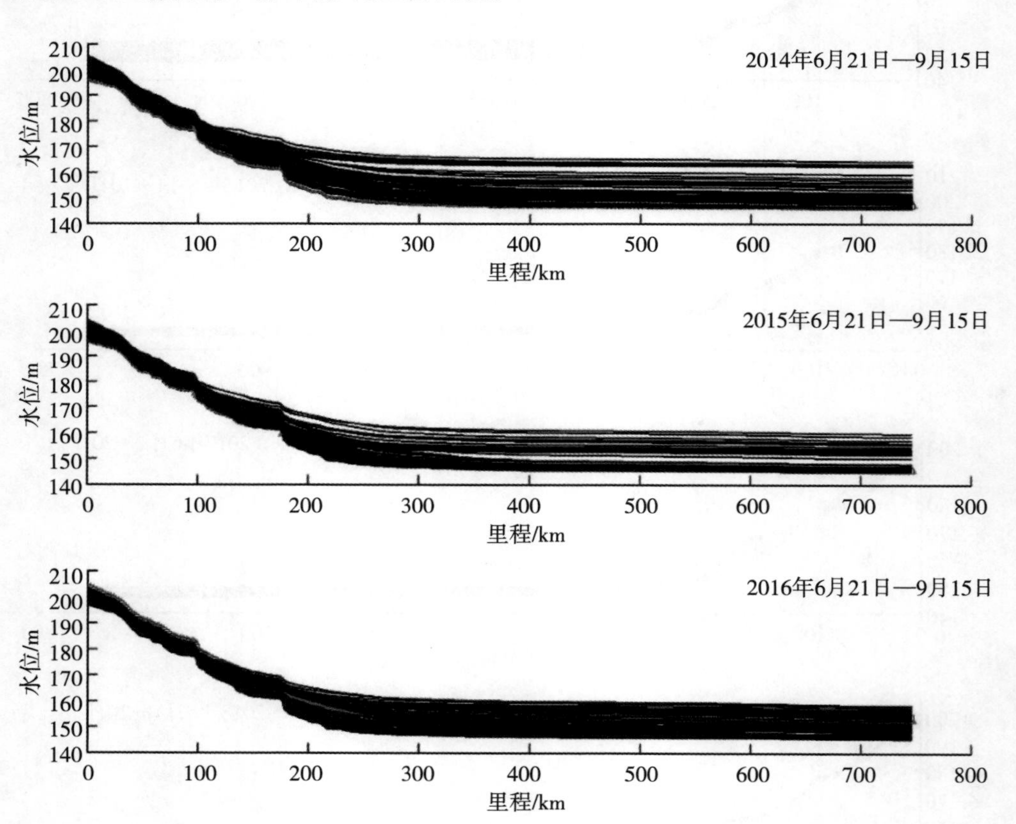

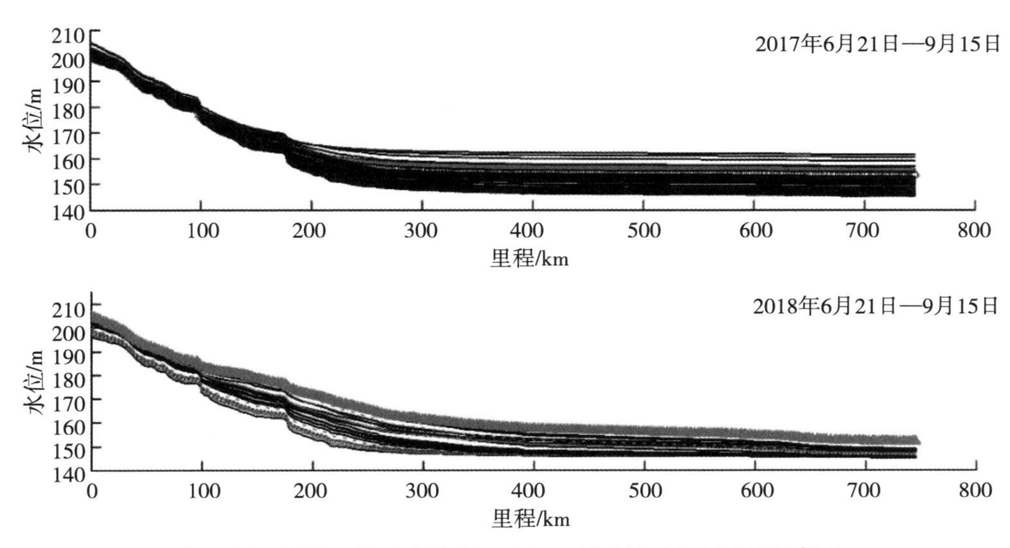

图 3.11　2014—2018 年主汛期朱沱—坝址段沿程水面线示意图

(3)后汛期(汛末期)9 月 16—30 日

2014—2018 年汛末期的沿程水面线结果如图 3.12 所示,其中,由于 2018 年汛末期无法统计,按严格标准,其余逐年坝前首段计算水位相等的河道范围分别为 3.0～8.8km、4.8～11.3km、8.8～17.7km 和 6.8～14.7km;而以 0.6m 变幅为判别标准,坝前平直段长度为 95～495km,其河段范围起于巴东—巫山,最远处可达乌江入汇点上游 5km 处。

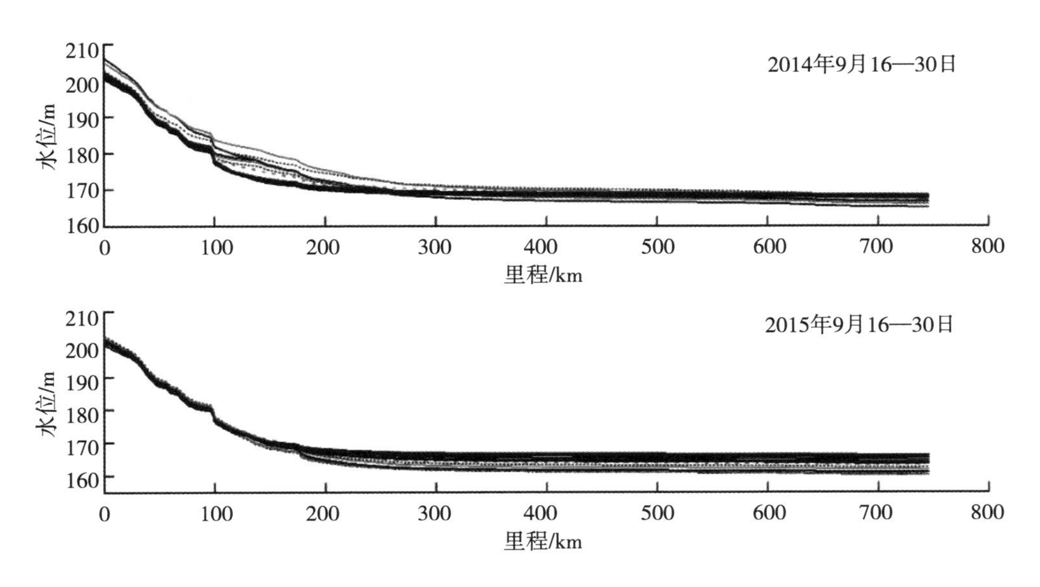

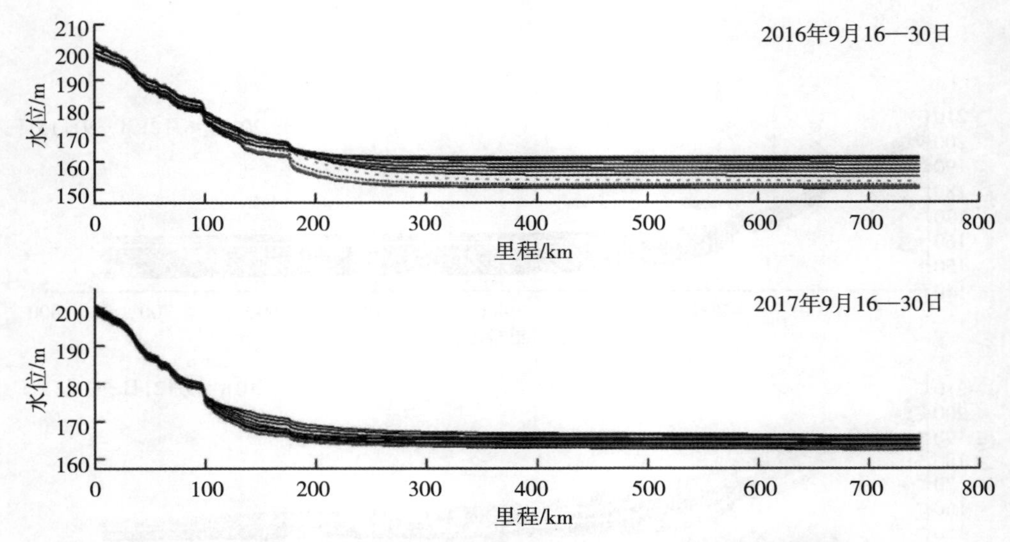

图 3.12 2014—2018 年主汛期朱沱—坝址段沿程水面线示意图

3.3.1.2 坝前平直段分析

由统计结果可以看出，以水位变幅 1cm 为标准，研究时段各汛期分期内，从坝前断面起，水位保持不变的河段长度均小于 20km，属于严格意义上的坝前平直段。在日平均尺度上，若以三峡水库水位允许日最大变幅 0.6m 为标准，其所谓的坝前平直段河段长度最大 495km，占整个研究河段长度的 2/3，最近处则仅离坝址 59km。此外，从图 3.10 至图 3.12 中可以看出，初汛期和汛末期从坝址往上游 500km 内水位沿程变幅较小，变化上下游断面间水位差均在 1cm 左右；而在主汛期则缩短到 400km 以内。由此可见，在日计算尺度上，坝前平直段的划分仍具有一定难度，主要是由于沿程水位受上游来水、库区降雨影响以及下游断面水位的顶托作用，使河道各断面间沿程水位无法达到绝对平衡，始终处于从下游往上游不断上涨的状态，且其变化规律为：从坝址至长寿附近缓慢上涨，平均两断面间涨幅远小于 0.1cm；当到达长寿以上尤其是寸滩以上时，水位涨幅明显加大，最上游断面相较此河段最下游断面水位增幅可达 30～40m，且此河段处于库区的回水变动区，其水位随时间变动而变化较大。

基于上述分析，由于无法精确确定坝前平直段的范围，本节以三峡水位日最大变幅 0.6m 为判别标准，结合断面实测地形资料，假设坝前平直段长度分别为 62km(S64)、152km(S109)、251km(S155)和 400km(S229)，计算 2014—2018 年非坝前平直段动库容增量变化过程，同时比较假定不同坝前平直段方案的库容结果，并计算全河段的动库容增量，与前述假设方案结果进行对比分析。在模拟计算中，由于库区支流河道数据缺乏，以研究河段干流河道为主体对象进行库容变化规律分析。

3.3.2 库容变化规律分析

根据 2017 年实测地形断面数据，当坝前水位为 175m 时，沿程水面线最远到达金刚沱下游约 5.3km 的 S372 断面，在计算中以此断面为统计终点。坝前平直段 62km、152km、251km、400km 对应实测断面在 S63、S108、S154、S228 附近。动库容和静库容对比结果如图 3.13 所示，各模拟计算方案的差值对比结果如图 3.14 所示。

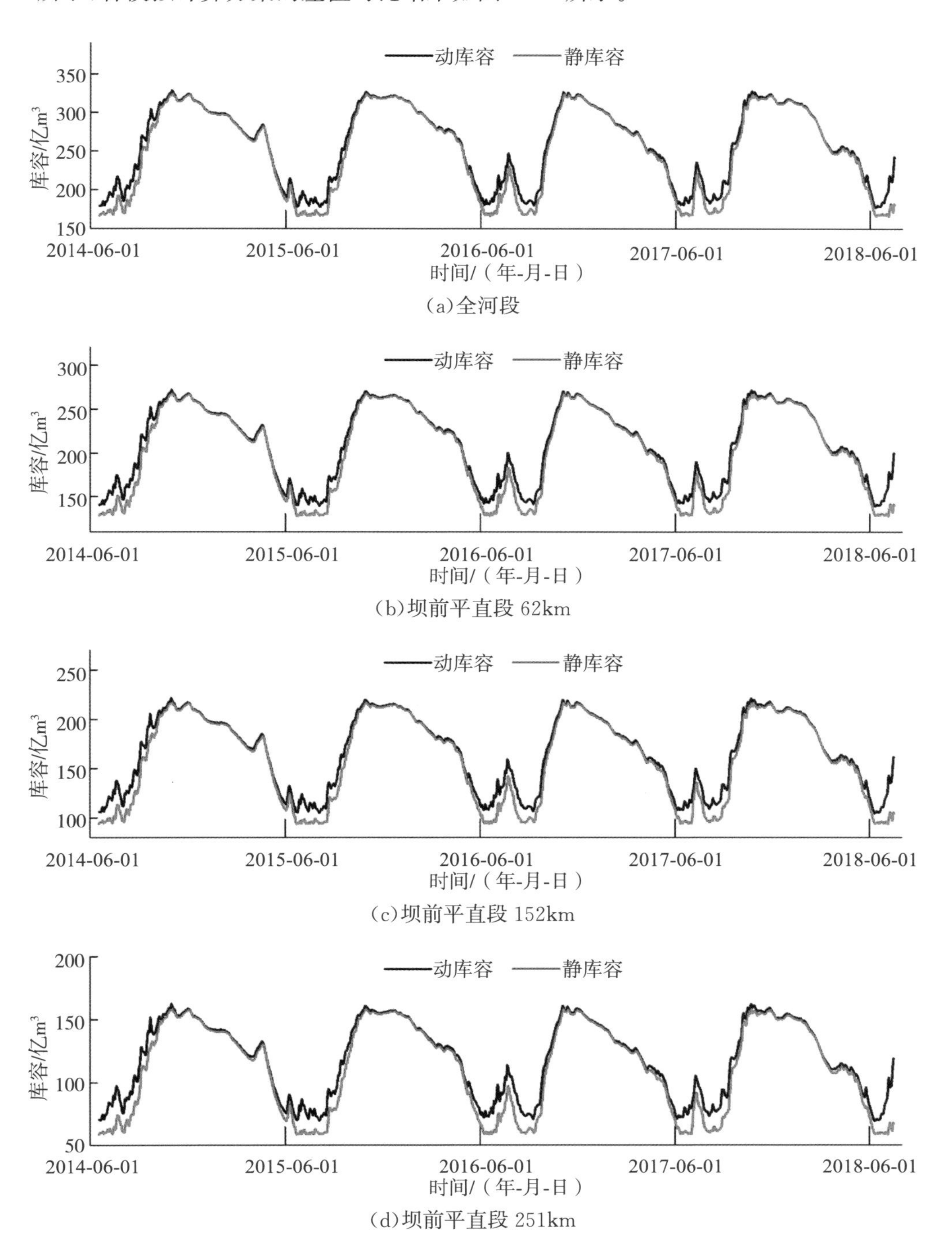

(a)全河段

(b)坝前平直段 62km

(c)坝前平直段 152km

(d)坝前平直段 251km

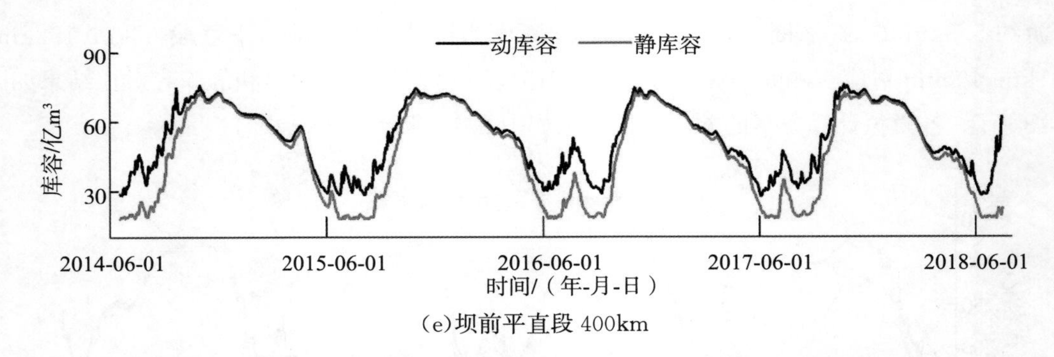

（e）坝前平直段 400km

图 3.13 不同坝前平直段模拟方案下干流河道动库容与静库容对比结果

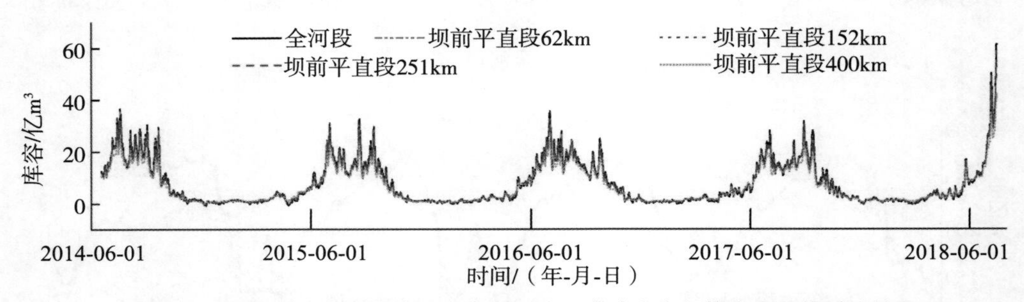

图 3.14 不同坝前平直段模拟方案下干流河道动库容与静库容差值对比结果

从图 3.13 中可知，总体而言，三峡水库干流库段动库容大于其静库容，库水位越低动库容越大，汛期尤为明显，而在非汛期，由于来水量级较小，再加上水库一直保持高水位运行，库容变化不大，进而静库容与动库容差别不大。全河段动库容最大可以超过静库容的 35%，年平均动库容约为年平均静库容的 1.04 倍。不同坝前平直段计算方案下，动库容与静库容最大差值分别为 44%、58%、85%和 200%。对比四种不同坝前平直段方案的计算结果可以发现，定义坝前平直段距离越长，其计算动库容与静库容的差值越小，其减少趋势可用多项式 $y=-0.0138x^3+0.0471x^2-0.0589x+7.5957$ 表示，说明实际水面线在河道中呈分段式逐渐升高趋势，离坝址越近，其上升趋势越缓，越贴近水平状态，假设坝前平直段内动库容和静库容相同，这段楔形库容未考虑，从而导致整体偏差呈减小态势。四种方案下，平均动库容与静库容差值分别为 7.57 亿 m^3、7.56 亿 m^3、7.47 亿 m^3、7.22 亿 m^3，在坝前 62～152km，其动静库容差别小于 0.01 亿 m^3，在水位日变幅允许 0.6m 的条件下，可以认为这一河段的库容是相对静止的，即坝前平直段结束断面位于 S108 附近。基于此，在水库调蓄计算中，可以将计算河段分为两段，其中坝前平直段入流、出流和水位可以根据水量平衡计算和静库容曲线获取，而库尾至坝前平直段结束点河段可以运用水动力学模型进行计算以获取更准确的流量数据，为水库防洪调度提供更精确的数据支撑。

3.4 本章小结

本章在第 2 章设计的 H1DM 模型的基础上，以三峡库区为研究对象，假定库区分别发生渐变洪水波和急变洪水波情形，在不同坝前水位、不同洪水历时、不同洪峰流量、不同断波流量和不同最大流量持续时间的条件下，模拟计算了各情形的洪水传播时间，从计算结果分析可以发现，坝前水位对洪水波的传播影响最大，尤其对于渐变洪水波，坝前水位每抬升 1m，传播时间平均降低 0.5h，这对实时防洪调度决策具有一定的辅助判断作用，并以 2014—2018 年为时间序列区间，研究了三峡库区库容变化规律，分析了坝前平直段变化规律，计算了长江干流动库容序列，将其与查询静库容曲线得到的长江干流静库容进行比较，发现年平均动库容约为年平均静库容的 1.04 倍，此外，根据分段计算结果，初步认为坝前平直段可行范围在距坝址 152km 以内。

第2篇

梯级电站区间来水非线性综合预报方法

流域干支流水库群调蓄影响下，长距离、多阻断、串并联相接的复杂河库系统逐步形成，洪水产汇流特性发生明显改变，库群调蓄作用的水文效应日渐凸显。加之气候变化和人类活动的持续影响，极端复合天气事件频繁发生，水旱灾害风险不断加剧，流域水文情势发生深刻变化，对人类生活、社会秩序和生态环境造成巨大破坏，水文气象预报工作面临新的挑战。为此，项目围绕流域水文气象特征分析和非线性径流预报中面临的关键科学问题，以雅砻江流域作为研究对象，采用现代统计学理论和智能学习方法，解析了流域水文气象数据长期演变规律和趋势，探究了气—海—陆数据驱动的流域非线性径流预报模型和误差校正方法。为延长径流预报预见期，不仅为降雨径流预报模型提供未来预报降水输入，构建了雅砻江流域 WRF 数值天气预报模型，并优选了适用于雅砻江流域的 WRF 气象模式参数化组合方案，还提高了降雨数据的空间分辨率，采用 ConvLSTM 网络构建了多源数据驱动降雨融合模型，并采用该模型得到了雅砻江流域 0.05°分辨率的日降雨融合数据集。雅砻江流域短期径流预报体系基于新安江、水箱集总式水文模型以及 SWAT 分布式水文模型的水文预报方法库，探明了各水文模型的径流预报性能与误差演化规律，进而提出了多模型串并联耦合校正径流预报方法。研究成果可为变化环境下建立雅砻江流域梯级电站区间来水非线性综合预报体系提供理论支撑。

第 4 章　雅砻江流域气象水文动力特性及时空演变规律分析

在人类活动和全球气候变暖等因素持续影响下，水文气象系统和河川水循环机制均发生不同程度的变异，伴随而来的是极端气候事件频发，水旱灾害防御形势严峻，直接破坏了河川径流安全稳定，威胁人民群众生命财产安全。与此同时，气候变化和人类活动加快了流域水循环要素演变过程，改变了流域原始自然状态，众多水利工程设施的修建加剧了流域水文气象要素的破碎化趋势，其随机性、变异性和周期性等特征更加明显，尤其体现在对河川径流的影响上。因此开展流域水文气象要素的演变研究和特征分析，对揭示水文要素的时空分布变化，探究水文气象要素形成条件和循环机制，增强人类在变化环境下对流域水文气象要素演变规律的认识具有十分重要的现实意义。现代专家学者常通过引入现代统计学理论，对流域水文气象要素进行演变特征分析，常用方法包括 Mann-Kendall 非参数检验法、R/S 分析、滑动 T 检验、小波分析法等。因此，本章以雅砻江流域气温、降水和径流数据为基础，通过上述方法对流域各子区间的平均气温、平均降水和平均区间径流数据进行趋势性、突变点和周期性分析，得到流域长期的水文气象数据演变趋势和规律，从而为合理构建水文预报模型，揭示水循环要素演变规律，探究水文长序列数据变化特征提供主要依据。

4.1　演变规律研究方法

水文气象系统是一个复杂的非线性动力学系统，存在非平稳特性，通过对水文气象要素演变特征的分析，能够揭示其存在的内在机理和系统规律，为进一步的水文预报模型因子筛选奠定基础。本章主要针对水文气象要素时间序列的趋势特、突变点和周期性进行分析，以下简述本章所采用的研究方法原理概述。

4.1.1　趋势性分析

水文气象要素的趋势性分析方法主要指通过统计学理论判断流域径流、降水、气温等数据在长期时间序列上的上升或下降趋势。为此，本书采用 Mann-Kendall 趋势检验法和 R/S

分析方法对目标流域的水文气象要素进行趋势性分析(王帅,2013),以下为具体的分析方法原理介绍。

4.1.1.1 Mann-Kendall 趋势检验(简称 MK 趋势检验)

MK 趋势检验法最早由 Mann(1945)提出,后经 Kendall(1948)改进而得以完善,目前已成为世界气象组织推荐并广泛应用的趋势分析非参数统计方法(Chebana et al.,2013)。MK 趋势检验法能够在时间序列异常值干扰的情况下有效区分水文气象要素中的自然波动属性或变化趋势特性,且不需要检验数据序列的分布类型,方法简单易实现。

假设水文气象要素序列为 $X=(x_1,x_2,\cdots,x_n)$,n 为样本容量,$x_1,x_2,\cdots,x_n$ 独立同分布,则 MK 趋势检验统计量 S 为:

$$S=\sum_{i=1}^{n-1}\sum_{j=i+1}^{n}\mathrm{sgn}(x_j-x_i) \tag{4.1}$$

式中:x_i 和 x_j ——水文气象要素中的第 i 年和第 j 年的数据;

当 $n>10$ 时,统计量 S 近似服从正态分布;

$\mathrm{sgn}(x_j-x_i)$ ——符号函数,公式如下:

$$\mathrm{sgn}(\theta)=\begin{cases}1,\theta>0\\0,\theta=0\\-1,\theta<0\end{cases} \tag{4.2}$$

统计变量 S 服从渐进正态分布,其期望和方差为:

$$E(S)=0 \tag{4.3}$$

$$\mathrm{Var}(S)=n(n-1)(2n+5)/18 \tag{4.4}$$

构造标准正态分布统计量 Z,公式如下:

$$Z=\begin{cases}\dfrac{S-1}{\sqrt{\mathrm{Var}(S)}},S>0\\0,S=0\\\dfrac{S+1}{\sqrt{\mathrm{Var}(S)}},S<0\end{cases} \tag{4.5}$$

统计量 Z 服从高斯分布,在利用 MK 趋势检验法对水文气象要素进行趋势检验时,若 $Z>0$,则目标数据处于上升趋势;若 $Z<0$,则目标数据处于下降趋势。给定某一显著性水平 α,若 $|Z|\geqslant Z_{1-\alpha/2}$,则样本通过显著性检验,接受原假设,即数据序列变化趋势具有显著性,反之拒绝原假设,即变化趋势不具有显著性。本书采用的显著性水平 α 为 0.05,该显著性水平下对应双边 $Z_{1-\alpha/2}$ 值为 1.96。

4.1.1.2 R/S 分析法

R/S 分析法,也称重标极差分析法(Rescaled Range Analysis),是英国水文学家赫斯特

(Hurst)在大量实证研究的基础上所提出的一种时间序列统计方法(胡宝清等,2002),后经不断改进而逐渐完善,该方法对水文序列持续性分析具有较好的适用性和应用效果。R/S方法主要是通过赫斯特(Hurst)指数来分析时间序列数据在不同时段的持续性或反持续性。

假设水文气象要素序列为 $X=(x_1,x_2,\cdots,x_n)$,将序列分为 a 个长度为 l 的子序列 I,a 与 l 的关系为:$a\times l=n$ 。对于每个子序列 I_k ,$k=1,2,\cdots,a$,令每个子序列的元素为 $X(p,q)$,$p=1,2,\cdots,l$,$q=1,2,\cdots,a$ 。由此得到不同子序列的均值:

$$E_k=\frac{1}{l}\sum_{i=1}^{l}X_{i,k} \tag{4.6}$$

不同子序列 I_k 对应的累积截距为:

$$Y_{p,k}=\sum_{i=1}^{p}(X_{i,k}-E_k) \tag{4.7}$$

极差为:

$$R_{I_k}=\max(Y_{p,k})-\min(Y_{p,k}) \tag{4.8}$$

子序列的标准差为:

$$S_{I_k}=\sqrt{\frac{1}{l}\sum_{i=1}^{l}(X_{i,k}-E_k)^2} \tag{4.9}$$

根据子序列标准差 S_{I_k} 和极差 R_{I_k} ,得到标准化统计量$(R/S)_l$:

$$(R/S)_l=\frac{1}{a}\sum_{k=1}^{a}R_{I_k}/S_{I_k} \tag{4.10}$$

赫斯特根据大量实证研究,证明 R 与 S 之间存在如下关系:

$$R/S=c\cdot l^H \tag{4.11}$$

式中:c——常数项;

H——赫斯特指数,随子序列长度 l 变化而变化。

将式(4.11)两端取对数可得:

$$\lg(R/S)_l=\lg c+H\lg l \tag{4.12}$$

绘制自变量 $\lg l$ 和因变量 $\lg(R/S)$ 的散点图,赫斯特指数 H 即为二者拟合曲线的斜率。当 $0<H<0.5$ 时,数据序列趋势具有反持续性,即数据未来和过去变化趋势相反;当 $H=0.5$ 时,数据序列为随机序列,数据序列不具备持续性或反持续性;当 $0.5<H<1$ 时,数据序列存在持续性,即数据未来和过去变化趋势相同(王玉新,2012;赵嘉阳,2017)。由此可知,H 越接近 0,对应分析数据的反持续性越强;H 越接近 1,对应分析数据的持续性越强。为了定量描述赫斯特指数与数据的未来和过去的趋势性强弱情况,引入赫斯特指数等级,将数据持续性和反持续性强弱分别划分等级,赫斯特值域和等级关系如表 4.1 所示(冯新灵等,2007;李洪良等,2007;王帅,2013)。

表4.1 赫斯特指数等级

等级	值域	持续性强弱	等级	值域	反持续性强弱
1	$0.50\leqslant H<0.55$	很弱	−1	$0.45\leqslant H<0.50$	很弱
2	$0.55\leqslant H<0.65$	较弱	−2	$0.35\leqslant H<0.45$	较弱
3	$0.65\leqslant H<0.75$	较强	−3	$0.25\leqslant H<0.35$	较强
4	$0.75\leqslant H<0.80$	强	−4	$0.20\leqslant H<0.25$	强
5	$0.8\leqslant H\leqslant 1$	很强	−5	$0<H<0.20$	很强

4.1.2 突变点分析

水文气象领域的突变现象是指流域要素值从某一稳定态跃变至另一稳定态的过程，主要表现为某一统计特性的急剧变化（符淙斌等，1992）。常见的突变分析方法包括滑动 T 检验、有序聚类法、MK 突变检验、Pettitt 检验等。本书主要采用 MK 突变检验和滑动 T 检验对目标流域水文气象要素进行突变点分析。

4.1.2.1 MK 突变检验

MK 突变检验法不仅能够对水文气象要素的时间序列数据进行趋势性分析，而且可用于时间序列数据的突变点分析。对于 n 个样本的水文气象要素数据 $x_1,x_2,\cdots,x_n$，构造如下秩序列 s_k：

$$s_k=\sum_{i=1}^{k}a_i \quad (k=2,3,4\cdots,n) \tag{4.13}$$

$$a_i=\begin{cases}1, x_i>x_j\\0, x_i\leqslant x_j\end{cases}(j=1,2,3,\cdots,i) \tag{4.14}$$

由秩序列 s_k 的定义可知，秩序列 s_k 即为 j 时刻变量值小于 i 时刻变量值的累计数。假定水文气象要素数据随机且独立，定义统计量 UF_k：

$$UF_k=\begin{cases}0, k=1\\ \dfrac{s_k-E(s_k)}{\sqrt{\mathrm{Var}(s_k)}}, k=2,3,\cdots,n\end{cases} \tag{4.15}$$

式中：UF_k——系列服从标准正态分布；

$E(s_k)$ 和 $\mathrm{Var}(s_k)$——秩序列 s_k 的期望和方差。

当水文气象要素数据 $x_1,x_2,\cdots,x_n$ 两两相互独立，且分布类型相同时，$E(s_k)$ 和 $\mathrm{Var}(s_k)$ 具体计算方式如下：

$$E(s_k)=\frac{n(n-1)}{4} \tag{4.16}$$

$$\mathrm{Var}(s_k)=\frac{n(n-1)(2n+5)}{72} \tag{4.17}$$

根据以上公式计算时间序列的 UF_k 值，并逆序排列时间序列得到 $x_n, x_{n-1}, \cdots, x_1$，重复上述计算步骤，取 UF_k 值的相反数，得到逆序统计值 UB_k：

$$UB_k = -UF_k = \begin{cases} 0, k=1 \\ -\dfrac{s-E(s_k)}{\sqrt{\mathrm{Var}(s_k)}}, k=2,3,\cdots,n \end{cases} \tag{4.18}$$

$UF_k > 0$ 表明时间序列具有上升趋势，反之，$UF_k < 0$ 表明时间序列具有下降趋势。给定显著性水平 α 时，在时间序列图中分别绘制统计量 UF_k 和 UB_k 曲线，曲线相交时刻即该显著性水平下的突变时刻，由此可以判断序列突变位置。

4.1.2.2 滑动 T 检验

滑动 T 检验的基本思想是根据两组子序列的均值差异程度来判断数据序列是否发生突变。对于某一数据序列，根据基准点将其划分为两段子序列，若两段子序列的均值差异程度过于显著，则认为该数据序列在基准点处发生突变。从统计学角度来看，MK 突变检验和滑动 T 检验互为补充(张海荣等，2015)。

针对某一时间序列 $X=(x_1, x_2, \cdots, x_n)$，在该时间序列中取某一基准值，并按照该基准点将数据分为 X_1 和 X_2 两个子序列。该子序列对应的数据序列长度分别为 n_1 和 n_2，均值分别为 $\overline{x}_1$ 和 $\overline{x}_2$，方差分别为 s_1^2 和 s_2^2，定义如下统计量：

$$t = \frac{\overline{x}_1 - \overline{x}_2}{s\sqrt{\dfrac{1}{n_1}+\dfrac{1}{n_2}}} \tag{4.19}$$

式中：$s=\sqrt{\dfrac{n_1 s_1^2 + n_2 s_2^2}{n_1+n_2-2}}$。$t$ 满足自由度为 $v=n_1+n_2-2$ 的 t 分布。

在进行滑动 T 检验时的主要计算步骤如下：

步骤 1：确定基准点后将时间序列 X 划分为两个子序列 X_1 和 X_2，一般情况下子序列的数据长度满足 $n_1=n_2$，并计算两个子序列的均值和方差，本章选取 $n_1=n_2=5$。

步骤 2：将基准点按照时间序列 X 依次向后移动，重复上述步骤 1，计算得到 $n-(n_1+n_2)+1$ 个统计检验量 t，并按照顺序进行排列。

步骤 3：在给定显著性水平 α 的情况下，查表得对应的标准统计量 t_α。当 $|t|<t_\alpha$ 时，可认为基准点之前和之后的子序列均值差异并不显著；当 $|t|>t_\alpha$ 时，则认为突变现象在该基准点处发生(孙娜，2019)。

4.1.3 周期性分析

水文气象要素的周期性分析主要指通过数学分析方法解析流域径流、降水、气温等要素在不同时间尺度的周期性特征。谱分析和小波分析是目前最为常用的周期性分析方法[63]。小波分析(Wavelet Analysis)又名小波变换，是 J. Morlet 在傅里叶变换的基础上于 20 世纪

80 年代提出的。与傅里叶变换相比，小波分析解决了傅里叶变换烦琐复杂的问题，实现了时域和频域的局部化分析，表现了信号分析领域的技术进步（张永波，2011）。小波变换主要由小波函数来完成，目前使用较为广泛的小波函数有 Wave 小波、Meyer 小波、Haar 小波和 Morlet 小波等（王帅，2013）其中应用最为广泛的为 Morlet 小波，也是本章主要采用的小波变换函数。

在利用小波变换方法分析水文气象要素时间序列时，首先需要选择合理的小波函数和相应的时间尺度（小波分解水平）。以下为小波函数表达式 $\psi(t)$，满足下式：

$$\int_{-\infty}^{+\infty}\psi(t)\mathrm{d}t=0 \quad \psi(t)\in L^2(R) \tag{4.20}$$

式中：$L^2(R)$ ——在实轴上可测的平方可积函数空间（桑燕芳等，2013）；

$\psi(t)$ ——小波母函数，其表达式如下：

$$\psi_{a,b}(t)=|a|^{-1/2}\psi(\frac{t-b}{a})(a,b\in R,a\neq 0) \tag{4.21}$$

式中：a——时间尺度，表示数据序列的周期长度；

b——时间平移因子，反映了时间上的平移量。

本章选择的 Morlet 小波作为小波变换的基函数，计算公式如下：

$$\psi(t)=\mathrm{e}^{\mathrm{i}\omega_0 t}\mathrm{e}^{-t^2/2} \tag{4.22}$$

式中：ω_0——常数（$\omega_0>5$）；

i——虚数。

在确定小波基函数后，应用连续或离散小波变换对序列数据进行解析，得到各不同时间尺度的小波系数。$\psi_{a,b}(t)$ 是 $\psi(t)$ 伸缩和平移得到的连续小波函数，对于任意函数 $f(t)$，$f(t)\in L^2(R)$，经过小波变换后的表达式为：

$$\psi_f(a,b)=|a|^{-1/2}\int_R f(t)\bar{\psi}(\frac{t-b}{a})\mathrm{d}t \tag{4.23}$$

式中：$\psi(\frac{t-b}{a})$ 和 $\bar{\psi}(\frac{t-b}{a})$ ——互为复共轭函数；

$\psi_f(a,b)$ ——小波变换系数。

由于水文气象时间序列数据为离散形式，需要对上式进行离散处理，得离散小波变换表达式：

$$\psi_f(a,b)=|a|^{-1/2}\Delta t\sum_{k=1}^{n}f(k\Delta t)\bar{\psi}(\frac{k\Delta t-b}{a}) \tag{4.24}$$

式中：k——正整数；

n——离散数；

Δt ——时间离散间隔。

为了得到时间序列的主周期，将时域上关于时间尺度 a 相关的小波系数的平方进行积分，即可得到小波方差，具体计算公式如式(4.25)所示：

$$\mathrm{Var}(a)=\int_{-\infty}^{+\infty}|\psi_f(a,b)|^2\mathrm{d}b \tag{4.25}$$

不同的时间尺度 a 对应不同的小波方差，二者绘制的曲线即为小波方差图。小波方差图反映了波动性强弱随时间尺度的分布情况，根据方差图即可直接判断出对应时间序列数据的主次周期分布情况。

4.1.4 水文气象要素相关性分析

本章采用交叉小波变换法(Cross Wavelet Transform，XWT)对进一步分析径流和气象要素时间序列在不同时间尺度上的相关程度。XWT 结合了小波变换与交叉谱分析的优势，相较于传统的相关分析方法，能够反映水文要素和气候要素细节上的动态响应关系。

记时间序列 $S_x(t)$ 和时间序列 $S_y(t)$ 的小波变换系数分别为：$C_x(a,\tau)$ 和 $C_y(a,\tau)$，则两个时间序列的交叉小波能量谱可定义为：

$$W_{xy}(a,\tau)=C_x(a,\tau)C_y^*(a,\tau) \tag{4.26}$$

式中：$C_y^*(a,\tau)$ ——小波变换系数 $C_y(a,\tau)$ 的复共轭小波系数。交叉小波光谱 $W_{xy}(a,\tau)$ 为复数形式，故交叉小波能量谱为 $|W_{xy}(a,\tau)|$ 。交叉小波能量谱可以反映两个时间序列经过小波分析后具有相同能量谱的区域，可以揭示两个时间序列在不同时域和频域上的相互影响程度。其值越大，表明两个时间序列越相关。

交叉小波凝聚谱(Wavelet coherence，WTC)是刻画两个时间序列在时域与频域中局部相关性密切程度的另一种度量。与交叉小波能量谱相比，WTC 侧重于分析两个时间序列交叉小波变换中低能区的相关关系，可对交叉小波能量谱进行补充。其定义为：

$$R^2(a,\tau)=\frac{|S(a^{-1}W_{xy}(a,\tau))^2|}{S(a^{-1}W_x(a,\tau))S(a^{-1}W_y(a,\tau))} \tag{4.27}$$

式中：S——平滑运算符。

Torrence 和 Compo 指出两个时间序列的交叉小波谱的理论分布为：

$$D\left(\frac{|C_x(a,\tau)C_y^*(a,\tau)|}{\sigma_x\sigma_y}<p\right)=\frac{Z_v(p)}{v}\sqrt{P_k^xP_k^y} \tag{4.28}$$

式中：$Z_v(p)$ ——当置信水平为 p 时自由度为 v 时两个 χ^2 分布乘积的平方根，5%置信水平下自由度为 2 时 $Z_2(95\%)=3.999$。

4.2 研究流域与数据来源

4.2.1 流域概况

本书将雅砻江流域作为研究对象。雅砻江作为金沙江的最大支流，是我国水能资源开发条件最好的河流之一，河系为羽状发育，除南面外其余三面的大部分高山海拔超过了

4000m，河流南面坐落着滇东北高原，分水岭高程达到2000m，洼里以上流域平均海拔高程为4080m（陈秀铜，2010）。雅砻江的源头为青海省玉树藏族自治州境内的巴颜喀拉山南麓，河流流向为西北至东南，在呷依寺附近流入四川省甘孜藏族自治州（张波，2017），其干流达到1571km，天然落差3830m，流域面积达到13.6万km^2，多年平均降雨量为520～2470mm，由北往南递增，河口多年平均流量1930m^3/s，年径流量近600亿m^3，占长江上游总水量的13.3%。雅砻江流域水能资源十分丰富，流域水系水量丰沛、落差巨大且集中，水能资源丰富，水能资源可开发量3461万kW，其中干流2932万kW，占全水系的85%。作为全国重要的水电能源基地之一，雅砻江水电基地的建设对我国实现雅砻江流域梯级水能开发，实现水资源合理优化配置，打造西部经济核心增长极起到了极大作用。雅砻江流域梯级电站群联合优化调度能有效节约一次能源，降低污染排放，时空上合理分配水资源，经济、社会和环境效益显著。雅砻江梯级规划开发的21级水电站可实现各梯级电站完全年调节，梯级电站建成后能充分发挥电站发电和电网供电双重优势。同时作为"西电东送"通道的重要电源点之一，雅砻江流域梯级电站以其巨大的供电能力、跨地区、跨电网的显著特点，可在更大范围内实现资源优化配置，为区域电力系统互联和全国联合电网的形成发挥重要的作用（周建中等，2014）。

4.2.2 数据来源及流域划分

4.2.2.1 六区间划分及数据来源

本书研究数据主要为雅砻江流域6个关键性水文控制站点1958—2018年月尺度径流数据、4个控制性水库电站2015—2020年日尺度入库流量数据、23个气象站点1958—2018年月尺度数据集合以及130项气候指数1958—2018年月尺度数据集合。其中关键性水文站点为两河口、杨房沟、锦西、官地、二滩和桐子林，控制性水库电站为锦屏一级电站、官地电站、二滩电站和桐子林电站。水文站点和水电站径流数据主要由雅砻江流域水电开发有限公司集控中心提供。气象站点数据主要包括平均露点温度、平均降水量、平均站压、平均气温、平均能见度和平均风速，该数据来源于美国国家海洋和大气管理局国家环境信息中心（https://www.ncei.noaa.gov/maps-and-geospatial-products）地图和地理空间产品数据，该数据类型为数值产品。130项气候指数集合主要包括88项逐月大气环流指数、26项逐月海温指数和16项逐月其他指数，该数据集来源于中国气象局国家气候中心（http://cmdp.ncc-cma.net/cn/index.htm），该数据类型为数值产品。雅砻江流域DEM数字高程数据来源于国家基础学科公共科学数据中心地理空间数据云平台（http://www.gscloud.cn/home），该数据类型分辨率为90m×90m。

为充分考虑水电站建设和气候变化的影响，本书将雅砻江流域划分为6个子流域区间，分别为两河口以上区间（Ⅰ区）、两河口—杨房沟区间（Ⅱ区）、杨房沟—锦西区间（Ⅲ区）、锦西—官地区间(Ⅳ区)、官地—二滩(Ⅴ区)和、二滩—桐子林区间(Ⅵ区),流域区间划分后如图 4.1 所示,流域图中同时包含了雅砻江流域已建成水库、关键水文站和流域气象站分布情况。为避免奇异点数据对模型构建和计算的影响和干扰,流域气象因子数据集和气候指数数据集缺测或奇异点数据采用线性插值法进行补充,流域各个子区间的面平均降水量、面平均气温、面平均风速等气象因子数据通过算术平均法计算得到。按照我国的季节划分规则,确定 3—5 月为春季,6—8 月为夏季,9—11 为秋季,12 月—次年 2 月为冬季。雅砻江流域汛期为 5—10 月,其中 6—9 月为主汛期,非汛期为 10 月—次年 4 月。

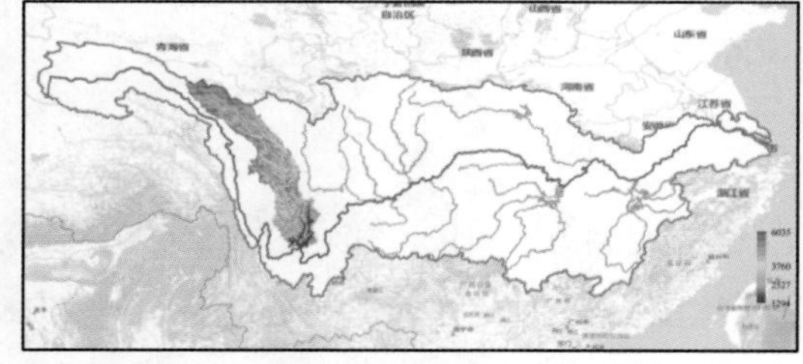

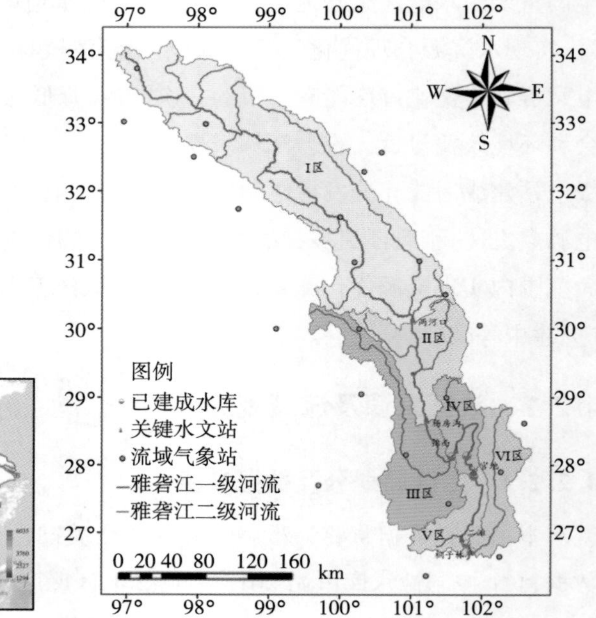

图 4.1 雅砻江流域区间划分

4.2.2.1 三区间划分及数据来源

传统的径流演化特性分析往往以流域上关键水文站点径流数据作为依据,而本书更加关注水库入库径流的演化特性,为此本书搜集了雅砻江上游雅江水文站的长序列径流数据及中下游 4 座已建成水库的长序列入库径流序列数据,结合水文站和水库入库径流数据进行径流变化规律的分析。为了便于描述,本书将建库以前的坝址流量称为入库流量,所有径流数据均来源于雅砻江水电开发公司,径流数据情况如表 4.2 所示。

本章所用到的气象要素数据有潜在蒸散发量、温度、降水量及水储量。其中潜在蒸散发量、温度、降水量来源于 ERA5 再分析数据集,由哥白尼气候变化服务(Copernicus Climate Change Service,C3S)数据平台提供,ERA5 是由欧洲中期天气预报中心(European Centre for Medium-Range Weather Forecasts,ECMWF)生产的第五代再分析资料,该数据集可提供大气、海洋和陆地表面的多种气象数据,目前已被广泛应用于洪水、旱情预测等领域。本章采用全球陆地数据同化系统(Global Land Data Assimilation System,GLDAS)中的土壤水含量,积雪融水及植被冠层水三种数据之和作为流域内的水储量数据,GLDAS是美国宇航局与美国国家环境预报中心、国家海洋大气局的联合项目,该项目采用数据同化技术将卫星观测数据和地表观测数据整合到一个统一的模型,发布的不同时空分辨率的陆面气象要素数据集已被广泛应用于地球科学领域的各个方向。

本章所用到的水库运行数据主要包括雅砻江下游梯级水库实际运行阶段的日尺度水位、入库流量、出库流量数据,水库运行数据由雅砻江水电开发公司提供。

表4.2至表4.4详细介绍了本章所使用到的各种研究数据对应的时空间分辨率,以及数据研究时间段等详细情况。

表4.2 径流数据情况

站点名称	类型	时间范围	时间尺度
雅江	水文站	1958.1.1—2020.12.31	月
锦屏一级	水库	1958.1.1—2020.12.31	月
官地	水库	1958.1.1—2020.12.31	月
二滩	水库	1958.1.1—2020.12.31	月
桐子林	水库	1958.1.1—2020.12.31	月

表4.3 气象数据情况

<table>
<tr><th>数据类型</th><th>空间分辨率</th><th>时间分辨率</th><th>时间范围</th><th>单位</th><th>数据来源</th></tr>
<tr><td>潜在蒸散发</td><td>0.25°</td><td>日月</td><td>1958.1—2020.12</td><td>m</td><td rowspan="3">https://cds.climate.copernicus.eu/</td></tr>
<tr><td>降水</td><td>0.25°</td><td>逐月</td><td>1958.1—2020.12</td><td>m</td></tr>
<tr><td>温度</td><td>0.25°</td><td>逐月</td><td>1958.1—2020.12</td><td>K</td></tr>
<tr><td>土壤水(0～200cm)</td><td>0.25°</td><td>逐月</td><td>1948.1—2020.12</td><td>mm</td><td rowspan="3">https://ldas.gsfc.nasa.gov/gldas/</td></tr>
<tr><td>积雪融水</td><td>0.25°</td><td>逐月</td><td>1948.1—2020.12</td><td>mm</td></tr>
<tr><td>植被冠层水</td><td>0.25°</td><td>逐月</td><td>1948.1—2020.12</td><td>mm</td></tr>
</table>

表4.4 水库运行数据情况

水库	变量	时间范围	时间尺度
锦屏一级	水位、出库流量、入库流量	2015.1.1—2020.12.31	日
官地	水位、出库流量、入库流量	2015.1.1—2020.12.31	日
二滩	水位、出库流量、入库流量	2015.1.1—2020.12.31	日
桐子林	水位、出库流量、入库流量	2015.1.1—2020.12.31	日

考虑气候特征及人类活动影响,本书针对雅砻江流域不同河段分别开展水文循环要素

演变规律分析，将雅砻江流域分为三个子区域，以避免“均化效应”掩盖水文循环要素演真实演变规律，区域 1 为新龙水文站以上，区域 2 为新龙水文站至锦屏一级水库，区域 3 为锦屏一级水库至流域出口。此外，为保证不同数据集时间范围和变量单位一致，本章以 1958—2020 年共 63 年数据进行分析，将降水、潜在蒸散发单位转换为毫米(mm)，温度单位转换为摄氏度(℃)。雅砻江流域分区及水文站分布如图 4.2 所示。

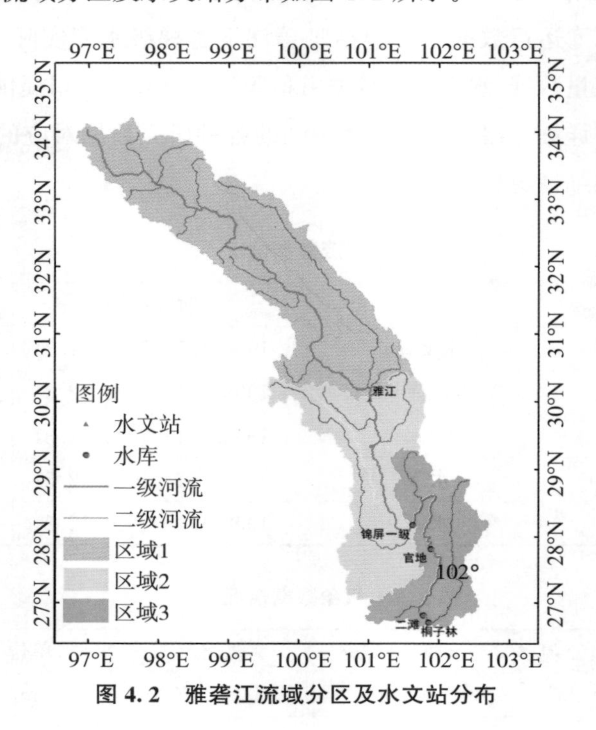

图 4.2　雅砻江流域分区及水文站分布

4.3　流域水文气象要素特征分析

根据上节所提出的水文气象特征分析方法，本节对雅砻江流域的年际平均降水、平均气温和和区间平均径流数据分别进行趋势性分析、突变点识别和周期性分析，以揭示流域长期演变趋势和局部变化规律。

4.3.1　六区间水文要素变化分析结果

4.3.1.1　趋势性结果分析

本节利用 MK 趋势检验法和 R/S 分析法，对流域水文站点和气象站点的降水、气温、径流数据进行不同时间尺度的趋势性分析，得到各站点的统计值 Z 和赫斯特指数，并给出了流域年、汛期、春、夏、秋和冬六个时间尺度下的赫斯特指数热力图。

(1)降水趋势性分析

针对雅砻江流域18个气象站点的平均降水数据，本章采用MK趋势检验和R/S分析法得到各站点的统计值，并依据其统计值判断站点趋势性、显著性和赫斯特指数等级，各个气象站点年平均降水趋势检验结果如表4.5所示，背影为蓝色表示其趋势性显著。在雅砻江流域的18个气象站点中，12个站点年平均降水呈现上升趋势，6个站点年平均降水呈现下降趋势，其中腊石、石渠、店扎和中甸四站上升趋势十分显著，清水河站下降趋势十分显著，均超过了MK趋势检验显著性水平$Z_{1-\alpha/2}$。当MK趋势检验不显著时，MK趋势检验与R/S分析法检验结果存在一定差异；当MK检验趋势显著时，两者方法的检验结果趋向一致。

表4.5 雅砻江流域气象站点年平均降水趋势检验结果

气象站点	MK趋势检验	R/S分析	趋势	显著性	赫斯特指数等级
	Z值	H值			
巴塘	−0.68	0.42	↓	不显著	−2
稻城	−1.02	0.57	↓	不显著	2
道孚	1.74	0.56	↑	不显著	2
德格	0.95	0.59	↑	不显著	2
甘孜	1.41	0.76	↑	不显著	4
会理	−0.53	0.57	↓	不显著	2
九龙	1.23	0.50	↑	不显著	1
康定	−0.38	0.66	↓	不显著	3
腊石	2.45	0.68	↑	显著	3
理塘	1.64	0.83	↑	不显著	5
年龙	−0.81	0.62	↓	不显著	2
清水河	−2.80	0.84	↓	显著	5
色达	0.12	0.63	↑	不显著	2
石渠	2.30	0.99	↑	显著	5
店扎	2.10	0.72	↑	显著	3
西昌	0.65	0.56	↑	不显著	2
玉树	0.13	0.81	↑	不显著	5
中甸	3.14	0.81	↑	显著	5

根据R/S分析法计算得到的赫斯特指数，图4.3给出了雅砻江流域各个气象站点不同时间尺度下的平均降水赫斯特指数热力图，以宏观角度判断流域平均降水空间趋势持续性。该图由克里金插值法得到，图中天蓝色越深，表明赫斯特指数越大；橙红色越深，表明赫斯特

指数越小。整体来看，雅砻江流域的平均降水赫斯特指数均大于 0.5，即表示流域未来降水的变化趋势将会延续过去，出现反持续性的概率不大，流域降水处于一种较为稳定的状态。同时流域纬度越高，其降水的持续性越强，代表站为清水河和石渠站；纬度越低，其降水的持续性越弱，代表站为会理站；经度较高的地区的持续性高于经度较低的区域，代表站为中甸和西昌站。单独来看，在年和汛期尺度中，流域持续性强度由东南至西北方向依次增大；在不同季节数据尺度下，流域持续性强度谷点随着北回归线的移动而移动，与季节更迭的规律保持一致。

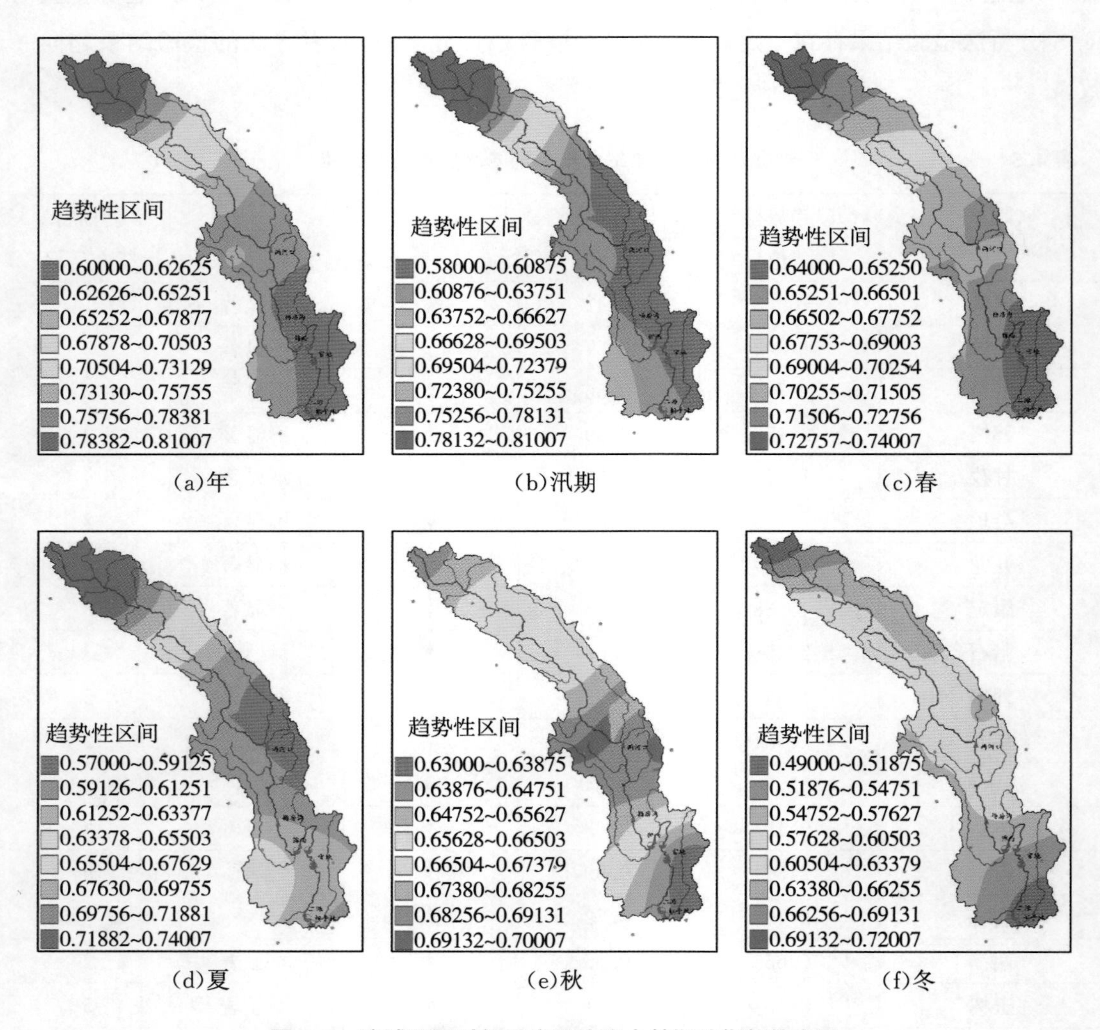

图 4.3　流域不同时间尺度平均降水赫斯特指数热力图

(2)气温趋势性分析

针对雅砻江流域 14 个气象站点的平均气温数据，采用 MK 趋势检验和 R/S 分析法得到各站点统计值，并依据其统计值判断站点趋势性、显著性和赫斯特指数等级，各个气象站点年平均气温趋势检验结果如表 4.6 所示，背影为蓝色表示其趋势性显著。在雅砻江流域的 14 个气象站点中，10 个站点年平均气温呈现上升趋势，2 个站点年平均气温呈现下降趋势，其中稻城、九龙、理塘三个站点的上升趋势最为显著，远超过 MK 趋势检验显著性水平 $Z_{1-\alpha/2}$，且气象站点平均气温呈上升趋势的站点数量远高于呈下降趋势的站点数量，侧面印证了气候变暖环境下气温不断升高的现状。当 MK 趋势检验不显著时，MK 趋势检验与 R/S 分析法检验结果存在一定差异；当 MK 趋势检验显著时，两者方法的检验结果趋向一致。

表 4.6　雅砻江流域气象站点年平均气温趋势检验结果

气象站点	MK 趋势检验	R/S 分析	趋势	显著性	赫斯特指数等级
	Z 值	H 值			
巴塘	4.31	0.80	↑	显著	5
稻城	5.64	0.96	↑	显著	5
德格	3.96	0.81	↑	显著	5
甘孜	4.51	0.66	↑	显著	3
会理	2.46	0.74	↑	显著	3
九龙	5.87	0.89	↑	显著	5
腊石	0.98	0.56	↑	不显著	2
理塘	5.48	0.79	↑	显著	4
清水河	−0.97	0.66	↓	不显著	3
石渠	−0.33	0.75	↓	不显著	4
店扎	2.66	0.95	↑	显著	5
西昌	4.44	0.77	↑	显著	4
玉树	3.85	0.93	↑	显著	5
中甸	1.06	0.76	↑	不显著	4

根据 R/S 分析法计算得到的赫斯特指数，图 4.4 给出了雅砻江流域不同时间尺度的平均气温赫斯特指数区间热力图，以宏观角度判断流域未来气温趋势持续性。整体来看，雅砻江流域的平均气温赫斯特指数均大于 0.65，即表示流域未来平均气温的趋势持续性与过去保持一致，结合 MK 趋势检验结果可知，流域未来平均气温升高的趋势性将会继续存在。同时流域纬度越高，其平均气温的持续性越弱，代表站为清水河和石渠站。单独来看，在年和汛期尺度中，流域持续性强度由东南至西北方向依次减小，且赫斯特指数为 0.75～0.82，趋势持续性强度较高；在不同季节数据尺度下，流域持续性强度峰点位于九龙站附近，围绕该站点流域持续性强度基本呈现扩散减弱状。

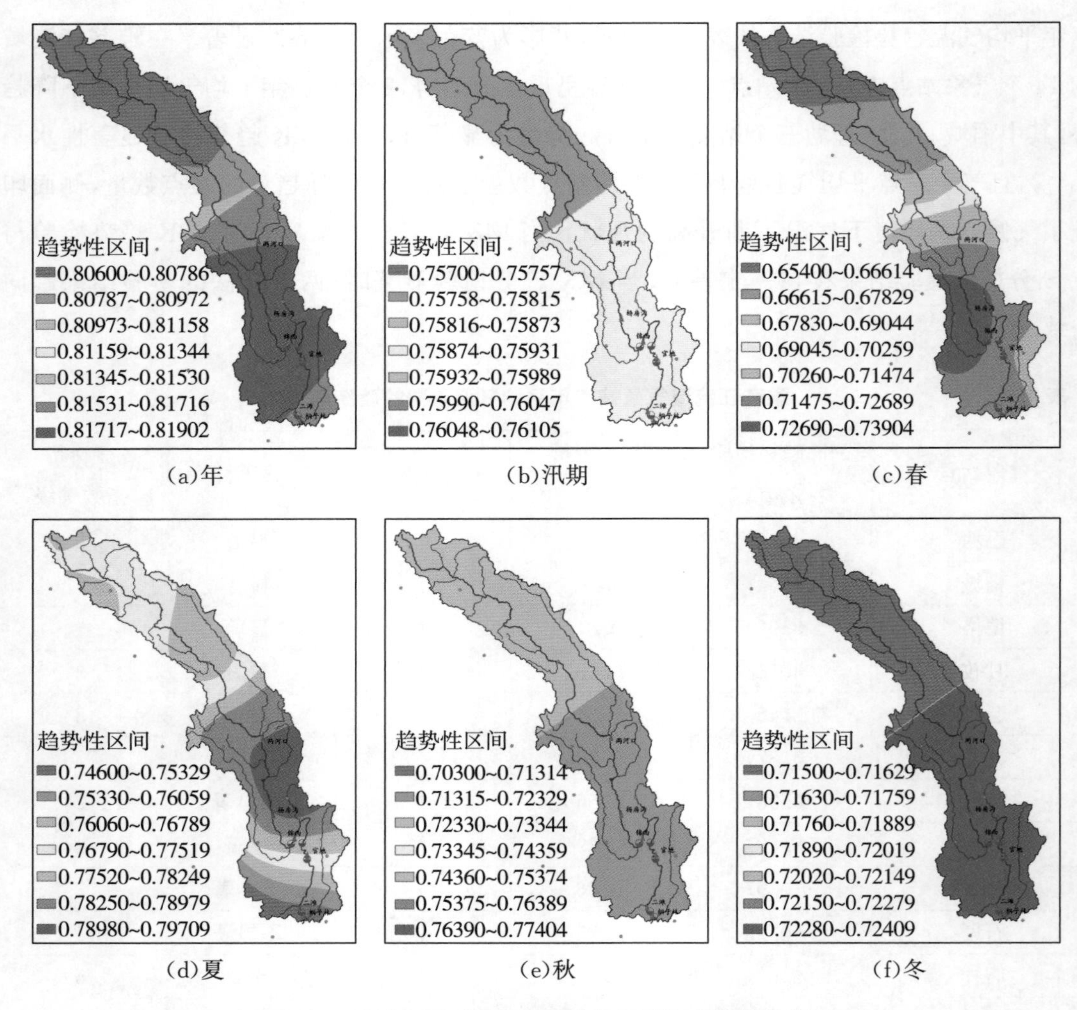

图 4.4 流域不同时间尺度平均气温赫斯特指数热力图

(3)径流趋势性分析

针对雅砻江流域6个子区间的径流数据，采用MK趋势检验和R/S分析法得到各站点统计值，并依据其统计值判断站点趋势性、显著性和赫斯特指数等级，各个气象站点区间径流趋势检验结果如表4.7所示，背影为蓝色表示其趋势性显著。在雅砻江流域的6个子区间中，3个子区间的年平均径流呈现上升趋势，3个子区间年平均径流呈现下降趋势，其中5子区间均未超过MK趋势检验显著性水平$Z_{1-\alpha/2}$，且在不同时间尺度下，流域各子区间的MK趋势检验结果呈现不显著状态的站点数量和显著状态的站点数量之比为2∶1，说明流域径流整体平稳，未出现较大的趋势性上升或下降。二滩水电站是雅砻江流域梯级开发的第一个水电站，其对官地—二滩区间的调蓄时间较久，作用较强，因此该区间径流下降的趋势性较为显著。当MK趋势检验不显著时，MK检验与R/S分析法检验结果存在一定差异；当MK趋势检验显著时，两者方法的检验结果趋向一致。

表 4.7　　雅砻江流域区间径流趋势检验结果

流域区间	时期	MK趋势检验	R/S分析	趋势	显著性	赫斯特指数等级
		Z值	H值			
两河口以上	年	1.62	0.59	↑	不显著	2
	汛期	1.31	0.59	↑	不显著	2
	春	2.13	0.70	↑	显著	3
	夏	1.10	0.69	↑	不显著	3
	秋	1.15	0.41	↑	不显著	−2
	冬	2.73	0.63	↑	显著	2
两河口—杨房沟	年	0.34	0.55	↑	不显著	2
	汛期	0.35	0.54	↑	不显著	1
	春	−2.11	0.75	↓	显著	4
	夏	0.35	0.62	↑	不显著	2
	秋	0.73	0.44	↑	不显著	−2
	冬	1.82	0.72	↑	不显著	3
杨房沟—锦西	年	−0.28	0.88	↓	不显著	5
	汛期	−0.40	0.84	↓	不显著	5
	春	2.72	0.84	↑	显著	5
	夏	−0.30	0.81	↓	不显著	5
	秋	−0.40	0.83	↓	不显著	5
	冬	0.47	0.89	↑	不显著	5
锦西—官地	年	−0.74	0.73	↓	不显著	3
	汛期	−0.01	0.68	↓	不显著	3
	春	−4.29	0.87	↓	显著	5
	夏	0.01	0.72	↑	不显著	3
	秋	0.61	0.58	↑	不显著	2
	冬	−2.81	0.87	↓	显著	5
官地—二滩	年	−4.00	0.77	↓	显著	4
	汛期	−4.01	0.77	↓	显著	4
	春	0.42	0.87	↑	不显著	5
	夏	−3.44	0.71	↓	显著	3
	秋	−4.28	0.82	↓	显著	5
	冬	−2.20	0.88	↓	显著	5

续表

流域区间	时期	MK趋势检验	R/S分析	趋势	显著性	赫斯特指数等级
		Z值	H值			
二滩—桐子林	年	0.12	0.51	↑	不显著	1
	汛期	−0.67	0.58	↓	不显著	2
	春	1.24	0.65	↑	不显著	3
	夏	−0.44	0.57	↓	不显著	2
	秋	−0.53	0.56	↓	不显著	2
	冬	3.61	0.76	↑	显著	4

根据 R/S 分析法计算得到的赫斯特指数，图 4.5 给出了雅砻江流域不同时间尺度的区间径流赫斯特指数热力图，以宏观角度判断流域未来径流趋势持续性，该图由反距离权重法得到。整体来看，除秋季时间尺度外，雅砻江流域的赫斯特指数均大于 0.5，即表示流域径流未来的趋势与过去基本一致，出现反持续性的概率较小，流域径流处于一种较为稳定的状态。

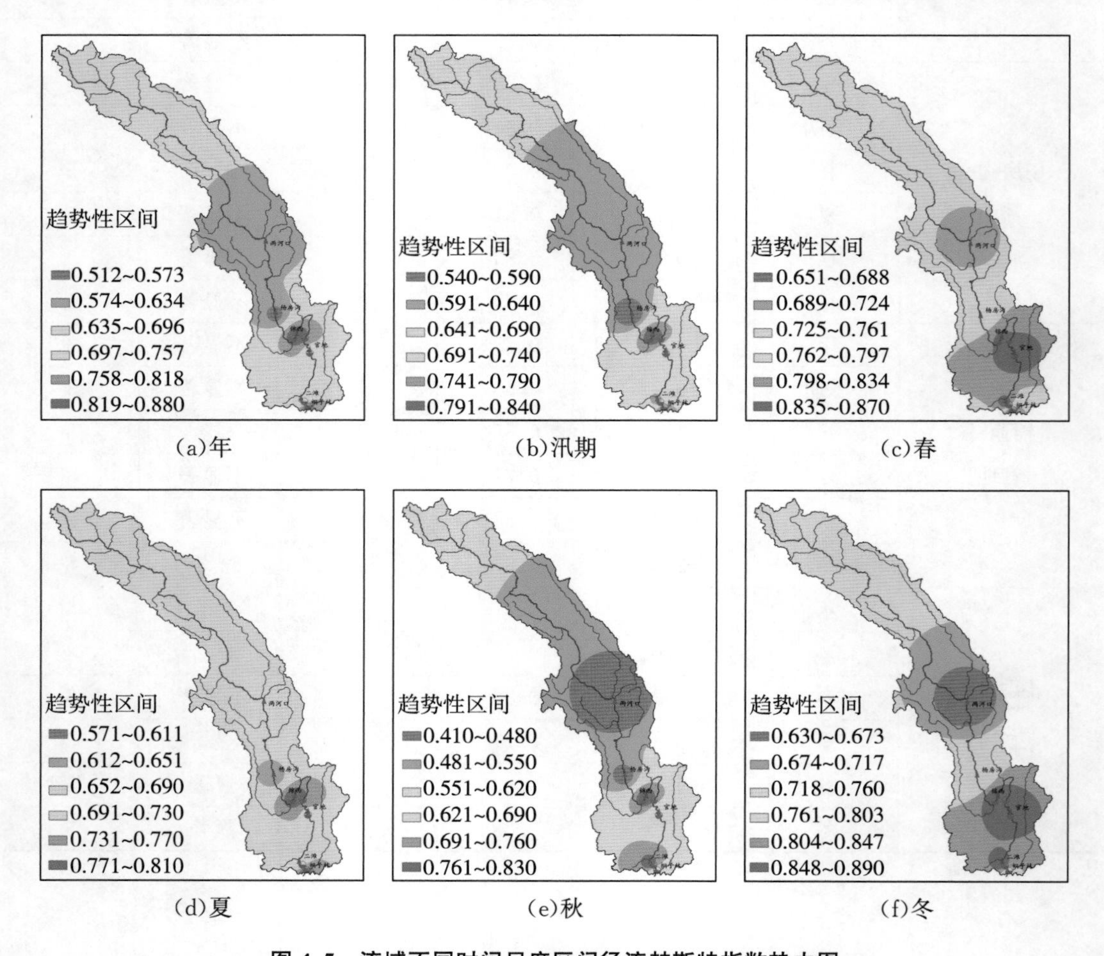

图 4.5 流域不同时间尺度区间径流赫斯特指数热力图

流域径流持续性热力图形成了以两河口—杨房沟为中心的指数谷点和以锦西—官地为中心的指数峰点，围绕该双中心赫斯特指数呈现扩散减小状。单独来看，年和汛期尺度下的径流持续性扩散情形较为相似；四种不同季节下锦西、官地、二滩和桐子林站点均为赫斯特指数峰点，两河口站为赫斯特指数谷点。

4.3.1.2　突变点结果分析

本节利用上节所提出的 MK 突变检验和滑动 T 检验方法，对雅砻江流域六个子区间的年平均降水、平均气温、平均径流数据进行突变点分析，得到各子区间下的突变检验统计值 UF、UB 和 T，并给出了不同子区间下的突变检验结果。

(1)降水突变点分析

针对雅砻江流域四个子区间 1958—2012 年的平均降水数据，采用 MK 突变检验和滑动 T 检验方法得到各子区间统计值，并依据统计值绘制突变检验结果图，由图 4.6 可以得到结论如下。

1)两河口以上区间年平均降水在 20 世纪 80 年代之前有较大振荡，60—80 年代降水呈现明显上升趋势，直至超出置信水平线，最后 UF 值维持在 0.05 的置信水平线附近，说明该时期降上升趋势并不显著。UF 值与 UB 值多次相交于 1960—1968 年和 2006—2011 年，结合滑动 T 检验结果，可以判断该子区间未找到突变点。

2)杨房沟—锦西区间年平均降水在 1965 年之前呈现上升趋势，1965—1974 年呈现下降趋势，1974 年之后不断攀升直至 UF 值超过 0.05 置信水平，说明该时期年平均降水呈现显著的上升趋势。UF 值与 UB 值相交于 1985 年，结合滑动 T 检验结果，可以判断该子区间未找到突变点。

3)锦西—官地区间年平均降水在 1977 年之前在置信区间内不断振荡，1977 年之后振荡现象依旧存在，但是 UF 值整体上呈现上升趋势，且维持在 0.05 置信水平附近，说明该时期年平均降水呈现振荡上升趋势。UF 值与 UB 值在 1978 年之前相交多次，结合滑动 T 检验结果，可以判断该子区间未找到突变点。

4)二滩—桐子林区间年平均降水在 1980 年之前出现明显的上下波动，1980 年后平均降水呈现缓慢上升趋势，但是未超过置信水平线，说明这个时期降水的上升趋势并不显著。UF 值与 UB 值在 1980 年之前相交多次，结合滑动 T 检验结果，可以判断该子区间在 1981 年发生了突变。

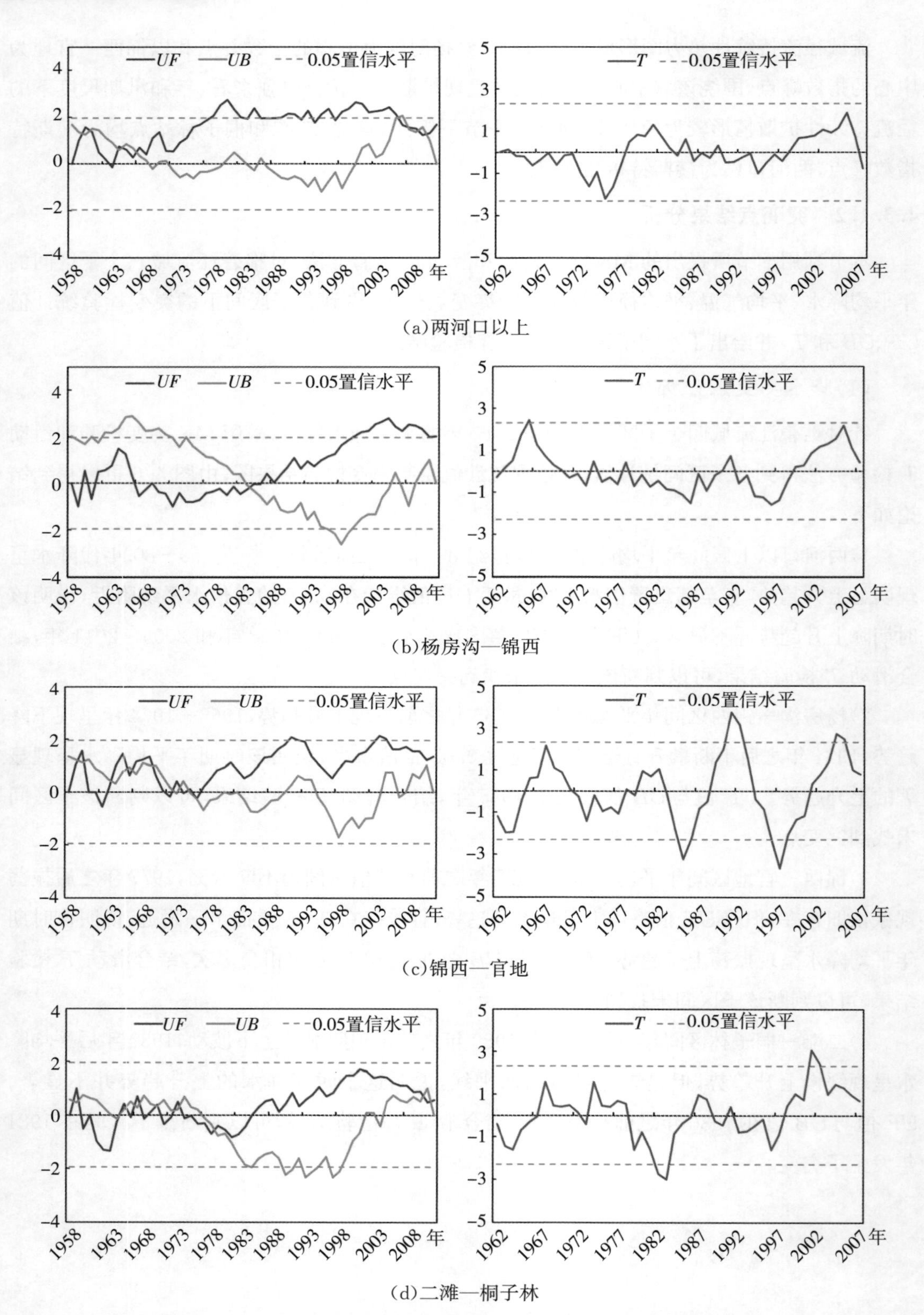

图 4.6 子区间面平均降水 MK 突变检验和滑动 T 检验结果

综上所述，汇总MK突变检验和滑动 T 检验突变点结果，整理出雅砻江流域四个子区间年平均降水的突变检验结果，如表4.8所示。

表4.8　　子区间年平均降水突变检验结果

流域区间	突变年份	流域区间	突变年份
两河口以上	—	锦西—官地	—
杨房沟—锦西	—	二滩—桐子林	1981

(2)气温突变点分析

针对雅砻江流域四个子区间1958—2012年的平均气温数据，采用MK突变检验和滑动 T 检验方法得到各子区间统计值，并依据统计值绘制突变检验结果图，由图4.7可以得到结论如下。

1)两河口以上区间年平均气温在1964年之前有微弱下降，之后持续上升，直至 UF 值超过0.05置信水平线，说明该时期年平均气温上升趋势十分显著；UF 值与 UB 值相交于1999—2001年，结合滑动 T 检验结果，可以判断该子区间在2001年发生了突变。

2)杨房沟—锦西区间年平均气温走势与两河口以上区间相似，但是在2009年后 UF 值急剧下降，重回0.05置信水平附近，说明该时期年平均降水呈现缓慢上升和急剧下降趋势。UF 值与 UB 值相交点位于1995年附近，结合滑动 T 检验结果，可以判断该子区间未找到突变点。

3)锦西—官地区间年平均气温1964年之前呈现缓慢下降趋势，之后 UF 值在0.05置信区间线附近微弱振荡，在1972年后逐年攀升，直至超过0.05的置信水平线，说明该时期年平均气温上升趋势十分显著。UF 值与 UB 值相交于1994年，结合滑动 T 检验结果，可以判断该子区间在1994年发生了突变。

4)二滩—桐子林区间年平均气温在1978年之前呈现缓慢下降趋势，之后 UF 值在0.05置信水平线附近微弱振荡，在1978年后逐年攀升，直至超过0.05置信水平线，说明该时期年平均气温上升趋势十分显著。UF 值与 UB 值相交于2005年和2007年，结合滑动 T 检验结果，可以判断该子区间在2005年发生了突变。

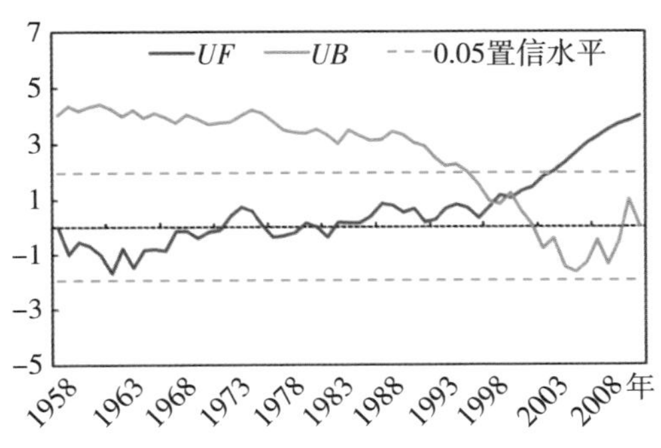

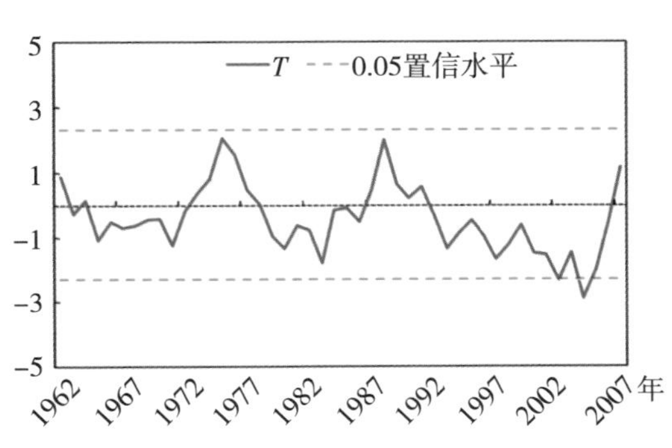

(a)两河口以上

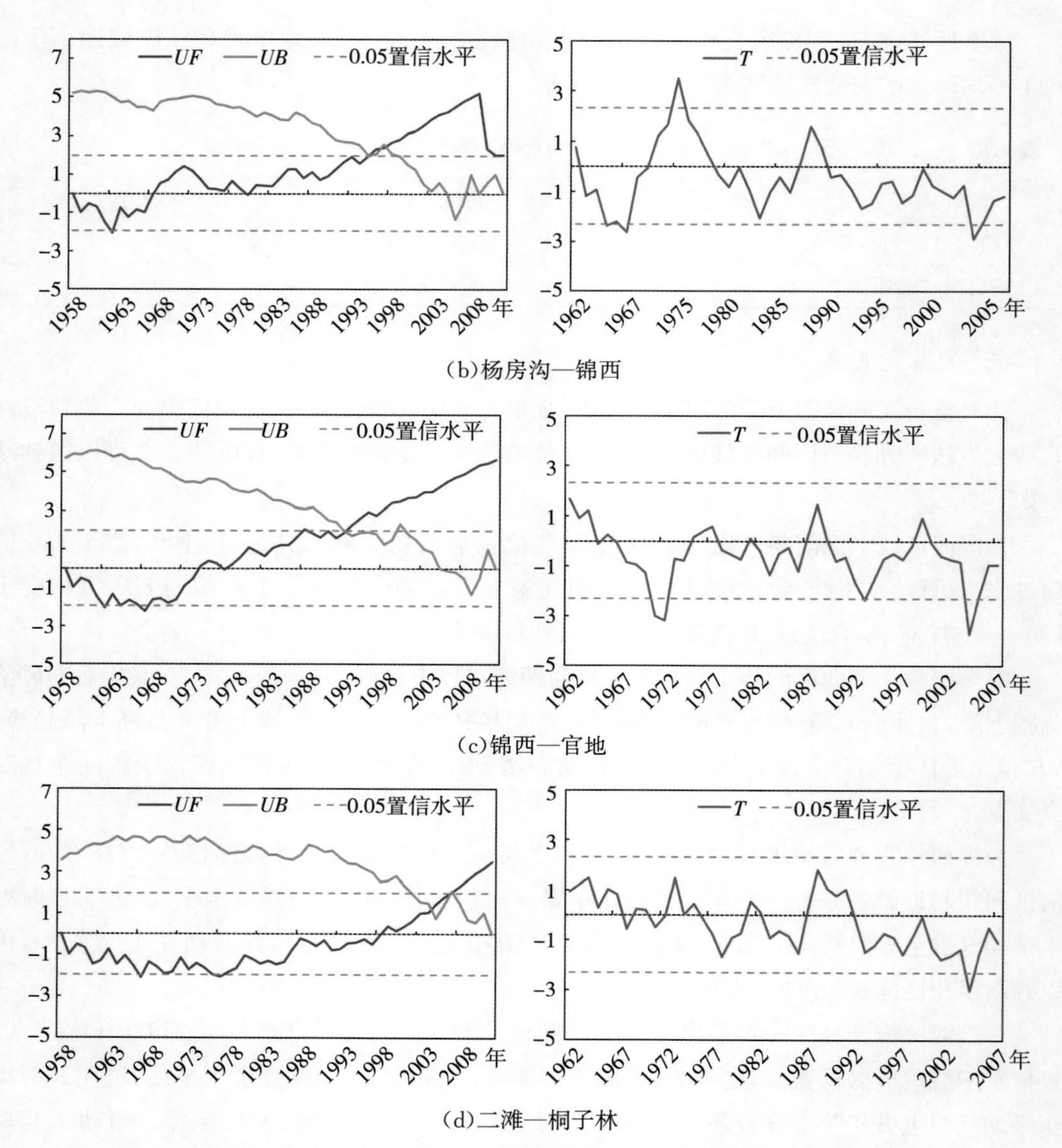

(b)杨房沟—锦西

(c)锦西—官地

(d)二滩—桐子林

图 4.7 子区间面平均气温 MK 突变检验和滑动 T 检验结果

综上所述，雅砻江流域年平均气温整体的上升趋势较为显著，这与 MK 趋势检验结果保持一致，符合气候变暖背景下气温逐年升高的特点。汇总 MK 突变检验和滑动 T 检验结果，整理出雅砻江流域四个子区间年平均气温突变检验结果，如表 4.9 所示。

表 4.9 子区间年平均气温突变检验结果

流域区间	突变年份	流域区间	突变年份
两河口以上	2001	锦西—官地	1994
杨房沟—锦西	—	二滩—桐子林	2005

(3)径流突变点分析

针对雅砻江流域六个子区间 1958—2018 年的径流数据,采用 MK 突变检验和滑动 T 检验方法得到各子区间统计值,并依据统计值绘制突变检验结果图,由图 4.8 可以得到结论如下。

1)两河口以上年区间径流在 1958—1965 年急速上升,1965—1974 年急速下降,之后 UF 值振荡上升,但是未超过 0.05 置信区间,说明该时期年区间径流上升趋势性并不显著;UF 值与 UB 值在时间序列内多次相交,结合滑动 T 检验结果,可以判断该子区间在 1966 年发生了突变。

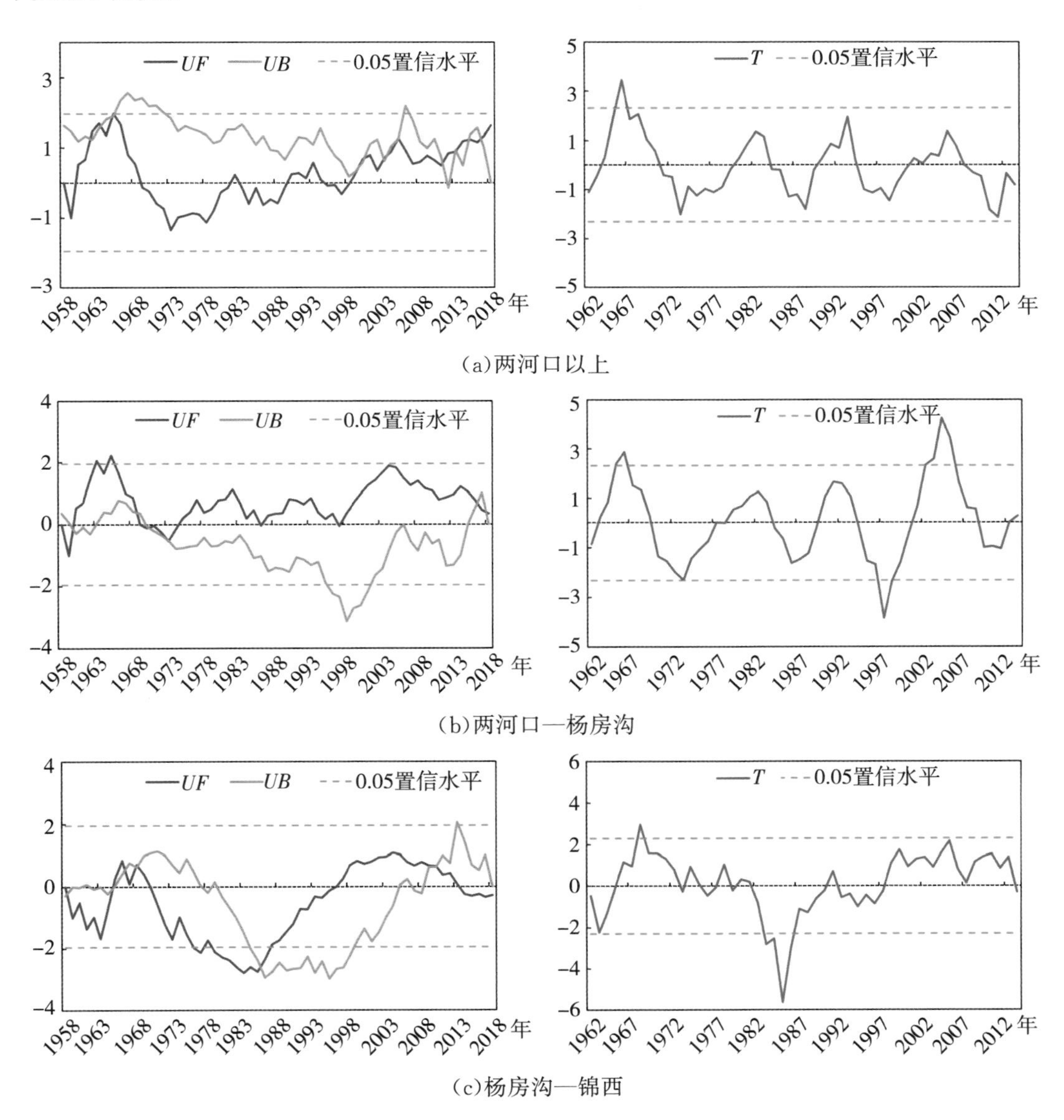

(a)两河口以上

(b)两河口—杨房沟

(c)杨房沟—锦西

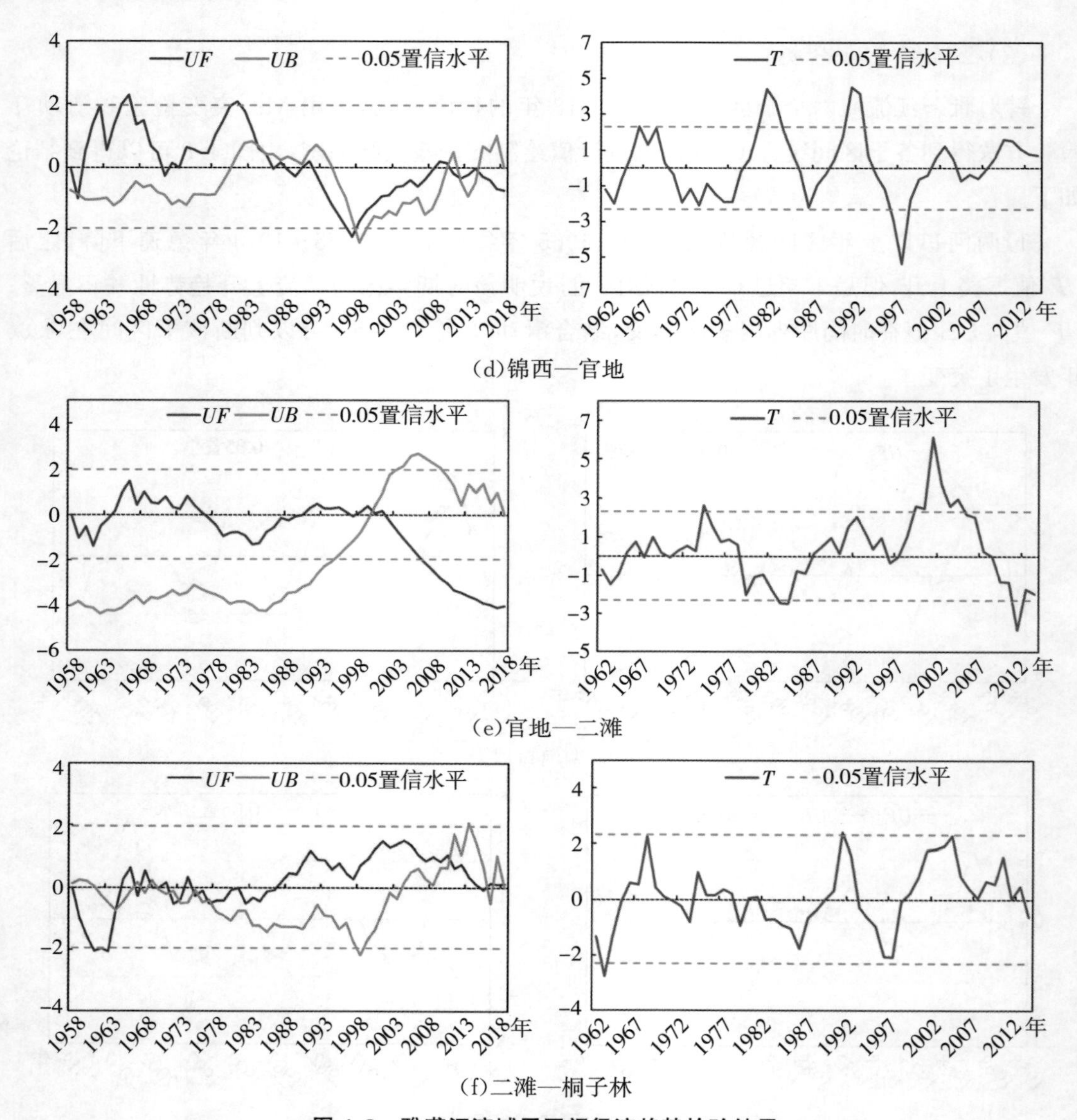

(d)锦西—官地

(e)官地—二滩

(f)二滩—桐子林

图 4.8 雅砻江流域子区间径流趋势检验结果

2)两河口—杨房沟年区间径流在 1958—1965 年急速上升，1965—1974 年急速下降，之后 *UF* 值呈现先上升后下降的趋势，但是均未超过置信水平，说明该时期年断面径流的趋势性并不显著。*UF* 值与 *UB* 值在时间序列内多次相交，结合滑动 *T* 检验结果，可以判断该子区间在 1974 年发生了突变。

3)杨房沟—锦西年区间径流 1958—1964 年急剧下降，1964—1969 年急剧上升，之后 *UF* 值不断下降直至超过 0.05 置信区间，最后上升重新回到 0 线附近，70—80 年代区间径流下降趋势显著。*UF* 值与 *UB* 值在 0.05 置信区间内外均有相交，结合滑动 *T* 检验结果，可以判断该子区间在 1969 年发生了突变。

4)锦西—官地年区间径流在 1966 年之前呈现上升趋势，之后 *UF* 值呈现振荡下降上升趋势，三次超过了0.05置信区间，说明该时期年断面径流呈现显著的上升或下降趋势。*UF*值与*UB*值在时间序列内多次相交，结合滑动*T*检验结果，可以判断该子区间在1984、1998年发生了突变。

5）官地—二滩年区间径流在2002年之前呈现振荡状态，*UF*值在0值附近振荡，上升下降趋势并不明显，2002年之后急速下降直至远超0.05置信水平线，说明该时期区间径流呈现显著下降趋势。*UF*值与*UB*值相交于2001年，结合滑动*T*检验结果，可以判断该子区间在2001年发生了突变。

6）二滩—桐子林年区间径流在1963年之前急速下降直至超过置信水平，之后急速上升，1965年*UF*值在0值附近不断振荡，但是均未超过0.05置信水平线，说明该时期区间径流趋势性并不显著。*UF*值与*UB*值在时间序列内多次相交，结合滑动*T*检验结果，可以判断该子区间在1964、1969年发生了突变。

综上所述，雅砻江流域年区间径流呈现振荡上升或下降趋势，除官地—二滩区间外，其他区间径流趋势性并不显著，未出现剧烈的径流上升或下降趋势。汇总MK突变检验和滑动*T*检验结果，整理出雅砻江流域六个子区间年断面径流的突变检验结果，如表4.10所示。

表4.10　　子区间年区间径流突变检验结果

流域区间	突变年份	流域区间	突变年份
两河口以上	1966	锦西—官地	1984、1998
两河口—杨房沟	1974	官地—二滩	2001
杨房沟—锦西	1969	二滩—桐子林	1964、1969

4.3.1.3 周期性结果分析

本节利用上节所提出的Morlet小波分析法，对雅砻江流域子区间的年平均降水、平均气温、平均径流数据进行周期性分析，得到各子区间对应的连续小波谱图，直观反映其水文气象要素的周期时频特性。

（1）降水周期性分析

小波分析时主要采用Morlet函数对雅砻江流域四个子区间1958—2012年的平均降水进行周期性分析，得到四个子区间的连续小波谱，同时对小波谱进行95%的信度检验（图4.9中的粗黑线内部区域）。图中虚线为小波影响锥（Cone of Influence，COI），影响锥外的区域由于边界效应不予考虑，黄色区域颜色越深代表其时频关系越密切，周期振荡能量越大。由图4.9可知，在95%置信水平下，雅砻江流域各子区间年平均降水呈现明显的年际周期性变化，主要特点：两河口以上区间年平均降水存在一个显著周期，为0～3年（1993—1997年）的周期；杨房沟—锦西区间年平均降水存在两个显著周期，分别为0.5～2年（1961—1963年）和4～6年（1965—1970年）的周期；锦西—官地区间年平均降水存在三个显著周期,分别为1～3年(1963—1967年)、4～6年(1968—1975年)和10～14年(1979—2001年)的周期;二滩—桐子林区间年平均降水存在两个显著周期,分别为0.5～3年(1964—1975年)和3～4.5年(1990—1996年)的周期。

综上所述,雅砻江流域各子区间年平均降水在时域和频域均存在多尺度显著性周期,降水时频关系密切。除两河口以上区间外,雅砻江流域各子区间均存在1～2.5年和4～6年的小周期振荡。虽然两河口以上区间在置信区间内仅有一个显著性周期,但是该区间影响锥内的其余周期均表现出了较大的振荡能量,时频关系依旧密切。同时锦西—官地区间年平均降水存在大周期振荡,其振荡周期主要为10～14年(1962—2007年)。

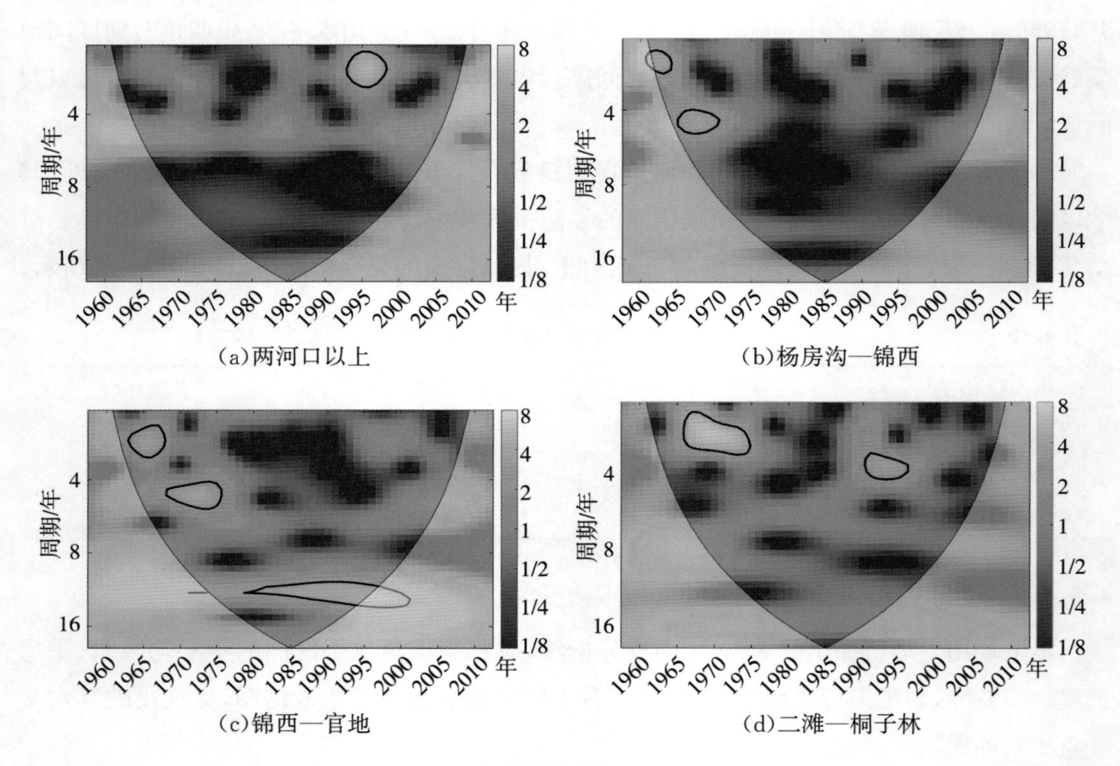

图4.9 子区间年平均降水连续小波谱

(2)气温周期性分析

本书小波变换主要采用Morlet函数对雅砻江流域四个子区间1958—2012年的平均气温进行分析,得到四个子区间的连续小波谱,并对小波谱进行95%的信度检验(图4.10中的粗黑线内部区域)。由图4.10可知,在95%置信水平下,雅砻江流域各子区间年平均气温呈现明显的年际周期性变化,主要特点如下:两河口以上区间年平均气温存在两个显著周期,即0～2(1963—1969年)和4～4.5(1995—1998年)的周期;杨房沟—锦西区间年平均气温存在一个显著周期,即0～1(1963—1967年)的周期;锦西—官地区间年平均气温存在两个显著周期,即0～2(1963—1968年)和1.5～2(1991—1992年)的周期;二滩—桐子林区间年平均气温存在两个显著周期，即1.5～2(1966—1968年)和2～2.1(1968—1970年)的周期。

综上所述，雅砻江流域各子区间年平均气温在时域和频域的存在多尺度显著性周期，但是周期尺度均较小。除二滩—桐子林区间周期性并不显著外，其他各子区间均存在0～2年(1963—1969年)的小周期振荡。同时雅砻江流域各子区间均存在6～8年的周期振荡，但是该尺度下振荡能量较小，时域和频域关系并不显著。杨房沟—锦西区间年平均气温存在14～16年的大周期振荡，但是其振荡能量并不显著。

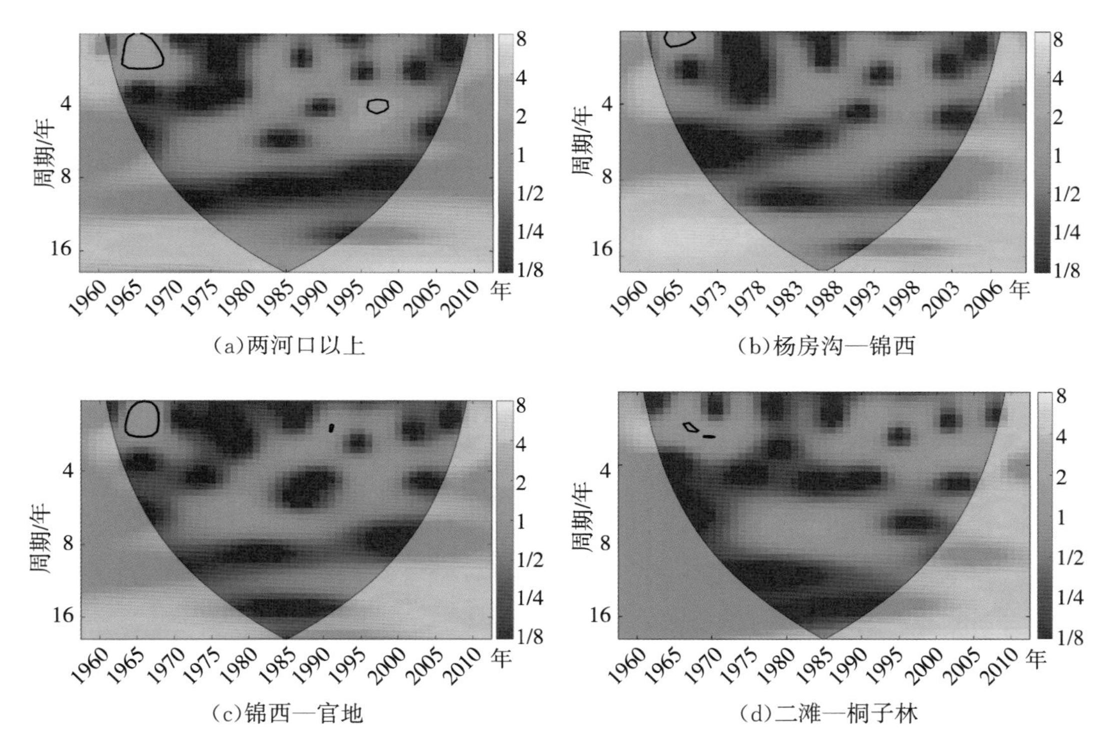

图4.10 子区间年平均气温连续小波谱

(3)径流周期性分析

本书小波变换主要采用Morlet函数对雅砻江流域六个子区间1958—2018年的断面径流进行分析，得到六个子区间的连续小波谱，并对小波谱进行95%的信度检验(图4.11中的粗黑线内部区域)。由图4.11可知，在95%置信水平下，雅砻江流域各子区间年断面径流呈现明显的年际周期性变化，主要特点如下：两河口以上区间断面径流存在两个显著周期，即3.5～6年(2000—2008年)和13～13.5年(1966—1970年)的周期；两河口—杨房沟区间断面径流存在四个显著周期，即0.5～2.5年(1960—1968年)、1.5～2年(1985—1988年)、1～2.5年(1991—1997年)和10～14年(1962—2008年)的周期；杨房沟—锦西区间年断面径流存在一个显著周期，即2～5年(1970—1979年)的周期；锦西—官地区间年断面径流存在三个显著周期，即1～4年(1995—1999年)、5～6年(2005—2011年)和8.5～12年(1983—

2000 年)的周期;官地—二滩区间年断面径流存在一个显著周期,即 2～5 年(1970—1979 年)的周期;二滩—桐子林区间年断面径流存在三个显著周期,即 1.5～2.5 年(1967—1972 年)、0.5～3.5 年(1996—2000 年)和 8.5～12 年(1983—2000 年)的周期。

综上所述,雅砻江流域各子区间年断面径流在时域和频域均存在多尺度显著性周期,区间径流时频关系密切。各子区间断面径流均存在 2～4 年的小周期振荡,但两河口以上区间周期振荡能量较小。同时各子区间断面径流也存在 10～14 年的大周期振荡,在两河口—杨房沟、锦西—官地区间周期振荡能量大,在官地—二滩区间振荡能量较小。

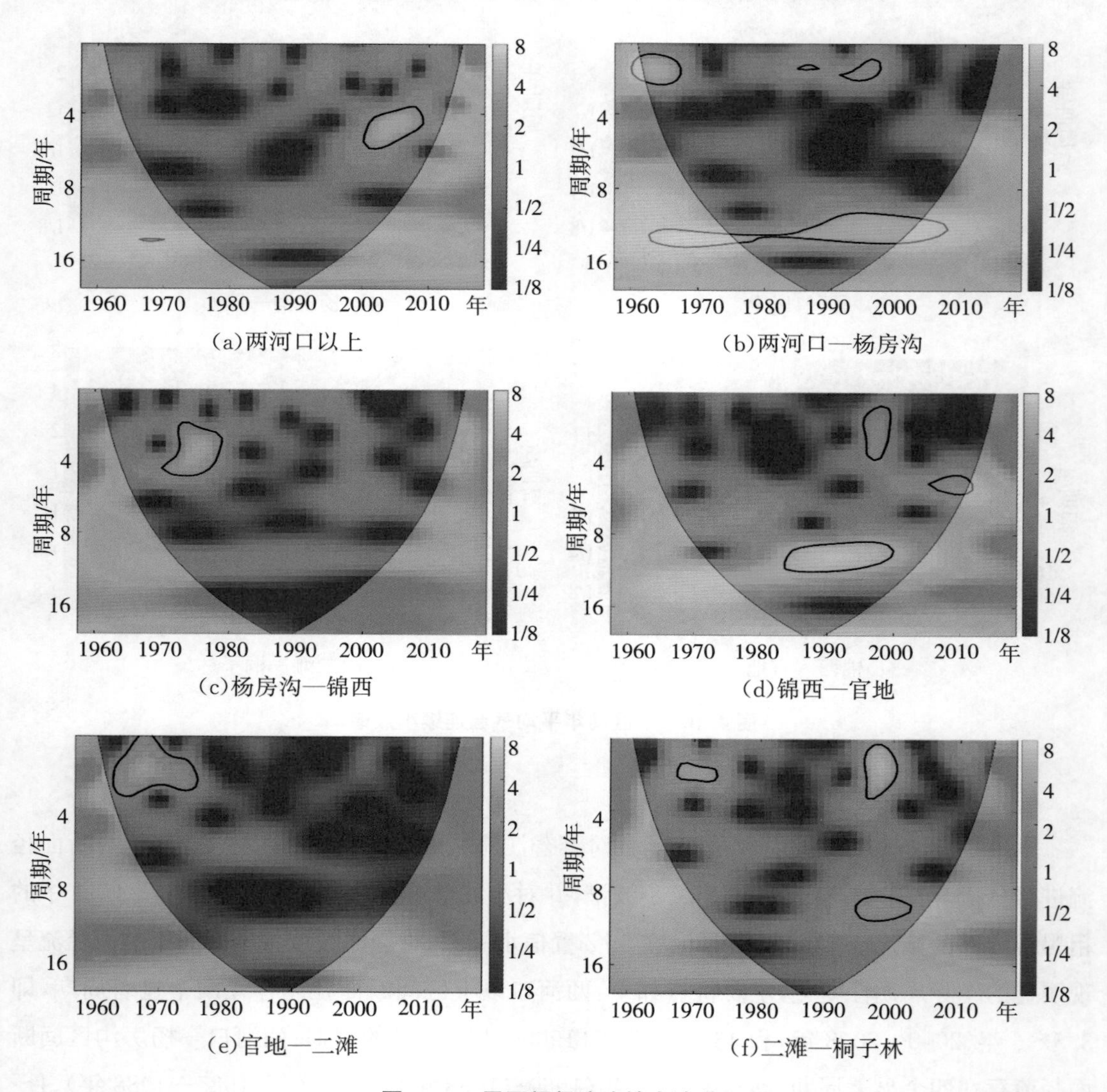

图 4.11 子区间径流连续小波谱

4.3.1.4 小结

第 4.3.1 节以雅砻江流域水文气象数据作为研究对象,通过引入 MK 趋势检验、*R/S*

分析、MK突变检验、滑动T检验和Morlet小波分析法，全面解析了雅砻江流域各子区间不同时间尺度下降水、气温和径流要素的趋势性、突变点和周期性特征，揭示流域水文气象要素的内在规律和变化特征，本章取得的主要成果如下：

1)通过引入MK趋势检验和R/S分析法对流域的平均降水、平均气温和区间径流进行年、汛期、春、夏、秋和冬尺度下的趋势性分析。整体来看，雅砻江流域的各时间尺度下的平均降水、平均气温和区间径流数据的赫斯特指数均大于0.5，结合MK趋势检验结果可得，流域趋势性变化特征与过去基本保持一致，出现反持续性的概率不大，流域处于一种较为稳定的状态。针对平均降水数据，在年和汛期尺度中，流域趋势持续性强度由东南至西北方向依次增大，且在不同季节数据尺度下，流域趋势性强度谷点随着北回归线的移动而移动，符合季节更迭的规律。针对平均气温数据，流域1958—2018年平均气温上升趋势较为显著，且未来上升趋势将持续存在。针对区间径流数据，MK趋势检验结果表明流域径流整体平稳，上升或下降的趋势性并不显著。

2)采用MK突变检验和滑动T检验法对流域的年平均降水、平均气温和区间径流数据进行突变点分析。针对年平均降水数据，二滩—桐子林区间在1981年发生突变。针对年平均气温数据，两河口以上区间在2001年发生突变；锦西—官地区间在1994年发生突变；二滩—桐子林区间在2005年发生突变。针对年区间径流数据，两河口以上区间在1966年发生突变；锦西—官地区间在1984和1998年发生突变；两河口—杨房沟区间在1974年发生突变；官地—二滩区间在2001年发生突变；杨房沟—锦西区间在1969年发生突变；二滩—桐子林区间在1964和1969年发生突变。

3)利用Morlet小波分析法对流域的年平均降水、平均气温和区间径流数据进行周期性分析。针对年平均降水数据，流域各子区间年平均降水在时域和频域上均存在多尺度显著性周期，降水时频关系密切。除两河口以上区间外，流域其他子区间均存在1～2.5年和4～6年的小周期振荡。针对年平均气温数据，除二滩—桐子林区间周期性并不显著外，其他各子区间均存在0～2年的小周期振荡和6～8年的大周期振荡。针对年区间径流数据，各子区间均存在2～4年的小周期振荡和10～14年的大周期振荡，且在两河口—杨房沟、锦西—官地区间周期振荡能量较为显著，在官地—二滩区间周期振荡能量较小。

4.3.2 三区间水文要素变化分析结果

4.3.2.1 水文气象要素年际年内统计分析

表4.11展示了1958—2020年雅砻江流域内3个区域及全流域降水量、温度、潜在蒸散发量、水储量(单位分别为mm、℃、mm、mm，下同)面均值的统计特性。由表4.11可知，3个区域面平均月降水量为75.28～146.98mm，面平均月降水量最大值为253.81～403.87mm，区域1面平均月降水量为75.28mm，区域2面平均月降水量为109.52mm，区

域3平均月降水为146.98mm，表明雅砻江流域内降水南北差异明显，由上游至下游呈现渐增趋势；从上游至下游月降水的方差和标准差值逐渐增大，说明上游降水比下游降水平稳，上游降水不均匀性较强。3个区域面平均月温度为－3.15～9.77℃，最大值为10.86～17.57℃，呈现由北到南显著递减的趋势，与流域内地形变化情况一致；区域1内的面平均月潜在蒸散发量明显小于区域2和区域3，这主要是由于雅砻江北部地区气候干冷，大气蒸散发能力被抑制，不利于水分蒸散发；3个区域内的面平均月水储量由北至南小幅度递减，其变异系数、方差也呈现出由北至南递减的趋势，表明下游区间月尺度水储量数据由上游至下游逐步平稳。

表4.11　　雅砻江流域内不同区域气象要素面平均值统计特性

区域	变量	均值	最大值	标准差	变异系数	偏度	峰度	方差
区域1	降水量	75.28	253.81	63.66	0.85	0.67	－0.94	4052.39
	温度	－3.15	10.86	9.26	－2.94	－0.12	－1.44	85.72
	潜在蒸散发量	60.37	120.64	0.52	0.52	－0.09	－1.46	971.61
	水储量	540.20	680.09	72.14	0.13	0.16	－1.21	5204.21
区域2	降水量	109.52	313.57	88.15	0.80	0.52	－1.13	7770.28
	温度	4.26	13.18	6.38	1.50	－0.33	－1.19	40.76
	潜在蒸散发量	75.01	139.36	0.33	0.33	0.00	－0.97	606.90
	水储量	521.26	675.11	39.62	0.08	0.85	0.02	1570.09
区域3	降水量	146.98	403.87	103.72	0.71	0.45	－1.10	10756.84
	温度	9.77	17.57	5.45	0.56	－0.38	－1.18	29.65
	潜在蒸散发量	75.02	154.52	0.36	0.36	－0.30	－0.82	729.60
	水储量	512.84	677.84	36.16	0.07	0.89	0.93	1307.84
全流域	降水量	98.82	284.33	77.22	0.78	0.53	－1.15	5962.93
	温度	1.47	12.75	7.65	5.21	－0.19	－1.38	58.53
	潜在蒸散发量	67.50	128.77	0.39	0.39	0.06	－1.28	703.26
	水储量	550.49	680.88	46.71	0.08	0.29	－0.87	2181.61

为定量分析流域内水文气象要素的年际变化情况，本节根据ER5中的月尺度数据计算了1958—2020年流域内不同网格点降水量、温度、潜在蒸散发量及水储量年均值，进一步计算得到每个网格点不同气象要素的年际方差。图4.12展示了流域域内1958—2020年降水量、温度、潜在蒸散发量及水储量年际方差的空间分布情况。由图4.12可知，雅砻江流域内降水量年际方差呈现由上游至下游逐步递增的趋势，流域内越靠近上游的区域降水年际变化越不显著，越靠近流域出口的区域降水年际变化越明显，与月尺度降水数据变化情况一致；潜在蒸散发量年际方差则呈现出南北两端较大，而流域中游段较小的分布情况，表明流

域中段蒸发能力较平稳，而上下游蒸散发能力年际变化较大；温度和水储量数据年际方差呈现由上游至下游逐步递减的趋势，表明雅砻江流域中上游温度和水储量年际变化相对较小，而下游温度和水储量年际变化相对较大，这可能与流域下游人类活动随时间推移日渐频繁有关。

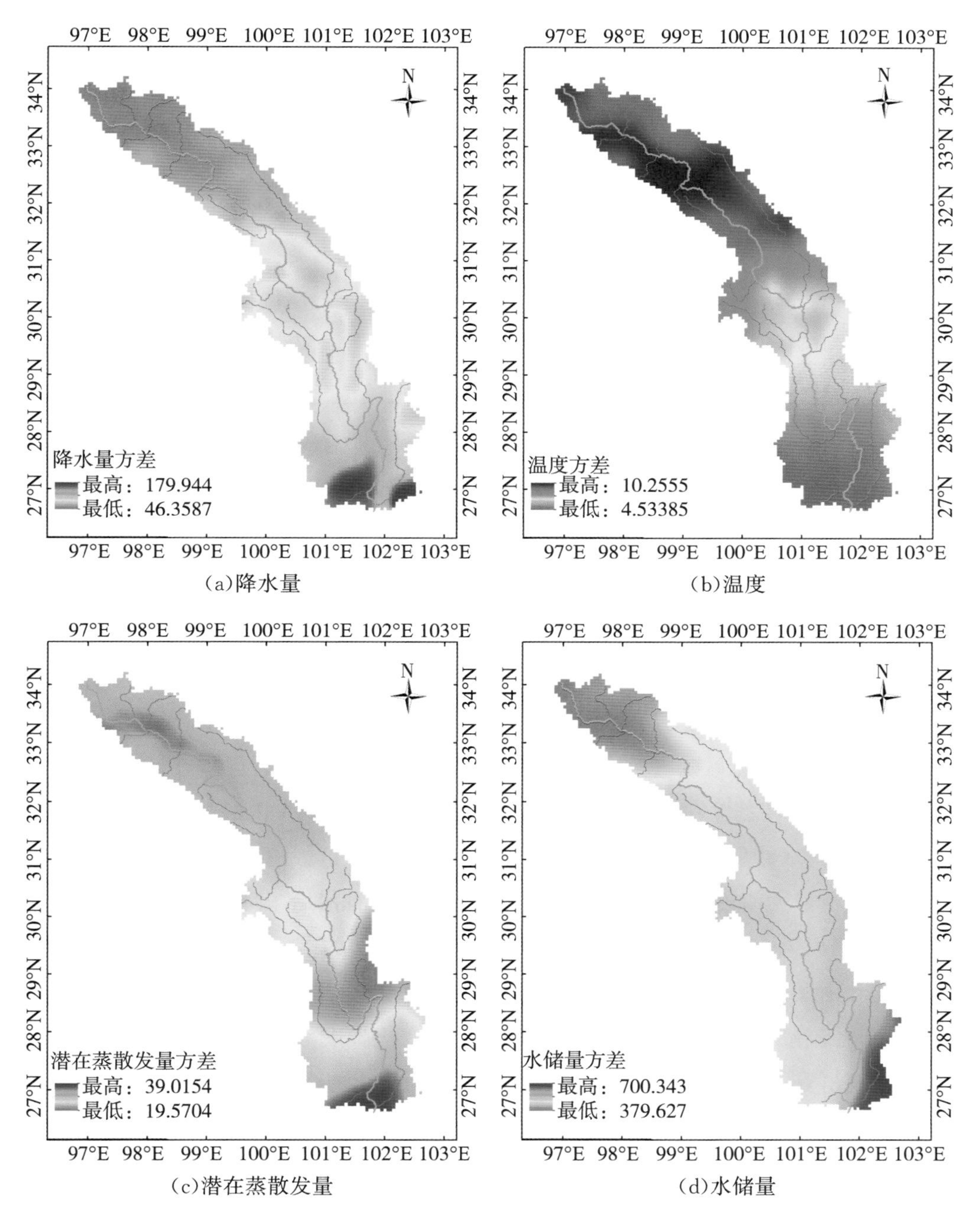

(a)降水量　(b)温度

(c)潜在蒸散发量　(d)水储量

图4.12　气象要素年际方差空间分布

为定量分析流域内不同区域径流的年际变化情况，表 4.12 展示了流域内雅江水文站和 4 座梯级水库的年平均流量(单位：m^3/s)统计特征，由表可知，流域内径流从上游至下游逐渐增加，其方差从上游至下游呈现出逐步增加的趋势，表明流域内靠近下游的区域年平均流量年际变化幅度较大，其不确定性大于上游区间，且年平均流量方差与降水的年际方差呈现出相似的空间变化情况，表明降水年际变化的不确定性是下游年平均流量变化较大的原因之一。

表 4.12　　水库和水文站年平均流量统计特征

名称	多年均值	标准差	方差	最大值	最小值
雅江	884.06	172.33	29696.04	1336.33	601.87
锦屏一级	1226.09	212.73	45255.57	1859.91	844.56
官地	1430.26	234.43	54956.95	2130.93	1006.14
二滩	1634.46	263.81	69597.86	2495.57	1176.58
桐子林	1877.10	301.68	91013.17	2822.27	1325.58

图 4.13 给出了 1958—2020 年全流域及 3 个分区各月份降水量、温度、潜在蒸散发量、水储量。由图可知，全流域范围内降水和潜在蒸散发集中在汛期 6—9 月，但汛期降水年际波动明显，而潜在蒸散发量年际变化较小，年内温度变化趋势与降水量、潜在蒸散发量保持一致，说明雅砻江流域年内气象要素变化情况主要受流域内气候类型影响，而水储量的年内变化过程则明显滞后于其他气象要素，可能是流域内自然水循环过程及人类活动的综合作用。3 个分区内降水均集中在 6—9 月，其中 8 月降水的分布区间最广，不同年份间降水量变动较大；3 个区间的温度均显示出冬季变化幅度大，而夏季变化幅度小的特点，且温度最高值均出现在 7 月；不同分区内潜在蒸散发量年内变化情况有着显著区别在区域 2 和区域 3 内，3 月和 4 月的潜在蒸散发量最大，蒸散发能力最强，而在区域 1 内潜在蒸散发量最大的时间为 7 月；流域内水储量的年内变化幅度呈现由分区 1 到分区 3 逐步递减的趋势，且 3 个分区流域内水储量最大值集中于汛期，流域内水储量变化过程滞后于降水过程。

图 4.14 给出了 1958—2020 年 3 个分区径流量各月份的多年均值、概率分布情况及汛期流量占比。由图可知，3 个分区内不同站点的径流年内分配过程均存在明显的季节性特征，冬春季节径流量小且变化幅度小，夏季流量大且变化幅度大，不同站点月流量数据在夏季均出现过离群点，表明汛期易发生异常洪水。

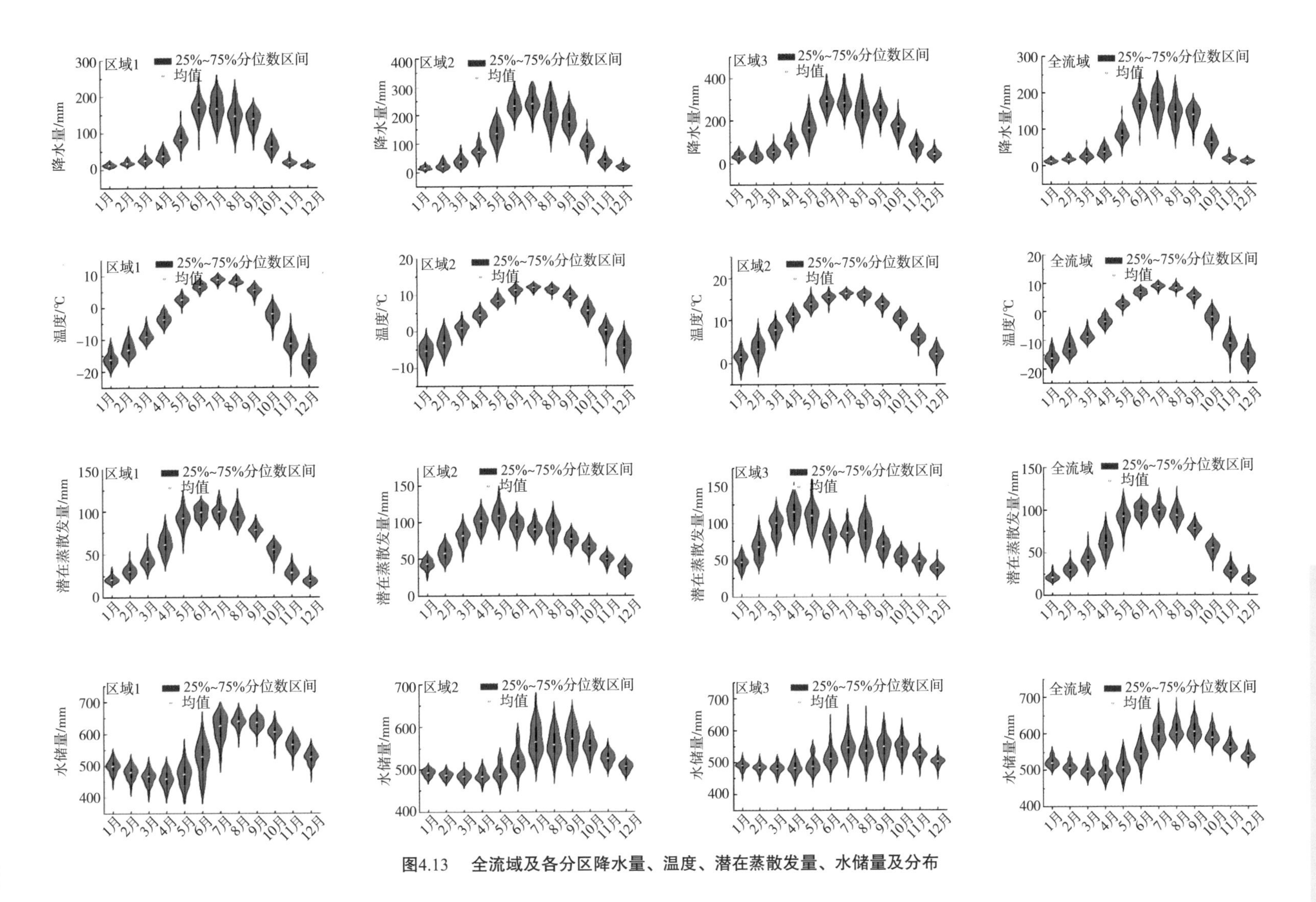

图4.13 全流域及各分区降水量、温度、潜在蒸散发量、水储量及分布

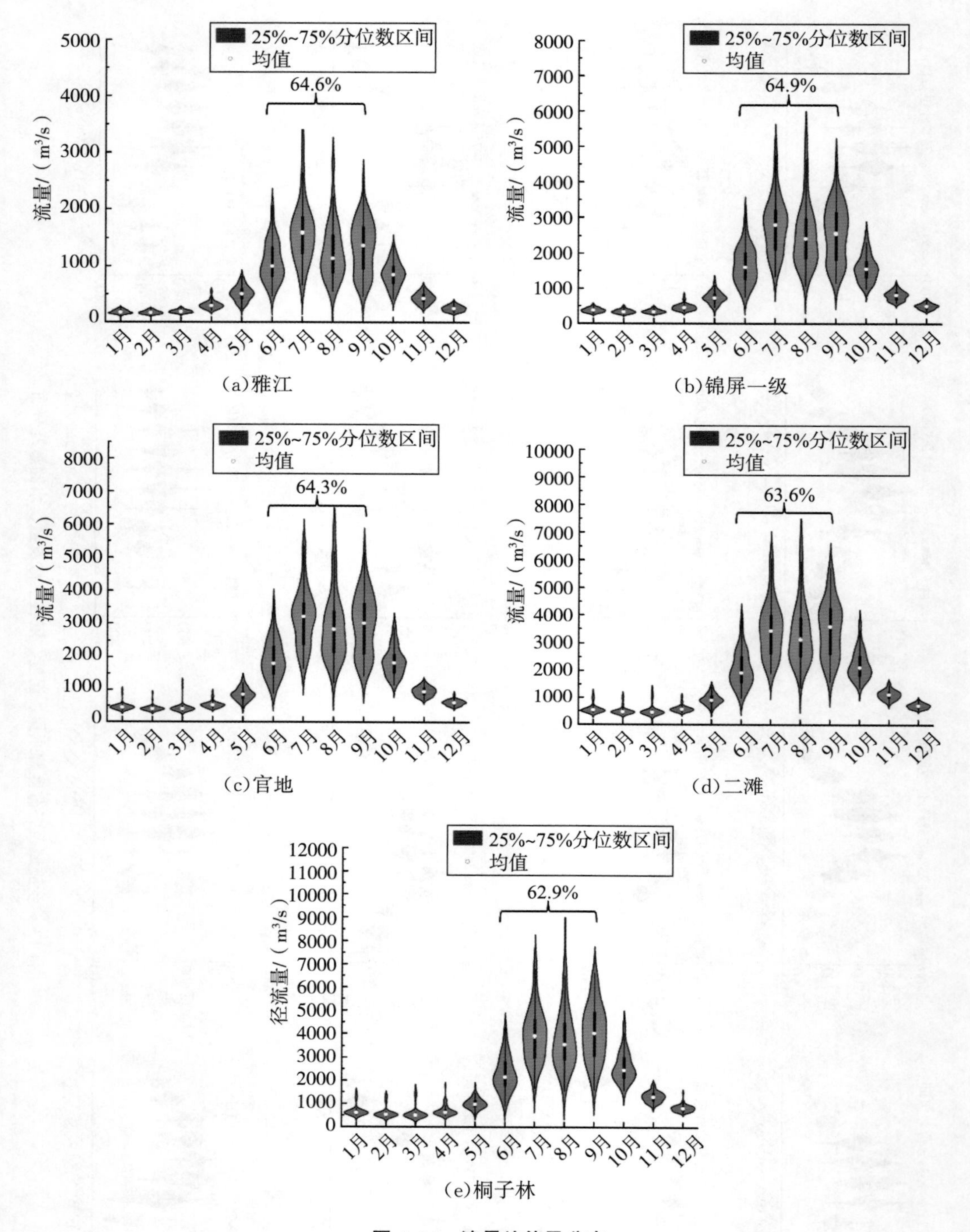

图 4.14　流量均值及分布

通过以上分析可知，雅砻江流域月尺度水文气象要素变化规律与年尺度水文气象要素变化规律存在差异。其中，月尺度水文气象要素变化规律主要表现为空间上南北差异显著，上游降水和径流过程稳定性强于下游，时间上降水量和径流量均集中于每年夏季；年尺度上则表现出下游降水量、潜在蒸散发量、流域水储量年际变化比上游明显，与径流的年际变化呈现相同的空间分布特征。

4.3.2.2 趋势性检验

由4.3.2.1节可知，雅砻江流域内不同分区及全流域的水文气象要素存在不同程度的年际变化，本节采用MK趋势检验法和Sen's坡度估计法分别分析1958—2020年雅砻江流域内不同分区及全流域气象要素面均值和平均流量的年际变化趋势，进一步分析水文气象要素年际变化的特点。气象要素趋势检验结果如表4.13所示，表中“↑”表示呈上升趋势，“↓”表示呈下降趋势，“—”表示变化趋势不明显。

表4.13 气象要素变化趋势检验结果

区域	变量	MK趋势检验（Z值）	Sen's坡度估计（β值）	趋势	显著性
全流域	降水量	1.471	0.061	↑	不显著
	温度	1.554	0.034	↑	不显著
	潜在蒸散发量	4.377	0.025	↑	显著
	水储量	5.658	0.592	↑	显著
区域1	降水量	3.416	0.153	↑	显著
	温度	−0.071	−0.002	↓	不显著
	潜在蒸散发量	4.128	0.026	↑	显著
	水储量	−1.910	−0.197	↓	不显著
区域2	降水量	0.688	0.030	↑	不显著
	温度	1.898	0.047	↑	不显著
	潜在蒸散发量	3.831	0.023	↑	显著
	水储量	5.931	0.487	↑	显著
区域3	降水量	−1.756	−0.141	↓	不显著
	温度	2.503	0.082	↑	显著
	潜在蒸散发量	4.674	0.020	↑	显著
	水储量	5.053	0.597	↑	显著

由表4.13可知，全流域潜在蒸散发量和水储量呈现显著上升趋势，而温度和降水量上升趋势不显著，且流域内各分区潜在蒸散发量均表现出显著上升的现象。由降水量趋势检验结果可知，三个分区中，除区域3外，其他降水量均呈现显著上升趋势，区域1上升幅度最为明显；由温度趋势分析计算结果可知，区域2和区域3内的温度上升趋势显著，区域1温度随时间小幅下降；此外，流域内水储量呈现出上游随时间减少而中下游随时间增加的趋势。

水文站和水库入库年平均流量变化趋势检验的计算结果如表 4.14 所示，由表可知，除桐子林水库入库外，其他站点的年平均流量均呈现出不同的上升趋势。其中雅江水文站年平均流量上升趋势明显，与区域 1（雅江上游区间）的降水变化趋势一致，锦屏一级年平均入库流量呈现不显著上升趋势，与区域 2（雅江至锦屏一级区间）的变化情况一致，表明锦屏一级上游的径流变化主要受以降水为主的气象要素影响。而官地、二滩水库的年平均入库流量与区域 3 内（锦屏一级至流域出口区间）的降水量变化呈现出相反的变化趋势，与温度、潜在蒸散发量、水储量变化趋势一致，而桐子林水库年平均入库流量则呈现下降趋势，不同水库入库年平均入库流量的变化趋势对气象要素的响应情况呈现出差异，其原因可能在于区域内大型水库影响了水库下游的径流过程，锦屏一级、二滩分别为年调节和季调节水库，径流调节能力强，一定程度上改变下游水库入库流量的年际年内变化特点。

表 4.14　流量变化趋势检验结果

站点	MK 趋势检验（Z 值）	Sen's 坡度估计（β 值）	趋势	显著性
雅江	2.159	2.271	↑	显著
锦屏一级	1.661	2.575	↑	不显著
官地	1.293	2.137	↑	不显著
二滩	0.059	0.137	↑	不显著
桐子林	−0.130	−0.231	↓	不显著

4.3.2.3 突变点检验

本节采用 *MK* 突变检验法和滑动 T 检验法分析 1958—2020 年全流域及各分区气象要素面均值和不同站点年平均径流量进行突变分析，表 4.15、表 4.16 给出了滑动 T 检验的结果，图 4.15 展示了流量突变检验结果，图 4.16 为气象要素的 UF 和 UB 曲线。

表 4.15　气象要素滑动 T 检验结果

区域	降水量	温度	潜在蒸散发量	水储量
全流域	1966 年、1977 年	1973 年、1977 年、1990 年	1986 年、2010 年、2013 年	1983 年、1996 年、2013 年
区域 1	—	1973 年、1990 年、2011 年	1973 年、2007 年	1986 年、2013 年
区域 2	—	1990 年	1976 年、1986 年	1986 年、1995 年、2014 年
区域 3	—	1976 年	1986 年	1986 年

表 4.16　流量滑动 T 检验结果

站点	雅江	锦屏一级	官地	二滩	桐子林
突变年份	1971 年、1995 年、2003 年、2015 年	1995 年	1995 年	1995 年	1995 年

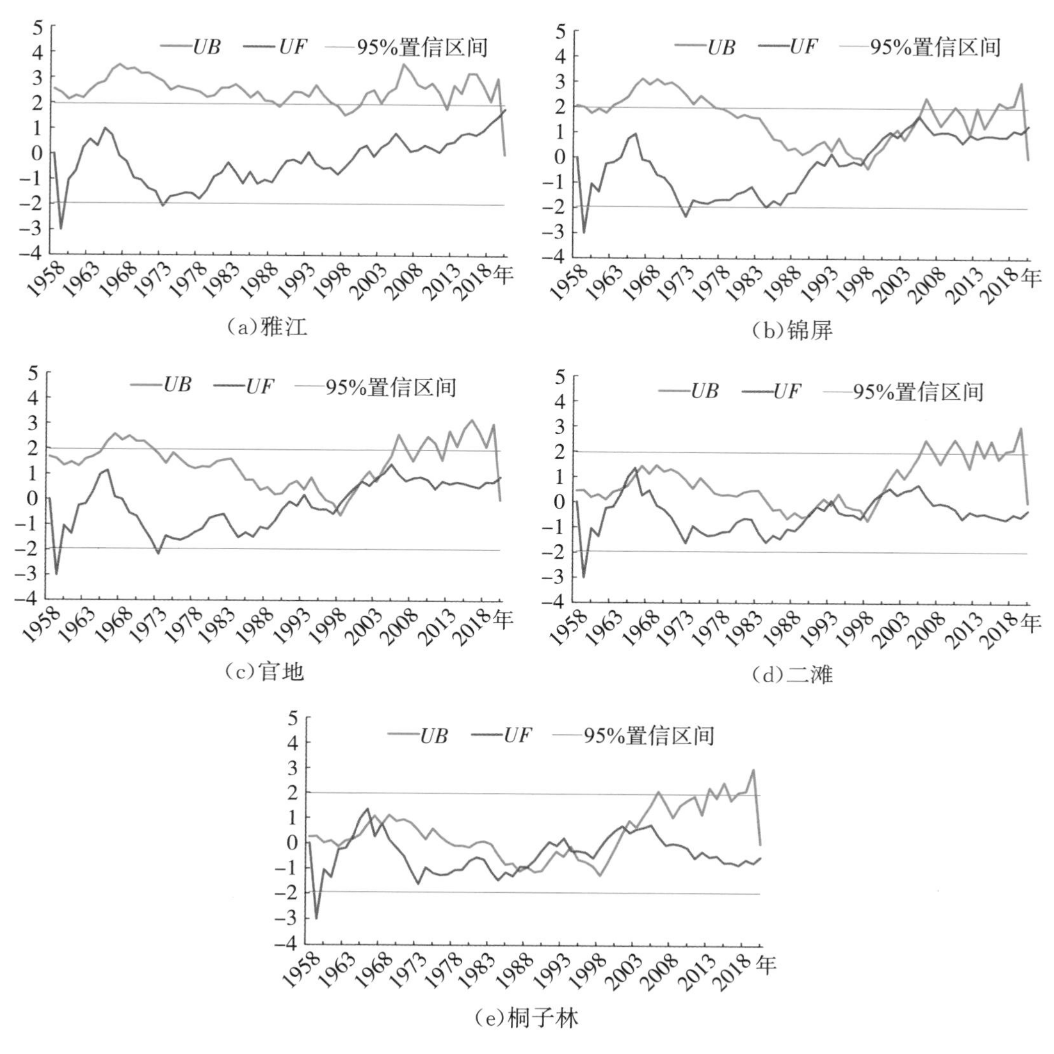

图 4.15 流量突变检验结果

(1)降水量突变情况

3 个分区面平均年降水量呈现出波动情况有显著区别。首先,1958—1990 年全流域和区域 1 面平均年降水量均呈现出下降—上升—下降的趋势,在 1990 年后保持持续上升;其次,区域 2 和区域 3 面平均年降水量在 1958—1990 年出现上升和下降趋势交错出现,面平均年降水量波动频繁,区域 2 面平均年降水量在 1970—1997 年持续下降,随后开始稳步上升,而区域 3 面平均年降水量在 1979 年后呈现出持续下降的趋势;此外,1993—2016 年,全流域面平均年降水量的 UF 和 UB 曲线存在多个交点,结合滑动 T 检验结果,认为全流域降雨不存在显著的突变点,同理 3 个分区面平均年降水量也不存在明显的突变点。

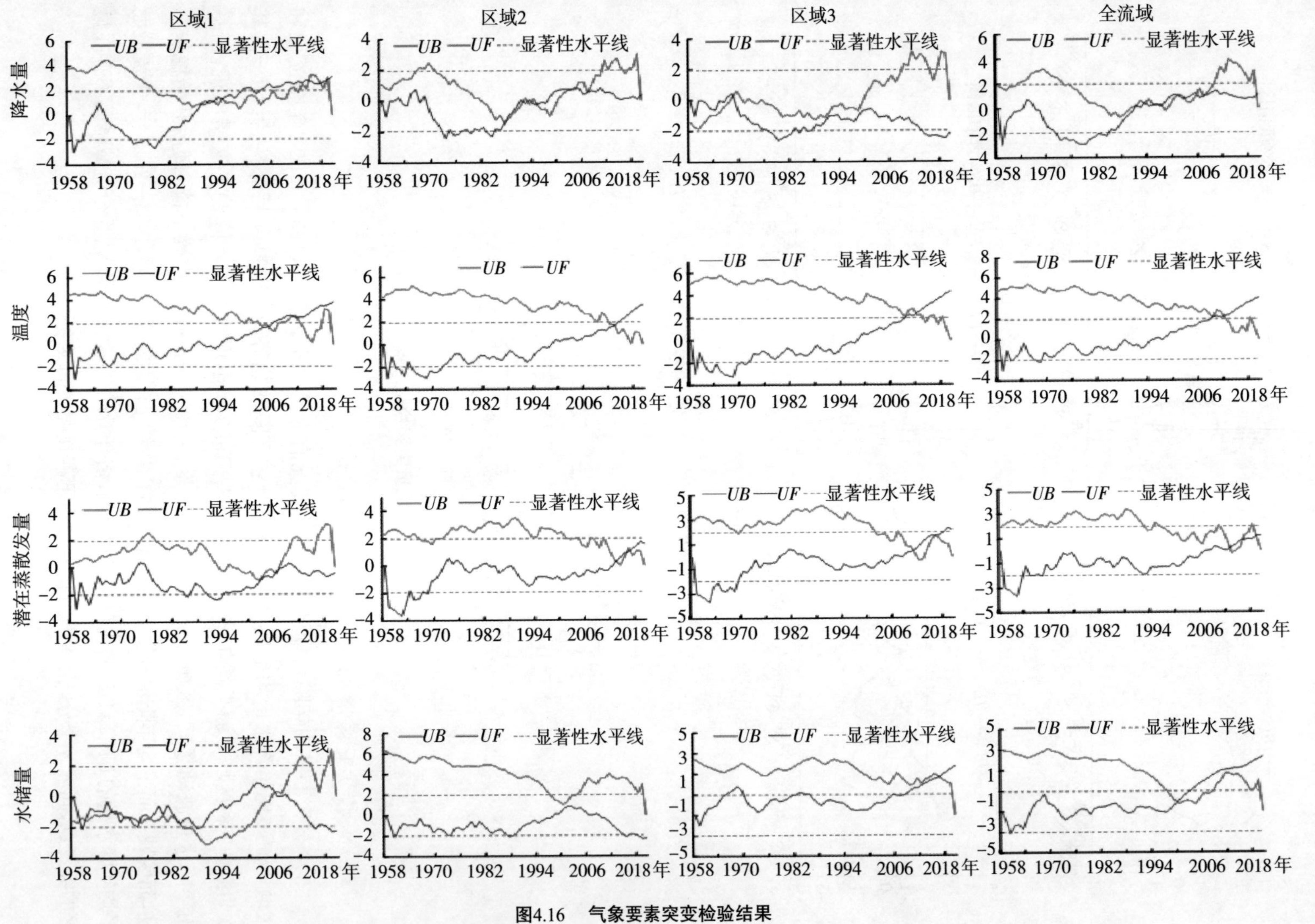

图4.16 气象要素突变检验结果

(2)温度突变情况

由 MK 突变检验结果可知,全流域及 3 个分区的面平均温度变化趋势相似,均呈现出先下降再上升的变化趋势,且在 21 世纪初期,全流域及各分区面平均温度的 UF 曲线全部超过了显著性水平线,表明流域内温度上升趋势更加明显。其中区域 1 面平均温度上升趋势与下降趋势分界点为 1993 年,而全流域、区域 2、区域 3 的面平均温度则在 1998 年以前呈下降趋势,1998 年后转为上升趋势。由 UB 和 UF 曲线相交情况可知,全流域范围内面平均温度存在 2009 年及 2011 年两个突变点,结合滑动 T 检验结果分析,可将 2011 年作为全流域范围内面平均温度年际突变点,此外,区域 1 在 1995 年及 2011 年面平均温度发生突变,综合滑动 T 检验结果,认为区域 1 面平均温度的突变点为 2011 年,而根据滑动 T 检验和 MK 突变检验两者的结果综合分析,区域 2 和区域 3 内的面平均温度不存在显著突变点。

(3)潜在蒸散发量突变情况

由 MK 突变检验结果可知,全流域、区域 2 及区域 3 的面潜在蒸散发量在呈现出先下降再上升的趋势,而区域 1 的面潜在蒸散发量则一直表现出下降趋势。由 UB 和 UF 曲线相交情况可知,全流域范围内 2013 年、2016 年、2019 年三个年份面平均潜在蒸散发量发生了显著突变,结合滑动 T 检验结果,将 2013 年作为全流域面平均蒸发量突变年份;MK 突变检验和滑动 T 检验均表明 2007 年区域 1 面平均潜在蒸散发量发生突变,而综合考虑两种检验方法的结果,区域 2 和区域 3 的面潜在蒸散发量不存在显著的年际突变。

(4)水储量突变情况

由 MK 突变检验结果可知,全流域内的水储量呈现先下降后上升的趋势,区域 1 的水储量整体呈现下降趋势,仅有个别年份水储量表现出上升趋势,而区域 3 的水储量则呈现出上升趋势,特别是在 2006 年以后全流域和区域 3 的水储量 UF 曲线均超过了显著性水平线,表现出明显上涨的趋势。区域 1 水储量的 UB 和 UF 曲线存在多个交点,可能为杂点,故结合滑动 T 检验结果认为区域 1 的水储量不存在显著的年际变化点;此外,综合 MK 突变检验和滑动 T 检验结果也可认为全流域、区域 2、区域 3 水储量没有显著的年际突变点。

(5)流量突变情况

由 MK 突变检验结果可知,雅江水文站和 4 座水库的入库流量年平均值在 1958—1963 年均呈现下降趋势,随后分别经历了 4～5 年的上升期,接下来雅江水文站年平均径流量,锦屏一级水库和官地水库入库流量年平均值均呈现出先下降后上升的趋势,而二滩水库和官地水库入库流量年平均值在 1999—2006 年呈现上升趋势,随后表现出下降趋势。4 座水库流量数据的 UB 和 UF 曲线均存在多个交点,结合滑动 T 检验结果可知,桐子林水库入库流量年平均值在 1995 年发生了显著突变,而其他水库入库流量年平均值及雅江水文站流量不存在明显的突变点。

4.3.2.4 周期性检验

本节首先采用 Morlet 小波函数对 1958—2020 年雅砻江全流域及 3 个分区年尺度降水量、温度、潜在蒸散发量、水储量面均值分别进行小波变换，得到不同气象要素面均值的连续小波谱，如图 4.17 所示。图中黑色粗轮廓表示 95%显著性水平，包围的区域具有显著周期，右侧色带颜色代表变化周期的强度，黄色代表周期强度高，蓝色代表周期强度较弱。

(1)降水量周期性分析

全流域面平均降水量仅在 1988—1998 年存在一个约 1.5 年显著周期，其周期性不明显，这可能与全流域面平均降水计算过程中产生的均化效应有关，而 3 个分区面平均降水量均存在显著的周期，各区间面平均降水量的周期分析统计信息如表 4.17 所示。

表 4.17 面平均降水量周期

区域	全流域	区域 1	区域 2	区域 3
周期长度	1.5 年	1.5 年 1 年 5～7 年	2～3 年 10～14 年	3 年 2 年 2 年
所在时间范围	1988—1998 年	1988—1998 年 1998—2018 年 2008—2018 年	1968—1978 年 1978—1998 年	1968—1978 年 1978—1988 年 2008—2018 年

(2)面平均温度周期性分析

由图 4.17 可知，全流域面平均温度及 3 个分区内的面平均温度的小波连续谱时频结构具有一定的相似性。1965—1975 年全流域面平均温度及 3 个分区面平均温度均存在一个 1～3 年的周期，全流域及各分区周期分析统计信息如表 4.18 所示。

表 4.18 面平均温度周期

区域	全流域	区域 1	区域 2	区域 3
周期长度	1～3 年 5～6 年	1～2 年 4～7 年 2 年	1～3 年	1～3 年 2 年
所在时间范围	1965—1975 年 1965—1975 年	1965—1975 年 1965—1988 年 1985—1988 年	1965—1975 年	1965—1975 年 1988—1998 年

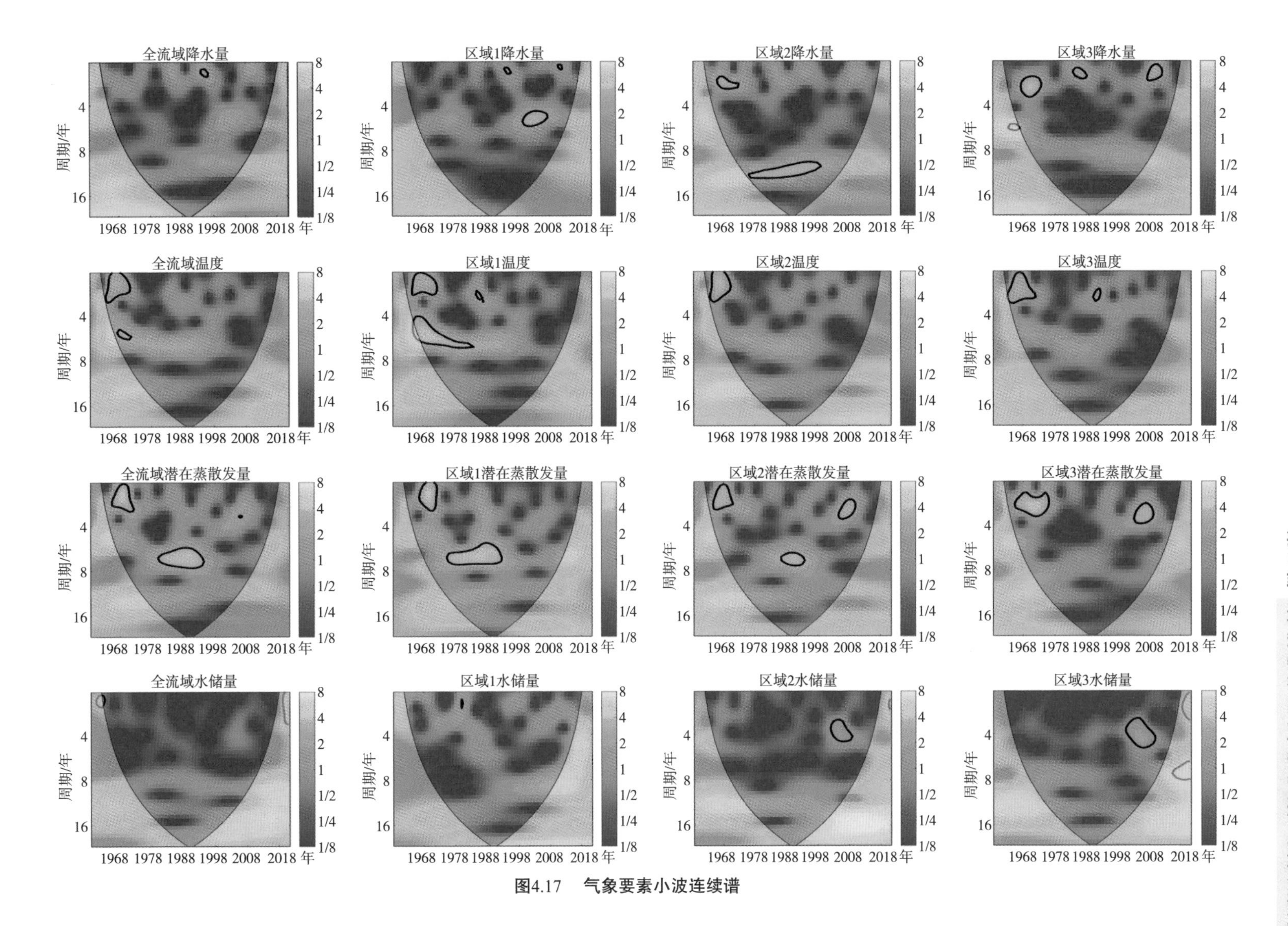

图4.17 气象要素小波连续谱

(3)面平均潜在蒸散发量周期性分析

由图 4.17 可知,全流域及三个分区面平均温度的小波连续谱时频结构具有一定的相似性,1978—1988 年全流域、区域 1、区域 2 面平均温度均存在一个 1～3 年的周期,在 1965—1975 年全流域及各分区均存在显著性周期。全流域及各分区面潜在蒸散发量周期分析统计信息如表 4.19 所示。

表 4.19 面平均潜在蒸散发量周期

区域	全流域	区域 1	区域 2	区域 3
周期长度	1～3 年 6～8 年	1～3 年 6～8 年	1～3 年 7～8 年 3～4 年	2～3 年 3～4 年
所在时间范围	1965—1975 年 1978—1988 年	1965—1975 年 1978—1988 年	1965—1975 年 1978—1988 年 1998—2008 年	1965—1975 年 1998—2008 年

(4)面平均水储量周期分析

由图 4.17 可知,全流域及区域 1 面平均水储量没有显著周期,而 1998—2008 年区域 2 和区域 3 面平均水储量均存在一个 3～5 年的不显著周期,这可能是人类活动与雅砻江流域中下游气候变化的共同作用。全流域及各分区面平均水储量周期分析统计信息如表 4.20 所示。

表 4.20 面平均水储量周期

区域	全流域	区域 1	区域 2	区域 3
周期长度	—	—	3～5 年	3～5 年
所在时间范围	—	—	1998—2008 年	1998—2008 年

随后本节采用相同方式得到 1958—2020 年雅江水文站年平均径流量及 4 座水库年平均入库流量的小波连续谱,如图 4.18 所示,由图可得结论如下。

1)锦屏一级、官地、二滩、桐子林四座水库年平均入库流量呈现出相似的时频特征,1958—1968 年均存在一个约为 2 年的显著周期,而雅江水文站年平均径流量仅存在一个 4～6 年的显著周期(1998—2008 年)。

2)锦屏一级水库年平均入库流量存在三个显著周期,分别是 2 年左右(1958—1968 年),12 年左右(1965—1978 年),2 年左右(1988—1998 年);官地水库年平均径流量存在三个显著周期,分别是 2 年左右(1958—1968 年),14 年左右(1965—1998 年),1～2 年(1988—1998 年);二滩水库年平均入库流量存在三个显著周期,分别是 2 年左右(1958—1968 年),12 年左右(1965—1978 年),10 年左右(1988—1998 年);桐子林水库年平均入库流量存在两个显著周期，分别是2年左右(1958—1968年)，10年左右(1988—1998年)。

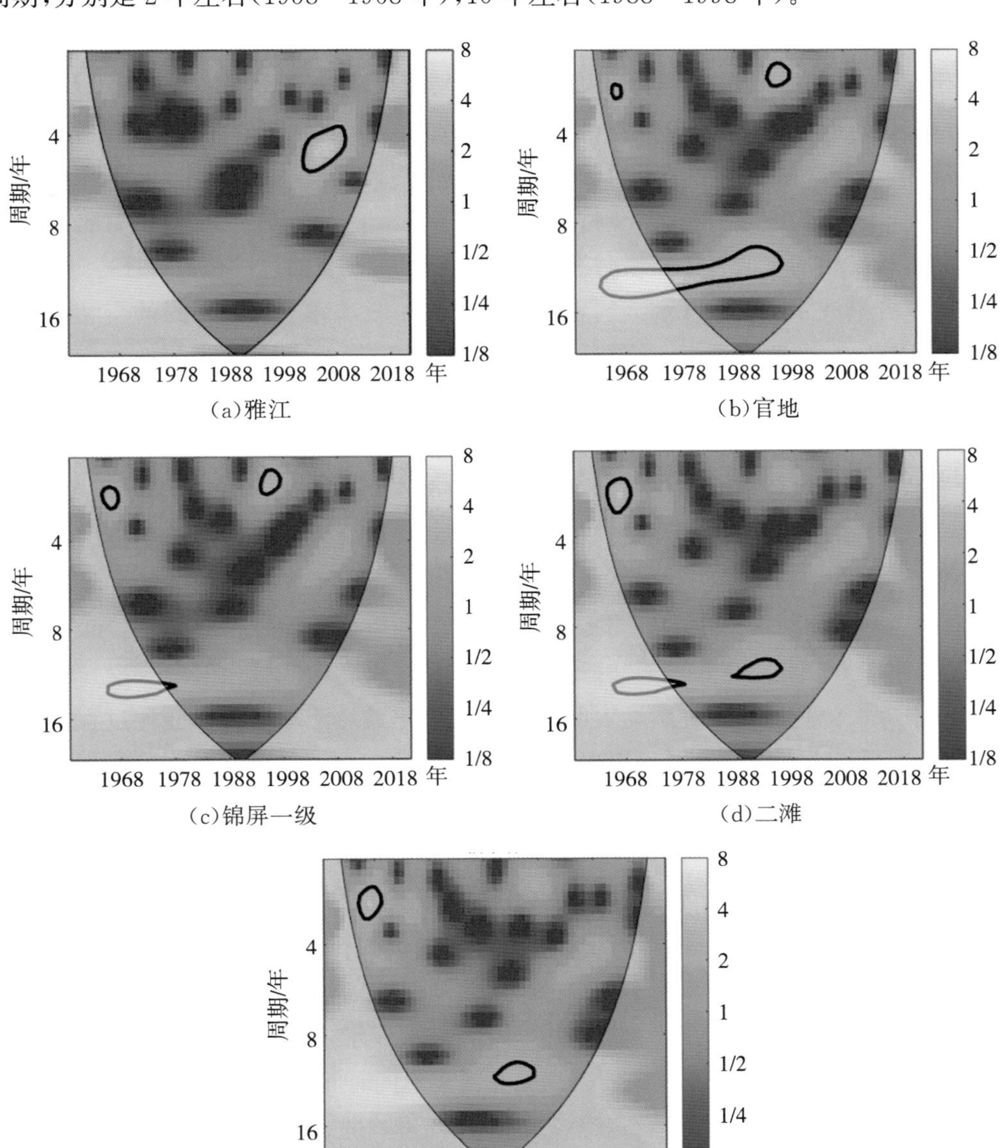

(a)雅江

(b)官地

(c)锦屏一级

(d)二滩

(e)桐子林

图4.18 流量小波连续谱

4.3.2.5 水文气象要素与水库运行相关性分析

由4.3.2节分析结果可知，雅砻江下游梯级水库入库流量和区域水文气象要素演变规律在中长期尺度上存在相关性。大型水库运行调度可在年或季节尺度上影响流域的水文循环，而水库运行水位是水库运行状态的直接体现，为解析雅砻江下游梯级水库运行与所在区域水文气象要素间的相关关系，本节引入2015年后锦屏一级和二滩两座大型水库实际运行水位数据，采用交叉小波分析法定量解析水库运行数据与水文气象要素在不同时间尺度上的细部相关关系。为便于分析，本节首先将水库日尺度运行数据全部转化为月平均数据。此外，由于锦屏一级位于区域 2 与区域 3 的边界，其流量来源于区域 2 内的降水及河道，本节主要分析区域 2 内的水文气象数据于锦屏一级水库运行水位间的相关关系，二滩水库则将区域 3 内的水文气象数据与水库运行水位进行相关性分析。由于不同水文气象要素数据频率分布特征不同，为便于分析，本节将各水文气象要素时间序列转换为一系列分位数，并将其正态化，转换后的水文气象要素时间序列可表现出更显著的线性关系特征。

图 4.19 分别展示了区域 2 水文气象要素与锦屏一级水库运行数据间的交叉小波分析的功率谱（XWT）和凝聚谱（WTC）；图 4.20 展示了区域 3 水文气象要素二滩水库运行数据间的交叉小波分析的功率谱（XWT）和凝聚谱（WTC）。图中箭头代表相位关系，向右箭头表示两时间序列相位一致，具有正相关关系，向左箭头表示两时间序列相位相反，具有负相关关系，向下箭头表示气象要素变化在时间上领先于水库水位变化，两者呈非线性关系，向上箭头表示气象要素变化在时间上滞后于水库水位变化，两者呈非线性关系。由图中数据可知：

1）根据功率谱和凝聚谱中的能量分布情况，2015—2020 年，锦屏一级及二滩水位与各气象要素均存在 1 个月左右的显著共振周期，且在共振周期内流域内气象要素与锦屏一级水位、二滩水库水位间的相位关系均表明水库水位变化滞后于气象要素变化过程。其中水库水位变化过程与降水量变化过程表现出一定的负相关关系，与温度变化过程为非线性关系，与水库水位变化呈现负相关关系，与水储量变化呈正相关关系。

2）官地水位运行过程与区域 3 降水量、温度、潜在蒸散发量时间序列均存在一个较弱的共振周期，为 6 天左右（2016—2017 年），且该共振周期内功率谱高能区与凝聚谱低能区基本吻合。在该共振周期内，气象要素时间序列与水库水位的相关关系与月尺度上有所不同。其中，降水量表现出变化过程领先于水库水位变化过程且与水库水位变化呈负相关关系；温度、潜在蒸散发量变化滞后于水库水位变化过程，与水库水位变化呈非线性关系。由此可知，二滩水库与区域 3 内的水文气象要素相关关系在不同时间尺度上呈现出不同特点，区域 2 内的水文气象要素与二滩水库运行状态表现出相互影响的趋势。

3）锦屏一级水库水位运行过程与区域 2 内的各气象要素时间序列均存在两个较弱的共振周期，分别为 3 天左右（2016—2017 年），3～8 天（2019—2020 年），且功率谱与凝聚谱基本吻合。由气象要素与两座水库水位的位相关系可知，在 2016—2017 年的共振周期内，降水量和水储量变化领先于水库水位变化，而温度和潜在蒸散发变化过程则滞后于水库水位变化，降水量与水库水位变化过程呈负相关关系，潜在蒸散发与水库水位变化过程呈负相关关系，水储量、温度与水库水位变化呈非线性关系。在 2019—2020 年的共振周期内，降水量变化领先于水库水位变化，而其他气象要素变化过程则滞后于水库水位变化，降水量、水储量与水库水位变化过程呈正相关关系，温度与水库水位变化过程呈负相关关系，潜在蒸散发量与水库水位变化呈非线性关系。由此可知，在较短的共振周期内，　锦屏水库运行状态与区域

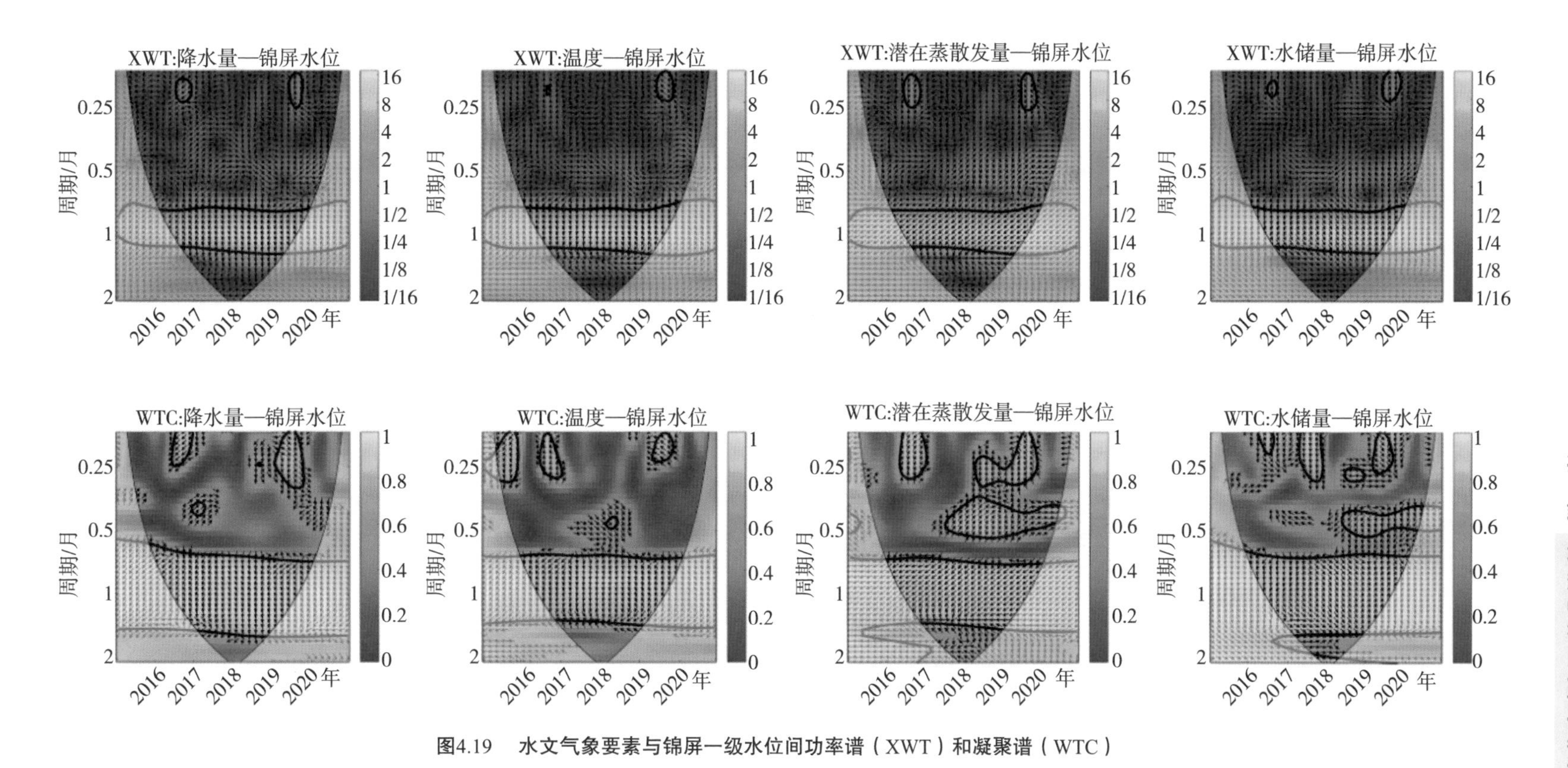

图4.19　水文气象要素与锦屏一级水位间功率谱（XWT）和凝聚谱（WTC）

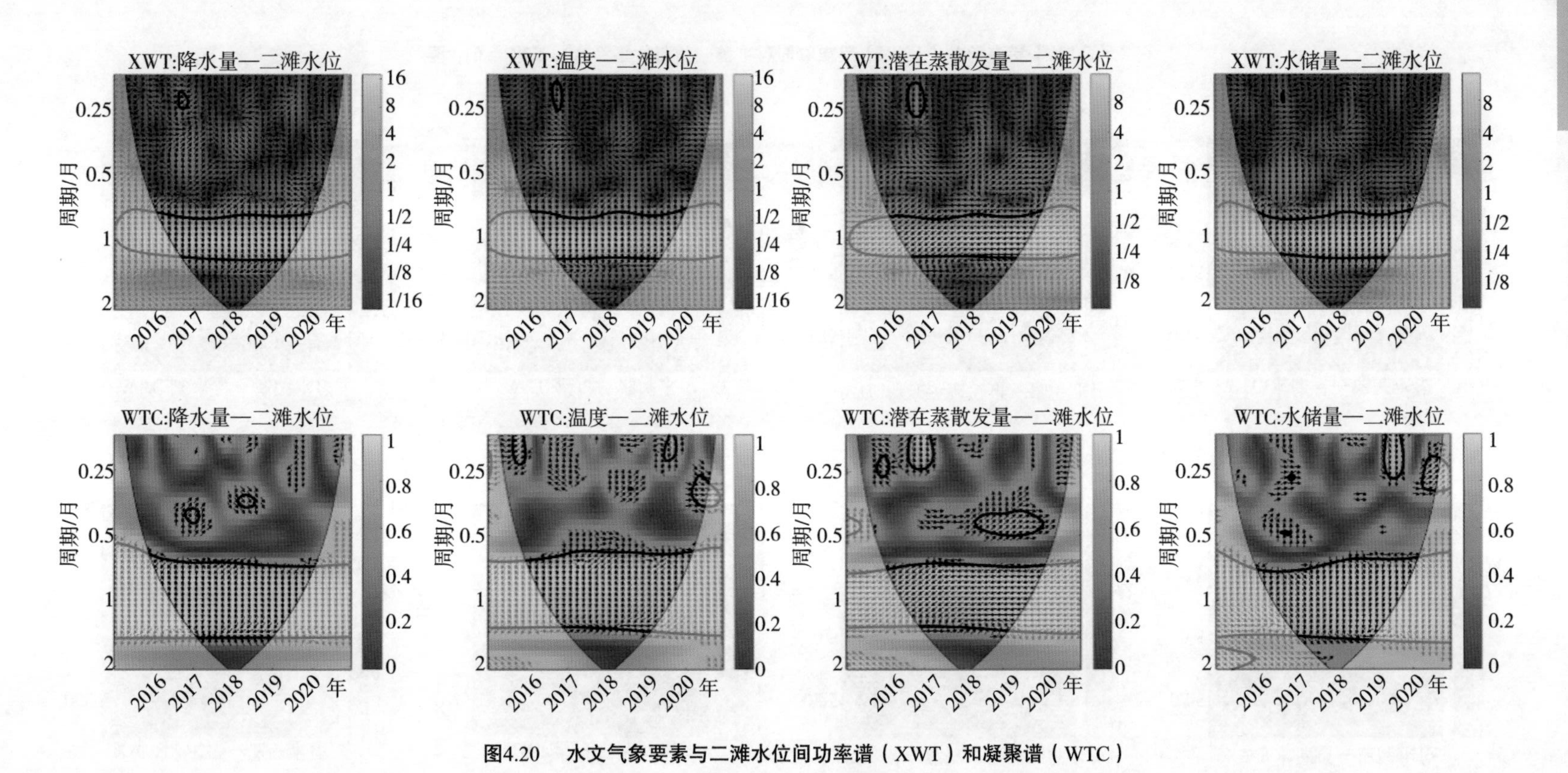

图4.20 水文气象要素与二滩水位间功率谱（XWT）和凝聚谱（WTC）

2内的气象要素变化的相关关系随时间发生了改变，锦屏一级水库于2014年全部投产，在水库运行初期，水库水位变化过程还滞后降水和水储量的变化过程，但随着水库实际运行时间长度的增加，水储量变化过程开始逐步滞后于水库水位变化过程，说明锦屏水库的建成投产不仅在中长期尺度上影响了区域2内水文气象要素的年内年际变化情况，在较短的时间尺度上也可能对区域2内的水文气象要素变化过程存在着潜在影响。

4.4 本章小结

为全面解析变化环境下的流域水文气象要素时空演变规律和特征，研究工作引入MK非参数检验法，R/S 分析法，滑动 T 检验和Morlet小波变换，将雅砻江分别划分为3区间和6区间，全面分析了雅砻江流域各个子区间近50年来的水文气象要素的年季趋势、突变识别和周期特征，还解析了雅砻江下游梯级水库运行与所在区域水文气象要素间的相关关系。结果表明，流域平均气温、平均降水量和区间径流处于一种较为稳定的状态，出现反持续性的概率较小，其中平均气温上升趋势明显，未来趋势持续性较强；各个子区间水文气象要素数据序列均存在不同时刻的突变；全流域各子区间年平均降水量、平均气温、区间径流在时域和频域均存在多尺度显著性周期，在小周期和大周期间不断振荡，时频关系密切。研究成果有助于揭示流域内在气象要素形成的物理机制和内在联系，为非线性径流预报模型驱动因子筛选提供科学依据。

第5章　基于数据驱动的雅砻江流域梯级电站非线性径流预报

流域非线性径流综合预报可为流域水旱灾害防治、水资源高效配置、库群安全稳定运行和科学优化调度提供重要决策支撑。本章围绕雅砻江流域不同时间尺度非线性径流预报中面临的关键科学问题，提出了基于RWPSO算法的单目标区间预报模型和基于NSGA-Ⅲ算法的多目标区间预报模型，同时以气象因子、气候指数和历史径流数据为基础，探究了气—海—陆数据驱动的流域非线性径流预报模型和误差校正方法。研究工作对提升雅砻江流域非线性径流综合预报精度，量化流域径流预报不确定性具有重要意义，可为流域水资源高效管理和经济社会可持续发展提供科学依据。

5.1　流域短期径流区间预报方法研究

在流域传统的确定性区间径流预报研究中，受输入数据误差和模型参数结构等的不确定性影响，径流预报结果与实测值往往存在一定偏差，预报模型的准确性和可靠性较低，这给流域防洪减灾、科学调度和水资源合理配置等工作的开展带来诸多挑战。因此，探寻合适的径流区间预报方法，量化流域区间径流预报的不确定性对实际工程应用和科学合理决策意义重大。洪水概率预报或区间预报是一种既能反映流域未来径流变化过程，又能表征径流不确定性的一种重要的径流预报方式(张海荣，2017)。流域区间预报可以给出不同置信区间下预报变量的上下边界，以此表征径流预报的不确定性。常见的区间预报方法主要包括Bootstrap重抽样法、贝叶斯法和上下边界估计法，目前广泛应用于电力工业、水文气象和自动控制等领域。本节采用Khosravi et al. (2011)提出的LUBE上下边界估计法来对雅砻江流域径流进行区间预报，通过引入区间拟合系数改进了单目标下的LUBE区间预报模型，同时采用NSGA-Ⅲ算法将其扩展至多目标框架下。该LUBE区间预报方法对于数据分布的假设没有要求，同时也避免了其他方法复杂的矩阵数值计算等问题，对雅砻江流域的区间预报具有较强适用性和较高的可靠性。

5.1.1　区间预报评价指标

目前针对区间预报的评价指标体系尚未有统一的规范，常见的区间预报指标包括区间覆盖率、区间宽度指标、区间均方根宽度和区间对称性指标等，以上评价指标均反映了不同层面的区间预报效果。本节介绍了主要的区间预报评价指标定义和具体计算方法，为后续的模型参数优化提供科学依据。

5.1.1.1 区间覆盖率

预报区间覆盖率(Prediction Interval Coverage Probability，PICP)是用于评估区间预报值覆盖程度和可靠程度的关键指标。PICP 值实际反映了实测数据在预报区间中的概率，其范围为 0%～100%；PICP 值越大，表示预报区间对实测值的覆盖程度越高，区间预报越可靠。PICP＝100%表示所有的实测数据序列均落在预报区间，此时为区间预报的最佳状态，表达式如下：

$$c_i = \begin{cases} 1, y_i \in [L_i, U_i] \\ 0, y_i \notin [L_i, U_i] \end{cases} \tag{5.1}$$

$$\text{PICP} = \frac{1}{n}\left(\sum_{i=1}^{n} c_i\right) \times 100\% \tag{5.2}$$

式中：n——实测数据的序列长度；

y_i——第 i 个实测数据；

U_i 和 L_i——第 i 个预报区间的上边界和下边界；

当实测值 y_i 落在预报区间内时 c_i 等于 1，当实测值 y_i 落在预报区间外时 c_i 等于 0；

在进行区间预报时，一般 PICP 值应大于等于给定的置信水平，才能保证较高的区间预报覆盖率。

5.1.1.2 区间宽度指标

从理论上讲，当预报区间较宽，区间覆盖率 PICP 接近甚至可达到 100%，但是过宽的预报区间并不能有效表示预报区间的波动范围，无法反映预报变量趋势变化信息，这样以牺牲区间宽度进而提高覆盖率的方式没有任何意义(李香云，2020)。因此需要用区间宽度指标来限制预报区间宽度，在保证覆盖率的情况下，尽可能地减小预报区间宽度，以达到准确且可靠的预报精度。为此，Khosravi et al. (2011)提出了一种预报区间归一化平均宽度指标(Prediction Interval Normalized Average Width，PINAW)，表达式如下：

$$\text{PINAW} = \frac{1}{nR}\sum_{i=1}^{n}(U_i - L_i) \times 100\% \tag{5.3}$$

式中：R——目标变量的变化范围。

根据预报区间目标变量的变化范围 R，可以将区间宽度指标 PINAW 范围约束在 0%～100%，此时该指标即表示预报区间平均宽度在整个区间范围的比例，区间宽度指标 PINAW 越小，表示预报区间平均宽度越窄，此预报区间的趋势性越明显，对于预报区间的参考价值就更大。

5.1.1.3 区间拟合系数

$$PIFC = 1 - \sum_{i=1}^{n}(y_i - (U_i + L_i)/2)^2 / \sum_{i=1}^{n}(y_i - \overline{y})^2 \tag{5.4}$$

式中：$\overline{y_i}$——水文要素实测平均值，其表达式为 $\overline{y} = \sum_{i=1}^{n} y_i / n$ ；

PIFC——范围为 0%～100%，其值越大，表面区间预报中值与实测值拟合程度越高，区间上下边界对称性越好。

一般情况下，区间覆盖率 PICP 越高，区间宽度指标 PINAW 越小，区间拟合系数 PIFC 越大，意味着区间预报的效果越好。当区间覆盖率 PICP 达到 100%，区间宽度指标 PINAW 接近于 0%，区间拟合系数 PIFC 为 1 时，此时预报区间为较为理想的状态。但是受制于预报中的不确定性因素影响，实际预报中会出现实测值靠近预报区间上下边界的情况，此时仅以区间宽度和覆盖程度来评价预报效果并不全面，无法反映预报值和实测值的拟合程度。因此本章以预报区间中值作为和区间预报的确定性参考值，以此和实测值进行对比。选择预报区间中值作为区间预报的确定性参考，一方面是由于区间预报中值和实测值的拟合程度既可以表征区间预报的对称性又能够反映其拟合精度，另一方面是由于结合置信水平该区间中值也能够量化区间预报的不确定性和预报风险问题。

5.1.1.4 综合评价指标

在实际应用中，区间覆盖率 PICP 和区间宽度指标 PINAW 存在矛盾冲突的情况，为了提高区间覆盖率 PICP，就必须提高区间宽度指标 PINAW，但是区间宽度指标 PINAW 过高，就会降低预报的可靠性和准确度，因此需要采用一种综合评价指标对 PICP 和 PINAW 同时进行衡量。目前常用的综合评价指标为 Khosravi et al.（2011）提出的覆盖率-宽度综合评价函数（Coverage Width-based Criterion，CWC），其表达式如下：

$$CWC = PINAW(1 + \gamma(PICP)e^{-\eta(PICP-\mu)}) \tag{5.5}$$

式中：η 和 μ ——常数，其中 μ 通常可以表示为置信水平，即等于 $(1-\alpha)$ ；

η ——预报区间宽度和覆盖率未达标时的惩罚项，η 值往往较大，通常为 50～100，当区间覆盖率 PICP 达到置信水平时，较大的 η 值可以放大区间宽度的灵敏度。

预报区间覆盖率—宽度综合评价指标 CWC 越小，表示区间预报效果越好。式(5.6)中引入了函数 γ(PICP)，在进行模型参数率定时，γ(PICP)为常数恒为 1，在进行模型检验时，γ(PICP)为阶跃函数，其表达式如下：

$$\gamma(PICP) = \begin{cases} 0, PICP \geq \mu \\ 1, PICP < \mu \end{cases} \tag{5.6}$$

在参数率定阶段 γ(PICP)保持为 1，此时需要权衡区间覆盖率 PICP 和区间宽度指标 PINAW 两个指标在率定期的敏感程度；在检验阶段时 γ(PICP)为阶跃函数，当区间覆盖率 PICP 大于等于 μ 时，即预报区间覆盖率达到置信水平时，此时评价预报区间效果时仅考虑区间宽度指标 PINAW 的表现；当区间覆盖率 PICP 小于 μ 时，即预报区间覆盖率 PICP 未达到置信水平，此时需要综合考虑区间预报效果。

在对流域径流过程进行区间预报时，一方面期望区间覆盖率 PICP 满足置信水平要求，另一方面又要求区间宽度指标 PINAW 尽量小，以满足预报精度要求，二者很难兼顾。在参数率定且 γ(PICP)=1 时，当 PICP$<\mu$，即覆盖率 PICP 达不到期望的置信水平时，由于惩罚项 η 的存在，$e^{-\eta(\mathrm{PICP}-\mu)}$ 值较大，综合评价指标 CWC 随着区间覆盖率 PICP 的增大而减小，此时 CWC 对区间覆盖率 PICP 的敏感程度较大；当 PICP$\geqslant\mu$，即区间覆盖率 PICP 达到期望的置信水平时，$e^{-\eta(\mathrm{PICP}-\mu)}$ 值较小，综合评价指标 CWC 随着区间宽度指标 PINAW 的减小而减小，此时 CWC 对区间宽度指标 PINAW 的敏感程度较大。

上述研究工作中综合评价指标 CWC 仅仅考虑了区间预报的覆盖率和宽度指标，并未涉及实测值和预报区间的拟合程度的指标，因此本章提出了一种考虑预报区间覆盖率、宽度和拟合系数的综合评价指标(Coverage Width Fit Coefficient-based Criterion，CWFC)，表达式如下：

$$\mathrm{CWFC}=\gamma(\mathrm{PICP})e^{-\eta_1(\mathrm{PICP}-\mu)}+\eta_2\mathrm{PINAW}+\eta_3e^{(1-\mathrm{PIFC})} \tag{5.7}$$

式中：PICP、PINAW 和 PIFC——预报区间的覆盖率、宽度指标和拟合系数；

η_1、η_2、η_3 和 μ——常数，定义见 CWC。

本节提出的综合评价指标 CWFC 引入了区拟合系数 PIFC，将区间覆盖率、宽度指标和拟合系数分别乘以惩罚项并相加即可得到综合指标 CWFC。这三项指标之所以相加而非相乘，是由于区间拟合系数 PIFC 与区间覆盖率 PICP、区间宽度指标 PINAW 不存在矛盾冲突的情况，同时也避免了区间宽度指标 PINAW 为 0 的情况。不同于区间覆盖率-宽度指标 CWC，综合评价指标 CWFC 充分考虑了预报区间的覆盖率、区间宽度和拟合系数的影响，当参数率定前期区间覆盖率 PICP 和区间拟合系数 PIFC 达不到预期目标时，由于指数项的影响，CWFC 对式(5.7)的第一项和第三项比较敏感；而当参数率定后期满足设定目标后，式(5.7)中的第一项和第三项此时较小，第二项中的区间宽度指标 PINAW 在参数率定时起主导作用。因此区间覆盖率-宽度-拟合系数指标 CWFC 可以全面评价水文序列区间预报的优劣性，其值越小，表明预报区间的覆盖率越高，区间宽度越小，拟合系数越高，对应预报效果和精度越好，对于区间洪水预报具有较好的适用性和可靠性。

5.1.2 径流区间预报模型

由于综合评价指标 CWC 并不是可微可导的函数，采用 LUBE 上下边界估计法时无法利用神经网络的反向梯度下降法进行参数优化，因此需要将综合评价指标 CWC 作为目标函数，同时采用优化算法对 LUBE 的神经网络参数进行优化，由此本节提出了基于随机权重粒子群算法(Random Weight Particle Swarm Optimization，RWPSO)的单目标参数优化方法和基于非支配排序遗传算法(Non-dominated Sorting Genetic Algorithms Ⅲ，NSGA-Ⅲ)的多目标参数优化方法。

5.1.2.1 LUBE 区间预报方法

基于 ANN 人工神经网络的 LUBE 区间预报方法自提出以来，以其强大非线性映射能力，目前被广泛应用于负荷和径流的区间预报当中，同时相较于其他区间预报方法，该方法原理简单，容易实现，计算效率较高，不受数据奇异性和分布性的影响。LUBE 区间预报法以双输出的 ANN 神经网络作为模型主体，神经网络各层节点与节点之间是复杂的非线性关系，两个输出节点数据作为预报区间的上限和下限。LUBE 法可根据输入数据维数和特点调整网络层数和激活函数，进而提升预报精度和适用性，同时可以得到一定置信水平$(1-\alpha)\%$下的预报区间值。三层 ANN 神经网络输入输出的数学表达式定义如下：

$$[L_i, U_i] = f_1\left(\sum_{j=1}^{N_h}\left(w_{ij} f_2\left(\sum_{k=1}^{N_i} v_{jk} x_k + b_{vj}\right) + b_{wi}\right)\right) \tag{5.8}$$

式中：L_i——输出区间的下边界；

U_i——输出区间的上边界；

x_k——输入层第 k 个节点；

w_{ij}——隐含层节点与输出层节点之间的权重值；

v_{jk}——输入层节点和隐含层节点之间的权重值；

b_{wi}——隐含层节点与输出层节点之间的阈值；

b_{vj}——输入层节点与隐含层节点之间的阈值；

f_1 和 f_2——激活函数；

N_i 和 N_h——输入层节点数和隐含层节点数。

基于 ANN 神经网络的结构特点，图 5.1 给出了基于 LUBE 区间预报的神经网络结构。

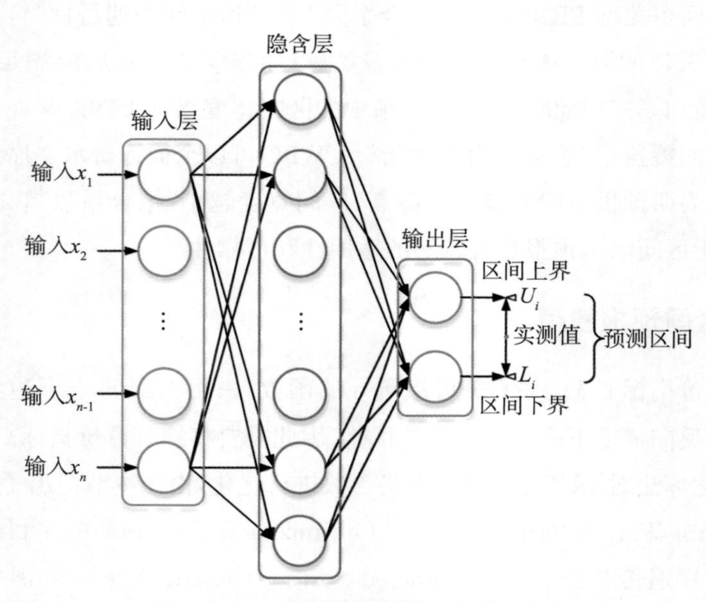

图 5.1 LUBE 区间预测神经网络结构

该网络结构主要由输入层、隐含层和输出层三部分组成，输入数据序列为 $X=[x_1, x_2,\cdots,x_n]^{\mathrm{T}}$，输出层节点数为2，输出两个节点数据作为预报区间的上界和下界，本书将输出值较大的值 U_i 定义为预报区间的上边界，输出值较小的值 L_i 定义为预报区间的下边界。

5.1.2.2 单目标 LUBE 区间预报模型

基于上节提出的区间预报评价指标体系，本节分别以综合评价指标 CWC 和 CWFC 作为目标函数，采用随机权重粒子群算法(RWPSO)对 LUBE 预报模型进行参数优化，以下给出了 RWPSO 算法原理和单目标 LUBE 区间预报模型构建流程。

(1)RWPSO 算法原理

粒子群优化(Particle Swarm Optimization，PSO)算法(Kennedy et al.，1995；Eberhart et al.，1995)最早是由美国社会心理学家 Kenedy 和电气工程师 Eberhart 提出的利用群体思想解决复杂优化问题的全局智能寻优算法，该算法源于对鸟类觅食行为和迁徙过程的模拟。该算法通过观察鸟群在飞行中的方向改变、聚集、散开等行为而产生，后将其推广至算法寻优领域，在个体和个体，个体和群体之间建立信息共享机制，以此来获取整个搜索空间的最优解。类似于遗传算法，粒子群优化算法也是基于群体优化的思想对系统解空间进行迭代寻优，通过调整单个个体的规律来寻找解空间，但是不涉及交叉和变异操作，也不需要进行二进制和十进制的编码转换。相比于遗传算法，粒子群算法更为简单高效、收敛较快且易于实现，在实际应用中的工程表现也较佳，因此该算法自被提出以来起就受到众多学者的关注，目前被广泛应用于参数优化、智能寻优、系统控制等诸多领域。

在利用 PSO 算法对参数进行寻优时，首先在可行解区域内随机初始化一群粒子，每个粒子拥有决定自身飞行速度和当前位置的向量，问题的解即对应于空间中粒子的位置。这些粒子在解空间内根据当前种群的最好粒子的信息进行反复迭代寻优，以此不断更新自身速度和位置，同时也存在一个适应度函数用于评价当前粒子在种群中的优劣性(杨道辉等，2006)。在解空间的每一次迭代中，粒子依靠跟踪两个“极值”来更新速度和位置，其中一个是粒子历史最优位置，为个体极值点，另外一个为种群目前找到的最优解，为全局极值点(刘力等，2007)。每个粒子通过个体极值点和全局极值点不断更新自己的和速度，进而产生新一代的群体。

假设在一个 D 维的搜索空间内，当前种群由 m 个粒子构成，且第 i 个粒子的当前位置可以表示为向量 $\boldsymbol{X}_i=(x_{i1},x_{i2},\cdots,x_{id})$，第 i 个粒子的当前速度可以表示为向量 $\boldsymbol{V}_i=(v_{i1}, v_{i2},\cdots,v_{id})$。在解空间中个体最优位置记为 $\boldsymbol{P}_i=(p_{i1},p_{i2},\cdots,p_{id})$，当前种群搜索到的全局最优位置记为 $\boldsymbol{P}_g=(p_{g1},p_{g2},\cdots,p_{gd})$。则粒子更新公式表示如下(赵志刚等，2014)：

$$\begin{cases} v_{id}^{t+1}=v_{id}^{t}+c_1 r_1(p_{id}-x_{id}^{t})+c_2 r_2(p_{gd}-x_{id}^{t}) \\ x_{id}^{t+1}=x_{id}^{t}+v_{id}^{t+1} \end{cases} \tag{5.9}$$

式中：$i=1,2,\cdots,m$——种群粒子的序号；

$d=1,2,\cdots,D$——目标搜索空间中解的序号；

v_{id}^t——粒子的速度；

x_{id}^t——粒子的位置；

t——当前迭代次数；

c_1 和 c_2——学习因子；

r_1 和 r_2——分布在[0,1]上的随机数；

c_1 和 r_1 共同制约粒子受到自身影响的程度；

c_2 和 r_2 共同制约粒子受到种群影响的程度。

由式(5.9)可知，PSO 算法中粒子速度更新公式主要由三部分组成，其中 v_{id}^t 表示粒子维持原始的速度；$c_1r_1(p_{id}-x_{id}^t)$ 表示粒子对于自身历史经验的倾向性，同时添加一部分扰动避免陷入局部最优；$c_2r_2(p_{gd}-x_{id}^t)$ 表示粒子间的信息共享和相互合作(刘晓黎，2008)，这三部分使得粒子群朝着全局最优的方向靠近。

虽然 PSO 算法在参数寻优中具有较好的表现，但是 Kenedy 和 Eberhart 所提出的速度迭代公式会使 PSO 算法中的解易陷入局部最优，同时存在着收敛速度较慢、鲁棒性较差等缺点。为此，Shi et al.(1998)对速度方程进行了改进，通过引入惯性权重来增强算法的全局搜索和局部搜索的能力，如式(5.10)所示。实验证明，较大的惯性权重有利于算法跳出局部极小点，而较小的惯性权重有利于算法进行收敛(李爱国等，2002)，众多学者针对惯性权重均提出来不同的改进策略。

$$v_{id}^{t+1}=\omega v_{id}^t+c_1r_1(p_{id}-x_{id}^t)+c_2r_2(p_{gd}-x_{id}^t) \tag{5.10}$$

式中：ω ——惯性权重。

惯性权重反映了粒子的历史速度对当前速度的敏感程度，对于粒子群算法的收敛性影响较大。为此众多研究学者对其进行了改进优化，其中包括线性递减权重法、自适应权重、随机权重法等等。本书利用随机权重优化粒子群算法，同时引入遗传算法中的变异思想，提出了一种改进的随机权重粒子群优化算法(RWPSO)，以改善参数寻优过程的局部现象。将 PSO 算法中的惯性权重设置为服从某种随机分布的随机数，能从一定程度改进算法迭代过程中收敛性不足的缺陷。首先，如果在 PSO 算法进化初期种群粒子接近最优解，随机权重 ω 可能产生相对小的值，进而促使种群接近最优值；另外，如果在 PSO 算法初期找不到最优解，甚至陷入局部最优时，随机权重 ω 会不断尝试跳出局部最优，使种群粒子尽快收敛到最优解附近。具体的随机权重 ω 计算公式如下：

$$\begin{cases}\omega=\mu+\sigma\times N(0,1)\\ \mu=\mu_{\min}+(\mu_{\max}-\mu_{\min})\times \mathrm{rand}(0,1)\end{cases} \tag{5.11}$$

式中：μ ——随机权重的平均值；

σ ——随机权重的方差；

$N(0,1)$ ——服从标准正态分布的随机数；

rand(0,1)——分布在 0 到 1 之间的随机数；

μ_{max} 和 μ_{min} ——随机权重的平均值的最大值和最小值。

(2)基于 RWPSO 算法的单目标区间预报模型

本节提出了一种基于随机权重粒子群算法的区间预报模型，以综合评价指标作为目标函数，采用随机权重粒子群算法对 LUBE 的参数进行迭代寻优，该算法目标函数和约束条件如下，为证明本书所提目标函数的优越性，本书将改进前和改进后的综合评价指标进行对比分析，该目标函数和约束条件如下所示：

$$\begin{cases} \min f(w,b)=\gamma(\text{PICP})\text{e}^{-\eta_1(\text{PICP}-\mu)})+\eta_2\text{PINAW}+\eta_3\text{e}^{(1-\text{PIFC})} \\ \text{或 PINAW}(1+\gamma(\text{PICP})\text{e}^{-\eta(\text{PICP}-\mu)}) \\ \text{s.t.}\quad w\in[w_{max},w_{min}],b\in[b_{max},b_{min}] \end{cases} \tag{5.12}$$

综上所述，基于 RWPSO 算法的 LUBE 参数优化流程如下。

步骤 1：数据准备。将样本数据划分为训练集和检验集并归一化。

步骤 2：设定模型参数。给定粒子位置 x_{max} 和 x_{min}，速度 v_{max} 和 v_{min}，设定学习因子 c_1 和 c_2、最大进化次数 n、种群粒子数 m、自变量个数 d、随机权重平均值的最大值 μ_{max} 和最小值 μ_{min}、随机权重方差 δ 。

步骤 3：初始化种群粒子。在定义空间 R^n 内随机产生 m 个粒子，并根据位置和速度约束范围，随机产生种群粒子的位置 $X(t)=(x_{1d},x_{2d},\cdots,x_{md})$ 和速度 $V(t)=(v_{1d},v_{2d},\cdots,v_{md})$。

步骤 4：计算粒子的适应度指标 fitness。比较粒子的适应度 fitness(i)和自身个体极值点 $p_{best}(i)$。若 fitness(i)$>p_{best}(i)$，则用 fitness(i)替换掉 $p_{best}(i)$；用每个粒子的适应度 fitness(i)和全局极值点 $g_{best}(i)$进行比较，若 fitness(i)$>g_{best}(i)$，则用 fitness(i)替换掉 $g_{best}(i)$。

步骤 5：计算随机权重的均值 μ 和惯性权重 ω 。根据式(5.10)更新粒子的速度和位置，并产生新的种群 $X(t+1)$，同时约束新种群的位置和速度边界。

步骤 6：增加变异点。随机产生 0 到 1 的数字 rand，若 rand>0.9，则随机改变种群中某个个体的位置 xmd。

步骤 7：检查终止条件。若满足迭代次数或精度要求，则退出循环，否则继续执行步骤 4 至步骤 7，直至达到最大迭代次数。

基于 RWPSO 算法的 LUBE 区间预测模型的流程示意图如图 5.2 所示。

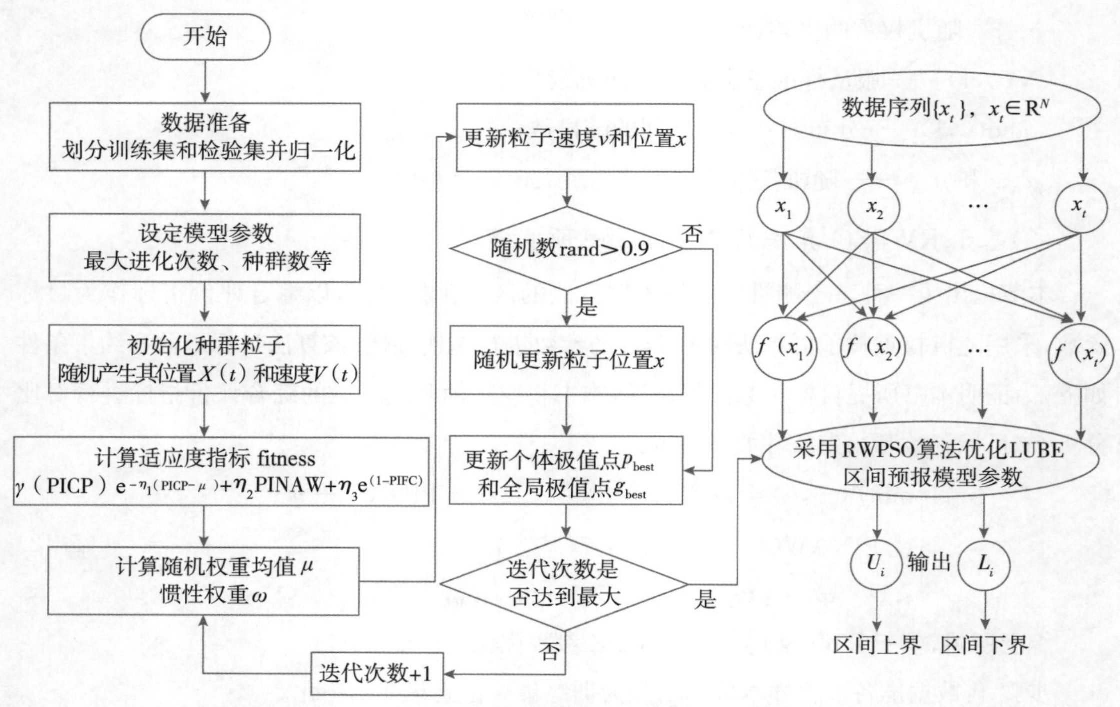

图 5.2　基于 RWPSO 算法的 LUBE 区间预测流程

5.1.2.3　多目标 LUBE 区间预报模型

传统的单目标区间预报模型的精度和可靠度较低，且优化算法易陷入局部最优，单一的优化参数和预报结果会使决策者可选择性降低。为此，本书将单目标 LUBE 区间预报方法拓展至多目标领域，将区间覆盖率 PICP、区间宽度指标 PINAW 和区间拟合系数 PIFC 三种指标作为优化目标，通过引入 NSGA-Ⅲ算法对模型参数进行优化，进而得到多目标情形下的 Pareto 最优解集。以下给出了 NSGA-Ⅲ算法原理和多目标 LUBE 区间预报模型构建流程。

(1)NSGA-Ⅲ算法原理

遗传算法(Genetic Algorithm，GA)(Holland，1992)是由美国 Michigan 大学的 Holland 教授在 1975 年所提出的一种模拟生物界自然选择和遗传机制的随机搜索算法(马永杰等，2012)。该算法由达尔文生物进化论演变而来，通过模拟基因染色体的选择、交叉、变异过程，实现种群更新和个体寻优，具有较好的全局搜索能力，支持并行运算，鲁棒性较强等优点，但是仍存在收敛性不足，局部搜索能力较差，无法解决多目标寻优问题。为此，Srinivas et al.(1994)提出了一种基于 Pareto 最优概念的非支配排序遗传算法(Non-dominated Sorting Genetic Algorithms，NSGA)。后来 Deb et al.(2000)对原始的 NSGA 算法进行改进，提出了一种改进型非劣分层遗传算法(Non-dominated Sorting Genetic Algorithms Ⅱ，NSGA-Ⅱ)。NSGA-Ⅱ算法的核心是通过非支配排序方式来对个体进行分析，通过共享函数来维持种群多样性，相较于 NSGA 算法，整体的计算复杂度有所降低。针对三个及以上高维复杂多目标优化问题，NSGA-Ⅱ算法依靠拥挤度选择个体的方式使各个解的互不支配概率增加，易于陷入局部最优。Deb et al.（2013）在 NSGA-Ⅱ的基础上提出了基于参考点的非支配排序遗传算法（Non-dominated Sorting Genetic Algorithms Ⅲ，NSGA-Ⅲ）。NSGA-Ⅲ算法主体框架与 NSGA-Ⅱ算法类似，最大的区别在于 NSGA-Ⅲ算法采用基于参考点的个体选择策略，该方法能够较大程度保持种群多样性，较好地解决了算法收敛性降低的问题，适用于高维目标的复杂优化问题。本节主要对 NSGA-Ⅲ算法中的主要概念和基于参考点的个体选择策略进行介绍，关于遗传算法中的交叉、变异原理步骤不再赘述。

1)Pareto 支配关系和等级。

在最小化多目标优化问题中，$\min f(x)=\{f_1(x),f_2(x),\cdots,f_M(x)\}$为 M 维目标函数构成的解向量，任选两个决策变量 X_α 、X_β ，若满足：

A. $\forall i\in\{1,2,\cdots,M\}$，均满足 $f_i(X_\alpha)\leqslant f_i(X_\beta)$；

B. $\exists i\in\{1,2,\cdots,M\}$，使得 $f_i(X_\alpha)<f_i(X_\beta)$。

满足以上两个条件，则称 X_α 支配 X_β ，X_α 为非支配的或非劣的，X_β 为被支配的。若对于 $\forall i\in\{1,2,\cdots,M\}$，不存在其他的决策变量支配它自身，则该决策变量为非劣解或非支配解，非劣解集的 Pareto 等级为 1，将非劣解从原始解集去除后，剩余集合的非劣解集 Pareto 等级为 2，通过此方法可推求非劣解集中所有的 Pareto 等级。

2)快速非支配排序。

快速非支配排序是通过 Pareto 层级来对种群进行排序，其主要思想是将种群划分为不同层级，层级大的种群被层级小的种群所支配，层级小的种群在子代选择时会被优先考虑，这种方式可以将优势个体不断延续，直到得到所有 Pareto 等级为 1 的非劣解集。首先随机初始化大小为 N 的种群，经过 t 次迭代后，父代种群 P_t 经过交叉、变异过程后得到子代种群 Q_t，然后将其二者合并成大小为 $2N$ 种群 $R_t=P_t\cup Q_t$。在进行快速非支配排序时，将 R_t 划分为 F_1、F_2 和 F_3 等若干非支配层。从 F_1 开始，依次将其对应的非支配层上的个体进行合并，直至组成大小为 N 的新种群 S_t，即 $S_t=F_1\cup F_2\cdots\cup F_l$，且满足$|S_t|\geqslant N$。此时 F_l 为可接受非支配层的尾部，也被称为临界层，临界层之后的非支配层和个体将被舍弃。当种群 S_t 的大小为 N 时，则进入下一轮迭代过程，此时新的父代种群 P_{t+1} 即为 S_t。当种群 S_t 的大小大于 N 时，需将前 $l-1$ 个非支配层归为 P_{t+1}，即此时 $P_{t+1}=F_1\cup F_2\cdots\cup F_{l-1}$，剩余的个体从 F_l 选取，直至种群 P_{t+1} 的大小为 N。NSGA-Ⅲ算法种群更新思路如图 5.3 所示，快速非支配排序主要步骤如下。

步骤 1：在快速非支配排序中，首先需要确定两个参数：第一个是统计种群中支配个体 p 的个体数量 n_p，第二个是用于存储被个体 p 所支配的个体解集 S_p。

步骤 2：初始化解集 S_p 为空集，$n_p=0$。遍历种群个体，当遍历到个体 p 时，比较个体 p 和个体 q，若 p 支配 q，则将 p 归入 S_p；若 q 优于 p，则 $n_p=n_p+1$；若 $n_p=0$，表示没有个体 q 支配 p，则将 p 归入 F_1。

步骤 3:对于 F_1 中的个体 p,遍历 S_p 中的所有个体 q,将每个个体 q 对应的 n_q 减 1,若 $n_q=0$,则将 q 归入 F_2。然后对 F_2 个体重复上述操作,将 $n_q=0$ 的个体放到 F_3,直至完成所有排序。

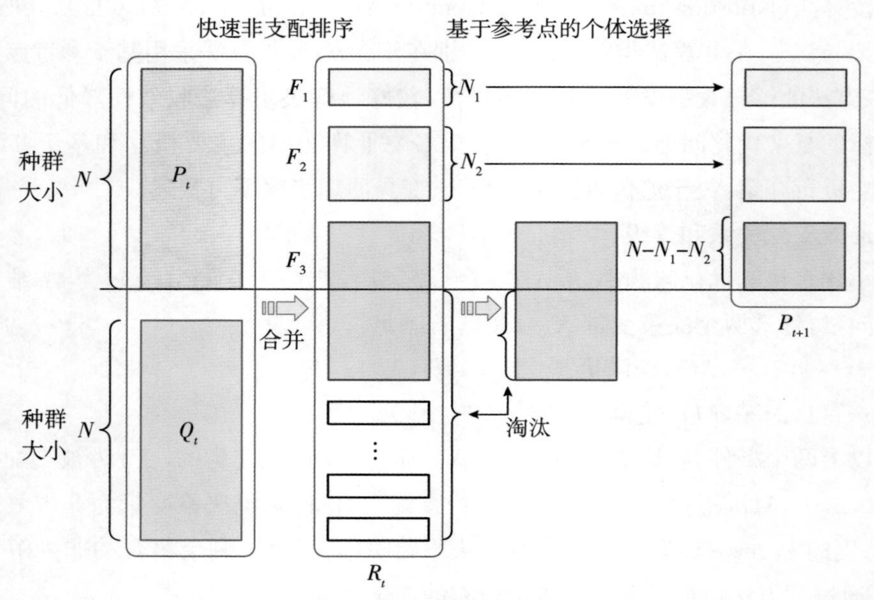

图 5.3 NSGA-Ⅲ算法种群更新思路

3)基于参考点的个体选择策略。

A. 种群自适应归一化。

归一化的目的是消除不同目标取值范围和量纲的影响,不对种群进行归一化处理会导致目标间差距过大,影响目标与参考点关系评估,因此有必要对种群进行自适应归一化处理,计算步骤如下。

首先根据每一维的目标最小值 $z_i^{\min}(i=1,2,\cdots,N)$来确定种群 S_t 的理想点。设定种群 P 的理想点集为 $\bar{z}=(z_1^{\min},z_2^{\min},\cdots,z_N^{\min})$,将理想点设置为原点,令每一维下的目标值 $f_i(x)$ 减去对应的理想点,如下所示:

$$f'_i(x)=f_i(x)-z_i^{\min},i=1,2,\cdots,M \tag{5.13}$$

式中:$f_i(x)$—— 个体 x 的第 i 个目标值;

$f'_i(x)$—— 平移后个体 x 的第 i 个目标值。

然后通过成就标量化(Achievement Scalarizing Function,ASF)函数计算每个目标维度下的极值点,即距离每个坐标轴最近的点。ASF 函数计算得到的 M 个极值点构成了 M 维的超平面,计算公式如下:

$$\text{ASF}(x,z,w)=\max_{i=1}^{M}\left(\frac{f_i(x)-z_i^{\min}}{w_i}\right) \tag{5.14}$$

式中：w——第 i 个目标所在坐标轴的方向，即固定某一维度的权重 $w_i=1$，其余维度权重取 10^{-6}。

计算 M 个极值点构成的超平面和坐标轴的截距 a_i。对于三目标优化问题，超平面的构建和截距的计算如图 5.4 所示。得到各坐标轴下的截距后，按照式(5.15)对种群进行归一化处理。

$$f_i^n(x)=\frac{f_i(x)-z_i^{\min}}{a_i-z_i^{\min}} \tag{5.15}$$

式中：a_i 表示每一维坐标与超平面的截距；截距点构成的超平面满足 $\sum_{i=1}^{M} f_i^n=1$。

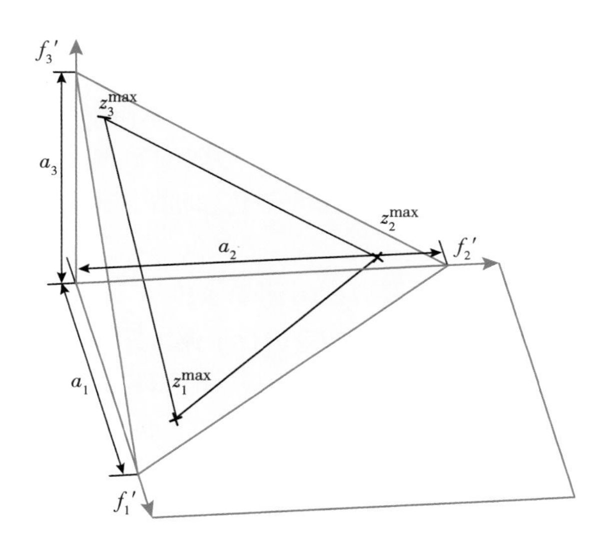

图 5.4　NSGA-Ⅲ种群自适应归一化示意图

B. 结构化参考点。

NSGA-Ⅲ算法通过设定的参考点来对个体进行选择，同时可以保证非支配解的多样性。一般情况下，参考点可以通过预定义的结构化方式生成，也可以根据使用者的偏好信息自行设定。本书参考 Deb et al.(2013)的参考点设置方式来确定归一化超平面的参考点集。在 $M-1$ 维的超平面上，M 为目标个数，P 为目标等分数，则参考点的数量 H 可以由下式计算得到：

$$H=\binom{M+P-1}{P} \tag{5.16}$$

通常情况下参考点数量 H 约等于种群数目 N，均匀分布的参考点可以避免种群优化过程过度集中问题的产生。当优化目标数为 3 时，将每个目标划分为 4 等份，则可在二维超平面可产生 15 个参考点，如图 5.5 所示。

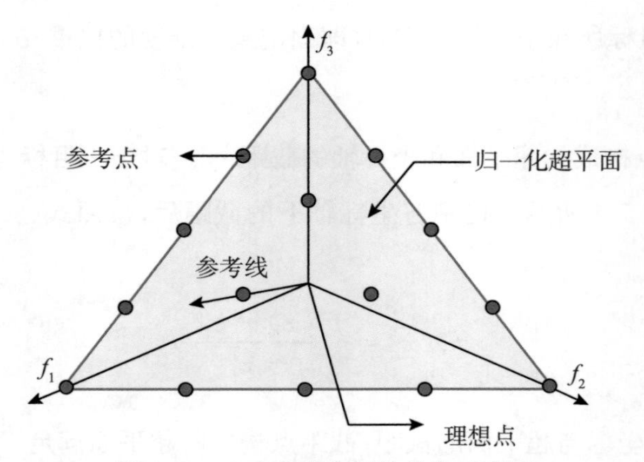

图 5.5　15 个参考点时的分布示意图

C. 个体关联和保留操作。

在完成超平面构建和参考点设置后，需要进行个体关联操作，将超平面的参考点与原点相连，构造参考点向量，如图 5.6 所示。计算每个种群个体到参考点的垂直距离，找到每个个体距离参考点向量最近的参考点，并记录参考点信息和距离最近信息，将种群个体和参考点相互关联。

将参考点和种群个体进行相互关联后，每个种群个体均会关联一定数量的参考点，设参考点 j 关联的个体数量为 p_j。在对临界层 F_l 进行个体选择时，需寻找 p_j 最小的参考点，同时按照 p_j 从小到大的顺序加入新种群 S_t。当 $p_j=0$ 时，将距离参考点 j 最短的种群个体加入新种群 S_t；当 $p_j\geqslant 0$ 时，在临界层中随机选取一个关联到参考点 j 的种群个体加入新种群 S_t。

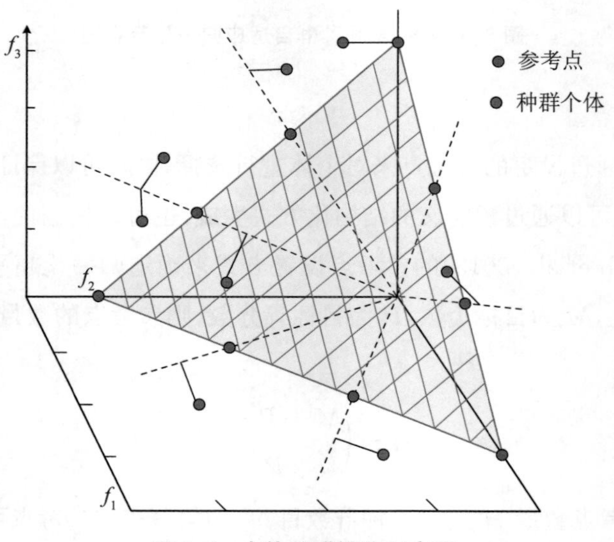

图 5.6　个体关联操作示意图

(2)基于NSGA-Ⅲ算法的多目标区间预报模型(图5.7)

综上所述,基于NSGA-Ⅲ算法的多目标区间预报模型基本步骤如下。

步骤1:数据准备。将样本数据划分为训练集和检验集并归一化。

步骤2:设定算法参数和模型结构。包括种群规模、迭代次数、交叉率、变异率、优化目标数、优化参数上下边界,并在决策者的变量约束条件下初始化种群 P_t。

步骤3:根据优化目标、种群规模和目标分段数,在超平面内构造均匀分布的参考点。

步骤4:计算当前父代种群 P_t 所有个体对应的适应度。

步骤5:父代种群 P_t 通过交叉变异操作产生子代种群 Q_t,并计算子代种群 Q_t 所有个体的适应度值。

步骤6:合并父子种群形成新的种群 $R_t = P_t \cup Q_t$,然后对 R_t 进行快速非支配排序操作,最终形成 $F_1, F_2, \cdots, F_l$ 等若干非支配层。

步骤7:基于参考点的选择策略选择最优的 N 个体进入下一代种群。

步骤8:判断是否达到迭代次数终止条件,若达到最大迭代次数则结束整个流程,若未达到,则重复步骤5至步骤8。

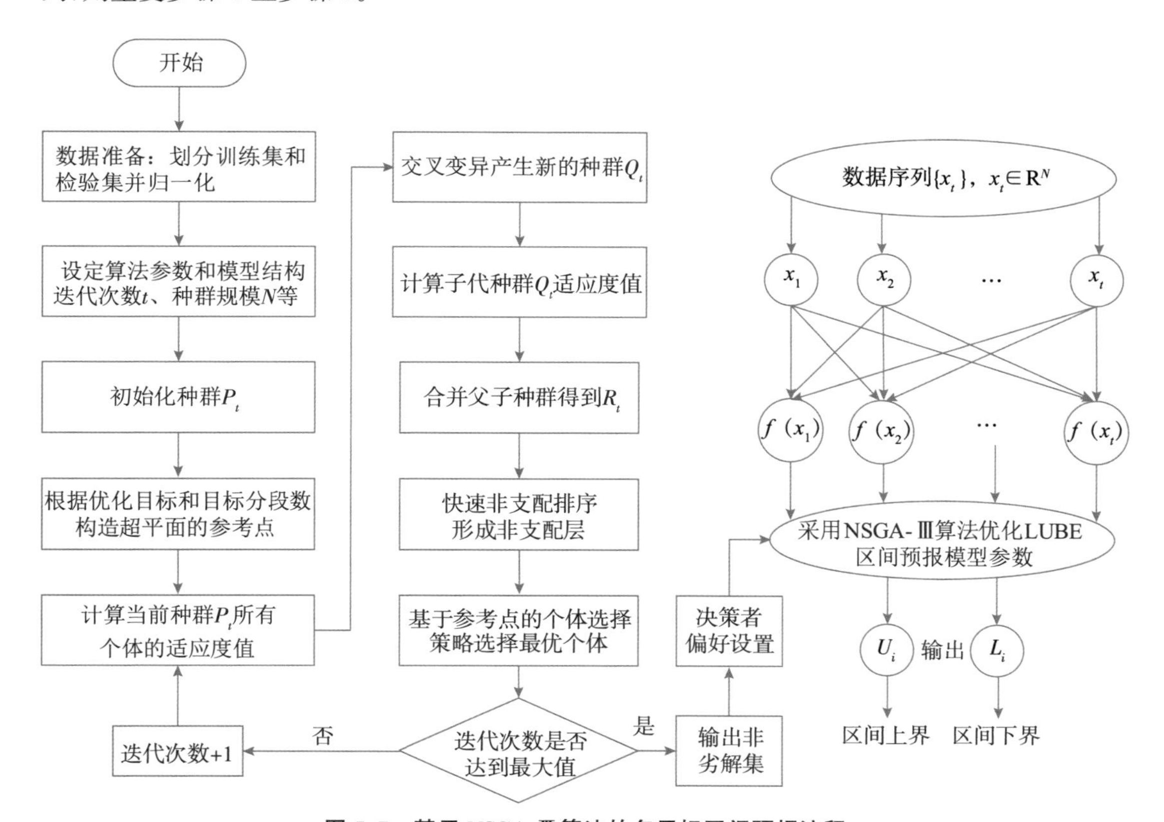

图5.7 基于NSGA-Ⅲ算法的多目标区间预报流程

5.1.3 实例验证及结果分析

根据上节所提出的基于 RWPSO 算法的单目标区间预报模型和基于 NSGA-Ⅲ算法的多目标区间预报模型，本节以雅砻江流域桐子林、二滩、官地和锦屏一级四个水电站的日尺度入库径流数据作为研究对象，对每个电站的入库流量过程进行区间预报，以验证本章所提区间预报模型的合理性和适用性。

5.1.3.1 模型输入因子确定

基于第 4 章所提出的 Pearson 初筛和随机森林降维的预报因子筛选体系，本章对桐子林、二滩、官地和锦屏一级 4 个电站 2015—2020 年日尺度历史入库流量数据进行了因子筛选并降维，将历史同期流量（YEAR-1*Q*）和历史径流数据（*T*-1*Q*～*T*-50*Q*）共计 51 个预报因子作为初筛对象进行相关性分析，得到的 4 个电站预报因子和 LUBE 区间预报模型的网络结构如表 5.1 所示。

表 5.1 各电站预报因子和网络结构

电站名	预报因子	LUBE 网络结构
桐子林	*T*-1*Q*、*T*-2*Q*、YEAR-1*Q*、*T*-3*Q*、*T*-4*Q*、*T*-5*Q*	6,3,2
二滩	*T*-1*Q*、*T*-2*Q*、*T*-3*Q*、YEAR-1*Q*、*T*-5*Q*	5,4,2
官地	*T*-1*Q*、*T*-2*Q*、*T*-3*Q*、YEAR-1*Q*、*T*-13*Q*	5,4,2
锦屏一级	*T*-1*Q*、*T*-2*Q*、*T*-3*Q*、*T*-26*Q*、*T*-25*Q*、*T*-28*Q*	6,3,2

5.1.3.2 单目标预报结果分析

（1）模型参数设置

RWPSO 算法参数设置参考龚纯等（2009）的研究成果。其中算法中的迭代次数 t 的值范围为 100～200、粒子数 m 设置为 40～60、学习因子 c_1 和 c_2 值设置为 2、随机权重平均值的最大值 $\mu_{\max}$ 和最小值 $\mu_{\min}$ 设置为 0.8 和 0.5、方差 σ 的值设置为 0.2。研究工作中设置的预报区间置信水平分别为 90%、85%和 80%。当目标函数为 CWC 时对应的 η 值为 80；当目标函数为 CWFC 时对应的参数 η_1、η_2 和 η_3 分别设置为 50、50 和 50。在参数设置过程中，当率定后期覆盖率 PICP 和区间拟合程度 PIFC 较高时可以适当增大 η_2 的值，以增强区间宽度指标 PINAW 的敏感程度。

目标函数 CWC 和 CWFC 随着 RWPSO 算法迭代的寻优过程如图 5.8 所示。由图可知，随着算法的不断迭代，率定前期目标函数值迅速下降，到率定中期后下降速度明显放缓，率定后期基本保持不变，此时算法找到了全局最优个体。率定过程也验证了 RWPSO 算法在单目标区间预报模型参数率定方面的优越性。

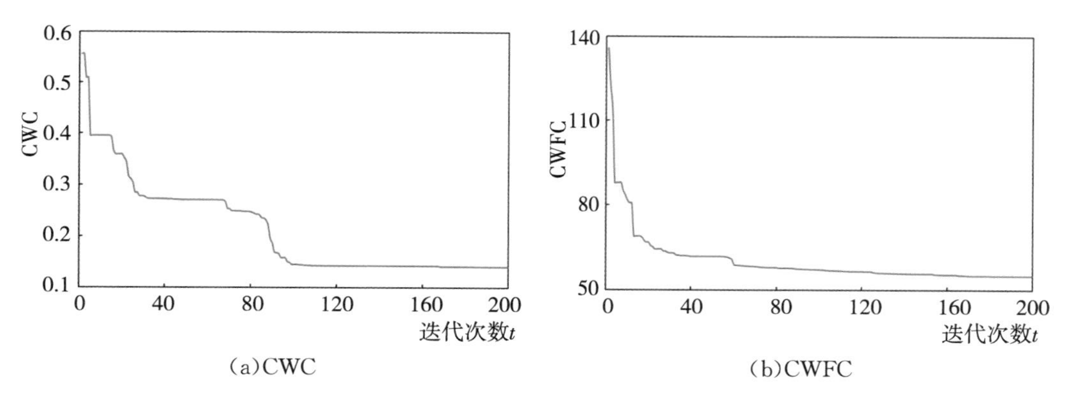

(a)CWC (b)CWFC

图5.8 单目标区间预报目标函数变化过程

(2)单目标预报结果分析

根据设定的模型参数和预报因子,分别以综合评价指标CWC和CWFC作为RWPSO算法的目标函数,对比分析了桐子林、二滩、官地和锦屏一级四个电站的入库流量区间预报效果,同时给出了不同置信水平下的区间预报指标。

本节以桐子林电站2017—2019年日尺度入库流量作为率定期,2020年日尺度入库流量作为检验期,通过PICP、PINAW和PIFC三种指标评价检验期区间预报的覆盖率、宽度指标和拟合精度。不同目标函数不同置信水平下对应的区间预报指标如表5.2和图5.9所示,表中加粗数据为该置信水平下的指标最优值。从表5.2可以看出,目标函数为CWFC时的区间预报效果要优于目标函数为CWC时,这种优势在区间拟合系数PIFC的表现上较为明显。虽然在90%置信水平下CWC对应的拟合系数PIFC更高,但是其区间覆盖率PICP要小于目标函数为CWFC时。其他置信水平下CWFC对应的拟合系数PIFC远大于CWC对应的拟合系数,且随着区间覆盖率PICP的提高,对应的区间宽度PINAW就越大,符合二者相互冲突矛盾的特点。

表5.2 桐子林检验期区间预报指标

目标函数	置信水平	PICP/%	PINAW/%	PIFC
CWC	90%	90.16	**13.92**	**0.85**
	85%	**86.34**	12.04	0.73
	80%	75.96	9.37	0.79
CWFC	90%	**93.44**	14.30	0.81
	85%	84.43	**8.60**	**0.85**
	80%	**83.88**	**7.91**	**0.90**

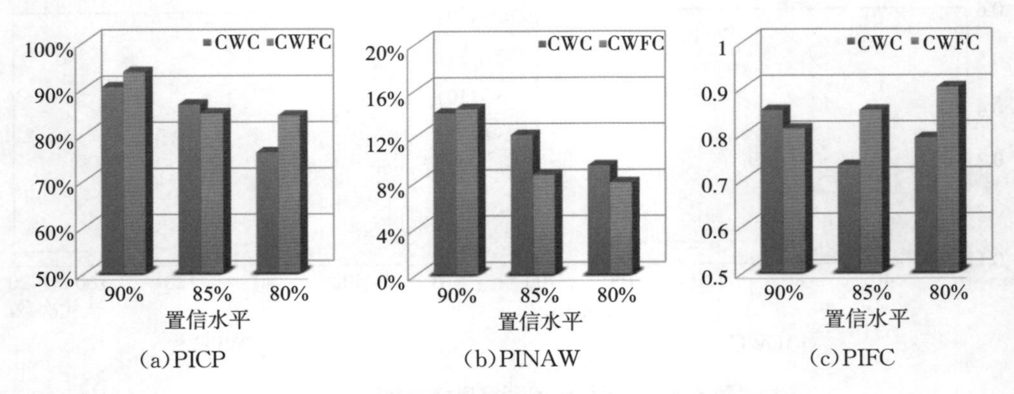

图 5.9　桐子林检验期区间预报指标柱状图

在对二滩电站日尺度入库径流区间预报模型进行参数率定时，本节将 2016—2019 年数据序列作为率定期，2020 年数据序列作为检验期。不同目标函数不同置信水平下对应的区间预报指标如表 5.3 和图 5.10 所示，表中加粗数据为该置信水平下的指标最优值。从表 5.3 可以看出，目标函数为 CWFC 时的区间预报效果要明显优于目标函数为 CWC 时，这种优势在三个指标上的表现均较为显著。无论是在区间宽度指标 PINAW 还是在区间拟合系数 PIFC，目标函数为 CWFC 时均有较好的表现，且不同置信水平下的区间拟合系数 PIFC 均大于 0.9，再次证明了该目标函数在区间预报精度提升方面的效果。

表 5.3　　　　二滩检验期区间预报指标

目标函数	置信水平	PICP/%	PINAW/%	PIFC
CWC	90%	92.08	21.02	0.83
	85%	**89.34**	18.72	0.84
	80%	82.79	11.10	0.90
CWFC	90%	**93.72**	**18.12**	**0.92**
	85%	83.33	**11.79**	**0.94**
	80%	**84.15**	**10.98**	**0.92**

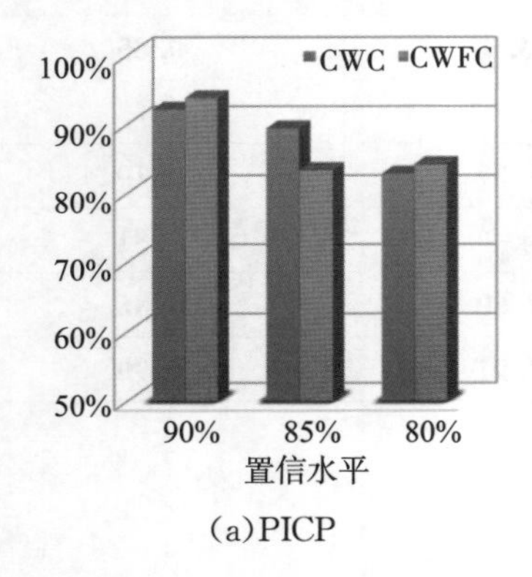

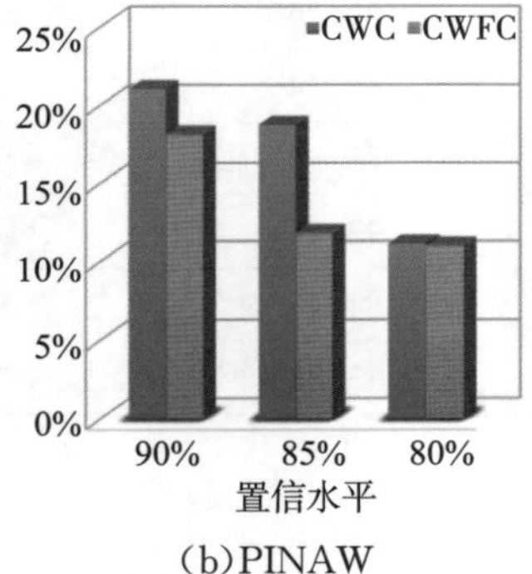

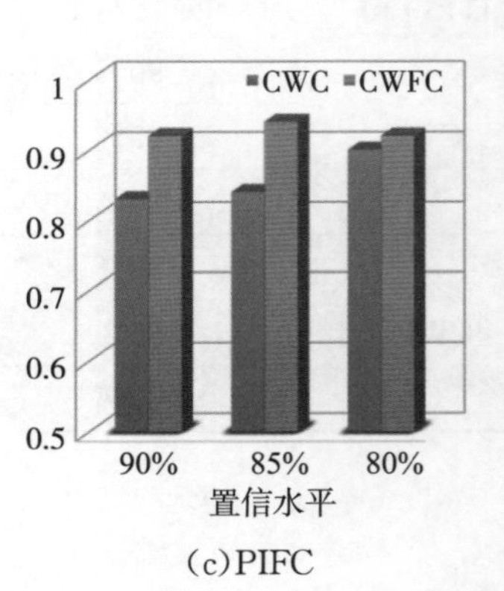

图 5.10　二滩检验期区间预报指标柱状图

在对官地电站日尺度入库径流区间预报模型进行参数率定时，本节将2016—2019年数据序列作为率定期，2020年数据序列作为检验期。不同目标函数和置信水平下对应的区间预报指标值如表5.4和图5.11所示，表中加粗数据为该置信水平下的指标最优值。从表5.4可以看出，不同目标函数下的区间预报效果差异不大，目标函数为CWFC时对应的区间宽度指标PINAW和拟合系数PIFC略优于目标函数为CWC时。当目标函数为CWFC时，其对应的区间覆盖率PICP明显较低，甚至刚刚达到置信水平，但是其对应的区间宽度指标PINAW和区间拟合系数PIFC较优。

表5.4　　官地检验期区间预报指标

目标函数	置信水平	PICP/%	PINAW/%	PIFC
CWC	90%	90.44	**9.74**	**0.80**
	85%	**90.44**	15.49	0.76
	80%	**87.43**	13.45	0.78
CWFC	90%	**93.72**	11.60	0.77
	85%	85.52	**12.12**	**0.78**
	80%	80.87	**5.96**	**0.80**

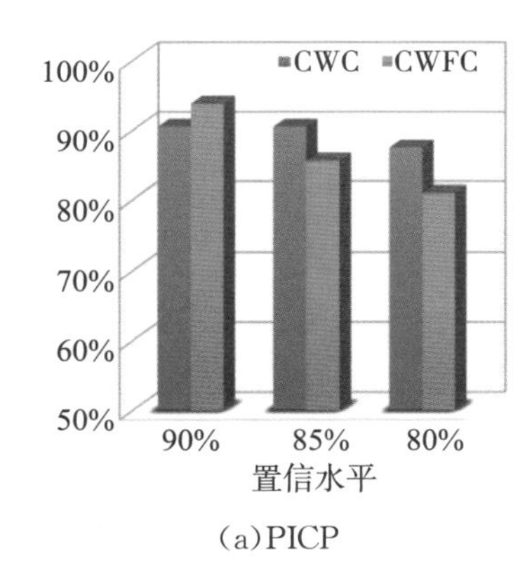

(a)PICP

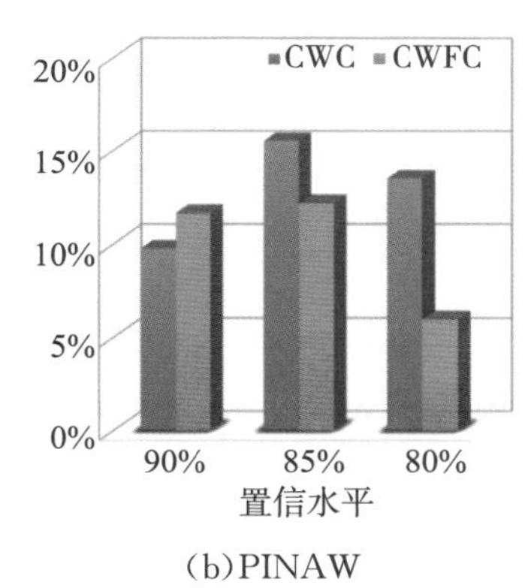

(b)PINAW

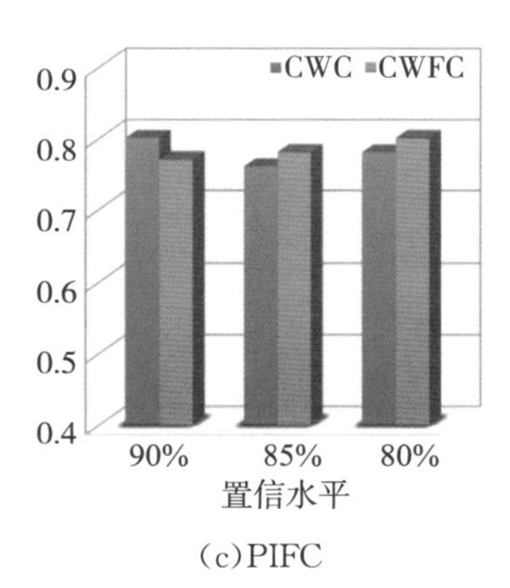

(c)PIFC

图5.11　官地检验期区间预报指标柱状图

在对锦屏一级电站日尺度入库径流区间预报模型进行参数率定时，本节将2016—2019年数据序列作为率定期，2020年数据序列作为检验期。不同目标函数和置信水平下对应的区间预报指标值如表5.4和图5.12所示，表中加粗数据为该置信水平下的指标最优值。从表5.4可以看出，不同目标函数下的区间预报效果差异不大，目标函数为CWFC时对应的区间拟合系数PIFC略优于目标函数为CWC时。当目标函数为CWFC时，其对应的区间拟合系数PIFC明显较优。

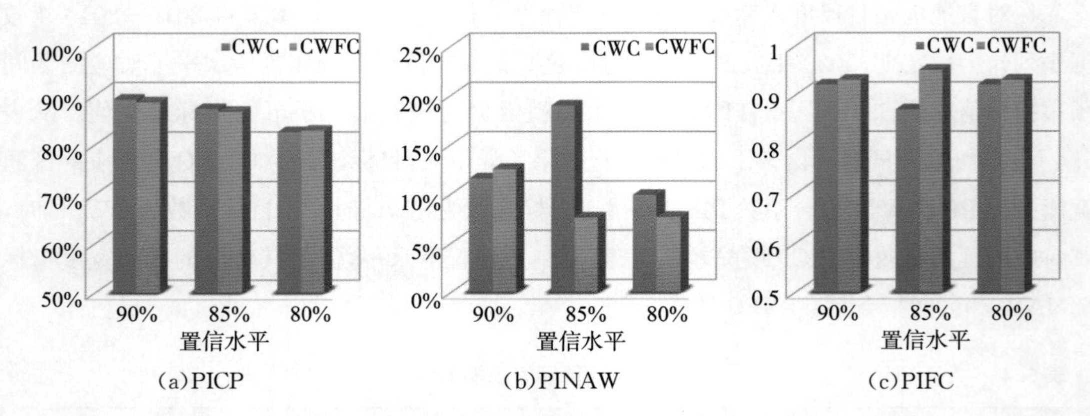

图 5.12 锦屏一级检验期区间预报指标柱状图

表 5.2 至表 5.5 给出了不同目标函数不同置信水平下的区间预报覆盖率 PICP、区间宽度指标 PINAW 和区间拟合系数 PIFC，直观反映了不同目标函数不同置信水平下的区间预报效果。为了更好地反映检验期入库流量过程，图 5.13 给出了 2020 年四个电站的汛期(5—10 月)入库洪水过程。

表 5.5 锦屏一级检验期区间预报指标

目标函数	置信水平	PICP/%	PINAW/%	PIFC
CWC	90%	**89.07**	**11.53**	0.92
	85%	**87.16**	18.91	0.87
	80%	82.51	9.85	0.92
CWFC	90%	88.52	12.49	**0.93**
	85%	86.61	**7.57**	**0.95**
	80%	**82.79**	**7.64**	**0.93**

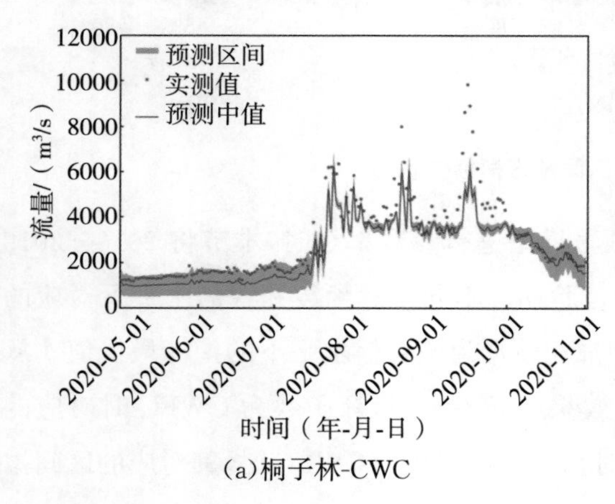

(a)桐子林-CWC

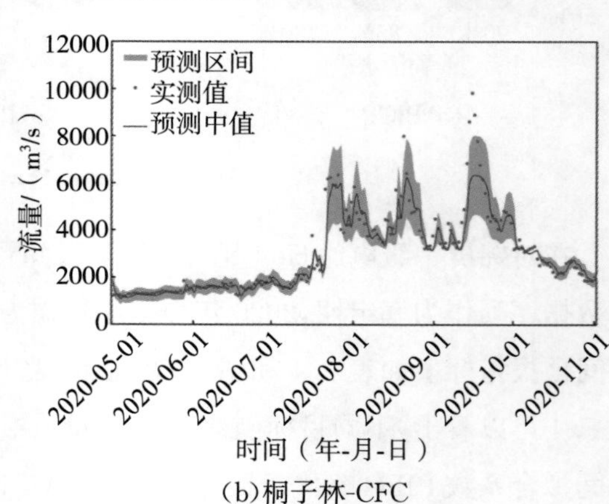

(b)桐子林-CFC

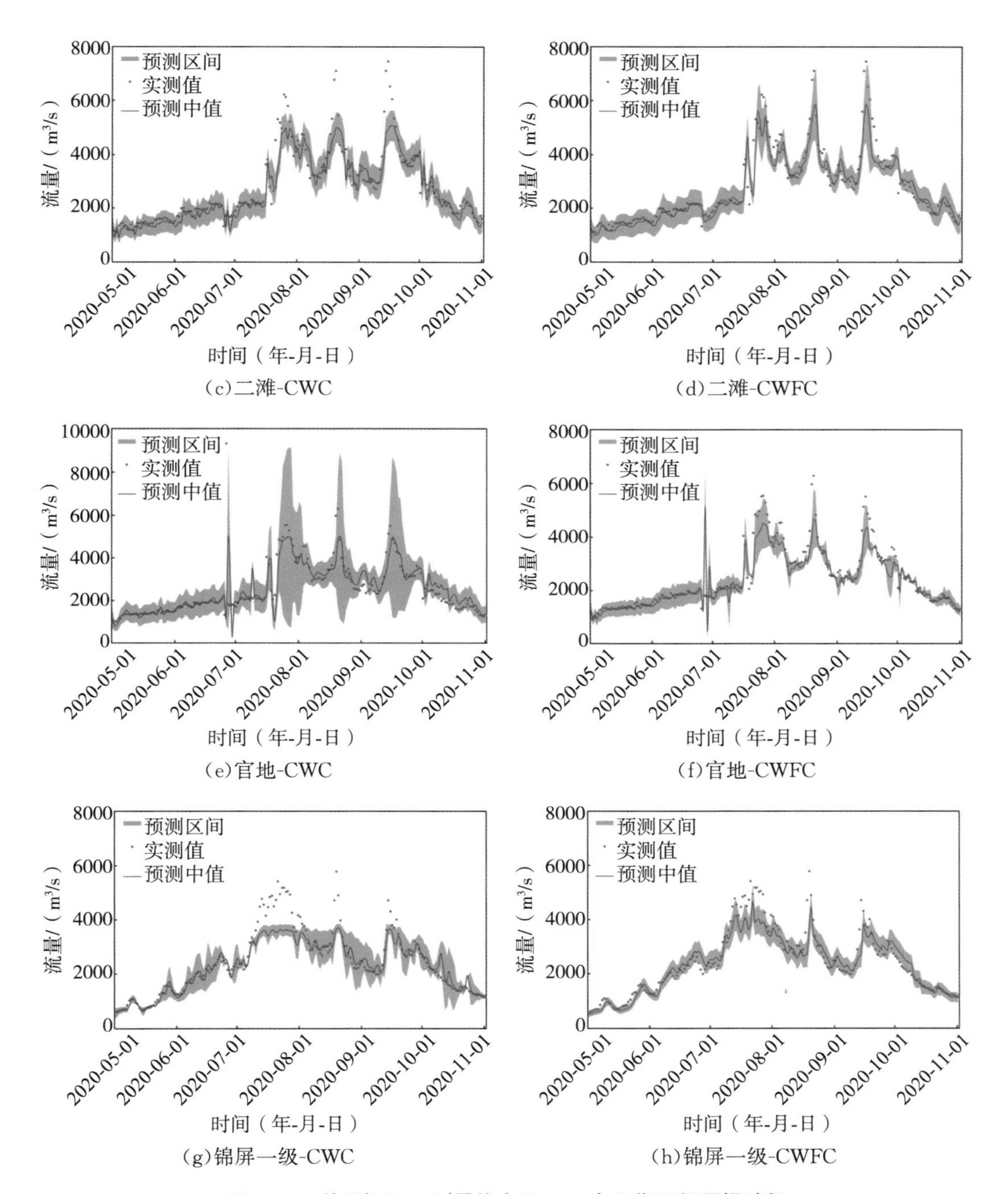

(c)二滩-CWC

(d)二滩-CWFC

(e)官地-CWC

(f)官地-CWFC

(g)锦屏一级-CWC

(h)锦屏一级-CWFC

图5.13 单目标下80%置信水平2020年汛期区间预报过程

整体来看,目标函数加入区间拟合系数PIFC后区间预报效果提升显著,尤其对于洪峰过程的拟合误差较小,区间预报宽度较小,较为准确地反映了预报区间的流量过程趋势,且区间预报中值与实测值更为接近,预报精度较高。同时预报区间对于洪峰过程的覆盖率偏低,区间宽度较大,这也说明区间预报对于洪峰过程的不确定性较大。

5.1.3.3 多目标预报结果分析

为了验证 NSGA-Ⅲ多目标优化算法在雅砻江流域区间预报的准确度和适应性,本书以区间覆盖率 PICP、区间宽度指标 PINAW 和区间拟合系数 PIFC 三个指标作为多目标优化算法的目标值,对四个电站的入库流量过程进行区间预报。图 5.14 反映了二滩电站率定期 378 个 Pareto 最优解的分布情况,以及三种指标两两之间的关系。由图可知,NSGA-Ⅲ算法得到的 Pareto 最优解具有很好的分布性和规律性,多数非劣解集对应的区间覆盖率 PICP 在 80%以上,区间宽度指标 PINAW 在 0.2 以下,区间拟合系数 PIFC 在 0.9 以上。分析两两指标关系可以发现,区间覆盖率 PICP 和区间宽度指标 PINAW 存在明显的竞争制约关系,而区间拟合系数 PIFC 与区间覆盖率 PICP、区间宽度指标 PINAW 均不存在竞争关系。

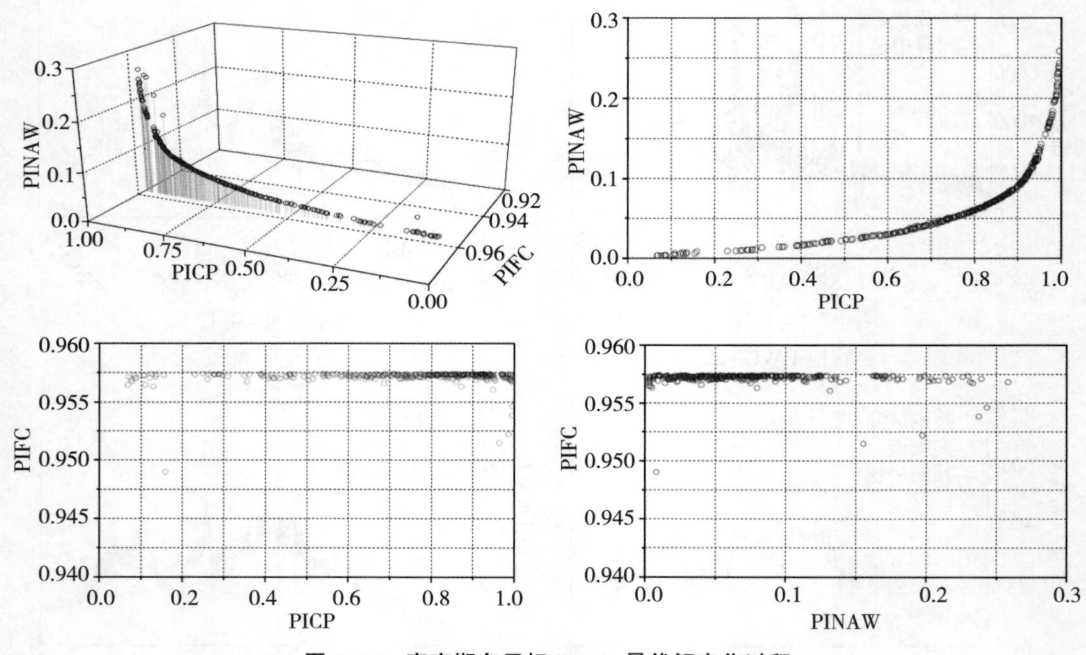

图 5.14 率定期多目标 Pareto 最优解变化过程

在这 378 个非劣解集中,决策者可以根据个人偏好随机选取非劣解建立区间预报模型。实际选取最优解过程中认为,区间覆盖率 PICP 越接近于 100%,区间宽度指标 PINAW 越接近于 0%,区间拟合系数 PIFC 越接近于 1,则认为该非劣解越好。因此本书基于以上原则,随机选取各个电站的一个 Pareto 最优解构建区间预报模型,其对应的率定期和检验期区间评价指标如表 5.6 和图 5.15 所示。由表可知,相比于单目标情形下的区间预报模型,多目标优化模型下区间预报整体效果表现较优,区间覆盖率 PICP 均在 90%以上,区间宽度指标 PINAW 维持在 10%左右,区间拟合精度 PIFC 均可达到 0.9 以上。

表 5.6　　各电站 NSGA-Ⅲ算法下区间预报指标

电站名	时期	PICP/%	PINAW/%	PIFC
桐子林	率定期	93.88	9.34	0.93
	检验期	91.26	8.82	0.92
二滩	率定期	94.05	12.08	0.96
	检验期	90.71	9.86	0.95
官地	率定期	92.40	12.60	0.94
	检验期	93.17	9.08	0.81
锦屏一级	率定期	95.96	7.54	0.98
	检验期	93.17	8.27	0.98

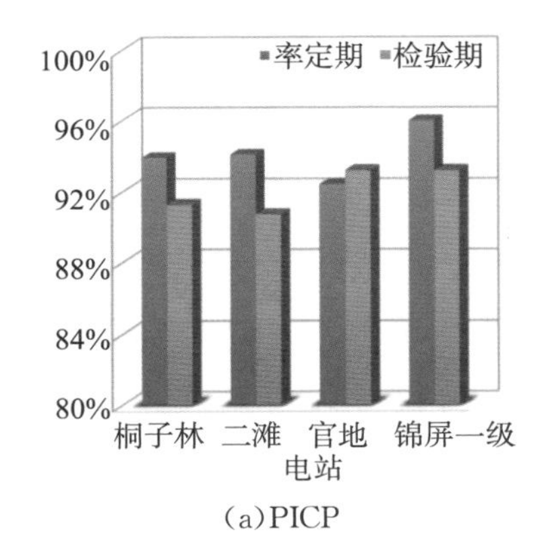

(a)PICP

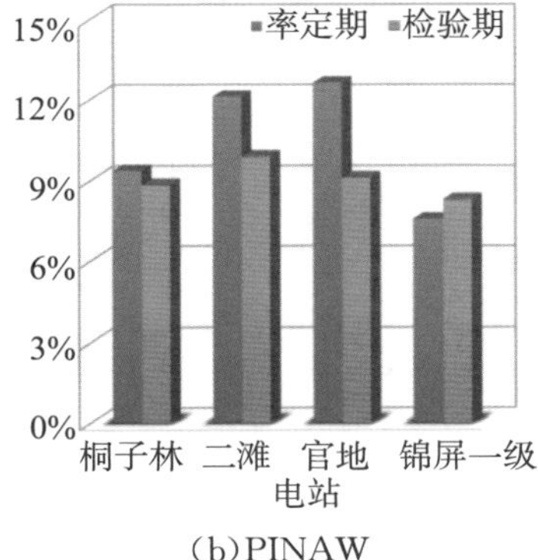

(b)PINAW

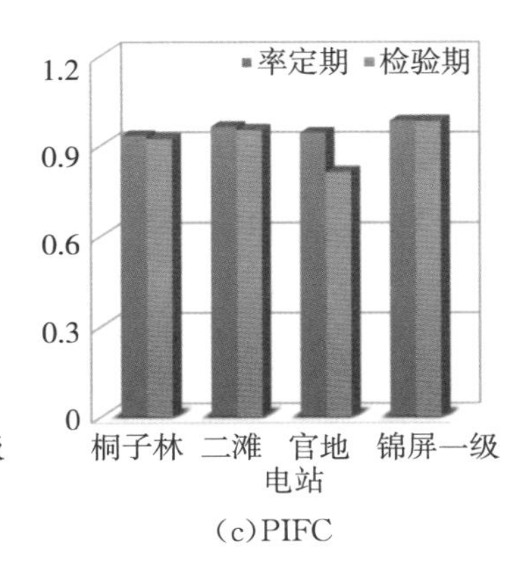

(c)PIFC

图 5.15　各电站多目标区间预报指标柱状图

为了能够直观展示区间预报效果，图 5.16 给出了 2020 年四个电站的汛期入库（5—10 月）洪水过程。由图可知，NSGA-Ⅲ多目标优化算法得到的区间预报整体效果较优，预报区间基本能够完全覆盖实测值，区间宽度较小，区间中值和实测值十分接近，整个预报区间对于流量峰值过程刻画程度较好，基本能完全覆盖。

综上所述，无论是单目标区间预报模型还是多目标区间预报模型，整体的区间预报效果均较优，引入区间拟合系数 PIFC 后，区间覆盖率 PICP 和区间拟合系数 PINAW 均较未加入之前更优。单目标区间预报模型中，以综合评价指标 CWFC 作为目标函数得到的区间覆盖率 PICP 更高，区间宽度指标 PINAW 更小，区间拟合系数 PIFC 较大，预报结果能较好地量化区间预报中的不确定性。多目标区间预报模型中，所得到的 Pareto 最优解能够给决策者更多优质的参数选择，进而能够为实际生产提供科学指导。

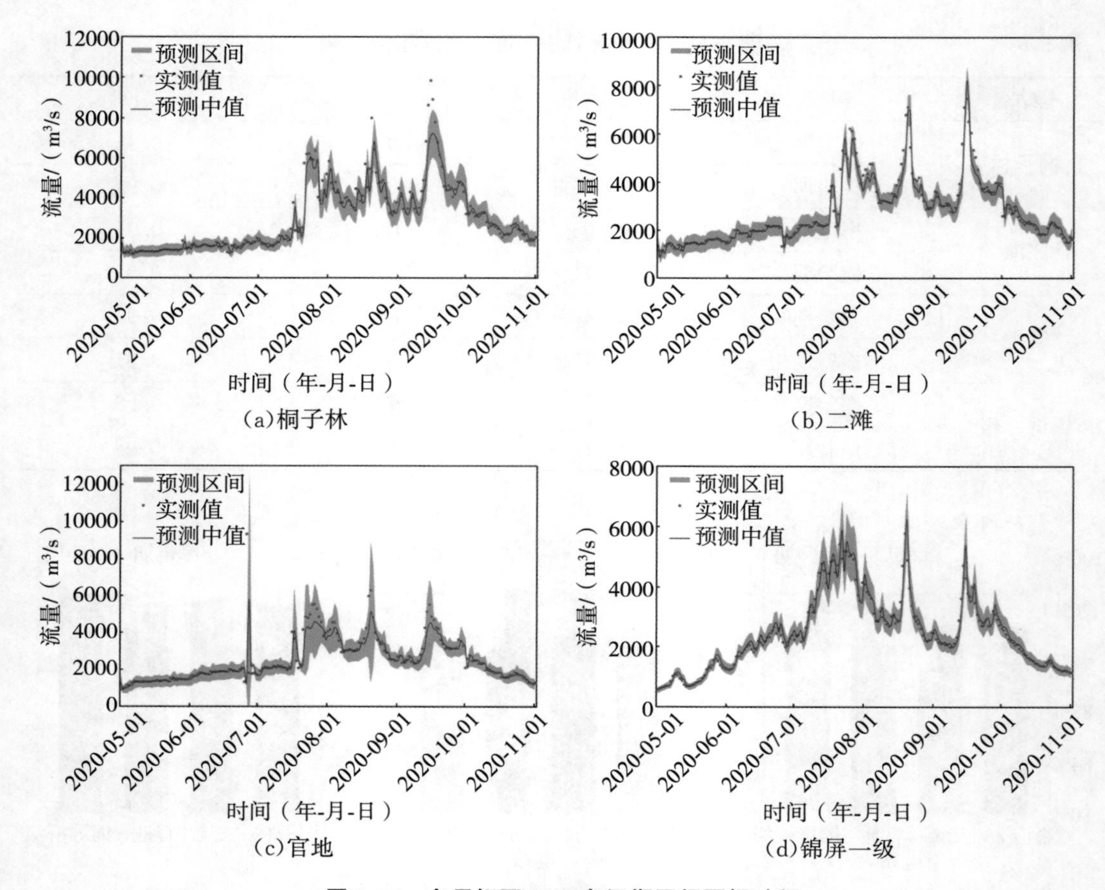

图 5.16 多目标下 2020 年汛期区间预报过程

5.2 气—海—陆数据驱动的中长期非线性径流综合预报

气—海—陆数据驱动的中长期非线性径流综合预报模型是指将流域历史径流因素、气象因和遥相关因子考虑到模型构建中去，以探究中长期径流形成的内在物理机制和规律，提升流域整体的径流预报精度。为探究多源信息融合下多预报模型耦合和误差校正方法，本节在雅砻江流域中长期径流预报模型中引入气象因子和全球遥相关因子，提出预报因子初筛和降维方法体系，并采用高斯过程回归，长短期记忆神经网络和支持向量机等智能学习方法作为径流预报驱动模型，同时对预报值和实测值之间的残差序列进行校正，以提高雅砻江流域中长期径流预报精度。

5.2.1 径流预报模型构建

5.2.1.1 因子初筛降维

本节将雅砻江流域各子区间的历史径流数据、130 项气候指数数据集以及平均气温、平均降水、平均风速、平均压强等气象数据集作为待选预报因子，模型驱动涉及的数据繁多且复杂，因此对径流预报因子的筛选和降维意义重大，可以避免多源异构数据驱动下的输入复杂性和模型过拟合问题。

(1)相关系数初筛

皮尔森相关系数(Pearson Correlation Coefficient)是由卡尔·皮尔森从弗朗西斯·高尔顿在19世纪80年代提出的想法演变而来的，常用于描述两个变量 X 和 Y 之间的线性联系的紧密程度，一般用 r 表示，目前广泛应用于水文气象径流预报因子的相关性分析当中。

在对两个数据序列 $X=(x_1,x_2,\cdots,x_n)$ 和 $Y=(y_1,y_2,\cdots,y_n)$ 进行相关性分析时，其皮尔森相关系数具体计算如下：

$$R_{xy}=\frac{\sum_{i=1}^{n}(x_i-\bar{x})(y_i-\bar{y})}{\sqrt{\sum_{i=1}^{n}(x_i-\bar{x})^2\sum_{i=1}^{n}(y_i-\bar{y})^2}} \tag{5.17}$$

式中：$\bar{x}=\sum_{i=1}^{n}x_i/n$ ——数据序列 X 的均值；

$\bar{y}=\sum_{i=1}^{n}y_i/n$ ——数据序列 Y 的均值；

n——数据序列长度。

皮尔森相关系数 R 的范围为$[-1,1]$，$|R|$值越接近于1，表明变量 X 和变量 Y 之间的线性相关程度越强，反之$|R|$值越接近于0，表示变量 X 和变量 Y 之间的线性相关程度越弱；当 $R\in[-1,0)$ 时，变量 X 与变量 Y 存在线性负相关；当 $R=0$ 时，变量 X 与变量 Y 不存在相关性；当 $R\in(0,1]$ 时，表明变量 X 与变量 Y 线性正相关。一般变量间的相关程度与皮尔森相关系数 R 的范围关系如表5.7所示。

表5.7　皮尔森相关系数与相关程度

相关程度	极强相关	强相关	中等程度	弱相关	极弱相关
系数范围	$\|R\|>0.8$	$0.6<\|R\|\leqslant 0.8$	$0.4<\|R\|\leqslant 0.6$	$0.2<\|R\|\leqslant 0.4$	$\|R\|\leqslant 0.2$

(2)随机森林降维

随机森林算法(Random Forest,RF)利用Bootstrap重采样方法从原始训练样本随机抽取多个训练子集，然后对样本进行决策树建模，最后通过多棵决策树投票的方式来达到预测或分类的目的(方匡南等,2011)。随机森林算法在处理多维输入、评估变数重要性、保持高准确度分类等方面具有无可比拟的优点。该算法自从被提出以来，因其在解决问题方面的准确性和高效性备受关注，目前被广泛应用于经济学、生物医学、水文气象学和计算机科学等领域，具备较高的应用价值和研究意义。为此，本书拟采用随机森林算法来对Pearson相关系数初筛(图5.17)的预报因子进行重要度排序复筛，进而实现降维。

随机森林采用Bootstrap重采样方式从原训练集中随机抽取构建多个样本集，对每个样本集通过多棵分类回归树(Classification And Regression Tree,CART)算法进行节点分裂决策树建模,若选取的随机特征变量有 n 个特征,则在每棵决策树的节点处随机抽取 mtry 个特征(mtry$\leqslant n$),计算每个特征变量包含的信息,然后从选取的特征中找出分类能力最强的特征,以此进行节点分裂,最后对每棵决策树采用不剪枝的方式使其最大限度地生长,进而构建完整的随机森林模型。对未被抽取的样本集数据构成袋外数据(Out of Bag Error,OOB),并以袋外数据误差作为衡量自身性能的标准。对于特征变量测试样本,随机森林通过随机置换变量取值来衡量特征变量重要度,特征变量测试样本打乱后其袋外数据误差增加越多,表明该特征变量重要程度越高,因此采用袋外数据误差作为该特征变量重要度的评价标准。以下给出了采用随机森林模型进行重要度评价的具体步骤。

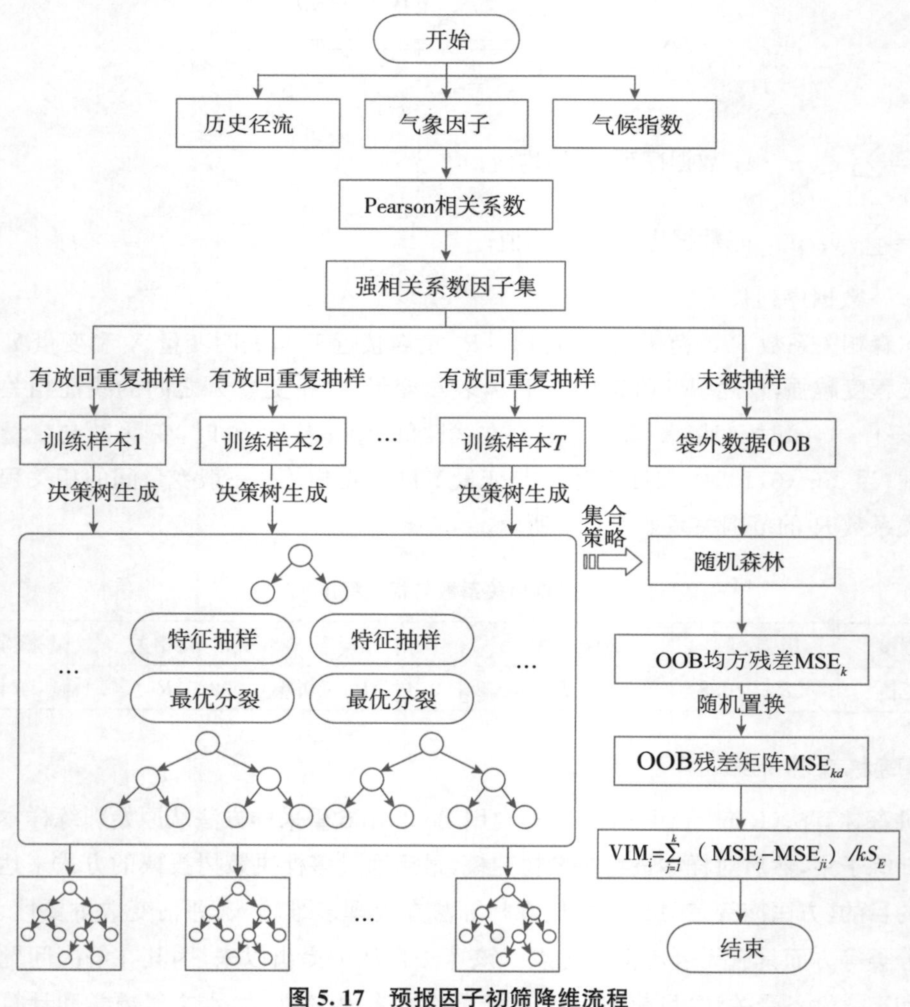

图 5.17　预报因子初筛降维流程

步骤 1:给定随机森林模型的训练集和测试集,d 为因子维度,主要需要设置的参数是最优叶子节点数 l 与决策树数目 k,因此需要对随机森林中对应的叶子节点数与树的数量加以择优选取。一般来说，当均方误差(MSE)趋于稳定时对应的叶子节点数目即为最优叶子节点数目，使袋外数据(OOB)误差达到最小时对应的决策树数目即为最优决策树数目。

步骤2：对训练模型时，通过采用Bootstrap重采样方式从原训练集中随机抽取k个样本集用于训练决策树$\{T(x,\theta_1)\}$，$\{T(x,\theta_2)\}$，…，$\{T(x,\theta_k)\}$，没有参与决策树建立过程的数据构成袋外数据，以此衡量决策树的性能，对于每个构建的决策树，利用相应的袋外数据得到测试样本下k个袋外数据均方残差，记为MSE_1，MSE_2，…，MSE_k。

步骤3：设m_d为数据第d维度因子，对m_d数据的袋外样本数据加入一定噪声，即随机置换样本值，进而形成新的袋外数据测试样本，再次计算加入噪声后不同维度下因子的袋外数据均方残差，记为如下矩阵：

$$\begin{bmatrix} MSE_{11}, & MSE_{12}, & \cdots, & MSE_{1d} \\ MSE_{21}, & MSE_{22}, & \cdots, & MSE_{2d} \\ \vdots & \ddots & & \vdots \\ MSE_{k1}, & MSE_{k2}, & \cdots, & MSE_{kd} \end{bmatrix} \tag{5.18}$$

步骤4：利用步骤2得到的残差序列与步骤3得到的残差矩阵按列相减并求和平均，即可得到d维因子的重要度评价值VIM_i，计算方法如下：

$$VIM_i = \sum_{j=1}^{k} (MSE_j - MSE_{ji})/kS_E (1 \leqslant i \leqslant d) \tag{5.19}$$

式中：S_E——k棵决策树标准差。

步骤5：根据筛选的因子重要度评价值，将其从大到小排列，并根据重要度柱形图，选取重要度评价值靠前的N个因子作为模型最终的预报因子。

5.2.1.2 径流预报模型

考虑到多源异构数据的复杂性和多维性，传统的分布式径流预报模型难以准确反映输入和输出之间复杂的非线性映射关系，为此，本书拟采用高斯过程回归、长短期记忆神经网络和支持向量机构建中长期径流预报模型，以下给出了不同模型的具体原理与实现思路。

(1)高斯过程回归

高斯过程回归(Gaussian Process Regression，GPR)是Willianms et al.(1995)提出的一种对数据进行回归分析的非参数模型。该模型基于贝叶斯概率框架进行模型构建，主要包括回归残差和高斯过程先验两部分，因此与传统回归模型相比，高斯过程回归既能进行确定性预报，也能进行概率预报。该模型常用于小样本、非线性、高维度的回归问题，具有易实现，超参数自适应等优点，预测准确度和鲁棒性均较好，目前广泛应用于电力工业、图像处理、自动控制、水文科学等领域(图5.18)。

对于给定数据集合$D=\{(X,y) \mid X \in R^{n\times d}, y \in R^n\}$，其中$X=[x_1,x_2,\cdots,x_n]^T$为$n\times d$维的输入变量因子，每一列代表一个特征变量，$y=[y_1,y_2,\cdots,y_n]^T$为$n\times 1$维的输出变量因子。输入变量因子$X$对应的集合$F(X)=\{f(x_1),f(x_2),\cdots,f(x_n)\}$的联合概率分

布服从 n 维高斯分布。则根据定义可得，输入因子集合 $F(X)$ 统计特性由零均值函数 $m(X)$ 和正定的协方差函数 $\boldsymbol{k}(X,X)$ 组成，如式(5.20)所示。

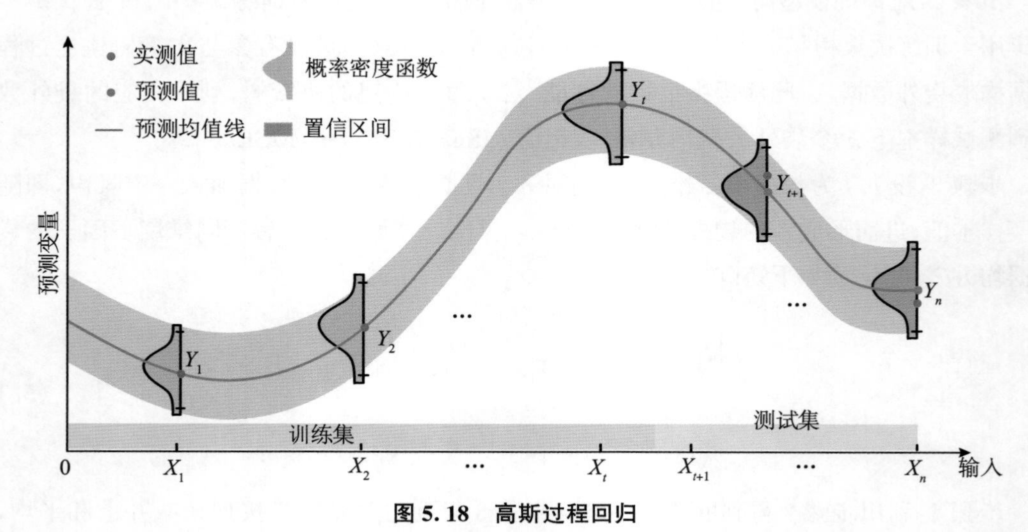

图 5.18 高斯过程回归

$$F(X) \sim GP(m(X),\boldsymbol{k}(X,X)) \tag{5.20}$$

式中：协方差函数——$k(X,X')=E[(F(X)-m(X))(F(X')-m(X'))]$；

均值——$m(X)=E(F(X))$。

假设输出变量因子 y 受到噪声污染，因此需要将噪声信号考虑到输出变量因子 y 中去，建立高斯过程回归的标准线性回归模型，即：

$$y=F(X)+\varepsilon \tag{5.21}$$

式中：ε ——白噪声序列，该序列满足 $\varepsilon \sim N(0,\sigma_n^2\boldsymbol{I}_n)$，且服从高斯分布；

$\boldsymbol{I}_n$——n 阶单位矩阵；

σ_n^2 ——噪声方差。

白噪声序列独立同分布，因此输出变量因子 y 服从高斯过程：

$$y \sim GP(m(X),\boldsymbol{k}(X,X)+\sigma_n^2\boldsymbol{I}_n) \tag{5.22}$$

式中：$\boldsymbol{k}(X,X)+\sigma_n^2\boldsymbol{I}_n$——$n$ 阶协方差矩阵。

根据贝叶斯原理可以建立输出变量因子 y 的先验分布：

$$y \sim N(0,\boldsymbol{k}(X,X)+\sigma_n^2\boldsymbol{I}_n) \tag{5.23}$$

对于某一测试样本 $D^*=\{(X^*,y^*)\mid X^*\in \mathrm{R}^{m\times d},y^*\in \mathrm{R}^m\}$，其中 X^* 为 $m\times d$ 维测试样本的输入变量，y^* 为 $m\times 1$ 维测试样本的输出变量，由高斯过程性质可得 y 与 y^* 联合高斯先验分布如下：

$$\begin{bmatrix} y \\ y^* \end{bmatrix} \sim N\left(0,\begin{bmatrix} \boldsymbol{k}(X,X)+\sigma_n^2\boldsymbol{I}_n & \boldsymbol{k}(X,X^*) \\ \boldsymbol{k}(X^*,X) & \boldsymbol{k}(X^*,X^*) \end{bmatrix}\right) \tag{5.24}$$

式中：$\boldsymbol{k}(X,X)$——$n\times n$ 阶对称正定的协方差矩阵，其中的元素 $k_{ij}=k(x_i,x_j)$ 反映了 x_i

和 x_j 的相关性；

$\boldsymbol{k}(X,X^*)$ 和 $\boldsymbol{k}(X^*,X)$——训练样本输入变量 X 和测试样本输入变量 X^* 的协方差矩阵，阶数为 $n\times 1$；

$\boldsymbol{k}(X^*,X^*)$——测试样本输入变量 X^* 协方差。

根据贝叶斯后验概率公式原理可得，在输入训练变量 X 和输入测试变量 X^* 确定的情况下，测试样本输出变量 y^* 的后验分布满足：

$$y^* \mid X,y,X^* \sim N(\overline{y}^*,\mathrm{cov}(y^*)) \tag{5.25}$$

$$\overline{y}^* = E(y^* \mid X,y,X^*) = \boldsymbol{k}(X^*,X)(\boldsymbol{k}(X,X)+\sigma_n^2\boldsymbol{I}_n)^{-1}y \tag{5.26}$$

$$\mathrm{cov}(y^*) = \boldsymbol{k}(X^*,X^*) - \boldsymbol{k}(X^*,X)(\boldsymbol{k}(X,X)+\sigma_n^2\boldsymbol{I}_n)^{-1}\boldsymbol{k}(X,X^*) \tag{5.27}$$

式中：y^*——服从标准正态分布；

$E(\ )$——期望函数；

$\overline{y}^*$ 和 $\mathrm{cov}(y^*)$——测试样本输出变量的均值和方差。

在对高斯过程回归进行训练时，有多种协方差函数可供选择，协方差函数常用于表示模型输入与输出变量因子的拟合程度，其中最为常见的为各向同性平方指数协方差函数，其数学表达式如下：

$$\boldsymbol{k}(X,X^*) = \sigma_f^2\exp\left[-\frac{1}{2}(X-X^*)^{\mathrm{T}}M^{-1}(X-X^*)\right] \tag{5.28}$$

式中：$M=\mathrm{diag}(l^2)$，l 为方差尺度，方差尺度决定了高斯过程随着输入改变而波动的程度，l 值越大，表明输入和输出相关性越强；

σ_f^2——信号方差，用来控制局部相关性的程度；

通常将参数集合 $\theta=\{l,\sigma_f^2\}$ 称为高斯过程回归的协方差超参数，其中参数集合 θ 可通过极大似然法求得。

由极大似然法求解超参数时，首先确定训练样本的条件概率函数 $p(y\mid X,\theta)$，然后取负对数求得似然函数 $L(\theta)=-\lg p(y|X,\theta)$，并计算 $L(\theta)$ 关于 θ 的偏导数；常以优化方法作为超参数 θ 的求解手段，目前常采用优化方法包括共轭梯度法、牛顿法等。似然函数表达如下：

$$L(\theta) = \frac{1}{2}y^{\mathrm{T}}\boldsymbol{C}^{-1}y + \frac{1}{2}\lg|\boldsymbol{C}| + \frac{n}{2}\lg 2\pi \tag{5.29}$$

求似然函数 $L(\theta)$ 关于 θ 的偏导数，结果如下：

$$\frac{\partial L(\theta)}{\partial\theta_i} = \frac{1}{2}\mathrm{tr}\left[((\boldsymbol{C}^{-1}y)(\boldsymbol{C}^{-1}y)^{\mathrm{T}} - \boldsymbol{C}^{-1})\frac{\partial\boldsymbol{C}}{\partial\theta_i}\right] \tag{5.30}$$

$$\boldsymbol{C} = \boldsymbol{K}_n + \sigma_n^2\boldsymbol{I}_n \tag{5.31}$$

由式(5.30)和式(5.31)求解到最优的超参数 θ 后，然后求取测试样本 X^* 对应的预测均值 $\overline{y}^*=E(y^*)$ 及其均方误差 $\sigma=\mathrm{cov}(y^*)$。根据高斯分布的 σ 原则可得，测试样本输出变量在 $1-\alpha$ 置信水平下的置信区间为：

$$(\overline{y}^* - \frac{\sigma}{\sqrt{n}} z_{\alpha/2}, \overline{y}^* + \frac{\sigma}{\sqrt{n}} z_{\alpha/2}) \tag{5.32}$$

(2)LSTM 神经网络

自人工神经网络(Artificial Neural Network,ANN)在 20 世纪 80 年代被提出后,其对复杂非线性问题的优秀解决策略,现已逐渐成为各个领域的研究热点。人工神经网络是通过抽象简化模拟人脑神经,来进行复杂任务处理,可以实现输入和输出的多层非线性映射,对于高维度、非线性问题具有较好的性能表现,其容错性和学习力均较强。虽然不同的深度学习模型网络结构略有差异,但循环神经网络(Recurrent Neural Network,RNN)通过引入时序概念建立了历史输入数据和输出数据之间的非线性映射关系,使其在时间序列分析方面具备更强的适应性。

在实际应用中,循环神经网络在各个方面均具有良好的表现,但是仍会存在梯度消失或爆炸、长期记忆能力不足等缺点,难以有效应用到长序列信息分析中去(王鑫等,2018)。LSTM(Long Short-Term Memory)的出现弥补了这一问题,它是主要由输入门、输出门和遗忘门组成的一种特殊循环神经网络,具备 RNN 的递归属性,能够有效利用长序列数据信息,在各个领域均有良好的表现。LSTM 特殊的记忆机构和门结构设计使其对于时序数据中的特征学习具有较好的适应性和可靠度,因此被广泛应用于时间序列模型的训练学习。目前 LSTM 神经网络在机器翻译、故障诊断、径流及负荷预测等方面均表现出了较强的应用价值(图 5.19)。

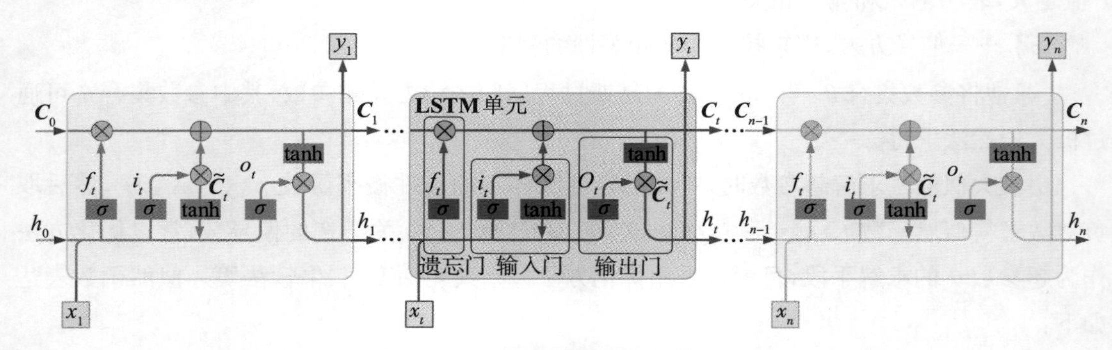

图 5.19 LSTM 神经网络拓扑结构

LSTM 神经网络具有一个记忆单元,主要用来存储信息的状态矩阵,用来控制信息传播的遗忘门、输入门和输出门。其中遗忘门可以控制上一状态的部分信息是否遗忘或保留;输入门控制潜在状态的哪些信息被允许更新,进而避免了神经网络反向传播时梯度消失或者爆炸;输出门控制结果的输出。以下为 LSTM 计算流程。

步骤 1:计算遗忘门。遗忘门决定信息遗忘或保留与否,是 LSTM 网络单元的重要组成部分。首先获取当前神经网络单元该时刻的输入 x_t 和上一时刻的输出值 h_{t-1},通过输入激活函数 Sigmoid 函数得到的结果概率 f_t 值域为[0,1],用于描述信息通过多少。若输出为

1，表明全部保留上一刻状态矩阵 $\boldsymbol{C}_{t-1}$；若输出为0，表明全部丢弃。

$$f_t=\sigma(\boldsymbol{W}_f\cdot[h_{t-1},x_t]+\boldsymbol{b}_f) \tag{5.33}$$

步骤2：计算输入门。输入门直接影响神经元状态矩阵信息，由上一时刻的输出值 h_{t-1} 和本时刻神经元的输入 x_t 与该层权重矩阵 $\boldsymbol{W}_i$ 的积，并加上偏置向量 b_i，得到表示新状态被保留的概率值 i_t。

$$i_t=\sigma(\boldsymbol{W}_i\cdot[h_{t-1},x_t]+\boldsymbol{b}_i) \tag{5.34}$$

步骤3：更新当前状态矩阵。由上一时刻的输出值 h_{t-1} 和本时刻神经元的输入 x_t 与该层权重矩阵 $\boldsymbol{W}_i$ 相乘，后经过tanh函数得到状态矩阵 $\widetilde{\boldsymbol{C}}_t$。同时将遗忘门上一时刻状态矩阵 $\boldsymbol{C}_{t-1}$ 丢弃后的部分信息和输入门当前神经元状态矩阵 $\widetilde{\boldsymbol{C}}_t$ 的部分信息相加，即可得到新的状态矩阵 $\boldsymbol{C}_t$。

$$\widetilde{\boldsymbol{C}}_t=\tanh(\boldsymbol{W}_C\cdot[h_{t-1},x_t]+\boldsymbol{b}_c) \tag{5.35}$$

$$\boldsymbol{C}_t=f_t\times\boldsymbol{C}_{t-1}+i_t\times\widetilde{\boldsymbol{C}}_t \tag{5.36}$$

步骤4：计算输出门。输出门决定了神经网络输出的信息，由上一时刻的输出值 h_{t-1} 和本时刻神经元的输入 x_t 经过Sigmoid函数得到权重，再经tanh函数得到t时刻神经网络隐藏层输出值 h_t。

$$o_t=\sigma(\boldsymbol{W}_o\cdot[h_{t-1},x_t]+\boldsymbol{b}_o) \tag{5.37}$$

$$h_t=o_t\times\tanh(\boldsymbol{C}_t) \tag{5.38}$$

式中：$\boldsymbol{W}_f$、$\boldsymbol{W}_i$、$\boldsymbol{W}_c$、$\boldsymbol{W}_o$——各门权重矩阵；

$\boldsymbol{b}_f$、$\boldsymbol{b}_i$、$\boldsymbol{b}_c$、$\boldsymbol{b}_o$——各门层偏置向量；

$\sigma(\cdot)$——Sigmoid非线性S型激活函数，可以将实值映射到[0,1]区间，用于描述信息量；

tanh——双曲正切激活函数。

$\sigma(\cdot)$和tanh计算公式如下：

$$\sigma(x)=\frac{1}{1+\mathrm{e}^{-x}} \tag{5.39}$$

$$\tanh(x)=\frac{\mathrm{e}^{x}-\mathrm{e}^{-x}}{\mathrm{e}^{x}+\mathrm{e}^{-x}} \tag{5.40}$$

(3) 支持向量机

不同于传统人工神经网络的智能学习方法，支持向量机(Support Vector Machines，SVM)是基于统计学习理论的VC(Vapnik-Chervonenkis)维理论和结构风险最小化(Structural Risk Minimization，SRM)原理，能够深度挖掘数据内在信息，对样本具有较好的泛化性能和精度(李元诚等，2003)。支持向量机求解的是二次寻优问题，从理论上看，SVM得到的是全局最优解，能够对小样本、非线性、高维数等实际问题进行快速、准确拟合。基于其以上优点，SVM目前被广泛地应用于时间序列分析、分类问题、判别分析等问题的解决，具有

较高的推广价值和研究意义，有望继人工神经网络之后新的研究热点，进而推动智能学习技术的进步和发展(图 5.20)。

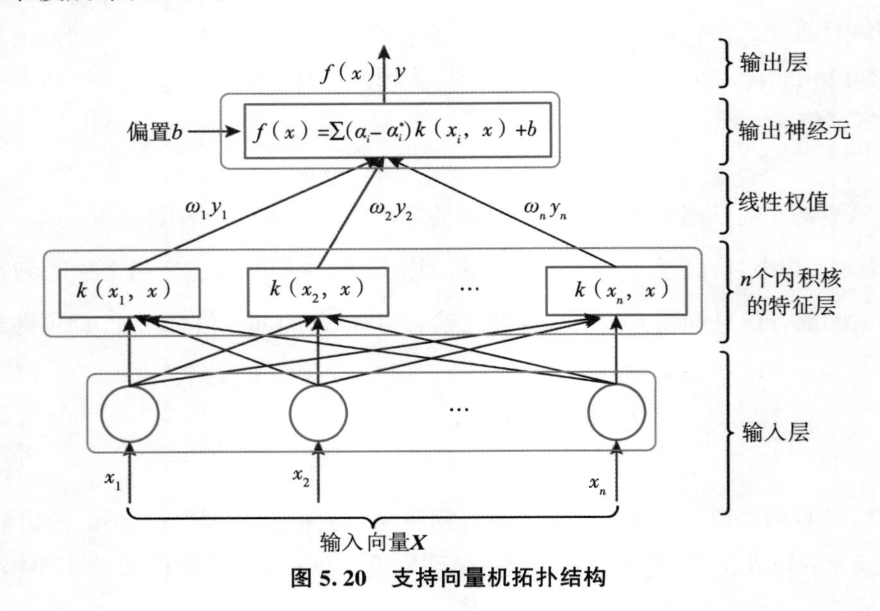

图 5.20 支持向量机拓扑结构

对于给定训练集 $D=\{(\boldsymbol{X},\boldsymbol{y})|\boldsymbol{X}\in \mathrm{R}^{n\times d},\boldsymbol{y}\in \mathrm{R}^{n}\}$，其中 $\boldsymbol{X}=[x_1,x_2,\cdots,x_n]^{\mathrm{T}}$，为 $n\times d$ 维的输入因子，每一列代表一个特征变量，$\boldsymbol{y}=[y_1,y_2,\cdots,y_n]^{\mathrm{T}}$，为 $n\times 1$ 维的输出因子。则该预测问题就变为通过训练寻找函数 $f(x)$，对于给定任意样本 $\boldsymbol{X}^*$ 均能找到该函数$f(x)$下的预测值 $\boldsymbol{y}^*$。通过非线性映射 $\varphi(\cdot)$ 将输入因子映射至高维特征空间(Hilbert 空间)，非线性估计问题便可转化线性函数估计问题，$f(x)$的计算方法如式(5.41)所示：

$$f(x)=\boldsymbol{\omega}^{\mathrm{T}}\varphi(x)+b \qquad \omega\in \mathrm{R}^{nh},b\in \mathrm{R} \tag{5.41}$$

式中：$\boldsymbol{\omega}$——权值向量；

b——偏置项；

$\varphi(\cdot)$——非线性函数；

$\mathrm{R}^{n}\rightarrow \mathrm{R}^{nh}$ 可将输入训练集的空间映射至一个高维特征空间中。

引入不灵敏损失函数 ε，当实际值和预测值误差小于 ε 时，误差损失为 0，当实测值和预测值误差大于 ε 时，误差损失为 $|y-f(x)|-\varepsilon$。表达式如下：

$$|y-f(x)|_{\varepsilon}=\max\{0,|y-f(x)|-\varepsilon\} \tag{5.42}$$

根据结构最小化原理，所求目标函数 f 能够使得下列风险函数最小化：

$$R_{\mathrm{reg}}=\frac{1}{2}\boldsymbol{\omega}^{\mathrm{T}}\boldsymbol{\omega}+\gamma R_{\mathrm{emp}}^{\varepsilon}[f] \tag{5.43}$$

$$R_{\mathrm{emp}}^{\varepsilon}[f]=\frac{1}{n}\sum_{i=1}^{n}|y-f(x_i)|_{\varepsilon} \tag{5.44}$$

式中：$\boldsymbol{\omega}^{\mathrm{T}}\boldsymbol{\omega}=||\boldsymbol{\omega}||^2$——模型复杂度；

$R_{\text{emp}}^{\varepsilon}[f]$——训练误差，即为经验风险；

γ ——用于控制错分样本惩罚程度的惩罚函数。

对上式求风险最小化即为求解下述最小化问题：

$$\min J(\boldsymbol{\omega},b,\xi_i,\xi_i^*)=\frac{1}{2}\boldsymbol{\omega}^{\mathrm{T}}\boldsymbol{\omega}+\gamma\sum_{i=1}^{n}(\xi_i+\xi_i^*) \tag{5.45}$$

$$\text{s.t.}\begin{cases}y_i-\boldsymbol{\omega}^{\mathrm{T}}\varphi(x_i)-b\leqslant\varepsilon+\xi_i\\ \boldsymbol{\omega}^{\mathrm{T}}\varphi(x_i)+b-y_i\leqslant\varepsilon+\xi_i^* \quad (i=1,2,\cdots,n)\\ \xi_i,\xi_i^*\geqslant 0\end{cases} \tag{5.46}$$

式中：ε ——误差，主要用于控制回归过程中误差廊道的大小；

ξ_i,ξ_i^* ——松弛变量，表示 ε 约束下 $|y_i-\boldsymbol{\omega}^{\mathrm{T}}\varphi(x_i)-b|$ 的训练误差上下限。

对上式引入拉格朗日函数和核函数，通过对偶原理转化上述问题，进而避免数据的欠拟合和过拟合问题，其数学表达式如下：

$$\min J(\alpha_i,\alpha_i^*)=-\frac{1}{2}\sum_{i,j=1}^{n}(\alpha_i-\alpha_i^*)(\alpha_j-\alpha_j^*)k(x_i,x_j)-\varepsilon\sum_{i=1}^{n}(\alpha_i+\alpha_i^*)+\sum_{i=1}^{n}y_i(\alpha_i-\alpha_i^*) \tag{5.47}$$

$$\text{s.t.}\begin{cases}\sum_{i=1}^{n}(\alpha_i-\alpha_i^*)=0\\ \alpha_i,\alpha_i^*\in[0,\gamma]\end{cases} \tag{5.48}$$

式中：α_i,α_i^* ——大于零的拉格朗日乘子；

核函数 $k(x_i,x_j)=\varphi(x_i)^{\mathrm{T}}$；

$\varphi(x_j)$ 描述了高维特征空间的内积。

根据二次型规划方法可以求得参数 α_i,α_i^* ，再通过 KKT(Karush-Kuhn-Tucker)条件可得：

$$y_i-\sum_{i=1}^{n}(\alpha_i-\alpha_i^*)k(x_i,x_j)-b=\varepsilon \tag{5.49}$$

由上式求得偏置项 b，进而求得支持向量机回归方程估计式：

$$f(x)=\sum_{i=1}^{n}(\alpha_i-\alpha_i^*)k(x,x_i)+b \tag{5.50}$$

根据上式可得 $(\alpha_i-\alpha_i^*)\neq 0$ 对应的 (x_i,y_i) 均为支持向量，$k(x,y)$ 核函数可以在满足 Mercer 条件的情况下选取。

支持向量机通过引入核函数绕过了特征空间的复杂求解，直接在输入空间上进行问题求取，以此避免了非线性映射关系的复杂运算。关于核函数的选取问题一直是困扰研究者的一个难点，需要针对不同的问题进而选取不同的核函数类型。表 5.8 列出了常用的核函数类型，核函数参数过多不利于参数的选择，因此本书的核函数最终确定为高斯径向基函数。

表 5.8 常用核函数

函数名称	函数形式
线性函数	$k(x,y)=x\cdot y$
多项式函数	$k(x,y)=(1+(x\cdot y))^m$
高斯径向基函数	$k(x,y)=\exp(-\lVert x-y\rVert^2/2\delta^2)$
傅里叶函数	$k(x,y)=\sin(d+\frac{1}{2})(x-y)/\sin(\frac{x-y}{2})$
Bspline 函数	$k(x,y)=d(x-y)$
Spline 函数	$k(x,y)=1+\langle x\cdot y\rangle+\langle x\cdot y\rangle\min(x,y)/2-\min(x,y)^3/6$
Sigmoid 函数	$k(x,y)=\tanh[k(x\cdot y)+\theta]$

5.2.1.3 综合评价体系

为合理准确地评价中长期径流模型的预报效果，本书参考《水文情报预报规范》(GB/T 22482—2008)，采用确定性系数(DC)、均方根误差(RMSE)、平均绝对误差百分比(MAPE)和洪量相对误差(VRE)四种指标对模型在雅砻江流域的适用性及优劣性进行综合评价，各指标的定义如下。

1)确定性系数(DC)，范围为 $(-\infty,1]$，其反映了洪水预报过程与水文要素实测值和模拟值之间的拟合程度，DC 值越大，表面预报值与实测值拟合程度越高，表达式如下：

$$DC=1-\sum_{i=1}^{n}(Q_i-\hat{Q})^2/\sum_{i=1}^{n}(Q_i-\overline{Q})^2 \tag{5.51}$$

式中：Q_i ——水文要素实测值；

$\hat{Q}_i$ ——水文要素预报值；

n ——预报序列数据长度；

$\overline{Q}_i$ ——水文要素实测值在预报序列长度内的平均值。

2)均方根误差(RMSE)，范围为 $[0,+\infty)$，其反映了洪水预报过程中水文要素实测值和模拟值之间的偏离程度，RMSE 值越小，表明预报值和实测值偏差程度越小，表达式如下：

$$RMSE=\sqrt{\frac{1}{n}\sum_{i=1}^{n}(Q_i-\hat{Q}_i)^2} \tag{5.52}$$

3)平均绝对误差百分比(MAPE)，范围为 $[0,+\infty)$，其反映了洪水预报过程中水文要素实测值和预测值之间的准确度，MAPE 值越小，表明预测值的准确性越高，表达式如下：

$$MAPE=\frac{100\%}{n}\sum_{i=1}^{n}\left|\frac{Q_i-\hat{Q}_i}{Q_i}\right| \tag{5.53}$$

4)洪量相对误差(VRE)，范围为 $[0,+\infty)$，其反映了洪水预报过程中水文要素实测总量和预报总量的偏差程度，VRE 值越小，表面预报总量和实测总量的偏差程度越小，表达式如下：

$$\mathrm{VRE}=\left|\sum_{i=1}^{n}(Q_i-\hat{Q})\right|/\sum_{i=1}^{n}Q_i \tag{5.54}$$

为对预报模型的精度进行综合评定，本书拟采用确定性系数 DC 来对流域预报效果进行模型精度等级评价，主要划分为甲、乙、丙三个等级，如表 5.9 所示。

表 5.9 预报精度等级

精度等级	甲	乙	丙
确定性系数	DC≥0.9	0.90>DC≥0.70	0.70>DC≥0.50

5.2.2 误差耦合校正模型

模型预报误差由于具有多频性和随机性，在实际的径流预报过程中，会给实际的预报工作带来较大的难度，因此有必要对预报水文要素值进行准确校正。为尽量消除随机误差导致的水文预报值的不确定性，本节拟定采用变分模态分解-自回归（VMD-AR）和串并联耦合两种方法进行误差耦合校正，以达到预期的预报效果。

5.2.2.1 串并联耦合校正

（1）串联耦合方式

自回归模型（Autoregressive model，AR 模型）是统计学中的一种处理时间序列数据的方法，它的基本思想是分析时序数据前后演变情况的统计规律和不同时刻要素本身之间的相关性（汪芸等，2011）。在通过 AR 模型进行误差校正时，利用前期预测径流残差数据推断当前时刻径流残差值，以达到校正的目的。AR 模型结构简单，易于实现，被广泛应用于水文径流预测。因此本书引入 AR 模型作为串联误差校正方式，其模型表达式如下：

$$X_t=\varphi_0+\varphi_1X_{t-1}+\varphi_2X_{t-2}+\cdots+\varphi_pX_{t-p}+\varepsilon_t \tag{5.55}$$

式中：X_t ——时间序列数据；

φ_0——常数项，且 $\varphi_0\neq0$；

$\varphi_1,\varphi_2,\cdots,\varphi_p$ ——自回归系数；

p ——自回归阶数；

ε_t ——服从均值为 0，方差为 σ_ε^2 的正态分布白噪声信号。

AR 模型中的阶数 p 由 AIC 准确定，其表达式如下：

$$\mathrm{AIC}(p)=n\ln\sigma_\varepsilon^2+2p \tag{5.56}$$

式中：n——平稳时序数据的长度；

σ_ε^2 ——残差的方差。

假设流域断面流量实测值为：

$$Q_t=(Q_1,Q_2,\cdots,Q_n) \tag{5.57}$$

某一预报模型下的径流预测值为：

$$F_t=(F_1,F_2,\cdots,F_n) \tag{5.58}$$

式中：F——径流预报值；

m——不同径流预报模型编号；

n——预报时段。

将流量实测值与模型预测值相减得到残差序列如下：

$$e_t=(e_1,e_2,\cdots,e_n) \tag{5.59}$$

式中：e_t——预报模型下 t 时刻的预报残差值。

经过 AR 模型拟合得到残差值序列

$$\hat{e}_t=(\hat{e}_1,\hat{e}_2,\cdots,\hat{e}_n) \tag{5.60}$$

最终得到修正后的径流预测值为：

$$\hat{F}_t=F_t+\hat{e}_t \tag{5.61}$$

综上所述，在利用 AR 模型对预测误差进行校正时，具体步骤如下。

步骤 1：将径流实测值 Q_t 与预测值 F_t 相减得到的径流残差序列，并对其进行归一化至[0,1]区间，得到标准径流残差序列。

步骤 2：利用标准径流残差序列和 AIC 准则方法确定 AR 模型阶数 p，最后采用 AR 模型对残差序列进行模拟校正。

步骤 3：对 AR 模型拟合得到的残差序列进行反归一化得到实际拟合残差，加上对应时刻的径流预测值，即可得到校正后的径流预测值。

(2)并联耦合方式

为提高流域径流模型预报精度，充分考虑多模型情形下预报误差和精度以便进行多模型耦合矫正，将不同模型的优点加以考虑，以调高整体径流预报效果。本书采用并联耦合方法进行误差耦合矫正。

假设多模型情形下各个模型的预测值为：

$$F_t^m=(F_1^m,F_2^m,\cdots,F_n^m) \tag{5.62}$$

式中：F——径流预报值；

m——不同径流预报模型编号；

n——预报时段。

将流量实测值与不同模型预测值相减得到残差序列如下：

$$e_t^m=(e_1^m,e_2^m,\cdots,e_n^m) \tag{5.63}$$

式中：e_t^m——m 预报模型下 t 时刻的预报残差值。

多模型并联组合预报的耦合矫正后的预测值为：

$$\hat{F}_t=\sum_{i=1}^{m}\omega_i F_t^i \tag{5.64}$$

式中：$\sum_{i=1}^{m}\omega_i=1$，ω——各模型权重；

$\hat{F}_t$——t 时刻下多模型耦合矫正的预报修正值。

为保证多模型径流预报模型下预报误差最小，将其方差期望记为 $E(\hat{F}_t - Q_t)^2$。则模型权重求解问题可转化为线性规划问题，本书仅探讨三个径流预报模型下的并联耦合方式的求解问题，转化后的线性规划目标函数如下所示：

$$\begin{aligned} \min E(\hat{F}_t - Q_t)^2 &= \min E(\omega_1 F_t^1 + \omega_2 F_t^2 + \omega_3 F_t^3 - Q_t)^2 \\ &= \min E[\omega_1(e_t^1 + Q_t) + \omega_2(e_t^2 + Q_t) + \omega_3(e_t^3 + Q_t) - Q_t]^2 \\ &= \min E(\omega_1 e_t^1 + \omega_2 e_t^2 + \omega_3 e_t^3)^2 \end{aligned} \tag{5.65}$$

为求得以上线性规划问题，引入拉格朗日乘子 λ，则可得到：

$$L(\omega_1, \omega_2, \omega_3, \lambda) = (\omega_1 e_t^1 + \omega_2 e_t^2 + \omega_3 e_t^3)^2 + \lambda(\omega_1 + \omega_2 + \omega_3 - 1) \tag{5.66}$$

令上式的各个参数偏导为 0 可得：

$$\frac{\partial L}{\partial \omega_1} = 2\omega_1 E(e_t^1)^2 + 2\omega_2 E(e_t^1 e_t^2) + 2\omega_3 E(e_t^1 e_t^3) + \lambda = 0 \tag{5.67}$$

$$\frac{\partial L}{\partial \omega_2} = 2\omega_2 E(e_t^2)^2 + 2\omega_1 E(e_t^1 e_t^2) + 2\omega_3 E(e_t^2 e_t^3) + \lambda = 0 \tag{5.68}$$

$$\frac{\partial L}{\partial \omega_3} = 2\omega_3 E(e_t^3)^2 + 2\omega_1 E(e_t^1 e_t^3) + 2\omega_2 E(e_t^2 e_t^3) + \lambda = 0 \tag{5.69}$$

$$\frac{\partial L}{\partial \lambda} = \omega_1 + \omega_2 + \omega_3 - 1 = 0 \tag{5.70}$$

式中：

$$E(e_t^1)^2 = \frac{1}{n}\sum_{i=1}^{n}(e_i^1)^2 \qquad E(e_t^2)^2 = \frac{1}{n}\sum_{i=1}^{n}(e_i^2)^2 \qquad E(e_t^3)^2 = \frac{1}{n}\sum_{i=1}^{n}(e_i^3)^2$$

$$E(e_t^1 e_t^2) = \frac{1}{n}\sum_{i=1}^{n}(e_i^1 e_i^2) \quad E(e_t^1 e_t^3) = \frac{1}{n}\sum_{i=1}^{n}(e_i^1 e_i^3) \quad E(e_t^2 e_t^3) = \frac{1}{n}\sum_{i=1}^{n}(e_i^2 e_i^3)$$

5.2.2.2 VMD-AR 误差校正

变分模态分解方法（Variational Mode Decomposition，VMD）最早是由 Dragomiretskiy et al.（2013）提出的一种新的非平稳信号分解估计方法。针对待处理的原始信号数据，该方法采用非递归方法和变分模式分解将其解析为若干波段（IMFs）的模态分量和一个残差序列（R），同时能够更好地平衡各部分存在的噪音。VMD 针对复杂度较高和非线性较强的时间序列问题具有较好的鲁棒性，非常适合用于非平稳残差序列的分解集成，目前广泛应用于径流预报、参数辨识、故障诊断等领域。为降低模型径流预报残差，本书拟采用变分模态分解（VMD）和自回归模型（AR）技术对残差序列进行分解—预测—集成，并基于此提出了一种基于变分模态分解-自回归（VMD-AR）模型的误差耦合矫正方式。

VMD 主要包括变分问题的构造和求解两大部分。首先是变分问题的构造，假设每个子模态均是有中心频率的有限带宽，针对原始径流残差序列 $f(t)$，将其分解为若干有限带宽模态函数 $\{u_k(t)\}$，$k=1,2,\cdots,K$，约束条件为式（5.74），即各模态之和等于输入信号

$f(t)$，主要步骤如下。

步骤1:对每个子模态函数$u_k(t)$进行希尔伯特(Hilbert)变换,然后计算子模态函数的解析信号,进而获得其单边频谱:

$$[\delta(t)+\frac{\mathrm{j}}{\pi t}]\times u_k(t) \tag{5.71}$$

式中:$\delta(t)$——单位脉冲函数。

步骤2:对各子模态函数信号$u_k(t)$与其对应的中心频率的指数项$\mathrm{e}^{-\mathrm{j}\omega_k t}$混叠,将每个子模态的频谱调制到相应的基频带:

$$[(\delta(t)+\frac{\mathrm{j}}{\pi t})\times u_k(t)]\mathrm{e}^{-\mathrm{j}\omega_k t} \tag{5.72}$$

式中:$\mathrm{e}^{-\mathrm{j}\omega_k t}$——各模态函数的中心频率在复平面上的相量描述;

ω_k——各模态函数的中心频率。

步骤3:由高斯平滑法估计各个模态函数的信号带宽,受约束的变分问题的目标函数和约束条件如下:

$$\min_{\{u_k\},\{\omega_k\}}\{\sum_k ||\partial_t[\delta(t)+\frac{\mathrm{j}}{\pi t})\times u_k(t)]\mathrm{e}^{-\mathrm{j}\omega_k t}||^2\} \tag{5.73}$$

$$\text{s. t.} \sum_k u_k = f(t) \tag{5.74}$$

式中:$\{u_k\}=\{u_1,u_2,\cdots,u_K\}$,$\{\omega_k\}=\{\omega_1,\omega_2,\cdots,\omega_K\}$。

步骤4:引入拉格朗日乘子,采用二次惩罚因子α和拉格朗日乘子$\lambda(t)$将其转化为非约束变分问题,由此可得增广拉格朗日函数如下:

$$\begin{aligned}L(\{u_k\},\{\omega_k\},\lambda)=&\alpha\sum_k \|\partial_t[(\delta(t)+\mathrm{j}/\pi t)\times u_k(t)]\mathrm{e}^{-\mathrm{j}\omega_k t}\|_2^2 \\ &+\|f(t)-\sum_k u_k\|_2^2+\langle\lambda,f(t)-\sum_k u_k\rangle\end{aligned} \tag{5.75}$$

式中:当存在高斯噪声时,引入α可保证信号重构精度;

拉格朗日乘子$\lambda(t)$可保证约束条件的严格性。

步骤5:VMD中采用乘法算子交替方向法(Alternate Direction Method of Multipliers, ADMM)求解以上变分问题,通过交替更显模态函数u_k^{n+1}、频率ω_k^{n+1}和拉格朗日乘子λ^{n+1},搜索增广拉格朗日函数的"鞍点",u_k^{n+1}的取值问题可表示为:

$$\hat{u}_k^{n+1}(\omega)=[\hat{f}(\omega)-\sum_{i\neq k}\hat{u}_i(\omega)+\hat{\lambda}(\omega)/2]/[1+2\alpha(\omega-\omega_k)^2] \tag{5.76}$$

$$\omega_k^{k+1}(\omega)=\int_0^{+\infty}\omega\,|\hat{u}_k(\omega)|^2\mathrm{d}\omega/\int_0^{+\infty}|\hat{u}_k(\omega)|^2\mathrm{d}\omega \tag{5.77}$$

$$\hat{\lambda}^{n+1}(\omega)=\hat{\lambda}^n(\omega)+\tau(\hat{f}(\omega)-\sum_{i\neq k}\hat{u}_k^{n+1}(\omega)) \tag{5.78}$$

式中:n——迭代次数;

τ——噪声容忍度,满足信号分解的保真度要求;

$\hat{y}_k^{n+1}(\omega)$、$\hat{u}_i(\omega)$、$\hat{f}(\omega)$、$\hat{\lambda}(\omega)$——$u_k^{n+1}(t)$、$u_i(t)$、$f(t)$、$\lambda(t)$的傅里叶变换形。

步骤 6:给定求解精度 ε ,设置 VMD 模型迭代终止的条件。

$$\sum_{k=1}^{K} \frac{\| \hat{u}_k^{n+1} - \hat{u}_k^n \|_2^2}{\| \hat{u}_k^n \|_2^2} < \varepsilon \tag{5.79}$$

基于变分模态分解和 AR 自回归(VDM-AR)误差校正模型流程如图 5.21 所示。

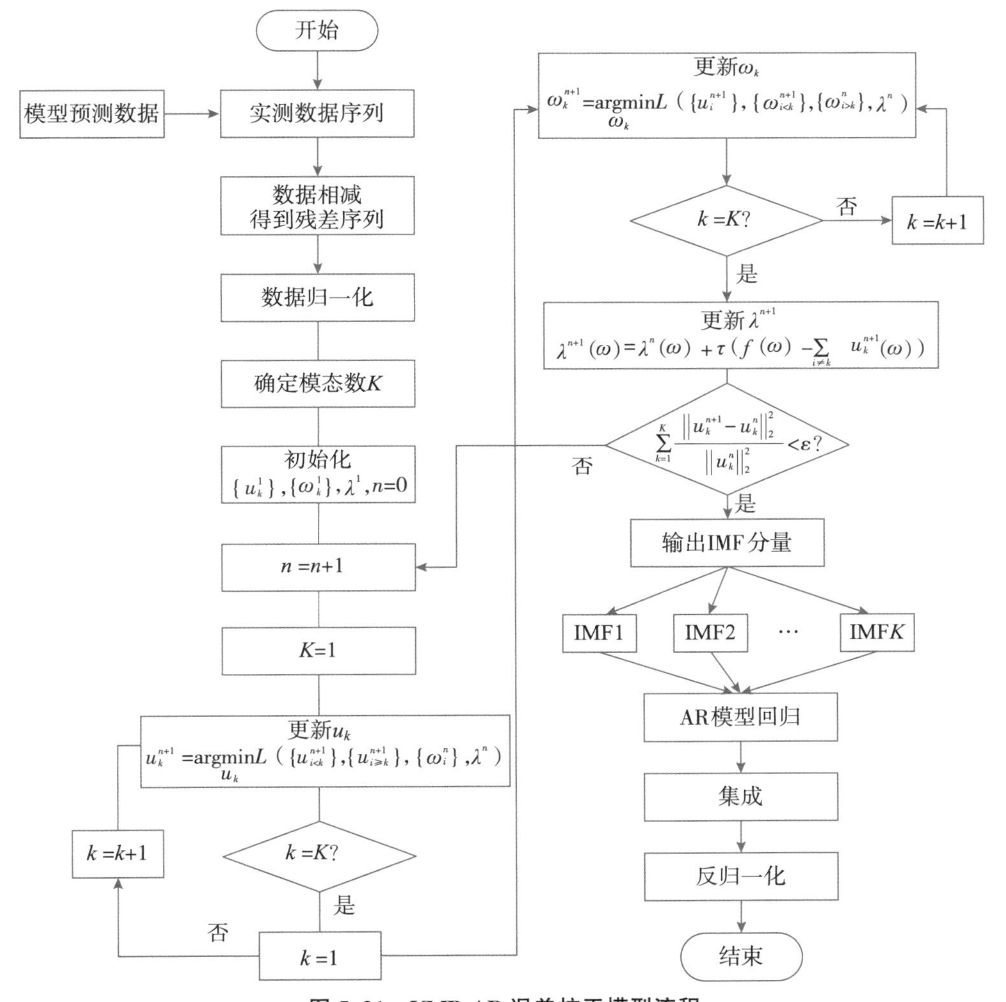

图 5.21　VMD-AR 误差校正模型流程

当利用 VMD 对时间序列数据进行信号分解时,子模态数 K 是提前已经确定的。子模态数 K 对于信号分解效果影响较大,K 值过大或者过小,均会对信号分解精度产生影响。当 K 值过大时,会导致频率的过度分解,各模态中心频率聚集效应,易产生模态重叠,出现虚假分量信息。反之当 K 值过小时,会导致分解不充分,部分固有模态分量容易被忽略。本书通过测试不同子模态数 K 下的误差耦合校正效果,最终确定适合本流域的 VMD-AR 子模态分解数 K 值为 6。

5.2.3　实例验证及结果分析

根据上节所提出的预报因子筛选和降维方法、径流预报模型和误差耦合校正方法，本节对雅砻江流域划分的六个子区间的月尺度历史径流数据、气象因子数据、气候指数数据等进行初筛降维，进而对径流过程进行建模预测和误差校正。

5.2.3.1　因子筛选结果分析

针对雅砻江流域各子区间 1958—2018 年共计 61 年的月尺度历史径流数据、气象因子和气候指数数据，本节对其进行 Pearson 相关系数分析，初筛得到各子区间的强相关性因子，再通过随机森林得到强相关性因子的重要度评价值，以此来确定各子区间最终的预报因子。

(1)预报因子初筛结果分析

根据雅砻江流域各子区间 1958—2018 年月尺度初筛预报因子数据，选取前 15 个月历史平均流量（*T*-1*Q*～*T*-15*Q*）、前 2 年历史同期评价流量（YEAR-1*Q*、YEAR-3*Q*）、6 个历史同期的面平均露点温度、平均降水量、平均站压、平均气温、平均能见度、平均风速数据集（MF1～MF6）和 130 项气候指数数据（CI1～CI130）作为待选预报因子进行 Pearson 相关系数分析，依据表 3-1 所提出的相关性与相关程度表，选取强相关性因子作为本区间的预报因子，即相关系数绝对值 $|R|>0.6$。图 5.22 和图 5.23 分别给出了各个子区间历史径流相关系数热力图和气象因子相关系数雷达图。

由图 5.22 可知，两河口以上相关系数绝对值为 0.0200～0.7662，强相关性因子共 6 个；两河口—杨房沟区间相关系数绝对值为 0.0041～0.7467，强相关性因子共 4 个；杨房沟—锦西区间相关系数绝对值为 0.0845～0.7201，强相关性因子共 4 个；锦西—官地区间相关系数绝对值为 0.0040～0.8237，强相关性因子共 7 个；官地—二滩区间相关系数绝对值为 0.0365～0.7415，强相关性因子共 4 个；二滩—桐子林区间相关系数绝对值为 0.0298～0.7532，强相关性因子共 4 个。

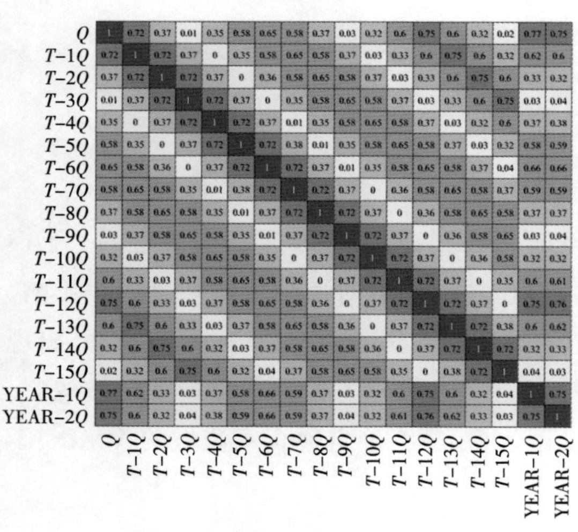

(a)两河口以上

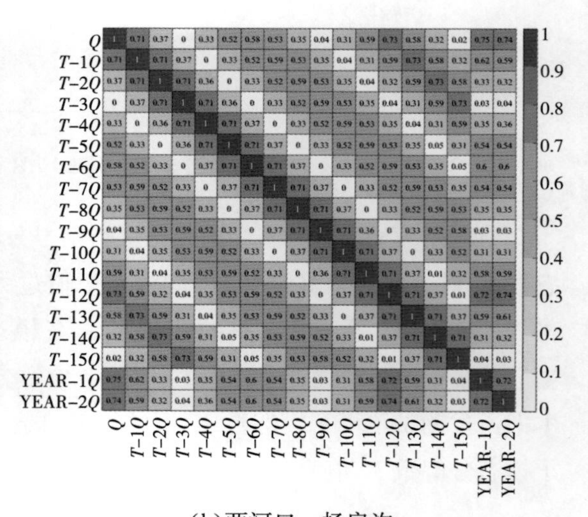

(b)两河口—杨房沟

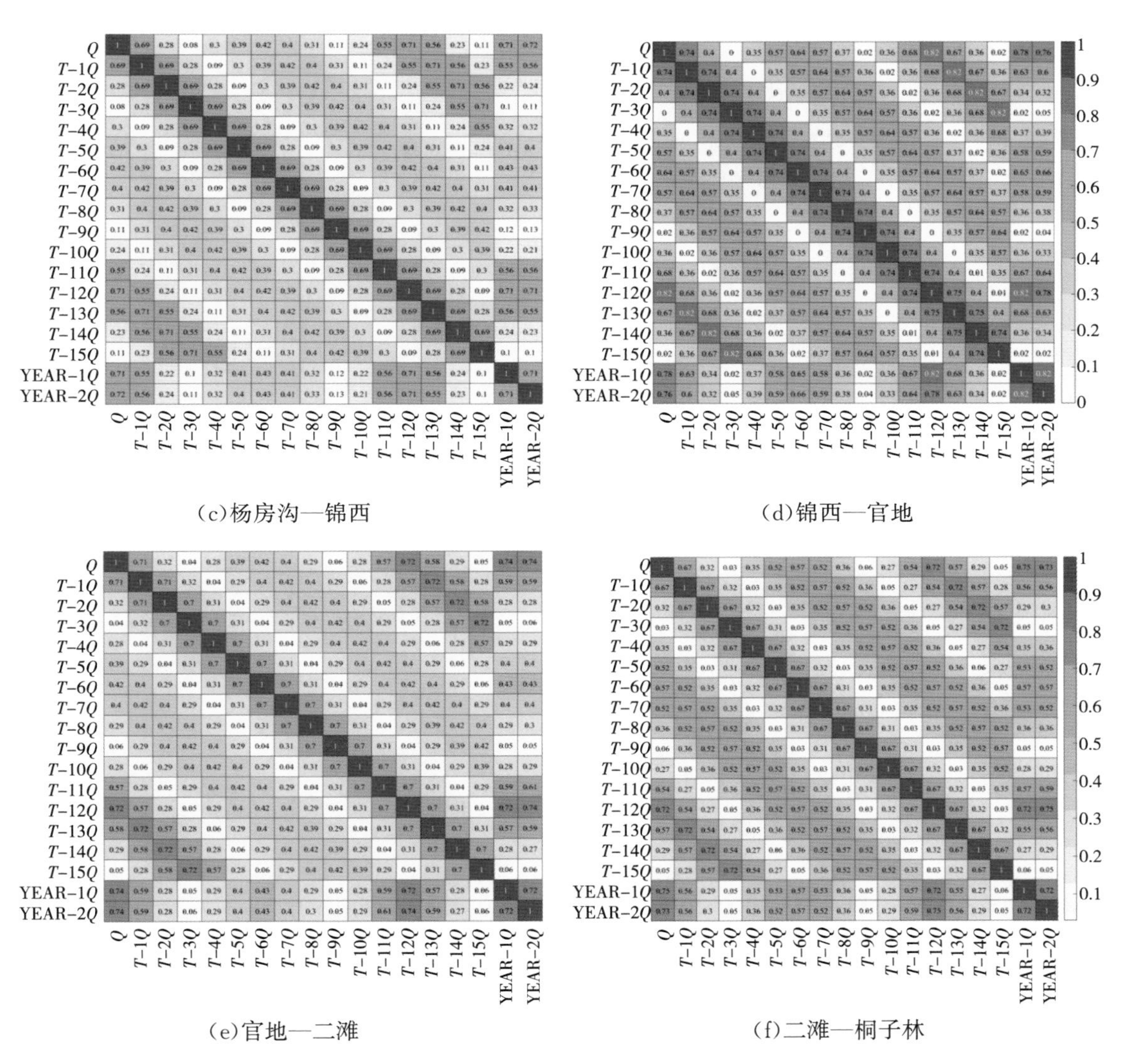

(c)杨房沟—锦西　(d)锦西—官地

(e)官地—二滩　(f)二滩—桐子林

图5.22　历史径流Pearson相关系数热力图

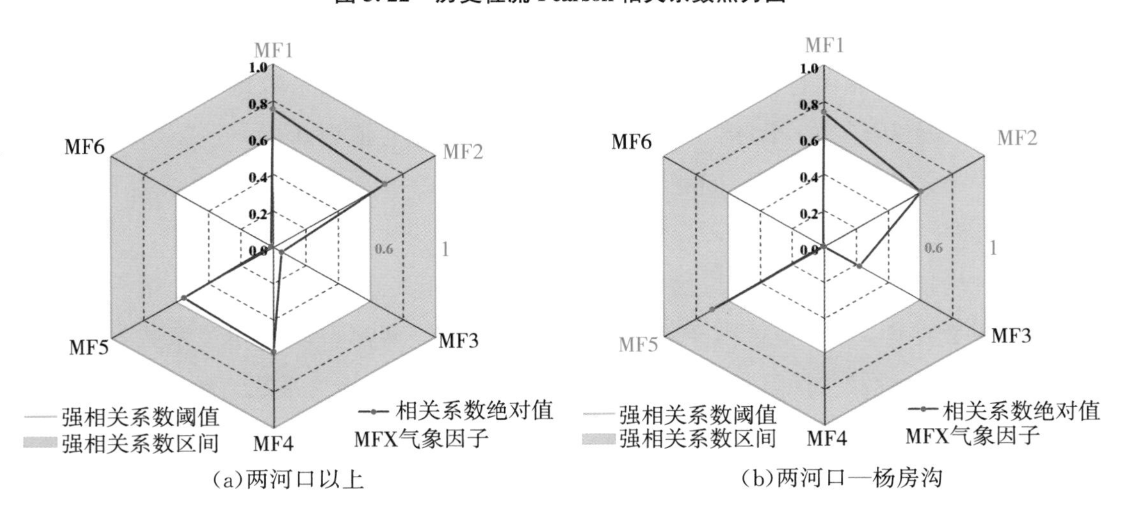

(a)两河口以上　(b)两河口—杨房沟

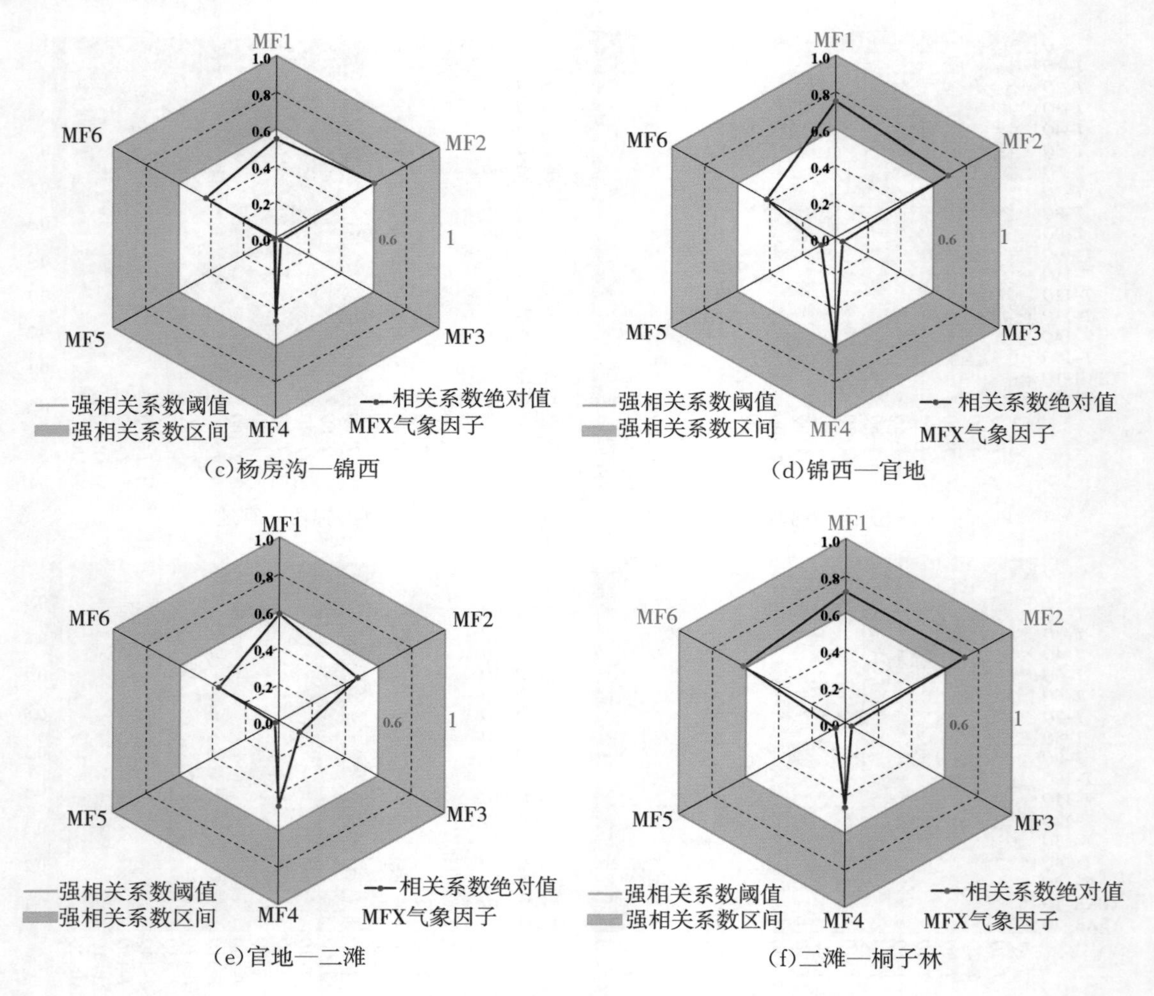

图 5.23　气象因子相关系数雷达图

在气象因子相关性分析数据中，每个因子编号为 MF1～MF6。两河口以上相关系数绝对值为 0.0121～0.7558，强相关性因子共 2 个；两河口—杨房沟区间相关系数绝对值为 0.0057～0.7410，强相关性因子共 3 个；杨房沟—锦西区间相关系数绝对值为 0.0113～0.6026，强相关性因子共 1 个；锦西—官地区间相关系数绝对值为 0.0446～0.7501，强相关性因子共 3 个；二滩—桐子林区间相关系数绝对值为 0.0384～0.7156，强相关性因子共 3 个。

由于气候指数初筛因子数目过多，130 项气候指数相关系统图并未给出。在气候指数相关性分析数据中，每个指数因子编号为 CI1～CI130。两河口以上相关系数绝对值为 0.0013～0.8437，强相关性因子共 43 个；两河口—杨房沟区间相关系数绝对值为 0.0002～0.8208，强相关性因子共 36 个；杨房沟—锦西区间相关系数绝对值为 0.0022～0.7377，强相关性因子共 25 个；锦西—官地区间相关系数绝对值为 0.0004～0.8355，强相关性因子共 34

个;官地—二滩区间相关系数绝对值为0.0077～0.7150,强相关性因子共16个;二滩—桐子林区间相关系数绝对值为0.0009～0.7835,强相关性因子共25个。

综上所述,将通过Pearson相关系数初筛得到的各个子区间预报因子进行整理汇总,得到强相关性的预报因子集合,各子区间初筛后的具体预报因子如表5.10所示。

表5.10 各子流域初筛后预报因子数

子流域区间	预报因子数	子流域区间	预报因子数
两河口以上	51	锦西—官地	45
两河口—杨房沟	43	官地—二滩	20
杨房沟—锦西	31	二滩—桐子林	32

(2)预报因子降维结果分析

为解决模型输入维数过多而造成训练较慢或过拟合问题,需要对输入模型维数进行降维。以两河口以上区间为例,将经Pearson相关系数初筛后得到的51个预报因子作为输入变量,同时划分训练集和检验集。通过随机森林模型对输入变量进行模型训练,得到51个因子的重要度评价值,最后选取其中重要度评价值较大的因子作为各子区间最终的输入因子,图5.24给出了不同子区间的因子重要度评价值柱形图。

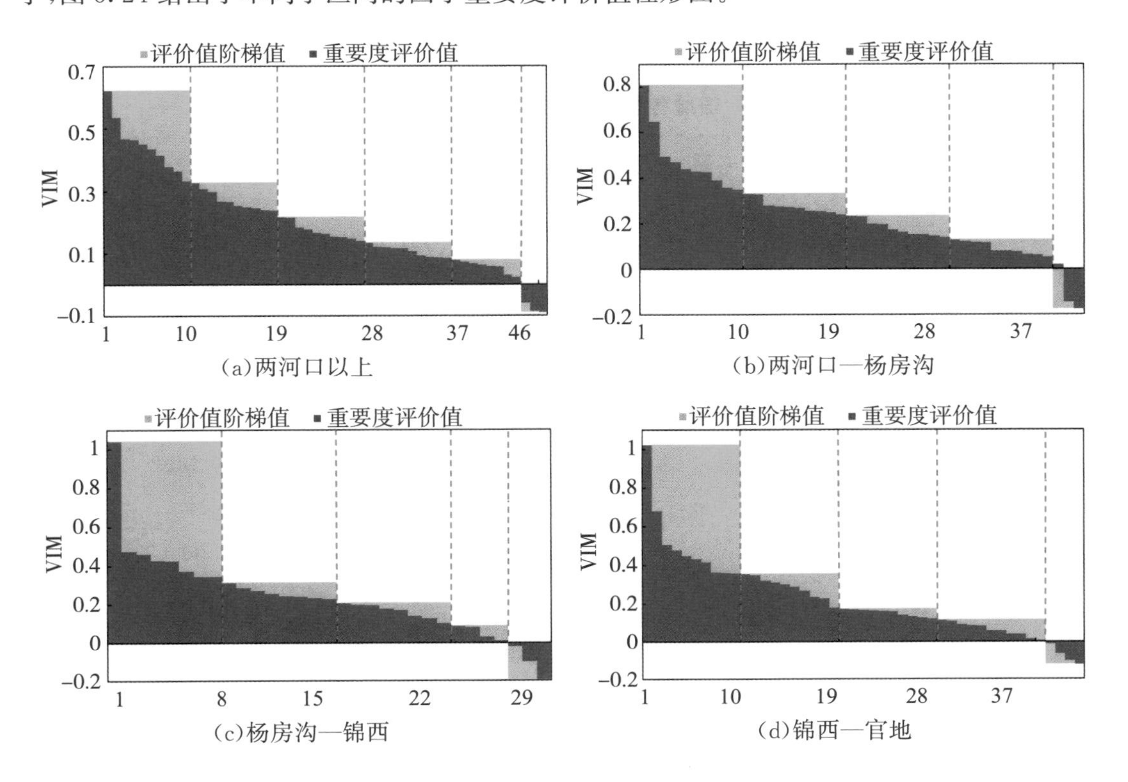

(a)两河口以上 (b)两河口—杨房沟

(c)杨房沟—锦西 (d)锦西—官地

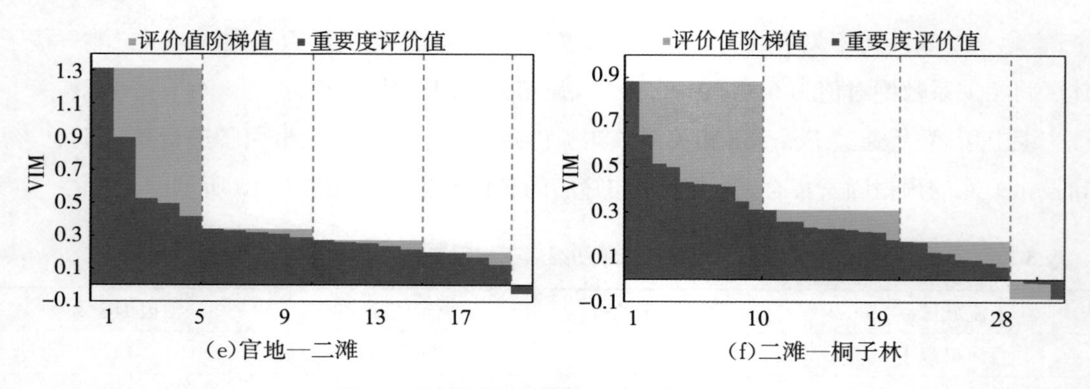

图 5.24 流域子区间重要度评价值排序

将雅砻江流域各子区间的预报因子重要度评价值从高到低依次排序，并根据排序值绘制出重要度评价值柱形图，以此作为主要参考确定各子区间的预报因子个数。两河口以上区间待选预报因子重要度评价值为－0.0914～0.6212，确定的预报因子数为 10 个；两河口—杨房沟区间待选预报因子重要度评价值为－0.1767～0.8088，确定的预报因子数为 10 个；杨房沟—锦西区间待选预报因子重要度评价值为－0.1960～1.0426，确定的预报因子数为 8 个；锦西—官地区间待选预报因子重要度评价值为－0.1243～1.0218，确定的预报因子数为 10 个；官地—二滩区间待选预报因子重要度评价值为－0.0501～1.3126，确定的预报因子数为 5 个；二滩—桐子林区间待选预报因子重要度评价值为－0.0856～0.8815，确定的预报因子数为 10 个。各子区间最终的预报因子如表 5.11 所示。

表 5.11 流域各子区间复筛后预报因子

流域子区间	预报因子数	预报因子
两河口以上	10	*T*-1*Q*、CI24、YEAR-2*Q*、CI33、YEAR-3*Q* CI25、*T*-12*Q*、*T*-6*Q*、CI27、CI44
两河口—杨房沟	10	*T*-1*Q*、CI24、CI27、CI65、CI33 MF2、YEAR-2*Q*、CI58、CI31、CI25
杨房沟—锦西	8	*T*-1*Q*、CI31、YEAR-3*Q*、*T*-12*Q* CI25、CI24、CI64、CI29
锦西—官地	10	*T*-1*Q*、*T*-12*Q*、YEAR-2*Q*、CI33、MF2 CI44、CI27、CI23、T-13*Q*、CI24
官地—二滩	5	*T*-1*Q*、YEAR-2*Q*、YEAR-3*Q*、*T*-12*Q*、CI31
二滩—桐子林	10	*T*-1*Q*、YEAR-3*Q*、MF2、CI22、CI33 MF1、*T*-12*Q*、YEAR-2*Q*、CI31、CI26

5.2.3.2 模型预报结果分析

结合雅砻江流域各子区间预报因子筛选降维结果，本节将输入因子 1961—2003 数据作为率定期，2004—2018 年数据作为检验期，以此来验证所建模型在本流域的适用性和可靠度，进而得到六个子区间的月尺度径流预报过程，同时给出了不同预报模型下检验期径流预报评价指标。各子区间的评定结果和流量过程如下所述。

(1)两河口以上区间径流预报结果

根据上节可知两河口以上区间径流预报模型输入因子数为10，各模型预报结果评价指标如表5.12所示，检验期径流预报过程如图5.25所示。由表5.12可知，各模型预报效果确定性系数为0.7646～0.8698，均方根误差为200.1515～291.3500，平均绝对误差百分比为0.1861～0.2650，洪量相对误差为0.0002～0.0704。从整体上看，各模型率定期确定性系数均大于0.8，检验期确定性系数均大于0.75，预报精度等级为乙级；且各模型预报效果相差不大，LSTM预报效果最佳，其依次为SVM和GPR。结合图5.25可知，各模型在洪峰拟合效果上均较差，预报值均偏小，汛期预报效果较差，枯水期预报效果较好，对于流量值较小的径流过程模型拟合程度较高，当流量值过大时，实测值与预测值之间偏差较大。

表5.12　两河口区间各模型评价指标计算结果

评价指标	率定期			检验期		
	GPR	LSTM	SVM	GPR	LSTM	SVM
DC	0.8025	0.8698	0.8253	0.7646	0.7975	0.7734
RMSE/(m^3/s)	246.4743	200.1515	231.8622	291.3500	269.2291	284.7917
MAPE	0.2106	0.2006	0.1994	0.2146	0.2650	0.1861
VRE	0.0002	0.0048	0.0022	0.0704	0.0042	0.0591

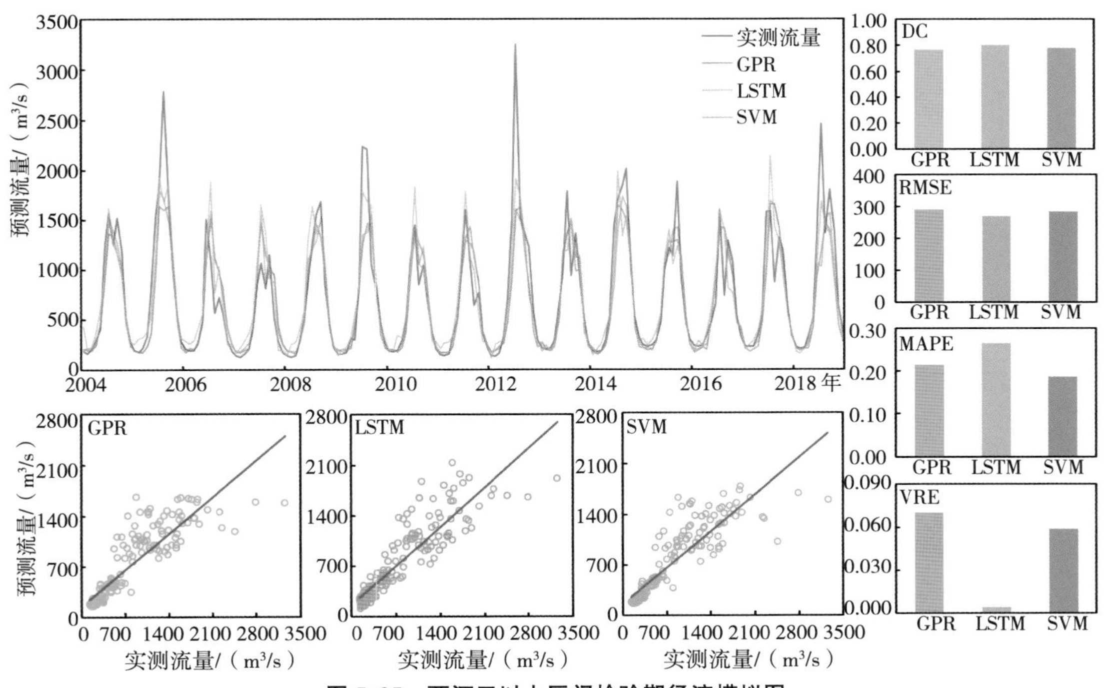

图5.25　两河口以上区间检验期径流模拟图

(2)两河口—杨房沟区间径流预报结果

根据上节可知两河口—杨房沟区间模型输入因子数为10,各模型预报结果评价指标如表5.13所示,检验期径流预报过程如图5.26所示。由表5.13可知,各模型预报效果确定性系数为0.7923～0.9046,均方根误差为58.2824～85.9314,平均绝对误差百分比为0.1801～0.5465,洪量相对误差为0.0011～0.0428。从整体上看,各模型率定期确定性系数均大于0.8,检验期确定性系数维持在0.8左右,SVM检验期确定性系数甚至达到0.85,预报精度等级为乙级;且各模型预报效果相差不大,SVM预报效果最佳,其后依次为LSTM和GPR。结合图5.26可知,各模型在洪峰拟合效果上均不理想,洪峰预报值均偏小;GPR和LSTM在枯水期的预报值相比于SVM均偏大,对于流量值较小的径流过程模型拟合程度不如SVM;当流量值过大时,各个模型的实测值与预测值之间偏差均较大。

表5.13 两河口—杨房沟区间各模型评价指标计算结果

评价指标	率定期			检验期		
	GPR	LSTM	SVM	GPR	LSTM	SVM
DC	0.8438	0.9046	0.8374	0.7923	0.8123	0.8578
RMSE/(m^3/s)	74.5718	58.2824	76.0890	85.9314	81.6061	71.0312
MAPE	0.1946	0.1801	0.1848	0.5465	0.5409	0.3516
VRE	0.0011	0.0074	0.0195	0.0428	0.0353	0.0018

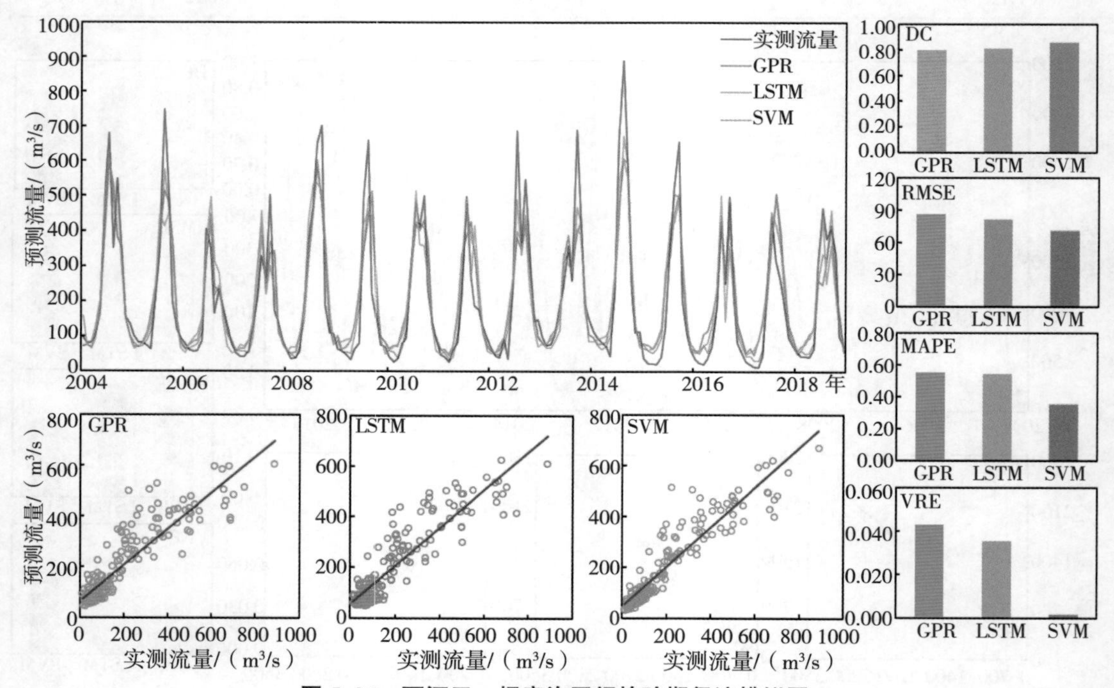

图5.26 两河口—杨房沟区间检验期径流模拟图

(3)杨房沟—锦西区间径流预报结果

根据上节可知杨房沟—锦西区间输入因子数为8,各模型预报评价指标如表5.14所示,检验期径流预报过程如图5.27所示。由表5.14可知,各模型预报效果确定性系数为0.7760~0.8343,均方根误差为106.3400~176.4425,平均绝对误差百分比为0.2116~0.3417,洪量相对误差为0.0001~0.0625。从整体上看,各模型率定期确定性系数均大于0.75,检验期确定性系数均在0.8左右,预报精度等级为乙级;且各模型预报效果相差不大,SVM预报效果最佳,其后依次为LSTM和GPR。结合图5.27可知,各模型在枯水期的拟合效果均优于汛期,径流值偏小时拟合度较高,径流值偏大时拟合度较差,其中SVM在枯水期的拟合效果要略优于LSTM和GPR。

表5.14 杨房沟—锦西区间各模型评价指标计算结果

评价指标	率定期			检验期		
	GPR	LSTM	SVM	GPR	LSTM	SVM
DC	0.7760	0.7824	0.7810	0.7960	0.7974	0.8343
RMSE/(m^3/s)	176.4425	173.9139	174.4748	117.9955	117.5684	106.3400
MAPE	0.3417	0.3396	0.2788	0.2781	0.2867	0.2116
VRE	0.0001	0.0006	0.0625	0.0076	0.0151	0.0625

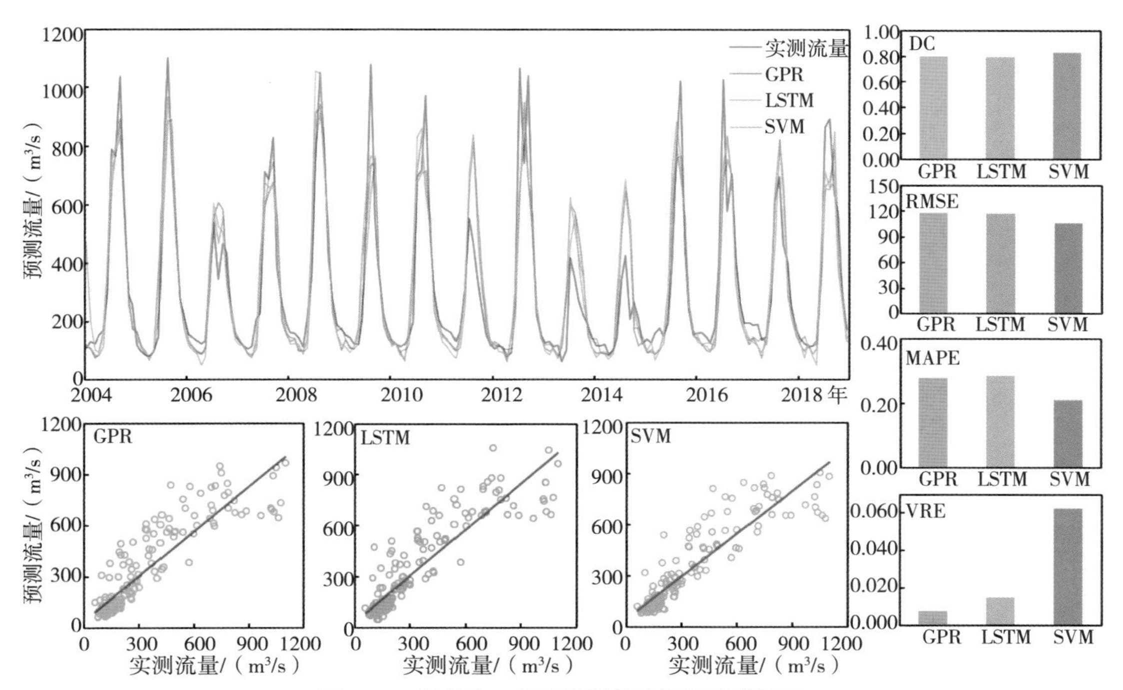

图5.27 杨房沟—锦西区间检验期径流模拟图

(4)锦西—官地区间径流预报结果

根据上节可知,锦西—官地区间径流预报模型输入因子数为10,各模型预报评价指标如表5.15所示,检验期径流预报过程如图5.28所示。由表5.15可知,各模型预报确定性系数为0.8711～0.9096,均方根误差为54.1624～66.9453,平均绝对误差百分比为0.1045～0.1533,洪量相对误差为0.0001～0.0078。从整体上看,各模型率定期和检验期确定性系数维持在0.9左右,预报精度等级为乙级;且各模型预报效果相差不大,SVM预报效果最佳,其后依次为LSTM和GPR。结合图5.28可知,各模型在汛期和枯水期的拟合效果上均较优,洪峰预报值略微偏小。

表5.15 锦西—官地区间各模型评价指标计算结果

评价指标	率定期			检验期		
	GPR	LSTM	SVM	GPR	LSTM	SVM
DC	0.8826	0.9096	0.8776	0.8711	0.8832	0.8976
RMSE/(m^3/s)	61.7392	54.1624	63.0222	66.9453	63.7249	59.6745
MAPE	0.1095	0.1085	0.1045	0.1411	0.1533	0.1211
VRE	0.0001	0.0112	0.0078	0.0013	0.0015	0.0048

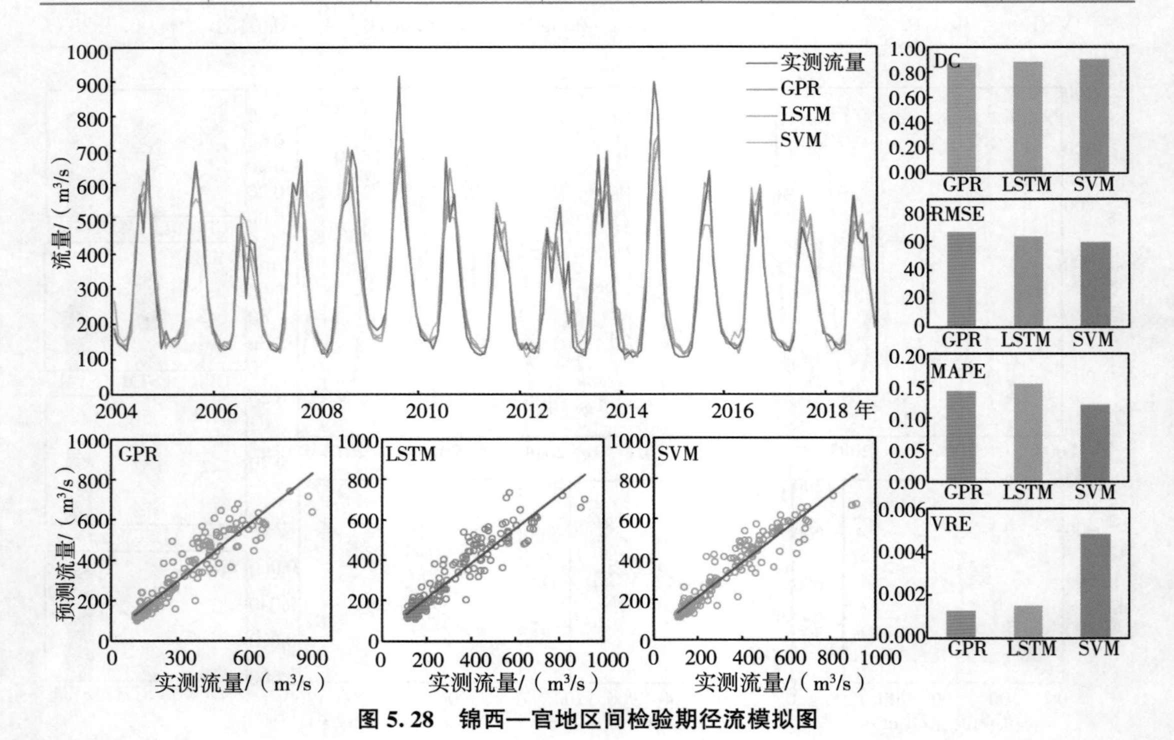

图5.28 锦西—官地区间检验期径流模拟图

(5)官地—二滩区间径流预报结果

根据上节可知,官地—二滩区间径流预报模型输入因子数为5,各模型预报评价指标如

表5.16所示，检验期径流预报过程如图5.29所示。由表5.16可知，各模型预报效果确定性系数为0.5699～0.7688，均方根误差为87.1696～129.6235，平均绝对误差百分比为0.3213～0.6334，洪量相对误差为0.0001～0.1224。从整体上看，各模型率定期确定性系数均大于0.7，检验期确定性系数均较小，可能与二滩水库调蓄有关，枯水期流量呈现锯齿状；其中SVM预报效果略微优于LSTM和GPR。结合图5.29可知，各模型在汛期和枯水期上的拟合效果上均较差，实测流量的非稳态结构干扰模型预报效果，导致实测值和预测值偏离程度较大。

表5.16 官地-二滩区间各模型评价指标计算结果

评价指标	率定期			检验期		
	GPR	LSTM	SVM	GPR	LSTM	SVM
DC	0.7518	0.7688	0.7087	0.5699	0.5771	0.5990
RMSE/(m^3/s)	119.6583	115.4872	129.6235	90.8596	89.5228	87.1696
MAPE	0.4005	0.3777	0.3213	0.6334	0.6298	0.4848
VRE	0.0001	0.0005	0.1087	0.1210	0.1224	0.0245

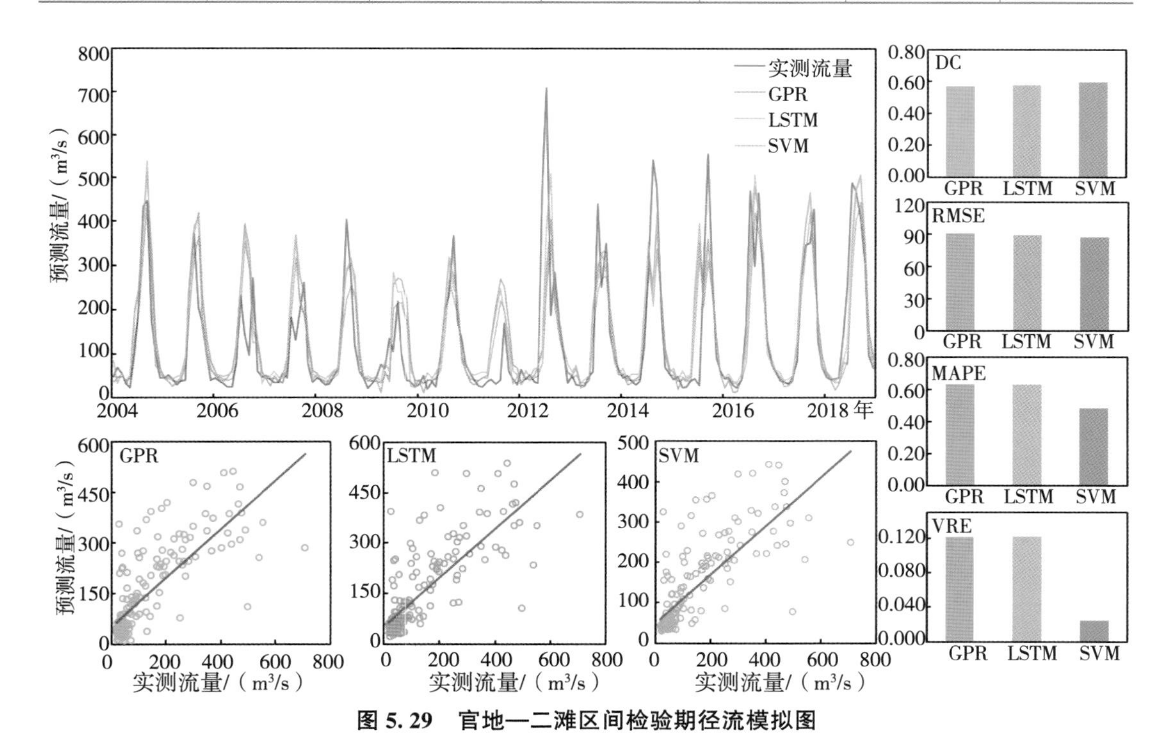

图5.29 官地—二滩区间检验期径流模拟图

(6)二滩—桐子林区间径流预报结果

根据上节可知二滩—桐子林区间输入因子数为10，各模型预报结果评价指标如表5.17所示，检验期径流预报过程如图5.30所示。由表5.17可知，各模型确定性系数为0.7655～

0.8931，均方根误差为74.9679～88.3287，平均绝对误差百分比为0.1805～0.2495，洪量相对误差为0.0001～0.0347。从整体上看，各模型率定期确定性系数均大于0.85，检验期确定性系数均大于0.75，预报效果较好；各模型预报效果相差不大，SVM预报效果最佳，其后依次为LSTM和GPR。结合图5.30可知，各模型在枯水期的拟合效果均优于汛期，径流值偏小时拟合度较高，径流值偏大时拟合度较差，其中SVM在枯水期的拟合效果要优于LSTM和GPR。

表5.17　二滩—桐子林区间各模型评价指标计算结果

评价指标	率定期			检验期		
	GPR	LSTM	SVM	GPR	LSTM	SVM
DC	0.8836	0.8931	0.8589	0.7655	0.7694	0.8102
RMSE/(m^3/s)	80.2071	76.8848	88.3287	83.3745	82.6341	74.9679
MAPE	0.2448	0.2080	0.2065	0.2390	0.2495	0.1805
VRE	0.0001	0.0082	0.0347	0.0210	0.0271	0.0091

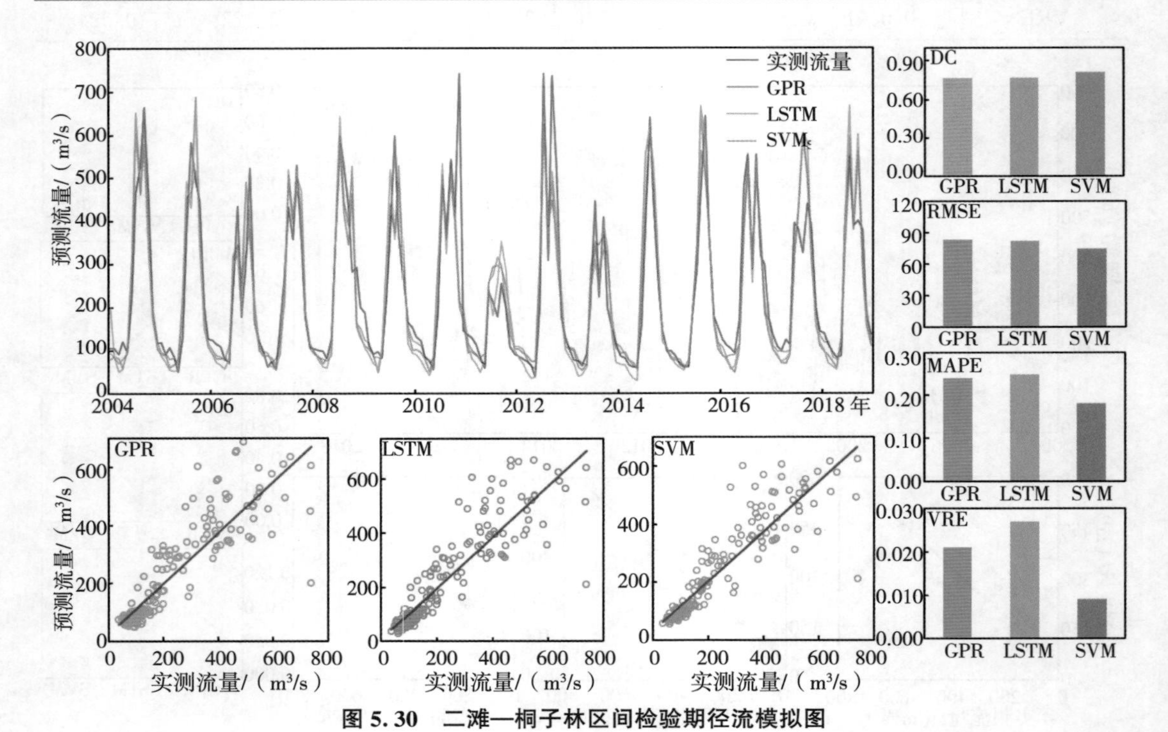

图5.30　二滩—桐子林区间检验期径流模拟图

总体而言，基于气—海—陆数据驱动的雅砻江流域中长期径流预报模型在两河口以上、两河口—杨房沟、杨房沟—锦西、锦西—官地、官地—二滩和二滩—桐子林六个子区间的预报效果均较好，检验期的预报值和实测值的拟合程度均较高，但是对于洪峰过程的拟合程度偏差较大，不能很好地反映汛期流量过程，整体上SVM的径流预报结果要略优于LSTM和

GPR，该模型在雅砻江流域的适用性更强。但是模型预报值与实测值的残差值随着实测流量的增加有着增大的趋势，实测流量越大，残差值越大，因此有必要对模型残差序列进行误差耦合校正，以提高模型整体预报精度。

5.2.3.3　误差耦合校正分析

为降低径流预报模型误差，提高流域整体的径流预报精度。本节针对预报模型残差序列提出了基于VMD-AR的误差耦合校正方法，得到雅砻江流域六个子区间误差校正后的径流预报结果，并给出了两种校正模型检验期径流预报确定性系数（DC）、均方根误差（RMSE）、平均绝对误差百分比（MAPE）和洪量相对误差（VRE）四种评价指标，通过与串并联耦合校正效果进行对比分析，以验证该误差校正方法的适用性。各子区间的评定结果和流量过程如下所述。

（1）两河口以上区间径流预报误差校正结果

由两河口以上区间1958—2018年径流实测值和预报值得到其残差序列，并通过变分模态分解方法对各模型预报残差序列进行模态分解。在进行VMD模态分解时，模态数K设置为6，惩罚因子α值选取为2500，噪声容忍度τ设置为0.3，进而得到GPR、LSTM和SVM对应的六个残差序列模态分量IMF1～IMF6。该子区间的径流预测残差序列模态分解结果如图5.31所示。由图可知，模态分量IMF1振幅最大，走势平缓，易于寻找其规律性；模态分量IMF2～IMF4规律性好，周期性明显。

对上述残差序列变分模态分解后得到的各模态分量进行误差耦合校正，校正后两河口以上区间各模型径流预报结果评价指标如表5.18所示，检验期径流预报过程如图5.32所示，误差耦合校正中不区分率定期和检验期，但是为了与未校正前的评价指标进行对比，本节进行了划分。由表5.18可知，串并联耦合校正方法将径流预报确定性系数提高至0.8左右，均方根误差降低至265左右，误差校正后区间整体径流预报精度有所提高，预报精度等级为乙级。VMD-AR误差校正方式将各模型径流预报确定性系数提高到0.9426～0.9622，均方根误差降低到116.3756～143.4054，各模型检验期径流拟合程度均较好，确定性系数均达到了0.9以上，预报精度等级提升为甲级。结合图5.32可知，VMD-AR误差校正方法对于汛期洪峰的拟合程度较好，对枯水期的径流拟合程度较差，相反串并联耦合方式在汛期洪峰的拟合上表现不佳，其预测值偏小。在枯水期低流量状态下VMD-AR误差校正方法的预报流量曲线出现了锯齿状结构，这是VMD-AR误差校正方法在流量较小时校正误差较大所导致的。

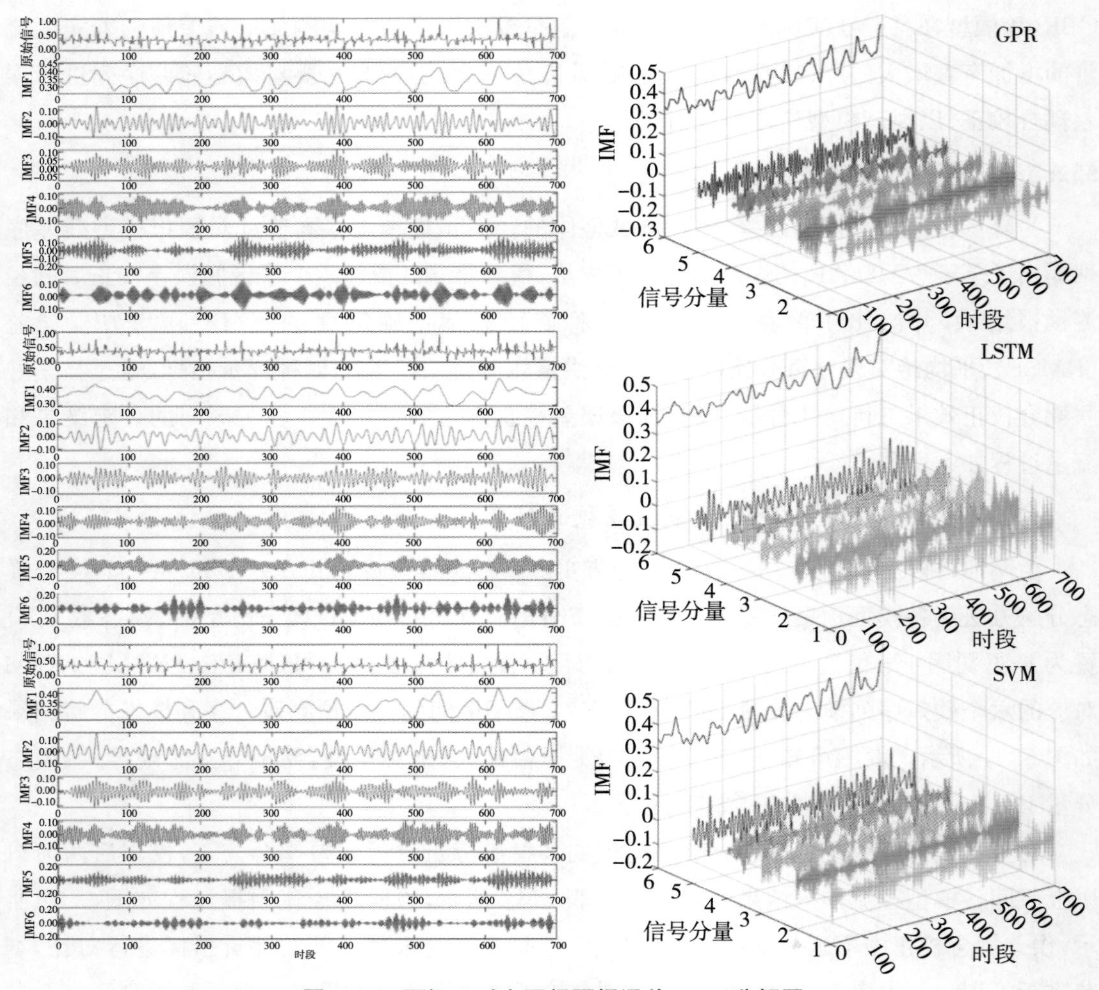

图 5.31　两河口以上区间预报误差 VMD 分解图

表 5.18　两河口以上误差耦合矫正后评价指标计算结果

耦合校正模型		时期	DC	RMSE/(m^3/s)	MAPE	VRE
串并联		率定期	0.8697	200.2588	0.2014	0.0099
		检验期	0.8032	265.4509	0.2689	0.0112
VMD-AR	GPR	率定期	0.9497	124.3949	0.2635	0.0057
		检验期	0.9426	143.4054	0.2669	0.0008
	LSTM	率定期	0.9708	94.7555	0.2234	0.0038
		检验期	0.9622	116.3756	0.2528	0.0051
	SVM	率定期	0.9651	103.6046	0.2391	0.0070
		检验期	0.9524	130.5407	0.2556	0.0101

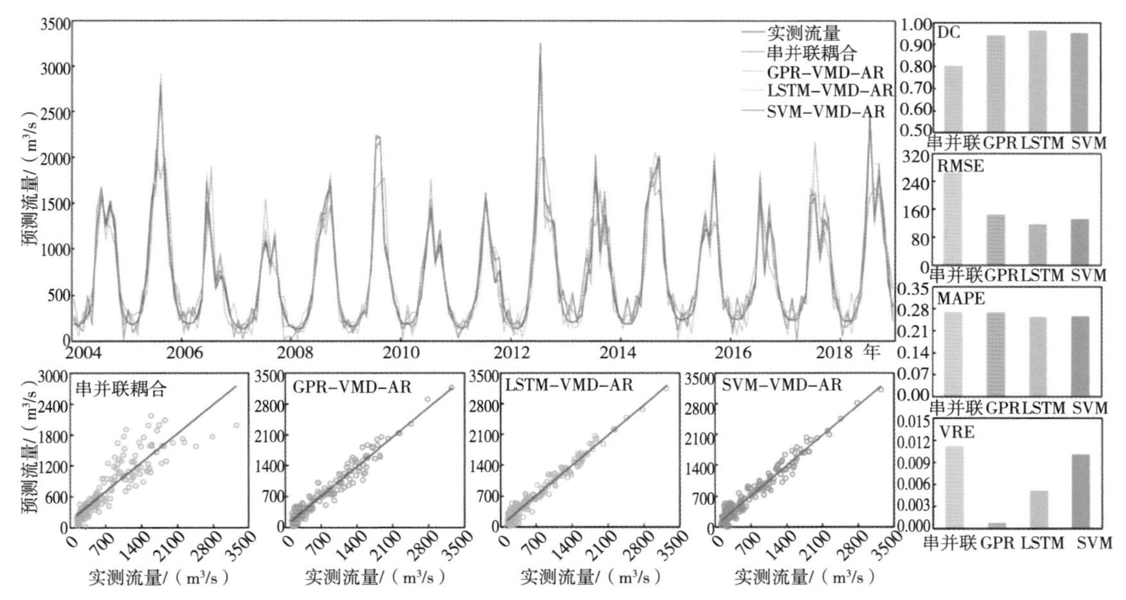

图 5.32　两河口以上预报误差校正后检验期径流模拟图

(2)两河口—杨房沟区间径流预报误差校正结果

由两河口—杨房沟区间 1958—2018 年径流实测值和预报值得到其残差序列，通过变分模态分解方法对各模型预报残差序列进行模态分解。该子区间的径流预测残差序列模态分解结果如图 5.33 所示，由图可知，模态分量 IMF1 振幅最大，走势平缓，易于寻找其规律性；模态分量 IMF2～IMF4 规律性好，周期性明显。

对上述残差序列变分模态分解后得到的各模态分量进行误差耦合校正，校正后两河口—杨房沟区间各模型径流预报结果评价指标如表 5.19 所示，检验期径流预报过程如图 5.34 所示。由表 5.19 可知，串并联耦合校正方法将径流预报确定性系数提高至 0.86 左右，均方根误差降低至 68 左右，误差校正后区间整体径流预报精度有所提高，预报精度等级为乙级。VMD-AR 误差校正方式将各模型径流预报确定性系数 DC 提高到 0.9610～0.9660，均方根误差降低到 34.7382～37.2025，各模型检验期径流拟合程度均较好，确定性系数均达到了 0.95 以上，预报精度等级提升为甲级。结合图 5.34 可知，VMD-AR 误差校正方法对于汛期洪峰的拟合程度较好，对枯水期的径流拟合程度较差，相反串并联耦合方式在汛期洪峰的拟合上表现不佳，其预测值偏小。在枯水期低流量状态下 VMD-AR 误差校正方法的预报流量曲线仍然出现了锯齿状结构。

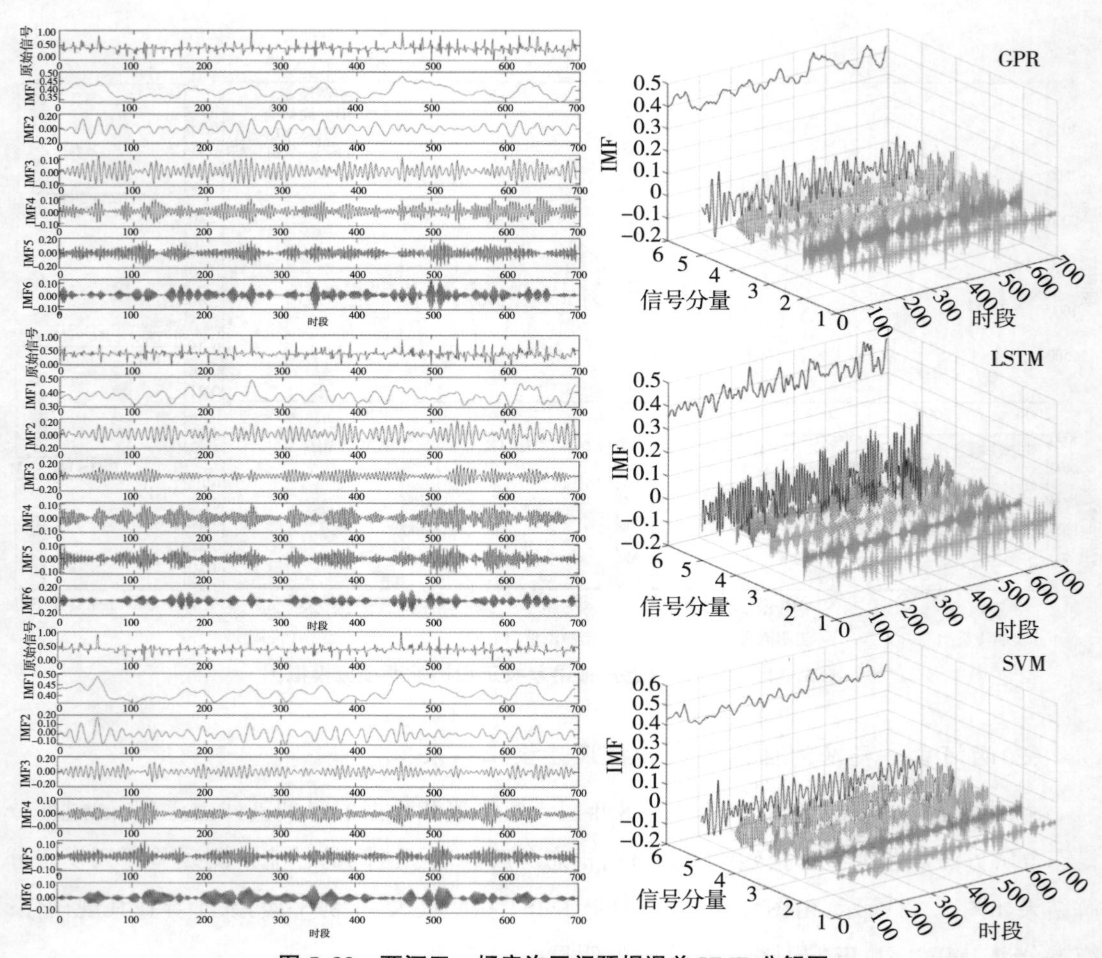

图 5.33 两河口—杨房沟区间预报误差 VMD 分解图

表 5.19 两河口—杨房沟区间预报误差耦合矫正后评价指标计算结果

耦合校正模型		时期	DC	RMSE/(m³/s)	MAPE	VRE
串并联		率定期	0.9105	56.4404	0.1863	0.0074
		检验期	0.8668	68.7345	0.3635	0.0026
VMD-AR	GPR	率定期	0.9700	32.6578	0.2220	0.0030
		检验期	0.9610	37.2025	0.3414	0.0142
	LSTM	率定期	0.9808	26.1763	0.1726	0.0022
		检验期	0.9635	36.0064	0.3384	0.0087
	SVM	率定期	0.9641	35.7603	0.2524	0.0044
		检验期	0.9660	34.7382	0.3255	0.0125

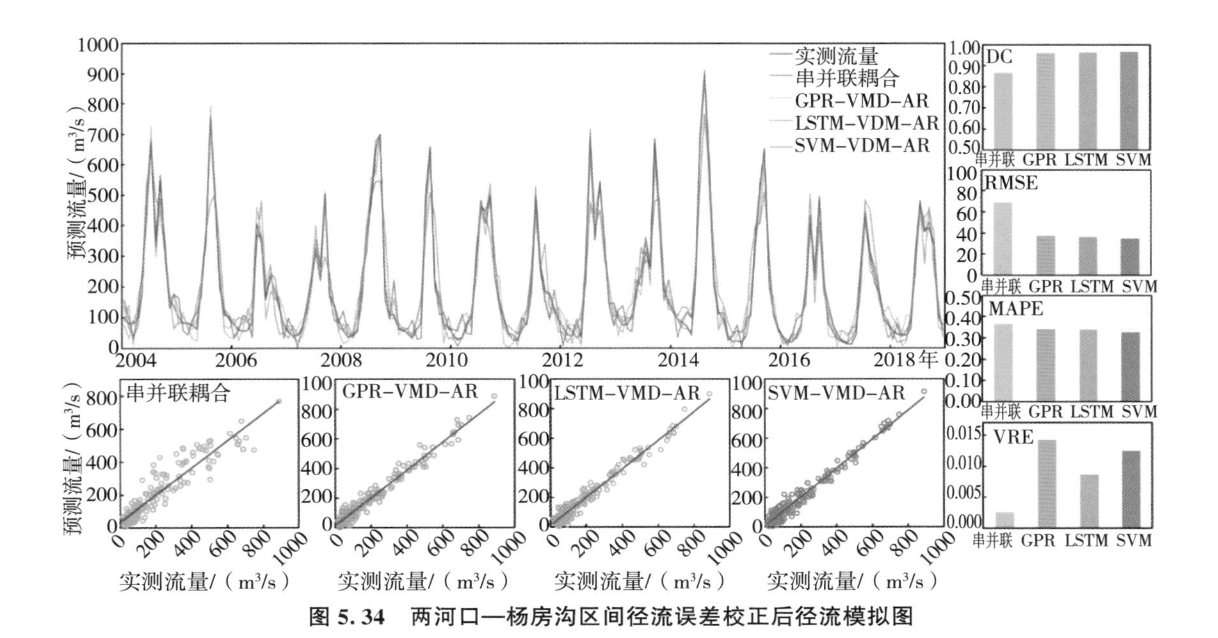

图 5.34　两河口—杨房沟区间径流误差校正后径流模拟图

(3)杨房沟—锦西区间径流预报误差校正结果

由杨房沟—锦西区间 1958—2018 年径流实测值和预报值得到其残差序列，并通过变分模态分解方法对各模型预报残差序列进行模态分解。该子区间的径流预测残差序列模态分解结果如图 5.35 所示，由图可知，模态分量 IMF1 振幅最大，走势平缓，易于寻找其规律性；模态分量 IMF2～IMF4 规律性好，周期性明显。

对上述残差序列变分模态分解后得到的各模态分量进行误差耦合校正，校正后杨房沟—锦西区间各模型径流预报结果评价指标如表 5.20 所示，检验期径流预报过程如图 5.36 所示。由表 5.20 可知，串并联耦合校正方法将径流预报确定性系数提高到 0.83 左右，均方根误差降低到 105 左右，误差校正后区间整体径流预报精度有所提高，预报精度等级为乙级。VMD-AR 误差校正方式将各模型径流预报确定性系数提高到 0.9292～0.9479，均方根误差降低到 59.6172～69.5217，各模型检验期径流拟合程度均较好，确定性系数均达到了 0.90 以上，预报精度等级提升为甲级。结合图 5.36 可知，VMD-AR 误差校正方法对于汛期洪峰的拟合程度较好，对枯水期的径流拟合程度较差。在枯水期低流量状态下 VMD-AR 误差校正方法的预报流量曲线仍然出现了锯齿状结构。

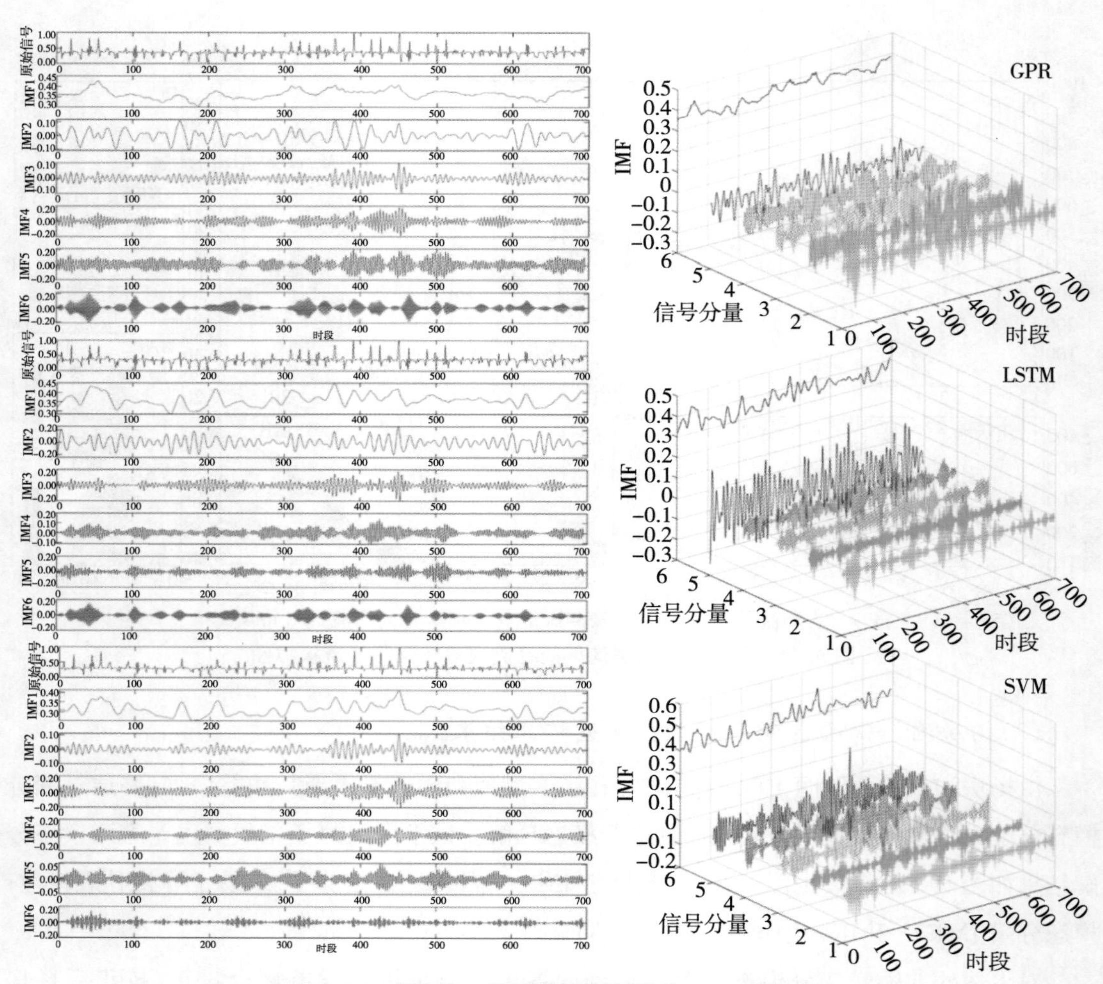

图 5.35 杨房沟—锦西区间预报误差 VMD 分解图

表 5.20 杨房沟—锦西区间预报误差耦合矫正后评价指标计算结果

耦合校正模型		时期	DC	RMSE/(m³/s)	MAPE	VRE
串并联		率定期	0.8593	139.8255	0.3089	0.0103
		检验期	0.8365	105.6069	0.2844	0.0118
VMD-AR	GPR	率定期	0.9359	94.3689	0.5212	0.0624
		检验期	0.9292	69.5217	0.2970	0.0147
	LSTM	率定期	0.9607	73.9186	0.4295	0.0457
		检验期	0.9310	68.6116	0.3006	0.0023
	SVM	率定期	0.9394	91.8098	0.4745	0.0265
		检验期	0.9479	59.6172	0.2367	0.0018

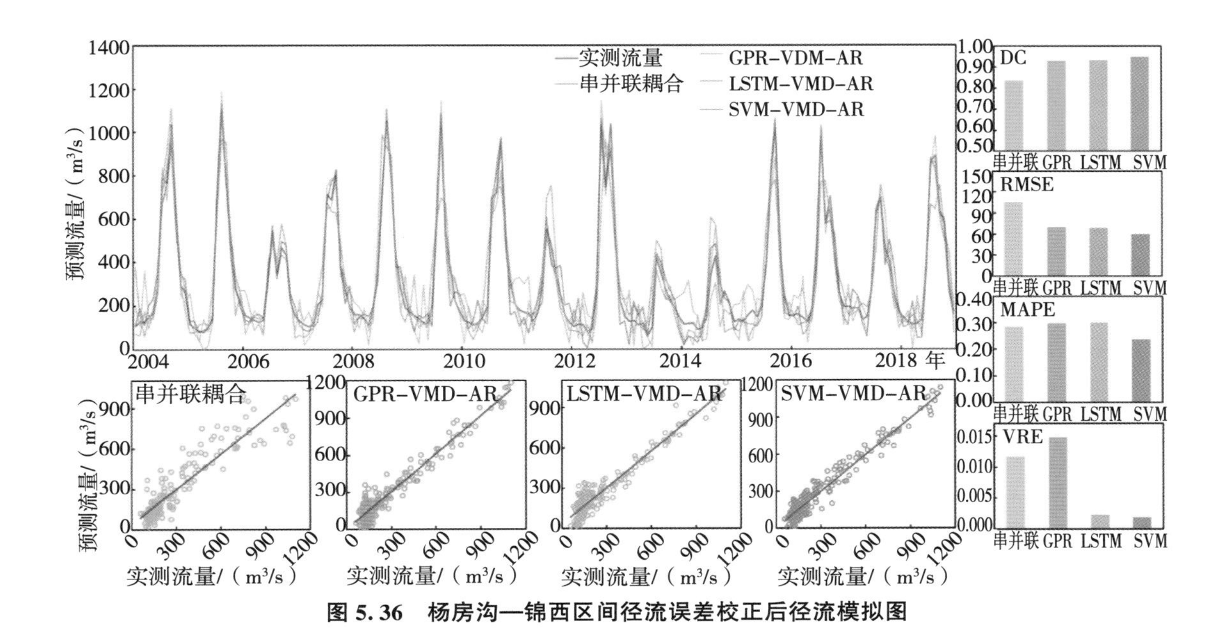

图5.36 杨房沟—锦西区间径流误差校正后径流模拟图

(4)锦西—官地区间径流预报误差校正结果

由锦西—官地区间1958—2018年径流实测值和预报值得到其残差序列，并通过变分模态分解方法对各模型预报残差序列进行模态分解。该子区间的径流预测残差序列模态分解结果如图5.37所示。由图可知，模态分量IMF1振幅最大，走势平缓，易于寻找其规律性；模态分量IMF2～IMF4规律性好，周期性明显。

对上述残差序列变分模态分解后得到的各模态分量进行误差耦合校正，校正后锦西—官地区间各模型径流预报结果评价指标如表5.21所示，检验期径流预报过程如图5.38所示。由表5.21可知，串并联耦合校正方法将径流预报确定性系数提高到0.90左右，均方根误差降低到58左右，误差校正后区间整体径流预报精度有所提高，预报精度等级为甲级。VMD-AR误差校正方式将各模型径流预报确定性系数提高到0.9791～0.9833，均方根误差降低到24.1334～26.9555，各模型检验期径流拟合程度均较好，确定性系数均达到0.95以上。结合图5.38可知，VMD-AR误差校正方法对于汛期洪峰的拟合程度较好，对枯水期的径流拟合程度较差。在枯水期低流量状态下VMD-AR误差校正方法的预报流量曲线仍然出现了轻微的锯齿状结构。

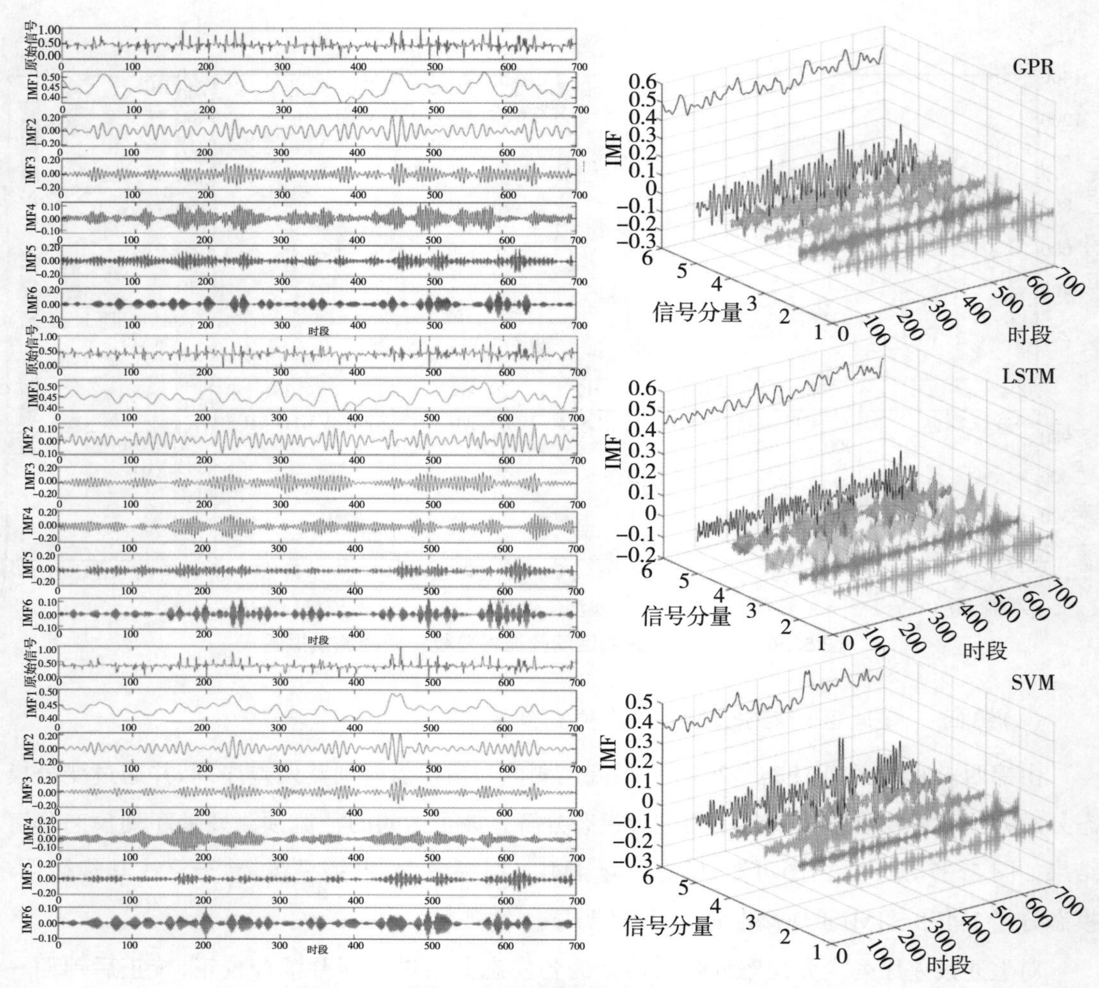

图 5.37 锦西—官地区间预报误差 VMD 分解图

表 5.21 锦西—官地区间预报误差耦合矫正后评价指标计算结果

耦合校正模型		时期	DC	RMSE/(m^3/s)	MAPE	VRE
串并联		率定期	0.9215	50.4937	0.0965	0.0050
		检验期	0.9031	58.0451	0.1392	0.0040
VMD-AR	GPR	率定期	0.9809	24.8982	0.0820	0.0013
		检验期	0.9811	25.6467	0.1047	0.0014
	LSTM	率定期	0.9830	23.4853	0.0809	0.0016
		检验期	0.9791	26.9555	0.1047	0.0010
	SVM	率定期	0.9807	24.9982	0.0827	0.0014
		检验期	0.9833	24.1334	0.0841	0.0012

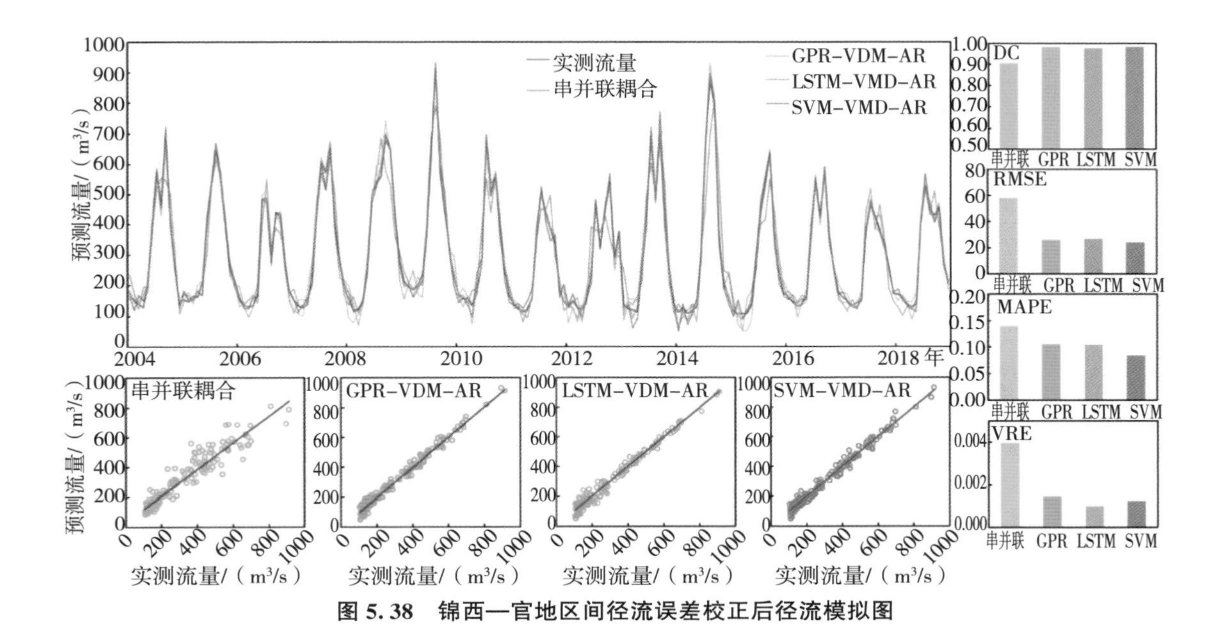

图 5.38　锦西—官地区间径流误差校正后径流模拟图

(5)官地—二滩区间径流预报误差校正结果

由官地—二滩区间 1958—2018 年径流实测值和预报值得到其残差序列,并通过变分模态分解方法对各模型预报残差序列进行模态分解。该子区间的径流预测残差序列模态分解结果如图 5.39 所示,由图可知,模态分量 IMF1 振幅最大,走势平缓,易于寻找其规律性;模态分量 IMF2～IMF4 规律性好,周期性明显。

对上述残差序列变分模态分解后得到的各模态分量进行误差耦合校正,校正后官地—二滩区间各模型径流预报结果评价指标如表 5.22 所示,检验期径流预报过程如图 5.40 所示。由表 5.22 可知,串并联耦合校正方法将径流预报确定性系数提高到 0.6 左右,均方根误差降低到 87 左右,误差校正后区间整体径流预报精度有所提高,但是该区间预报精度等级为仍为丙级。VMD-AR 误差校正方式将各模型径流预报确定性系数提高到 0.7831～0.9209,均方根误差降低到 38.7095～64.1160 范围,各模型检验期径流拟合程度均较好,确定性系数均有较大提高。结合图 5.40 可知,VMD-AR 误差校正方法对于汛期洪峰的拟合程度较好,对枯水期的径流拟合程度较差。在枯水期低流量状态下 VMD-AR 误差校正方法的锯齿状结构较为显著。

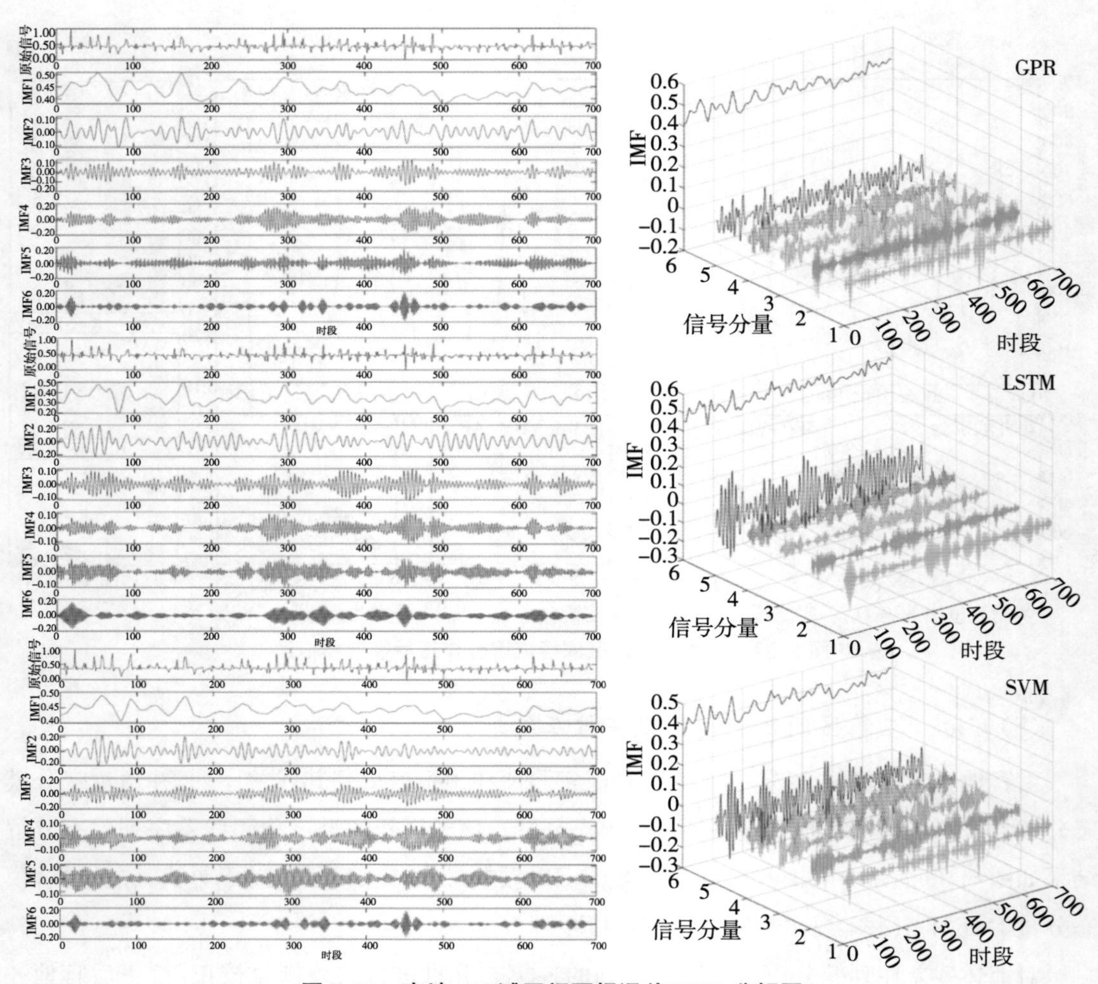

图 5.39　官地—二滩区间预报误差 VMD 分解图

表 5.22　官地—二滩区间预报误差耦合矫正后评价指标计算结果

耦合校正模型		时期	DC	RMSE/(m^3/s)	MAPE	VRE
串并联		率定期	0.7982	107.9037	0.3609	0.0026
		检验期	0.6003	87.0288	0.5703	0.0069
VMD-AR	GPR	率定期	0.9484	54.5813	0.3873	0.0336
		检验期	0.9164	39.7905	0.4918	0.0422
	LSTM	率定期	0.9226	66.8025	0.4986	0.0811
		检验期	0.7831	64.1160	0.8186	0.1260
	SVM	率定期	0.9466	55.5233	0.4247	0.0314
		检验期	0.9209	38.7095	0.4939	0.0453

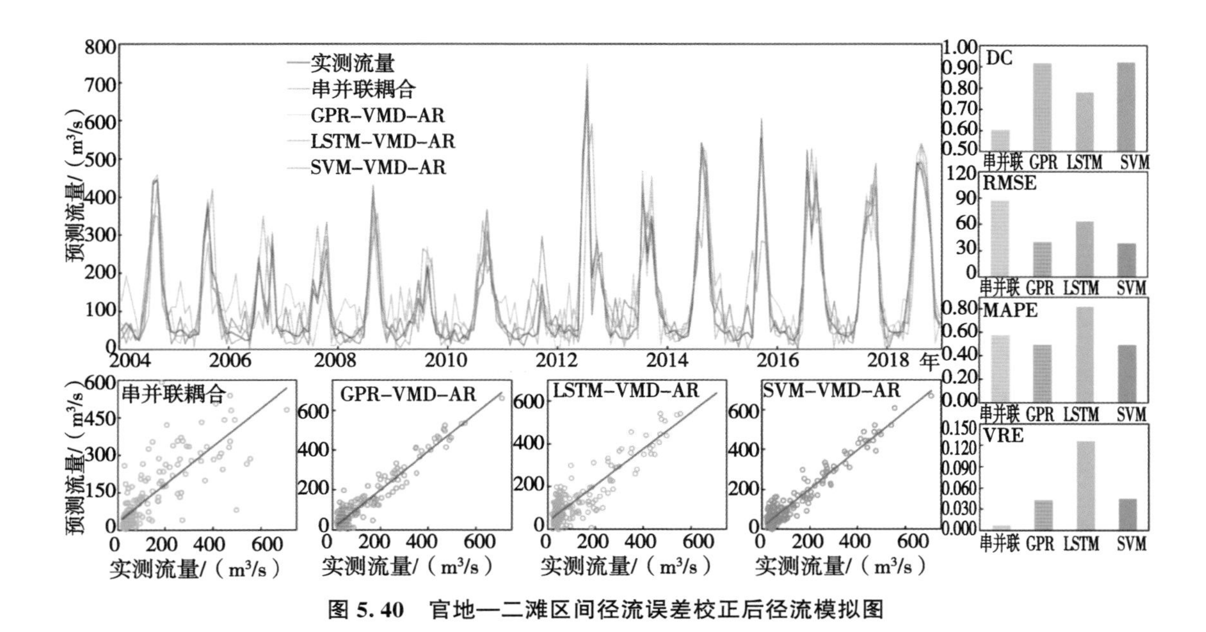

图5.40 官地—二滩区间径流误差校正后径流模拟图

(6)二滩—桐子林区间径流预报误差校正结果

由二滩—桐子林区间1958—2018年径流实测值和预报值得到其残差序列，并通过变分模态分解方法对各模型预报残差序列进行模态分解。该子区间的径流预测残差序列模态分解结果如图5.41所示，由图可知，模态分量IMF1振幅最大，走势平缓，易于寻找其规律性；模态分量IMF2～IMF4规律性好，周期性明显。

对上述残差序列变分模态分解后得到的各模态分量进行误差耦合校正，校正后二滩—桐子林区间各模型径流预报结果评价指标如表5.23所示，检验期径流预报过程如图5.42所示。由表5.23可知，串并联耦合校正方法将径流预报确定性系数提高到0.80左右，均方根误差降低到75左右，误差校正后区间整体径流预报精度有所提高，但是该区间预报精度等级为仍为乙级。VMD-AR误差校正方式将各模型径流预报确定性系数提高到0.9485～0.9706，均方根误差降低到29.5299～39.0574，各模型检验期径流拟合程度均较好，确定性系数均有较大提高。结合图5.42可知，VMD-AR误差校正方法对于汛期洪峰的拟合程度较好，对枯水期的径流拟合程度较差。在枯水期低流量状态下VMD-AR误差校正方法的锯齿状结构依然存在。

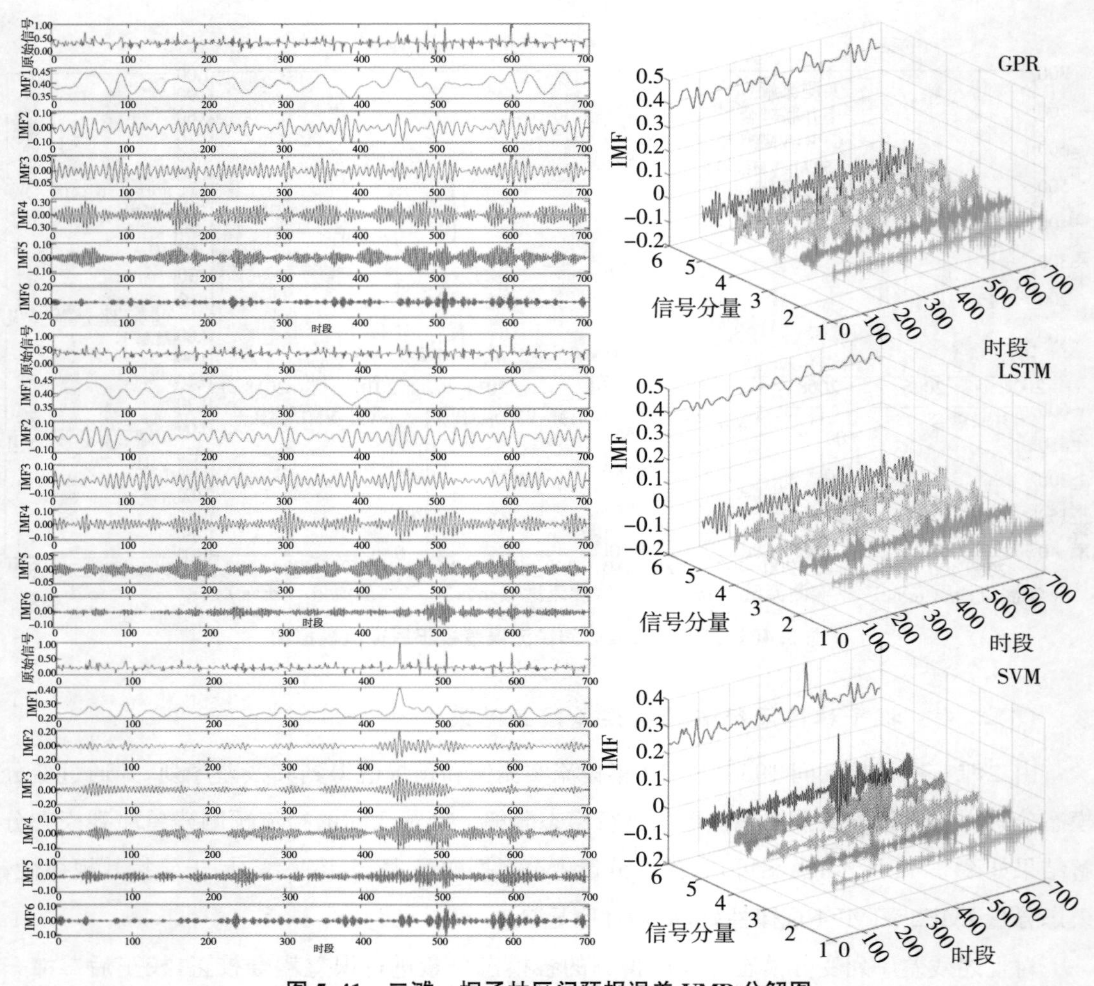

图 5.41　二滩—桐子林区间预报误差 VMD 分解图

表 5.23　二滩-桐子林区间预报误差耦合矫正后评价指标计算结果

耦合校正模型		时期	DC	RMSE/(m^3/s)	MAPE	VRE
串并联		率定期	0.9142	68.8782	0.2065	0.0079
		检验期	0.8060	75.7935	0.2641	0.0063
VMD-AR	GPR	率定期	0.9832	30.5171	0.1905	0.0008
		检验期	0.9706	29.5299	0.1620	0.0008
	LSTM	率定期	0.9797	33.4609	0.2125	0.0023
		检验期	0.9485	39.0574	0.2015	0.0036
	SVM	率定期	0.9708	40.1919	0.2535	0.0001
		检验期	0.9686	30.4933	0.1677	0.0020

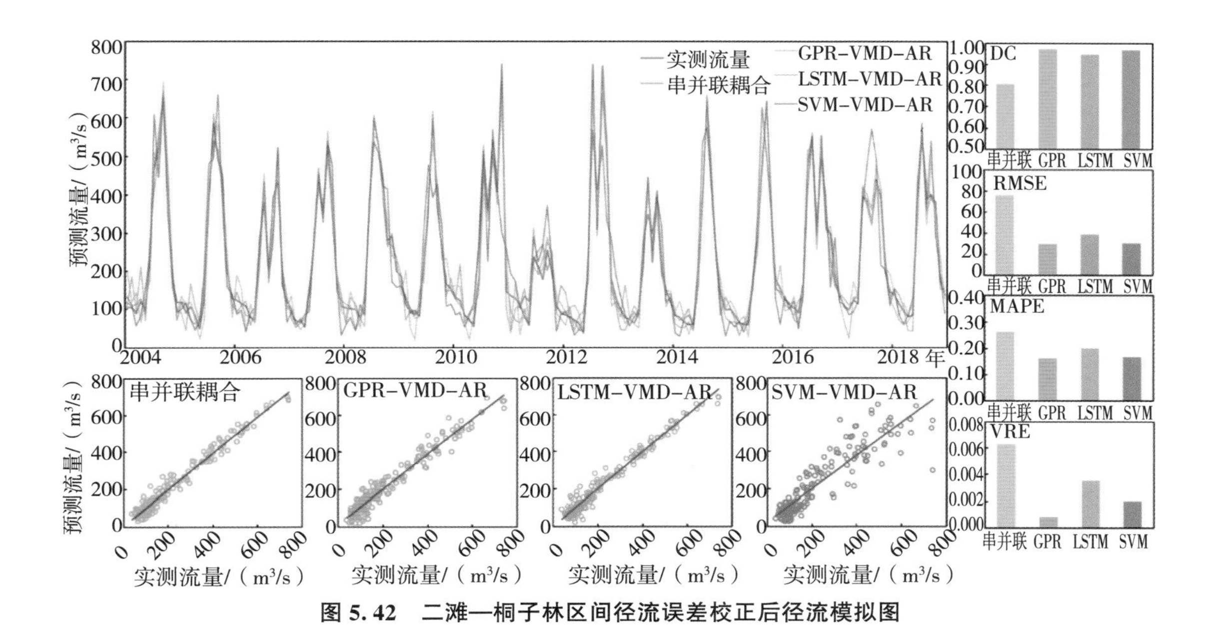

图 5.42　二滩—桐子林区间径流误差校正后径流模拟图

综上所述，相较于串并联耦合校正方式，本节所提出的 VMD-AR 误差校正方法能深入挖掘流域径流预报残差序列的内在规律，同时较大程度地提升流域整体预报精度，降低径流预报误差，在雅砻江流域具有较好的适用性，预报结果能够为雅砻江流域水文情势分析提供重要参考。

5.3　本章小结

围绕雅砻江流域非线性径流预报模型构建中的关键科学问题，针对短期径流预报中不确定性特征难以量化、传统区间预报评价指标存在局限等问题，本章提出了区间拟合系数指标，改进了考虑覆盖率—宽度—拟合系数的综合评价指标 CWFC，并构建了基于 RWPSO 算法的单目标 LUBE 区间预报模型和基于 NSGA-Ⅲ算法的多目标 LUBE 区间预报模型。针对雅砻江流域中长期径流预报，本章提出了基于皮尔森相关系数初筛和随机森林降维的预报因子筛选体系，同时构建了气—海—陆数据耦合驱动的径流预报模型和误差校正方法。研究成果对提升雅砻江流域非线性径流综合预报精度，量化流域径流预报不确定性具有重要意义，预报结果可为雅砻江流域水文情势分析提供重要参考。

第 6 章　多源数据驱动的区间来水预报模型以及校正理论与方法

降水是反映地表环境状况和全球水循环的关键参数，是流域中水分循环和能量交换的重要组成部分(Sapiano et al.，2009；Taylor et al.，2012)，也是表征气候变化的重要指标，同时是一切现有水文模型最关键的输入场(彭涛等，2014；吴泽宁等，2018)，高精度、高时空分布的降水观测值可有效反映地表环境状况和全球水循环的时空分布格局，有助于提高水文模型的模拟精度并据此获取更为精准的模型参数。

降水观测数据一般有三大来源：地面观测、雷达估测及卫星观测反演(雷晓辉等，2018)。然而，现有的实测和预报降水资料均有不同的时空误差(Emmanuel et al.，2012；Fletcher et al.，2013；Yilmaz et al.，2010；李致家等，2017)，无法满足具体的业务需求。其中，地面观测降水的精度高但其空间分辨率低；雷达降水的时空分辨率高但其测量空间范围有限且易受复杂地势的影响；卫星降水产品的测量范围大且时空分辨率高，但其在点上的精度不如地面观测降水。而降水预报产品的性能在各个流域的表现不一。因此，耦合不同来源的降水资料的误差特征及时空分布特征的多源数据观测信息综合利用与同化融合技术方法成为提升降水资料精度的有效途径和当今水文研究的关注热点(崔讲学等，2018)。

传统的多源降水融合方法主要基于加权平均、回归、滤波分析等数学思想，对降水产品的误差进行处理，主要使用的方法有概率匹配方法(Li et al.，2010)、客观统计分析法(Gerstner et al.，2008)、贝叶斯校正方法(潘旸等，2015)、地理加权回归(Geographically Weighted Regression，GWR)(Chao et al.，2018)等。以上方法通常建立在很强的假设下，且一般只考虑空间或时间因素，没有同时加入时间和空间的影响，随着计算机技术的发展和降水产品数量的增加，人工智能算法因对处理大数据有独特的优势而被应用于降水数据融合和预测(Wu et al.，2020)。其中，Shi et al. 提出的 Convolutional Long-Short Term Memory Network(ConvLSTM 网络)既能考虑降雨序列在时间上的相关性，又能考虑降雨的空间分布特点，在短临降雨预报领域得到了广泛应用(Xingjian et al.，2015)，然而 ConvLSTM 目前较少应用于降雨数据产品的融合研究。因此，ConvLSTM 网络在降雨产品融合的领域有极大地潜在应用价值。本章引入 ConvLSTM 网络，一方面是为了探究 ConvLSTM 网络在降雨融合领域的适用性，另一方面是为了获取长序列、高精度的实测降雨资料。

基于此，本章提出了基于ConvLSTM网络的多源降雨融合方法。首先，获取构建模型所需的多源数据产品，包括卫星降雨、地形数据等，并对原始数据进行预处理，对卫星数据和雨量站观测数据中的缺失值和异常值进行处理，并将所有网格数据重采样至统一的空间分辨率；然后提取网格数据构建训练样本集，并对ConvLSTM网络的参数进行训练，最后以雅砻江流域为例，对训练得到的模型进行精度检验。

6.1 基于ConvLSTM网络的多源降雨融合方法

6.1.1 研究区域和数据

6.1.1.1 研究区域简介

研究区域为雅砻江流域，雅砻江是金沙江第一大支流，位于青藏高原东部，其地理位置界于北纬26°32′—33°58′，东经96°52′—102°48′，发源于青海玉树的巴颜喀拉山南麓，干流河道全长1571km，流域面积约13.0万km^2，占金沙江(宜宾以上)集水面积的27.3%。流域南北跨越7个多纬度，且域内地形地势悬殊，使流域气候气象条件在南北及垂直方向上都有明显的差异。受地形因素影响，雅砻江中上游地区降水观测网络稀疏，无法对降水进行精确观测。雅砻江流域如图6.1所示。

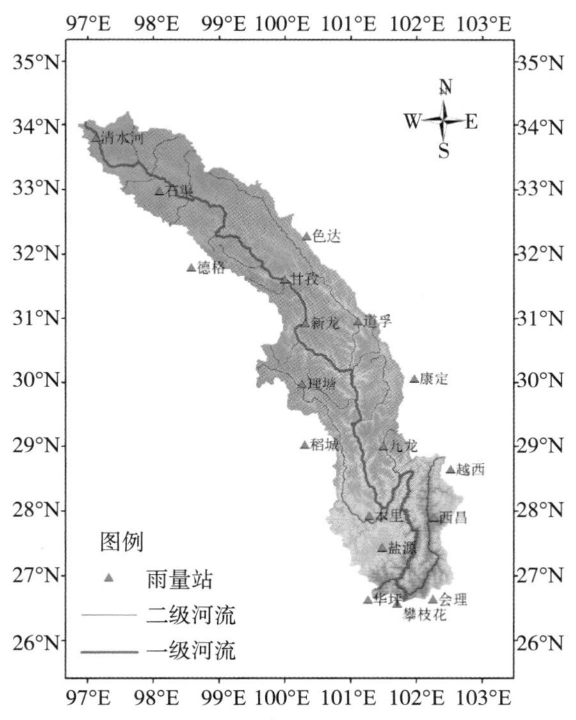

图6.1 雅砻江流域示意图

6.1.1.2 数据来源

本书使用了 GPM 卫星降水数据、地面雨量站数据、数字高程模型(DEM)。根据反演算法的不同,GPM 能够提供 3 种级别的遥感数据产品,其中三级 IMERG 产品是由校准后的微波所生成的红外降水估计,此外,还融合了地面观测数据,目前已更新至 V06B 版本。IMERG 产品中的 Final Run 质量最高,最适合于科学研究,该产品的空间覆盖范围为 S60°—N60°,空间分辨率为 0.1°×0.1°,时间分辨率为日。本书使用的数据时间为 2000 年 6 月至 2020 年 12 月,来源于 NASA Earthdata(https://earthdata.nasa.gov/)。

DEM 是目前用来描述流域地形地貌信息的主要手段。本书所用的 DEM 数据来自地理空间数据云(http://www.gscloud.cn/)提供的 GDEMV2 30m 分辨率原始高程数据。

地面气象站点观测数据来自国家气象科学数据中心(http://data.cma.cn/)发布的《中国地面气象日值数据集(V3.0)》,包含了中国 699 个基准、基本气象站 1951 年 1 月以来气压、气温、降水量、蒸发量、相对湿度、风向风速、日照时数和 0cm 地温要素的日值数据。考虑到雅砻江流域内部分气象站点数据缺测及气象站较少的情况,本书选用了雅砻江流域内及周边的 18 个气象站点与 GPM 数据同期的日降水观测值。各气象站点的基本信息如表 6.1 所示。

表 6.1　气象站点的基本信息

站名	经度	纬度	海拔高度/m
清水河	97.08	33.48	4415.4
石渠	98.06	32.59	4200
德格	98.35	31.48	3184
甘孜	100	31.37	3393.5
色达	100.2	32.17	3893.9
道孚	101.07	30.59	2957.2
新龙	100.19	30.56	3000
理塘	100.16	30	3948.9
稻城	100.18	29.03	3727.7
康定	101.58	30.03	2615.7
木里	101.16	27.56	2426.5
九龙	101.3	29	2925
越西	102.31	28.39	1659.5
盐源	101.31	27.26	2545
西昌	102.16	27.54	1590.9
华坪	101.16	26.38	1230.8
攀枝花	101.43	26.35	1190.1
会理	102.15	26.39	1787.3

6.1.1.3 数据预处理

本书使用了多种不同的数据，在输入 ConvLSTM 网络模型训练前需要进行预处理。首先，需要对 GPM 卫星数据和雨量站观测数据中的缺失值和异常值进行处理。对于不同类型的缺失值，分在空间和时间纬度上进行线性插值。其次，为了获取特定分辨率的降水空间分布以及在更小的区域内能获取更多的数据进行卷积运算，需要使用最近邻插值法将 GPM 数据降尺度到 0.05°×0.05°，使用最近邻插值法是为了尽可能保留原值以避免引入新的误差。DEM 数据同样也重采样到 0.05°×0.05°，并根据重采样后的 DEM 数据用 Arcgis 软件提取 ConvLSTM 网络输入所需的高程、坡度、坡向等地表辅助变量数据。再次，考虑到不同数据具有不同的量纲，在神经网络训练时会产生影响，故对其分别进行最大值-最小值归一化，将其范围限定在[0,1]区间。最后，提取网格数据得到训练数据。由于要考虑降水的空间信息，对于每一个地面雨量站，在卫星网格数据上以其为中心提取一个 7×7(约 38.5km×38.5km)的子网格代表当前站点的降水空间分布信息。同时，在整个时间序列的每个时刻提取每个气象观测站点对应的子网格，建立卫星网格数据和地面观测数据时间和空间对应的训练数据。具体的子网格提取方式如图 6.2 所示。

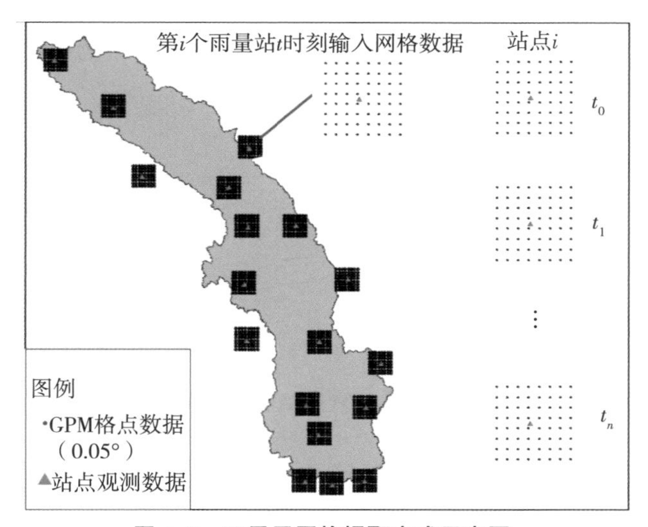

图 6.2 卫星子网格提取方式示意图

6.1.2 ConvLSTM 网络模型

6.1.2.1 ConvLSTM 原理介绍

ConvLSTM 网络是对长短时记忆网络的改进，不仅具有长短时记忆网络的时序建模能力，而且还能像卷积神经网络一样刻画局部特征，可以说是时空特性具备。传统的长短时记忆网络由输入门、遗忘门、状态门、输出门构成。各部分之间的关系可以用式(6.1)～式(6.5)表示：

$$i_t = \sigma(W_{xi}x_t + W_{hi}h_{t-1} + W_{ci} \odot c_{t-1} + b_i) \tag{6.1}$$

$$f_t = \sigma(W_{xf}x_t + W_{hf}h_{t-1} + W_{cf} \odot c_{t-1} + b_f) \tag{6.2}$$

$$c_t = f_t \odot c_{t-1} + i_t \odot \tanh(W_{xc}x_t + W_{hc}h_{t-1} + b_c) \tag{6.3}$$

$$o_t = \sigma(W_{xo}x_t + W_{ho}h_{t-1} + W_{co} \odot c_t + b_o) \tag{6.4}$$

$$h_t = o_t \odot \tanh(c_t) \tag{6.5}$$

式中：$\odot$——Hadamard 乘积；

x_t——t 时刻输入；

i_t——输出门状态保留概率；

f_t——遗忘门状态保留概率；

c_t——t 时刻单元状态；

o_t——t 时刻输出门输出概率；

h_t——t 时刻隐含层输出；

W_*、b_*——遗忘门、输入门、状态门、输出门的权重和阈值，是模型中的可训练参数。

传统长短时记忆网络内部门之间是依赖于类似前馈式神经网络来计算的，可以很好地时序数据处理，但是无法刻画空间数据局部特征。ConvLSTM 网络将传统长短时记忆网络中输入门与状态门，以及状态门与状态门之间的前馈式计算换成卷积的形式，其内部结构如图 6.3 所示。

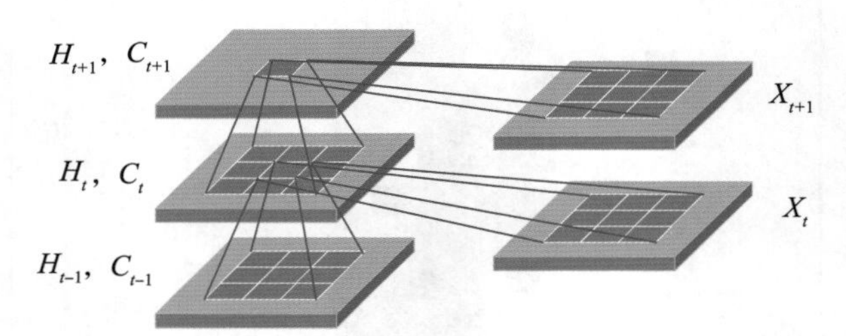

图 6.3 ConvLSTM 网络内部结构示意图

ConvLSTM 的工作原理可以由以下公式表示：

$$I_t = \sigma(W_{xi}X_t + W_{hi}H_{t-1} + W_{ci} \odot C_{t-1} + b_i) \tag{6.6}$$

$$F_t = \sigma(W_{xf}X_t + W_{hf}H_{t-1} + W_{cf} \odot C_{t-1} + b_f) \tag{6.7}$$

$$C_t = f_t \odot C_{t-1} + i_t \odot \tanh(W_{xc}X_t + W_{hc}C_{t-1} + b_c) \tag{6.8}$$

$$O_t = \sigma(W_{xo}X_t + W_{ho}H_{t-1} + W_{co} \odot C_t + b_o) \tag{6.9}$$

$$H_t = o_t \odot \tanh(C_t) \tag{6.10}$$

式中：I_t、X_t、F_t、O_t、C_t、H_t 与式(6.1)至式(6.5)中代表的意义相同，但在这里变为了三维的张量，第一维为时间，后两个纬度为代表经度和纬度的空间信息。

6.1.2.2 模型构建

本书基于预处理后的雅砻江流域地面站点降水观测数据，GPM 卫星降雨数据、经纬度，以及坡度、坡向、坡长等地表辅助变量数据，采用 ConvLSTM 网络构建多源降雨数据融合模型：

$$P_{prep,t}=f_{ConvLSTM}(GPM_{t-1},\cdots,GPM_{t-l},lat,lon,e,a,s) \tag{6.11}$$

式中：t——时间；

$P_{prep,t}$——t 时刻指定站点融合后的降雨值；

GPM——GPM 卫星降雨值；

l——模型需输入的 t 时刻前 l 个时段的 GPM 降雨数据，本书中取 $l=10$；

lat 和 lon——站点纬度和经度；

e、a、s——气象观测站点周边网格的高程、坡向和坡度。所有输入因子均为二维矩阵。本书所构建的 ConvLSTM 网络模型结构和超参数如图 6.4 所示。

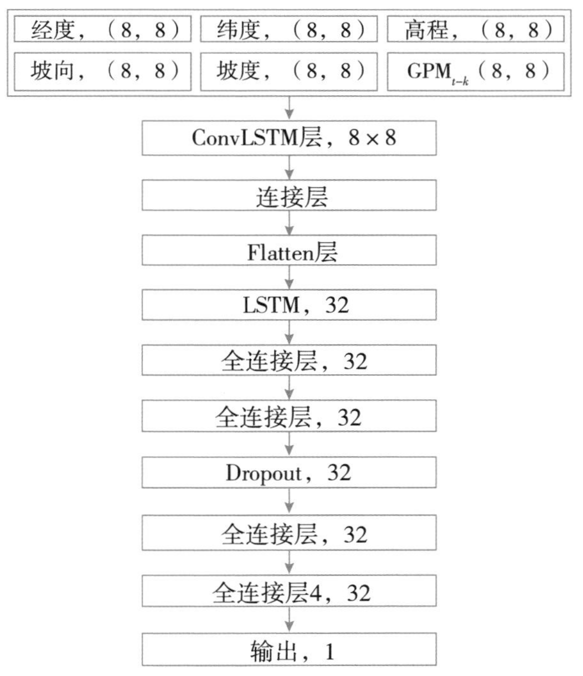

图 6.4 ConvLSTM 网络模型结构示意图

6.1.2.3 精度评价

为了定量评估本书所提出的降雨融合模型性能，使用 5 折交叉验证将 18 个雨量站数据按雨量站分成 5 份，其中 4 份用于训练，剩下的 1 份用于测试，重复 5 次，直到每一份都经过测试，得到 5 份测试结果，其中每一个雨量站都将经过测试。在整个研究区域，将面雨量的精度指标作为评估结果。根据前人研究所得，泰森多边形由于考虑了各雨量站的权重，且当测站固定不变时，各测站的权重也不变，相对较合理，精度也较高，因此实测面雨量和融合面雨量由泰森多边形求得（赵鲁强等，2017）。评估标准选择均方根误差（Root Mean Square

Error,RMSE),平均绝对误差(Mean Absolute Error,MAE)和相关系数(Correlation Coefficient,R)。

$$\mathrm{RMSE}=\sqrt{\frac{\sum_{i=1}^{n}(P_{\mathrm{prep},i}-P_{\mathrm{obs},i})^2}{n}} \tag{6.12}$$

$$\mathrm{MAE}=\frac{1}{n}\sum_{i=1}^{n}P_{\mathrm{prep},i}-P_{\mathrm{obs},i} \tag{6.13}$$

$$R=\frac{\sum_{i=1}^{n}(P_{\mathrm{prep},i}-\overline{P}_{\mathrm{prep}})(P_{\mathrm{obs},i}-\overline{P}_{\mathrm{obs}})}{\sqrt{\sum_{i=1}^{n}(P_{\mathrm{prep},i}-\overline{P}_{\mathrm{prep}})^2(P_{\mathrm{obs},i}-\overline{P}_{\mathrm{obs}})^2}} \tag{6.14}$$

式中:$P_{\mathrm{prep},i}$,$P_{\mathrm{obs},i}$ ——第 i 个时段融合降雨面雨量和实测面雨量;

$\overline{P}_{\mathrm{prep}}$,$\overline{P}_{\mathrm{obs}}$ ——融合降雨面雨量和实测面雨量的均值。

6.1.2.4 建模步骤

本书基于 ConvLSTM 网络,进行 GPM 卫星降水数据和气象站点数据的融合,建模的建模的主要步骤如下。

步骤一:收集并整理雅砻江流域地面站点降水观测数据,GPM 卫星降雨数据、站点经纬度,坡度、坡向、坡长等数据,构建输入样本集。

步骤二:对输入样本集进行归一化处理。

步骤三:根据输入样本集构建 ConvLSTM 网络模型,采用 5 折交叉验证方法划分训练集样本和测试集样本,对网络参数进行训练。

步骤四:通过泰森多边形将将点雨量转为面雨量,利用均方根误差,平均绝对误差和相关系数对模拟结果进行精度评定。

6.1.3 结果分析

6.1.3.1 融合降雨精度评估

为分析 ConvLSTM 网络模型降雨融合模型精度模型,本书分别使用 ConvLSTM 网络模型、GWR 方法和 LSTM 模型进行降雨数据融合,并将计算结果与 GPM 卫星原始数据精度进行对比,表 6.2 展示了不同降雨融合模型精度。图 6.5 展示了由四种降雨结果计算得到的面雨量与气象观测站点计算得到的面雨量之间的相关关系。其中,由 GWR 方法、LSTM 模型,ConvLSTM 网络模型和气象观测站点得到的雨量值采用泰森多边形法转换为雅砻江流域逐日面雨量值,GPM 数据采用流域内所有网格点的雨量均值作为面雨量值。

由表中数据可知,LSTM 模型、ConvLSTM 网络模型融合降雨结果精度较原始 GPM 卫星降雨数据和 GWR 方法融合降雨结果精度均有明显提升。其中,ConvLSTM 网络模型融合降雨结果精度提升更为明显。原因在于，ConvLSTM 网络模型考虑了输入因子在空间上的分布特性，融合了气象观测站点周边的地形信息，而 LSTM 网络需将在空间上呈二维分布的输入因子展开成一维向量进行输入和计算，失去了输入因子的空间分布特征。此外，GWR 未考虑降雨在时间上的相关性，输入因子与输出因子的时间为同一时刻，且 GWR 方法仅考虑了气象观测站点与研究区域内网格点的距离因素，在计算时将一些距离观测站点较远的网格点信息也输入到模型中进行计算，引入了一些非必要的输入信息，影响了计算结果的精度。综上，ConvLSTM 网络模型能够同时考虑输入因子的空间分布特性和时间上的相关性。

表 6.2　不同降雨融合模型精度

模型	RMSE/mm	MAE/mm	R
原始 GPM	5.15	1.35	0.735
GWR	4.65	1.27	0.755
LSTM	1.97	0.82	0.911
ConvLSTM	1.8	0.79	0.911

为进一步分析不同融合降雨与站点观测降雨的趋势，本书分别依据 GWR 方法融合降雨结果、ConvLSTM 网络模型融合降雨结果和气象观测站点雨量值，采用泰森多边形法计算了雅砻江流域逐月面雨量值，GPM 数据则采用流域内所有网格点的雨量均值作为面雨量值。4 种降雨数据的雅砻江流域逐月面雨量计算结果如图 6.6 所示，由图中数据可知，4 种降雨数据的变化趋势基本吻合，但 GPM 数据和 GWR 方法融合降雨结果在峰值处较由气象观测站点雨量求得的面雨量值偏高，而 LSTM 模型、ConvLSTM 网络模型融合降雨结果在峰值处则与气象观测站点面雨量更为一致，而且 ConvLSTM 网络模型对月尺度面雨量峰值的模拟效果更好。由 GPM 数据求得面雨量峰值偏高的现象与其他学者一致（刘若兰等，2021），说明本书提出的 ConvLSTM 网络模型能够在一定程度上改善 GPM 数据对于雅砻江面雨量峰值的估计。

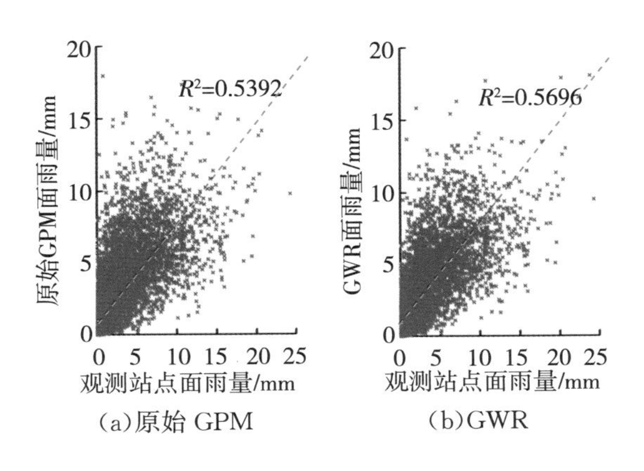

(a)原始 GPM　　(b)GWR

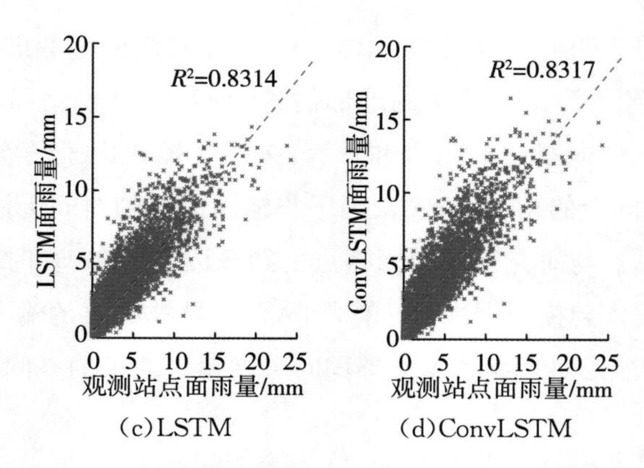

（c）LSTM （d）ConvLSTM

图 6.5 不同降雨融合模型逐日面雨量与观测面雨量相关性

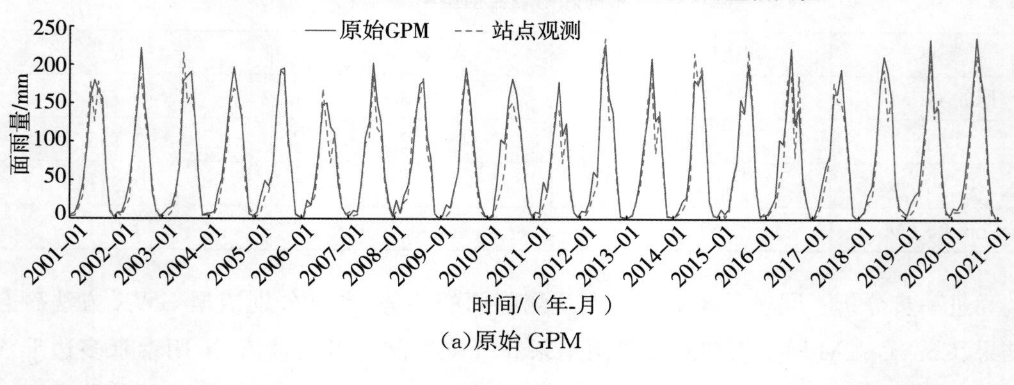

（a）原始 GPM

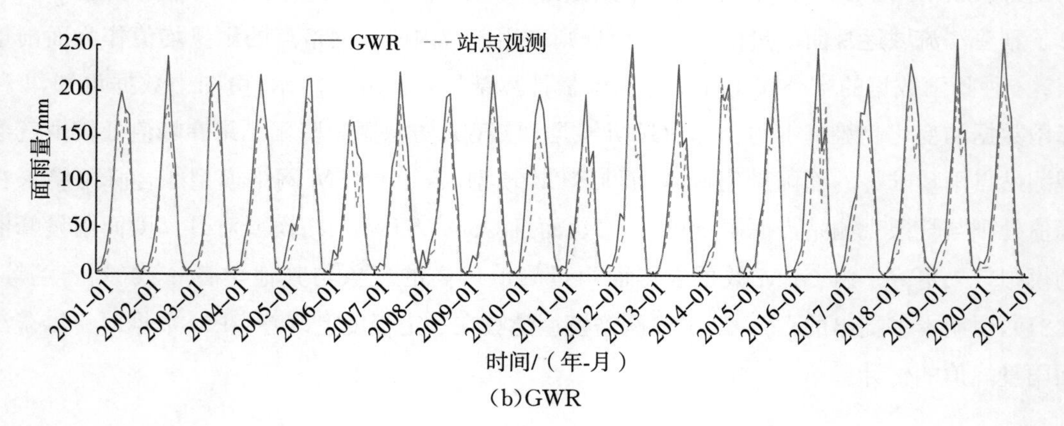

（b）GWR

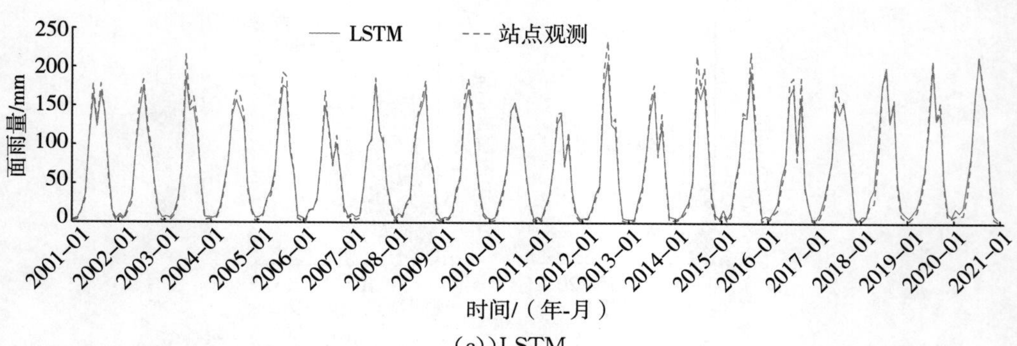

（c））LSTM

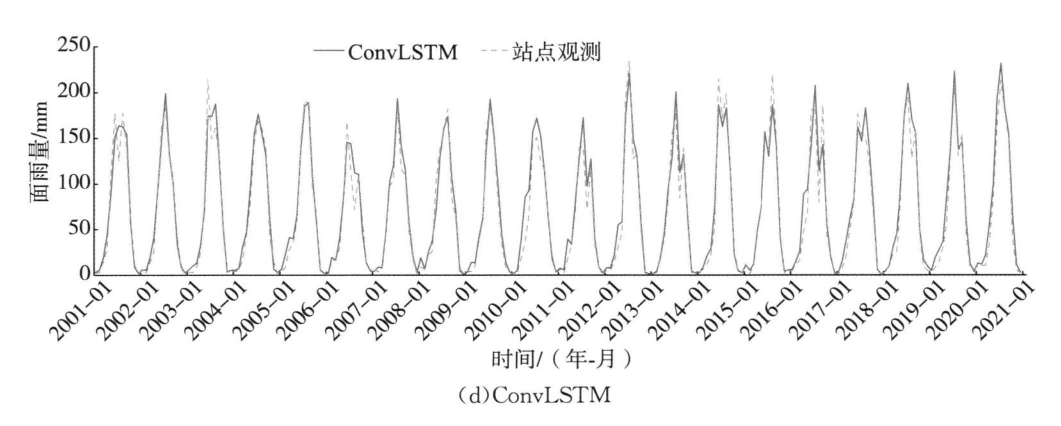

(d)ConvLSTM

图 6.6 不同降雨融合模型逐月面雨量与观测面雨量对比

6.1.3.2 融合降雨空间分布特征

为分析模型对降雨空间分布的模拟能力，本书采用 ConvLSTM 模型进一步构建了雅砻江流域 0.05°分辨率的日降雨融合数据集。本书选取 2018 年 6 月 13 日的降雨模拟结果进行分析，该日雅砻江流域实测面雨量较大(20.26mm)，对流域防洪产生较大压力。本书依据所选取的 18 个气象站点的同期雨量，采用反距离插值法绘制实测降雨量分布图，并将 ConvLSTM 模型融合降雨的分布与实测降雨分布进行对比分析。ConvLSTM 模型融合降雨和实测降雨分布如图 6.7 所示。

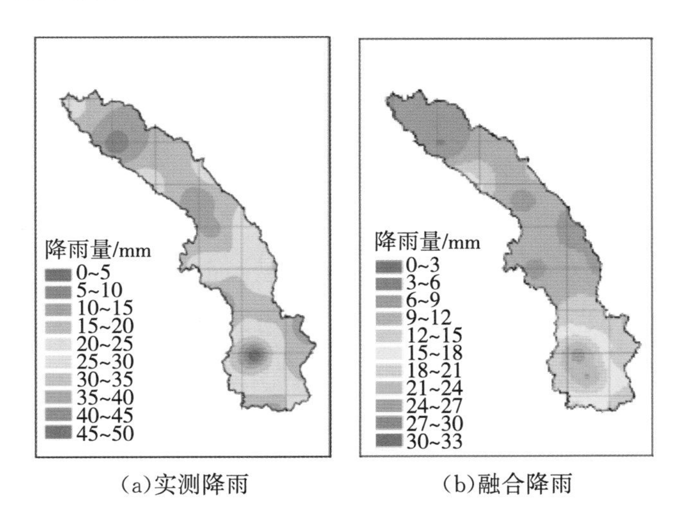

(a)实测降雨　　(b)融合降雨

图 6.7 2018 年 6 月 13 日雅砻江流域降雨分布

由图 6.7 可知，融合降雨结果能够捕捉到雅砻江下游西南角的暴雨中心，但对于暴雨中心雨量等级存在明显的低估，主要是由于作为关键输入数据的 GPM 卫星数据本身对于极端天气事件的监测不足，对于强降水存在明显低估。另外，ConvLSTM 降雨融合数据可把握全流域的降雨总体分布情况，且相对原始 GPM 数据拥有更高的空间分辨率，可为流域水文研究提供相对可靠的数据来源。

6.1.4 结论

本节以雅砻江流域为研究区域，以地面站点观测降雨为因变量，利用GPM卫星降雨、经纬度、高程、坡度、坡向为输入因子，基于ConvLSTM网络构建了多源降雨数据融合模型，并将所提模型的计算精度与原始GPM卫星数据和GWR方法，以及LSTM模型计算精度进行了对比。进一步应用所提模型构建了雅砻江流域0.05°分辨率的日降雨融合数据集，并以2018年6月13日典型降雨为例，分析了多源降雨数据融合模型结果的空间分布特征。研究结论如下。

1）基于ConvLSTM网络构建的多源降雨数据融合模型能够在保证降雨量精度的同时，提升降雨数据的空间分辨率，且ConvLSTM网络模型的融合降雨精度高于原始GPM卫星数据、GWR方法和LSTM模型计算精度，能够从一定程度上改善GPM卫星数据对于降雨峰值的估计。

2）基于ConvLSTM网络构建的多源降雨数据融合模型充分考虑了地面降雨与卫星降雨、地形特征的非线性关系，能够较准确地模拟出流域降雨的空间分布情况，且能够准确展现暴雨中心位置，但对于日尺度暴雨中心雨量等级的估计仍有一定的提升空间。

6.2 雅砻江流域多模型自适应短期径流预报

6.2.1 基于集总式水文模型的雅砻江流域短期径流预报

研究以雅砻江流域为研究对象，建立基于新安江模型、水箱模型的水文预报方法库，运用MOSCDE多目标算法率定水文模型参数并获得非劣参数集，依据确定性系数、洪峰相对误差、洪量相对误差等评价指标筛选出各模型的最优参数。

6.2.1.1 研究区域与数据

本书以雅砻江流域为研究区域。雅砻江流域位于四川西部，青藏高原东侧，流域面积13.6万km^2，干流狭长，支流众多，地势自西北向东南渐趋平缓；流域干湿季明显，暴雨一般出现在夏季，呈连续性、大范围、高强度的特点；全年径流量丰沛稳定，空间异质性明显。因流域面积较大，为充分考虑降水的时空分布不均匀性，根据流域水系拓扑结构、地形特征、水文测站分布情况及收集到的流域降雨径流资料，将研究流域划分为新龙上游子流域、新龙—雅江区间、雅江—麦地龙区间、麦地龙—锦屏区间和锦屏—桐子林区间，其面积如表6.3所示。研究流域分区、气象站点及流域降水网格站点分布如图6.8所示。

表6.3 雅砻江流域各区间面积信息

区间	面积/km^2
新龙上游	36750
新龙—雅江	29331

续表

区间	面积/km²
雅江—麦地龙	14839
麦地龙—锦屏	22101
锦屏—桐子林	25649

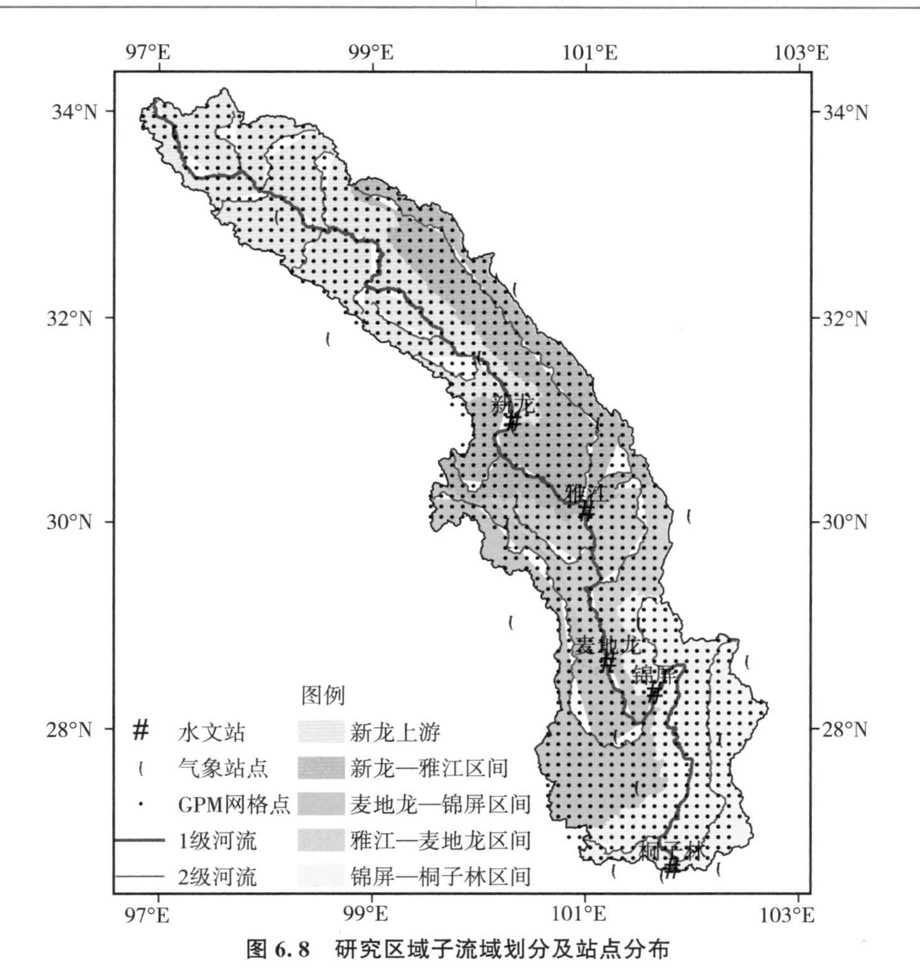

图6.8 研究区域子流域划分及站点分布

因为缺乏研究流域实测降雨数据，所以本书采用GPM_3IMERGDF卫星降水数据作为实测降雨数据。全球降水测量计划(Global Precipitation Measurement Mission,GPM)，是由美国国家宇航局(NASA)开展的，建立在热带降水测量计划(Tropical Rainfall Measurement Mission,TRMM)基础上的卫星遥感降水测量计划，其目的是提供精度和分辨率更高的新一代准全球卫星遥感数据产品。相比上一代TRMM产品，GPM卫星降水产品可更精确地捕捉微量降水并区分固态降水，在覆盖范围和时空分辨率上的精度都有所提高，增强了对微量和固态降水的探测能力，从而有效地提高了探测精度，在国内具有广阔的应用前景。本研究中所采用的GPM_3IMERGDF卫星降水数据为NASA官网发布的日尺度IMERG

Final Run 数据集，空间分辨率为 0.1°×0.1°，其网格点的流域分布如图 6.8 所示。

此外，本书使用的地面蒸发数据来源于中国气象数据网的中国地面气候资料日值数据集 V3.0，各气象站点的分布如图 6.8 所示。各子流域的面均蒸发值通过泰森多边形法处理得到，各区间气象站面积权重系数如表 6.4 所示。

表 6.4　雅砻江流域各区间气象站面积权重系数

区间	站名	站号	权重
新龙上游	清水河	56034	0.171
	石渠	56038	0.443
	清水河	56144	0.157
	石渠	56146	0.181
	色达	56152	0.006
	新龙	56251	0.043
新龙—雅江	石渠	56038	0.047
	德格	56144	0.004
	甘孜	56146	0.097
	色达	56152	0.246
	道孚	56167	0.271
	新龙	56251	0.216
	理塘	56257	0.114
	康定	56374	0.006
雅江—麦地龙	道孚	56167	0.010
	理塘	56257	0.266
	稻城	56357	0.017
	康定	56374	0.299
	九龙	56462	0.408
麦地龙—锦屏	理塘	56257	0.198
	稻城	56357	0.092
	木里	56459	0.425
	九龙	56462	0.054
	盐源	56565	0.212
	华坪	56664	0.019

续表

区间	站名	站号	权重
锦屏—桐子林	木里	56459	0.042
	九龙	56462	0.184
	越西	56475	0.111
	盐源	56565	0.127
	西昌	56571	0.282
	华坪	56664	0.068
	攀枝花	56666	0.067
	会理	56671	0.119

6.2.1.2 研究方法

(1)新安江模型

新安江模型是赵人俊为新安江水库入库径流预报所提出的典型概念性降雨径流模型。新安江模型建模核心原理为湿润地区的蓄满产流。最初新安江模型为两水源模型,其仅将径流分为地表径流和地下径流,未考虑壤中流,导致模型径流预报效果较差。随后,赵人俊借鉴山坡水文学,将两水源新安江模型发展为三水源新安江模型。相比于两水源新安江模型,三水源新安江模型结构更为完善,预报性能较强,在国内外均得到了广泛的应用。

新安江模型是一个分散参数的概念性模型,根据流域下垫面的水文、地理情况将其流域份为若干单元面积,将每个单元面积预报的流量过程演算到流域出口,然后叠加起来即为整个流域的预报流域过程。20 世纪 70 年代初建立的新安江模型为二水源,但对于湿润地区,由于没有划出壤中流,汇流的非线性程度偏高,效果不好。80 年代初引进吸收了山坡水文学的概念,提出三水源新安江模型。三水源新安江模型的结构如图 6.9 所示。

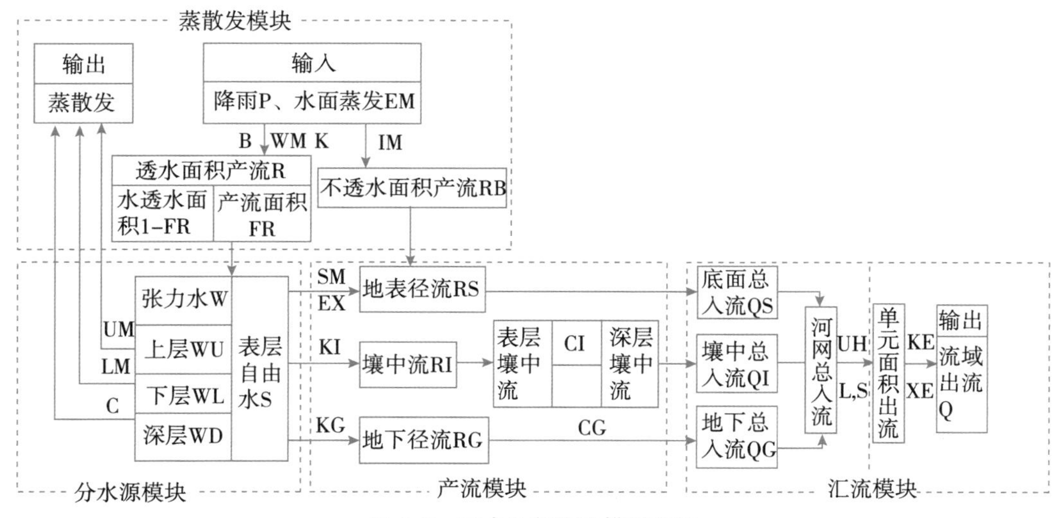

图 6.9 三水源新安江模型结构

由图 6.9 可知，新安江模型的一个重要特点是三分，即分单元、分水源、分阶段。分单元是把整个流域划分成为许多单元，这样主要是为了考虑降雨分布不均匀的影响，其次也便于考虑下垫面条件的不同及其变化；分水源是指将径流分成为三种成分，即地表、壤中、地下，三种水源的汇流速度不同，地表最快，地下最慢；分阶段是指将汇流过程分为坡面汇流阶段和河网汇流阶段，原因是两个阶段汇流特点不同，在坡地，各种水源汇流速度不同，而在河网则无此差别。其主要由四个部分组成。

1)蒸散发模块：三层蒸散发模式，总蒸发由三部分组成，即表面蒸发、浅层蒸发和深层蒸发。

2)产流模块：饱和条件下的降水产生，即在田间水量满足之前降水不产生流量，所有降水都被土壤吸收。降水达到田间持水能力后，所有降水(不含同期蒸发)产生流量。

3)分水源模块：三个水源的划分，即根据自由水容量分布曲线，流量分为地面径流、壤中流和地下径流。

4)汇流模块：该模块分为河网汇流和河道汇流。河网汇流是直接流入子流域出口的径流；河道汇流是利用马斯京根法演进到流域出口的径流。

新安江模型参数如表 6.5 所示。

表 6.5　　新安江三水源模型参数

参数	物理意义	取值范围
U_m	上层张力水容量	5～30mm
L_m	下层张力水容量	60～90mm
D_m	深层张力水容量	15～60
B	张力水蓄水容量曲线方次	0.1～0.4
I_m	流域不透水面积比例	0%～0.03%
K	蒸发能力折算系数	0.5～1.1
C	深层蒸散发系数	0.08～0.18
S_m	自由水蓄水容量	10～50mm
E_x	自由水蓄水容量曲线方次	0.5～2.0
K_i	自由水蓄水水库对壤中流的出流系数	0.35～0.45
K_g	自由水蓄水水库对地下水的出流系数	0.25～0.35
C_i	壤中流的消退系数	0.5～0.9
C_g	地下水库的消退系数	0.99～0.998
C_s	河网蓄水量的消退系数	0.01～0.5
K_e	马斯京根方法参数	0～时间步长
X_e	马斯京根方法参数	0～0.5

(2)水箱模型

水箱模型(Tank Model)是日本菅原正巳在1961年提出的概念性降雨径流模型,随后该模型不断发展、完善,目前已广泛应用于多个国家的湿润及半湿润地区。水箱模型的基本原理是将复杂的降雨径流关系转化为流域蓄水、出流之间的关系进行模拟。流域降雨转换为径流的过程共分为蒸发、产流、坡面汇流、河道汇流等多个环节,水箱模型采用多个彼此互相联系的水箱模拟降雨径流转化过程。单个水箱主要以蓄水深度作为控制变量,通过边孔高度和底孔出流模拟计算流域的产流、汇流过程。水箱模型虽无明确的物理量,但模型具有较高的弹性,不局限于特定的流域、气候条件等多方面自然地理因素。

水箱模型是串联蓄水式模型的一个别名,它由垂直安放的几个串联水箱所组成,该模型是一种概念性径流模型,由于它能以比较简单的形式来模拟径流形成过程,把由降雨转换为径流的复杂过程简单地归纳为流域的蓄水容量与出流的关系进行模拟,使它具有很大的适应性。从这点出发,将流域的雨洪过程的各个环节(产流、坡面汇流、河道汇流等),用若干个彼此相联系的水箱进行模拟。以水箱中的蓄水深度为控制,计算流域的产流、汇流以及下渗过程。如流域较小,可以采用若干个相串联的直列式水箱模拟出流和下渗过程。考虑降雨和产、汇流的不均匀,需要分区计算较大流域,可用若干个串并联组合的水箱模拟整个流域的雨洪过程。本书采用的五层水箱模型的基本结构如图6.10所示。

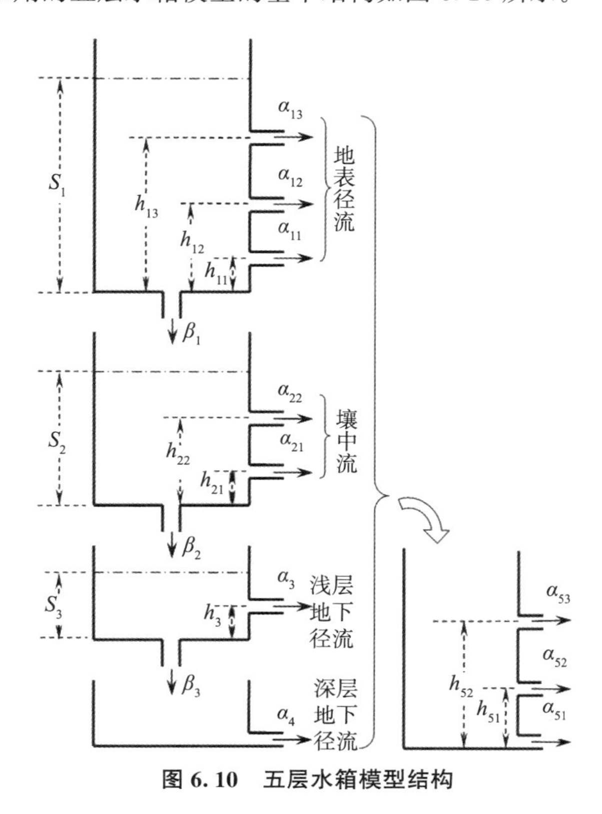

图6.10 五层水箱模型结构

由图6.10可知,五层水箱模型参数主要包括各水箱模型的饱和蓄水深、初始蓄水深、孔出流系数、孔高以及水箱下渗系数等，共有 30 个模型参数。其中，第 4 层水箱的边孔出流为深层地下径流，无底孔出流，且边孔位于底部，孔高为 0；第 5 层水箱模型模拟的河网汇流，无底孔出流。参数意义与取值范围如表 6.6 所示。

表 6.6　　五层水箱模型参数

<table>
<tr><th>水箱</th><th>名称</th><th>参数</th><th>取值范围</th></tr>
<tr><td rowspan="9">第 1 层</td><td>饱和蓄水深</td><td>S_1</td><td>60～80</td></tr>
<tr><td>初始蓄水深</td><td>depth_01</td><td>0～15</td></tr>
<tr><td rowspan="3">出流系数</td><td>α_{11}</td><td>0.005～0.1</td></tr>
<tr><td>α_{12}</td><td>0.05～0.2</td></tr>
<tr><td>α_{13}</td><td>0.1～0.25</td></tr>
<tr><td rowspan="3">孔高</td><td>h_{11}</td><td>0～20</td></tr>
<tr><td>h_{12}</td><td>5～25</td></tr>
<tr><td>h_{13}</td><td>0～30</td></tr>
<tr><td>下渗系数</td><td>β_1</td><td>0.0001～0.3</td></tr>
<tr><td rowspan="7">第 2 层</td><td>饱和蓄水深</td><td>S_2</td><td>10～75</td></tr>
<tr><td>初始蓄水深</td><td>depth_02</td><td>5～30</td></tr>
<tr><td rowspan="2">出流系数</td><td>α_{21}</td><td>0～0.1</td></tr>
<tr><td>α_{22}</td><td>0～0.25</td></tr>
<tr><td rowspan="2">孔高</td><td>h_{21}</td><td>0～30</td></tr>
<tr><td>h_{22}</td><td>0～30</td></tr>
<tr><td>下渗系数</td><td>β_2</td><td>0～0.2</td></tr>
<tr><td rowspan="5">第 3 层</td><td>饱和蓄水深</td><td>S_3</td><td>20～60</td></tr>
<tr><td>初始蓄水深</td><td>depth_03</td><td>5～25</td></tr>
<tr><td>出流系数</td><td>α_3</td><td>0～0.15</td></tr>
<tr><td>孔高</td><td>h_3</td><td>0～30</td></tr>
<tr><td>下渗系数</td><td>β_3</td><td>0～0.1</td></tr>
<tr><td rowspan="2">第 4 层</td><td>初始蓄水深</td><td>depth_04</td><td>0～20</td></tr>
<tr><td>出流系数</td><td>α_4</td><td>0～0.02</td></tr>
<tr><td rowspan="6">第 5 层</td><td>初始蓄水深</td><td>depth_05</td><td>0～8</td></tr>
<tr><td rowspan="3">出流系数</td><td>α_{51}</td><td>0.05～0.15</td></tr>
<tr><td>α_{52}</td><td>0.075～0.2</td></tr>
<tr><td>α_{53}</td><td>0.1～0.25</td></tr>
<tr><td rowspan="2">孔高</td><td>h_{51}</td><td>10～30</td></tr>
<tr><td>h_{52}</td><td>15～40</td></tr>
<tr><td></td><td>蒸发折算系数</td><td>K_x</td><td>0.15～0.85</td></tr>
</table>

(3)基于 MOSCDE 的多目标参数自适应算法

多目标文化混合复形差分进化算法 MOCSCDE 是由华中科技大学数字流域科学与技术湖北省重点实验室于 2013 年提出,该算法为有效应用种群个体信息进行演化计算,选取差分进化算法代替单纯形法;为避免得到局部最优解,引入柯西变异算子。与遗传算法等传统优化算法相比,多目标优化算法 MOCSCDE 能够有效利用信息来实现进化搜索,且对于单目标率定算法在预报不同流量过程产生的均化效应方面有明显的改善,在提高算法速度的同时也保证了收敛精度。该算法流程如图 6.11 所示。

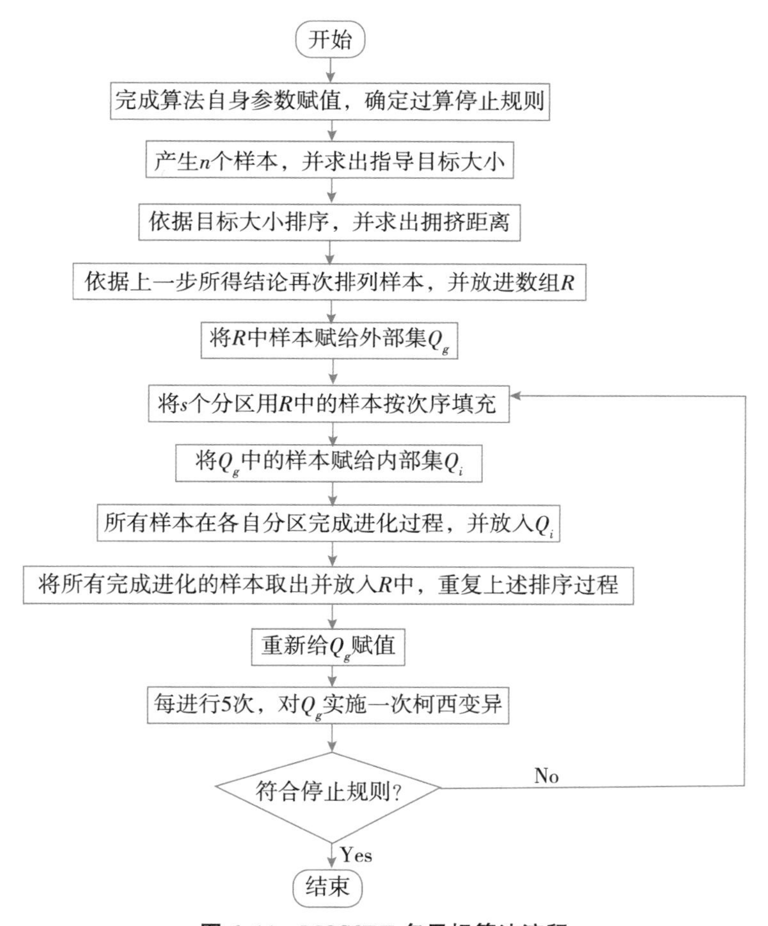

图 6.11 MOSCDE 多目标算法流程

如图 6.11 所示,MOSCDE 多目标算法的主要步骤如下。

1)初始化,完成算法自身参数赋值。

2)随机在解空间内生成 n 个样本,后通过计算获得样本目标值。

3)对样本基于目标值进行排序,计算拥挤距离按照序号小靠前的方式对样本重新排序,并存在数组 $R=\{R_1,R_2,\cdots,R_n\}$ 中。

4)外部集 Q_g 通过利用数组 R 进行更新。

5)基于点 $Z_p:\{X_{q(i-1)+p}\}(i=1,2,\cdots,r),r=n/s$ 存入第 p 个分区的原则，按顺序把数组 R 内的点存入相应分区。

6)将外部集 Q_g 赋给内部集 $Q_i(i=1,2,\cdots,s)$。

7)各分区内的点重复进化演算 b 次，并将结果放进内部集 Q_i。

8)根据进化演算后获得 s 个分区中数据更新数组 R，再以步骤 3)中的原则重新排序。

9)每进行 5 次迭代计算，对 Q_g 实施 1 次柯西变异。

10)判断算法结束条件是否达成，若是，则停止迭代并输出计算结果；若不是，则返回至步骤 5)，继续迭代计算。

(4)评价指标和精度评定

模型评价及精度评定主要是为了分析模型模拟的可靠性，衡量模型是否满足作业预报的精度要求。参考《水文情报预报规范》(GB/T 22482—2008)，采用确定性系数(DC)、平均相对误差(MRE)、相关系数(CC)、相关系数(RMSE)指标量化模型模拟效果，进而根据规范要求对模型进行精度评定。各指标的主要公式如下。

1)确定性系数(DC)：

$$DC=1-\frac{\sum_{i=1}^{n}(Q_{Oi}-Q_{Fi})^2}{\sum_{i=1}^{n}(Q_{Oi}-\bar{Q}_O)^2} \tag{6.15}$$

2)平均相对误差(MRE)：

$$MRE=\frac{1}{n}\sum_{i=1}^{n}\frac{|Q_{Oi}-Q_{Fi}|}{Q_{Oi}}\times 100\% \tag{6.16}$$

3)相关系数(CC)：

$$CC=\frac{\text{Cov}(Q_O,Q_F)}{\sqrt{\text{Var}(Q_O)\text{Var}(Q_F)}} \tag{6.17}$$

4)相关系数(RMSE)：

$$RMSE=\sqrt{\frac{1}{n}\sum_{i=1}^{n}(Q_{Oi}-Q_{Fi})^2} \tag{6.18}$$

式中：Q_O ——实测序列；

$\bar{Q}_O$ ——实测序列的平均值；

Q_F ——预报序列；

n——序列长度；

$\text{Cov}(Q_O,Q_F)$——实测序列与预报序列的协方差值；

$\text{Var}(Q_O)$、$\text{Var}(Q_F)$——实测序列与预报序列的方差值。

《水文情报预报规范》(GB/T 22482—2008)规定，精度等级评定按确定性系数 DC 的大小可分为 3 个等级，如表 6.7 所示。

表 6.7 预报项目精度等级

精度等级	甲	乙	丙
确定性系数 DC	DC≥0.90	0.90>DC≥0.70	0.70>DC≥0.50

6.2.1.3 预报体系

以流域水文气象数据为基础，对每个子区间建立新安江模型、水箱模型进行产汇流计算，以流域主要控制站点为预报断面，构建预报体系。流域拓扑及预报体系流程如图 6.12 所示。

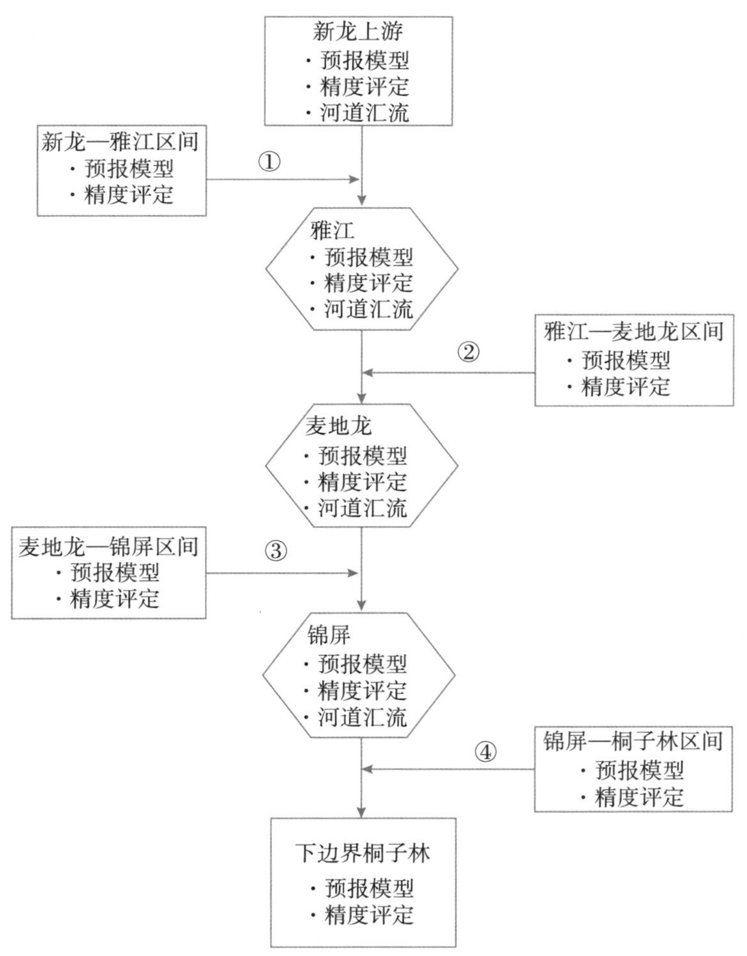

图 6.12 流域拓扑及预报体系流程

对选定的某一支流预报断面，根据流域拓扑结构图，该支流断面径流为其上游区间的降雨产流。而对选定的某一干流预报断面，需先根据流域拓扑结构图，确定该预报断面上游的所有干流断面和支流断面及其顺序，然后按顺序从第一级开始，逐级进行干流断面径流预报，即某干流断面径流是由该干流上断面入流洪水演算径流量、该干流区间降雨产流以及该区间所有入汇支流的洪水演算径流量组成。雅砻江流域各控制断面的径流预报体系和流程如下。

1)雅砻江干流新龙断面,对新龙水文站上游区间进行降雨产流计算,该断面预报径流为其上游区间的降雨产流量;

2)雅砻江干流雅江断面,对上游干流断面新龙入流进行河道径流演算,对干流子区间降雨产流进行计算,该断面预报径流为区间降雨产流量、干流新龙水文站的径流演算后的流量之和;

3)雅砻江干流麦地龙断面,对上游干流断面雅江入流进行河道径流演算,对干流子区间降雨产流进行计算,该断面预报径流为区间降雨产流量、干流雅江水文站的径流演算后的流量之和;

4)雅砻江干流锦屏断面,对上游干流断面麦地龙入流进行河道径流演算,对干流子区间降雨产流进行计算,该断面预报径流为区间降雨产流量、干流麦地龙水文站的径流演算后的流量之和;

5)雅砻江干流桐子林断面,对上游干流断面锦屏入流进行河道径流演算,对干流子区间降雨产流进行计算,该断面预报径流为区间降雨产流量、干流锦屏水文站的径流演算后的流量之和。

6.2.1.4 模型参数率定及检验结果

受数据资料限制,各区间选取 2005—2010 年的降雨、径流资料用于参数率定,2011—2012 年的降雨、径流资料用于检验。为消除流域前期影响雨量、各层张力水含量等初始状态设置对模型预报结果的影响,经过合理性分析,设置 30 天的预热期,预热期之后流域初始状态的影响可以忽略不计。

将五个子区间长系列降雨径流资料作为输入数据,利用 MOSCDE 算法,以确定性系数、平均相对误差、相关系数、均方根系数为目标,分别对新安江模型与水箱模型参数进行率定,可得到对应区间的模拟结果。表 6.8 展示了新安江模型对新龙上游子流域、新龙—雅江区间、雅江—麦地龙区间、麦地龙—锦屏区间及锦屏—桐子林区间的径流模拟结果。

表 6.8　新安江模型参数率定及检验结果

区间	时期	平均相对误差	相关系数	均方根系数	确定性系数	精度等级
新龙上游	率定期	34.1%	0.837	151	0.695	丙
	检验期	44.2%	0.858	189	0.704	乙
新龙—雅江	率定期	25.4%	0.903	274	0.814	乙
	检验期	30.0%	0.891	347	0.780	乙

续表

区间	时期	平均相对误差	相关系数	均方根系数	确定性系数	精度等级
雅江—麦地龙	率定期	11.8%	0.982	175	0.957	甲
	检验期	10.5%	0.984	192	0.960	甲
麦地龙—锦屏	率定期	9.1%	0.975	248	0.951	甲
	检验期	13.4%	0.973	283	0.945	甲
锦屏—桐子林	率定期	24.1%	0.936	547	0.874	乙
	检验期	29.3%	0.927	600	0.859	乙

由表6.8可知，各区间新安江模型率定结果差异较大。其中，新龙上游子流域率定期和检验期的确定性系数均在0.7左右，相关系数在0.8以上，但其平均相对误差偏大，达到30%以上，说明实测径流与模拟径流的相关性较好，整体趋势基本相符，但由于存在个别极值点拟合偏差较大的情况，降低了整体的模拟效果，使模拟精度不甚理想；新龙—雅江区间和锦屏—桐子林区间率定期及检验期的确定性系数均在0.78以上，相关系数在0.9左右，但其平均相对误差较大，在20%～30%，说明实测径流过程与模拟径流过程之间的吻合程度较高，相关性好，但由于对个别水文极值点的拟合略差，影响了整体的模拟效果；雅江—麦地龙区间和麦地龙—锦屏区间率定期及检验期的确定性系数与相关系数均在0.9以上，平均相对误差较小，均在20%以内，均方根系数较小，说明雅江—麦地龙区间和麦地龙—锦屏区间拟合效果甚佳，流过程与模拟径流过程之间的吻合程度高，相关性好。总体而言，新龙上游子流域的率定期精度达到了乙等，但其检验期精度较差，为丙等，可用于参考性预报；新龙—雅江区间和锦屏—桐子林区间率定期和检验期均达到了乙等，可用于作业性预报；雅江—麦地龙区间和麦地龙—锦屏区间率定期及检验期均达到了甲等，可用于作业性预报。

根据各断面新安江模型的模拟结果，分别做各断面2005—2012年的实测与模拟径流过程线，直观展示各断面新安江模型的模拟效果，如图6.13所示。

由图6.13可知，新龙断面实测径流过程与预测径流过程的趋势基本相符，然而预测径流过程比实测径流过程整体要小，对高流量的预测在量值上相差较大，影响了最终的拟合效果；雅江断面实测径流过程与预测径流过程的趋势基本相符，但存在低估部分极大值点和极小值点的情况；麦地龙和锦屏断面实测径流过程与预测径流过程的吻合程度高，拟合效果好，但仍存在对部分峰值点的拟合结果偏小的情况；桐子林断面的实测径流过程与预测径流过程趋势相符，但对部分峰值点的拟合结果偏小，且实测流量序列中低流量过程波动较大，变化规律不易捕捉，使拟合结果较差。

表6.9展示了水箱模型对新龙上游子流域、新龙—雅江区间、雅江—麦地龙区间、麦地龙—锦屏区间及锦屏—桐子林区间的径流模拟结果。

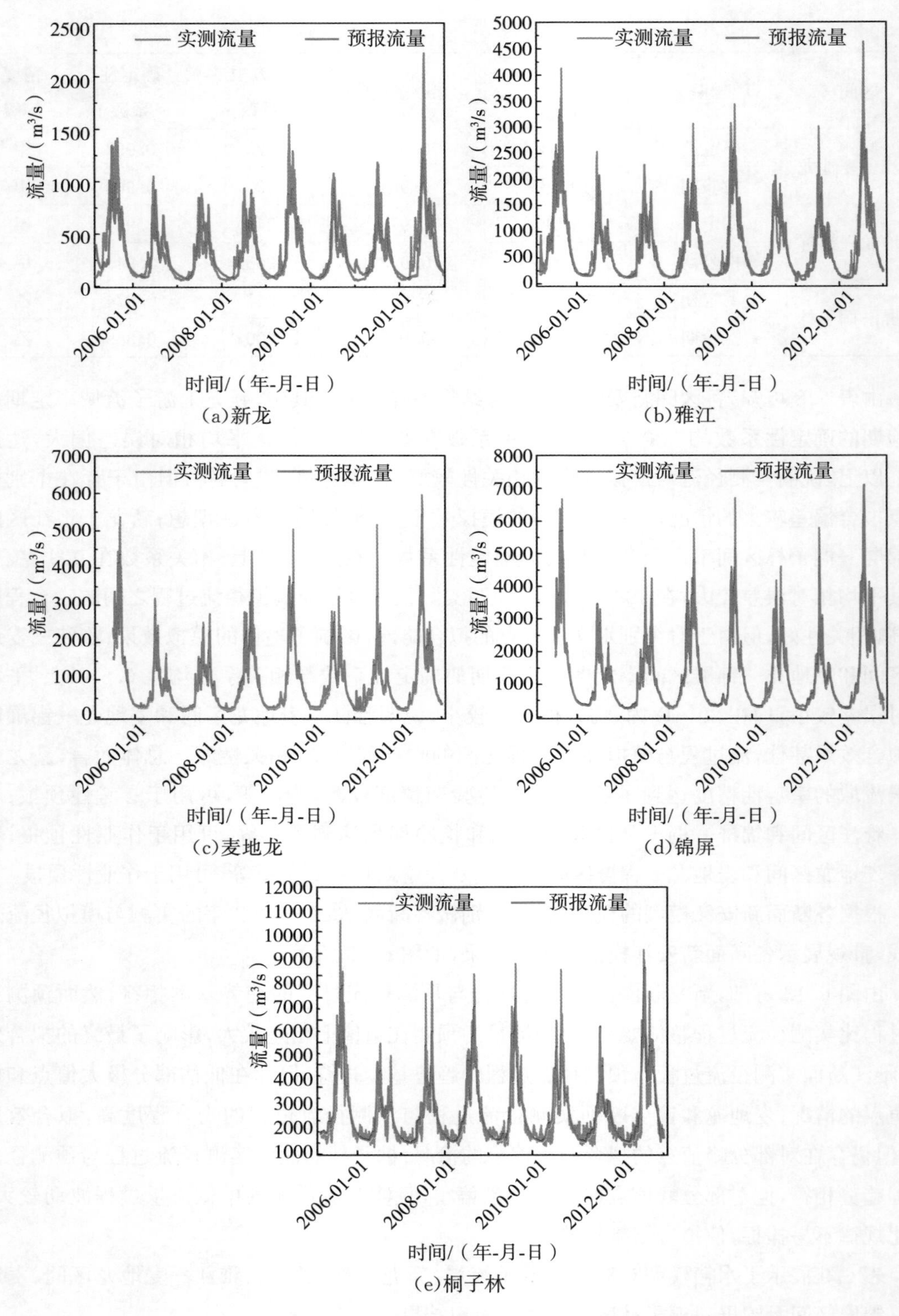

图 6.13 各区间新安江模型模拟效果

表6.9　　水箱模型参数率定及检验结果

区间	时期	平均相对误差	相关系数	均方根系数	确定性系数	精度等级
新龙上游	率定期	35.6%	0.853	148	0.708	乙
	检验期	46.0%	0.882	192	0.695	丙
新龙—雅江	率定期	23.5%	0.902	276	0.812	乙
	检验期	30.6%	0.891	344	0.784	乙
雅江—麦地龙	率定期	9.4%	0.975	192	0.948	甲
	检验期	8.9%	0.981	191	0.960	甲
麦地龙—锦屏	率定期	9.9%	0.977	239	0.954	甲
	检验期	15.7%	0.975	277	0.947	甲
锦屏—桐子林	率定期	21.6%	0.942	520	0.886	乙
	检验期	30.1%	0.924	618	0.850	乙

由表6.9可知，各区间水箱模型率定结果差异较大。其中，新龙上游子流域率定期和检验期的确定性系数均在0.7左右，相关系数在0.8以上，但其平均相对误差偏大，达到30%以上，说明实测径流与模拟径流的相关性较好，整体趋势基本相符，但由于存在个别极值点拟合偏差较大的情况，降低了整体的模拟效果，使模拟精度不甚理想；新龙—雅江区间和锦屏—桐子林区间率定期及检验期的确定性系数均在0.78以上，相关系数在0.9左右，但其平均相对误差较大，在20%～30%，说明实测径流过程与模拟径流过程之间的吻合程度较高，相关性好，但由于对个别水文极值点的拟合略差，影响了整体的模拟效果；雅江—麦地龙区间和麦地龙—锦屏区间率定期及检验期的确定性系数与相关系数均在0.9以上，平均相对误差较小，均在20%以内，均方根系数较小，说明雅江—麦地龙区间和麦地龙—锦屏区间拟合效果甚佳，流过程与模拟径流过程之间的吻合程度高，相关性好。总体而言，新龙上游子流域的率定期精度达到了乙等，但其检验期精度较差，为丙等，可用于参考性预报；新龙—雅江区间和锦屏—桐子林区间率定期及检验期均达到了乙等，可用于作业性预报；雅江—麦地龙区间和麦地龙—锦屏区间率定期及检验期均达到了甲等，可用于作业性预报。

根据各断面水箱模型的模拟结果，分别做各断面2005—2012年的实测与模拟径流过程线，直观展示各断面新安江模型的模拟效果。

由图6.14可知，新龙断面实测径流过程与预测径流过程的趋势基本相符，但预测径流过程比实测径流过程整体要小，对高流量的预测在量值上相差较大，影响了最终的拟合效果；雅江断面实测径流过程与预测径流过程的趋势基本相符，但存在低估部分极大值点和极小值点的情况；麦地龙和锦屏断面实测径流过程与预测径流过程的吻合程度高，拟合效果好，但仍存在部分峰值点的拟合结果偏小的情况；桐子林断面的实测径流过程与预测径流过程趋势相符，但部分峰值点的拟合结果偏小，且实测流量序列中低流量过程波动较大，变化规律不易捕捉，使拟合结果较差。

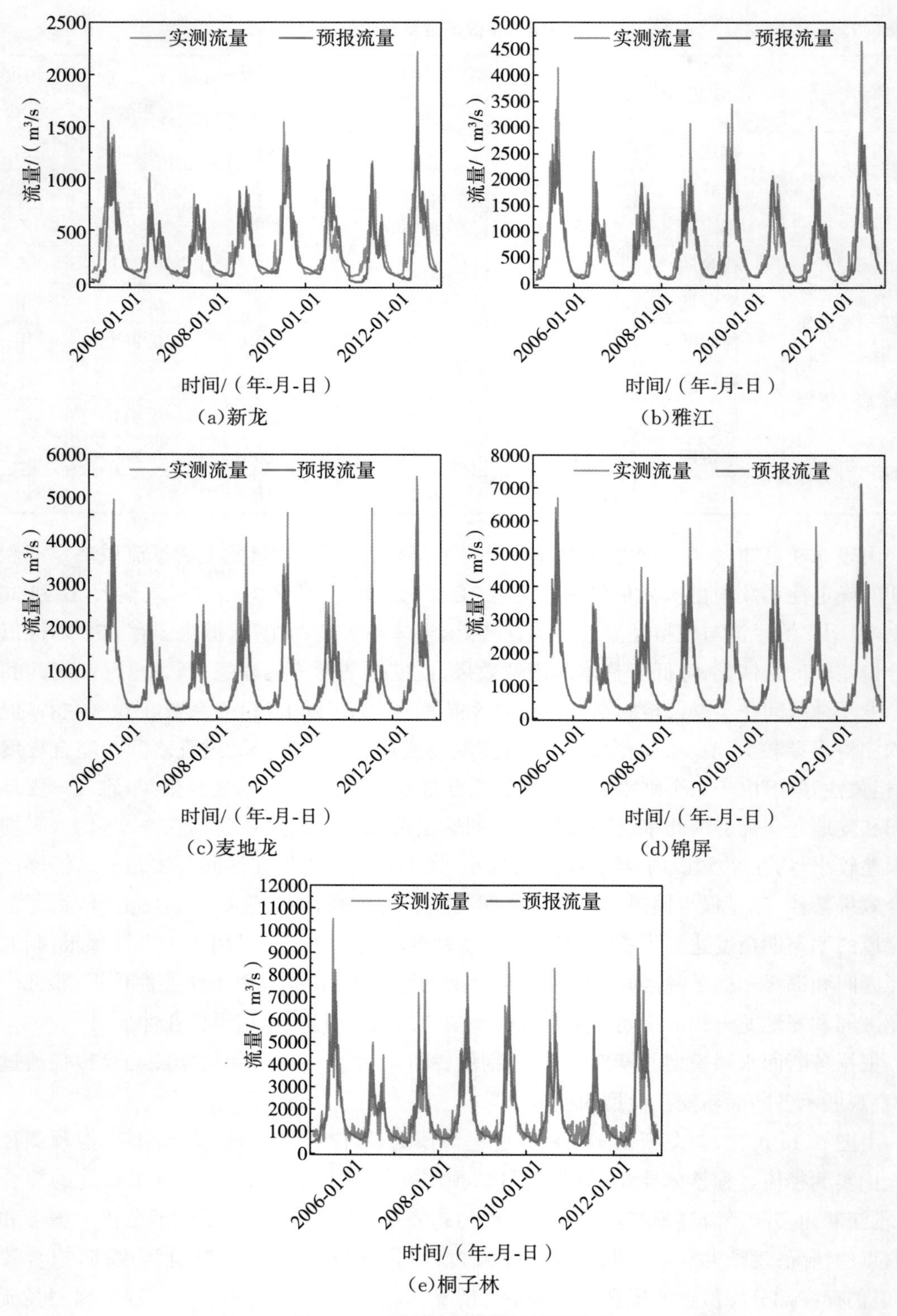

(a)新龙 (b)雅江 (c)麦地龙 (d)锦屏 (e)桐子林

图 6.14 各区间水箱模型模拟效果

从整体上来说，各断面新安江模型和水箱模型的模拟过程均存在部分峰值点的拟合结果偏小的情况，这可能是由于本次所用的 GPM_3IMERGDF 卫星降水数据虽然具有较高的探测精度，但低估了大雨以上等级的量值，使峰值点的拟合结果较小；且本次研究是以全年降雨径流序列作为模型输入，模型参数中和了汛期与非汛期的径流变化情况，使得汛期的洪峰模拟值偏小。为此，在后续研究中，应进一步分析 GPM_3IMERGDF 卫星降水数据在雅砻江流域的适用性能，并在此基础上收集流域雨量站的实测降雨资料，对 GPM_3IMERGDF 卫星降水数据进行融合校正，以求提升 GPM_3IMERGDF 卫星降水数据的精度。同时，应选取降雨径流相关性强的场次洪水，开展场次洪水建模研究，优选适用洪水过程的最优模型参数，以求提升对峰值点的拟合效果。

6.2.2 基于 SWAT 水文模型的雅砻江流域短期径流预报

6.2.2.1 SWAT 模型简介

SWAT 主要应用领域包括评价分析土地利用、气候变化对水文过程和水质的影响。模型主要特点有：①基于物理机制，物理过程(包括水分和泥沙输移、作物生长和营养成分循环等被直接反映在模型中。模型不仅可应用于缺乏流量等观测数据的流域，还可以定量评价管理措施、气象条件、植被覆盖等变化对水质的影响；②模型采用的数据是可以从公共数据库得到的常规观测数据；③计算效率高。

SWAT 模型常用的划分方法为依据子流域划分，对每一个子流域，又可以根据其中的土壤类型、土地利用和地形的组合情况，进一步划分为单个或多个水文响应单元(Hydrologic Response Units，HRUs)，该水文响应单元是模型中最基本的计算单元。在 HRUs 上利用水量平衡方程(6.19)模拟陆地水文循环过程，在河道上采用马斯京根法或变动储水系数进行汇流计算，并依据河网和水库等特征模拟流域水文过程。本节采用变动储水系数法做汇流计算，公式见式(6.20)。

$$\mathrm{SW}_t = \mathrm{SW}_0 + \sum_{i=1}^{t} (R_{\mathrm{day}} - Q_{\mathrm{surf}} - E_{\mathrm{a}} - w_{\mathrm{seep}} - Q_{\mathrm{gw}}) \tag{6.19}$$

式中：SW_t——土壤最终含水量，mm；

SW_0——土壤前期含水量，mm；

t——时间，d；

R_{day}——第 i 天的降雨量，mm；

Q_{surf}——第 i 天的地表径流量，mm；

E_{a}——第 i 天蒸发量，mm；

w_{seep}——第 i 天土壤剖面的测流量和渗透量，mm；

Q_{gw}——第 i 天地下水含量，mm。

$$q_{\mathrm{out},2} = \left(\frac{2\Delta t}{2TT + \Delta t}\right) \cdot q_{\mathrm{in,ave}} + \left(1 - \frac{2\Delta t}{2TT + \Delta t}\right) \cdot q_{\mathrm{out},1} \tag{6.20}$$

式中：$q_{\mathrm{out},2}$——时间步长末出流量；

$q_{\mathrm{out},1}$——时间步长初出流量；

Δt——时间步长；

$q_{\mathrm{in,ave}}$——时间步长内平均流量。

水库调度的实质即选择适当的蓄水和泄水方式。在实际应用中，进行水库调度通常需要以下资料：①泄流能力曲线；②水位库容曲线，一般需要通过实际测量绘制获得；③下游河道的安全泄量，用于保护水库下游的防洪安全；④水库允许的最小下泄流量，保证下游河道最小生态环境需水量；⑤调度期末水位，是水库的兴利与防洪的矛盾所在；⑥水库允许的最高水位，用于保证水库安全以及上游防洪效益；⑦不同泄流设备的运用条件；⑧相邻时段允许的出库流量的变幅等。

SWAT 模型中针对有闸门控制水库的建模可以说是对真实调度的一种简单参数化，优点是不需要收集大量水库资料，受到水库资料的限制性小。SWAT 模型将实际水库简化为仅存在正常溢洪道和非常溢洪道两类，忽略了泄洪隧洞和泄水孔。依据这两种溢洪道启用相应水位和库容，制定汛期和非汛期的目标库容。在具体计算时，首先依据式(6.21)确定水库的预期目标库容，然后依据式(6.22)计算出库流量。

$$V_{\mathrm{targ}}=\begin{cases}V_{\mathrm{em}}\ (\mathrm{mon}_{\mathrm{fld,beg}}<\mathrm{mon}<\mathrm{mon}_{\mathrm{fld,end}})\\ V_{\mathrm{pr}}+\dfrac{\left(1-\min\left[\dfrac{\mathrm{SW}}{\mathrm{FC}},1\right]\right)}{2}\cdot(V_{\mathrm{em}}-V_{\mathrm{pr}})\ (\mathrm{mon}\leqslant\mathrm{mon}_{\mathrm{fld,beg}}\text{或 }\mathrm{mon}\geqslant\mathrm{mon}_{\mathrm{fld,end}})\end{cases}\tag{6.21}$$

式中：V_{targ}——某日目标库容，m^3；

V_{pr}——防洪限制水位相应库容，m^3；

V_{em}——防洪高水位相应库容，m^3；

SW——子流域平均土壤含水量，$\mathrm{m}^3/\mathrm{m}^3$；

FC——子流域的田间持水量，$\mathrm{m}^3/\mathrm{m}^3$；

$\mathrm{mon}_{\mathrm{fld,beg}}$——汛期起始月份；

$\mathrm{mon}_{\mathrm{fld,end}}$——汛期终止月份。

$$q_{\text{出流}}=\frac{V-V_{\text{目标}}}{T_{\text{目标}}}\tag{6.22}$$

式中：V——水库当前库容，m^3；

$T_{\text{目标}}$——达到目标库容所需时间，s。

6.2.2.2 率定方法及评价指标

SWAT-CUP 2012 具有操作界面简洁、率定校验方法多样、处理速度快等特点，已在湟水、三峡库区等得到广泛应用。SWAT-CUP 2012 提供了 SUFI2，GLUE，PSO 和 MCMC 四种参数率定方法，本节选择 SUFI2 方法进行雅砻江流域参数率定和敏感性分析。

参数敏感性分析的目的在于帮助研究者找到对水文过程影响较大的变量，减少参数调试的盲目性，提高率定参数的效率。全局敏感度分析法是在率定的过程中，计算下次率定时所需要的参数敏感性。因此需要结合研究区的实际情况，初步构建流域参数体系，才能进行敏感性分析和再次调试。在统计学中，T-state 值用来确定每个样本的相对显著性，P 值是 T 检验值查表对应的 P 概率值，体现了 T 统计量的显著性。采用 T-state 的绝对值作为敏感性的参考，参数 T-state 的绝对值越大，敏感性越高；同时采用 P-value 来指示的显著性。参数的 P 值越接近 0，显著性越大。

选取适当的评价指标对参数的选择和取值进行合理性评估，从而判断模型构建的适用性。径流模拟效果的评估系数包括决定系数(R^2)和 Nash-Sutcliffe 效率(NSE)，综合两者作为 SWAT 模型的评价标准。决定系数用于实测值和模拟值之间数据吻合程度评价，通过线性回归方法求得。

$$R^2 = \frac{\left[\sum_i (Q_{\text{obs}} - \overline{Q_{\text{obs}}})(Q_{\text{sim}} - \overline{Q_{\text{sim}}})\right]^2}{\left[\sum_i (Q_{\text{obs}} - \overline{Q_{\text{obs}}})^2\right]\left[\sum_i (Q_{\text{sim}} - \overline{Q_{\text{sim}}})^2\right]} \tag{6.23}$$

式中：Q_{obs} 和 Q_{sim}——观测和模拟径流；

$\overline{Q_{\text{obs}}}$——评估的整个时间段内观察到流量的平均值；

$\overline{Q_{\text{sim}}}$——评估的整个时间段的模拟流量的平均值；

R^2——可由模型解释的观测数据中总方差的比例，R^2 在 0 到 1 之间，R^2 越小，吻合程度越低，值越高表示性能越好。

纳什效率系数 NSE 是一个整体综合指标，可以定量表征对整个径流过程拟合好坏的程度，这是描述计算值对目标值的拟合精度的无量纲统计参数，一般取值范围在 0 到 1 之间。

$$\text{NSE} = 1 - \frac{\sum_{i=1}^{n} (Q_m - Q_p)^2}{\sum_{i=1}^{n} (Q_m - Q_{\text{avg}})^2} \tag{6.24}$$

式中：Q_m——观测值；

Q_p——模拟值；

Q_{avg}——观测平均值；

n——观测次数。

若 NSE 值越接近 1，说明模型的模拟效率越高；若 NSE 为负值，说明模型模拟值不具代表性。

根据 Moriasi(2007)的评估标准，该模型的 NSE 在 0.5 和 0.65 之间表示模型可接受，在 0.65 和 0.75 之间表示模型较好，在 0.75 和 1 之间表示模型构建优秀。

6.2.2.3 SWAT 模型构建及验证

(1)雅砻江流域区域概况

雅砻江流域面积约 13 万 km^2,天然落差 3192m,于四川攀枝花汇入金沙江(俞烜等,2008)。雅砻江流域属川西高原气候区,干湿季分明,雨季(5—10 月)降雨较为集中,雨量占全年雨量的 90%～95%。降水空间分布为由北向南递增,且东侧大于西侧,多年平均年降水量为 500～2470mm。流域各地多年平均气温为 -4.9～19.7℃,总分布趋势由南向北呈递减趋势,并随海拔的增加而递减(李信,2015)。雅砻江支流众多,水系发育较好,多年平均径流量为 593 亿 m^3,径流分布总体上与降雨分布一致。雅砻江流域水系及水文站、水库分布情况如图 6.15 所示。

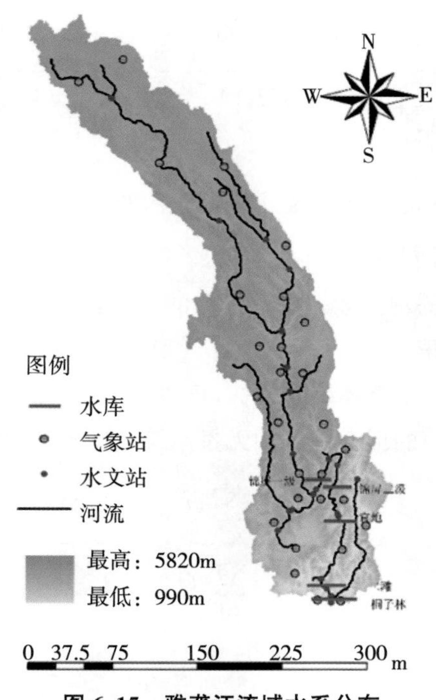

图 6.15 雅砻江流域水系分布

(2)雅砻江水文模型构建

二滩水库 1998 年建成投运,其他水库晚于 2012 年运行,因此 2008—2012 年二滩水库以上流域为天然流域。采用 ArcSWAT 模拟二滩水库以上流域的水文过程。

雅砻江流域总体高程为 990～5820m,南部为流域出口,如图 6.16(a)所示;雅砻江流域土地利用数据集如图 6.16(b)所示,流域主要土地利用类型为草地和林地;流域土壤类型如图 6.16(c)所示。

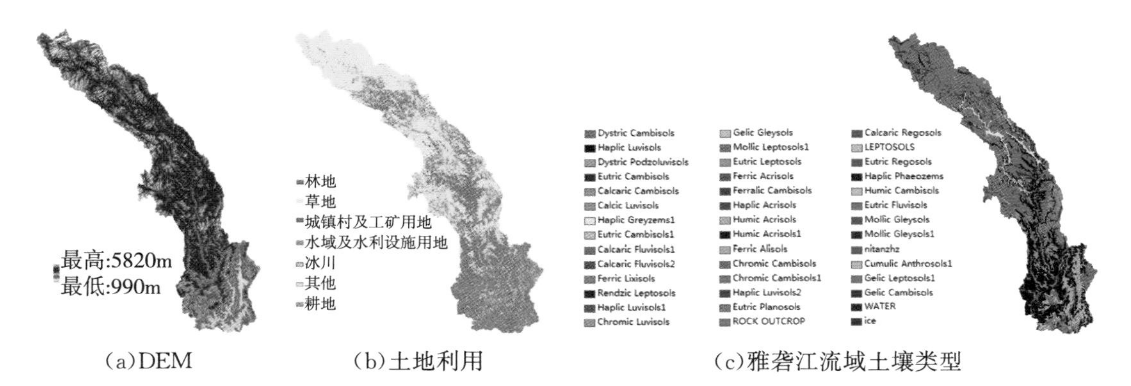

(a)DEM　(b)土地利用　(c)雅砻江流域土壤类型

图 6.16　雅砻江流域模型数据库

研究表明,大气同化数据集可提供更高精度的数据源,从而提高模型输出结果的精确性。因此本节采用更符合我国真实气象场的大气同化数据集(The China Meteorological Assimilation Driving Datasets for the SWAT Model, CMADS)建立气象数据库。CMADS 已在青海高原区、汉江流域和金沙江流域均取得了较高的精度。CMADS V1.0 系列数据集空间覆盖整个东亚,时间尺度为 2008—2016 年,时间分辨率为逐日,雅砻江流域内站点数 31 个,如图 6.17 所示。可提供包括日最高/最低气温、日均风速、日均相对湿度、日降水量和日太阳辐射等气象要素。

通过比较各子流域中土地利用和土壤类型的比例情况,将土地利用类型面积阈值设为 5%,土壤类型面积阈值设为 5%,最终产生 34 个子流域(图 6.17)。

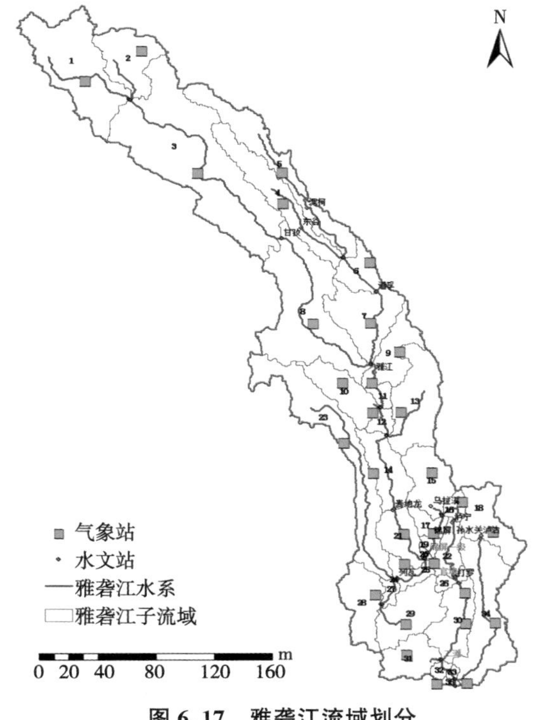

图 6.17　雅砻江流域划分

(3)率定及验证结果

根据 SWAT 模型敏感性分析和雅砻江流域特征，使用流域内 7 个关键水文站的实测数据率定和检验 17 个敏感参数。模型率定期为 2010—2011 年，模型检验期为 2009 年。2012 年之前二滩站以上流域是天然流域，因此将二滩站作为出口控制站。表 6.10 展示了二滩站参数敏感性排序和最佳取值。

表 6.10　　二滩站 SWAT 模型的参数值

参数	内容	类型	最优值	敏感性排序
CN2	SCS 径流曲线系数	r	0.06	1
ALPHA_BNK	地下存储系数	v	0.84	2
EPCO	植物蒸腾补偿系数	v	0.12	3
SLSUBBSN	平均坡长	r	−0.25	4
REVAPMN	浅层地下水蒸发深度阈值	v	262.98	5
GW_DELAY	地下水滞后系数	v	270.5	6
GWQMN	浅层地下水径流系数	v	50.81	7
CH_N2	主河道曼宁系数	v	0.14	8
ESCO	土壤蒸发补偿系数	v	0.94	9
TLAPS	温度下降速率	v	−4.42	10
SOL_BD(1)	土壤湿密度	r	0.21	11
CH_K2	主河道水利有效传导系数	v	304.5	12
SOL_AWC(1)	土壤含水量	r	3.23	13
ALPHA_BF	基流系数	v	0.34	14
SOL_K(1)	饱和导水率	r	0.10	15
SMFMN	最小融雪速率	v	10	16
SFTMP	融雪温度	v	1.734	17

在日尺度上，SWAT 模型模拟结果在雅砻江流域的 7 个站均取得了令人满意的结果(表 6.11)。模型率定期所有水文站 $R^2>0.78$，NSE>0.73，这些评价指标表明，率定期雅砻江流域的径流模拟结果与日观测值吻合良好。检验期各水文站 $R^2>0.8$，NSE>0.77，表明该模型适用于雅砻江流域。模型二滩站检验期和率定期日径流模拟结果如图 6.18 所示，从图中可以看出，模拟序列与观测序列基本一致，总体上 SWAT 模型的表现令人满意。

表 6.11　　雅砻江流域日尺度模拟结果统计指标值

数据	指标	水文站						
		雅江	麦地龙	列瓦	锦屏	泸宁	打罗	二滩
率定期 (2009—2011)	R^2	0.84	0.84	0.78	0.85	0.85	0.85	0.87
	NSE	0.73	0.76	0.76	0.75	0.78	0.77	0.80

续表

数据	指标	水文站						
		雅江	麦地龙	列瓦	锦屏	泸宁	打罗	二滩
检验期	R^2	0.85	0.86	0.80	0.90	0.91	0.92	0.93
(2008—2009)	NSE	0.77	0.82	0.79	0.86	0.89	0.85	0.89

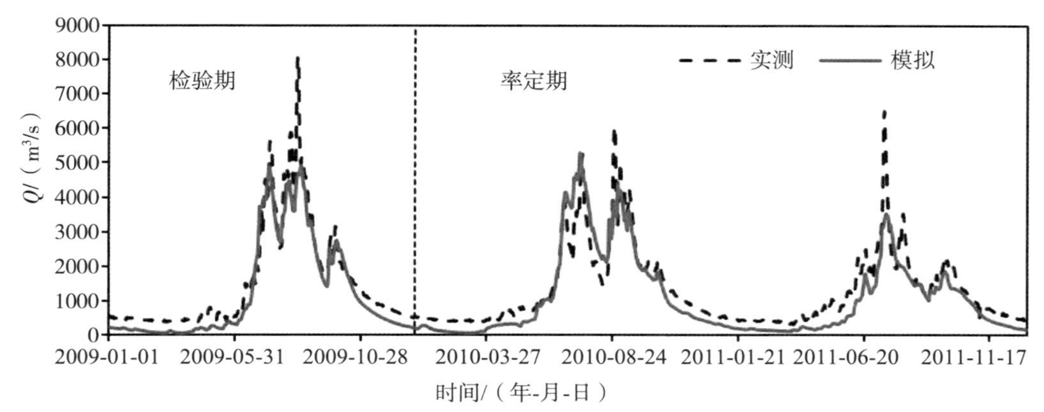

图 6.18　二滩站检验期和率定期日径流模拟结果(2009—2011 年)

6.3　雅砻江流域 WRF 数值天气预报模型

6.3.1　研究方法

6.3.1.1　模式基本结构

WRF 模式技术上采用分层和设计思路,整体上分为驱动层、中间层和模式层,用户只需要与模式层打交道,在模式层中,动力框架和物理过程都是可插拔形式,为用户提供了不同方案选择,便于进行模式性能比较分析。此外,模式各个模块高度集成化,相互独立,主要分为驱动数据、预处理、主程序、后处理等模块,模式各部分之间的关系如图 6.19 所示。

模式具体应用时,首先,使用驱动数据子模块,下载并准备好地理信息、初始场等动静态数据;然后,使用模式预处理子模块,设置模式模拟的时间、区域、网格精度等控制信息,从而将驱动数据处理成 WRF 模式所需的数据格式;在此基础上,使用模式主程序子模块,进行数值模拟计算,获取包括降水、气温、蒸发等种类多样的结果数据;最后,运用模式后处理字模块,从模拟结果中提取、比较和分析研究所需要的数据。

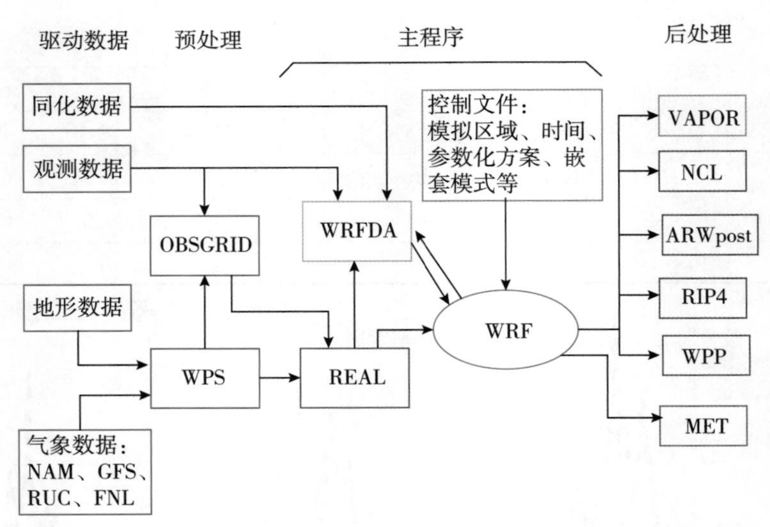

图 6.19　WRF 模式结构

6.3.1.2　模式动力框架

WRF 模式动力框架包含 NMM 和 ARM 两种，本次选用 ARM 模式进行降雨预报研究，模式预报方程组如下：

$$\eta=(\pi-\pi_t)/\mu,\mu=\pi_s-\pi_t \tag{6.25}$$

$$\frac{\partial U}{\partial t}+\mu\alpha\frac{\partial\rho}{\partial x}+\frac{\partial\rho}{\partial\eta}\frac{\partial\varphi}{\partial x}=-\frac{\partial Uu}{\partial x}-\frac{\partial\Omega u}{\partial\eta} \tag{6.26}$$

$$\frac{\partial W}{\partial t}+g(\mu-\frac{\partial\rho}{\partial\eta})=-\frac{\partial Uw}{\partial x}-\frac{\partial\Omega w}{\partial\eta} \tag{6.27}$$

$$\frac{\partial\Phi}{\partial T}+\frac{\partial U\theta}{\partial x}+\frac{\partial\Omega\theta}{\partial\eta}=\mu Q \tag{6.28}$$

$$\frac{\partial\mu}{\partial t}+\frac{\partial u}{\partial x}+\frac{\partial\Omega}{\partial\eta}=0 \tag{6.29}$$

$$\mathrm{d}\Phi/\mathrm{d}t=gw \tag{6.30}$$

式中：$U=\mu u$ ，$V=\mu v$ ，$W=\mu w$ ，$\Omega=\mu\eta$ ；

u，v 和 w——水平和垂直方向速度；

π、π_s 和 π_t——静力气压、地面气压和顶层边界气压；

θ——潜在温度；

Ω——重力势能。

6.3.1.3　模式物理方案

经过众多机构和研究学者的努力，相关理论方法体系逐渐成熟，数值天气预报模式的水平与垂直分辨率得到了持续性的提高，但是存在众多瓶颈和挑战，使得小于模式格距大小的凝结、蒸发和辐射等“次网格过程”无法被有效分辨。WRF 模式针对不同区域的地理特征和气象条件，为不同过程提供了多种参数化方案，在 WRF 模式预报过程中，相关参数化方案直接影响着预报精度，因此，选择合适的参数化方案组合，是获得高精度降水预报信息的关键性前提。WRF 模式主要的物理过程参数化方案如下。

(1)辐射过程参数化

WRF 模式辐射过程参数化分为长波和短波辐射方案：长波辐射方案有 RRTM 方案、ETA-GFDL 方案、改进的 GFDL 方案、CAM 方案、RRTMG 方案等。短波辐射方案有 Dudhia 方案、Goddard shortwave 方案、GFDL 短波方案、改进的 GFDL 短波方案、CAM 方案、RRTMG 短波方案、Held-Suarez relaxation(松弛)方案等。

(2)边界层过程参数化

主要有 YSU 方案、MYJ 方案、ACM2 方案、MYNN3 方案等。

(3)陆面过程参数化

主要有 Noah Land-Surface model 方案、RUC Land-Surface model 方案、OSU Land-Surface model 方案等。

(4)积云对流参数化

主要有 New Kain-Fritsch 方案、Betts-Miller-Janjic 方案、Grell-Devenyi Ensemble 方案等。

(5)微物理过程参数化

主要有 Kessler 方案、Purdue Lin et al. 方案、WSM3-class 方案、WSM5-class 方案、Ferrier 方案、WSM 6-class 方案等。

6.3.2 实例研究

研究利用 WRF V4.0 建立雅砻江流域数值天气模式，研究区域降雨预报分区概略图如图 6.20 所示，采取已有研究成果设置模式相关参数，在确定研究范围和基本参数的基础上，初步选定一系列潜在可行的参数化方案组合，并进行相应的降水过程模式模拟，通过与历史同期 GPM 卫星观测降雨的对比获得不同方案组合下流域降水预报的平均相对误差(MPE)、布莱尔评分(BS 评分)、公平预报评分(TS 评分)等评价指标，进一步，运用 TOPSIS 多属性决策方法优选出适合该区域的参数化方案组合。研究区域范围如图 6.21 所示。

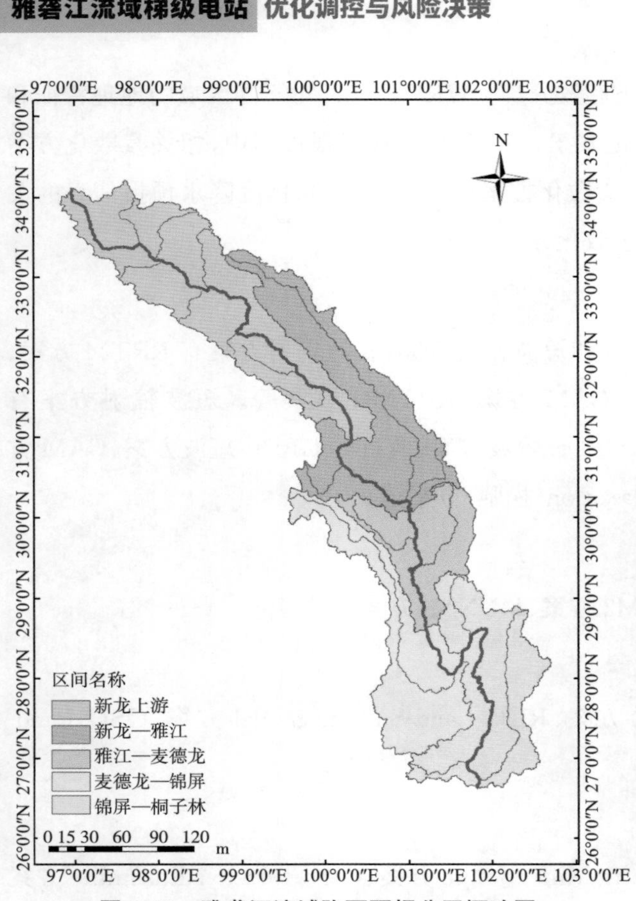

图 6.20　雅砻江流域降雨预报分区概略图

图 6.21　研究区域范围

6.3.2.1　模式参数优选

(1)模式基本参数

动力框架采用完全可压缩欧拉非静力方程;垂直坐标采用地形跟随静力气压坐标,水平为荒川 C 网格,时间为 3 阶龙格库塔分离格式,垂直方向为 η 区域,分为 32 层。结合流域的天气和气候特征,长波辐射方案为 RRTM 方案,短波辐射方案为 Dudhia 方案。模式的初始场和侧边界条件由 NCEP 提供的 0.25°×0.25°FNL 资料生成,边界更换时间为 6h,模式覆盖区域的中心点坐标为 32.317°N、97.306°E,投影方式为墨卡托投影,网格数为 100×142。

(2)模式模拟试验

从流域实测降水序列中,挑选区域内具有代表意义的 4 场典型降水,并分别运用潜在可行的参数化方案组合对典型降水模拟预报,依据相关评价指标,筛选出适合本流域的最优参数化方案组合。已有研究成果显示,在雅砻江流域,微物理过程参数化方案、边界层参数化方案和积云对流过程参数化方案对 WRF 模式的预报结果影响较大。

从众多方案中初步选取 Kessler 方案、Purdue Lin et al. 方案、WSM3-class 方案、WSM5-class 方案和 Ferrier 方案等 5 种微物理过程方案,YSU 方案、MYJ 方案和 ACM2 方

案等3种边界层过程参数化方案，以及New Kain-Fritsch方案、Betts-Miller-Janjic方案和Grell-Devenyi Ensemble方案等3种积云对流过程参数化方案，共组成45种潜在可行参数化方案组合，如表6.12所示。

表6.12　潜在可行参数化方案组合

ID	云微物理过程	边界层	积云参数化
1	Kessler	YSU	New KF
2	Kessler	YSU	BMJ
3	Kessler	YSU	GD ensemble
4	Kessler	MYJ	New KF
5	Kessler	MYJ	BMJ
6	Kessler	MYJ	GD ensemble
7	Kessler	ACM2	New KF
8	Kessler	ACM2	BMJ
9	Kessler	ACM2	GD ensemble
10	Linet al.	YSU	New KF
11	Linet al.	YSU	BMJ
12	Linet al.	YSU	GD ensemble
13	Linet al.	MYJ	New KF
14	Linet al.	MYJ	BMJ
15	Linet al.	MYJ	GD ensemble
16	Linet al.	ACM2	New KF
17	Linet al.	ACM2	BMJ
18	Linet al.	ACM2	GD ensemble
19	WSM 3-class	YSU	New KF
20	WSM 3-class	YSU	BMJ
21	WSM 3-class	YSU	GD ensemble
22	WSM 3-class	MYJ	New KF
23	WSM 3-class	MYJ	BMJ
24	WSM 3-class	MYJ	GD ensemble
25	WSM 3-class	ACM2	New KF
26	WSM 3-class	ACM2	BMJ
27	WSM 3-class	ACM2	GD ensemble
28	WSM 5-class	YSU	New KF
29	WSM 5-class	YSU	BMJ
30	WSM 5-class	YSU	GD ensemble

续表

ID	云微物理过程	边界层	积云参数化
31	WSM 5-class	MYJ	New KF
32	WSM 5-class	MYJ	BMJ
33	WSM 5-class	MYJ	GD ensemble
34	WSM 5-class	ACM2	New KF
35	WSM 5-class	ACM2	BMJ
36	WSM 5-class	ACM2	GD ensemble
37	Ferrier	YSU	New KF
38	Ferrier	YSU	BMJ
39	Ferrier	YSU	GD ensemble
40	Ferrier	MYJ	New KF
41	Ferrier	MYJ	BMJ
42	Ferrier	MYJ	GD ensemble
43	Ferrier	ACM2	New KF
44	Ferrier	ACM2	BMJ
45	Ferrier	ACM2	GD ensemble

(3)模式方案优选

为遴选出适合研究区域的最佳参数化方案组合，研究构建了多指标综合评价体系，从多个角度评价各组合降水预报效果；此外，为方便快速地筛选出最优方案组合，引入 TOPSIS 多属性决策方法，综合评价上述 45 种方案组合降水预报效果，并最终遴选出最优方案组合。

1)评价指标。

A. 平均绝对误差(MAE)：

$$MAE=\frac{1}{n}\sum_{i=1}^{n}|P_F-P_o| \tag{6.31}$$

式中：n——预报次数；

P_F——预报面雨量；

P_o——实测面雨量。

B. 布莱尔评分(BS)：

$$BS=\frac{1}{n}\sum_{k=1}^{n}(P_{Fi}-P_{oi})^2 \tag{6.32}$$

式中：n——预报次数；

P_{Fi}——第 i 次降水预报概率，取值范围为[0,1]；

P_{oi}——第 i 次实测降水概率，有降水时为 1，无降水则为 0。BS 取值范围为[0,1]，由式可知，当预报效果最优时，BS 取值越小，如果预报和观测值完全相符，该值为 0。

C. TS 评分：

$$TS=\frac{A_c}{A_f+A_o+A_c} \tag{6.33}$$

式中：A_f、A_0 和 A_c——误报、漏报和准确预报降水的次数。TS 取值范围为[0,1]，取值越大表明预报效果越好，当其取值为 1 时，表明模式预报和实际情况完全相符，当其取值为 0 时，表明各场次降水均预报错误。

2)参数化方案组合优选。

利用上述 45 种参数化方案组合对雅砻江流域典型降水事件进行模拟。选择实测降水事件时，考虑到雅砻江流域洪水多发生在 6—9 月，此外为与 NCEP-FNL 资料的可获取时段一致，从 2010—2012 年汛期每月长序列实测降水数据中，各选取一次降水事件，共计 3 场典型降水过程。

WRF 模式降水预报的结果为网格数据，而雨量站数据为站点数据，不便于预报和实测降水数据的对比分析，因此，引入常用的反距离权重法，将临近网格预报降水数据插值到雨量站点，再使用泰森多边形法将站点降水数据转化为区间面雨量值。反距离权重法主要步骤如下。

步骤 1：确定与雨量站点距离最近的三个网格，并运用如下公式计算各网格的权重值：

$$W_i=1/d_i^{\,2} \tag{6.34}$$

式中：i——WRF 模式网格的编号；

d_i——网格 i 与雨量站的距离；

W_i——网格 i 预报降水对该雨量站的权重。

步骤 2：利用步骤 1 确定的权重，运用如下公式对网格预报降水数据加权计算，最终获得雨量站点预报降水数据：

$$P=\sum_{i=1}^{3}W_iP_i \tag{6.35}$$

式中：P——雨量站的加权预报降水量；

P_i——网格 i 的 WRF 模式预报降水量。

利用 TOPSIS 方法对所有方案组合模拟预报效果进行综合评价，设定 TS 评分、合格率、平均绝对误差和布莱尔评分的权重系数 $W=\{0.3,0.2,0.2,0.3\}$，最终选出的最优参数化方案组合如表 6.13 所示，参数化方案组合对四场实测降水的模拟预报评价指标如表 6.14 所示。

表 6.13 最优参数化方案组合

参数名称	微物理过程方案	边界层方案	积云参数化方案	陆面过程方案	长波辐射方案	短波辐射方案
微物理过程方案	WSM3	YSU	GD	Noah LSM	RRTM	Dudhia

表 6.14 最优参数化方案评价指标

降水过程	TS	MAE	BS
2010/09	0.96	7.8	0
2011/06	0.64	16.49	0.33
2012/08	1	19.54	0
2013/07	0.85	18.06	0.15

6.3.2.2 各区间模拟结果分析

(1)新龙上游区间结果分析

新龙上游区间 3 场典型降雨过程的 WRF 模拟预报与 GPM 卫星实测降雨量的对比如图 6.22 至图 6.24 所示。

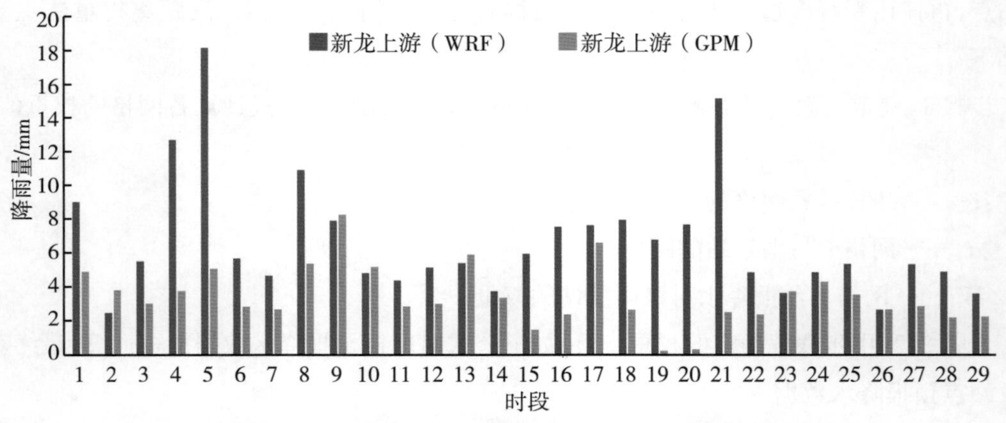

图 6.22 2010 年新龙上游区间预报和实测降雨量对比

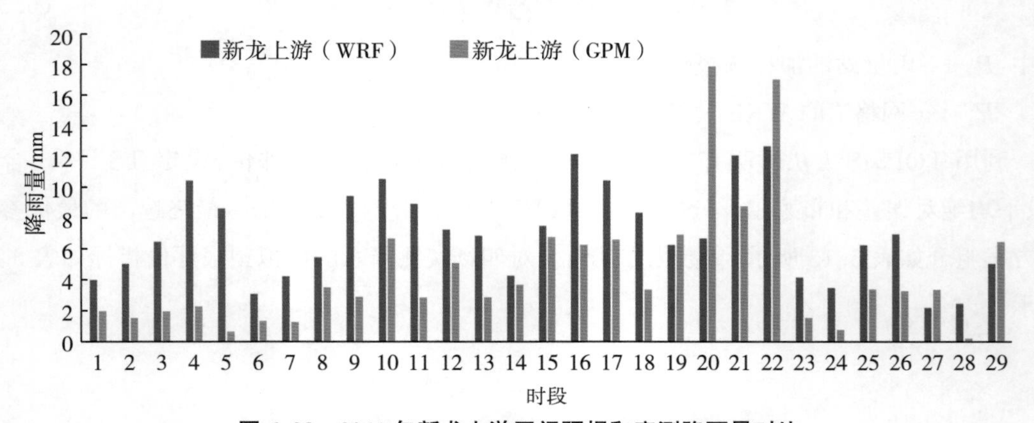

图 6.23 2011 年新龙上游区间预报和实测降雨量对比

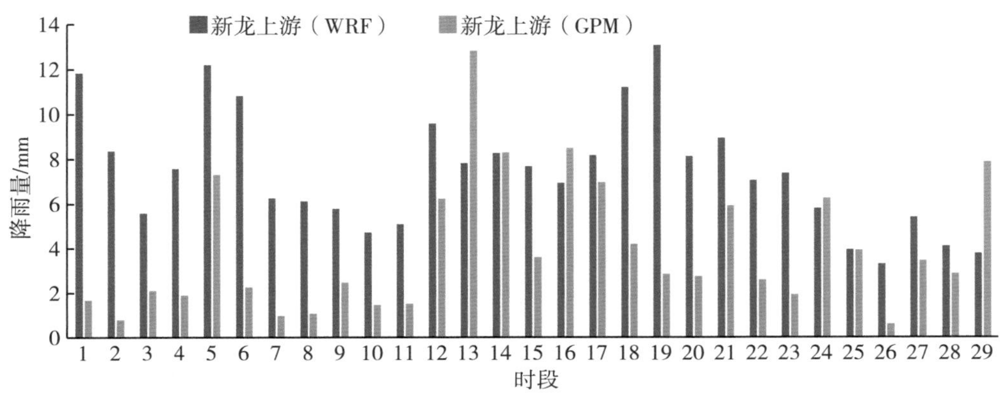

图 6.24 2012 年新龙上游区间预报和实测降雨量对比

由图中数据可知，新龙上游区间 WRF 模拟结果与 GPM 卫星实测降雨数据大多数时段在量级上保持一致，但存在个别时段模拟预报值偏高的现象，综合来看，可为雅砻江流域提供参考性的降雨预报。

(2)新龙—雅江区间结果分析

新龙—雅江区间 3 场典型降雨过程的 WRF 模拟预报与 GPM 卫星实测降雨量的对比如图 6.25 至图 6.27 所示。

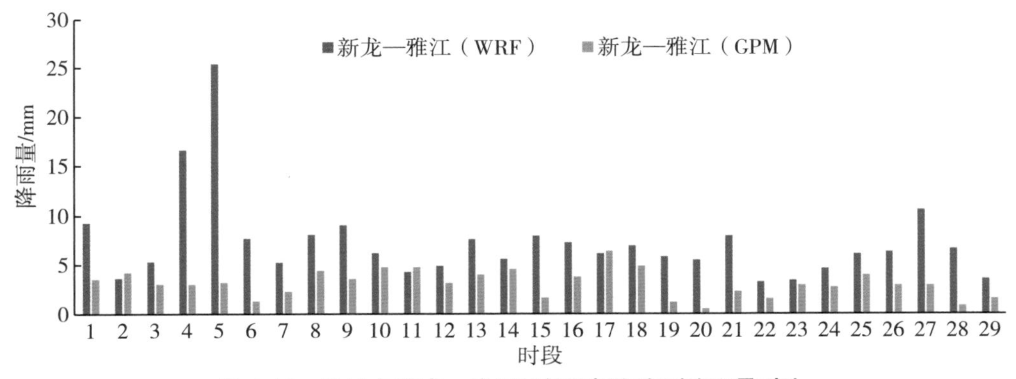

图 6.25 2010 年新龙—雅江区间预报和实测降雨量对比

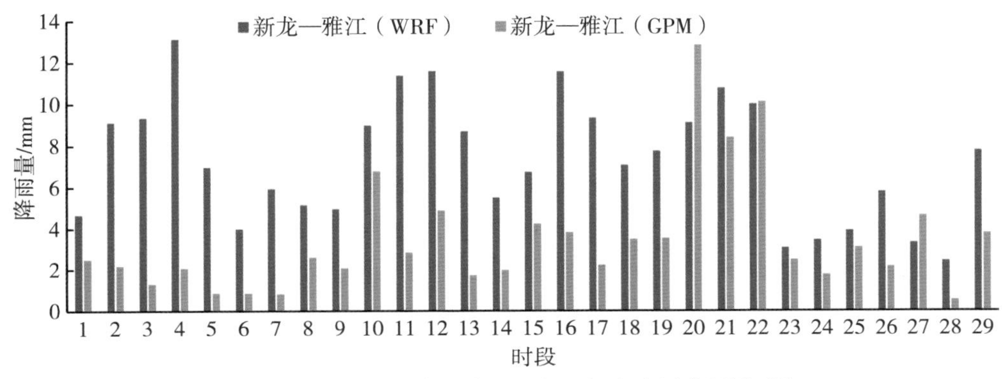

图 6.26 2011 年新龙—雅江区间预报和实测降雨量对比

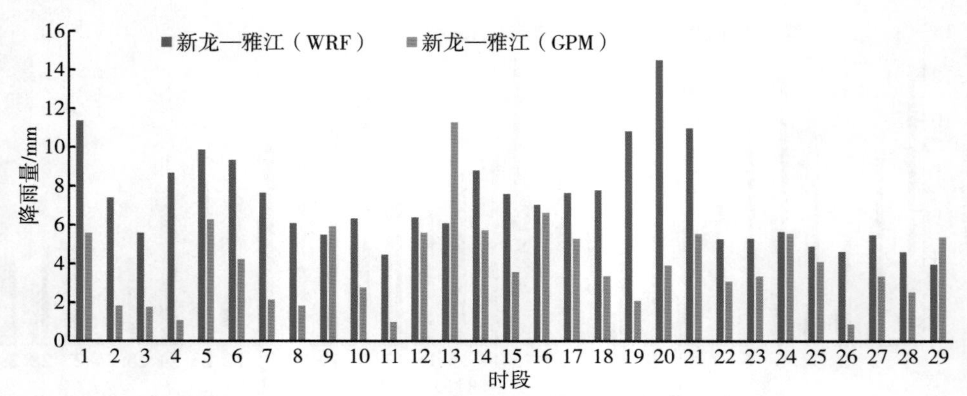

图 6.27　2012 年新龙—雅江区间预报和实测降雨量对比

由图中数据可知，新龙—雅江区间 WRF 模拟结果与 GPM 卫星实测降雨量数据大多数时段在量级上保持一致，但 2010 年存在个别时段模拟预报值偏高的现象，产生预报误差的原因可能是用于驱动 WRF 模式的 NCEP 边界数据不够准确。综合来看，可为雅砻江流域提供参考性的降雨预报。

(3)雅江—麦德龙区间结果分析

雅江—麦德龙区间 3 场典型降雨过程的 WRF 模拟结果与 GPM 卫星实测降雨量的对比如图 6.28 至图 6.30 所示。

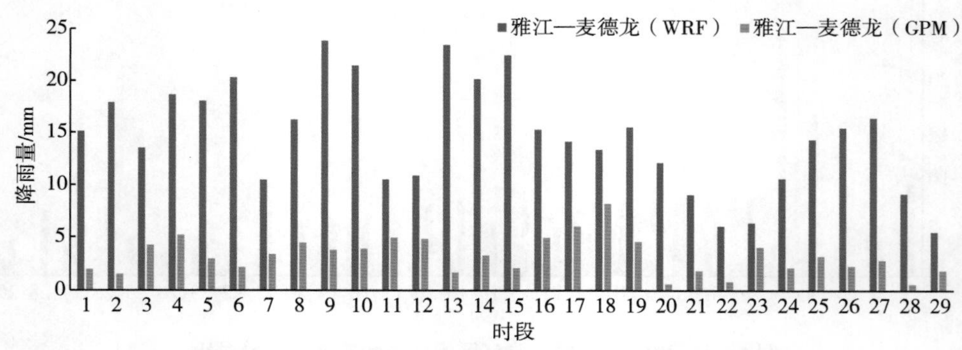

图 6.28　2010 年雅江—麦德龙区间预报和实测降雨量对比

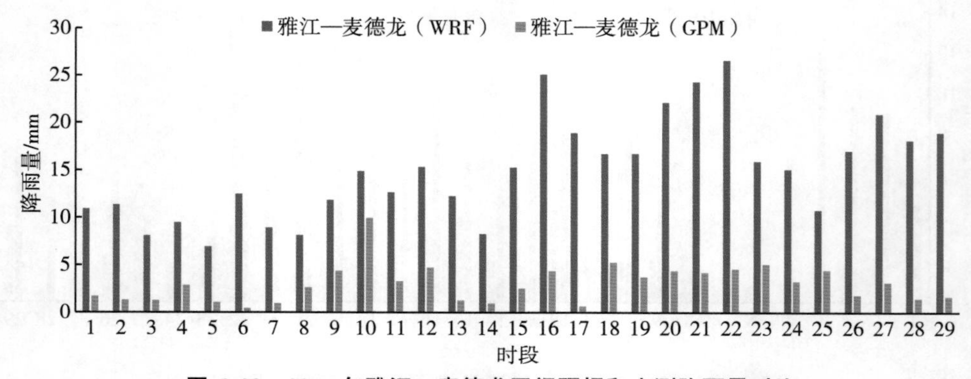

图 6.29　2011 年雅江—麦德龙区间预报和实测降雨量对比

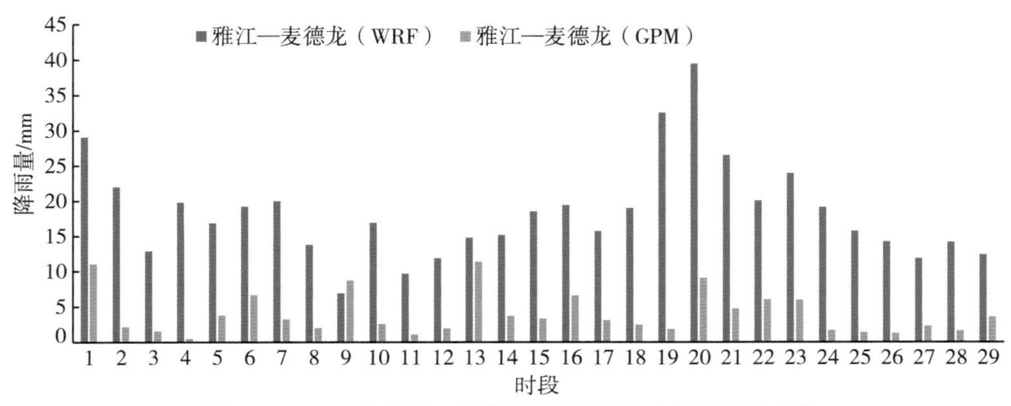

图 6.30　2012 年雅江—麦德龙区间预报和实测降雨量对比

由图中数据可知，雅江—麦德龙区间 WRF 模拟结果明显大于 GPM 卫星实测降雨量数据，产生预报误差的原因可能是用于驱动 WRF 模式的地形数据不够准确，而该区间降水受地形影响较大，在补充更为精确的地形数据后，有望进一步该区间提升降雨预报精度。

(4)麦德龙—锦屏区间结果分析

麦德龙—锦屏区间 3 场典型降雨过程的 WRF 模拟结果与 GPM 卫星实测降雨量的对比如图 6.31 至图 6.33 所示。

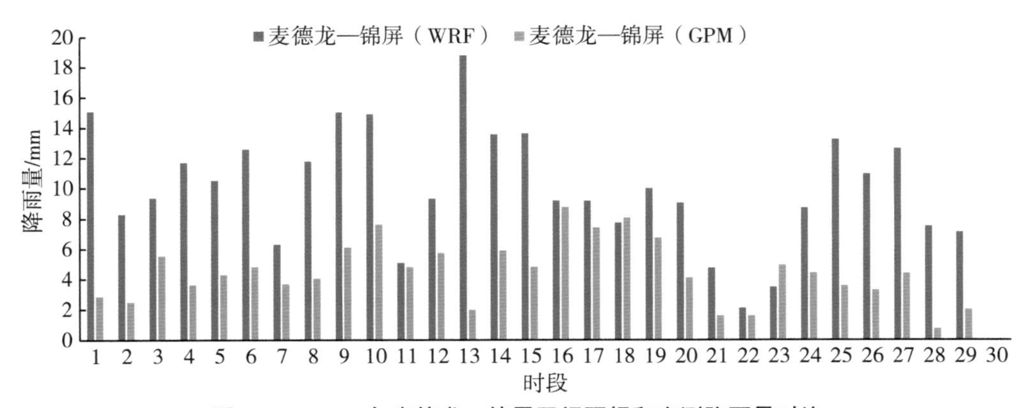

图 6.31　2010 年麦德龙—锦屏区间预报和实测降雨量对比

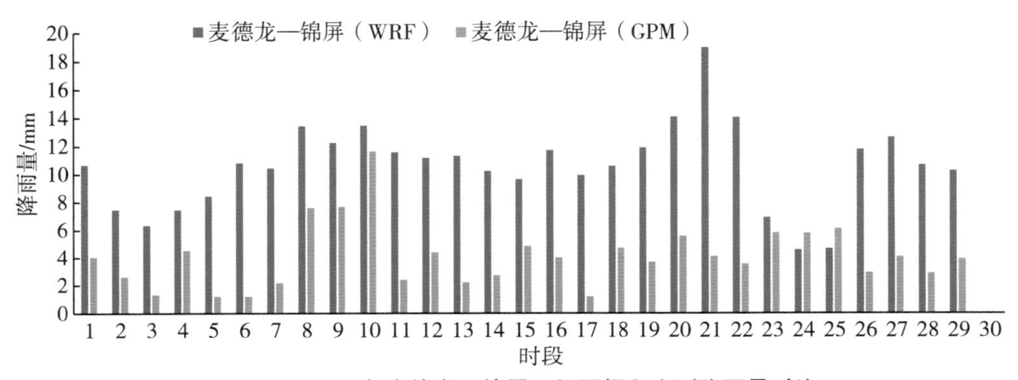

图 6.32　2011 年麦德龙—锦屏区间预报和实测降雨量对比

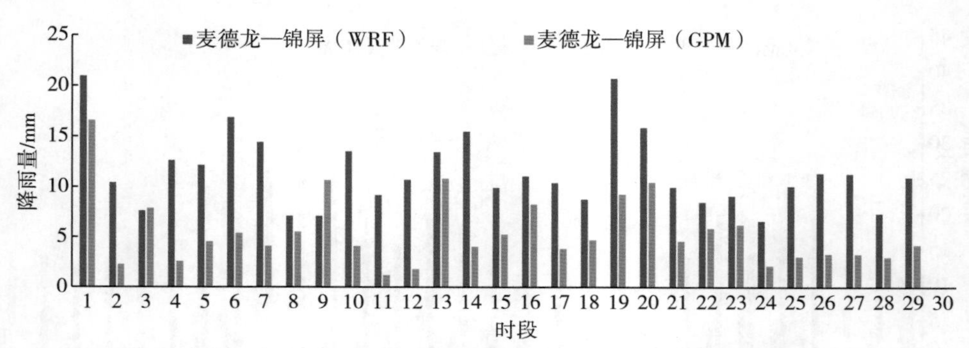

图 6.33　2012 年麦德龙—锦屏区间预报和实测降雨量对比

由图中数据可知，麦德龙—锦屏区间 WRF 模拟结果与 GPM 卫星实测降雨量数据趋势一致，但 2011 年典型降雨过程模拟结果偏大，产生预报误差的原因可能是用于驱动 WRF 模式的 NCEP 边界条件数据不够准确。总体而言，WRF 模式可为该区间径流预报提供参考性的降雨输入数据。

(5)锦屏—桐子林区间结果分析

锦屏—桐子林上游区间 3 场典型降雨过程的 WRF 模拟结果与 GPM 卫星实测降雨量的对比如图 6.34 至图 6.36 所示。

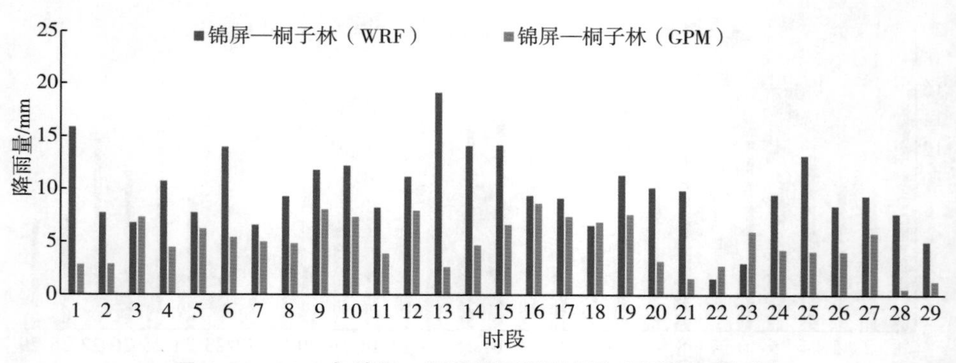

图 6.34　2010 年锦屏—桐子林区间预报和实测降雨量对比

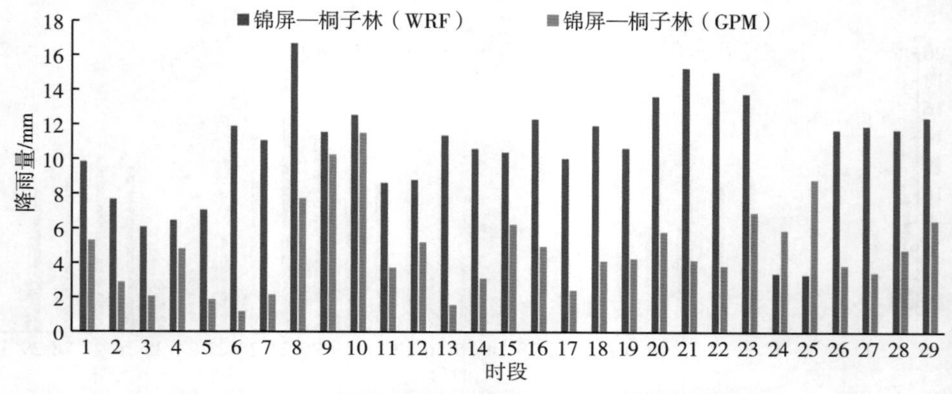

图 6.35　2011 年锦屏—桐子林区间预报和实测降雨量对比

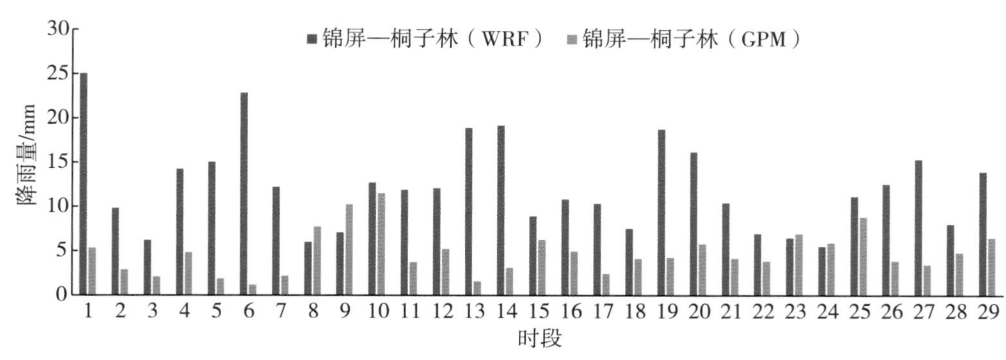

图 6.36　2012 年锦屏—桐子林区间预报和实测降雨量对比

由图中数据可知锦屏—桐子林区间 WRF 模拟结果与 GPM 卫星实测降雨量数据趋势一致，但 2011 年典型降雨过程模拟结果偏大，产生预报误差的原因可能是用于驱动 WRF 模式的 NCEP 边界条件数据不够准确。总体而言，WRF 模式可为该区间径流预报提供参考性的降雨输入数据。

(6)流域面平均雨量结果分析

3 场典型降雨过程的流域面平均雨量 WRF 模拟结果与 GPM 卫星实测降雨量的对比如图 6.37 至图 6.39 所示。

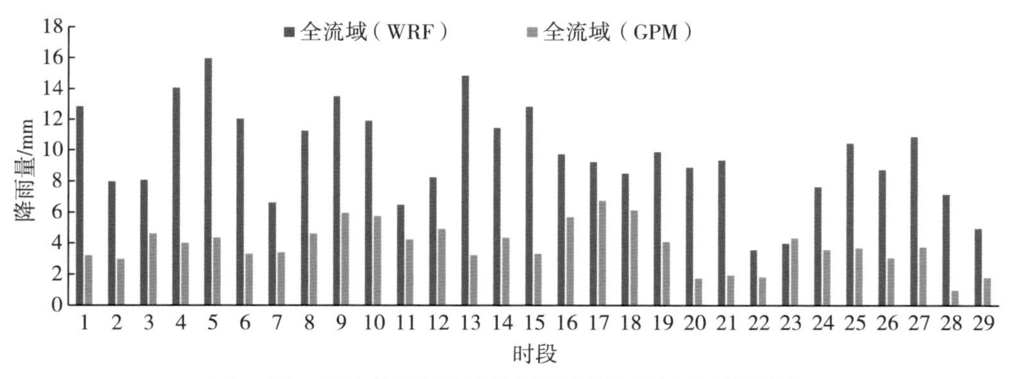

图 6.37　2010 年流域面平均雨量预报和实测降雨量对比

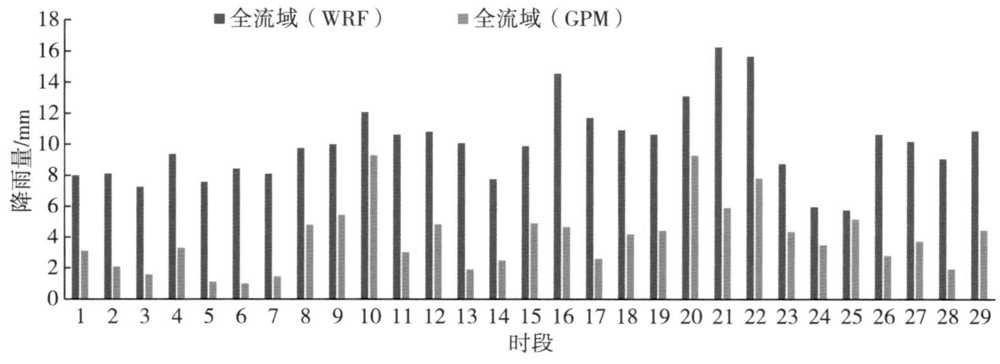

图 6.38　2011 年流域面平均雨量预报和实测降雨量对比

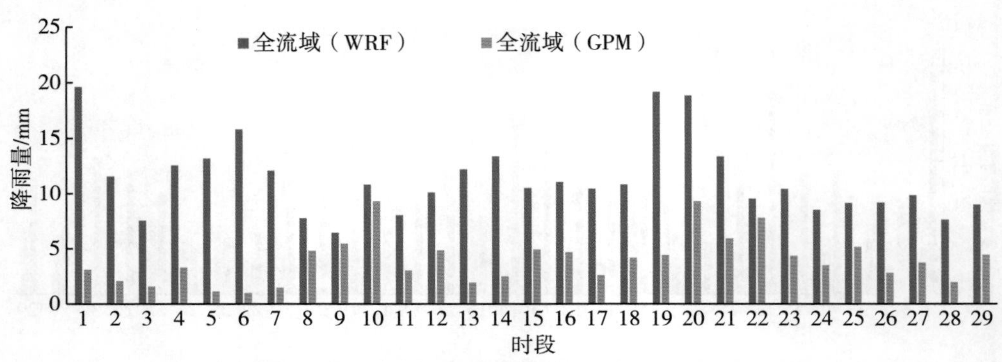

图 6.39 2012 年流域面平均雨量预报和实测降雨量对比

由图中数据可知，除个别时段预报降雨结果偏大外，WRF 模式基本能够把握实测降水量的时间变化过程与雨量等级，可为雅砻江流域高精度径流预报提供降水预报信息。

6.4 雅砻江流域多模型串并联耦合校正径流预报

水文预报模型是对流域物理机制进行概化的一种模型，受模型输入和模型参数的影响，水文预报不可避免地存在一定误差，且不同水文预报模型建模理念不同，各模型在不同地域条件、不同预报时期下的预报性能存在较大差异，单一预报模型的预报精度难以进一步得到有效提高。为此，本书提出了水文预报串并联实时校正方法，在分析上述各水文模型优劣的基础上充分利用各水文模型的优势，校正流域各断面的径流预报值。

6.4.1 研究方法

串并联校正的方法主要包括串联校正、并联校正和串并联耦合校正，其中串并联耦合校正又包括先串后并法，先并后串法。

6.4.1.1 串联校正

水文预报中某一因素变量的时间序列数据没有确定的变化形式，也不能用时间的确定函数描述，但可以用概率统计方法寻求比较合适的随机模型近似反映其变化规律。因此，可以依据当前时刻的序列值与自身前一个或几个时刻的序列值的依赖性，构建串联校正模型，并通过时间序列对模型参数和阶数进行率定，使所建立的模型符合实际时间序列的“最佳”拟合模型。在众多回归预测方法中，AR 模型仅通过时间序列变量的自身历史观测值来反映有关因素对预测目标的影响和作用，不受模型变量相互独立的假设条件约束，所构成的模型可以消除一般的回归预测方法中由于自变量选择、多重共线性等造成的困难。因此，本书引入 AR 模型作为串联校正模型。AR 模型的数学表达式为：

$$X_t = b_1 X_1 + b_2 X_2 + \cdots + b_n X_n + \xi \tag{6.36}$$

式中：$X_t(t=1,2,\cdots,N)$ ——一系列观测值；

$X_{t-1},X_{t-2},\cdots,X_{t-n}$ ——同一平稳序列 n 个时期的观测值；

$b_1, b_2, \cdots, b_n$ ——回归参数；

ξ ——均值为0，方差为某值的白噪声信号。

设观测值$\{X_t(t=1,2,\cdots,N)\}$，记

$$\boldsymbol{Y}=[x_{n+1}, x_{n+2}, \cdots, x_N]^{\mathrm{T}} \tag{6.37}$$

$$\boldsymbol{\varepsilon}=[\xi_{t-1}, \xi_{t-2}, \cdots, \xi_{t-n}]^{\mathrm{T}} \tag{6.38}$$

$$\boldsymbol{b}=[b_1, b_2, \cdots, b_n]^{\mathrm{T}} \tag{6.39}$$

$$\boldsymbol{X}=\begin{bmatrix} x_n & x_{n-1} & \cdots & x_1 \\ x_{n+1} & x_n & \cdots & x_2 \\ \vdots & \vdots & \vdots & \vdots \\ x_{N-1} & x_{N-2} & & x_{N-n} \end{bmatrix} \tag{6.40}$$

则AR(n)模型可以表示为：

$$\boldsymbol{Y}=\boldsymbol{XB}+\boldsymbol{\varepsilon} \tag{6.41}$$

由最小二乘原理可得到模型参数的估计为：

$$\boldsymbol{B}=(\boldsymbol{X}^{\mathrm{T}}\boldsymbol{X})^{-1}\boldsymbol{X}^{\mathrm{T}}\boldsymbol{Y} \tag{6.42}$$

根据预报值与实际值的差值，利用AR模型对预报值进行校正，其主要计算步骤为：

1)根据预报误差值(预报值－实际值)对AR模型进行参数率定；

2)利用已确定参数的AR模型分别对预报误差进行校正，并计算出率定期和检验期的确定性系数、平均相对误差、相关系数、均方根误差等4个指标。

6.4.1.2　并联校正

随着水文预报研究的发展，一系列的水文预报模型孕育而生。很显然，不同模型的适用范围是不一致的，而且各模型对同一水文序列的预测性能也是不同的。为了提高水文预报的精度，在各种流域水文预报模型的基础上，引入模型加权法的思想，综合各水文模型的优势，在一定程度上减小模型误差，避免对某个流域最优预报模型选择的争论，并且显著增强径流预报结果的稳定性。因此，模型权重值的推求，成为水文预报实时校正的关键性问题。研究工作采用最小二乘法对该问题进行求解，并将该方法应用到雅砻江流域的并联水文预报中。

本书选取两个水文预报模型，即新安江模型、水箱模型。各个模型的权重值通过其对长江上游流域径流量的预测值推求。

设实测序列为：$R=(R_1, R_2, \cdots, R_n)$，$n$为序列长度。

各个模型的预测序列如下。

新安江模型：$X=(X_1, X_2, \cdots, X_n)$

水箱模型：$Y=(Y_1, Y_2, \cdots, Y_n)$

模型预报值与实测值之差即为各个模型的残差序列，由此得到各个模型的残差序列如下所示：

新安江模型：$x_t=(x_1,x_2,\cdots,x_n)$

水箱模型：$y_t=(y_1,y_2,\cdots,y_n)$

模型最优权重求解步骤如下：

设新安江模型、水箱模型的耦合权重分别为a,b。并联耦合的预测值通过下式来计算：

$$F_t=aX_t+bY_t \tag{6.43}$$

式中：$a+b=1$。

记并联耦合预报的残差为F_t-R_t，其方差期望记为$E(F_t-R_t)^2$，将求解各个模型的权重值转化为求解如下线性规划问题：

$$\begin{aligned}\mathrm{Min}E(F_t-R_t)^2&=\mathrm{Min}E(aX_t+bY_t-R_t)^2\\&=\mathrm{Min}E\left[a(x_t+R_t)+b(y_t+R_t)-R_t\right]^2\\&=\mathrm{Min}E(ax_t+by_t)^2\\\text{s.t.}\quad a+b&=1\end{aligned} \tag{6.44}$$

引入拉格朗日乘法算子λ，构建目标函数：

$$L(a,b,\lambda)=(ax_t+by_t)^2+\lambda(a+b-1) \tag{6.45}$$

目标函数对参数a,b,λ分别求偏导，并令偏导等于0，得到：

$$\begin{aligned}\frac{\partial L}{\partial a}&=2aEx_t^2+2bE(x_ty_t)+\lambda=0\\\frac{\partial L}{\partial b}&=2bEy_t^2+2aE(x_ty_t)+\lambda=0\\\frac{\partial L}{\partial \lambda}&=a+b-1=0\end{aligned} \tag{6.46}$$

式中：

$$\begin{aligned}Ex_t^2&=\left(\frac{1}{n}\right)\sum_{i=1}^{n}x_i^2\\Ey_t^2&=\left(\frac{1}{n}\right)\sum_{i=1}^{n}y_i^2\\E(x_iy_i)&=\left(\frac{1}{n}\right)\sum_{i=1}^{n}x_iy_i\end{aligned} \tag{6.47}$$

通过求解方程组即可解得a,b的值，根然后据式(6.43)即可计算得到并联耦合校正结果。

6.4.1.3 串并联耦合校正

(1)先串后并耦合校正

基于上述多模型串联校正和并联校正的原理及方法，可构建先串后并耦合校正模型。假设预报模型个数为m，先串后并计算步骤如下。

1)利用m个模型的预报结果进行单个模型的串联校正，校正后得到各个模型串联校正序列，计算确定性系数、均方根误差等指标，对各个模型进行精度评定。

2)根据 m 个模型串联校正精度评定等级，选取乙级以上的模型作为并联校正备选模型，利用最小二乘法确定各模型的权重，最终得到先串后并的校正结果。

3)根据先串后并的校正结果，计算确定性系数、平均相对误差、相关系数、均方根误差等指标，对先串后并结果进行精度评定。

(2)先并后串耦合校正

与先串联后并联方法类似，这里采用先并联后串联的方法进行耦合校正。假设模型个数为 m，计算步骤如下。

1)根据各个模型的预报指标值，选取适当的模型采用最小二乘法法来进行并联耦合预报，得到并联耦合预报结果。

2)利用并联耦合预报结果，进行串联校正，得到串联校正结果，即为先并后串耦合校正结果。

3)根据先并后串的校正结果，计算预确定性系数、平均相对误差、相关系数、均方根误差等指标，对先并后串结果进行精度评定。

6.4.2 校正结果分析

分别对雅砻江流域各区间，即新龙上游子流域、新龙—雅江区间、雅江—麦地龙区间、麦地龙—锦屏区间和锦屏—桐子林区间共5个区间预报结果进行串并联耦合校正。以各区间的降雨径流数据为基础，采用新安江、水箱模型对各预报断面进行径流模拟，并运用串联校正、并联校正、串并联校正和并串联校正模型等实时耦合校正方法对模拟结果进行校正。

6.4.2.1 新龙串并联耦合校正结果及对比分析

选取雅砻江流域新龙上游子流域2005—2012年的降雨径流数据参与计算，其中率定期为2005—2010年，检验期为2011—2012年，基于两个水文预报模型的预报结果，计算误差值，建立串联校正以及串并联耦合校正模型，应用所建的模型对率定期和检验期的预报结果进行串联校正及耦合校正计算，并对计算结果进行精度评定，精度评定结果如表6.15所示。

表6.15　新龙断面校正前后各个模型计算结果

模型	时期	平均相对误差	相关系数	均方根系数	确定性系数	精度等级
新安江	率定期	34.1%	0.837	151	0.695	丙
	检验期	44.2%	0.858	189	0.704	乙
水箱	率定期	35.6%	0.853	148	0.708	乙
	检验期	46.0%	0.882	192	0.695	丙

续表

模型	时期	平均相对误差	相关系数	均方根系数	确定性系数	精度等级
新安江串联校正	率定期	5.1%	0.992	35	0.984	甲
	检验期	5.6%	0.994	37	0.989	甲
水箱串联校正	率定期	5.1%	0.991	38	0.981	甲
	检验期	5.3%	0.993	42	0.985	甲
并联校正	率定期	32.7%	0.873	136	0.753	乙
	检验期	43.6%	0.882	190	0.699	丙
串并联校正	率定期	5.1%	0.992	35	0.984	甲
	检验期	5.4%	0.995	36	0.989	甲
并串联校正	率定期	5.1%	0.991	37	0.982	甲
	检验期	5.5%	0.993	41	0.986	甲

由表 6.15 可知,新龙上游子流域新安江串联校正和水箱串联校正较原模型均有较大改善,平均洪峰相对误差和均方根误差得到了明显降低,相关系数和确定性系数得到了明显提高;并联校正后模型结果略有提升,但效果不是很明显;串并联校正和并串联校正从 4 个指标来说,均得到了显著改善。总体而言,除并联模型外,其余校正模型的模拟精度得到大幅度提升。

以新安江模型和串并联模型的模拟结果为例,分别做新龙断面各模型的实测与模拟径流过程线,直观展示校正模型的模拟效果,如图 6.40 所示。

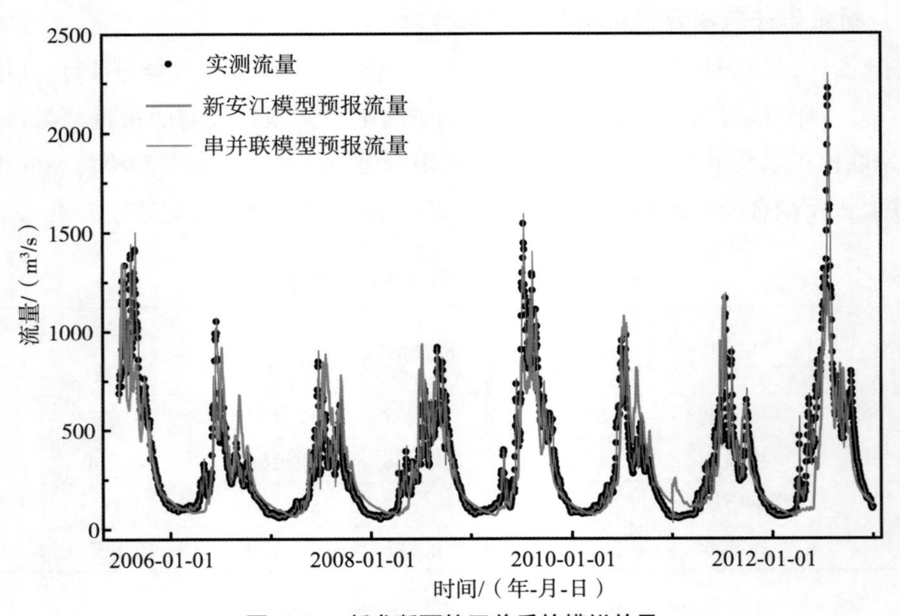

图 6.40　新龙断面校正前后的模拟效果

由图 6.37 可知，串并联模型在原水文模型的基础，修正了峰值点的模拟值，改善了实测径流过程与预测径流过程的吻合程度，拟合效果较好。

6.4.2.2 雅江串并联耦合校正结果及对比分析

选取雅砻江流域新龙—雅江区间 2005—2012 年的降雨径流数据进行计算，其中率定期为 2005—2010 年，检验期为 2011—2012 年，基于两个水文预报模型的预报结果，计算误差值，建立串联校正以及串并联耦合校正模型，应用所建的模型对率定期和检验期的预报结果进行串联校正及耦合校正计算，并对计算结果进行精度评定，精度评定结果如表 6.16 所示。

表 6.16 雅江断面校正前后各个模型计算结果

模型	时期	平均相对误差	相关系数	均方根系数	确定性系数	精度等级
新安江	率定期	25.4%	0.903	274	0.814	乙
	检验期	30.0%	0.891	347	0.780	乙
水箱	率定期	23.5%	0.902	276	0.812	乙
	检验期	30.6%	0.891	344	0.784	乙
新安江串联校正	率定期	4.8%	0.992	80	0.985	甲
	检验期	5.3%	0.994	78	0.989	甲
水箱串联校正	率定期	4.8%	0.992	82	0.983	甲
	检验期	5.1%	0.994	79	0.989	甲
并联校正	率定期	22.2%	0.912	265	0.828	乙
	检验期	30.3%	0.891	343	0.785	乙
串并联校正	率定期	4.7%	0.992	79	0.985	甲
	检验期	5.2%	0.994	78	0.989	甲
并串联校正	率定期	4.8%	0.992	82	0.984	甲
	检验期	5.1%	0.994	79	0.989	甲

由表 6.16 可知，雅江断面新安江串联校正和水箱串联校正较原模型均有较大改善，平均洪峰相对误差和均方根误差得到了明显降低，相关系数和确定性系数得到了明显提高；并联校正后模型结果略有提升，但效果不是很明显；串并联校正和并串联校正从 4 个指标来说，均得到了显著改善。总体而言，除并联模型外，其余校正模型的模拟精度得到了提升。

以新安江模型和串并联模型的模拟结果为例，分别做雅江断面各模型的实测与模拟径流过程线，直观展示校正模型的模拟效果，如图 6.41 所示。

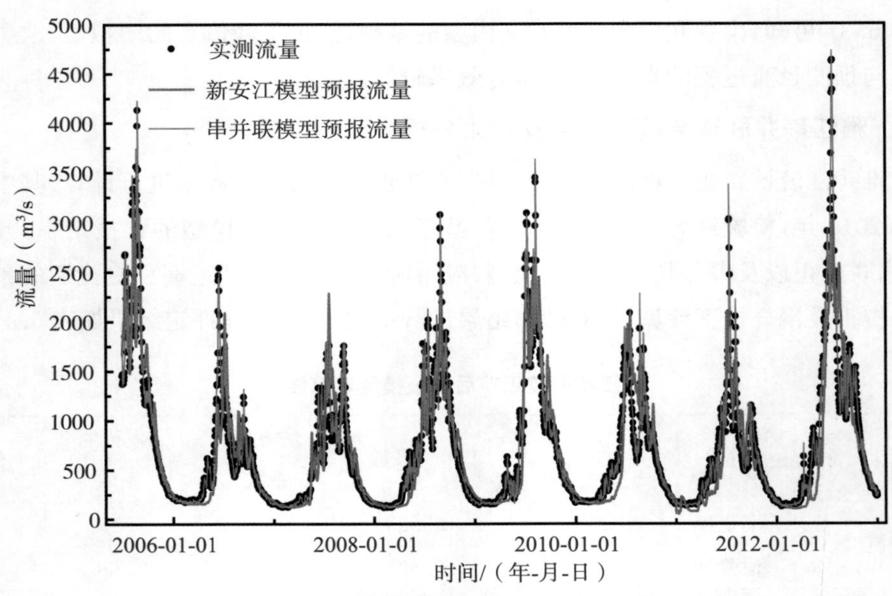

图 6.41　雅江断面校正前后的模拟效果

由图 6.41 可知，串并联模型在原水文模型的基础上，修正了峰值点的模拟值，改善了实测径流过程与预测径流过程的吻合程度，拟合效果较好。

6.4.2.3　麦地龙串并联耦合校正结果及对比分析

选取雅砻江流域雅江—麦地龙区间 2005—2012 年的降雨径流数据参与计算，其中率定期为 2005—2010 年，检验期为 2011—2012 年，基于两个水文预报模型的预报结果，计算误差值，建立串联校正以及串并联耦合校正模型，应用所建的模型对率定期和检验期的预报结果进行串联校正及耦合校正计算，并对计算结果进行精度评定，精度评定结果如表 6.17 所示。

表 6.17　麦地龙断面校正前后各个模型计算结果

模型	时期	平均相对误差	相关系数	均方根系数	确定性系数	精度等级
新安江	率定期	11.8%	0.982	175	0.957	甲
	检验期	10.5%	0.984	192	0.960	甲
水箱	率定期	9.4%	0.975	192	0.948	甲
	检验期	8.9%	0.981	191	0.960	甲
新安江串联校正	率定期	3.8%	0.995	74	0.990	甲
	检验期	6.1%	0.996	90	0.991	甲
水箱串联校正	率定期	4.4%	0.992	93	0.984	甲
	检验期	4.7%	0.994	105	0.988	甲

续表

模型	时期	平均相对误差	相关系数	均方根系数	确定性系数	精度等级
并联校正	率定期	9.5%	0.974	171	0.945	甲
	检验期	9.5%	0.982	187	0.962	甲
串并联校正	率定期	4.3%	0.992	92	0.984	甲
	检验期	4.7%	0.994	103	0.988	甲
并串联校正	率定期	4.3%	0.992	92	0.984	甲
	检验期	4.7%	0.994	103	0.988	甲

由表6.17可知，麦地龙断面新安江串联校正和水箱串联校正较原模型均有较大改善，平均洪峰相对误差和均方根误差得到了明显降低，相关系数和确定性系数得到了明显提高；并联校正后模型在检验期结果略有提升，但率定期的结果不如原模型；串并联校正和并串联校正从4个指标来说，均得到了显著改善。总体而言，除并联模型外，其余校正模型的模拟精度得到大幅度提升。

以新安江模型和串并联模型的模拟结果为例，分别做麦地龙断面各模型的实测与模拟径流过程线，直观展示校正模型的模拟效果，如图6.42所示。

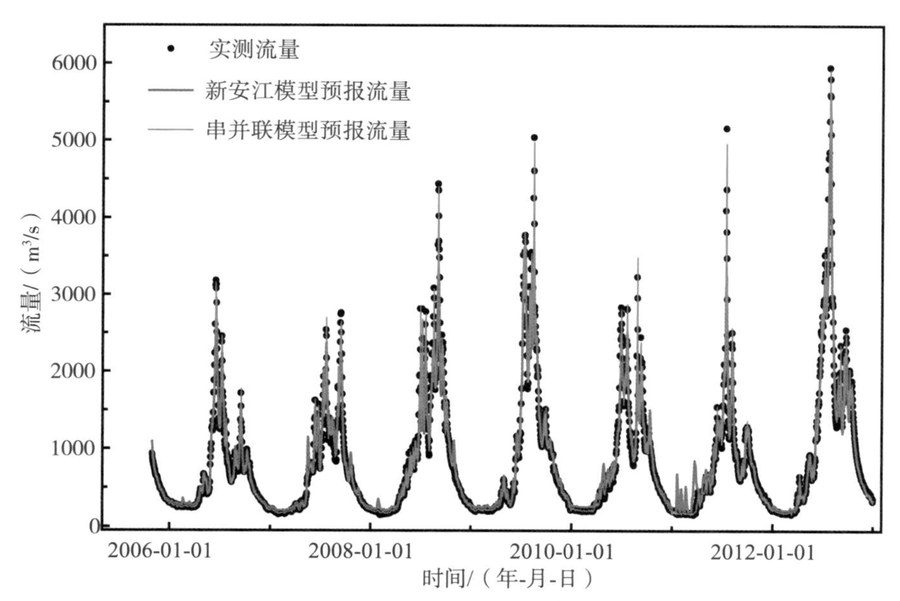

图6.42　麦地龙断面校正前后的模拟效果

由图6.42可知，原水文模型的模拟精度较高，实测径流过程与预测径流过程的趋势变化相符，而串并联模型在原水文模型的基础上，进一步修正了峰值点的模拟值，在实测径流过程与预测径流过程吻合程度高的同时保证了局部极值点的模拟精度，达到了“优中更优”的效果。

6.4.2.4 锦屏串并联耦合校正结果及对比分析

选取雅砻江流域麦地龙—锦屏区间 2005—2012 年的降雨径流数据参与计算，其中率定期为 2005—2010 年，检验期为 2011—2012 年，基于两个水文预报模型的预报结果，计算误差值，建立串联校正以及串并联耦合校正模型，应用所建的模型对率定期和检验期的预报结果进行串联校正及耦合校正计算，并对计算结果进行精度评定，精度评定结果如表 6.18 所示。

表 6.18 锦屏断面校正前后各个模型计算结果

模型	时期	平均相对误差	相关系数	均方根系数	确定性系数	精度等级
新安江	率定期	9.1%	0.975	248	0.951	甲
	检验期	13.4%	0.973	283	0.945	甲
水箱	率定期	9.9%	0.977	239	0.954	甲
	检验期	15.7%	0.975	277	0.947	甲
新安江串联校正	率定期	4.7%	0.993	117	0.986	甲
	检验期	7.4%	0.992	153	0.984	甲
水箱串联校正	率定期	5.0%	0.993	116	0.986	甲
	检验期	8.3%	0.992	154	0.984	甲
并联校正	率定期	10.0%	0.974	224	0.948	甲
	检验期	16.9%	0.975	276	0.947	甲
串并联校正	率定期	4.9%	0.993	116	0.986	甲
	检验期	8.2%	0.992	154	0.984	甲
并串联校正	率定期	4.9%	0.993	115	0.986	甲
	检验期	8.2%	0.992	153	0.984	甲

由表 6.18 可知，锦屏断面新安江串联校正和水箱串联校正较原模型均有较大改善，平均洪峰相对误差和均方根误差得到了明显降低，相关系数和确定性系数得到了明显提高；并联校正后模型结果均劣新安江模型和水箱模型结果；串并联校正和并串联校正从 4 个指标来说，均得到了显著改善。总体而言，除并联模型外，其余校正模型的模拟精度得到了提升。

以新安江模型和串并联模型的模拟结果为例，分别做锦屏断面各模型的实测与模拟径流过程线，直观展示校正模型的模拟效果，如图 6.43 所示。

由图 6.43 可知，原水文模型的模拟精度较高，实测径流过程与预测径流过程的趋势变化相符，而串并联模型在原水文模型的基础上，进一步修正了峰值点的模拟值，在实测径流过程与预测径流过程吻合程度高的同时保证了局部极值点的模拟精度，达到了“优中更优”的效果。

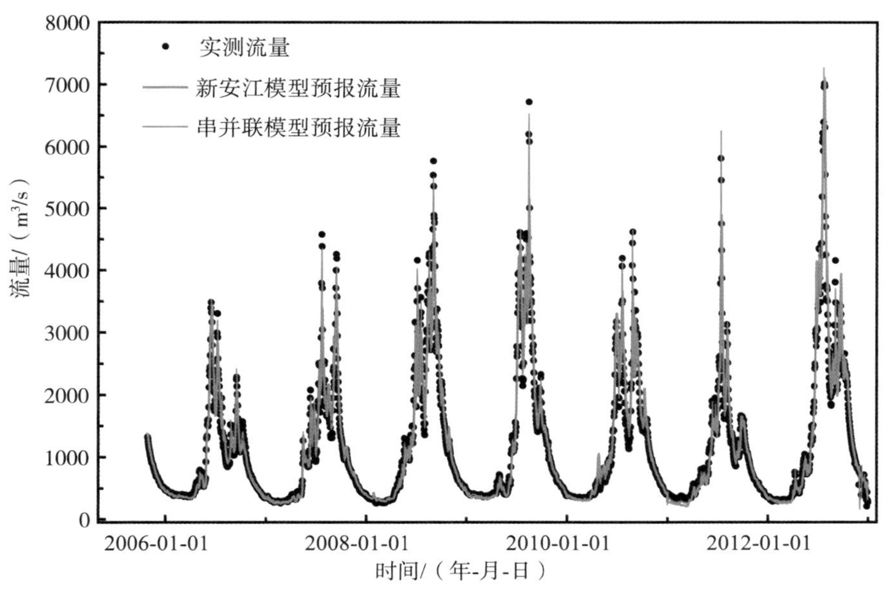

图 6.43 锦屏断面校正前后的模拟效果

6.4.2.5 桐子林串并联耦合校正结果及对比分析

选取雅砻江流域锦屏—桐子林区间 2005—2012 年的降雨径流数据参与计算，其中率定期为 2005—2010 年，检验期为 2011—2012 年，基于两个水文预报模型的预报结果，计算误差值，建立串联校正以及串并联耦合校正模型，应用所建的模型对率定期和检验期的预报结果进行串联校正及耦合校正计算，并对计算结果进行精度评定，精度评定结果如表 6.19 所示。

表 6.19 桐子林断面校正前后各个模型计算结果

模型	时期	平均相对误差	相关系数	均方根系数	确定性系数	精度等级
新安江	率定期	24.1%	0.936	547	0.874	乙
	检验期	29.3%	0.927	600	0.859	乙
水箱	率定期	21.6%	0.942	520	0.886	乙
	检验期	30.1%	0.924	618	0.850	乙
新安江串联校正	率定期	12.3%	0.981	309	0.961	甲
	检验期	17.0%	0.978	338	0.955	甲
水箱串联校正	率定期	12.4%	0.981	310	0.961	甲
	检验期	17.3%	0.978	340	0.955	甲
并联校正	率定期	21.2%	0.941	535	0.884	乙
	检验期	30.0%	0.925	616	0.851	乙

续表

模型	时期	平均相对误差	相关系数	均方根系数	确定性系数	精度等级
串并联校正	率定期	12.4%	0.981	310	0.961	甲
	检验期	17.2%	0.978	340	0.955	甲
并串联校正	率定期	12.4%	0.981	310	0.961	甲
	检验期	17.2%	0.978	340	0.955	甲

由表 6.19 可知，桐子林断面新安江串联校正和水箱串联校正较原模型均有较大改善，平均洪峰相对误差和均方根误差得到了明显降低，相关系数和确定性系数得到了明显提高；并联校正后模型结果率定期的结果优于新安江模型和水箱模型结果，但检验期的结果劣于新安江模型；串并联校正和并串联校正从 4 个指标来说，均得到了显著改善。总体而言，除并联模型外，其余校正模型的模拟精度得到了提升。

以新安江模型和串并联模型的模拟结果为例，分别做桐子林断面各模型的实测与模拟径流过程线，直观展示校正模型的模拟效果，如图 6.44 所示。

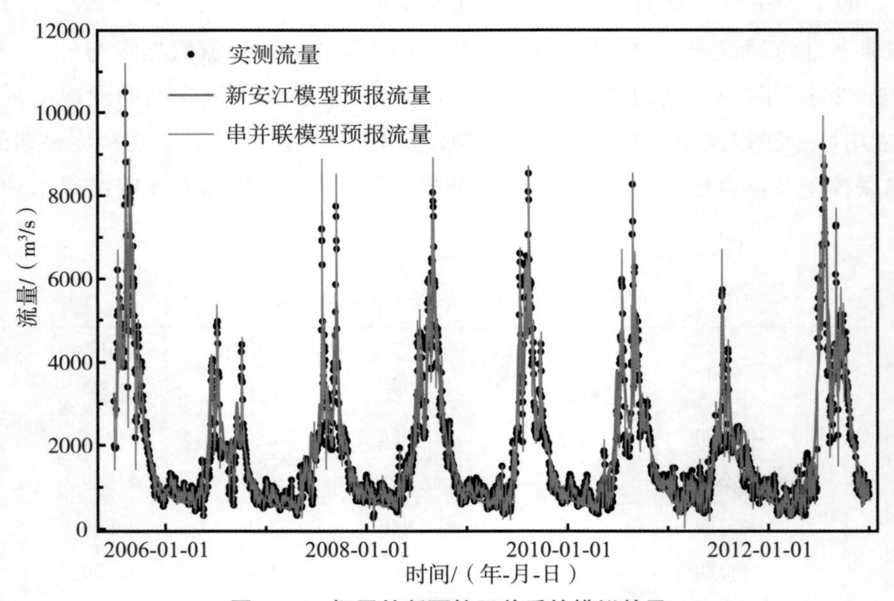

图 6.44　桐子林断面校正前后的模拟效果

由图 6.44 可知，串并联模型在原水文模型的基础上，修正了峰值点的模拟值，校正了低流量的波动过程，改善了实测径流过程与预测径流过程的吻合程度，拟合效果较好。

6.5　本章小结

为了较精确地预测雅砻江的降雨量，研究以地面站点观测降雨为因变量，将 GPM 卫星降雨、经纬度、高程、坡度、坡向等多源数据作为输入因子，基于 ConvLSTM 网络构建了多源降雨数据融合预测模型，不但能够保证融合降雨的精度，而且提升了降雨数据的空间分辨率，充分考虑了地面降雨与卫星降雨、地形特征的非线性关系，能够较为准确地模拟流域降雨的空间分布情况。建立集中式水文预报模型和分布式水文模型的多模型库，依据确定性系数、洪峰相对误差、洪量相对误差等评价指标筛选出各模型的最优参数。使用了 WRF 数值天气预报模型，确定了模型的基本参数并模拟实验，最后引入 TOPSIS 多属性决策方法，综合评价各个方案组合降水预报效果，并最终遴选出最优方案组合，可为雅砻江流域提供参考性的降雨预报，以延长径流预报预见期。最后使用多模型串并联耦合校正径流预报，分别对雅砻江流域各区间预报结果进行串并联耦合校正，采用新安江、水箱模型对各预报断面进行径流模拟，并运用串联校正、并联校正、串并联校正和并串联校正模型等实时耦合校正方法对模拟结果进行校正，以提升模型的模拟精度。

第3篇

梯级电站安全经济运行影响机理与效益—风险均衡优化调度

聚焦支流电站蓄控影响下梯级电站优化调控的科学需求，以水电站水库特性解析—联合发电优化调度—随机发电优化调度—多目标优化调度—发电效益风险均衡为主线，开展了雅砻江梯级电站水位优化调控与效益—风险均衡优化研究。针对雅砻江三库七级龙头水库年末消落水位控制问题，建立了雅砻江梯级电站联合发电优化调度模型，提出了基于函数关系的两河口年末消落水位控制方法，该方法可有效协调两河口水库消落水位(水头)和来水频率(水量)的耦合关系，充分发挥梯级水库整体效益，但是消落水位的函数控制方式固化特性明显，不能较好地应对来流波动性，为此提出了两河口水库年末消落水位的动态控制方式，该方法根据来水频率大小推求水库最优消落水位控制阈，可实现年末消落水位的动态优化控制。为协调发电效益与出力可靠性之间的矛盾，以梯级发电量最大和梯级最小出力最大为目标，建立了适应不同情形来水的雅砻江梯级多目标联合发电优化调度模型，并基于廊道约束法和罚函数法，提出了多重复杂约束处理新方法，进而采用 MOCDE 算法求解获得了关于年发电量和时段最小出力的非劣调度方案集，为调度决策者制定雅砻江梯级电站中长期发电优化调度方案提供决策依据。最后，针对来水不确定性导致发电计划执行偏差的问题，提出了基于高斯过程模型的径流随机模拟新方法，并发明了基于 K 均值聚类的径流情景缩减技术，进而建立了考虑来水不确定性的水电站发电效益—风险均衡调度模型，并通过动态规划算法求解绘制了水电站发电效益—风险曲线，为来水不确定性条件下发电计划编制提供理论依据。

第7章 水库消落水位控制及其对梯级电站发电能力影响

为分析不同消落水位控制方式及流域来水年际差异性对梯级系统中多年调节水库调度结果的影响，本节以雅砻江流域中下游梯级水库群为例，基于多维动态规划的最优化计算结果，对比分析了3种针对两河口水库的多年调节水库年末消落水库控制方法，即固定消落水位控制方法、函数形式控制方法和基于动态控制阈的动态控制方法，提出了一套新的梯级系统中多年调节水库年末最佳消落水位优化控制方法，实现了多年水库年末消落水位的优选问题与来水频率差异性相耦合。研究成果可用于指导含多年调节水库的梯级水库联合优化调度，从而取得显著的社会效益和经济效益。

7.1 梯级电站调蓄及其对发电能力的影响分析

水电站中长期调度研究较长时期(年或多年)内水电站最优运行调度方式，与短期运行调度相比，水电站在长期内利用的天然径流分布不均，与电网负荷、用水需求不相适应，因此，入库径流的随机性和电站对天然径流的调蓄作用对水电站的中长期调度有着直接影响。当水电站规模一定时，水电站长期运行调度主要取决于天然入库径流的大小，在设计枯水条件下，水电站只能满足电力系统可靠性要求的保证运行方式，在一般丰水条件下，水电站应在满足电力系统负荷需求和防洪、供水、航运、生态等综合利用需求的条件下，充分利用多余入库径流，采用长期最优运行方式实现经济效益的最大化，在特枯来水条件下水电站应在正常工作不可避免遭到破坏的情况下，采用优化方法尽量减少损失。在天然入库径流一定时，水电站长期运行调度主要取决于水电站调节能力，没有调节能力或调节能力小的电站无法改变较长时期内天然径流与电力负荷、用水需求不适应的情况，而具有较大调节能力的水电站不仅能进行短期调节，还可以对长时期内剧烈变化的天然入库径流进行调节，蓄丰补枯，能更好地适应电力负荷和综合利用要求。

梯级水库群调度运行改变了河道天然径流年际、年内分配。汛期上游水库拦洪削峰，下游水库入库流量得到削减，防洪压力得到一定程度缓解，枯期上游水库水位消落，下游入库流量增加，可以提高自身发电量，满足供水保证需求。在中长期尺度上，上游水库群蓄丰补枯确实有利于下游提高水库发电效益，但是短期尺度上，特别是在汛前或汛末，上游水库群集中进行水位调控，将严重影响下游水库安全经济运行。

梯级电站在枯水期维持高水位运行将充分发挥电站水头效益，提高调度期内总发电量。但汛期来临时入库径流迅速上升，按照初步设计阶段运行要求，梯级水库群需在汛前快速消落至防洪限制水位，若天然径流叠加存蓄水量超过电站库容调节能力，将形成弃水，为此，梯级水库群在枯水期联合调度时，在关键控制时段防范消落带来的弃水、防洪风险。

7.2 水库群联合优化调度模型及求解

在梯级水库群联合优化调度中，发电量最大模型是最为常用的模型之一。其目标函数可表示为：

$$E = \max\sum_{i=1}^{n}\sum_{t=1}^{T} K_i \cdot q_t^i \cdot H_t^i \cdot \Delta t \tag{7.1}$$

式中：E——调度期内梯级总发电量，kW·h；

i——电站编号；

n——电站总数；

t——时段编号；

T——调度期内时段总数；

K_i——第 i 个水电站的出力系数；

q_t^i——第 i 个水电站第 t 时段的平均发电引用流量，m^3/s；

H_t^i——第 i 个水电站第 t 时段的平均发电水头，m；

Δt——时段长度，s。

模型的约束条件包括水量平衡约束、库容约束、下泄流量约束以及出力约束等。

1)水量平衡约束：

$$q_t^i = (V_{t-1}^i - V_t^i)/\Delta t + I_t^i + Q_t^{i-1} - W_t^i \tag{7.2}$$

2)库容约束：

$$V_{t,\min}^i \leqslant V_t^i \leqslant V_{t,\max}^i \tag{7.3}$$

3)下泄流量约束：

$$Q_{t,\min}^i \leqslant Q_t^i \leqslant Q_{t,\max}^i \tag{7.4}$$

4)出力约束：

$$N_{t,\min}^i \leqslant N_t^i \leqslant N_{t,\max}^i \tag{7.5}$$

式中：q_t^i——第 i 个水库第 t 时段的平均发电引用流量；

V_t^i——第 i 个水库第 t 时段末的蓄水量；

I_t^i——第 i 个水库第 t 时段的平均区间入流；

W_t^i——第 i 个水库第 t 时段的平均弃水流量；

Q_t^i—— 第 t 时段第 i 个水库的平均下泄流量；

$V_{t,\min}^i$—— 第 i 个水库在第 t 时段末的蓄水量下限；

$V_{t,\max}^i$—— 第 i 个水库在第 t 时段末的蓄水量上限；

$Q_{t,\min}^i$—— 第 i 个水库在第 t 时段的下泄流量下限；

$Q_{t,\max}^i$—— 第 i 个水库在第 t 时段的下泄流量上限；

$N_{t,\min}^i$—— 第 i 个水库在第 t 时段的出力下限；

$N_{t,\max}^i$—— 第 i 个水库在第 t 时段的出力上限。

动态规划是求解决策过程最优化的数学方法，其优点是具有全局收敛性，且不需要初始解，善于求解多阶段、非线性问题。基于此，动态规划经常被用来求解水库优化调度问题。水库优化调度可看成是一多阶段决策问题，对于一个从上游到下游共 n 库的梯级系统，若每个水库的蓄水量离散点数均取为 M，则可知梯级系统在每个时段初均有 M^n 个库容组合，此时可把时段初梯级系统的各个库容组合看作一个状态，从后向前进行逆时序递推计算，并在每个时段内遍历所有库容组合，最终可得到整个调度期发电量最优的各时段初库容组合。多维动态规划算法的逆时序递推方程可表述为：

$$\left.\begin{aligned} &F_t^*(V_{t-1})=\max_{D_t}\{N_t(V_{t-1},Q_i)+F_{t+1}^*(V_t)\} \\ &F_{T+1}^*(V_T)=0 \end{aligned}\right\} \tag{7.6}$$

式中：$V_{t-1}=(V_{t-1}^1,V_{t-1}^2,\cdots,V_{t-1}^n)'$—— 状态变量，表示在第 t 时段初梯级系统的一个蓄水量状态组合；

$F_t^*(V_{t-1})$—— 从第 t 时段初梯级系统的一个蓄水量组合 $V_{t-1}=(V_{t-1}^1,V_{t-1}^2,\cdots,V_{t-1}^n)'$ 开始到第 T 时段结束的各时段最优出力之和；

$F_{t+1}^*(V_t)$——从第 $t+1$ 时段的一个蓄水量组合 $V_{t-1}=(V_{t-1}^1,V_{t-1}^2,\cdots,V_{t-1}^n)'$ 开始到第 T 时段结束的各时段最优出力之和；

$Q_t=(Q_t^1,Q_t^2,\cdots,Q_t^n)'$——决策变量，表示在第 t 时段内梯级系统的一个平均下泄流量组合；

$N_t(V_{t-1},Q_t)$——在时段初蓄水量组合为 V_{t-1}、时段平均下泄流量组合为 Q_t 时的第 t 时段系统总出力。

在状态变量 V_t 中，$V_t^{\ 1},V_t^{\ 2},\cdots,V_t^{\ n}$ 中均包含 M 个离散点，即 $V_t^{\ 1}$ 包含 $V_t^{\ 1,1},V_t^{\ 1,2},\cdots,V_t^{\ 1,M}$；$V_t^{\ 2}$ 包含 $V_t^{\ 2,1},V_t^{\ 2,2},\cdots,V_t^{\ 2,M}$；$V_t^{\ n}$ 包含 $V_t^{\ n,1},V_t^{\ n,2},\cdots,V_t^{\ n,M}$。

7.3 多年调节水库年末消落控制方式

多年调节水库年末消落水位优化控制研究的目的是找出多年调节水库的枯水期末最佳消落水位，以合理利用水库的多年调节库容，均衡年际来水差异性，实现径流的年际最佳调节，使系统的多年平均发电量最大。基于梯级水库联合优化调度模型和多维动态规划求解算法，多年调节水库年末消落水位优化问题有以三种思路可以实现：一是以梯级系统多年平均发电量最大为目标优选最优的年末固定消落水位；二是建立来水频率与消落水位的函数关系以指导水库年末水位消落；三是建立对应不同来水频率的消落水位动态控制阈，以进行消落水位动态控制。第一种为固定消落方式，后面两种方式能够充分考虑来流不确定的影响，分述如下。

7.3.1 固定消落水位方式

该方式较为简单，重点在于寻找一个梯级系统多年平均发电量最大的年末消落水位。根据梯级水库群联合优化调度模型和基于多维动态规划的求解算法，通过在年末消落水位的可行范围内取一系列的离散值，并分别进行长系列模拟计算，可根据发电量最大原则优选得出最佳的固定消落水位值。以此固定消落水位指导实际水库运行可在一定程度上保证梯级总体的发电效益。其步骤可简述如下。

1）在可行范围内对年末消落水位进行离散，获得一系列的离散消落水位值。

2）对每一个离散消落水位值，将其作为联合优化调度模型中的水位边界，根据长系列来流过程，以发电量最大为目标对每一年进行优化计算，得出梯级系统多年平均发电量。

3）对比不同离散消落水位下的梯级多年平均发电量，以其中发电量最大所对应的离散消落水位作为最终的固定消落水位。

7.3.2 基于函数关系的消落水位控制方法

该方法实现步骤如下。

1）在可行范围内对年末消落水位进行离散，获得一系列的离散消落水位值，通过设定不同的离散消落水位作为联合优化调度模型中的水位边界（年初、年末水位），进行如下计算。

2）根据每年的来流及联合优化调度模型，在一系列的离散水位值中，以发电量最大为目标优化确定每一年的最佳消落水位值，此时以年为调度周期，各水文年年单独计算。

3）通过多年计算的结果，绘制来水频率与最优消落水位的散点关系图，拟合得出来水频率与最优消落水位的对应函数关系，提取相应消落调度规则。

4）以获得的消落调度规则进行模拟计算，分析其合理性和实用性等。

总体思路如图7.1。该方法中，以年为调度周期，各水文年单独计算，可有效避免多维动态规划的维数灾问题，计算时间短。但模型计算中，虽然考虑了梯级水库上下游之间的协调（空间上的优化），但不同年份之间没有统筹考虑，不能很好地均衡年际间的水量差异。此外，该方法中提取的水位消落规则以曲线/函数形式表示，输入输出之间一一对应，比较固化，不能很好地衡量来流差异性及波动性。

要使根据优化结果所提取的消落调度规则具有较强的实用性，模型优化结果需要具有很好的全局最优性，就联合优化调度模型而言，其全局最优体现在时间和空间两个方面，时间上的全局最优体现在以多维动态规划进行多年连续计算可考虑年际间的水量差异，空间上的全局最优体现在多维动态规划在求解联合优化调度模型时上下游统一求解，以考虑梯级水库上下游不同水量、水头组合的蓄能差异性。鉴于此，提出基于函数关系的消落水位控制方法(图 7.1)。

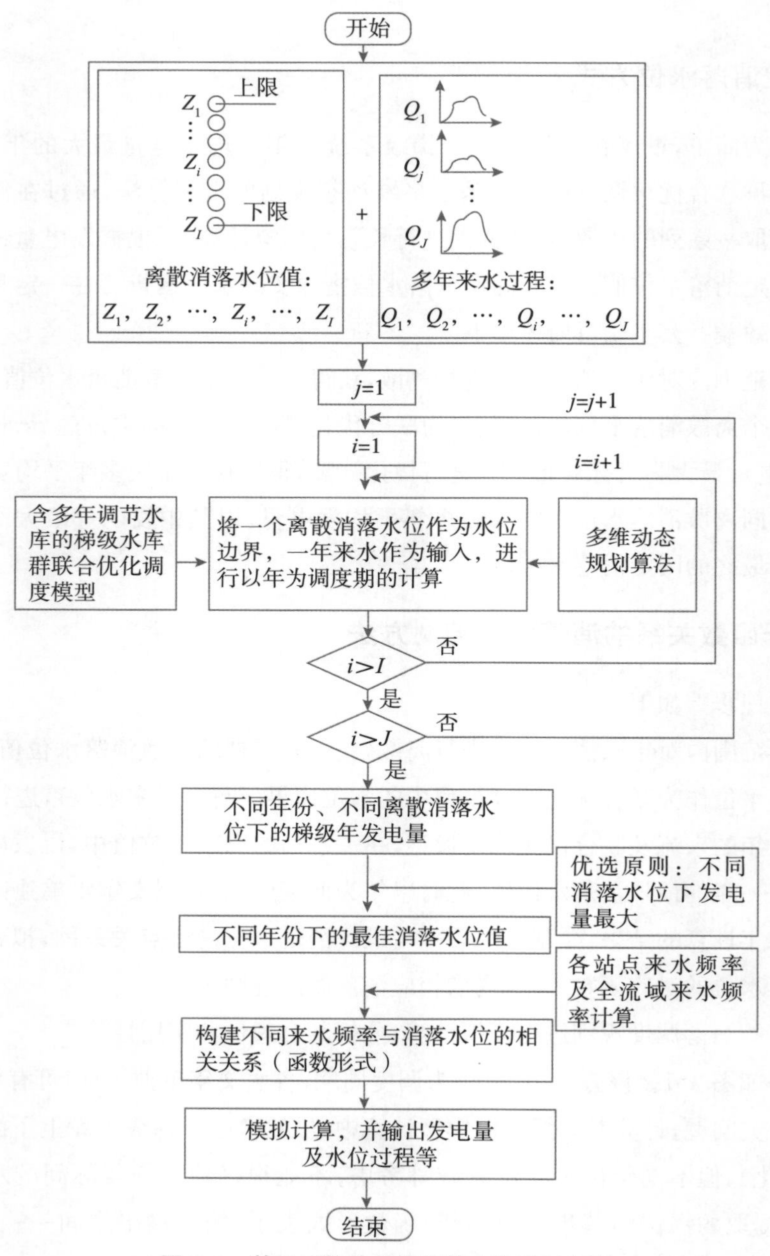

图 7.1　基于函数关系的消落水位控制方法

7.3.3 基于动态控制阈的消落水位动态控制方法

该方法的实现步骤如下。

1)设定每年年末消落水位可行域的上、下限值,作为水位约束,此处只设定一个范围,不设置具体的离散值,即不设置具体的消落水位值。

2)以多年连续来水作为输入,利用多维动态规划算法对梯级联合优化调度模型进行求解,优化计算得到连续的、首尾相接的各年最优水位运行过程。

3)从长系列优化结果中提取每年的最佳消落水位值,绘制来水频率与最优消落水位的散点关系图,分析找出来水频率与最优消落水位的相关关系,进一步基于线性回归等方法确定阈边界,从而提取消落水位动态控制阈。

4)以多年连续来水作为输入,以不同来水频率下的消落水位动态控制阈进行模拟计算,分析其合理性和实用性。

该方法的总体思路如图 7.2 所示。该方法中,多维动态规划算法在计算时进行长系列连续计算,可以很好地考虑年际的水量差异,但是计算时间较长。通过该方法,可根据优化结果提取得到各来水频率下的最优消落水位动态控制阈,即此时年末消落规则以动态控制阈的形式表示,不是一个固定值,故可以很好地考虑来流本身的不确定性问题。

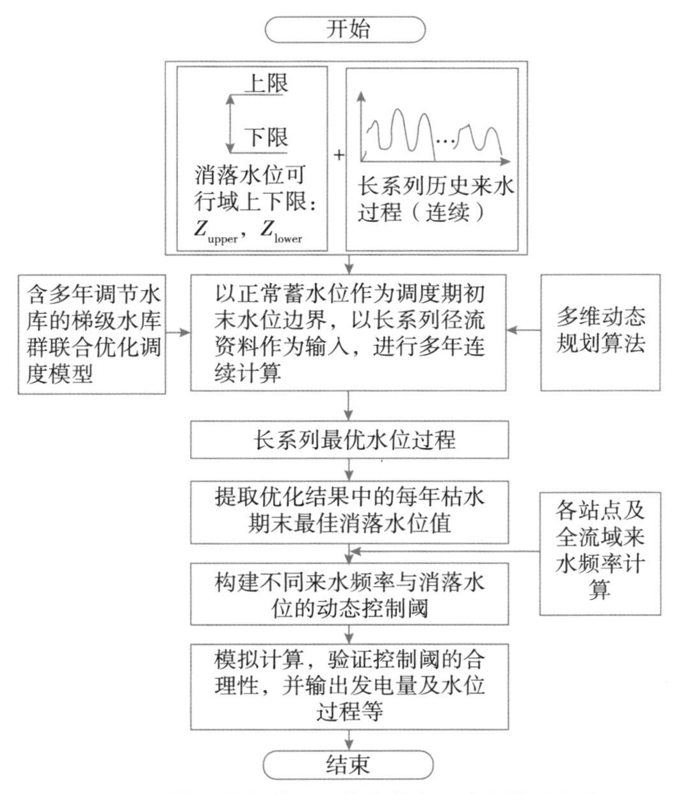

图 7.2 基于动态控制阈的消落水位动态控制方法

虽然该方法计算时间较长，但是考虑到此处只需制定相应的消落调度规程（消落水位动态控制阈），不需要进行实时计算。因此，以该方案来研究多年调节水库的年末消落水位优化控制问题是可行的。

上述两种消落水位控制方式均涉及各站点及全流域来水频率计算问题，简单介绍如下。

以年径流总量进行排频计算，可得到各站点的经验来水频率，其经验频率计算公式为：

$$P = m/(M+1) \tag{7.7}$$

式中：m——按年径流总量从大到小排序之后，某一年对应的编号；

M——总的水文年数。

得到每个站点的来流排频结果后，需进行流域整体来水频率的计算。由于上下游在同一年份的来水频率本身不一致（尤其是大流域），因此，要找到一个与上下游来水频率完全吻合的流域整体来流过程是很困难的，只能求一个与各站点来水频率差距最小的流域整体来流过程。具体地，设 i 为水电站编号，y 为水文年号，流域各站分别排频之后，设实际第 y 年各个站点的来水频率为 P_i^y，若要推求某一个频率 P_s 下的最佳流域来流。则相当于推求使得下式 e_y 最小所对应的 y：

$$e_y^s = \sum_{i=1}^{n} (P_s - P_i^y)^2 \qquad y = 1,2,\cdots,Y \tag{7.8}$$

上述方法用于推求特定频率 P_s 所对应的最佳实际来流（某一年）。反之，若要推求每一年流域整体的来水频率，可以采用类似的方法，例如要推求第 y 年整个流域的实际来水频率，其步骤如下。

1）将流域可能的来水频率范围离散为 S 份，得到 $P_1, P_2, \cdots, P_S$。

2）针对流域第 y 年的实际年份的来水，获得其对应的 $P_i^y (i=1,2,\cdots,n)$。

3）对于每一个 $P_s (s=1,2,\cdots,S)$，代入式(7.8)，计算 $e_y^s (s=1,2,\cdots,S)$。

4）找出 $e_y^s (s=1,2,\cdots,S)$ 中的最小值所对应的 s，便可知第 y 年整个流域的实际来水频率（$P_S{}^*$）。

7.4 梯级水库消落水位优化控制

7.4.1 流域概况

雅砻江是金沙江第一大支流，其中下游河段是目前雅砻江干流水电开发的重点河段，建设有两河口、杨房沟、锦屏一级、锦屏二级、官地、二滩、桐子林七大电站，其中两河口水库具有多年调节性能，是雅砻江中下游梯级电站的控制性水库电站工程，对整个雅砻江梯级电站的开发影响巨大。它投入运行后可使雅砻江干流中、下游梯级电站群实现年至多年调节。雅砻江流域 7 库梯级系统的地理位置如图 7.3 所示，梯级水库基本参数如表 7.1 所示。

本书利用了该流域从 1957 年到 2019 年共 62 年的旬径流系列数据，在本节所提三种年末水位消落控制方式计算中，所用径流数据均为此长系列数据。联合优化调度模型计算中各有调节能力水库的调度期初、末水位约束设置为死水位，其他无调节水库按表 7.1 中的水位运行。

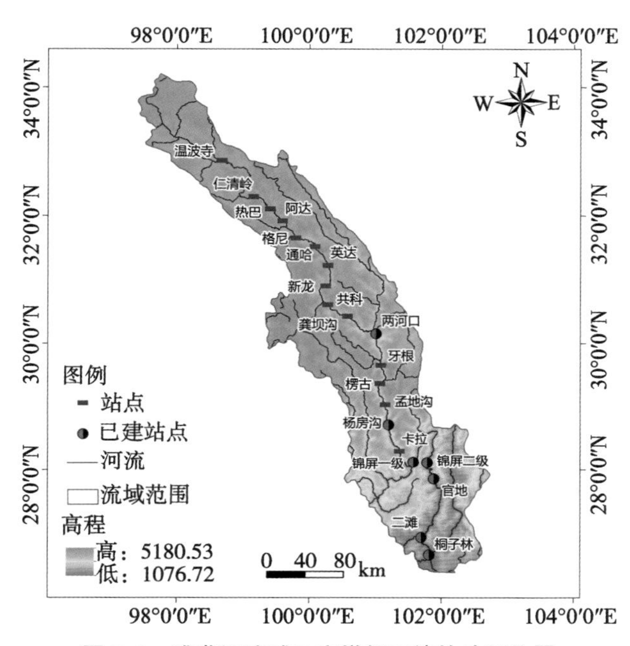

图 7.3 雅砻江流域 7 库梯级系统的地理位置

表 7.1 梯级水库基本参数

水库名称	正常水位/m	死水位/m	汛限水位/m	调节性能	装机容量/MW	保证出力/MW	水位运行范围/m
两河口	2865	2785	2845.9	多年平均	3000	1130	[2845.9,2865]；[2785,2865]
杨房沟	2088	2094	none	日	1500	253	2092
锦西	1880	1800	1859	年	3600	1086	[1859,1880]；[1800,1880]
锦东	1646	1640	none	日	4800	1443	1644
官地	1330	1321	none	日	2400	709.8	1328
二滩	1200	1155	1190	季	3300	1028	[1155,1200]；[1190,1200]
桐子林	1015	1010	none	日	600	227	1013.5

7.4.2 结果与分析

7.4.2.1 固定消落水位方式结果与分析

为分析两河口水库不同固定消落水位下的梯级系统发电量变化情况，以 5m 为离散精度，死水位 2785m 到正常蓄水位 2845m 为离散范围，得到不同的离散消落水位值，将其作为该水库调度运行中的水位下限约束，代入联合优化调度模型并采用多维动态规划算法进行求解，可得到不同离散消落水位下的发电量。多年平均情形下，两河口水库不同离散消落水位下的多年平均发电量如表 7.2 所示。

可以看出，随着消落水位的增加，多年平均发电量逐渐减少，当消落水位为 2785m 时梯级系统的多年平均发电量最大，即从多年平均情况来看，消落水位为 2785m 时最佳，此时将两河口水库按年调节水库运行，梯级系统的发电量最大。

上述是不同消落水位下的多年平均发电量结果，事实上，发电量的大小除受消落水位影响外，还受来流大小的影响。对于某一年份，年发电量最大是消落水位和来流量两者综合的结果。因此，为分析不同来水情形、不同消落水位下梯级系统的发电量变化情况，探讨消落水位和来水频率对梯级发电量的耦合影响关系，开展了如下基于函数关系的消落控制方法和基于动态控制阈的动态控制方法研究。

表 7.2　　两河口水库不同离散消落水位下的多年平均发电量

消落水位/m	总发电量/(亿 kW·h)
2785	1005.8
2790	1005.5
2795	1004.9
2800	1004.3
2805	1003
2810	1001.6
2815	999.5
2820	997.2
2825	994.3
2830	990.8
2835	986.4
2840	981
2845	973.7

7.4.2.2 函数控制方法结果与分析

以 62 年径流资料为基础，采用多维动态规划分别对每一年进行梯级联合优化计算(各年分开计算)，计算所得梯级系统多年平均发电量为1010.20亿kW·h。根据62年的优化计算结果，以来水频率为横坐标，以年末消落水位为纵坐标，绘制散点图，如图7.4所示。

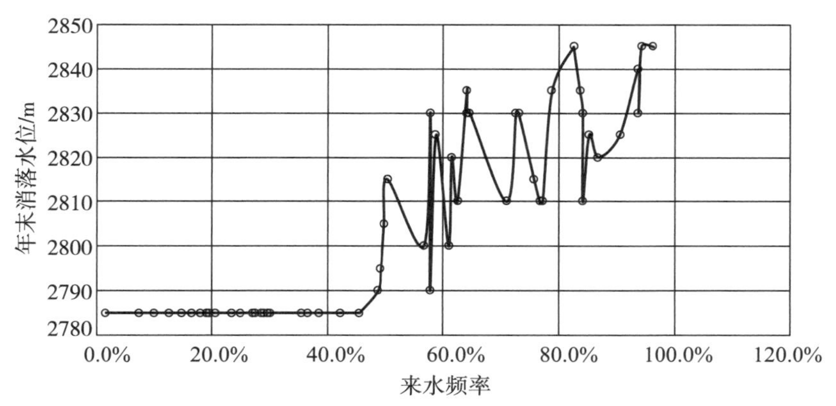

图7.4　不同来水频率下的最优消落水位

可以看出，在来流较丰年份(48.7%及其以下)，最佳消落水位均在死水位2875m，在来水较枯年份，最佳消落水位在不同年份的波动较大，规律性不强，但是整体呈上升趋势，最优消落水位随着来水频率的增大而增加。

考虑到计算结果的实用性，需要将枯水年份的整体规律性提炼出来，以用于指导实际枯水年调度运行。为此，以来水频率大于48.7%的数据为基础，绘制散点图，并基于最小二乘原理，以多项式拟合最佳趋势线，得到的结果如图7.5所示。

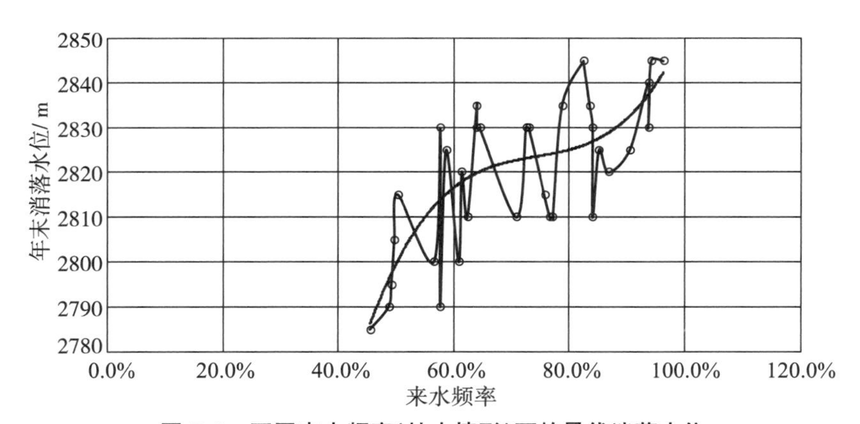

图7.5　不同来水频率(枯水情形)下的最优消落水位

对应图7.5的结果，得到枯水年份下来水频率与消落水位的最佳函数关系为：

$$Y = 1301.3I^3 - 2896.7I^2 + 2171.9I + 2275.2 \tag{7.9}$$

式中：Y——年末消落水位；

　I——来水频率。

于是，可得在不同来水频率下，两河口水库的年末水位消落规则为：

$$Y=\begin{cases}1301.3I^3-2896.7I^2+2171.9I+2275.2 & I>48.7\% \\ 2785 & I\leqslant 48.7\%\end{cases} \tag{7.10}$$

此时，可根据式(7.10)确定不同来水频率下的消落水位，以此进行模拟计算，可得到各年份梯级总发电量，其多年平均发电量为1009.84亿kW·h。对比可知，虽然按照消落规则进行模拟调度的发电量有所降低(由直接优化的1010.2亿kW·h降为1009.84亿kW·h)，但幅度不大，绝对值为0.36亿kW·h，相对降幅仅为0.036%，且按照提取的消落规则进行水库调度具有易操作性和实际可行性等优点。

此外，与固定消落水位方式结果相比，基于规则模拟计算的多年平均发电量1009.84亿kW·h比固定消落水位方式下的最大值1005.8亿kW·h大4.04亿kW·h，增幅达0.4%。由此可见，所得不同来水频率下的消落规则，不仅可操作性强，而且能够很好地反映两河口水库来水频率(水量)与消落水位(水头)的耦合关系，使梯级总发电量与最优情形下的总发电量非常接近，可充分发挥梯级水库整体效益。

7.4.2.3 动态控制方式结果与分析

以62年径流资料为来流输入对所建雅砻江流域联合优化调度模型进行连续求解计算，可优化得到两河口水库多年水位运行过程，此时梯级系统多年平均发电量为1015.20亿kW·h。可以看出，多维动态规划在求解梯级水库联合优化调度模型时，其求解方式(多年连续计算与否)对调度结果的影响也较大，此处电量相差5亿kW·h(1015.20—1010.20)。

前述所提取的消落水位控制规则一般以曲线或函数形式表示，输入输出之间一一对应，比较固化，不能很好地应对来流波动性。事实上，来流不确定性或波动性会使多年调节水库的最优年末消落水位为一个适宜区间范围，而不是一个固定的值。因此以下将基于优化结果数据建立两河口水库消落水位动态控制方式，根据来水频率大小判断水库最优消落水位范围，实现年末消落水位的动态控制。

此外，考虑到实际流域中只有各个水文站点拥有实测来流数据，没有现成的能代表流域整体的来流数据，因此需要首先推求代表流域整体的来水频率。本节以最小二乘原理和三个水库站点的来水数据为基础，推求了代表流域整体的来水频率。在此基础上，分别以两河口水库、锦西水库、二滩水库及全流域来水频率为基础，绘制来水频率与年末消落水位的散点关系图(图7.6)。

可以看出，在上述4种情形下，第2、4种情形中来水频率与消落水位的散点较为集中，相关关系较好。其原因是第2种情况中，锦西水库位于流域中间位置，其来水频率能够很好地代表流域整体来水情况；第4种情况中的整体来水频率是以上、中、下游三个站点为基础通过最小二乘原理得到，也能够很好地代表流域整体。故下面以第2、4种情况为例进行消落水位动态控制阈的推求。

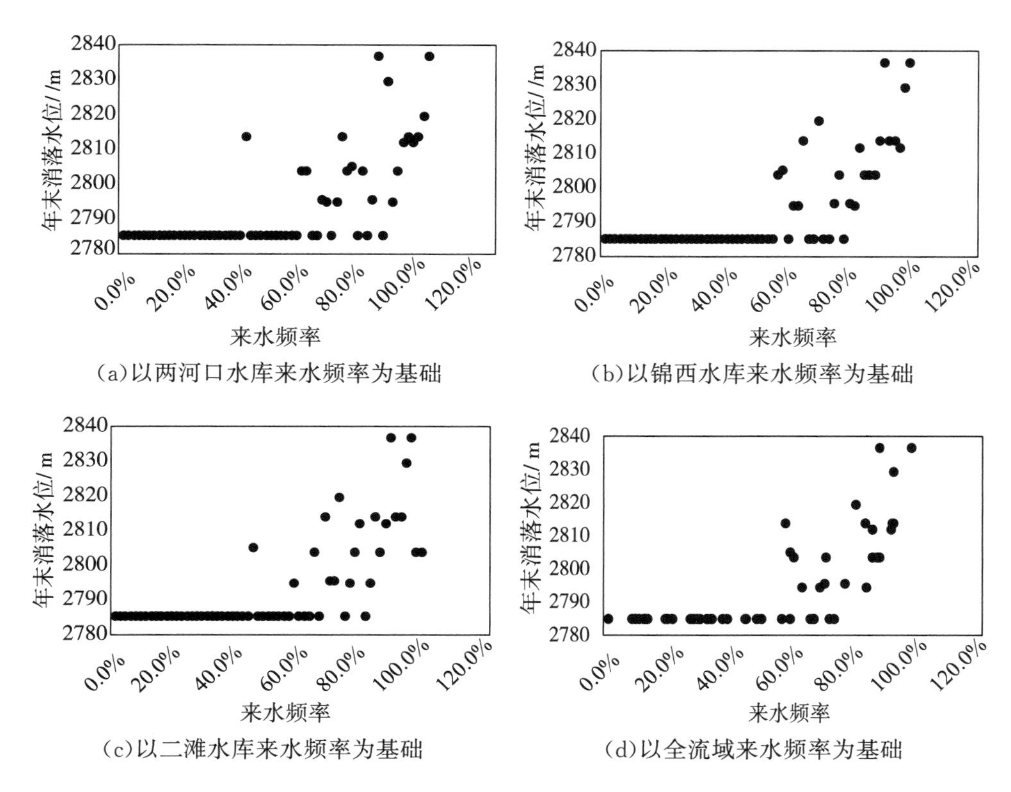

(a)以两河口水库来水频率为基础

(b)以锦西水库来水频率为基础

(c)以二滩水库来水频率为基础

(d)以全流域来水频率为基础

图 7.6 以不同来水频率为基础绘制的来水频率与年末消落水位的散点关系

以锦西水库来水频率推求动态控制阈时，散点图的拐点在 56.5%[图 7.6(b)]，在此之前消落水位为恒定值 2785m，之后为一个范围，此范围即为需要推求的控制阈。为推求此范围，以该范围上、下边界处的几个点为基础，分别建立线性函数关系，通过两条直线将散点包含在内，形成控制阈的上、下边界，所得结果如图 7.7 所示。

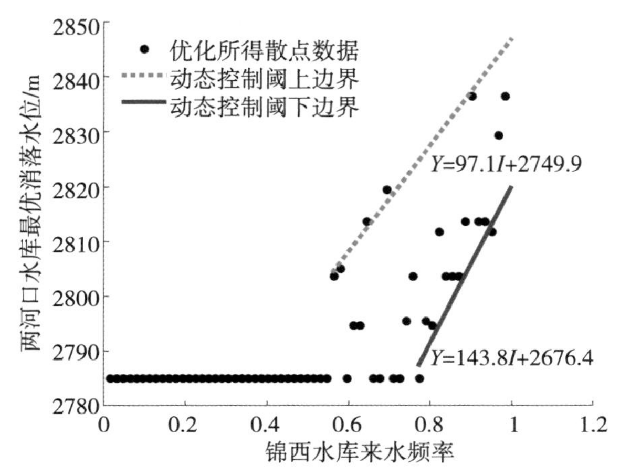

图 7.7 以锦西水库来水频率推求消落水位动态控制阈

可以看出，此时得到的消落水位动态控制阈上边界转折点为 56.5%，下边界转折点为

77.4%。由此可得消落水位动态控制阈的上边界为：

$$Y=\begin{cases}97.1I+2749.9 & I>56.5\% \\ 2785 & I\leqslant 56.5\%\end{cases} \tag{7.11}$$

下边界为：

$$Y=\begin{cases}143.8I+2676.4 & I>77.4\% \\ 2785 & I\leqslant 77.4\%\end{cases} \tag{7.12}$$

以流域来水频率推求动态控制阈时散点图的转折点在57.5%[图7.6(d)]，在此之前消落水位为恒定值2785m，之后为一个范围，此范围即为需要推求的控制阈。为推求此范围，同样以该范围上、下边界处的几个点为基础，分别建立线性函数关系，通过两条直线将散点包含在内，形成控制阈的上、下边界，所得结果如图7.8所示。

可以看出，此时得到的消落水位动态控制阈上边界转折点为57.5%，下边界转折点为73.1%。由此可得消落水位动态控制阈的上边界为：

$$Y=\begin{cases}76.22I+2762.6 & I>57.5\% \\ 2785 & I\leqslant 57.5\%\end{cases} \tag{7.13}$$

下边界为：

$$Y=\begin{cases}159.3I+2666.3 & I>73.1\% \\ 2785 & I\leqslant 73.1\%\end{cases} \tag{7.14}$$

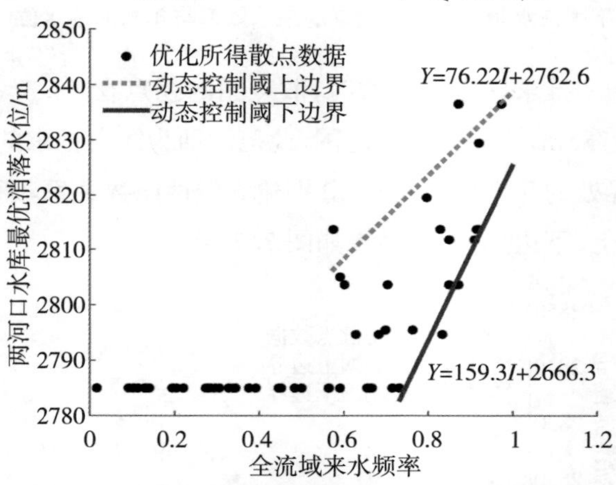

图7.8 以全流域来水频率推求消落水位动态控制阈

得到上述以分段函数表示的消落水位动态控制阈后，为分析其合理性，需模拟计算如下几种情形，即按消落水位控制阈上限、消落水位控制阈下限、消落水位控制阈算术平均值以及最原始的固定消落水位四种方法控制的梯级总发电量。

以消落水位动态控制阈为基础的三种消落控制情形的计算结果，如表7.3所示。

表 7.3　以消落水位动态控制阈为基础的三种消落控制情形下的发电量结果

计算方法	梯级总发电量/(亿 kW·h)	相对固定消落水位方式的增量
以锦西水库来流为基础构建的消落水位动态控制阈的上边界计算结果	1012.55	0.67%
以锦西水库来流为基础构建的消落水位动态控制阈的下边界计算结果	1011.73	0.59%
以锦西水库来流为基础构建的消落水位动态控制阈的均值计算结果	1012.83	0.70%
以全流域来流为基础构建的消落水位动态控制阈的上边界计算结果	1012.67	0.68%
以全流域来流为基础构建的消落水位动态控制阈的下边界计算结果	1011.83	0.60%
以全流域来流为基础构建的消落水位动态控制阈的均值计算结果	1012.90	0.71%
固定消落水位方式的计算结果	1005.80	0.00%
基于多维动态规划的最优计算结果(多年连续计算)	1015.20	0.93%

为便于比较，表 7.3 还给出了固定消落水位方式的计算结果及基于多维动态规划的最优计算结果。

从表 7.3 可以看出，在以锦西水库来流为基础构建的消落水位动态控制阈结果中，以其上、下边界及均值计算的结果相差不大，最大差值为 1.10 亿 kW·h；在以全流域来流为基础构建的消落水位动态控制阈结果中，以其上、下边界及均值计算的结果也相差不大，最大差值为 1.07 亿 kW·h。这说明以所构建的消落水位动态控制阈进行消落水位控制时，结果波动较小，能够很好地应对来水不确定性对调度结果的影响，验证了所建消落水位动态控制阈的合理性。

相对而言，从发电量结果来看，以全流域来流为基础构建的消落水位动态控制阈稍好于以锦西水库来流为基础构建的消落水位动态控制阈，在以其上、下边界及均值作为消落规则进行模拟计算的 3 种情况下，相对于固定消落水位情况，前者的发电量比后者均提高了 0.01%。

此外，由固定消落水位结果与多维动态规划所得最优计算结果对比可知，消落水位优化控制的最大提升空间为 9.4 亿 kW·h(1015.20－1005.80)，通过构建消落水位动态控制方式，能够将该 9.4 亿 kW·h 中的 7.1 亿 kW·h(1012.90－1005.80)实现，也就是说能够实现可提升 75.5%的效益，效果显著。

7.5 本章小结

本节基于梯级水库群联合调度模型和多维动态规划求解算法，研究了考虑来水不确定性影响的多年调节水库年末消落水位优化控制问题，相对于固定消落水位方式，提出了两种可行技术路线，并分析了两种方法的优缺点。以雅砻江流域7库梯级系统为例，进行了实例计算研究，得出的结论如下。

1）从多年平均情况来看，随着两河口水库消落水位的增加，梯级系统多年平均发电量逐渐减少，当两河口消落水位为死水位2785m时梯级系统的多年平均发电量最大，即在多年平均情况下，将两河口水库以年调节水库进行调度更优。

2）考虑不同来水频率的差异性后，在来流较丰年份，两河口水库最佳消落水位均在死水位2875m，在来流较枯年份，虽然最佳消落水位在不同年份波动较大，规律性不强，但整体呈上升趋势。

3）为提高结果的实用性，基于多维动态规划的最优结果，以函数表现形式提取了考虑来水频率差异的两河口水库消落水位确定规则，模拟计算结果表明，相比于多年固定消落方式，所提取的消落规则能够提升梯级发电量4亿多kW·h，增幅达0.4%。

4）在以动态控制阈为基础的动态控制方式中，对于以两种来水频率所构建的消落水位动态控制阈，以其上、下边界及均值计算的结果相差不大，最大差值分别为1.10亿kW·h和1.07亿kW·h，说明以所构建消落水位动态控制阈进行消落水位控制结果波动较小，能够很好地应对来水不确定性对调度结果的影响。

5）以流域整体来流为基础构建的消落水位动态控制阈要稍好于以锦西来流为基础构建的消落水位动态控制阈，在以其上、下边界及均值作为消落规则进行模拟计算的3种情况下，相对于固定消落水位情况，前者的发电量比后者均提高了0.01%。

6）消落水位动态控制方式实现了两河口水库消落水位优化，可提升75.5%的效益，效果显著。

第8章　雅砻江流域梯级电站多目标联合发电优化调度

梯级电站群联合优化调度除了需考虑电站间复杂的水力、电力联系，还需处理众多约束条件，是一类多变量耦合的复杂非线性优化问题。具有年调节（或不完全年调节）电站的中长期优化调度一般以发电量最大或发电效益最大为调度目标，电站时段最小出力通常设置为保证出力，即将其作为约束来考虑。一般来说，水电站在枯水期按保证出力发电，此时其所在电力系统发电能力受限，尤其是对水电比例较大的电力系统而言，出力受限情况更为明显。因此，适当增加水电系统在枯水期的出力，对于满足电力系统负荷平衡、提高电力系统供电安全具有重要意义。然而，在枯水期加大出力会导致电站坝前水位下降加快，从而损失电站水头效益，减少电站年总发电量。因此，电站年发电量最大和时段最小出力最大是两个相互矛盾的调度目标。本章以年发电量最大和时段最小出力最大为目标，建立雅砻江梯级多目标联合发电优化调度模型，并运用MOISFS算法进行求解，从而获得关于年发电量和时段最小出力的非劣调度方案集，为调度决策者制定中长期发电优化调度方案提供决策依据。

8.1　梯级电站多目标联合优化调度高效求解算法研究

梯级电站联合优化调度需考虑电站间复杂的水力、电力联系，同时还需处理众多约束条件，是一类多变量耦合的复杂非线性优化问题。从考虑的目标多少来分，可分为单目标优化调度和多目标优化调度。研究单目标和多目标高效求解算法，可为梯级电站联合优化调度模型求解提供新的解决方法。

8.1.1　随机分形搜索算法改进研究

近年来，智能优化算法取得了巨大的发展，出现了许多有代表性的方法，例如遗传算法(GA)、粒子群优化算法(PSO)、人工蜂群算法(ABC)、蚁群算法(AC)、引力搜索算法(GSA)、布谷鸟搜索算法(CS)等，这些算法为许多复杂困难的优化问题提供了可行有效的求解工具。但是每种算法都存在局限性，如何设计新型优化算法仍然值得关注。

随机分形搜索算法(Stochastic Fractal Search Algorithm,SFS)是一种新型的智能优化算法,由伊朗德黑兰大学学者 Hamid Salimi 于 2015 年提出,将引入分形的扩散过程作为其搜索机制,并选择高斯分布作为扩散过程的随机游走方式,该算法具有全局寻优性能较好、易于实现等优点。目前,SFS 算法已被成功应用于函数优化问题以及部分工程设计优化问题。虽然 SFS 算法具有较强的全局搜索能力,但局部寻优能力相对不足,特别是在迭代后期面对高维复杂函数的全局寻优时存在收敛速度慢、求解精度不高等问题,有待改进和完善。

8.1.1.1 SFS 算法原理

SFS 算法优化过程可分为 4 个部分:初始化、高斯游走扩散、个体分量更新和个体位置更新。

(1)初始化

算法初始化首先确定种群规模、决策变量维度及初始解边界条件等参数,同时采用均匀随机方法,从可行域中产生一组初始种群:

$$P_i^j = P_i^{j,\min} + \text{rand} \cdot (P_i^{j,\max} - P_i^{j,\min}) \quad i=1,2,\cdots,N; j=1,2,\cdots,D \tag{8.1}$$

式中:N 和 D——种群个体数和个体决策变量维度;

P_i^j ——第 i 个体的第 j 维决策变量;

$P_i^{j,\max}$ 和 $P_i^{j,\min}$ ——第 i 个体第 j 维决策变量的上边界和下边界。

rand——在区间[0,1]上服从均匀分布的随机数。

(2)高斯游走扩散

在游走扩散过程中,每个个体围绕其当前位置进行扩散,从而增加了找到全局最优的机会,并且可以防止陷入局部最优,如图 8.1 所示。另外,来自扩散过程的最佳生成个体是唯一被保留的个体,剩下的个体均被丢弃,这样就能有效地避免扩散过程导致个体数量急剧增加。

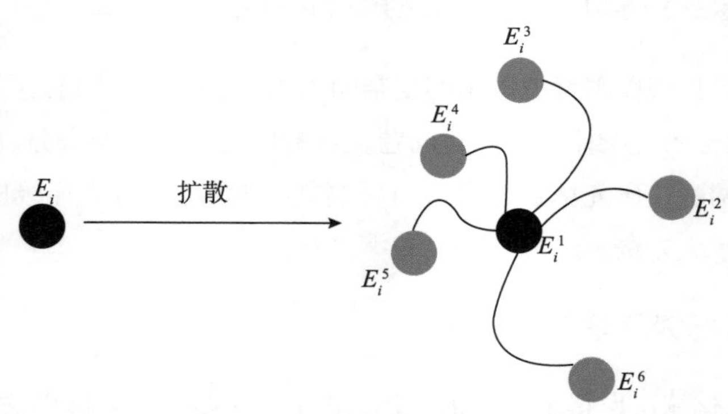

图 8.1 一个粒子的扩散过程

SFS 算法选择高斯分布作为扩散阶段中唯一的随机游走方式。通常,参与扩散阶段的两种高斯游走方式如式(8.2)和式(8.3)所示:

$$GW_1=\text{Gaussian}(\mu_{BP},\sigma)+(\varepsilon\times BP-\varepsilon'\times P_i) \tag{8.2}$$

$$GW_2=\text{Gaussian}(\mu_{P_i},\sigma) \tag{8.3}$$

式中：BP 和 P_i——群体中的最佳个体和第 i 个体的位置；

μ_{BP} 和 μ_{P_i} ——期望值参数，其值分别是 $|BP|$ 和 $|P_i|$；

σ ——标准差参数，其值求解根据式(8.4)；

ε 和 ε' ——在区间[0,1]上服从均匀分布的随机数。

$$\sigma=\left|\frac{\lg(g)}{g}\times(P_i-BP)\right| \tag{8.4}$$

由式(8.4)可知，随着迭代次数 g 的增加，为了增强个体的局部搜索能力，并使得解越来越接近最优解，可用 $\lg(g)/g$ 来减小高斯跳跃的步长。

(3)个体分量更新

对于个体分量更新阶段，首先根据适应度函数值对所有个体进行排序，然后给每个个体 P_i 设置性能级别 P_{a_i} ：

$$P_{a_i}=\frac{\text{rank}(P_i)}{N} \tag{8.5}$$

式中：rank(P_i)——个体 P_i 适应度函数值在种群中的排名，排名第1表示最优。

对于种群中的每个个体 P_i ，根据判定条件 $P_{a_i}<\varepsilon$ 是否成立更新个体 P_i 第 j 维分量 P_i^j ：

$$P_i^{j\prime}=\begin{cases}P_i^j & P_{a_i}<\varepsilon\\ P_r^j-\varepsilon\times(P_t^j-P_i^j) & 其他\end{cases} \tag{8.6}$$

式中：$P_i^{j\prime}$ —— P_i^j 更新后的分量；

P_r^j 和 P_t^j ——从高斯游走扩散阶段获得的所有个体当中随机选择的个体 P_r 和 P_t 的第 j 维分量；

ε ——在区间[0,1]上服从均匀分布的随机数。

由式(8.6)可知，适应度函数值排名越差(P_{a_i} 越大)的个体越容易进行个体分量变异，若 P'_i 对应的适应度函数值优于 P_i 对应的适应度函数值，则用 P'_i 去替换个体 P_i 。

(4)个体位置更新

在个体位置更新之前，个体分量更新阶段获得的所有个体 P'_i 需要再次基于式(8.5)重新计算性能级别 P'_{a_i} ，类似于个体分量更新阶段，根据判定条件$P'_{a_i}<\varepsilon$ 是否成立更新个体 P'_i 位置：

$$P_i''=\begin{cases}P'_i & P'_{a_i}<\varepsilon\\ P'_i-\hat{\varepsilon}\times(P'_t-BP) & P'_{a_i}>\varepsilon,\varepsilon'\leqslant 0.5\\ P'_i+\hat{\varepsilon}\times(P'_t-P'_r) & P'_{a_i}>\varepsilon,\varepsilon'>0.5\end{cases} \tag{8.7}$$

式中：P''_i —— P'_i 更新后的位置；

P'_r 和 P'_t ——从个体分量更新阶段获得的所有个体当中随机选择的个体；

$\hat{\varepsilon}$ ——由高斯正态分布生成的随机数；

ε 和 ε' ——在区间[0,1]上服从均匀分布的随机数。

由式(8.7)可知，适应度函数值排名越差（P'_{a_i} 越大）的个体越容易进行个体位置变异，若 P''_i 对应的适应度函数值优于 P'_i 对应的适应度函数值，则用 P''_i 去替换个体 P'_i。

SFS算法更新策略如下：首先利用基于当前最优个体的高斯随机游走策略产生新的扩散种群，并利用 $\lg(g)/g$ 控制步长以平衡算法在迭代前后期的探索能力和开发能力；然后计算个体优化性能级别 P_{a_i}，指导适应度函数值较差个体进行分量变异操作，提高个体的局部探索能力；最后计算个体优化性能级别 P'_{a_i}，指导适应度函数值较差个体进行位置变异操作，两种不同变异操作能在加强算法探索能力的同时提高开发能力。

SFS算法优化流程如下。

步骤1：初始化。根据式(8.1)在搜索空间边界条件随机产生种群规模为 N，维数为 D 的初始种群 P，计算种群适应度函数值。

步骤2：高斯游走扩散。根据式(8.2)和式(8.4)产生新的个体 P_i。

步骤3：计算种群适应度函数值，保留适应度值较优的个体并更新种群 P。

步骤4：根据式(8.5)计算个体优化性能级别 P_{a_i}。

步骤5：个体分量变异。根据式(8.6)产生新的个体 P'_i。

步骤6：计算种群适应度函数值，保留适应度值较优的个体并更新种群 P。

步骤7：根据式(8.5)计算个体优化性能级别 P'_{a_i}。

步骤8：个体位置变异。根据式(8.7)产生新的个体 P''_i。

步骤9：计算种群适应度函数值，保留适应度值较优的个体并更新种群 P。

步骤10：不满足迭代终止条件，返回步骤2，否则，输出最优解及最优目标函数值。

8.1.1.2 基于标准化知识和差分自适应的改进SFS算法

(1)标准化知识改进策略

标准化知识来源于文化算法(Cultural Algorithm，CA)。不同于遗传算法只有种群进化空间，文化算法包含信念空间、种群空间两个进化空间，是一种双层进化系统，文化算法框架如图8.2所示。群体空间个体在进化过程中形成的个体经验，通过accept()函数传递到信念空间；信念空间根据新收到的个体经验根据一定的行为规则，用update()函数更新群体经验；信念空间在形成群体经验后，通过influence()函数对群体空间中个体的行为规则进行修改，以得到更高的进化效率。

信念空间实际上是由各种知识组成，包含5种知识源，即标准化知识、形势知识、区域知识、地域知识和历史知识，信念空间的作用是指导种群进化。

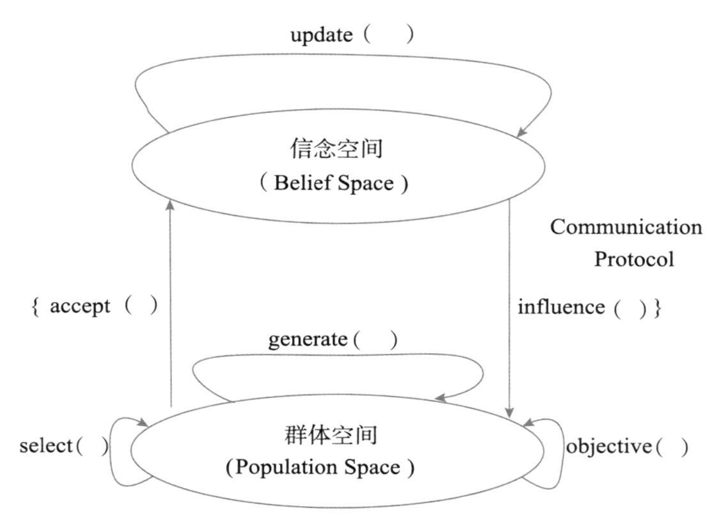

图8.2 文化算法框架

标准化知识(Normative Knowledge)可以给出决策变量取值的期望范围,该范围由形势知识(Situational Knowledge)中各精英个体决策变量分布范围得到,形势知识由进化过程中找到的 $N_Q(N_Q<N)$ 个优秀个体组成,是其他个体行为学习的"典范",引导其他个体向其靠近。标准化知识结构代表了算法目前找到精英解的分布区域,可视为全局最优解更有可能分布的区域。标准化知识结构如表8.1所示。

表8.1 标准化知识结构

可行域	第1维	…	第 j 维	…	第 D 维
上边界 U	u_1	…	u_j	…	u_D
下边界 L	l_1	…	l_j	…	l_D

表8.1中,u_j 和 l_j 分别表示形势知识中各精英个体第 j 维决策变量分布的上边界和下边界。在SFS算法个体分量更新阶段,利用标准化知识结构引导种群进化:

$$P_i^{j\prime}=\begin{cases}P_i^j & P_{a_i}<\varepsilon\\ P_r^j+\varepsilon\times|P_t^j-P_i^j| & P_{a_i}>\varepsilon,P_r^j<l_j\\ P_r^j-\varepsilon\times|P_t^j-P_i^j| & P_{a_i}>\varepsilon,P_r^j>u_j\\ P_r^j-\varepsilon\times(P_t^j-P_i^j) & P_{a_i}>\varepsilon\end{cases} \tag{8.8}$$

式中:P_r^j 和 P_t^j ——从高斯游走扩散阶段获得的所有个体当中随机选择的个体 P_r 和 P_t 的第 j 维分量;

ε ——在区间[0,1]上服从均匀分布的随机数。

由式(8.8)可知,执行变异操作的个体其决策变量会向标准化知识结构变化范围靠拢,有利于提高算法的收敛速度。

(2)差分自适应改进策略

在个体位置更新阶段,SFS算法有两种更新策略:一是基于当前个体和2个随机个体进行变异更新;二是基于当前个体、当前最优个体和1个随机个体进行变异更新。SFS算法在进行高维复杂函数全局寻优时,由于更新公式依赖于当前个体和当前最佳个体,在两者都比较好的情况下,算法的寻优效果较佳,反之,在两者比较差的情况下,算法容易在迭代后期陷入局部最优,收敛速度和求解精度明显下降。

在已有的智能优化算法中,差分进化算法(Differential Evolution Algorithm,DE)与其他智能优化算法最大的区别在于其基于差分向量的变异操作。标准DE算法的变异操作同样是利用群体中3个个体来更新当前个体位置,其中,变异算子DE/rand/I所选用的个体均是随机产生的,个体位置的更新不受其当前位置以及当前最佳个体位置的影响,能有效避免陷入局部最优解。根据以往的研究经验,运用DE算法求解优化问题时,在收敛速度和稳定性方面都有较大的优势。

受DE算法的启发,在个体位置更新阶段,考虑选用DE算法的变异算子进行更新。在SFS算法已有的两种更新公式中,随机搜索方程与DE算法中的变异算子DE/rand/I类似,基于最优个体的搜索方程与变异算子DE/best/I类似。差分进化变异算子DE/rand/I中用于被变异的基向量和差分向量是从随机选择的3个互不相同的个体中产生的,具有完全的随机性,这种方法可能对全局寻优有利,但会降低算法的收敛速率;而差分进化变异算子DE/best/I中用于被变异的基向量是当前最佳个体,另外2个互不相同的随机个体作为差分向量,这种改进策略以当前最佳个体作为引导,会加快算法的收敛速率。将DE算法中的DE/rand/I和DE/best/I两种变异算子引入SFS算法的个体位置更新阶段,在加快算法收敛速度的同时,能够较好地避免种群陷入局部最优解。

基于差分进化变异算子的个体位置更新方程:

$$P''_i=\begin{cases}P'_{r_1}+F\times(P'_{r_2}-P'_{r_3}) & \varepsilon<0.5\\ BP+F\times(P'_{r_2}-P'_{r_3}) & \text{其他}\end{cases} \tag{8.9}$$

式中:BP——当前最佳个体;

P'_{r_1}、P'_{r_2}和P'_{r_3}——从个体分量更新阶段获得的所有个体当中随机选择的个体;

F——缩放因子,一般取值范围为[0,2],通常取0.5;

ε——在区间[0,1]上服从均匀分布的随机数。

与扩散阶段利用$\lg(g)/g$控制步长以平衡算法的探索能力和开发能力类似,差分进化算法中的缩放因子F用于对差分向量进行缩放,从而控制差分变异的幅度。一般F较大时对基向量的扰动幅度较大,此时算法能够在较大范围内搜索问题的潜在解,而若F较小,则可以加速算法的收敛速度。一般来说,算法在迭代前期种群中个体相对发散,需要缩放因子

F 相对较小以加快收敛;迭代后期种群中个体相对收敛,需要缩放因子 F 相对较大以增大扰动。缩放因子 F 参数自适应调整策略:

$$F = F_{\min} + (F_{\max} - F_{\min}) \times \frac{f_{\text{middle}} - f_{\text{best}}}{f_{\text{worst}} - f_{\text{best}}} \tag{8.10}$$

式中:$F_{\min}$ 和 $F_{\max}$ ——缩放因子 F 的下限和上限;

f_{best}、f_{middle} 和 f_{worst}——个体 BP(或 P'_{r_1})、P'_{r_2} 和 P'_{r_3} 的适应度函数值,且适应度优先级依次递减。

从式(8.10)可以看出,迭代前期种群个体相对发散,缩放因子 F 变化范围为[$F_{\min}$,$F_{\max}$],能从一定程度加快收敛速度;迭代后期种群个体相对收敛,缩放因子 F 趋近于上限 $F_{\max}$,种群扰动增大,多样性增加。结合式(8.9)可以看出,在3个用于变异的个体当中,选取适应度最优的个体作为基向量,另外2个随机个体作为差分向量,有利于加速种群进化。

ISFS算法的优化流程如下。

步骤1:初始化。根据式(8.1)在搜索空间边界条件随机产生种群规模为 N,维数为 D 的初始种群 P,计算种群适应度函数值。

步骤2:高斯游走扩散。根据式(8.2)和式(8.4)产生新的个体 P_i。

步骤3:计算种群适应度函数值,保留适应度值较优的个体并更新种群 P。

步骤4:根据式(8.5)计算个体优化性能级别 P_{a_i},从种群中选取 N_Q 个精英个体形成标准知识结构。

步骤5:个体分量变异(标准化知识)。根据式(8.8)产生新的个体 P'_i。

步骤6:计算种群适应度函数值,保留适应度值较优的个体并更新种群 P。

步骤7:个体位置变异(差分自适应)。根据式(8.9)和式(8.10)产生新的个体 P''_i。

步骤8:计算种群适应度函数值,保留适应度值较优的个体并更新种群 P。

步骤9:不满足迭代终止条件,返回步骤2,否则,输出最优解及最优目标函数值。

8.1.1.3 函数测试与算法性能分析

为检测ISFS算法求解复杂非线性优化问题的效益与效率,拟采用7个常用的测试函数对ISFS算法进行测试,各函数目标表达式及最优解由式(8.11)至式(8.17)给出。

1)Sphere Function(F_1):

$$\min_x f(x) = \sum_{i=1}^{n} x_i^2 \quad -5.12 \leqslant x_i \leqslant 5.12,\ x^* = (0,0,\cdots,0),\ f(x^*) = 0 \tag{8.11}$$

2)Cosine Mixture Problem(F_2):

$$\min_x f(x) = \sum_{i=1}^{n} x_i^2 - 0.1\sum_{i=1}^{n}\cos(5\pi x_i) \quad -1 \leqslant x_i \leqslant 1,\ x^* = (0,0,\cdots,0),\ f(x^*) = -0.1n \tag{8.12}$$

3)Exponential Problem(F_3)：

$$\min_x f(x)=-(\exp(-0.5\sum_{i=1}^{n}x_i^2)) \quad -1\leqslant x_i\leqslant 1,\ x^*=(0,0,\cdots,0),\ f(x^*)=-1 \tag{8.13}$$

4)Griewank Problem(F_4)：

$$\min_x f(x)=\sum_{i=1}^{n}x_i^2/4000-\prod_{i=1}^{n}\cos(x_i/\sqrt{i})+1 \quad -600\leqslant x_i\leqslant 600, x^*=(0,0,\cdots,0),\ f(x^*)=0 \tag{8.14}$$

5)Rastrigin Problem(F_5)：

$$\min_x f(x)=10n+\sum_{i=1}^{n}[x_i^2-10\cos(2\pi x_i)] \quad -5.12\leqslant x_i\leqslant 5,12,\ x^*=(0,0,\cdots,0),\ f(x^*)=0 \tag{8.15}$$

6)Rosenbrock Problem(F_6)：

$$\min_x f(x)=\sum_{i=1}^{n-1}[100(x_{i+1}-x_i^2)^2+(x_i-1)^2] \quad -30\leqslant x_i\leqslant 30,\ x^*=(1,1,\cdots,1),\ f(x^*)=0 \tag{8.16}$$

7)Schwefel Problem(F_7)：

$$\min_x f(x)=-\sum_{i=1}^{n}x_i\sin(\sqrt{|x_i|}) \quad -500\leqslant x_i\leqslant 500, x^*=(420.9876,420.9876,\cdots,420.9876),\ f(x^*)=-12569.4866 \tag{8.17}$$

用 ISFS 算法对 7 个常用测试函数进行实验，将所得计算结果与标准粒子群优化算法(PSO 算法)、标准差分进化算法(DE 算法)和标准随机分形搜索算法(SFS 算法)进行对比。

4 种算法主要参数设置如下(所有测试函数决策变量均设置为 30 维)。

1)PSO 算法：种群规模 $NP=100$，惯性因子 $w=0.5$，学习因子 $c_1=c_2=2$。

2)DE 算法：种群规模 $NP=100$，缩放因子 $F=0.5$，交叉因子 $CR=0.3$。

3)SFS 算法：种群规模 $NP=100$，扩散数量 $q=1$。

4)ISFS 算法：种群规模 $NP=100$，扩散数量 $q=1$，精英个数 $N_Q=10$，缩放因子下限 $F_{\min}=0.5$，上限 $F_{\max}=1$。

为了保证算法比较的合理性和公平性，实验以函数评价次数作为衡量标准，针对相同的测试函数，4 种算法设置相同的函数评价次数。其中，$F_1\sim F_5$ 函数评价次数设为 100000 次，F_6 函数评价次数设为 2000000 次，F_7 函数评价次数设为 500000 次。所有实验独立运行 30 次。

表 8.2 给出了 4 种算法对 7 种测试函数独立运行 30 次的结果。其中最优结果通过加粗标出，同时根据各个算法优化得出的平均值按照从小到大的顺序进行排名，以直观地比较不同算法的优化性能。

表 8.2 4种算法求解7种测试函数实验结果

测试函数	评价指标	PSO 算法	DE 算法	SFS 算法	ISFS 算法
F_1（最优值0）	平均值	7.81E−01	3.37E−14	7.65E−224	**1.07E−283**
	标准偏差	3.00E−01	1.24E−14	0	0
	排名	4	3	2	1
F_2(a*)（最优值−3）	平均值	−2.1354	−3.0000	**−3.0000**	**−3.0000**
	标准偏差	2.97E−01	9.46E−15	0	0
	排名	4	3	1	1
F_3(b*)（最优值−1）	平均值	−0.9849	−1.0000	**−1.0000**	**−1.0000**
	标准偏差	6.47E−03	5.21E−16	0	0
	排名	4	3	1	1
F_4（最优值0）	平均值	3.60E+00	4.55E−10	**0.0000**	**0.0000**
	标准偏差	1.25E+00	1.46E−09	0	0
	排名	4	3	1	1
F_5（最优值0）	平均值	57.9867	76.0653	**0.0000**	**0.0000**
	标准偏差	11.3343	7.6710	0	0
	排名	3	4	1	1
F_6（最优值0）	平均值	7.68E+03	2.52E+01	1.50E−23	**0.0000**
	标准偏差	4.79E+03	1.17E+00	1.85E−23	0
	排名	4	3	2	1
F_7(c*)（最优值−12569.4866）	平均值	−6272.3956	**−12569.4866**	−12565.5387	−12503.0295
	标准偏差	7.91E+02	1.82E−12	2.13E+01	1.36E+02
	排名	4	1	2	3
平均排名		3.857	2.857	1.429	1.286
整体排名		4	3	2	1

注：a*指DE算法在30次求解F_2函数时均未得到全局最优解；b*指DE算法在30次求解F_3函数时均未得到全局最优解；c*指SFS算法和ISFS算法在30次求解F_7函数时得到全局最优解的次数分别为29次和20次，而DE算法为30次，其标准偏差实际为0。

从表8.2可以看出，在给定的函数评价次数内，除函数F_7外，ISFS算法和SFS算法30次独立运行所求得的寻优结果均显著优于PSO算法和DE算法，ISFS算法在求解函数F_2～F_6时均找到了全局最优解，而SFS算法在求解函数F_2～F_5时均找到了全局最优解；除函数F_5外，DE算法30次独立运行所求得的寻优结果均显著优于PSO算法，DE算法在求解F_7函数时找到了全局最优解，而PSO算法在求解F_1～F_7函数时均陷入局部最优。4种算法优化性能排名从高到低依次为ISFS算法、SFS算法、DE算法和PSO算法。

8.1.2 多目标随机分形搜索改进算法研究

多目标优化问题与单目标优化问题的一个主要区别在于其最优解是一组非劣方案集，而非单一最优解。多目标优化问题求解的最终目标就是要找到一组尽量接近真实最优非劣前沿的非劣方案集。传统基于运筹学的优化方法多采用点到点(point-by-point)的寻优机制，无法同时处理多个目标，一次计算只能得到一个优化解，要得到一组非劣方案集，需通过修改目标权重或约束值迭代计算多次，求解效率低，且当多目标问题的非劣前沿非凸时，多次求解的方案无法保证互为非劣。

近年来，基于进化理论的多目标进化算法(MOEAs)，以其在求解多目标优化问题的独特优势得到极大发展。MOEAs 以群体演化为基础，具有内在的并行搜索特性，可同时对多个目标进行寻优，一次计算即可获得一组非劣调度方案集，求解效率较高，且能有效处理非劣前沿非凸的情况。

以上一小节改进的随机分形搜索算法(ISFS)为基础，结合多目标优化特点对其进行改进、拓展和完善，提出多目标随机分形搜索改进算法(MOISFS 算法)。MOISFS 算法为梯级水库群多目标优化调度问题的求解提供了一种有效的新方法。

8.1.2.1 多目标优化问题数学描述及相关基本概念

通常，一个多目标优化问题(不失一般性，以最小化为例)可以描述为：

$$\min \boldsymbol{y}=f(\boldsymbol{x})=(f_1(\boldsymbol{x}),f_2(\boldsymbol{x}),\cdots,f_m(\boldsymbol{x}))$$
$$\text{s.t.}\quad g_i(\boldsymbol{x})\geqslant 0\qquad i=1,2,\cdots,l$$
$$\boldsymbol{x}=(x_1,x_2,\cdots,x_n)\in X,\boldsymbol{y}=(y_1,y_2,\cdots,y_m)\in Y \tag{8.18}$$

式中：$\boldsymbol{x}$——决策变量向量；

$\boldsymbol{y}$——目标向量；

n、m——决策向量和目标向量的维数；

X——由约束条件确定的决策向量空间；

Y——目标空间。

多目标优化问题需要同时优化多个相互冲突、不可公度的目标，某子目标改善必然引起其他子目标性能降低，因此其不存在单个全局最优解，而是存在一组均衡解。为叙述方便，下面给出多目标优化中常用的几个基本概念：

定义 1. Pareto 支配。称解 $\boldsymbol{x}$ 支配解 $\boldsymbol{y}$(记为 $\boldsymbol{x}\succ\boldsymbol{y}$)，当且仅当：$\forall i\in\{1,2,\cdots,k\}$，$f_i(\boldsymbol{x})\leqslant f_i(\boldsymbol{y})$且$\exists i\in\{1,2,\cdots,k\}$，$f_i(\boldsymbol{x})<f_i(\boldsymbol{y})$，此时，$\boldsymbol{x}$ 是非支配(non-dominated)解，$\boldsymbol{y}$ 为受支配(dominated)解，“$\succ$”为支配关系；若 $\boldsymbol{x}$ 与 $\boldsymbol{y}$ 不存在上述支配关系，则称 $\boldsymbol{x}$ 与 $\boldsymbol{y}$ 不相关，记为 $\boldsymbol{x}\sim\boldsymbol{y}$。

定义 2. Pareto 最优。称 $\boldsymbol{x}^*$ 为 Pareto 最优解，当且仅当：$\neg\exists\boldsymbol{x}^i\in X:\boldsymbol{x}^*\succ\boldsymbol{x}^i$。

定义 3. Pareto 最优解集(Pareto Optimal Set，即为 P_S)。P_S 为所有 Pareto 最优解的集

合：

$$P_S=\{\boldsymbol{x}^* \mid \neg\ \exists \boldsymbol{x}^i \in X: \boldsymbol{x}^* \succ \boldsymbol{x}^i\}$$

定义 4. Pareto 最优前端(Pareto Front，记为 P_F)。P_F 为所有 Pareto 最优解对应的目标函数值所形成的区域，表示为：

$$P_F=\{f(\boldsymbol{x})=(f_1(\boldsymbol{x}),f_2(\boldsymbol{x}),\cdots,f_m(\boldsymbol{x}))\mid \boldsymbol{x}\in P_S\}$$

根据上述定义，以图 8.3 为例说明 Pareto 支配关系。其中，灰色区域为可行域，黑色粗线标示的是问题的 Pareto 前沿，解 H、I、J、K、L 为 Pareto 前沿上的非劣个体。对于解 A，位于其右上角的个体受其支配，如解 B、C，但 A 受位于其左下角的解支配，如解 D、E、J、K，除此之外，其他个体(如个体 G、F)与 A 的关系为不相关，互为非劣。

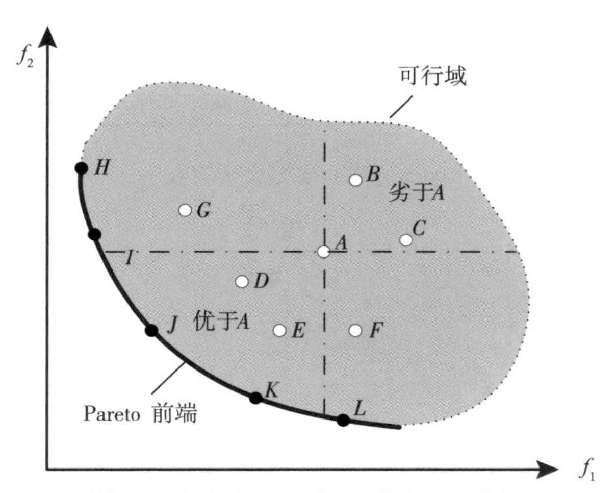

图 8.3　目标空间(二维)解集关系示意图

8.1.2.2　形势知识(外部档案集)更新策略

形势知识用于保存进化过程中找到的优秀个体，是提取其他知识结构的基础。在 MO-ISFS 算法中，形势知识结构用于保存进化过程中找到的非劣个体，其作用等价于其他多目标优化算法中的外部档案集，记为 $\boldsymbol{NDSet}(\boldsymbol{g})$。

设 $\boldsymbol{w}_i^g$ 为 $\boldsymbol{NDSet}(\boldsymbol{g})$ 中的一个个体，如果其不被形势知识结构中的中任何一个个体支配，那么将其添加到形势知识结构中，同时删除形势知识结构中受 $\boldsymbol{w}_i^g$ 支配的个体；当形势知识结果中的个体数大于其设定规模 $\boldsymbol{N}_Q$ 时，采取截断操作剔除多余的个体。这里采用拥挤距离方法对形势知识结构进行裁剪，即计算形势知识结构中每个个体的拥挤距离，剔除拥挤距离最小的那个个体。

值得指出的是，当前群体空间的非劣解是一个一个依次加入形势知识结构的，若将其改为一次全部加入的方式，则与 NSGA-Ⅱ中的选择操作相同，即“$\mu+\lambda$”选择方式，但由于这里的操作是一次一个依次加入，是一种循环的“$\mu+1$”选择。较之前者，后者可使非劣解集具有更好的分布性。下面以一个示例进行说明。如图 8.4 所示，个体 $\boldsymbol{a}\sim\boldsymbol{e}$ 为形势知识中的非劣个体(设 $N_Q=5$),$\boldsymbol{f}\sim\boldsymbol{i}$ 为当前群体空间新生成的非劣个体,现需将 $\boldsymbol{f}\sim\boldsymbol{i}$ 加入形势知识空间。图 8.4(a)所示为一次性将 $\boldsymbol{f}\sim\boldsymbol{i}$ 加入形势知识空间的操作结果,从图中可知,新个体的加入使形势知识空间部分区域个体十分拥挤,按照拥挤距离的原则剔除多余个体时,此拥挤区域的个体都将被删除,形势知识结构中个体的分布性反而变得更差。但采用本书提出的方法时,由于个体是一个一个依次加入,此缺陷可有效避免,从而获得更好的分布性。

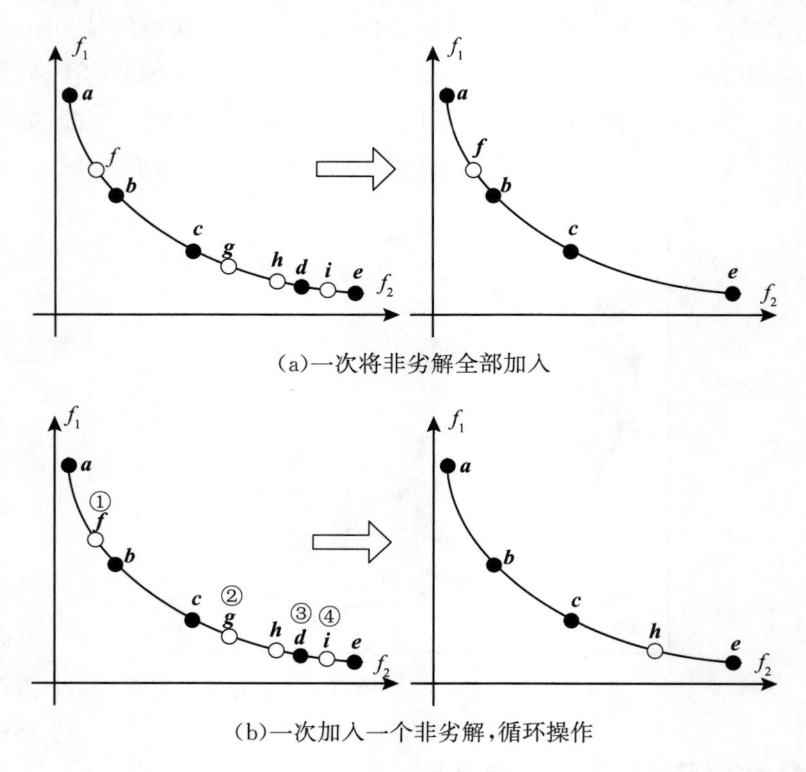

图 8.4 形势知识更新策略

这种循环加入的方式虽能有效改善解的分布性,但在一定程度上增加了算法的计算量,然而这种影响甚微,特别是在将算法应用于实际问题时,求解的计算量集中在约束处理和目标函数的计算,该操作增加的计算耗时基本可以忽略。

在处理带有约束条件的优化问题时,采用约束优先原则比较个体间的优劣关系,即:可行解优于不可行解;两个体均为可行解,则依据目标值比较两者优劣;两个体均不可行时,约束违反小的个体占优。

8.1.2.3 基于 Pareto 支配的种群更新策略

由上述分析可知,多目标问题的不同解之间可能存在支配关系,也可能互为非劣,为适应多目标优化问题的求解,种群更新采用如下策略:设置临时种群 $\boldsymbol{P}'$,父代个体与试验个体中的较优者进入 $\boldsymbol{P}'$,如果父代个体与试验个体互为非劣,那么两者同时进入 $\boldsymbol{P}'$;如此循环,对群体执行完选择操作之后,临时种群规模将介于 N_P 和 $2N_P$ 之间。为保持种群规模的稳定，对 $\boldsymbol{P}'$ 实施截断操作：首先根据支配关系对 $\boldsymbol{P}'$ 进行非劣分级，具有较低级别数的个体较优，对相同级别的个体，根据其拥挤距离确定两者支配关系。选择最优的 N_P 个个体作为下一代种群。种群更新策略如图 8.5 所示。

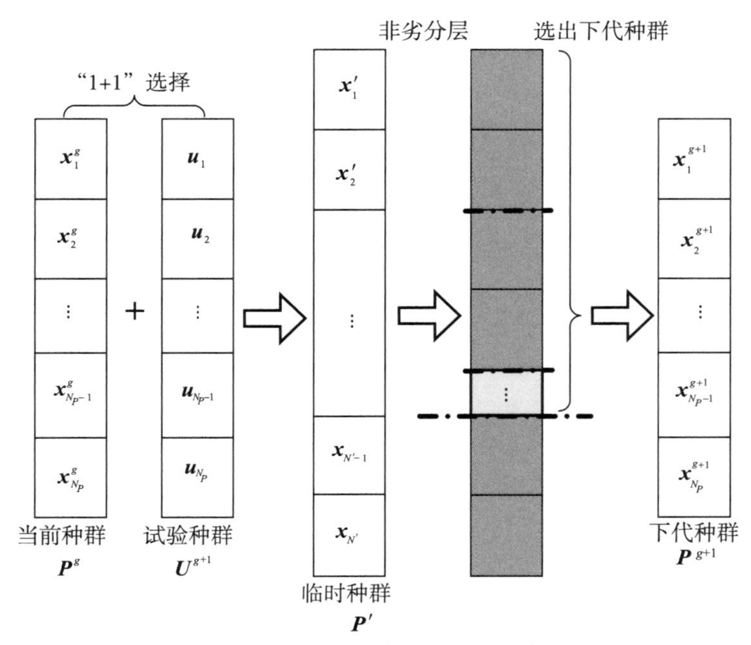

图 8.5 MOISFS 算法种群更新策略

8.1.2.4 MOISFS 算法流程

步骤 1：初始化。根据式(8.1)在搜索空间边界条件随机产生种群规模为 N，维数为 D 的初始种群 P，并从中选取 N_Q 个精英个体组成外部档案集(形势知识)。

步骤 2：高斯游走扩散。根据式(8.2)和式(8.4)产生新的个体 P_i，其中 BP 从外部档案集(形势知识)中随机选取。

步骤 3：更新种群 P 和外部档案集(形势知识)。

步骤 4：根据式(8.5)计算个体优化性能级别 P_{a_i}，根据外部档案集(形势知识)形成标准知识结构。

步骤 5：个体分量变异(标准化知识)。根据式(8.8)产生新的个体 P_i'，其中 P_r^j 和 P_t^j 是从种群中随机选择的个体 P_r 和 P_t 的第 j 维分量。

步骤 6：更新种群 P 和外部档案集(形势知识)。

步骤 7：个体位置变异(差分自适应)。根据式(8.9)产生新的个体 P_i''，其中第 1 个个体从外部档案集(形势知识)中随机选取，第 2 和 3 个个体从种群中随机选取，F 固定取值 0.5。

步骤 8：更新种群 P 和外部档案集(形势知识)。

步骤 9：不满足迭代终止条件，返回步骤 2，否则，输出外部档案集(形势知识)及其多目标函数值。

8.1.2.5 函数测试与算法性能分析

(1)测试函数

为了测试算法的性能，本书选用表 8.3 列出的测试函数对 MOISFS 算法进行测试。表中，ZDT1～ZDT4 和 ZDT6 为 5 个 ZDT 系列测试函数，其目标数为 2。其中，ZDT1 和 ZDT2 的决策变量维数高，ZDT3 的目标空间不连续，ZDT4 包含了多个局部 Pareto 最优前沿，算法极易陷入局部最优，而求解 ZDT6 的困难主要在于其全局 Pareto 最优前沿的分布不均匀且最优前沿附近解的多样性不高。

表 8.3　多目标测试函数

测试函数	维数 n	变量范围	目标函数(及约束)	最优前沿	函数特点
ZDT1	30	$[0,1]$	$f_1(x)=x_1$，$f_2(x)=g[1-\sqrt{f_1/g}]$ $g(x)=1+9(\sum_{i=2}^{n}x_i)/(n-1)$	$x_1\in[0,1]$ $x_i=0$ $i=2,3,\cdots,n$	高维
ZDT2	30	$[0,1]$	$f_1(x)=x_1$， $f_2(x)=g[1-(f_1/g)^2]$， $g(x)=1+9(\sum_{i=2}^{n}x_i)/(n-1)$	$x_1\in[0,1]$ $x_i=0$ $i=2,3,\cdots,n$	高维、非凸
ZDT3	30	$[0,1]$	$f_1(x)=x_1$， $f_2(x)=g[1-\sqrt{f_1/g}]-$ $(f_1/g)\sin(10\pi f_1)$	$x_1\in[0,1]$ $x_i=0$ $i=2,3,\cdots,n$	高维、非连续
ZDT4	10	$x_1\in[0,1]$ $x_i\in[-5,5]$ $i=2,3,\cdots,n$	$f_1(x)=x_1$，$f_2(x)=g[1-\sqrt{f_1/g}]$ $g(x)=1+10(n-1)+$ $\sum_{i=2}^{n}[x_i^2-10\cos(4\pi x_i)]$	$x_1\in[0,1]$ $x_i=0$ $i=2,3,\cdots,n$	非凸、多局部最优
ZDT6	10	$[0,1]$	$f_1(x)=1-\exp(-4x_1)\sin^6(4\pi x_i)$ $f_2(x)=g[1-(f_1/g)^2]$ $g(x)=1+9[(\sum_{i=2}^{n}x_i)/(n-1)]^{0.25}$	$x_1\in[0,1]$ $x_i=0$ $i=2,3,\cdots,n$	非凸、非均匀

(2)评价指标

一般来说，求解多目标优化问题的主要目标包括两个方面：①求解结果尽量逼近真实 Pareto 前端；②求解结果的范围尽可能大，分布尽量均匀。为评价提出算法的性能，本书采用 Deb 等给出的两个指标来分别评价算法的收敛性及多样性。设 $\boldsymbol{Z}$ 为算法求得的非劣解集,$\boldsymbol{Z}'$为理论的非劣解集(在真实 Pareto 前端均匀取若干点,如 500 个)。

1)收敛性。算法的收敛性可以通过计算 $\boldsymbol{Z}$ 与 $\boldsymbol{Z}'$的距离来描述:

$$\gamma = \frac{1}{|\boldsymbol{Z}|}\sum_{z \in \boldsymbol{Z}} \min\{\, \| z - z' \| , z \in \boldsymbol{Z}' \} \tag{8.19}$$

显然,γ 越小说明求得的非劣解集越接近真实 Pareto 前端。

2)多样性。多样性可以用下式来度量:

$$\Delta = \frac{d_f + d_l + \sum_{i=1}^{|\boldsymbol{Z}|-1} |d_i - \bar{d}|}{d_f + d_l + (|\boldsymbol{Z}| - 1)\bar{d}} \tag{8.20}$$

式中:d_i ——$\boldsymbol{Z}$ 中两个连续非劣解向量之间的欧式距离(因为 3 维及 3 维以上问题的连续解向量不好定义,所以该指标只适用于 2 维的多目标问题),$\bar{d}$ 是d_i 的均值,d_f 和d_l 分别表示求得非劣解集 $\boldsymbol{Z}$ 的两端与真实非劣前端$\boldsymbol{Z}'$两端的距离。若 $\boldsymbol{Z}$ 与$\boldsymbol{Z}'$的两端重合,则 $d_f = d_l = 0$,Δ 越小说明非劣解分布得越均匀。

(3)仿真结果与分析

采用 MOISFS 算法对表 8.3 中测试函数进行求解。MOISFS 算法的相关参数设置如下:种群大小 $N_P = 50$,扩散数量 $q = 1$,外部档案集(形势知识)中精英个体数 $N_Q = 30$,缩放因子 $F = 0.5$。

为对算法性能进行定量评价,表 8.4 和表 8.5 给出了 MOISFS 算法与若干种算法求解 ZDT 系列函数得到的收敛性与多样性指标值(计算 30 次的均值与方差)。从表 8.4 中的收敛性指标 γ 可以看出,在 ZDT1、ZDT3、ZDT4 和 ZDT6 上,MOISFS 算法均取得最高的收敛精度,在 ZDT2 上,MOISFS 算法仅次于 DEMO 算法;尤其是对于 ZDT4 这种含有大量局部最优前沿的测试函数,相关对比算法均无法有效逼近最优非劣前沿,而 MOISFS 算法取得了较高的收敛精度。从表 8.5 中多样性指标 Δ 的计算结果来看,MOISFS 算法求解结果具有良好的分布性,除在 ZDT3 上稍差于 DEMO,在其他 4 个测试函数上求解结果的分布性均要显著优于其他几种对比算法。

表 8.4　　收敛性指标 γ 计算结果

测试函数		对比算法				
		NSGA-Ⅱ	SPEA2	DEMO	ADEA	MOISFS
ZDT1	均值	0.033482	0.023285	0.001083	0.002741	**0.000943**
	方差	0.004750	0	0.000113	0.000385	0.000531
ZDT2	均值	0.072391	0.167620	**0.000755**	0.002203	0.000889
	方差	0.031689	0.000815	0.000045	0.000297	0.000435
ZDT3	均值	0.114500	0.018409	0.001178	0.002741	**0.000826**
	方差	0.007940	0	0.000059	0.000120	0.000409

续表

测试函数		对比算法				
		NSGA-Ⅱ	SPEA2	DEMO	ADEA	MOISFS
ZDT4	均值	0.513053	4.92710	0.001037	0.100100	**0.000957**
	方差	0.118460	2.70300	0.000134	0.446200	0.000510
ZDT6	均值	0.296564	0.232551	0.000629	0.000624	**0.000212**
	方差	0.013135	0.004945	0.000044	0.000060	0.000085

表 8.5　　多样性指标 Δ 计算结果

测试函数		对比算法				
		NSGA-Ⅱ	SPEA2	DEMO	ADEA	MOISFS
ZDT1	均值	0.390307	0.154723	0.325237	0.382890	**0.104435**
	方差	0.001876	0.0008738	0.030249	0.001435	0.010924
ZDT2	均值	0.430776	0.339450	0.325237	0.382890	**0.136954**
	方差	0.004721	0.001755	0.030249	0.001435	0.012935
ZDT3	均值	0.738540	0.469100	**0.309436**	0.525770	0.350381
	方差	0.019706	0.005265	0.018603	0.043030	0.036354
ZDT4	均值	0.702612	0.823900	0.359905	0.436300	**0.149471**
	方差	0.064648	0.002883	0.037672	0.110000	0.013102
ZDT6	均值	0.668025	1.04422	0.442308	0.361100	**0.101943**
	方差	0.009923	0.158106	0.021721	0.036100	0.012607

8.2　雅砻江梯级电站多目标联合发电优化调度实例研究

选取雅砻江下游七库梯级为实例，以年发电量最大和时段最小出力最大为目标，建立雅砻江梯级多目标联合发电优化调度模型。雅砻江干流河道全长 1571km，流域面积约 13.6 万 km^2，天然落差约 3830m，年径流量近 600 亿 m^3。雅砻江水力资源极为丰富，干流共规划了 22 级水电站，总装机容量约 3000 万 kW，年发电量约 1500 亿 kW · h。雅砻江下游河段是雅砻江干流水电开发的重点河段，建设有两河口、杨房沟、锦屏一级、锦屏二级、官地、二滩、桐子林等七大电站，其中两河口、锦屏一级和二滩水库均具有调节性能，两河口水库具有多年调节性能，锦屏一级水库具有年调节性能，二滩水库具有季调节性能。两河口水库投运后可使雅砻江干流中、下游梯级电站实现年至多年调节。雅砻江流域下游梯级水库地理位置如图 8.6 所示，梯级各水电站的特征参数如表 8.6 所示。

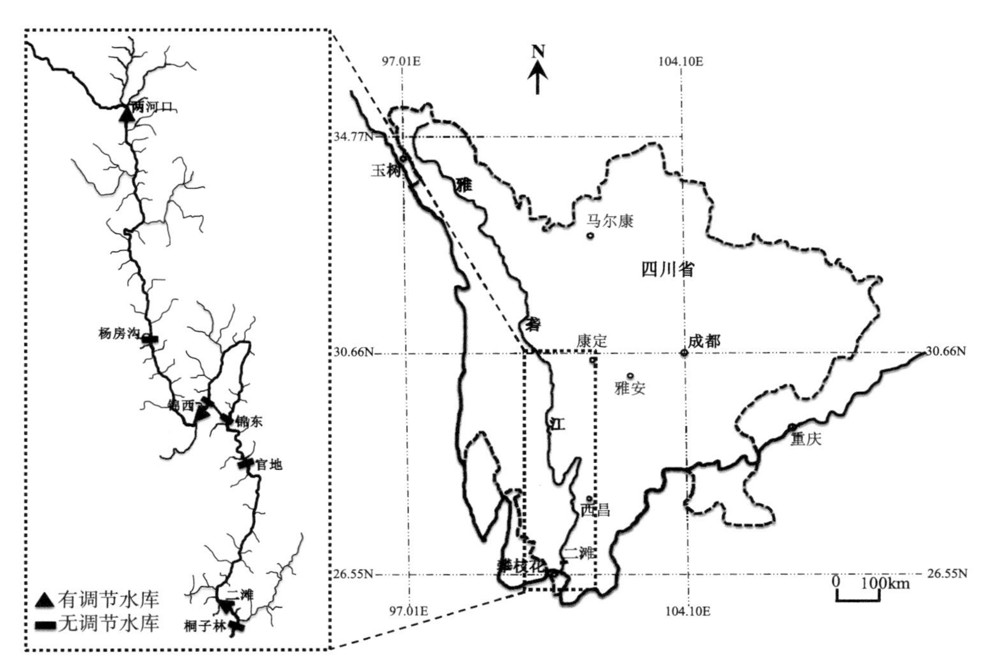

图 8.6　雅砻江流域下游梯级水库地理位置

表 8.6　梯级各水电站特征参数

特征参数	单位	两河口	杨房沟	锦西	锦东	官地	二滩	桐子林
正常水位	m	2865	2094	1880	1646	1330	1200	1015
死水位	m	2785	2088	1800	1640	1321	1155	1012
汛限水位	m	2845.9	无	1859	无	无	1190	无
调节性能	—	多年调节	日调节	年调节	日调节	日调节	季调节	日调节
装机容量	MW	3000	1500	3600	4800	2400	3300	600
保证出力	MW	1130	523.3	1086	1443	709.8	1028	227
运行水位	m	[2785,2845.9] 或 [2785,2865]	2092	[1800,1859] 或 [1800,1880]	1644	1328	[1155,1190] 或 [1155,1200]	1013.5

8.2.1　梯级电站多目标联合优化调度模型

8.2.1.1　目标函数

（1）发电量最大

$$\max f_1 = \max E = \max \sum_{i=1}^{s_{\text{num}}} \sum_{t=1}^{T} K_i \cdot H_{i,t} \cdot Q_{i,t}^{f} \cdot \Delta t \tag{8.21}$$

式中：E ——梯级电站总发电量；

$H_{i,t}$—— 电站 i 时段 t 的水头；

$Q_{i,t}^{f}$—— 电站 i 在 t 时段的发电引用流量；

K_i ——电站 i 的综合出力系数；

S_{num}——电站数目；

T ——时段数；

Δt ——时段长度。

(2)时段最小出力最大

$$\max f_2 = \max N^f = \max\{\min N_t^s\} \quad t=1,2,\cdots,T; N_t^s = \sum_{i=1}^{S_{num}} N_{i,t} \tag{8.22}$$

式中：N^f ——梯级电站在整个调度期内的时段最小出力；

N_t^s—— 系统在 t 时段的总出力；

$N_{i,t}$—— 第 i 电站在第 t 时段的出力。

8.2.1.2 约束条件

(1)水量平衡约束

$$V_{i,t+1} = V_{i,t} + (I_{i,t} - Q_{i,t}) \cdot \Delta T$$
$$I_{i,t} = q_{i,t}^s + r_{i,t}^s$$
$$q_{i,t}^s = f_i(Q_{i-1,t}, Q_{i-1,t-1}, \cdots, Q_{i-1,t-\tau_{i-1}}) \tag{8.23}$$

式中：$V_{i,t}$ ——第 i 个电站在 t 时段初的库容；

$I^{i,t}$ ——入库流量；$q^{i,t}$ 为区间入流；

$Q_{i,t}$ ——则表示出库流量；

$q_{i,t}^s$ ——$i-1$ 库出库流量过程推演至 i 库时在时段 t 的响应值；

$r_{i,t}^s$ ——第 $i-1$ 级水库与第 i 级水库间的区间入流过程 $r^{i,t}$ 推演至 i 库时在时段 t 的响应值。

(2)水位约束

$$Z_{i,t}^{\min} \leqslant Z_{i,t} \leqslant Z_{i,t}^{\max} \tag{8.24}$$

$$|Z_{i,t} - Z_{i,t+1}| \leqslant \Delta Z_i \tag{8.25}$$

式中：$Z_{i,t}^{\min}$ 与 $Z_{i,t}^{\max}$——电站 i 在时段 t 的最小和最大水位限制；

ΔZ_i——时段内的最大允许水位变幅。在枯水期，$Z_{i,t}^{\max}$ 一般为正常蓄水位，$Z_{i,t}^{\min}$ 则为消落期最低水位；在汛期，$Z_{i,t}^{\max}$ 为汛限水位，$Z_{i,t}^{\min}$ 为死水位。

(3)出力约束

$$N_{i,t}^{G} \leqslant N_{i,t} \leqslant N_{i,t}^{\max}(H_{i,t}) \tag{8.26}$$

式中：$N_{i,t}^{\max}$——电站 i 在时段 t 的最大出力，最大出力由电站机组动力特性、电站外送电力限制、机组预想出力等综合确定。其中，$N_{i,t}^{G} \leqslant N_{i,t}$ 约束(保证出力约束)为柔性约束，在径流特枯水电站消落至最低水位尚不能满足保证出力需求时，可适当降低保证出力值，或不考虑保证出力约束。

(4)流量约束

$$Q_{i,t}^{\min} \leqslant Q_{i,t} + S_{i,t} \leqslant Q_{i,t}^{\max} \tag{8.27}$$

式中：$Q_{i,t}^{\max}$——电站 i 在时段 t 的最大下泄流量；

$Q_{i,t}^{\min}$——最小下泄流量。最大、最小下泄流量一般由大坝泄流能力，河道航运行洪需求和不同时期河道生态、供水等综合用水需求决定。

(5)初末水位约束

$$Z_{i,1} = Z_{i}^{\text{begin}}, Z_{i,T} = Z_{i}^{\text{end}} \tag{8.28}$$

式中：Z_{i}^{begin}——电站起调水位；

Z_{i}^{end}——调度期末控制水位。

8.2.1.3　数据资料

雅砻江梯级多目标联合发电优化调度模型需要输入的数据及需要考虑的主要边界条件如下：

1)长系列径流资料：1957—2019 年的旬径流资料。

2)水位约束：两河口汛限水位 2845.9m，锦西汛限水位 1859m，二滩汛限水位 1190m，杨房沟、锦东、官地、桐子林按定水位控制(表 8.6)。

3)各电站各个时段的下泄流量下限约束(表 8.7)。

4)计算中各电站出力效率系数采用变出力效率系数，各时段各电站出力效率系数(表 8.8)。

5)调度期初、末水位约束设置：调度期初、末梯级各有调节能力水库的水位均设置为死水位。

8.2.1.4　算法实现

(1)算法编码方式

分别以两河口、锦西和二滩坝前水位为决策变量对个体进行编码，调度期为 1 年，时段长度为 1 旬，时段数 $T=36$。

(2)约束条件处理方法

常规约束处理方法罚函数法在运用时，难以确定合适的惩罚系数。为此，根据电站运行特点，通过约束转化的方法处理水库发电优化调度问题的复杂约束条件。从发电优化调度模型可以看出，发电调度主要考虑水位(库容)约束、下泄流量和出力约束。

表 8.7　各电站各个时段的下泄流量下限约束

电站	1旬	2旬	3旬	4旬	5旬	6旬	7旬	8旬	9旬	10旬	11旬	12旬	13旬	14旬	15旬	16旬	17旬	18旬
两河口	112	112	112	112	112	112	112	112	112	112	112	112	112	112	112	112	112	112
杨房沟	145	145	145	145	145	145	145	145	145	145	145	145	179.2	179.2	179.2	179.2	179.2	179.2
锦西	373	373	373	373	373	373	373	373	373	373	373	373	373	373	373	339	339	339
锦东	122	122	122	122	122	122	122	122	122	122	122	122	122	122	122	122	122	122
官地	200	200	200	200	200	200	200	200	200	200	200	200	200	200	200	200	200	200
二滩	401	401	401	401	401	401	401	401	401	401	401	401	401	401	401	401	401	401
桐子林	422	422	422	422	422	422	422	422	422	422	422	422	422	422	422	422	422	422
电站	19旬	20旬	21旬	22旬	23旬	24旬	25旬	26旬	27旬	28旬	29旬	30旬	31旬	32旬	33旬	34旬	35旬	36旬
两河口	112	112	112	112	112	112	112	112	112	112	112	112	112	112	112	112	112	112
杨房沟	145	145	145	145	145	145	145	145	145	145	145	145	145	145	145	145	145	145
锦西	339	339	339	339	339	339	339	339	339	339	339	339	339	339	339	339	339	339
锦东	88	88	88	88	88	88	88	88	88	88	88	88	88	88	88	88	88	88
官地	200	200	200	200	200	200	200	200	200	200	200	200	200	200	200	200	200	200
二滩	401	401	401	401	401	401	401	401	401	401	401	401	401	401	401	401	401	401
桐子林	422	422	422	422	422	422	422	422	422	422	422	422	422	422	422	422	422	422

表8.8 各时段各电站出力效率系数

电站	1旬	2旬	3旬	4旬	5旬	6旬	7旬	8旬	9旬	10旬	11旬	12旬	13旬	14旬	15旬	16旬	17旬	18旬
两河口	8.50	8.50	8.50	8.50	8.50	8.50	8.50	8.50	8.50	8.50	8.50	8.50	8.50	8.50	8.50	8.50	8.50	8.50
杨房沟	8.50	8.50	8.50	8.50	8.50	8.50	8.50	8.50	8.50	8.50	8.50	8.50	8.50	8.50	8.50	8.50	8.50	8.50
锦西	8.97	8.97	8.97	8.88	8.88	8.88	8.88	8.88	8.88	8.43	8.43	8.43	8.65	8.65	8.65	8.72	8.72	8.72
锦东	8.67	8.67	8.67	8.67	8.67	8.67	8.67	8.67	8.67	8.67	8.67	8.67	8.67	8.67	8.67	8.67	8.67	8.67
官地	8.85	8.85	8.85	8.85	8.85	8.85	8.85	8.85	8.85	8.85	8.85	8.85	8.85	8.85	8.85	8.85	8.85	8.85
二滩	8.99	8.99	8.99	8.96	8.96	8.96	8.98	8.98	8.98	8.71	8.71	8.71	8.52	8.52	8.52	8.83	8.83	8.83
桐子林	8.97	8.97	8.97	8.97	8.97	8.97	8.97	8.97	8.97	8.97	8.97	8.97	8.97	8.97	8.97	8.97	8.97	8.97
电站	19旬	20旬	21旬	22旬	23旬	24旬	25旬	26旬	27旬	28旬	29旬	30旬	31旬	32旬	33旬	34旬	35旬	36旬
两河口	8.50	8.50	8.50	8.50	8.50	8.50	8.50	8.50	8.50	8.50	8.50	8.50	8.50	8.50	8.50	8.50	8.50	8.50
杨房沟	8.50	8.50	8.50	8.50	8.50	8.50	8.50	8.50	8.50	8.50	8.50	8.50	8.50	8.50	8.50	8.50	8.50	8.50
锦西	9.06	9.06	9.06	9.11	9.11	9.11	9.18	9.18	9.18	9.17	9.17	9.17	9.09	9.09	9.09	8.98	8.98	8.98
锦东	8.67	8.67	8.67	8.67	8.67	8.67	8.67	8.67	8.67	8.67	8.67	8.67	8.67	8.67	8.67	8.67	8.67	8.67
官地	8.85	8.85	8.85	8.85	8.85	8.85	8.85	8.85	8.85	8.85	8.85	8.85	8.85	8.85	8.85	8.85	8.85	8.85
二滩	8.8	8.8	8.8	8.64	8.64	8.64	8.39	8.39	8.39	8.65	8.65	8.65	8.88	8.88	8.88	8.23	8.23	8.23
桐子林	8.97	8.97	8.97	8.97	8.97	8.97	8.97	8.97	8.97	8.97	8.97	8.97	8.97	8.97	8.97	8.97	8.97	8.97

水位约束可转换为流量约束考虑，具体操作过程为：对某一调度时段 t，入库流量、初始水位（库容）与时段水位、流量约束已知，根据水量平衡方程可由该时段末水位的下限 $\overline{Z_t}$ 推求该时段最大下泄流量 Q_t^{max}，同理可依据末水位上限 $\overline{Z_t}$ 推求该时段最小下泄流量 Q_t^{min}，此流量约束范围[Q_t^{min} ，Q_t^{max}]与枢纽下泄能力约束以及调度规程确定的流量约束范围取交集[$\underline{Q_t}$ ，$\overline{Q_t}$]即为本时段水库下泄流量的可行范围。当然，该交集也有可能为空，即在某一时段，水位约束和下泄流量约束无法同时满足，在这种情况下，以水位约束为重，允许违反流量约束。如此处理后，个体只可能违反流量约束，以便于比较。个体约束程度违反值 TotalVio 按式(8.29)计算：

$$\text{TotalVio} = \sum_{t=1}^{T} \Delta Q_t \tag{8.29}$$

计算个体目标值和约束违反值后，采用基于约束优先原则的个体比较策略确定两个体的支配关系。

发电优化调度模型采用约束转换方法，即通过水量平衡方程将流量、出力约束转换为水库上游水位的上、下限约束，进而与水库自身的运行水位约束范围取交集，作为本时段的水位决策空间。

(3)调度目标函数值的无量纲化处理

运用 MOISFS 算法求解多目标调度模型过程中，需对两目标值进行算术运算，而发电量和最小出力单位不同，需对其进行无量纲化处理，见式(8.30)和(8.31)。

$$f_1(X_i) = (E_i - E_{min})/(E_{max} - E_{min}) \tag{8.30}$$

$$f_2(X_i) = (NF_i - NF_{min})/(NF_{max} - NF_{min}) \tag{8.31}$$

式中：$f_1(X_i)$ ，$f_2(X_i)$ ——个体 X_i 无量纲化处理后的目标函数值；

E_i—— 个体 X_i 对应的发电量目标值；

NF_i ——个体 i 的时段最小出力目标值；

E_{max} 和 E_{min}——当前种群(及形势知识结构)中个体总发电量目标的最大、最小值；

N_{max}^f 和 N_{min}^f ——分别为时段最小出力目标的最大、最小值。

8.2.2 实例研究

根据长系列径流资料，分别选取 2012—2013 年(来水频率 P=9.5%)、2009—2010 年(来水频率 P=48.4%)和 1959—1960(来水频率 P=89.7%)作为丰水、平水和枯水典型年，运用 MOISFS 算法对建立的雅砻江梯级多目标发电优化调度模型进行求解，获得的梯级丰、平、枯水典型年总发电量和时段最小出力的非劣调度方案集，分别如图 8.7、图 8.8 和图 8.9 所示。表 8.9、表 8.10 和表 8.11 分别给出 MOISFS 算法求得非劣调度方案结果(100个方案中取前 20 个作为外部档案集精英个体)，其中，总发电量单位为亿 kW · h、最小出力单位为 MW。MOISFS 算法相关参数设置为：$N_P=100$，$q=1$，$N_Q=20$，$F=0.5$，最大迭代次数为 10000 次。

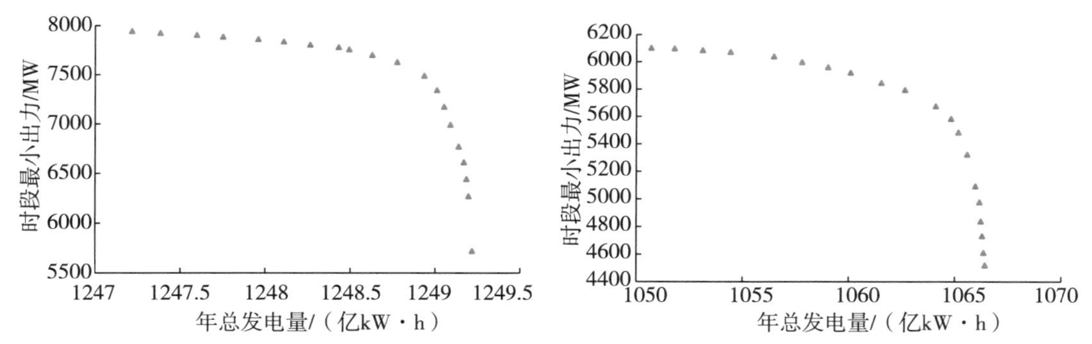

图 8.7 丰水典型年梯级多目标发电优化调度方案集

图 8.8 平水典型年梯级多目标发电优化调度方案集

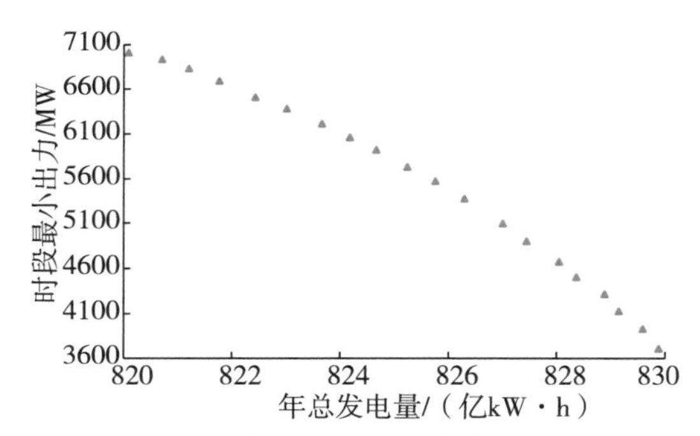

图 8.9 枯水典型年梯级多目标发电优化调度方案集

表 8.9 丰水典型年梯级多目标发电优化调度方案集

方案编号	总发电量/(亿 kW·h)	时段最小出力/MW	方案编号	总发电量/(亿 kW·h)	时段最小出力/MW
1	1249.22	5719.31	11	1248.63	7698.20
2	1249.20	6269.67	12	1248.49	7756.41
3	1249.19	6441.76	13	1248.43	7778.58
4	1249.17	6611.49	14	1248.27	7803.34
5	1249.14	6769.78	15	1248.11	7835.50
6	1249.09	6990.63	16	1247.96	7860.61
7	1249.05	7172.85	17	1247.75	7884.77
8	1249.01	7342.37	18	1247.60	7902.55
9	1248.94	7488.28	19	1247.38	7922.45
10	1248.78	7626.51	20	1247.22	7941.61

表 8.10 平水典型年梯级多目标发电优化调度方案集

方案编号	总发电量/(亿 kW·h)	时段最小出力/MW	方案编号	总发电量/(亿 kW·h)	时段最小出力/MW
1	1066.45	4517.98	11	1062.67	5792.62
2	1066.39	4609.02	12	1061.55	5844.47
3	1066.32	4730.34	13	1060.11	5918.75
4	1066.26	4837.05	14	1059.05	5958.20
5	1066.19	4975.62	15	1057.83	5995.16
6	1066.00	5090.79	16	1056.49	6037.14
7	1065.61	5321.19	17	1054.46	6069.44
8	1065.19	5482.67	18	1053.16	6082.56
9	1064.85	5581.72	19	1051.83	6095.01
10	1064.13	5673.39	20	1050.74	6098.98

表 8.11 枯水典型年梯级多目标发电优化调度方案集

方案编号	总发电量/(亿 kW·h)	时段最小出力/MW	方案编号	总发电量/(亿 kW·h)	时段最小出力/MW
1	829.90	3703.29	11	825.25	5730.28
2	829.60	3925.64	12	824.68	5920.06
3	829.16	4125.88	13	824.19	6058.48
4	828.90	4315.12	14	823.68	6209.57
5	828.38	4503.83	15	823.02	6376.92
6	828.06	4671.72	16	822.44	6503.98
7	827.46	4896.83	17	821.78	6686.85
8	827.02	5090.96	18	821.22	6827.50
9	826.31	5371.17	19	820.73	6931.30
10	825.77	5570.29	20	820.10	7007.53

从图 8.7、图 8.8 和图 8.9 的计算结果可以看出，梯级年总发电量和时段最小出力具有明显的反比关系，说明两者是相互竞争和相互冲突的；与时段最小出力相比，梯级年发电量变化范围较小，相对稳定。

从表 8.9、表 8.10 和表 8.11 中可知，丰水典型年总发电量为 1247.22 亿～1249.22 亿 kW·h，平水典型年总发电量为 1050.74 亿～1066.45 亿 kW·h，枯水典型年总发电量为 820.10 亿～829.90 亿 kW·h，说明梯级年总发电量随来水增大而显著增加；结合图 8.7、图 8.8 和图 8.9 可知，丰水典型年时段最小出力为 5719.31～7941.61MW，当时段最小出力约为 7500MW 时，继续增加发电量会使时段最小出力下降由平缓变为迅速，平水典型年时段最小出力为4517.98～6098.98MW，当时段最小出力约为5700MW时，继续增加发电量会使时段最小出力下降由平稳变为迅速，枯水典型年时段最小出力为3703.29～7007.53MW，时段最小出力会随着发电量增加近乎线性下降；梯级时段保证出力为6147.1MW，说明丰水典型年有较大空间协调发电量与时段最小出力间的关系，平水典型年和枯水典型年受来水较少影响，不能很好地协调发电量与时段最小出力间的关系。

综上所述，与典型平水年和典型枯水年相比，丰水典型年梯级年总发电量显著增加，时段最小出力变化范围更大，能够基本满足梯级时段保证出力，梯级电站有更大的空间协调发电量与时段最小出力间的关系。

8.3 本章小结

本章围绕梯级电站联合优化调度问题，在新型智能优化算法（SFS算法）的基础上，分别开展了单目标和多目标高效求解算法研究，并选取雅砻江下游七库梯级为实例，以年发电量最大和时段最小出力最大为目标，建立了雅砻江梯级多目标联合发电优化调度模型，主要结论如下：

1）雅砻江梯级年总发电量和时段最小出力具有明显的反比关系，说明两者是相互竞争和相互冲突的，与时段最小出力相比，梯级年发电量变化范围较小，相对稳定。

2）丰水典型年总发电量为1247.22亿～1249.22亿kW·h，平水典型年总发电量为1050.74亿～1066.45亿kW·h，枯水典型年总发电量为820.10亿～829.90亿kW·h，说明梯级年总发电量随来水增大而显著增加。

3）梯级时段保证出力为6147.1MW，与典型平水年和典型枯水年相比，丰水典型年能够基本满足梯级时段保证出力，梯级电站有更大的空间协调发电量与时段最小出力间的关系。

第9章 雅砻江流域梯级电站效益—风险均衡随机优化调度

河川径流既是水电站赖以存在的根本，也是水电站安全经济运行管理过程中必须考虑的重要因素，其时间序列的复杂不确定性长期给水电站安全运行与经济效益创收带来了极大的困扰。在考虑到径流不确定性对水电站优化调度的影响时，传统的基于确定性来水的优化模型并不适用，其计算获得的最优发电效益在实际调度过程中基本无法实现，仅仅可以提供给调度决策人员以有限的参考价值。因此，为充分考虑径流随机特性给水电站安全运行带来的影响，构建考虑风险、切实可行的水电站发电优化调度模型辅助调度计划势在必行。与此同时，发电量或发电效益期望值最大是水库调度模型常用的优化目标（梅亚东，2007；刘攀，2007；王金文，2002；Zhou，2017；王丽萍，2011），然而传统期望值模型并未考虑发电风险，在不确定性较大或调度风险较大时，调度决策者往往需要评价和关注发电风险，而此时期望值最大模型将无能为力。通常水电站发电量的多少极大地依赖于水库入流的多寡，而水电站发电计划执行情况的好坏亦依赖于水库径流预报精度的高低。由于当前径流预报方法和技术水平有限，流域信息共享机制还不完善等，水库入库径流预报尚不能达到百分之百精准。若预报径流值偏大，依据预报值制作的发电计划则不易完成，可能导致发电商承担经济损失，甚至影响电网安全稳定；若预报值过小，水电站按照发电计划执行的调度方式则可能引发弃水，造成资源浪费，使发电方得不到最大经济效益。近年来，径流来水不确定性及其带来的风险问题已成为人们重点关注的难点问题之一（Cheng，2012；Zhao，2011；Zhao，2014；Stedinger，2013），特别是随着电力市场机制的推进和完善，发售电方不得不关注发电风险量化方法及风险带来的经济损失问题（刘红岭，2009；刘嘉佳，2007；李继清，2005）。Faber et al.（2001）运用径流情景集的方式描述了不确定径流，并提出了SSDP（Sampling Stochastic Dynamic Programming）方法求解水库随机发电调度问题；周惠成等（2009）关注到径流的时间连续性、随机性、周期性等特点，以二滩电站历史径流数据及其特性为依据，提出了有、无时段径流预报相结合的马尔科夫链随机径流描述模型，以指导水电站发电优化调度的执行；李继清等（2005）考虑了电价、来水双风险因子，以时段发电量均值和其标准差的比值来度量发电风险，建立年发电效益最大模型，并运用改进的一次二阶矩法对模型进行求解，定量分析了电价、来水不确定条件下的水电站年可发电量及不同电量对应的风险率；张铭等(2008)针对水电站长期发电收益风险问题，以发电收益低于给定水平值的概率来量化风险，以期望发电收益低于预期收益值的风险最小为优化目标，提出了发电收益最小风险模型，具有一定的抗风险能力；王丽萍等(2011)综合考虑水电站发电量、出力、汛前控制水位和供水等风险，建立了中长期发电调度风险评价指标体系，提出了概率最优化风险分析方法。上述研究在发电调度不确定性模型及其求解方法上取得了一定进展，但多关注长期年发电调度风险问题，而短期发电风险的研究成果尚不多见。

鉴于此，本书围绕雅砻江流域水电站安全运行过程中面临的不确定性径流影响问题，分析了发电效益和发电风险间的对立统一关系，引入经济学半方差风险理论，量化不确定性条件下水电站调度发电效益和风险，提出了考虑决策者风险偏好的水电站发电效益—风险均衡优化模型；同时，通过对雅砻江历史日入库径流数据的统计分析，构建了随机径流多阶段情景树并发展了径流情景树重构方法以提高模型计算效率，为解决水电站不确定性风险调度问题提供了一条可行的途径；最后通过对水电站发电效益和风险的敏感性分析，推导效益—风险关系曲线，为考虑发电效益—风险均衡的发电计划编制提供决策依据。

9.1 基于高斯混合分布的日径流随机模拟

水文系统同时受气候变化、地形条件、人类活动影响，表现出非常复杂的行为特征，在目前的技术条件下，要将水文系统完全准确地以物理机制形式描述并求解是不切实际的理念。在水库发电调度系统中，由于预报径流的不确定性，通常考虑的风险包括发电量和发电效益风险(张铭，2008；刘红岭，2010)、发电保证率风险(刘攀，2013)、出力不足和弃水风险(任平安，2015；徐刚，2017)、供水风险(付湘，2012)、蓄水(水位)风险(叶琰，2005)等。在水库调度风险研究方面，关于风险量化、风险评估和风险调度方面的研究成果十分丰富，但由于水库调度是一个极其复杂的系统工程，风险调度理论方法及数学建模依然是本领域的研究热点(李克飞，2013；张培，2017)，大量研究表明，一次二阶矩(FOSM)(王林军，2016)、均值—方差(Conejo，2004；马新顺，2004)、风险价值(Dahlgren，2003；马建军，2006)、条件风险价值(王壬，2005；邓创，2016)等都成为研究风险的有力数学工具。在工程实际中，时常假定水文序列是一种平稳的过程，且服从马尔科夫过程。在这样的假设前提下，水文随机模型实际上可以视为一种条件概率模型。由此，构建水文随机模型的重点工作，就转换为了如何构建合适有效的联合分布，以用于求解随机水文元素的条件分布函数，从而实现对于水文序列的随机模拟。高斯混合分布模型(Gaussian Mixture Model，GMM)作为一种用于描述连续数据分布特征的混合模型，具有很强的拟合多模态、高度偏态分布数据集能力。理论上，当模型中独立高斯成分子模型数量适宜时，可认为高斯混合模型有能力逼近任何连续分布，这一优势决定了高斯混合分布在径流模拟问题上有良好的应用前景。本节基于高斯混合分布拟合邻近日径流联合分布模型，在此基础上构建日径流随机模拟模型，对所构建的径流联合分布模型进行合理性检验，进而对长序列径流模拟结果与历史实测数据及其他常用模型模拟结果主要统计参数进行对比分析。

9.1.1 高斯混合分布模型

9.1.1.1 高斯混合分布模型原理

高斯混合模型是一种基于高斯分布的聚类模型，本质上是由一个个高斯子分量线性组合而成，每个高斯子分量代表着一个聚类簇。与常规的聚类方法不同，高斯混合模型在利用样本数据进行训练时，不是直接将每个训练样本数据分入某个聚类簇中，而是先以概率大小为依据，使样本数据以不同概率同时分属于各个簇。随后，将样本数据投影到每个高斯子分量模型上，获得样本数据被划分到每个高斯子分量的概率。最后，将样本数据归入概率最大的高斯子模型数据簇中，从而获得最终的划分结果。高斯混合模型基本原理的数学描述如下：

假设当前需要描述的随机变量为 X，首先需要对高斯混合模型包含的子模型数量 K 进行选择。引入 AIC 信息准则（Huang，2018）（Akaike Information Criterion）衡量不同 K 值下模型拟合分布的优良性差异，以便于确定模型子分布数。AIC 计算公式为：

$$\mathrm{AIC}=2K+n\ln(\widehat{\sigma_c^2}) \tag{9.1}$$

式中：K ——子模型数量；

n ——实测序列长度；

$\widehat{\sigma_c^2}$ ——残差的方差。

依据 AIC 信息准则，当 AIC 值达到最小时，K 值为最优子分量数。

选定高斯混合模型高斯包含的子分量数量 K 后，高斯混合模型的数学表达形式：

$$p(\boldsymbol{x} \mid \theta)=\sum_{k=1}^{K}\pi_k \boldsymbol{N}(\boldsymbol{x} \mid \boldsymbol{\mu}_k, \sum{}_k) \tag{9.2}$$

式中：$\boldsymbol{x}=[x^1,x^2,\cdots,x^D]^{\mathrm{T}}$——由预测目标和影响因子组成的单个数据点；

D ——数据点的维度；

$\boldsymbol{\theta}=\{\boldsymbol{\pi},\boldsymbol{\mu},\sum\}$——高斯混合模型子分量的参数集；

$\boldsymbol{N}(\boldsymbol{x}\mid\boldsymbol{\mu}_k,\sum{}_k)$——高斯混合模型中的第 k 个分量；

$\boldsymbol{\pi}=[\pi_1,\pi_2,\cdots,\pi_k]^{\mathrm{T}}$——高斯混合模型子分量的权重集，$\pi_k$ 为第 k 个分量所占的权重；

$\boldsymbol{\mu}_k$——第 k 个分量的均值向量；

$\sum{}_k$——第 k 个分量的协方差矩阵。

$\boldsymbol{N}(\boldsymbol{x}|\boldsymbol{\mu}_k,\sum_k)$的概率分布形式可表示为：

$$\boldsymbol{N}(\boldsymbol{x}|\boldsymbol{\mu}_k,\sum_k)=\frac{1}{\sqrt{2\pi}\sum_k}\exp\left(-\frac{(x_i-\boldsymbol{\mu}_k)^2}{2(\sum_k)^2}\right) \tag{9.3}$$

概率密度函数满足非负条件，且概率密度函数在随机变量变化区间内的总积分结果必然为1。因此高斯混合模型中各子分量的权重 π_k 满足条件：

$$\begin{cases}\sum_{k=1}^{K}\pi_k=1\\0<\pi_k<1\end{cases} \tag{9.4}$$

以上，高斯子分量模型数量 K 与高斯子分量的权重、均值向量、协方差矩阵组成的参数集 $\boldsymbol{\theta}=\{\boldsymbol{\pi},\boldsymbol{\mu},\sum\}$为高斯混合模型的全部特征参数，由这些参数即可确定一个高斯混合分布模型。

9.1.1.2 期望最大化算法

Dempster et al. 于1977年提出期望最大化算法(Expectation Maximum，EM)，最初的目的是为了应对数据缺失情况下的参数估计问题。经过几十年的不断发展，其应用范围逐步扩大。时至今日，EM算法已被广泛用于科学研究和工程实际中(李论，2020；邓子畏，2021；夏筱筠，2020)，是一种成熟且被广泛使用的隐变量估计算法。

EM算法的基本步骤可概化为两步，即：

步骤1：根据已有的观测样本数据，估计模型的目标参数的粗略值(E步)；

步骤2：根据估计出的补充数据和本身已经观测得到的数据，重新对目标参数值进行估计，求取目标参数值的最大化似然函数(M步)。

当完成上述两步后，判断结果是否收敛，若收敛，则迭代结束；若未收敛，返回继续重复执行E步和M步，直到结果收敛为止。

利用EM算法训练高斯混合模型的主要原理如下：首先引入 K 维随机变量 $z=[z_1,z_2,\cdots,z_K]$ 表示高斯混合模型中每个子分量被选中的情况，$z_k(1\leqslant k\leqslant K)$ 仅有两种取值可能性(0或1)，$z_k=0$ 表示第 k 个高斯子分量未被选中；$z_k=1$ 表示第 k 个高斯子分量被选中，则 $z_k=1$ 的概率为第 k 个高斯子分量的权重值，即：

$$p(z_k=1)=\pi_k \tag{9.5}$$

由式(9.4)可知 $p(z_k=1)$ 满足条件：

$$\sum_{k=1}^{K}p(z_k=1)=1 \tag{9.6}$$

则 z 的联合概率分布形式为：

$$p(z)=\prod_{k=1}^{K}\pi_k^{z_k} \tag{9.7}$$

高斯混合分布模型将目标数据分为若干类后，每一类的数据均服从高斯分布，则 z 的条件概率满足：

$$p(\boldsymbol{x} \mid z_k = 1) = N(\boldsymbol{x} \mid \mu_k, \sum\nolimits_k) \tag{9.8}$$

式(9.8)可以改写为：

$$p(\boldsymbol{x} \mid z_k = 1) = \prod_{k=1}^{K} \boldsymbol{N}(\boldsymbol{x} \mid \boldsymbol{\mu}_k, \sum\nolimits_k)^{z_k} \tag{9.9}$$

由式(9.8)和式(9.9)可得：

$$p(\boldsymbol{x}) = \sum_{k=1}^{K} \pi_k \boldsymbol{N}(\boldsymbol{x} \mid \boldsymbol{\mu}_k, \sum\nolimits_k) \tag{9.10}$$

进而可以求得 z_k 的后验概率为：

$$\gamma(z_k) = \frac{\pi_k \boldsymbol{N}(\boldsymbol{x} \mid \boldsymbol{\mu}_k, \sum_k)}{\sum_{j=1}^{K} \pi_j \boldsymbol{N}(\boldsymbol{x} \mid \boldsymbol{\mu}_j, \sum_j)} \tag{9.11}$$

利用 EM 算法优化高斯混合分布模型，主要需要优化的参数有：高斯子分量权重向量 $\boldsymbol{\pi}$，高斯子分量均值向量 $\boldsymbol{\mu}$，高斯子分量协方差矩阵 $\sum$。其优化原理推导如下：

首先，对均值 $\boldsymbol{\mu}$ 的极大似然估计函数进行求解。由式(9.2)取对数可得对数似然函数，然后对 $\boldsymbol{\mu}_k$ 进行求导，并令导数为 0，可得极大似然函数为：

$$0 = -\sum_{n=1}^{N} \frac{\pi_k \boldsymbol{N}(\boldsymbol{x}_n \mid \boldsymbol{x}_k, \sum_k)}{\sum_{j=1}^{K} \pi_j \boldsymbol{N}(\boldsymbol{x}_n \mid \boldsymbol{\mu}_j, \sum_j)} \sum\nolimits_k^{-1} (\boldsymbol{x}_n - \boldsymbol{\mu}_k) \tag{9.12}$$

式中：N——数据点的数量。

对式(9.12)两边同乘以 $\sum_k$，整理可得：

$$\mu_k = \frac{1}{N_k} \sum_{n=1}^{N} \gamma(z_{nk}) x_n \tag{9.13}$$

式中：

$$N_k = \sum_{n=1}^{N} \gamma(z_{nk}) \tag{9.14}$$

式中：N_k ——分配到第 k 个聚类的数据点数量；

$\gamma(z_{nk})$ ——点 x_n 属于第 k 个聚类的后验概率。

同理，对 $\sum_k$ 求极大似然函数，可得：

$$\sum\nolimits_k = \frac{1}{N_k} \sum_{n=1}^{N} \gamma(z_{nk}) (\boldsymbol{x}_n - \boldsymbol{\mu}_k)(\boldsymbol{x}_n - \boldsymbol{\mu}_k)^{\mathrm{T}} \tag{9.15}$$

最后，计算权重 π_k 的极大似然函数。权重 π_k 满足 $\sum_{k=1}^{K} \pi_k = 1$，因此额外需要加入拉格朗日乘子：

$$\ln p(\boldsymbol{x} \mid \boldsymbol{\pi},\boldsymbol{\mu},\sum)+\lambda(\sum_{k=1}^{K}\pi_k-1) \tag{9.16}$$

求式(9.14)关于 π_k 的极大似然函数,可得:

$$0=\sum_{n=1}^{N}\frac{\boldsymbol{N}(\boldsymbol{x}_n \mid \boldsymbol{\mu}_k,\sum_k)}{\sum_{j=1}^{K}\pi_j\boldsymbol{N}(\boldsymbol{x}_n \mid \boldsymbol{\mu}_j,\sum_j)} \tag{9.17}$$

对式(9.17)两边同乘以 π_k ,可得:

$$0=\sum_{n=1}^{N}\frac{\pi_k\boldsymbol{N}(\boldsymbol{x}_n \mid \boldsymbol{x}_k,\sum_k)}{\sum_{j=1}^{K}\pi_j\boldsymbol{N}(\boldsymbol{x}_n \mid \boldsymbol{\mu}_j,\sum_j)}+\lambda\pi_k \tag{9.18}$$

式(9.18)可改写为:

$$0=N_k+\lambda\pi_k \tag{9.19}$$

式(9.19)两边同时对 k 进行求和,可得:

$$0=\sum_{k=1}^{K}N_k+\lambda\sum_{k=1}^{K}\pi_k \tag{9.20}$$

$$0=N+\lambda \tag{9.21}$$

将式(9.21)整理可得:

$$\lambda=-N \tag{9.22}$$

代入式(9.19)整理可得:

$$\pi_k=\frac{N_k}{N} \tag{9.23}$$

利用EM算法优化GMM参数即等价于最大化式(9.14)、式(9.16)和式(9.19)。先赋予 $\boldsymbol{\pi}$、$\boldsymbol{\mu}$ 和 $\sum$ 一个初始值,带入式(9.11)可得到初始后验概率,再将初始后验概率带入式(9.14)、式(9.16)、式(9.19),如此反复,直至算法收敛,得到参数训练结果。

由以上推导,可给出利用EM算法训练高斯混合分布模型的具体步骤如下:

步骤1:确定高斯混合模型的分量数目 K,设置每个高斯分量 k 的参数 π_k 、$\boldsymbol{\mu}_k$、$\sum_k$ 的初始值,计算式(9.2)的对数似然函数。

步骤2:根据当前模型参数 π_k、$\boldsymbol{\mu}_k$、$\sum_k$ 值,计算后验概率 $\gamma(z_{nk})$。

步骤3:根据步骤2的后验概率 $\gamma(z_{nk})$ 计算新的模型参数 π_k、$\boldsymbol{\mu}_k$、$\sum_k$ 值。

步骤4:将新的 π_k 、$\boldsymbol{\mu}_k$、$\sum_k$ 值带入式(9.2)计算新的对数似然函数。

步骤5:检查模型参数是否收敛或步骤4计算获得的对数似然函数是否收敛,若不收敛,则返回步骤2继续优化计算;若收敛,则迭代结束,输出当前模型参数 π_k、$\boldsymbol{\mu}_k$、$\sum_k$ 值为高斯混合模型参数训练结果,模型训练完成。

9.1.1.3 基于高斯混合模型模拟原理

在获得训练好的高斯混合分布模型后，为达到利用其对目标数据进行预测的目的，首先需要获得给定预测因子情况下预测目标的后验条件分布。其原理推导如下：

设目标数据向量为 $\boldsymbol{x}$，可将 $\boldsymbol{x}$ 分成两个子向量数据，数学表达形式为：

$$\boldsymbol{x}=[\boldsymbol{x}_1,\boldsymbol{x}_2] \tag{9.24}$$

式中：$\boldsymbol{x}_1$——预测因子向量；

$\boldsymbol{x}_2$——预测对象向量。

高斯混合模型中第 k 个高斯分量模型参数的具体形式为：

$$\boldsymbol{\mu}^k=\begin{bmatrix}\mu_1^k\\ \mu_2^k\end{bmatrix} \tag{9.25}$$

$$\sum^k=\begin{bmatrix}\sum\limits_{11}^k & \sum\limits_{12}^k\\ \sum\limits_{21}^k & \sum\limits_{22}^k\end{bmatrix} \tag{9.26}$$

对于每一个高斯分量 k，其条件期望公式为：

$$\mu_{2|1}^k=\mu_2^k+\sum_{21}^k\Big(\sum_{11}^k\Big)^{-1}(x_1-\mu_1^k) \tag{9.27}$$

$$\sum_{2|1}^k=\sum_{22}^k-\sum_{21}^k\Big(\sum_{11}^k\Big)^{-1}\sum_{12}^k \tag{9.28}$$

高斯混合分布模型的联合分布函数为：

$$\begin{aligned}p(\boldsymbol{x}_1,\boldsymbol{x}_2)&=\sum_{k=1}^K\pi_k\boldsymbol{N}(\boldsymbol{x}_1\mid\boldsymbol{\mu}^k,\sum^k)\\&=\sum_{k=1}^K\pi_k\boldsymbol{N}(\boldsymbol{x}_1\mid\mu_1^k,\sum_{11}^k)\boldsymbol{N}(\boldsymbol{x}_2\mid\mu_{2|1}^k,\sum_{2|1}^k)\end{aligned} \tag{9.29}$$

由此，可得 $\boldsymbol{x}_1$ 的边缘分布函数为：

$$p(\boldsymbol{x}_1)=\int p(\boldsymbol{x}_1,\boldsymbol{x}_2)\,\mathrm{d}x_2=\sum_{k=1}^K\pi_kN(\boldsymbol{x}_1\mid\mu_1^k,\sum_{11}^k) \tag{9.30}$$

依据高斯混合模型联合分布函数和 $\boldsymbol{x}_1$ 的边缘分布，可以进一步求得在给定 $\boldsymbol{x}_1$ 的情况下，$\boldsymbol{x}_2$ 的条件分布：

$$\begin{aligned}p(\boldsymbol{x}_2\mid\boldsymbol{x}_1)&=\frac{p(\boldsymbol{x}_1,\boldsymbol{x}_2)}{p(\boldsymbol{x}_1)}=\frac{\sum\limits_{k=1}^K\pi_k\boldsymbol{N}(\boldsymbol{x}_1\mid\mu_1^k,\sum\limits_{11}^k)\boldsymbol{N}(\boldsymbol{x}_2\mid\mu_{2|1}^k,\sum\limits_{2|1}^k)}{\sum\limits_{k=1}^K\pi_k\boldsymbol{N}(\boldsymbol{x}_1\mid\mu_1^k,\sum\limits_{11}^k)}\\&=\sum_{k=1}^Kw_k\boldsymbol{N}(\boldsymbol{x}_2\mid\mu_{2|1}^k,\sum_{2|1}^k)\end{aligned} \tag{9.31}$$

式中：w_k 的表达式为：

$$w_k = \frac{\pi_k \boldsymbol{N}(\boldsymbol{x}_1 \mid \mu_1^k, \sum_{11}^k)}{\sum_{k=1}^{K} \pi_k \boldsymbol{N}(\boldsymbol{x}_1 \mid \mu_1^k, \sum_{11}^k)} \tag{9.32}$$

由此，可以利用条件分布的反函数推求 $\boldsymbol{x}_2$ 的随机模拟公式：

$$\begin{cases} \boldsymbol{z}_{2,k} = p^{-1}(\varepsilon_{2,k} \mid \boldsymbol{z}_{1,k}) \\ \boldsymbol{x}_{2,k} = F^{-1}(\boldsymbol{z}_{2,k}) \end{cases} \tag{9.33}$$

式中：$\varepsilon_{2,k}$ ——在区间[0,1]服从均匀分布的随机数。至此，基于高斯混合分布模型模拟随机径流的理论推导全部完成，在实际应用中，可基于式(9.33)，推导出模拟对象 $x_{2,k}$ 的具体表达式，再通过随机生成的随机数 $\varepsilon_{2,k}$ 即可实现对目标数据的随机模拟。

9.1.2　基于高斯混合分布的日径流模拟模型

9.1.2.1　构建基于高斯混合分布的日径流随机模拟模型的步骤

在求出 $\boldsymbol{x}_2$ 关于 $\boldsymbol{x}_1$ 的条件分布函数后，即可在给定 $\boldsymbol{x}_1$ 时，通过随机模拟获得 $\boldsymbol{x}_2$。样本序列的特性均包含在高斯混合模型的分布函数中，因此，在求解出高斯混合分布的基础上抽样获得的径流序列不会有信息失真危险，能够保有原有历史径流序列数据的分布特征。为获取日径流序列的特征情况，选取日前时段径流为预测因子，以当前日径流为预测目标，构建相邻日径流模拟模型(图 9.1)，详细实现步骤如下：

步骤 1：训练高斯混合模型。选择高斯混合模型高斯分量个数 k。训练 $t(t \in [1,365])$ 时段的高斯混合模型，以当前 t 时段的径流 q_t 为模拟目标，以前一时段 $t-1$ 时段的径流 q_{t-1} 为影响因子，依据历史同期径流数据，利用 EM 算法迭代训练高斯混合模型的各项参数，获得该时段日径流高斯混合模型 G_t 的参数集 $\boldsymbol{\theta}^t = \{\pi^t, \boldsymbol{\mu}^t, \sum{}^t\}$，如此依次训练可得全年 365 个关于相邻日径流的高斯混合分布模型。

步骤 2：计算模拟公式。依据步骤 1 训练获得的高斯混合模型，计算 t 时段日径流高斯混合模型 G_t 的联合分布函数和 $t-1$ 时段的径流 q_{t-1} 的边缘分布函数，从而确定以 t 时段的径流 q_t 关于 $t-1$ 时段的径流 q_{t-1} 的条件分布函数 $p(q_t \mid q_{t-1})$，进而计算出条件分布的反函数作为径流模拟的模拟公式。

步骤 3：进行随机模拟。确定一个模拟初始值 q_0，随机生成一个均匀分布随机数 $\varepsilon_1 \in [0,1]$，代入模拟公式即可得下一时段模拟值 q_1。

步骤 4：进行下一时段模拟。以前一次模拟的径流值 q_1 作为新的输入，并重新生成随机数 $\varepsilon_2 \in [0,1]$，代入下一时段高斯混合模型继续进行模拟。

步骤 5：重复步骤 3～4，直至生成全年 365 个时段的模拟日径流。

步骤 6：以前一年最后一个时段的日径流模拟值 q_{365} 为下一年模拟初始值，重复步骤 3～5，直至生成目标年数的模拟径流。

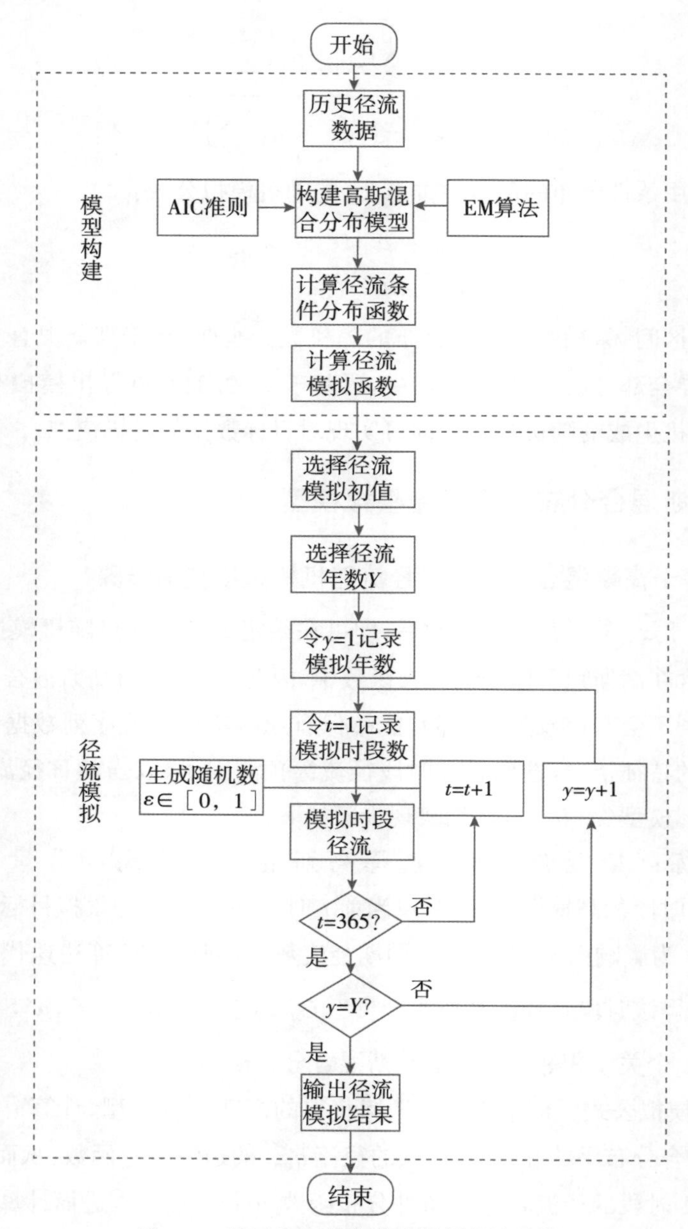

图 9.1　基于高斯混合分布模拟径流流程

9.1.2.2　日径流随机模拟模型检验方法与评价指标

对于拟合得到的径流联合分布模型，必须对其合理性进行检验，检验通过后，才可基于该分布模型进行进一步径流模拟工作。水文变量多呈偏态分布，皮尔森-Ⅲ型分布常被用于拟合径流序列的分布情况，《水利水电工程设计洪水计算规范》采用皮尔森-Ⅲ型分布来拟合径流序列。通常可认为每年第 t 日的径流序列分布近似地符合皮尔森-Ⅲ型分布。皮尔森-Ⅲ型分布的概率密度函数为：

$$f(q_t)=\frac{\beta^{\alpha}}{\Gamma(\alpha)}(q_t-\delta)^{\alpha-1}\exp[-\beta(q_t-\delta)] \tag{9.34}$$

式中：q_t ——第 t 日的径流序列；

α、β、δ ——皮尔森-Ⅲ型分布的形状参数、尺度参数和位置参数，且满足条件 $\alpha>0$、$\beta>0$。

而在工程实际中，经验频率法也常被用于分析包括径流时间序列在内的水文变量。鉴于此，本书利用皮尔森-Ⅲ型分布、经验概率分布作为对照模型，与构建的高斯混合分布模型的边缘分布函数进行比对，以验证构建的高斯混合模型对于历史日径流数据的拟合效果，并引入 Kolmogorov-Smirnov 拟合优度检验（K-S 检验）对高斯混合分布、皮尔森-Ⅲ型分布与历史径流数据进行分布的一致性检验，验证基于高斯混合分布模型模拟日径流序列的合理性。两样本分布 K-S 检验的原假设为：两个检验目标来自同一分布。当显著性水平大于 0.1，即 K-S 检验中的 p 值大于 0.1 时，一般即认为原假设成立，两样本分布符合同一分布，且 p 值越大，两样本符合同一分布的可能性越高。模拟模型分布与实测数据分布 K-S 检验的 p 值越接近 1，表示模拟模型边缘分布越接近于实测分布，进而可认为模型的拟合程度越好。

为进一步定量研究高斯混合模拟对历史径流数据联合分布的拟合效果，引入综合评价指标均方根误差（Root Mean Square Error，RMSE）综合衡量模型模拟效果。RMSE 的计算公式为：

$$\text{RMSE}=\sqrt{\frac{1}{m}\sum_{j=1}^{m}(y_{o,j}-y_{s,j})^2} \tag{9.35}$$

式中：m ——样本数；

$y_{o,j}$ 与 $y_{s,j}$ ——模拟值与实测值在 j 取样处的数据值。

一般地，RMSE 数值越小，模拟值与实测值特征吻合效果越好。

在确认联合分布模型的合理性后，需要进一步对径流随机模拟模型进行实用性分析。此时应检验由模型模拟获得的径流模拟序列是否保持实测序列的主要统计特性，如相关系数、均值、标准差、偏度系数等。为检验模型是否满足统计特性一致性条件，需要先利用构建的模型获得大量的模拟序列，以便统计其相关参数与实测数据对应参数对比以做出判断。生成径流模拟序列以统计相关参数的方法主要有两种，即：

（1）长序列法

由构建的径流模型自某个选定初值开始，逐次模拟出一个时段跨度较大的径流模拟序列，进而根据该长序列模拟径流计算各项主要统计参数，并与历史数据对应参数进行比较。

（2）短序列法

由构建的径流模型模拟出多个与实测序列等长的短序列，分别计算每个短序列的统计参数。当模拟的短序列数足够多时，其统计参数可用于与实测序列各项参数进行比较，来验证模型模拟效果。

以上两种模拟序列生成方法在径流模拟中均被认同有效，本章将采用长序列法模拟径流序列，并对模拟结果相关统计参数进行分析。

为直观评价随机径流模拟模型的模拟效果，通常可以对历史径流数据与模拟径流数据每时段的相关系数、均值、标准差、偏度系数等重要统计参数进行比较，以验证模拟模型的可行性与适用性。为描述模拟径流统计参数与实测径流序列间的差距，引入平均相对误差(Mean Relative Error，MRE)，其计算公式为：

$$\mathrm{MRE}=\frac{1}{N}\sum_{i=1}^{N}\left|\frac{y_{s,i}-y_{o,i}}{y_{o,i}}\right| \tag{9.36}$$

对高斯混合分布模型、皮尔森-Ⅲ型分布与历史径流的分布一致性进行检验。经检验，高斯混合分布、皮尔森-Ⅲ型分布均未拒绝原假设，即高斯混合分布、皮尔森-Ⅲ型分布均通过K-S检验，满足与历史径流的同分布条件。

9.1.2.3 实例计算与分析

以锦西、锦东、桐子林水文站1953—2012年共计60年的日径流数据为依据，构建基于高斯混合分布的日径流随机模拟模型，选定前一时段日径流为预测因子，当前时段日径流为预测目标，依据AIC准则选定每日高斯混合模型分量个数，利用9.1.2.2节介绍的EM算法训练高斯混合分布模型各项参数，进而推导径流模拟公式，获得基于高斯混合分布的桐子林站日径流随机模拟模型，并对模型的合理性和适用性进行检验，以充分说明高斯混合分布模型用于拟合日径流序列联合分布的有效性。

对高斯混合分布模型、皮尔森-Ⅲ型分布与历史径流的分布一致性进行检验。经检验，高斯混合分布、皮尔森-Ⅲ型分布均未拒绝原假设，即高斯混合分布、皮尔森-Ⅲ型分布均通过K-S检验，满足与历史径流的同分布条件。高斯混合分布、皮尔森-Ⅲ型分布K-S检验的p值如图9.2、图9.3所示。

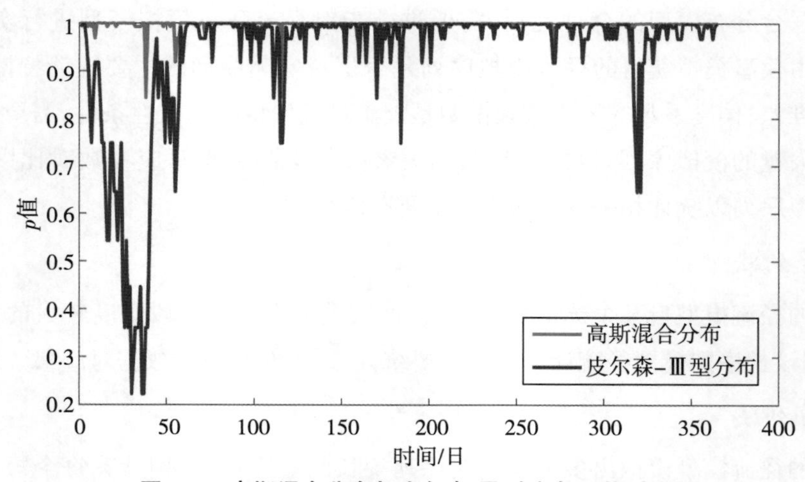

图9.2 高斯混合分布与皮尔森-Ⅲ型分布 p 值对比

由图9.2可知，日径流数据训练获得的高斯混合分布模型p值优于皮尔森-Ⅲ型分布，即高斯混合分布比皮尔森-Ⅲ型分布更好地拟合了历史数据的分布情况。为综合衡量高斯混合分布随机模拟模型边缘分布与皮尔森-Ⅲ型分布对于日径流数据概率分布的拟合程度，对皮尔森-Ⅲ型分布与高斯混合分布模型边缘分布函数的RMSE指标值分别进行计算，结果对比如图9.3所示。

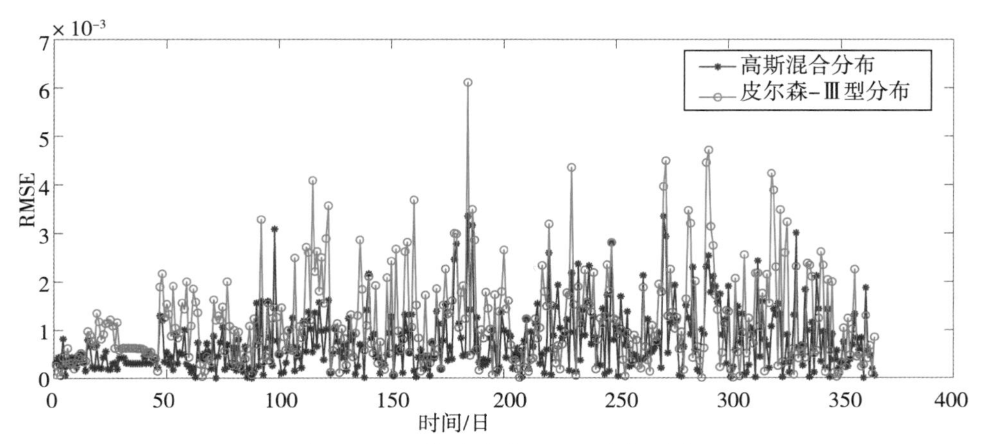

图9.3　不同概率分布RMSE指标对比

从图9.3可以看出，高斯混合分布与皮尔森-Ⅲ型分布的RMSE值均较小，最大者不超过0.007；总体来看，高斯混合分布的RMSE指标优于皮尔森-Ⅲ型分布。下面再对二者的RMSE指标的均值和标准差做定量分析，结果如表9.1所示。

表9.1　不同概率分布RMSE均值方差对比

分布类型	RMSE均值/10^{-4}	RMSE标准差/10^{-4}
高斯混合分布	7.546	6.532
皮尔森-Ⅲ型分布	11.778	9.698

由此可以得出结论：基于高斯混合分布拟合的径流联合分布函数对历史径流数据的拟合效果良好，采用高斯混合分布模型描述日径流序列分布特征具备良好的可行性。

高斯混合分布随机径流模拟模型训练完成后，采用长序列法进行径流序列模拟。以桐子林站1月1日历史日径流数据均值为模拟起始值，模拟1000年序列长度的桐子林站日径流序列。再对高斯混合分布（GMM）径流模型模拟结果与基于Copula函数相邻日径流随机模型模拟结果以及历史径流序列的相关系数、偏度系数等主要统计参数进行比较，其对比分别如图9.4、图9.5所示。

由对比图可知，构建的基于高斯混合分布的日径流模型模拟结果与实测径流序列及Copula随机径流模型模拟结果的主要统计参数均十分接近，可视为模拟序列与实测序列的主要统计特性保持了必要的一致性。

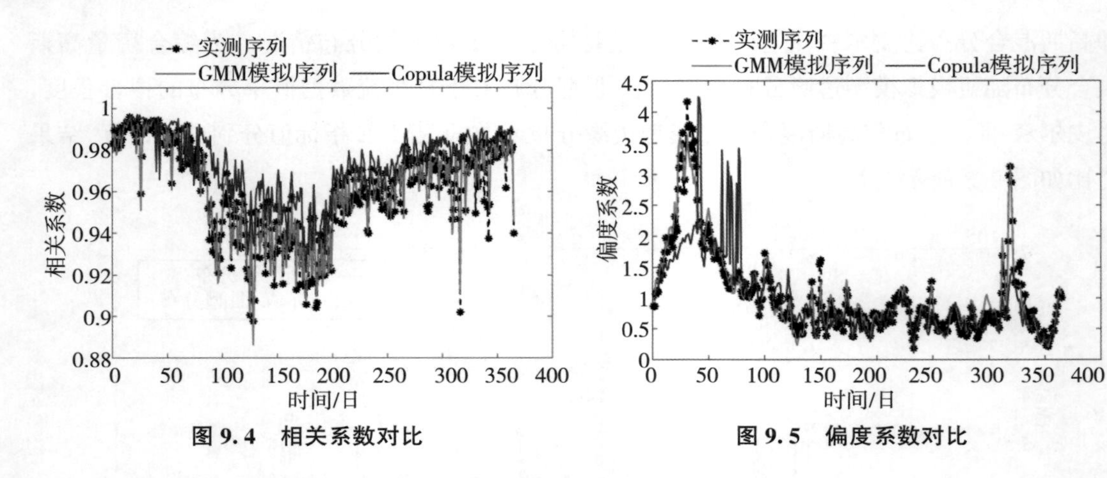

图 9.4 相关系数对比　　　　图 9.5 偏度系数对比

在模拟 1000 年序列长度随机径流的情况下，GMM 模拟序列除均值的 MRE 指标值为 0.78%，与 Copula 模拟序列均值 MRE 指标值 0.55%相比略差外，相关系数、标准差与偏度系数 MRE 指标值分别为 0.30%、2.21%、10.62%，均优于 Copula 模拟序列的对应指标值。

9.2 基于改进 K-Means 聚类的典型径流情景生成方法

当在水电站优化调度问题中考虑径流的不确定性时，首先需要解决的重要问题便是如何构建适用于调度模型计算的不确定性径流描述形式。常用于描述径流不确定性的概率模型一般以概率密度函数形式表示，是一种连续的曲线形式，在多数情况很难或不能直接用于水电站优化调度决策。情景分析法可以通过对随机变量的概率分布模型进行抽样，获得有限规模的、可以反映变量不确定特性的情景集合，用以尽可能逼近未来的不确定事件，在不确定性影响较大的新能源等领域得到了广泛的应用（王文潇，2020；杨策，2020）。为解决调度模型计算的不确定性径流描述形式问题，Faber et al.（2001）引入情景分析法，利用历史径流数据生成离散的径流情景对径流的不确定性进行刻画，并用于水库调度的计算中，即水库优化调度求解的抽样随机动态规划（Sampling Stochastic Dynamic Programming，SSDP）方法。Séguin et al.（2017）针对随机短期发电优化调度模型的径流输入问题，引入黑箱优化概念，对滚动时域进行黑箱建模，优化情景树参数值，验证典型径流情景作为随机短期优化调度模型径流输入的合理性。但是，当历史径流数据数量有限时，仅仅依靠历史数据生成的径流情景往往很难反映径流未来的真实不确定性，在实际应用中具有其局限性，且为充分逼近未来变量真实可能，往往倾向于生成规模庞大的情景集合以保证对不确定性刻画的精度，但是庞大的情景数量无疑会给后续计算带来了巨大的压力，尤其对于水库调度运算而言，数量庞大的情景往往意味着巨大的计算量乃至根本无法求解，因此需要采取合适的方法对情景集规模进行缩减，获取典型径流情景集合，在不失其代表性的前提下降低计算量。本节采用拉丁超立方抽样方法对日径流概率分布模型进行抽样，获得了均匀分布的日径流时间序列情景集合，引入混合度量距离指标描述径流情景间的差异性，利用改进 K-Means 算法对情景集合包含的情景数量进行削减，验证改进的 K-Means 聚类算法缩减随机径流情景数量的合理性和有效性。进而利用改进的 K-Means 聚类算法与日径流模拟模型构建一周内日径流序列典型情景，与历史径流数据进行比较，验证缩减获得的典型情景的代表性，为进一步调度计算工作提供技术支持。

9.2.1　情景分析法

9.2.1.1　情景分析法分析步骤

情景分析法是一种基于已有预测模型或预测数据，对未来可能发生的不确定性事件进行描述的方法。与传统的基于历史数据的预测方法不同的是，情景分析法更注重考虑未来尚未发生的变化，能够更好地处理未来不确定性变化，从而帮助决策者在进行决策的同时考虑决策的弹性问题，预留合适的余量以应对未来可能发生的不确定事件，避免过高或过低估计未来可能出现的变化及其影响，从而增加对未来不确定事件的应对能力，避免负面事件可能带来的负面影响或降低其造成的损失。目前，多数研究人员常用斯坦福研究院拟定的情景分析法分析步骤，其具体步骤如下（陈丹，2015）。

步骤1：明确决策焦点问题。一般地，决策焦点问题指的是决策主体为了达成预期目标而需要做出决策相关的重要问题。在情景分析法中，决策焦点必须是不可准确预测的，且针对该问题的不同决策会导致不同的结果。若一个问题的结果是确定的，那么该问题作为情景分析法的决策焦点是没有任何意义的。

步骤2：确定关键影响因素。关键影响因素指的是对选定的决策焦点问题影响较大的关键性因素，一般来说存在多种，其中可以包含确定性因素，但一定需要包含不确定性因素。

步骤3：确定外在影响因素。外在影响因素主要指的是能够通过影响关键影响因素从而间接影响决策焦点问题的其他不可控因素，以及当前条件下与决策问题有关的其他背景因素。

步骤4：选定不确定性轴向。针对已确定的影响因素，分析其中具有高影响程度、高不确定性特点的因素，并从中选出一个关键轴面作为情景的主体架构，进而以此为基础，发展后续的情景逻辑。

步骤5：发展后续情景逻辑。选择若干包含所有决策焦点问题的情景，对每个情景进行描绘并赋予每个情景以对应内容。

步骤6：分析情景内容影响。对生成好的情景的逻辑与内容进行检验，获得各情景在未来环境中可能带来的影响，进而对各情景在决策中的作用进行分析。

利用情景分析法分析未来的不确定性，首先需要构造刻画变量未来不确定性特征的情景集合，情景集合中的情景必须满足如下基本条件：

1)与实际特征必须吻合。情景分析法构造情景集合的目的是使得对目标问题的决策能够把未来不确定性变动的预期考虑进去,从而为决策人员合理决策提供参考依据。如果构造的情景集合不能反映不确定因素的实际分布特征情况,那么该情景集合对于指导实际决策毫无意义。因此,构造的情景集合必须能够与变量实际的不确定性分布特征相吻合。

2)情景的组成必须完整。一个完整的情景必须同时包含以下两个方面内容:一方面,必须体现目标变量中所有需要用情景刻画的特征,若目标变量为向量形式,则情景必须能够体现目标向量中的每个分量;另一方面,每个情景都必须包含一个对应的情景概率,用于描述该情景在未来发生的可能性大小。

3)情景集合根节点唯一。任何类型的情景集都必须满足:每个情景的出发点为同一点,该根节点代表的是利用情景做出决策时的实际情况。情景分析法用于刻画未来的事物发展可能性,但其出发点必然是当前已知的状况。因此,立足于当下以刻画未来的不确定性因素的所有情景必然共同享有当前决策背景这一出发点。若当前情况未知,则不能利用情景分析法对未来事物的发展不确定性进行描述。

9.2.1.2 情景生成方法

要使用情景分析法对不确定性变量进行分析,首先需要利用已有数据生成描述不确定因素所需的情景。常用于生成情景的方法主要有(魏法明,2008)以下几种。

(1)随机抽样法

随机抽样法是以概率论相关理论为基础,假设所有样本概率相同,基于随机原则进行样本抽取的方法。其具体实现步骤为:首先,确定变量的概率分布,现实情况下,变量的真实概率分布往往无从获取,因此常用基于历史数据拟合较好的经验分布代替;其次,依据随机抽样原则,对确定好的分布进行随机抽样,抽样获得的样本结果即为情景,当需要多个情景时,则重复多次随机抽样,即可获得多情景构成的情景集。随机抽样法是最简单、最常见的情景生成方法,且其理论依据最易为人们所接受。其缺点在于,在随机抽样法获得的情景中,不同变量间相关性无法体现,且为达到目标精度需要生成规模庞大的情景集合。

(2)矩匹配法

当不确定性变量的边缘分布不可知或不可用时,传统的随机抽样方法无法用于情景生成,此时可用矩匹配法生成情景。其具体方法为:首先求出目标变量的各阶矩(通常为前四阶),再以变量的各阶矩作为特征参数来刻画目标变量,从而获得描述目标变量的情景。

(3)路径法

路径法首先通过随机过程来生成一个包含有多种面向不同方向发展演变路径的情景集合,然后对除末阶段外其他各阶段进行缩减合并,从而将情景集合转变为一种树状结构——情景树形式。

(4)聚类分析法

聚类分析法通过对样本或样本特征指标进行分析，将样本数据归入不同的分类中，同一分类内部的不同数据间具有较强的相似性，不同分类包含的数据之间差距较大。一般而言，聚类分析法生成的情景代表性较好，但其缺点在于：应用聚类分析法需要较大规模的数据集作为支撑，当拥有的数据数量较少时，聚类分析法就会出现无法适用的情况。

(5)蒙特卡罗模拟法

蒙特卡罗(Monte-Carlo)模拟，是伴随着科学技术进步与计算机的发明而被大量使用的一种以概率论相关统计理论为基础，通过随机变量或是随机模拟来求解问题近似解的一种数学方法。其基本思想为：通过大量的抽样过程获得的概率，去无限逼近事件发生的真实概率，从而利用事件发生频率代替真实概率对问题进行求解。随着科学技术的发展和计算机硬件设备的进步，利用蒙特卡罗模拟近似得到不确定问题近似解的方法的适用性有了显著提高，蒙特卡罗模拟以其简单易实现的优点在计算机模拟中得到了广泛使用。但蒙特卡罗模拟方法也存在一定的局限性，即当利用蒙特卡罗模拟逼近真实不确定性时，其所需要的情景数量往往十分庞大，当抽样数不足时，容易出现抽样数据过于集中而不能真实描绘变量不确定性特征的情况。

(6)拉丁超立方抽样

拉丁超立方抽样(Latin Hypercube Sampling，LHS)是一种常用于计算机实验的随机多维分层抽样方法，其原理如图 9.6 所示。利用拉丁超立方法进行抽样时，先将目标随机变量的概率分布函数分为多个互不交叉的子区域，再在每个子区域中分别进行独立抽样。相较于一般的蒙特卡罗模拟方法，拉丁超立方抽样法抽样获得的样本数据分布更加均匀，可以相对较小的情景数量准确刻画变量的不确定性特征，有效避免了蒙特卡罗模拟抽样可能导致的抽样数据过于集中的缺点，降低了情景集合的规模，有利于后续利用情景集合做进一步分析计算。

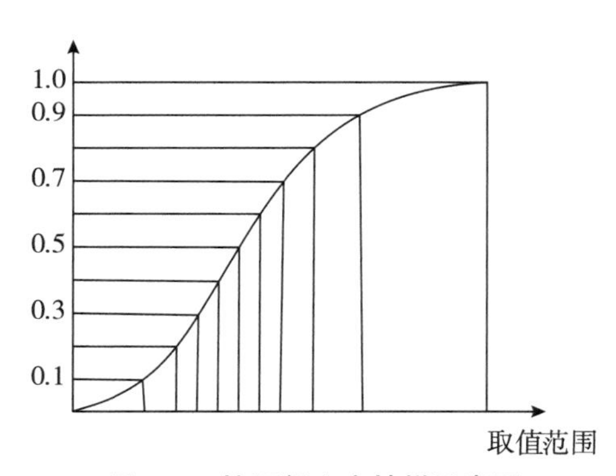

图 9.6　拉丁超立方抽样示意图

9.2.1.3 情景缩减方法

以情景分析法描述不确定性，其本质是用一定数量的情景去逼近问题的实际不确定性特征。为提高其描述的准确度，充分反映不确定变量的取值可能性，往往倾向于生成数量庞大的初始情景。但数量过大的情景集会导致另一个问题，即情景数量越大，利用情景做后续计算的计算量也会越庞大，对于模型求解效率造成极大的负面影响。因此，为提高模型计算效率，利用合理有效的方法对生成的初始情景集进行情景缩减具有其合理性与必要性。情景削减的主要目标为：获取一个初始情景集合的子集，赋予该子集中的每个情景以新的情景概率，使概率更新后该子集的所有情景概率之和保持不变，同时使削减后子集的概率分布与初始情景的概率分布之间的某种概率距离取得最短，以确保在情景规模降低的同时，尽可能地保留原情景集合的各项特征。

目前，常用的情景缩减技术主要有两种，即同步回代缩减（SBR）和快速前代缩减（FFR）（Heitsch，2003）。假设现有需要缩减的初始情景集 S ，其中包含的情景数量为 s ，缩减后的目标情景集为 S_r ，包含的情景数量为 s_r ，利用 SBR 和 FFR 对情景集合进行缩减的具体步骤如下。

步骤 1：初始化结果情景集 S_r ，使得 $S_r=\varnothing$ ，缩减次数 n 初始化为 1；

步骤 2：计算情景集 S 中情景间的概率距离 Kantorovich 距离 D_k ，其计算公式为：

$$D_k=\sum_{i\in S}p_i\min c_T(\varepsilon^i,\varepsilon^j) \tag{9.37}$$

式中：p_i ——情景 ε^i 的概率值；

$c_T(\varepsilon^i,\varepsilon^j)$ ——情景 ε^i 和情景 ε^j 之间的距离，具体距离指标计算公式可视目标问题与情况而定。

步骤 3：对计算获得的距离 D_k 进行排序，获得最小 D_k 值及其对应的情景 ε^i 、ε_i^j ，将情景 ε_i^n 的情景概率置零，并将情景 ε_i^n 的概率加到情景 ε_j^n 的概率中，即：

$$\begin{cases}p_j^{\text{new}}=p_j+p_i\\p_i^{\text{new}}=0\end{cases} \tag{9.38}$$

式中：p_j^{new}、p_i^{new}——情景 ε_i^n 新的概率值；

p_i、p_j—— 情景ε^i、ε^j 原有的情景概率值。

步骤 4：判断初始情景集 S_r 包含的概率非零情景数量 n 是否达到目标数量 s_r ，若已达到，则将剩余概率非零情景全部放入结果情景集 S_r ，削减结束；若未达到，则重复步骤 2～3。

9.2.2 基于改进 K-Means 算法的典型日径流情景生成

由前述构建的高斯混合分布日径流随机模拟模型，可利用拉丁超立方抽样法模拟出足够数量的日径流序列情景。但是庞大数量的日径流序列直接用于调度计算无疑会使计算工作量巨大。因此,为了减少采用情景分析方法描述径流特征的后续计算量,本节采用基于混合度量的改进 K-Means 聚类算法,对由高斯混合分布模型进行拉丁超立方抽样获得的大量径流序列进行筛选,以获取其中具有代表性的典型径流情景。

9.2.2.1 基于混合度量的改进 K-Means 聚类算法

K-Means 聚类算法是一种无监督的聚类算法,其实现较为简单,聚类效果较好,在数据挖掘和机器学习中应用十分广泛。K-Means 聚类方法的基本原理为:依据已知需要聚类的目标样本数据特点,选定合适的衡量样本数据之间差异性指标衡量样本数据之间的距离。根据样本之间的距离将样本集划分为多个聚类簇,使每个聚类集合内部各个数据点之间的距离尽可能小,聚类集合之间的距离尽可能大,即使聚类集合内部样本数据间差异尽可能小,聚类集合之间的数据差异尽可能大。

一般来说,在进行聚类之前,需要先对样本数据间距离的衡量指标和聚类中心数进行选择。传统的 K-Means 聚类通常只以单一指标为衡量数据间距离的方式。对于时间序列情景而言,其同一维数据表示不同时段的数据值,从此方面来看,不同情景间的差异可由欧式距离或曼哈顿距离进行衡量;但另一方面,时段间数据变化趋势同样是情景刻画目标数据的重要特征,需要在进行聚类缩减时加以考虑,而余弦相似度可以通过计算特征向量间的余弦值衡量,对数据内部各维数据间的趋势特征进行了刻画。日径流情景是一种时间序列情景,其各维数据代表前后不同时段的日径流,各维度之间的变化趋势是径流情景的重要特征之一。因此,为在进行聚类时充分衡量径流情景间差异程度,本节采用综合曼哈顿距离与余弦相似度的混合度量指标代替传统的 K-Means 算法所用的距离指标。由于曼哈顿距离无确定的取值区间,而余弦相似度的取值范围始终满足 $d_{\cos} \in [-1,1]$,为避免两种不同距离指标取值差异过大,首先对目标数据进行归一化处理,情景数据维度 k 上的数据值归一化结果为:

$$x_k^{\text{new}} = \frac{x_k - \min(x_k)}{\max(x_k) - \min(x_k)} \tag{9.39}$$

式中:x_k^{new}——归一化数据结果;

$\max(x_k)$、$\min(x_k)$——数据集中的数据点在维度 k 上取值的最大值和最小值。曼哈顿距离与余弦相似度的计算公式分别为:

$$\begin{cases} d_{i,j}^{m} = \sum\limits_{k=1}^{K} \left| (x_i^k - x_j^k) \right| \\ d_{i,j}^{c} = \dfrac{\sum\limits_{k=1}^{K} x_i^k \cdot x_j^k}{\sqrt{\sum\limits_{k=1}^{K} (x_i^k)^2} \cdot \sqrt{\sum\limits_{k=1}^{K} (x_j^k)^2}} \end{cases} \tag{9.40}$$

式中：$d_{i,j}^{m}$ ——数据点 i 、j 之间的曼哈顿距离；

$d_{i,j}^{c}$ ——数据点 i 、j 之间的余弦相似度；

x_i^k 、x_j^k ——数据点 i 、j 在维度 k 上的取值。可进一步定义混合度量的计算公式为：

$$d_{i,j}^{\mathrm{mix}}=\omega d_{i,j}^{m}-(1-\omega)d_{i,j}^{c} \tag{9.41}$$

式中：ω ——距离权重系数。至此，衡量径流情景的距离度量指标构建完成。

在选定描述样本数据之间距离的度量指标后，即可对聚类中心数进行遴选。一般而言，聚类中心数越多，保留的原样本特征越完整，但与此同时，聚类中心过多会导致无法满足获得较少样本数量的聚类目的。因此，在进行聚类操作时需要先选择合适的聚类中心的数目 K 。本节采用轮廓系数(Silhouette Coefficient)法，其原理分别介绍如下：

轮廓系数法通过对数据与所属聚类簇的内聚性、与其他聚类簇的分离性计算，衡量模型是否合理。样本数据集中样本 i 的计算公式为：

$$s(i)=\frac{b(i)-a(i)}{\max\{a(i),b(i)\}} \tag{9.42}$$

式中：$a(i)$ ——样本 i 到同聚类簇中其他样本的平均距离；

$b(i)$ ——样本 i 到其他聚类簇中样本的平均距离。样本总体的轮廓系数为：

$$s=\frac{1}{N}\sum_{i}^{N}s(i) \tag{9.43}$$

式中：样本总体的轮廓系数 s 为样本中每个数据的轮廓数据的均值。轮廓系数 s 越接近 1，则聚类效果越好。

在确定了聚类中心数目 K 后，K-Means，算法对样本数据进行聚类的过程，也就是寻找样本数据集分配给 K 个不同集合的最优结果的过程。对于数据总数为 M 的样本数据 $\boldsymbol{X}=\{x_1,x_2,\cdots,x_M\}$，利用改进 K-Means，算法对其进行聚类的具体步骤如下。

步骤 1：选定合适的聚类数目 K 的值，一般而言，聚类数过少会导致丢失过多的数据信息，聚类数过多则违背了聚类法削减数据数量的初衷，因此，选取一个合适的聚类值可以有效地提高效率与聚类结果的质量。

步骤 2：初始化数据簇的聚类中心，生成聚类中心集 $\boldsymbol{\Omega}=\{x_k^{\boldsymbol{\Omega}}\}(k=1,2,\cdots,K)$。剩余数据点集合为聚类中心集 $\boldsymbol{\Omega}$ 关于样本数据集 $\boldsymbol{X}$，记为非中心数据集 $\boldsymbol{\Gamma}=\{\boldsymbol{x}_{k'}^{\boldsymbol{\Gamma}}\}(k'=1,2,\cdots,M-K)$。一般而言，为了保障聚类效果，要尽可能选择不那么靠近的数据点作为初始聚类中心。

步骤 3：对非中心数据集 $\boldsymbol{\Gamma}$ 中的每个数据点到聚类中心集 $\boldsymbol{\Omega}$ 的距离进行计算，获得非中心数据点到聚类中心距离矩阵 $\boldsymbol{D}$。

步骤 4：从距离矩阵 $\boldsymbol{D}$ 中找出每个非中心数据点距离最近的聚类中心，将非中心数据点归入距离最近的聚类中心所在的聚类簇 $\boldsymbol{C}_k$，则聚类后的聚类簇集合可以表示为：$\boldsymbol{N}=\{\boldsymbol{C}_k\}(k=1,2,\cdots,K)$。

步骤5:重新确定聚类中心,其确定方法为:假设某聚类簇集合 $\boldsymbol{C}_k$ 中有 L_k 个情景,计算每个数据点与集合 $\boldsymbol{C}_k$ 中其他数据点距离之和并进行排序,选取距离之和最小的数据点为聚类簇新的聚类中心。

步骤6:检查聚类中心集 $\boldsymbol{\Omega}$ 和聚类簇 $\boldsymbol{C}_k$ 是否发生变化,若发生变化,则表明算法尚未收敛,返回步骤2继续计算;若未发生变化,则结果已经收敛,聚类结束,输出聚类中心集 $\boldsymbol{\Omega}$ 和聚类簇集合 $\boldsymbol{N}$,即为聚类结果。

9.2.2.2 日径流情景生成与缩减

基于混合距离度量 K-Means 聚类算法的日径流典型情景生成的步骤如下。

步骤1:利用历史径流数据训练高斯混合分布模型,获得基于高斯混合分布的日径流随机模拟模型。

步骤2:选定某日的历史日径流数据均值作为径流模拟起始节点,利用拉丁超立方抽样法进行短序列模拟,逐日生成每日的随机模拟径流,模拟获得目标时段长度的径流序列后,组成一个径流情景。

步骤3:重复步骤2,直至生成足够数量的径流情景,组成初始径流情景集,此时情景集合中每个情景的概率值视为相同,概率总和为1。

步骤4:对初始径流情景数据进行归一化,获得归一化后的初始情景集合。

步骤5;对初始径流情景集合在不同聚类中心数目条件下的误差平方和(SSE)进行分析,选定合适的 K 值作为聚类缩减的目标情景数量。

步骤6:利用基于混合距离度量的 K-Means 聚类算法,对初始情景集进行聚类操作,当算法收敛时,聚类中心即为所需的典型径流情景,情景概率为归入聚类中心的所有情景概率之和。

基于前述所构建的高斯混合分布随机径流模拟模型,以5月10号历史同期日径流均值为起始点,利用拉丁超立方抽样方法生成200个以周为序列长度的短序列日径流过程。将每个径流时间序列视为一个情景,则模拟得到的径流序列可以视为一个包含有200个径流情景的初始情景集,如图9.7(a)所示。分别用改进的 K-Means 聚类、FFR 方法、SBR 方法对初始情景集进行削减,获得情景数量为20的保留情景集,缩减结果如图9.7(b)~(d)所示。

由图9.7可知,改进的 K-Means 聚类、FFR、SBR 缩减结果均具有一定的代表性,能够反映出初始情景集的特征情况。同时,聚类缩减结果和 SBR 缩减结果相较 FFR 缩减结果分布更为均匀,更能反映初始径流情景集的分布情况。

为了验证聚类算法削减情景的有效性,采用相对距离偏移系数 D_{value},以衡量削减后剩余情景对初始情景集合的分布特点的保留程度。D_{value} 的计算公式如下:

$$D_{value}=\left|1-\frac{\sum_{j=1}^{s}\sum_{t=1}^{T}|\varepsilon_t^j-E_{value}(t)|\times p^j}{\sum_{i=1}^{s}\sum_{t=1}^{T}|\varepsilon_t^i-E_{value}(t)|\times p^i}\right| \tag{9.44}$$

式中：p^i——初始情景集中的情景 ε^i 的概率；

p^j——剩余情景集中的情景 ε^j 的概率；

$E_{value}(t)$——初始情景集中日径流情景在每个时段的均值。由定义公式可知，初始情景集的 D_{value} 值为 1。对于削减后的情景集，其 D_{value} 值越接近于 1，则表示削减后情景集对初始情景集的差距越小，保留的初始情景集特征越完整。

针对本节生成的初始径流情景集合，使用 K-Means 聚类算法对其进行情景缩减，由不同削减比例下削减结果情景集的相对距离偏移系数 D_{value} 值可知，随着削减比例增大，D_{value} 值呈现下降趋势，但仍能够保持较高水平；对初始径流情景集削减 99%后的情景集 D_{value} 值仍然能够保持在 0.95 以上，可以满足情景削减的精度要求。

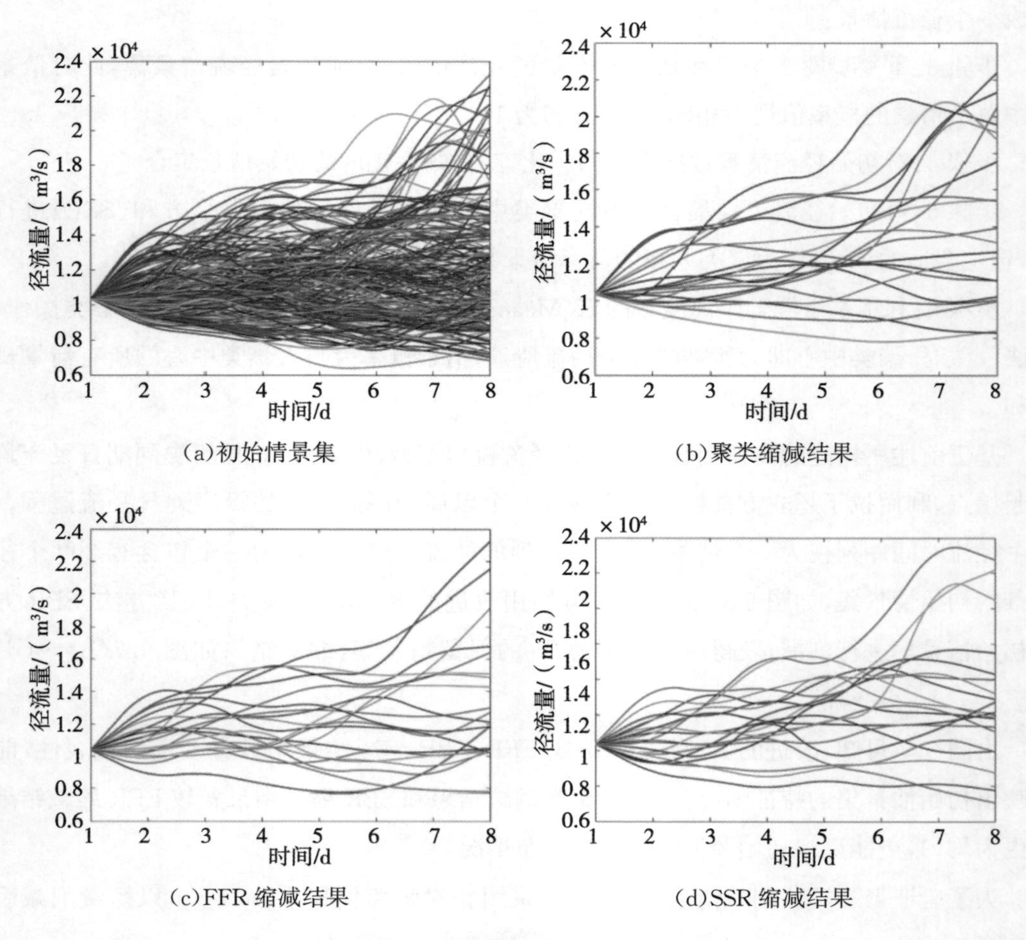

图 9.7 初始情景集及缩减结果比较

为进一步遴选径流情景集的最佳聚类中心数目，利用轮廓系数法则对初始情景集的误差平方和(SSE)进行计算分析，其可视化曲线如图9.8、图9.9所示。

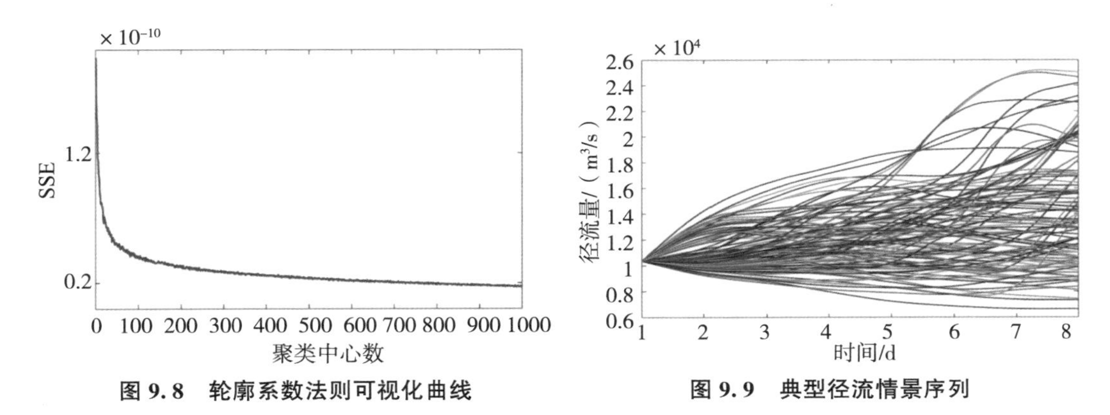

图9.8　轮廓系数法则可视化曲线　　**图9.9　典型径流情景序列**

9.3　考虑来水不确定性的水电站效益—风险均衡优化调度研究

9.3.1　考虑半方差风险的水电站发电优化调度模型

在电力市场环境下，水电站与电力市场运行部门处于买卖双方关系，双方通常会签订电力交易合同，电力需要在规定时间内完成交割(段金长，2010)。对于水电站而言，对发电量影响最大的因素——径流过程是一种难以进行确定性描述的时间序列变量，当其较预期偏差较大时，往往会带来一段时间内的发电量与预期出现偏差，致使水电站不能如预期计划进行发电，即导致发电风险的出现。受限于当前径流预报水平与水电站间信息共享机制，水电站制定发电计划时不可能百分百准确预知到未来径流值。若依据传统发电效益期望最大模型制定发电计划，当径流来水较预期少时，水电站按照预期计划运行会导致发电量不足乃至违反发电合同，致使水电站直接遭受一定量的损失；若径流来水较预期大，则可能会导致弃水问题或超出发电量不能以预期电价售出，变相导致水电站发生效益损失。近年来，水电站对实际发电量与计划发电量偏差导致的经济效益损失关注度持续提高，特别是随着电力市场的规则完善，水力发电单位对于发电风险量化方法和风险带来的经济损失问题关注度与日俱增(刘红岭，2009)。葛晓琳等(2018)针对来水与市场电价双重不确定性问题，引入条件风险价值，构建了水电站经济效益与发电风险有机统一的丰水期梯级水电调度模型。刘刚等(刘刚，2018)引入VaR指标评估电价风险，建立了多元GARCH-VaR风险调度模型，并提出了新的风险收入指标。尽管近年来已经有研究人员对发电调度风险进行研究并取得了一定的进展，但相关研究仍没有将水电站实际运行中发电不足风险与发电过量风险对实际经济效益的影响做详细区分，不能反映实际调度计划制作时调度决策人员对不同风险的厌恶程度。

针对来水不确定性导致的水电站发电风险问题，本节在前述的基础上，从经济学领域引入半方差风险计量模型，以上下半方差分别量化水电站欠发风险与过发风险，构建了基于半方差计量风险的水电站发电优化调度模型，引入正负风险系数表示调度决策人员对不同风险的厌恶程度；进而以桐子林电站为例，采用典型径流概率情景作为发电调度模型的径流输入，基于随机动态规划思想对优化调度模型进行求解，并与未考虑风险的随机优化调度模型调度结果进行对比，验证所构建模型对发电效益、发电风险的均衡作用；最后通过对模型风险参数的敏感性分析，为调度人员综合衡量发电效益与发电风险制定调度计划提供决策参考。

9.3.1.1 半方差风险计量模型

均值-方差模型是马科维兹(Harry Markowitz)提出的经典投资风险衡量模型，该模型中以投资收益的均值表示投资收益，收益方差表示投资风险，构建了较为完整的理论框架与算法模型。但是，伴随着理论的发展进步，人们逐渐发现仅仅利用收益的方差来表示风险并不准确。由此，为进一步准确衡量风险，Stone 等提出的 LPM 模型(Lower Partial Moments)定义了半方差风险(Semi-variance Risk)来衡量投资组合的收益风险问题，其模型中对下方风险的定义公式为：

$$M(q,h,X)=\sigma_-^q(q,h,X)=\int_{-\infty}^{h}(x-h)^q f(x)\mathrm{d}x \tag{9.45}$$

式中：X ——证券的实际收益率，此处视为随机变量；

$f(x)$ —— X 的概率密度函数；

h ——证券的目标收益率；

q ——选定的整数常量，一般可取 0,1 或 2。与传统的效益-方差模型不同，该模型强调：当实际收益率低于目标收益时，才会构成投资风险。当式(9.55)中 q 值取 2 时，其度量效果优于其他情况，即当利用下方差度量投资风险时，具有更好的现实指导作用。研究人员进一步研究发展，为将超出预期的部分收益对于投资人员投资选择的影响纳入考虑，有学者进一步提出综合考虑上方差和下方差的组合衡量风险，相较于一般的单纯考虑下方差的模型更符合投资者的心理预期情况。在水电站发电优化调度中，面对未来的不确定性，其实际发电量同样存在有在期望值上下波动的情况，且发电量超出预期与发电量低于预期带来的负面影响不尽相同。因此，本节引入半方差组合衡量风险概念对水电站发电优化调度模型进行改进，以更好地符合调度决策人员的调度决策实际需要，提供更具参考性的调度计划模型计算结果。

对于随机变量 X ，$f(x)$ 为 x 的概率密度函数，设 $h=E(x)$ 为变量 X 的取值期望，则下方差的数学定义表达式为：

$$\sigma_-^2=E\left[(X-h)^-\right]=\int_{-\infty}^{h}(x-h)^2 f(x)\mathrm{d}x \tag{9.46}$$

同理，上方差定义为：

$$\sigma_+^2=E\left[(X-h)^+\right]=\int_{h}^{+\infty}(x-h)^2 f(x)\mathrm{d}x \tag{9.47}$$

当随机变量 X 为离散分布时,半方差表达式可改写为:

$$\begin{cases} \sigma_-^2 = \sum_i^{N^-} p_i (x_i - E(x))^2 \\ \sigma_+^2 = \sum_i^{N^+} p_i (x_i - E(x))^2 \end{cases} \tag{9.48}$$

式中:N^- 、N^+ ——取值低于期望和高于期望的离散点;

p_i ——点 i 的概率。

9.3.1.2 考虑半方差发电风险的水电站发电优化调度模型

为对不确定来水条件下的水电站优化调度问题进行求解,引入半方差风险计量模型,构建水电站半方差风险发电优化调度模型(Semi-Variance Risk Scheduling Model,SRSM)。由前文知,可将具有不确定性特征的径流来水用随机径流典型情景集合形式描述,此时水电站的预期发电效益可视为其在所有可能径流情景下发电效益的概率均值,即:

$$E = \sum_{i=1}^{S} p_i E_i \tag{9.49}$$

式中:E_i ——在第 i 种径流情况下水电站的发电量;

p_i ——第 i 种径流出现的概率值。

将半方差概念引入水电站发电优化调度模型中,水电站发电效益的上下方差计算公式为:

$$\begin{cases} \sigma_-^2 = \sum_i^{S^-} [p_i (E_i - E)^2] \\ \sigma_+^2 = \sum_i^{S^+} [p_i (E_i - E)^2] \end{cases} \tag{9.50}$$

式中:S^+ 、S^- ——发电效益高于预期效益和低于预期效益的径流情景组成的集合。上下标准差公式为:

$$\begin{cases} \sigma^- = \sqrt{\sum_i^{S^-} [p_i (E_i - E)^2]} \\ \sigma^+ = \sqrt{\sum_i^{S^+} [p_i (E_i - E)^2]} \end{cases} \tag{9.51}$$

定义 σ_- 为水电站优化调度中存在的欠发风险,σ_+ 为过发风险,引入负风险厌恶系数 α 、正风险厌恶系数 β 分别表示调度决策人员对于低于预期发电量和高于预期发电量两种情况的厌恶程度。超出预期发电量部分的发电量常仍可产生一定量的经济效益,因此,实际调度过程中发电量低于预期电量的情况给水电站效益带来的负面影响更大,即 α 、β 的取值一般满足 $\alpha > \beta$ 。传统的以期望发电量最大为调度目标的水电站发电优化调度模型目标函数表达式为:

$$F_c = \max(\sum_{j}^{N} E_j) \tag{9.52}$$

引入半方差发电风险后，新的目标函数为：

$$F = \max(\sum_{j}^{N} E_j - (\alpha\sigma^- + \beta\sigma^+)) \tag{9.53}$$

联立式(9.51)至式(9.53)可得 SRSM 模型目标函数的具体表达形式为：

$$F = \max\left(\sum_{i=1}^{S} p_i E - \left(\alpha\sqrt{\sum_{i}^{S^-}[p_i(E_i - E)^2]} + \beta\sqrt{\sum_{i}^{S^+}[p_i(E_i - E)^2]}\right)\right) \tag{9.54}$$

水电站发电优化调度模型考虑的相关约束条件主要有：

1)水量平衡约束：

$$V_t = V_{t-1} + (I_t - Q_t) \times \Delta t \tag{9.55}$$

式中：V_t——水库在 t 时段末的库容；

V_{t-1}——水库在上一调度时段 $t-1$ 时段末的库容；

I_t——水库在 t 时段内的平均入库流量；

Q_t——水库在 t 时段内的平均出库流量；

Δt——时段长度。

2)水位约束：

$$Z_t^{\min} \leqslant Z_t \leqslant Z_t^{\max} \tag{9.56}$$

式中：Z_t——水库在 t 时段的水位；

$Z_t^{\min}$——水库在 t 时段允许的最低水位限制；

$Z_t^{\max}$——水库在 t 时段允许的最高水位限制。

3)出库流量约束：

$$Q_t^{\min} \leqslant Q_t \leqslant Q_t^{\max} \tag{9.57}$$

式中：Q_t——水库在 t 时段的出库流量；

$Q_t^{\min}$——水库在 t 时段最小出库流量；

$Q_t^{\max}$——水库在 t 时段最大出库流量。

4)出力约束：

$$N_t^{\min} \leqslant N_t \leqslant N_t^{\max} \tag{9.58}$$

式中：N_t——水电站在 t 时段的出力；

$N_t^{\min}$——水电站在 t 时段允许的最小出力；

$N_t^{\max}$——水电站在 t 时段允许的最大出力。

5)水位变幅约束：

$$|Z_t - Z_{t-1}| \leqslant \Delta Z \tag{9.59}$$

式中：ΔZ——水库在相邻时段间允许的水位最大变幅。

6)流量变幅约束:

$$|Q_t - Q_{t-1}| \leqslant \Delta Q \tag{9.60}$$

式中:ΔQ——水库在相邻时段间允许的出库流量最大变幅。

7)边界条件:

$$\begin{cases} Z_0 = Z_{\text{start}} \\ Z_T = Z_{\text{end}} \end{cases} \tag{9.61}$$

式中:Z_{start}——水库在调度期开始时的初始水位;

Z_{end}——水库在调度结束时的末水位。

9.3.1.3 发电优化调度模型求解算法

基于日径流模拟模型和日径流典型情景生成方法,运用随机动态规划思想对考虑半方差风险的水电站发电优化调度模型进行求解。模型构建与求解步骤如下。

步骤1:以历史实测径流数据为依据,构建基于高斯混合分布的日径流随机模拟模型。

步骤2:以拉丁超立方抽样法对高斯混合分布径流随机模拟模型进行抽样,模拟出大量径流情景,并利用改进 K-Means 聚类方法对径流情景数量进行缩减,以获得数量合适的典型径流情景为优化调度模型提供径流输入。

步骤3:根据调度决策人员对风险的厌恶程度,选择正负风险系数系数 α、β,以发电效益的上标准差表示过发风险,下标准差表示欠发风险,构建考虑发电风险的水电站发电优化调度模型,确定模型的目标函数表达式。

步骤4:基于随机动态规划思想,计算水电站在所有典型径流情景下的发电效益和发电风险,进而获得水电站在不同水位过程条件下的目标函数值,选取目标函数最大者为当前风险系数取值条件下的优化调度结果。

步骤5:通过改变 α、β 参数值对模型目标函数进行调整,重复步骤3~4,获得不同 α、β 取值条件下的水电站的发电效益与发电风险,并对发电效益、发电风险随风险系数取值变化趋势做进一步分析研究工作。

9.3.2 实例计算与结果分析

本节以锦屏一级、锦屏二级、官地、二滩、桐子林梯级电站为研究实例,考虑水电站入库径流不确定性带来的发电风险问题,构建梯级电站风险发电优化调度模型,调度周期选取为周,调度时段选取为日,并依据锦西、锦东、桐子林水文站1953—2012年共计60年的日径流数据,采用高斯混合分布模型描述相邻日径流相关关系,以拉丁超立方抽样法对径流分布模型进行抽样,利用改进 K-Means 聚类方法缩减获得典型径流情景作为水电站优化调度模型径流输入,进而通过对不同风险容忍系数下的水电站调度结果进行分析,寻求发电风险与效益均衡调度方案,为水电站调度决策人员制定发电效益—风险均衡的调度计划提供参考依据(图9.10)。

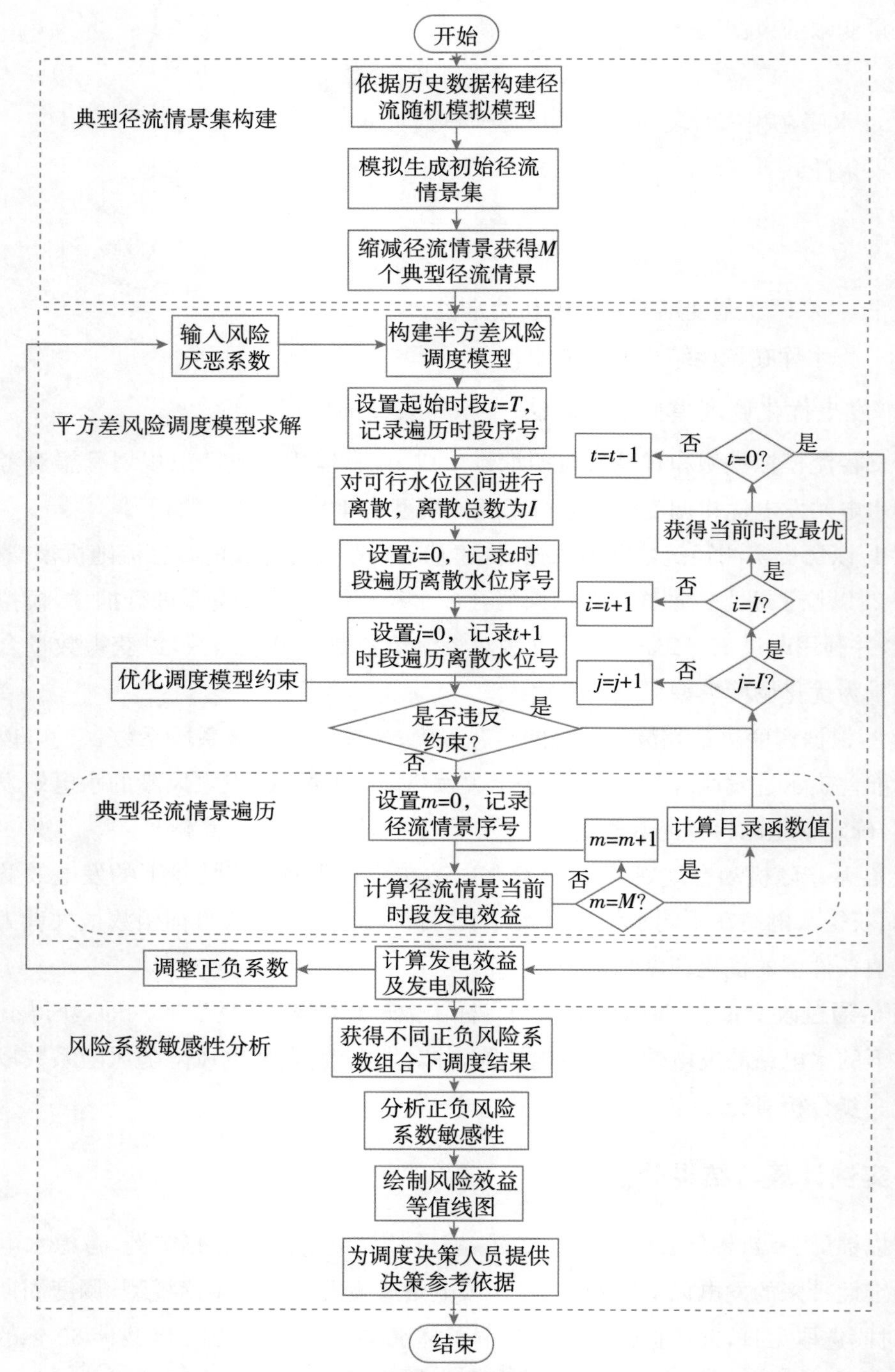

图 9.10 半方差风险发电调度模型求解流程

9.3.2.1 研究对象简介

雅砻江作为金沙江的最大支流，是我国水能资源开发条件最好的河流之一，河系为羽状发育，除南面外其余三面的大部分高山海拔均超过了 4000m，河流南面坐落着滇东北高原，分水岭高程达到2000m，洼里以上流域平均海拔高程为4080m。雅砻江的源头为青海省玉树州境内的巴颜喀拉山南麓，河流流向为西北至东南，在呷依寺附近流入四川省甘孜藏族自治州(Markowitz，1952)，其干流达到1571km，天然落差3830m，流域面积达到13.6万km^2，多年平均降雨量为520～2470mm，由北往南递增，河口多年平均流量1930m^3/s，年径流量近600亿m^3，占长江上游总水量的13.3%。雅砻江流域水能资源十分丰富，流域水系水量丰沛、落差巨大且集中，干支流蕴藏水能资源丰富，水能资源可开发量3461万kW，其中干流为2932万kW，占全水系的85%。雅砻江水电基地作为全国重要的水电能源基地之一，该水电基地的建设对我国实现雅砻江流域梯级水能开发，实现水资源合理优化配置，打造西部经济核心增长极起到了极大的促进作用。尤其是雅砻江流域梯级电站群联合优化调度能有效节约一次能源，降低污染排放，时空上合理分配水资源，经济、社会和环境效益显著。

(1)锦屏一级水电站

锦屏一级水电站为雅砻江干流下游第一级电站。坝址位于四川省凉山彝族自治州盐源县和木里县交界的雅砻江畔洼里乡灯盏窝，控制流域面积10.3万km^2，多年平均流量1220m^3/s。正常蓄水位1880m，死水位1800m，总库容77.6亿m^3，调节库容49.1亿m^3，具有年调节性能。装机容量360万kW(6台×60万kW)，多年平均年发电量166.2亿kW·h。枢纽主要建筑物由混凝土双曲拱坝、泄水建筑物、引水发电系统等组成，最大坝高305m，为世界第一高坝。

(2)锦屏二级水电站

锦屏二级水电站为雅砻江干流下游第二级电站。坝址位于四川省凉山彝族自治州木里、盐源、冕宁三县交界处的雅砻江干流锦屏大河湾上，电站利用雅砻江150km锦屏大河湾的天然落差，截弯取直开挖隧洞引水发电。坝址位于锦屏一级下游7.5km处，厂房位于大河湾东端的大水沟。控制流域面积10.3万km^2，多年平均流量1220m^3/s。正常蓄水位1646m，死水位1640m，正常蓄水位以下库容1401万m^3，调节库容仅496万m^3，本身具有日调节性能，与锦屏一级同步运行则同样具有年调节性能。装机容量480万kW(8台×60万kW)，多年平均年发电量242.3亿kW·h。枢纽主要建筑物由混凝土闸坝、泄水建筑物、引水发电系统等组成，最大坝高34m。

(3)官地水电站

官地水电站为雅砻江干流下游第三级电站。坝址位于四川省凉山彝族自治州西昌市和盐源县交界处，坝址距西昌市直线距离约30km，公路里程约80km，控制流域面积11.01km^2，多年平均流量1430m^3/s。正常蓄水位1330m，死水位1328m，总库容7.6亿m^3，水库回水长58km，与上游水库联合运行具有年调节性能。装机容量240万kW(4×60万kW)，多年平均年发电量约117.76亿kW·h。枢纽主要建筑物由碾压混凝土重力坝、泄水建筑物、引水发电系统等组成，最大坝高168m。

(4)二滩水电站

二滩水电站为雅砻江干流下游第四级电站，系雅砻江水电基地梯级开发的第一个水电站。坝址位于中国四川省西南边陲攀枝花市盐边与米易两县交界处，距雅砻江与金沙江的交汇口 33km，距攀枝花市区 46km。控制流域面积 11.64 万 km^2，多年平均流量 $1670m^3/s$。正常蓄水位 1200m，死水位 1155m，正常蓄水位以下库容 58 亿 m^3，调节库容 33.7 亿 m^3，具有季调节性能。装机容量 330 万 kW(6 台×55 万 kW)，多年平均年发电量 170 亿 kW·h，枢纽主要建筑物由混凝土双曲拱坝、泄水建筑物、引水发电系统等组成，最大坝高 240m。

(5)桐子林水电站

桐子林水电站为雅砻江干流最末一座梯级电站。坝址位于四川省攀枝花市盐边县境内，距其上游二滩水电站 18km，距其下游的雅砻江与金沙江交汇口 15km。正常蓄水位为 1015m，死水位 1012m，总库容 0.912 亿 m^3，调节库容 0.146 亿 m^3，具有日调节性能。装机容量 60 万 kW(4 台×15 万 kW)，多年平均年发电量 29.75 亿 kW·h。枢纽主要建筑物由混凝土闸坝、泄水建筑物、引水发电系统等组成，最大坝高 71.3m。

9.3.2.2 调度结果对比

选取雅砻江下游梯级电站 5 月 11 日至 17 日为目标调度期，采用构建的 SRSM 模型与 SDP 模型对雅砻江梯级电站进行调度计算，结果如表 9.2 所示，其中，SRSM 模型的正负风险系数值分别设定为 $\alpha=2$、$\beta=1$。

表 9.2 不同调度模型效益风险比较(单位:亿 kW·h)

调度模型	发电效益	欠发风险	过发风险
SRSM	1248.14	112.13	271.14
SDP	1249.71	113.03	273.02

由调度结果可知，由于 SRSM 模型将发电风险纳入了模型考虑范围，其期望发电量较 SDP 模型少 1.57 亿 kW·h，但欠发风险与过发风险分别减少了 0.9 亿 kW·h、1.88 亿 kW·h，相较发电效益下降比例，发电风险降低效果显著。由此可见，在面对不确定径流条件时，SRSM 模型在均衡水电站发电效益与发电风险的问题上，具备其适用性。

9.3.2.3 正负风险系数敏感性分析

发电效益与欠发风险对负风险系数的敏感性如图 9.11 所示。由图中发电效益与欠发风险随负风险系数 α 取值的变化过程可知：发电效益与欠发风险随 α 取值变化的总体趋势相近；当 α 取值较小时，随着 α 值的增大，发电效益与欠发风险下降趋势明显，但下降趋势呈现逐渐减缓特征；当 α 取值在 2.5 以上时，α 取值变化，发电效益与欠发风险基本不产生明显变化。

图 9.12 所示为发电效益—欠发风险关系曲线，在曲线上，每个欠发风险值均对应一个

最大期望发电效益值,相应的每个期望发电效益值也对应一个最小欠发风险值。为获得发电效益最大且欠发风险最小的均衡调度方案,可选择发电效益—欠发风险关系曲线斜率最小点为其需求调度解。

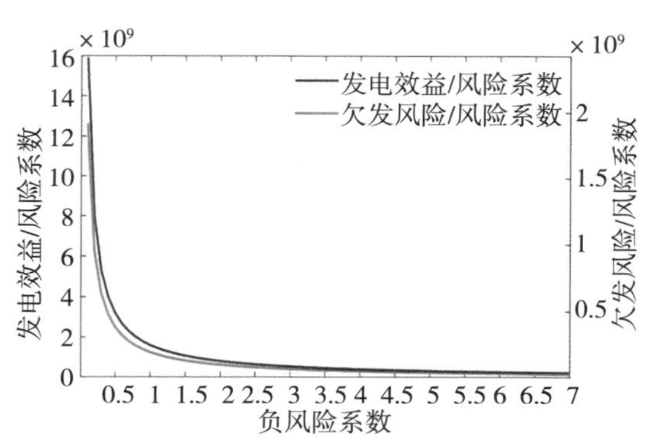

图 9.11 发电效益、欠发风险对负风险系数敏感性

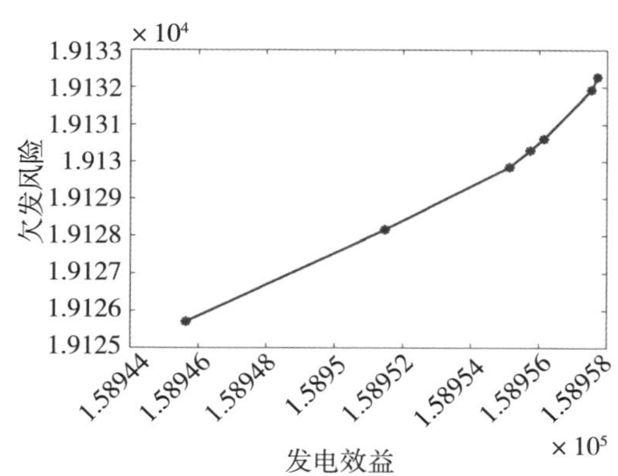

图 9.12 发电效益—欠发风险关系曲线

图 9.13 反映了发电效益—欠发风险关系曲线斜率。由图可知,当 α 取值在 2.4 以上时,斜率取得最小值。因此,在目标水电站风险发电优化调度中,若不考虑过发风险,仅关注水电站欠发风险,则当负风险系数 α 取值在 2.4 及以上时,可获得发电效益、欠发风险均衡的理想调度解。

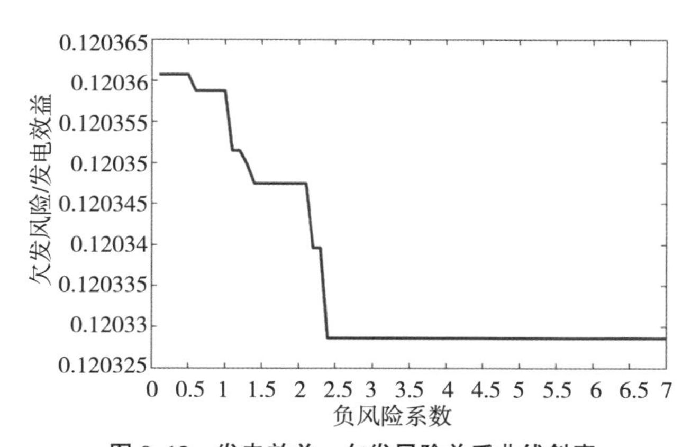

图 9.13 发电效益—欠发风险关系曲线斜率

发电效益、过发风险对正风险系数 β 取值的敏感性如图 9.14 所示。由图中发电效益、过发风险随正风险系数变化过程可知:总体来看,发电效益与过发风险随 β 值变化趋势相近;当 β 取值较小时,随着 β 取值的增大,发电效益与过发风险下降趋势较快;随着 β 取值的不断增大,发电效益、过发风险的变化趋势逐步减缓;当 β 取值到 0.5 以上时,β 取值变化,发电效益与过发风险基本不产生明显变化。

图 9.15 所示为水电站发电效益—过发风险曲线,在曲线上,每个过发风险值均对应一个最大期望发电效益值,相应的每个期望发电效益值也对应一个最小过发风险值。当希望

获得发电效益、过发风险均衡的调解时，则可选择曲线斜率最小处。

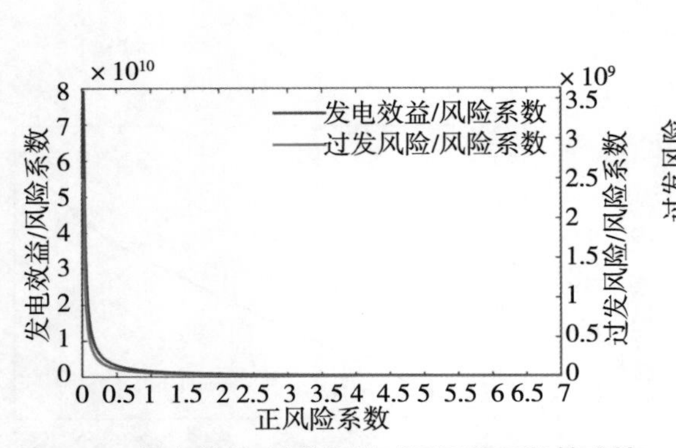

图 9.14　发电效益、过发风险对正风险系数敏感性

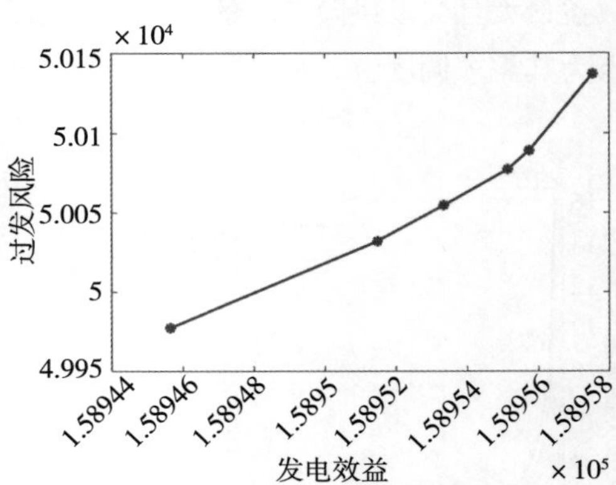

图 9.15　发电效益—过发风险曲线

图 9.16 所示为发电效益—过发风险曲线斜率，由图可知，当 $\beta=0.12$ 及以上时，发电效益—过发风险曲线取得最小斜率。因此，在目标水电站风险发电优化调度中，若不考虑欠发风险，仅关注水电站过发风险，则当正风险系数 β 取值为 0.12 及以上，可获得发电效益、过发风险均衡的理想调度解。

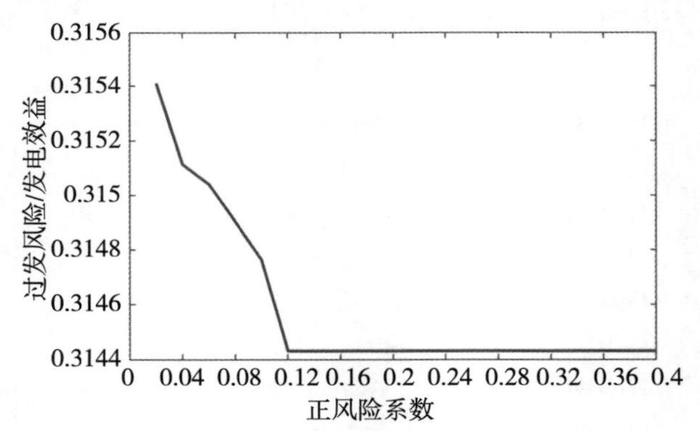

图 9.16　发电效益—过发风险曲线斜率

在此基础上，为进一步研究同时考虑欠发风险与过发风险时，水电站调度结果受风险厌恶程度的影响情况，对 α 、β 取值同时变化情况下的调度结果作进一步分析。由前文 α 、β 取值单独变化时，发电效益与发电风险对风险系数敏感性分析结果可知，α 和 β 的敏感取值范围分别为 0～3 和 0～0.21。由此，可将 α 、β 的敏感取值范围分别进行离散，α 离散精度取为 0.2，β 离散精度取为 0.01，获得 α 、β 各 13 个不同取值；再将 α 、β 不同取值自由组合，则可获得 169 组不同的 α 、β 取值组合。将每组 α 、β 取值组合分别带入 SRSM 模型进行优化调度计算。每个点对应一组 α 、β 取值，不同颜色代表不同的发电风险值或发电效益值；等值线类似于地理学中等高线概念，等值线上每处的发电风险或发电效益值相同，且相邻等值线间的数据差值相等，等值线越密集，则表示描述对象数据的数值在此区域内变化越快。

为便于描述，将等值线图按等值线疏密特征划分为五个区域，每个区域位置如图 9.17、图 9.18 所示。由等值线图得出的结论如下。

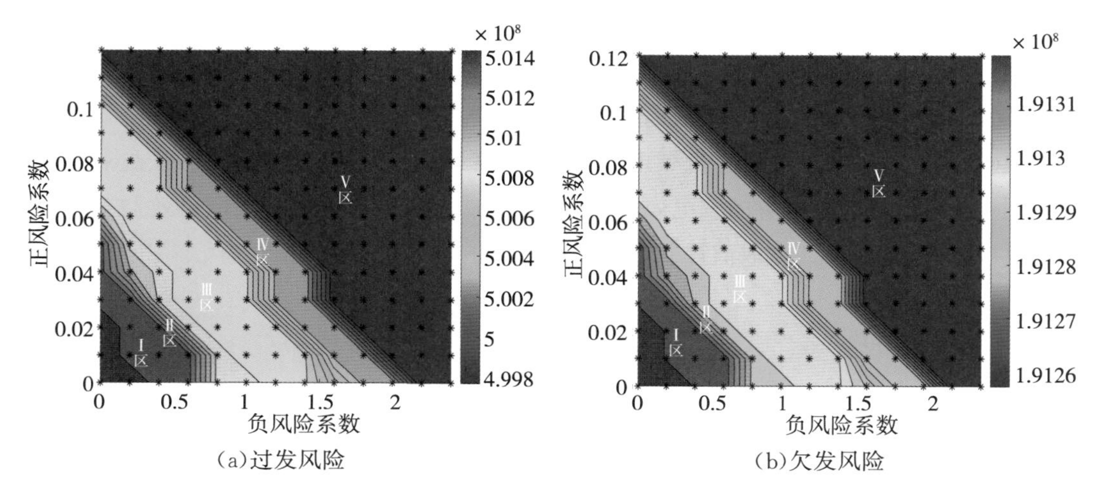

(a)过发风险 (b)欠发风险

图 9.17 过发、欠发风险等值线图

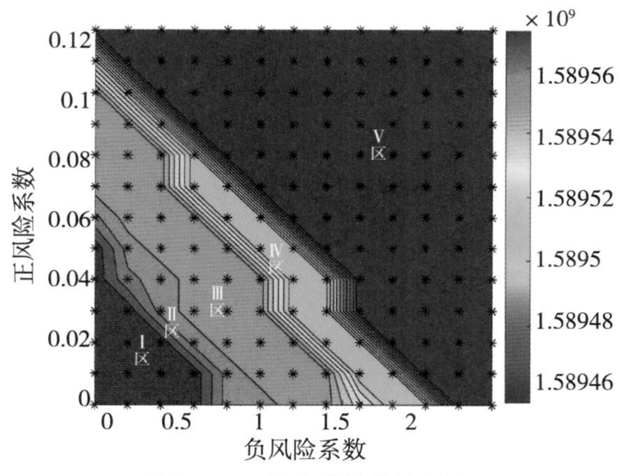

图 9.18 发电效益等值线图

1)总体上，当 α 、β 取值从 0 开始逐渐增大时，过发风险、欠发风险、发电效益三者随 α 、β 取值变化的总体趋势均为疏—密—疏—密，直至最后调度结果不再随 α 、β 取值变化而发生变化。

2)当 α 、β 取值在Ⅰ区域内变化时，等值线较为稀疏，发电效益与发电风险随 α 、β 取值变化不明显。

3)当 α 、β 取值在Ⅱ区域内变化时，出现第一段等值线密集区域，三种等值线均呈现密集现象，且过发风险、欠发风险等值线密集程度明显大于发电效益等值线。当 α 、β 取值在Ⅱ区域内变化时，发电风险变化速率显著快于发电效益变化速率。

4)当 α 、β 取值在Ⅲ区域内变化时，等值线再次出现稀疏现象，这段区域内发电效益与发电风险随 α 、β 取值变化不明显。

5)当 α 、β 取值在Ⅳ区域内变化时,等值线重新出现密集现象,但在这段区域内发电效益等值线与发电风险等值线疏密程度无明显差异,即此区域内发电效益风险会随 α 、β 取值变化而发生明显变化,但变化速率相当。

6)当 α 、β 取值在Ⅴ区域内变化时,等值线不再出现,即此区域内调度结果不再随 α 、β 取值变化而发生变化,优化调度结果趋向于稳定。

综上可知,当 α 、β 取值在Ⅲ区域内时,发电风险下降比例相对较大,发电效益下降比例相对较小,此时获得的调度解的发电效益与风险最为均衡。因此,若希望取得效益—风险均衡的理想调度解,应将 α 、β 取值控制在等值线图中的Ⅲ区域内。

9.4 本章小结

本章提出了适用性较好的径流联合分布特征描述模型;进而针对调度模型中不确定性径流特征刻画问题,采用改进的情景距离衡量指标,对大规模径流情景集合进行削减,以提高径流情景为输入的调度模型计算效率;最后针对来水不确定条件下的水电站短期优化调度问题,提出了一种新的考虑约束风险的方式,构建了考虑过发、欠发风险的发电调度模型,并通过发电量、发电风险对风险系数的敏感性分析,获得水电站调度决策的实用性建议。以雅砻江流域 7 库梯级系统为例,进行了实例计算研究,得出如下结论:

1)针对径流时间序列联合分布函数构造与径流随机模拟问题,引入高斯混合模型拟合日径流序列联合分布函数,基于 AIC 准则确定模型子分量数量,利用 EM 算法优化模型参数,推求日径流条件概率分布函数及其反函数,构建了基于高斯混合分布的日径流随机模拟模型;进而以锦西、锦东、桐子林水文站为实例,基于历史径流数据率定高斯混合模型各项参数,拟合站点日径流联合分布函数,并将模型边缘分布函数与皮尔森-Ⅲ型分布、经验分布进行比较,结果表明,高斯混合模型对历史径流分布拟合效果理想,验证了高斯混合分布模型应用于日径流联合分布拟合的合理性;最后,将高斯混合分布模拟模型模拟序列与历史径流数据及基于 Copula 函数的径流模拟序列进行比较,结果表明,高斯混合模型模拟结果与历史实测数据主要统计参数保持了必要的一致性,验证了本章构建的基于高斯混合分布日径流模拟模型用于日径流序列随机模拟的可行性,为水文序列随机模拟提供了一种新的方法与思路。

2)针对随机优化发电调度模型中不确定性径流描述的问题,引入情景分析法,以拉丁超立方抽样方法对本章构建的日径流高斯混合分布模型进行抽样模拟获得径流情景集合;进而提出混合距离度量指标衡量径流情景间差异性,在此基础上采用 K-Means 聚类思想对径流情景集进行削减,并与传统的 SBR、FFR 情景缩减方法进行比较,验证了改进 K-Means 聚类方法削减径流情景的合理性与高效性;最后针对典型径流情景的生成问题,采用改进的 K-Means 聚类方法对基于径流模拟模型生成的大规模径流情景集合进行削减,并将生成的典型径流情景与历史径流数据和初始情景集进行比较,分析主要特征信息的保留情况,验证了典型径流情景用于水电站发电调度计算的合理性，为水电站随机优化调度的径流输入形式提供一种新的可行思路。

3)针对径流来水不确定性导致的水电站发电风险问题，从经济学领域引入半方差风险计量模型，分别以上下标准差衡量水电站过发风险与欠发风险，构建了考虑调度决策人员对不同发电风险厌恶程度的水电站半方差风险发电优化调度模型；选取雅砻江梯级电站5月11日至17日作为研究实例，以构建的典型径流情景集为模型的不确定性径流输入，基于随机动态规划思想对调度模型进行求解，并通过与不考虑风险的随机动态规划模型调度计算结果比较分析，验证了所提模型对于发电风险与发电效益的均衡能力；进而分析发电效益、发电风险对正负风险系数的敏感性，绘制发电效益等值线图与发电风险等值线图，分析等值线变化趋势，给出均衡发电效益与发电风险的风险系数最佳取值范围，为制定发电效益—风险均衡的理想发电调度计划提供理论依据与决策参考。

第4篇

梯级电站多源异构数据处理与多专业模型集成技术

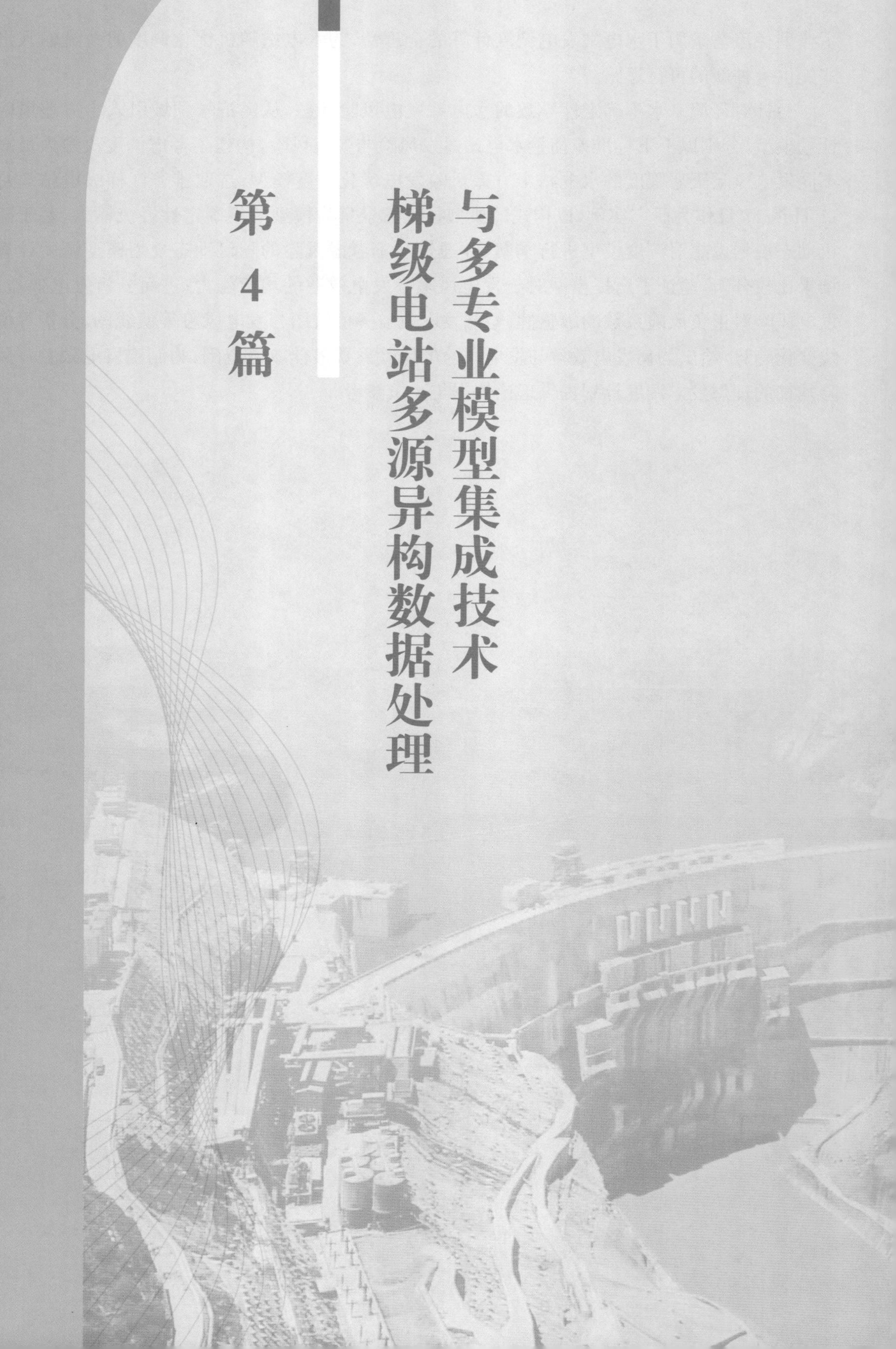

雅砻江流域梯级电站规模大，其数据监测、采集、传输和处理涉及多专业、多部门，气象水文预报、水库群联合调度、风险评估决策等研究需海量数据支撑，数据种类繁多且格式各异，来源也不尽相同。其次，现有流域水文预报、电站调度、风险决策等专业应用模型多依赖单一场景开发，模型复用程度较差，模型和数据间联系缺乏统一性，模型耦合存在冲突。同时，现有系统各模型功能耦合程度深，应用服务场景划分不明确，系统开发周期长、难度大且不易更新升级。研究针对雅砻江流域数据类型多样、来源广泛的特点，提出了梯级电站多源异构数据处理技术。通过建立水资源管理系统数据管理平台对数据进行统一管理，对多源异构数据根据其来源和形式有针对性地采用关系型数据库（RDBMS）和非关系型数据库（NoSQL）储存、处理和应用，实现统一数据共享服务接口。其次，针对现有模型复用性、规范性差的问题，设计了一种基于模型服务化的水资源管理系统多专业模型库体系，通过制定模型标准化范式，实现系统多专业模型封装，在此基础上规范化专业模型，统一模型间交互与外部访问方法与数据格式，并统一对接数据管理平台，实现专业模型扩展和服务资源的复用。最后，针对现有系统业务划分不明确、开发难度大的问题，提出了一种水资源管理系统服务集群化方法，分析了系统业务阈边界，解耦模型功能，采用主流的开发方式，搭建微服务集群化框架，在快速开发的同时保留系统更新升级需求，实现了专业模型服务的负载均衡和核心服务的高可用，横向扩展模型的并发能力，以提升系统整体性能。

第10章 梯级电站水资源管理系统多源异构数据处理技术

10.1 系统多源异构数据管理平台

数据库技术是水资源管理系统的重要工具，承担着系统数据贮存和管理的功能，为水资源的管理调度和优化配置等功能提供精准的数据管理支持。数据库技术除了有对来自多种数据源的数据进行集中、清洗、管理等功能外，还可以通过相关性分析、数据仓库、数据挖掘等技术为系统提供多功能和多层次服务。数据库技术将数据库主要分为关系型数据库、非关系型数据库两大类。

关系型数据库存储着结构化的数据，建立在关系数据库模型基础上。常用关系型数据库有 Oracle、MySQL、达梦等，这类数据库能够满足水资源管理系统数据所需的备份恢复、迁移扩容、主备切换等功能，同时可以通过 SQL 语言提供秒级甚至毫秒级的数据操作功能。其中，Oracle 作为目前主流的数据库管理系统（RDBMS），其凭借代码开源、支持多操作平台、具备良好数据管理一致性、遵循 GPL 协议和支持标准 SQL 命令等特点，成为诸多水利单位水资源管理系统的关系型数据库首选。

NoSQL 数据库存储着非结构化的数据，主要包含 Redis、Memcached、MongoDB 等数据库，NoSQL 数据库省去传统关系型数据库的查询语句解析功能，具备更高的灵活性、扩展性和可用性。其中，Redis 数据库是一款开源的、分布式的、支持数据持久化和操作简便的内存数据管理系统，通过将数据缓存在服务器内存来提高系统响应性能、降低关系型数据库服务器负载压力和提升用户体验，常用作网络应用程序的内存数据库或缓存组件。传统水资源管理系统更多关注系统功能完整性和模型结果精确性，极少考虑系统响应性能和服务器负载压力，为此，可引入 Redis 数据库为系统提供服务器缓存机制，以提高系统响应速度。

对数据库进行选型后，还需选择合适的数据库连接技术实现应用程序与数据库的交互。JDBC 连接技术是基于 Java 编程语言开发的程序传统的交互方式，另外，包括 Mybatis、Hibernate、Spring Data JPA 在内的 ORM 框架也同样可提供数据持久化功能。Spring Data

JPA在维护类关系和简易增删改查(CRUD)方面非常便捷,且当系统数据库类型进行切换升级时不需要进行额外的SQL语言修改,而MyBatis作为一款优秀的持久层框架,支持定制化SQL、存储过程以及高级映射,避免了几乎所有的JDBC代码和手动设置参数以及获取结果集。并可以使用简单的XML或注解来配置和映射原生信息,将接口和Java的POJOs(Plain Ordinary Java Object)映射成数据库中的记录。

10.2 系统数据接口规范化

10.2.1 实时数据交互与数据抽取

实时数据交互与数据抽取模块要求能够与现有自动化系统进行无缝数据对接,获取生产系统中的实时数据、历史数据、预报数据、特性曲线、特征数据、水文气象部门及接收的与水库运行调度有关信息、从水调厂站接收厂站调度人员调度意见和建议等相关信息以及水调主站和各厂站及其他数据源系统信息等。其中水情数据包括各水文测站及雨量站的水雨情信息,水文预报成果数据(不同预见期的径流预测和洪水预测);电站运行信息是指与电站运行有关的信息,包括各水电站的水库水位、下游水位、入库流量、出库流量、发电流量、弃水流量以及泄洪建筑物闸门启闭运行状态、闸门开度、闸门控制设备的工作状态、每台机组的出力及运行状态,各个水电站的全厂功率总和、发电量、调度部门下达的负荷曲线、实际日负荷曲线以及出线线路的电网参数等,整个梯级的水电功率总值、发电量,水电站设备检修信息,水电站电网运行的一次接线等信息,生产调度指令,梯级发电计划及生产管理信息等。

雅砻江流域水资源管理系统所涉及的数据源有不同数据部门提供的异构数据库、监控设备实时数据流、卫星遥感航拍数据等,具有半结构化和非结构化等特征,需要进行快速、精确的数据抽取和分析。常用的解决方案包括数据仓库与包装器(Wrapper)两种。其中数据仓库方案的关键是数据抽取、转换和加载(Extraction-Transformation-Loading,简称ETL)以及增量更新技术,通过将所涉及的分布式异构数据源中的关系数据或平面数据文件全部抽取到中间层后进行清洗、转换、集成,其主要缺点是无法保证数据的实时性。包装器则适用于对数据量比较大且需要实时处理的集成需求,首先通过对目标数据源的数据元素以及属性标签进行预分析,由人工辅助生成良好的训练样例,以此分别训练针对特定数据源的包装器,通过海量异构数据源的快速数据映射,实现各数据源之间的统一数据视图支持。

10.2.1.1 面向结构化数据的处理流程

作为数据源的结构化数据库需要开放数据库接口,供元数据管理系统从源数据库中抽取数据结构信息。服务生成模块可以查询存放于元数据系统中的各业务系统元数据,通过简单地操作(例如勾选、组合字段)自动生成提取数据的代码块,并将该部分代码块包装成

WebService 服务，存放于服务运行模块，并服务注册到企业服务总线（ESB，服务注册可以是手工注册，如果 ESB 能通过 API 支持自动注册就更好），对外部进行数据服务（图 10.1）。

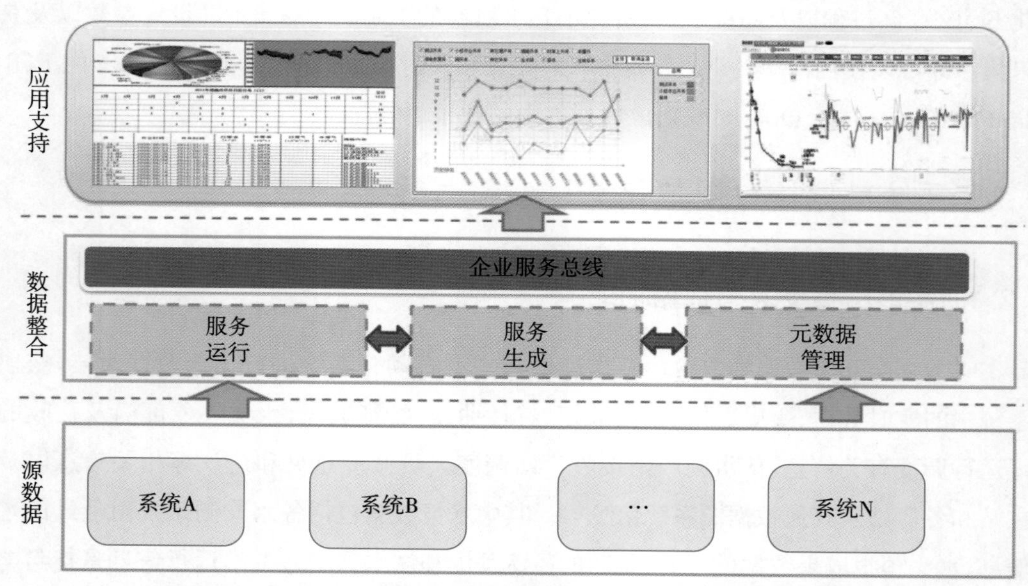

图 10.1 面向服务的分布式异构数据实时交互与抽取技术路线

该操作过程，应对同一个数据库时相对比较简单。但是如果服务需要从不同的数据库中提取并关联数据时，情况就会复杂得多。例如从两个数据源中各取一个表进行关联。考虑的实现方法如下：从数据库 A 中取出表 X 的数据，放入到服务生成系统的内存 ListX，从数据库 B 中取出表 Y 的数据，放入到服务生成系统的 ListY。两个 List 在内存中进行关联计算，生成业务应用需要的结果集，通过 ESB 传递到调用该服务的业务系统。该方法类似于在内存中实现数据库的连接操作。

对于服务生成模块来说，需要支持数据库内连接和内存连接两种代码生成模式。

10.2.1.2 面向非结构化数据的处理流程

对于非结构化数据，由于没有统一的数据结构，是无法通过上面的方式自动生成代码块并发布成服务的。可基于正则表达式（Regex）等定制模型描述异构数据源中的有价信息，即针对不同数据源集成要求，人工设计生成适用的正则表达式及其分析树，制定数据抽取规则并开发数据抽取模型，建立由多个叶节点（匹配子串）组成的统一异构数据源集成分析树，通过 ESB 进行集成并发布到数据整合平台，统一对外提供服务（图 10.2）。

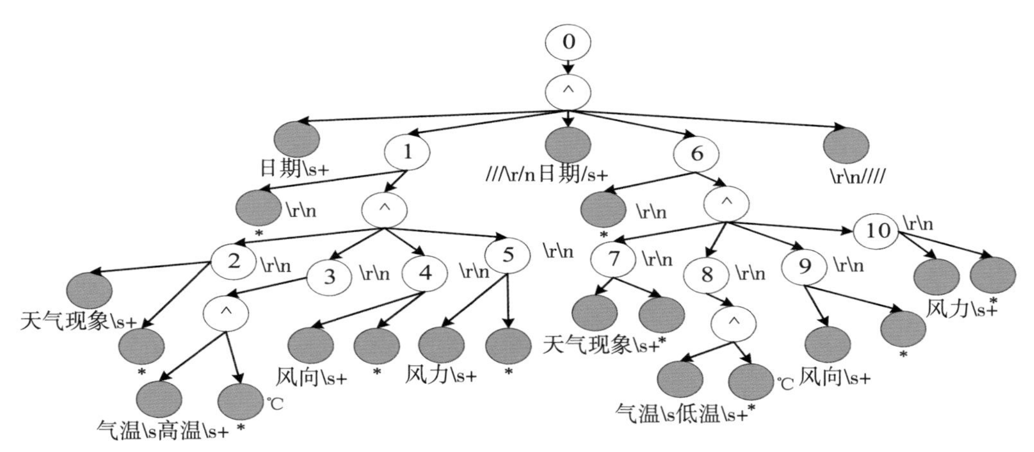

图 10.2 某气象站点数据源的 Regex 分析树

10.2.2 数据模式匹配与数据挖掘

系统数据融合方法的核心问题是建立跨领域的自动模式匹配方法，将来自多个数据源的数据融合到统一的模式中，从大量的、不完全的、有噪声的、模糊的、随机的实际应用数据中，提取隐含在其中的、人们事先不知道的，但是潜在有用的信息和知识，为敏感因子预警、洪水识别、多时空尺度水文预报及发电、防洪、生态等水库调度决策提供启发信息和相关应用服务。该模块主要包括分类、回归分析、聚类分析、关联规则、特征分析、变化和偏差分析、Web 页挖掘等子模块。

（1）分类子模块

分类是指找出数据库中一组数据对象的共同特点，并按照分类模式将其划分为不同的类。通过分类子模块能将数据库中的数据项映射到某个给定的类别。

（2）回归分析子模块

回归分析是为了反映事务数据库中属性值在时间上的特征，产生一个将数据项映射到一个实值预测变量的函数，发现变量或属性间的依赖关系。回归分析子模块主要研究问题包括数据序列的趋势特征、数据序列的预测以及数据间的相关关系等。

（3）聚类分析子模块

聚类分析是把一组数据按照相似性和差异性分为几个类别。聚类分析子模块能使属于同一类别的数据间的相似性尽可能大，不同类别中的数据间的相似性尽可能小。

（4）关联规则子模块

关联规则子模块能描述数据库中数据项之间所存在的关系，即根据一个事务中某些项的出现可导出另一些项在同一事务中也出现，隐藏在数据间的关联或相互关系。

(5)特征分析子模块

特征分析子模块能从数据库的一组数据提取出关于这些数据的特征式,这些特征式表达了该数据集的总体特征。

(6)变化和偏差分析子模块

变化和偏差分析子模块处理分类中的反常实例,模式的例外,观察结果对期望的偏差等,其目的是寻找观察结果与参照量之间有意义的差别。意外规则的挖掘可以应用到各种异常信息的发现、分析、识别、评价和预警等方面。

(7)Web 页挖掘子模块

随着 Internet 的迅速发展及 Web 的全球普及,使得 Web 上的信息量无比丰富,通过对 Web 的挖掘,可以利用 Web 的海量数据进行分析,收集社会、经济、政策、科技等有关的信息,集中精力分析和处理那些对雅砻江流域水资源管理有重大或潜在重大影响的外部环境信息和内部信息,并根据分析结果找出水资源管理过程中出现的各种问题和可能引起危机的先兆,对这些信息进行分析和处理,以便识别、分析、评价和管理危机。

10.2.3 数据共享接口

数据共享接口是支持多平台多模型交叉需求的重要支持,通过建立针对分布式系统集成的 Web 服务共享平台数据存取应用程序编程接口(Application Programming Interface, API),在此基础上支持多部门间数据交互的调用。充分考虑分布式系统数据支持的特殊需求,遵循 SOA 设计思想,建立具有高数据质量的统一数据支持平台,并为多框架多开发语言的普适计算环境提供 RESTful(状态无关)数据支持接口。通过对半结构化或非结构化数据的抽取,并与结构化数据进行清理和融合,从而生成统一的专题数据支持视图,平台主要包括的模块如下。

(1)路由模块

该模块的基本功能是将终端用户请求路由到对应的服务器实例,并提供应用动态注册等功能。目前绝大多数功能的实现是基于 ngnix,同时也需要使用简单的 lua 脚本完成应用注册和路由查询等基本功能。

(2)服务管理模块

该模块会为开发人员和运维人员提供管理接口,其基本功能包括创建应用实例、配置应用运行参数、启停应用、发布应用程序、扩容或缩容等。服务管理模块也需要提供相应的客户端被用户使用,如命令行或是用户界面等。

(3)应用容器模块

应用容器是 PaaS 平台的核心,其主要功能是管理应用实例的生命周期,汇报应用的运行状态等。目前来看,应用容器既可以基于虚拟机来实现(如 AWS),也可以使用 Linux 容器技术来实现,最早使用的是 LXC,CloudFoundry 使用的是自己的 warden,同样也是基于 cgroup,现在最新的是 docker。

(4)应用部署模块

应用部署模块需要将应用程序打包成为可直接部署的发布包。该模块是实现 PaaS 平台开发的关键。由于现有通用的 PaaS 平台需要支持多种编程语言和框架,如 Java, Python, Ruby 和 PHP 等,当应用发布时,PaaS 平台需要根据不同的编程语言将应用打包成通用的发布包,然后传递给容器模块部署。应用部署模块是实现这一过程的关键,目前来看起源于 Heroku 的 buildpack 已经被大家广泛接受。

(5)块存储模块

该模块主要用于存储应用的发布包,需要保证程序包的长久存储。目前 AWS 的 Beanstalk 直接使用 S3,CF 可以使用网络文件系统 NFS 或是其他任何分布式文件存储系统(如 HBase)。

(6)数据存储模块

该模块需要保存应用和服务的基本信息,可以基于任何现有的数据库技术实现,如 MYSQL 或是 MONGODB 等。

(7)监控模块

该模块的作用是持续监控应用的运行状态,比如健康状态(是否存活)、资源使用率(CPU、内存、硬盘、网络等)和可用性等。这些指标会成为整个平台运维的关键,也为自动弹性伸缩奠定基础。

(8)用户认证模块

该模块需要保证应用程序的安全性和隔离性,通常而言,公有云的提供商会使用 OAuth 等技术集成现有的用户认证服务。

(9)消息总线模块

该模块也是最重要的模块,由于 PaaS 平台所搭建的是一个大规模分布式环境,通常而言,机器数量规模在数百台到上千台,所有模块之间的通信会变成一个核心的问题。所以消息总线会变成系统之间通信的基础,通常需要支持 pub/sub 模式。

基于该架构,应用实例的弹性伸缩也能够非常容易地实现——需要监控服务来不断获取实时的应用状态,当某些指标超出预先定义的阈值时,平台会启动伸缩服务,首先从应用容器模块预留资源,然后调用应用部署模块打包应用并部署,最后将应用节点注册到路由模块完成整个伸缩的过程。

10.3 系统数据模块化处理方法

雅砻江流域梯级水资源管理系统涉及气象水文数据处理、水文预报和水库调度，数据组织和数据架构层设计方式，不仅影响系统开发代价和效率，而且还直接影响系统运行性能和升级维护门槛。因此，对数据层进行模块化处理是非常有必要的，本节分别对数据访问模块、数据缓存模块、数据存储模块、数据集成模块以及数据汇集模块进行设计研究。

10.3.1 数据访问模块

数据访问模块是数据架构层与应用架构层的通信桥梁，应用架构层数据请求皆经由数据访问模块与平台进行交互，因此，轻量级的数据交互方式能有效提升系统的通用性和降低升级维护成本。传统 Web 服务的数据交互方式以简单对象访问协议(Simple Object Access Protocol，SOAP)为核心，通过 RPC 方式以过程性的操作调用远程服务，在系统规模不断增大和业务规则愈加复杂后，SOAP 需要融合各种标准协议，这种不断融合过程会使得数据交互变得越来越臃肿，进而使系统在开发成本、扩展性、性能和升级维护成本上等方面出现问题。此外，传统 Web 服务将应用层协议 HTTP 只当作传输协议来传输数据，对 HTTP 协议的特性没有充分利用。为弥补基于 SOAP 协议数据交互方式的不足，基于表达性状态转移(Representational State Transfer，REST)数据交互方法因其轻量级、易于使用、平台兼容性高和扩展性强等特性，已经在当下 Web 服务中取得主流地位(魏娜，2011)。因此，统一平台采用 REST 数据交互方法实现数据架构层与应用架构层之间的 API 数据通信。

REST 架构 Web 服务将需要返回给客户端的数据称为资源并以资源为中心，而后将平台提供的数据服务转化成对相应数据资源的处理，同时采用统一资源标识符(Uniform Resource Identifier，URI)对资源进行标识。在对资源进行标识时，遵循以下规则：①URI 的层次需要清晰分明并具备实际工程意义；②URI 不标识行为，只采用名词形式而不采用动词形式；③当资源进行修改或者整合时，原有的 URI 需要保持继续可用。在指定好访问资源的 URI 后，还需要指定具体的资源操作方式。REST 架构充分发挥 HTTP 协议特性，将对资源的操作映射到 HTTP 标准方法上，具体应用举例如表 10.1 所示。

表 10.1 REST 架构 Web 服务应用举例

REST 动词	解释	平台应用
GET	获取平台资源	可携带数据量小，用于获取基础参数数据，如电站基本参数
POST	提交请求参数并获取返回结果	可携带数据量大，用于请求需要给定参数才能查询的资源
PUT	提交数据	用于对数据资源进行修改
DELETE	删除数据	用于对数据资源进行修改
PATCH	和 POST 类似	在平台中不常用

10.3.2 数据缓存模块

统一数据管理平台为雅砻江水资源管理系统中的所有服务提供数据访问接口，若每次数据请求流程都直接与数据存储模块中的数据库进行通信交互，则不仅会加大数据库服务器的负载压力甚至引起宕机，同时也会导致平台响应性能慢而降低用户体验。因此，平台构建数据缓存模块为统一平台提供缓存机制，有效减少数据在平台中的重复传输与提取过程，从而降低网络延迟和服务器负载，提高系统响应性能与用户请求并发量。目前缓存方式主要包括客户端缓存、代理缓存、反向代理缓存和 Web 服务器缓存四种(邱书洋，2016)。其中，代理缓存和反向代理缓存需部署额外的硬件来减少数据请求交互次数，成本较高且开发工作量较大。因此，平台在数据缓存模块中依据数据缓存作用域的不同设计客户端缓存和 Web 服务器缓存这两类缓存机制。

客户端缓存设置在应用架构层中的浏览器缓存中，具体实现方式为：在同一会话连接(Session)中，将指定静态资源的副本存储在本地硬盘或浏览器内存上，当请求的资源从浏览器缓存可直接读取时，则无需再访问数据库服务器，浏览器缓存流程如图 10.3 所示。客户端缓存实现简单且快速，但其缓存机制是针对单个客户端而言，每个客户端的浏览器都独享一份缓存资源，无法做到资源共享，且当会话连接关闭后缓存会实效，故还需配合 Web 服务器缓存以达到高效稳定的目的。

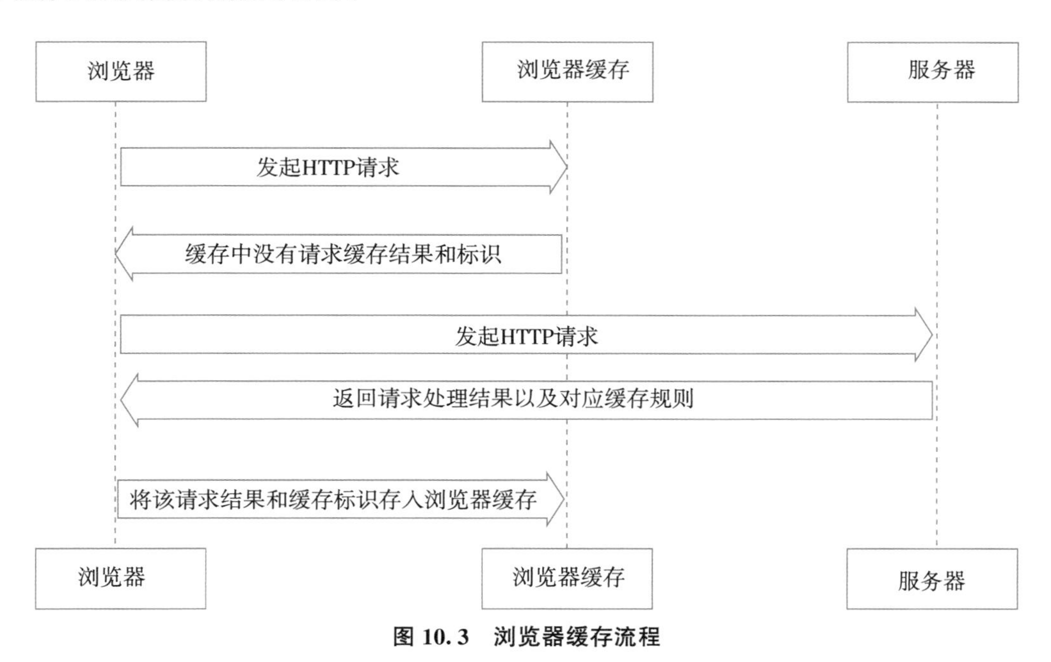

图 10.3 浏览器缓存流程

Web 服务器缓存主要分为编程式缓存、应用框架缓存和内存数据库缓存(陶利军，2012)。传统水资源管理系统多在系统与数据库之间设计编程式缓存与应用框架缓存，采用编程代码和缓存置换算法实现数据内存储，这两种方式对系统开发者要求高，系统架构繁杂，不便于后期维护升级。Redis 数据库作为一款主流的内存数据库，具备开源、操作入门简单、支持数据结构多、支持事物管理和性能快速等特点。研究选用 Redis 数据库实现 Web 服务器缓存，在开发阶段，经过多次测试找出耗时较长的数据处理接口，通过 Spring Boot 整合 Redis 的方式对这类接口进行缓存，从而提升系统整体数据处理效率，统一数据管理平台数据处理流程如图 10.4 所示。

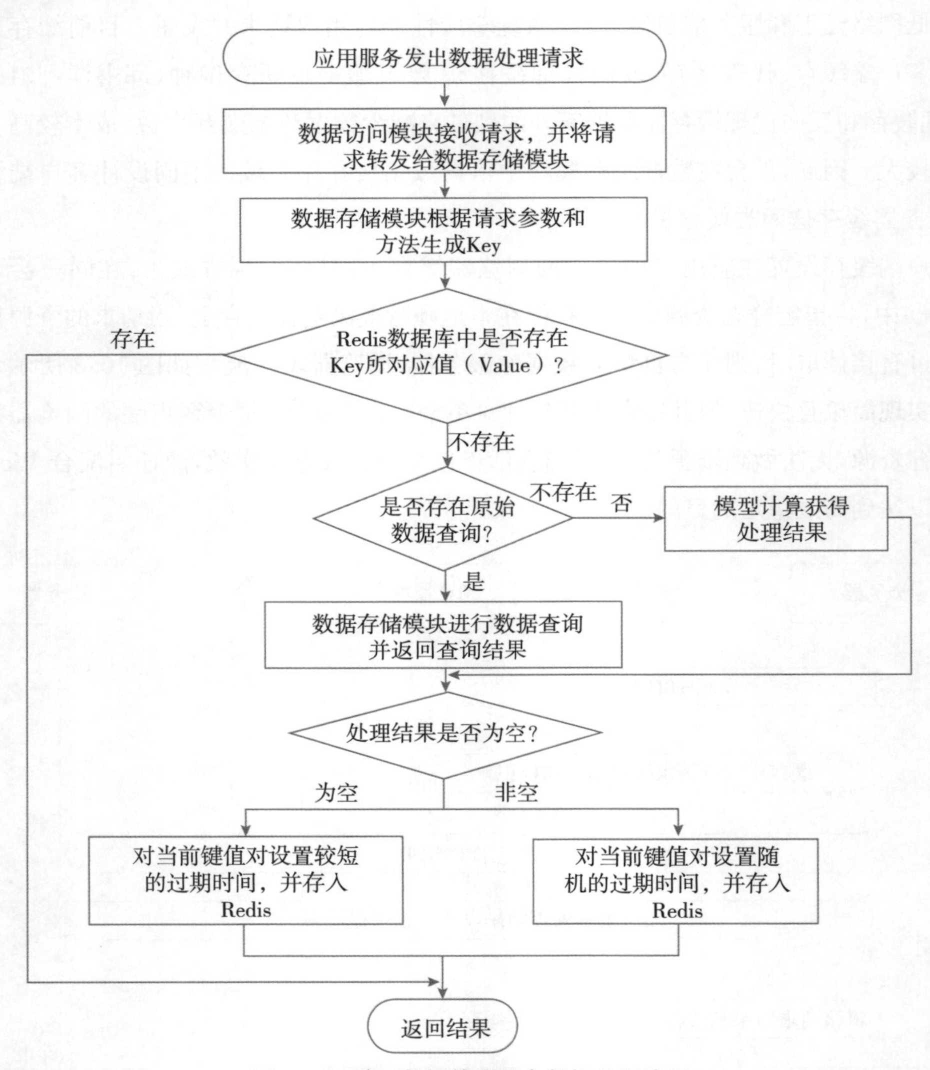

图 10.4 统一数据管理平台数据处理流程

步骤 1：应用服务发出数据处理请求，数据访问模块接收请求并将请求转发给数据存储模块。

步骤 2：数据存储首先根据请求参数和请求方法生成键 Key，在 Redis 数据库中根据

Key进行查找,若Redis中存在与此键相对应的内容,则直接取出资源Value,不需要再访问数据存储模块,接着执行步骤5。若不存在键所对应的值,则进入步骤3。

步骤3:判断数据处理请求是否需要模型计算,不需要交由数据存储模块处理数据,执行步骤4。若需要,则进行模型计算,执行步骤4。

步骤4:将结果缓存进Redis数据库。判断查询结果是否为空,若是空,则对该键值对设置较短过期时间,防止系统遭受恶意攻击时,大量查询为空的请求造成的缓存穿透问题;若非空,则对该键值对设置随机的过期时间,避免大量缓存同时过期而产生缓存雪崩现象,执行步骤5。

步骤5:返回处理结果。

此外,Redis通过定时快照(RDB)持久化模式将内存组织方式持久存储到磁盘上,配置主从数据库(Master-Slave)以保证系统高可用。

10.3.3 数据存储模块

前文已述及,雅砻江流域水资源管理系统中可能包含各种样式的数据,这些数据不仅在组织结构上有所不同,而且对实时性要求也不同,因此平台设计了一套数据存储模块对数据进行分类存储。同时,该模块中还提供数据库常见备份恢复、迁移扩容、主备切换等功能。

数据存储模块按照数据结构特征将数据库分为四类:模型数据库、基础数据库、文本数据库和空间数据库。模型数据库存储着各种专业模型运行时所需的参数和运算结果;基础数据库是系统的核心数据库,它采用关系型数据库ORACLE存储水文地质、水资源、水利工程等各种基础信息;文本数据库由系统在运行过程中所需要的各种文档组成,如日志文档、界面文档等;空间数据库包含各种基础GIS地图类数据,如地形图、水资源分布图、河系分布图、水工建筑物模型与纹理以及河道水流渲染要素等。

10.3.4 数据集成模块

数据集成模块对数据汇集模块汇集的数据进行接入、清洗、统计转化等操作,并将处理后的数据存入数据存储模块。数据集成模块由下到上分别设计了数据接入器、数据处理器、数据加工器三大组件。

数据接入器通过SQL将数据汇集模块中的数据接入平台,同时对转换状态进行监控以及接入异常处理。通过实时监控界面可以查看数据接入过程中的网络流量、连接时间、数据包情况等信息。

数据处理器对数据接入器接入的数据进行数据校验和同步处理。数据校验包括对数据标准性、有效性和合理性进行检查处理。标准性校检是根据应用架构层不同的业务需求,对具有不同数据单元的相同类型数据进行量纲转化;有效性校验是设置预定的数据有效性规则，避免数据在网络传输中可能出现的丢失、修改等状况；而合理性校验是根据业务需求，判断数据是否有超出有效范围、数据重复等问题。同步处理主要通过创建定时任务脚本以及可视化控制界面，将系统数据库与外部生产系统数据库对应数据进行定期同步，以保证平台数据的实时性。

数据加工器通过对数据进行统计分析以获得专业业务更深层的信息，统计分析可以通过设置好的计算规则，获得相关时间平均值（包括月平均、年平均、小时平均及其他特征值），累计值（包括年累计量、月累计量、旬累计量等），合格率，持续时长等信息。

10.3.5 数据汇集模块

数据汇集模块是使用多种汇集技术对多数据源的各种异构数据进行汇集整理，以便将数据接入集成到数据集成模块。在该平台中，异构数据的汇集方式包括离线型数据汇集方式、数据库访问接口汇集方式两种。离线型数据汇集方式是指对中间数据文件（XML、Excel、Json）进行导入导出实现数据汇集，数据库访问接口汇集方式则直接连接目标数据库并通过成熟的数据访问接口实现数据整合。表10.2给出了异构数据的主要分类。

表10.2 水资源异构数据的主要分类

类型	部分示例
气象数据	长系列历史数据、实时气象数据、定周期预报数据
水利工程数据	流域蓄、引、提、扬等水利工程信息
水资源数据	水资源需求量、耗水量、水质等
遥感数据	干流水情、冰情、旱情、环境要素等
地理信息数据	地形数据、地貌数据、DEM数据等

10.4 系统数据层架构设计

REST架构统一数据管理平台（以下简称统一平台）以水资源数据管理为中心，以对水资源管理系统提供统一的数据接入与集成为目标，在系统中起着重要的支撑作用。平台使用多种类型数据库存储管理多元异构数据，采用中间件技术与标准统一规范确保数据的合理性，通过数据同步技术与状态监控增强数据的实时性，引入数据缓存机制与Redis内存数据库提升系统处理大量用户请求时的并发处理量以及交互响应性能，并采用REST架构技术降低系统架构复杂度和耦合度。

结合雅砻江流域梯级电站水资源管理系统的功能和应用需求，设计的平台整体技术架构如图10.5所示，共分为物理架构层、数据架构层和应用架构层三层。物理架构层包括为统一平台提供硬件支撑的信息基础设施及其对应的高速网络带宽。应用架构层包括水资源管理系统的各类应用服务、手机/桌面客户端和其他系统，其中应用服务通过 Web Service 客户端实现服务之间的数据交互，手机/桌面客户端则可以通过浏览器异步调用接口实现各种功能服务。数据架构层是统一平台的核心层，也是物理架构层与应用架构层之间的桥梁，该层通过传输网络与下层物理架构层进行数据传输，通过 REST 架构的 WEB 服务 API 为上层应用架构层提供统一标准的数据交互接口。

数据架构层是统一数据管理平台与以往系统的主要区别之处，针对分布式水资源管理系统的实际需求特点，设计数据访问模块、数据存储模块、数据缓存模块、数据集成模块和数据汇集模块。数据架构层以数据存储模块为核心组件，通过数据汇集模块汇集整理多元异构水资源数据，然后经数据集成模块进行接入、处理、统计加工，最后存入数据存储模块的各类数据库，数据访问模块数据库中，数据抽象成资源并整合成 REST 架构 API，为外部提供访问接口，而数据缓存模块为统一平台提供缓存机制。

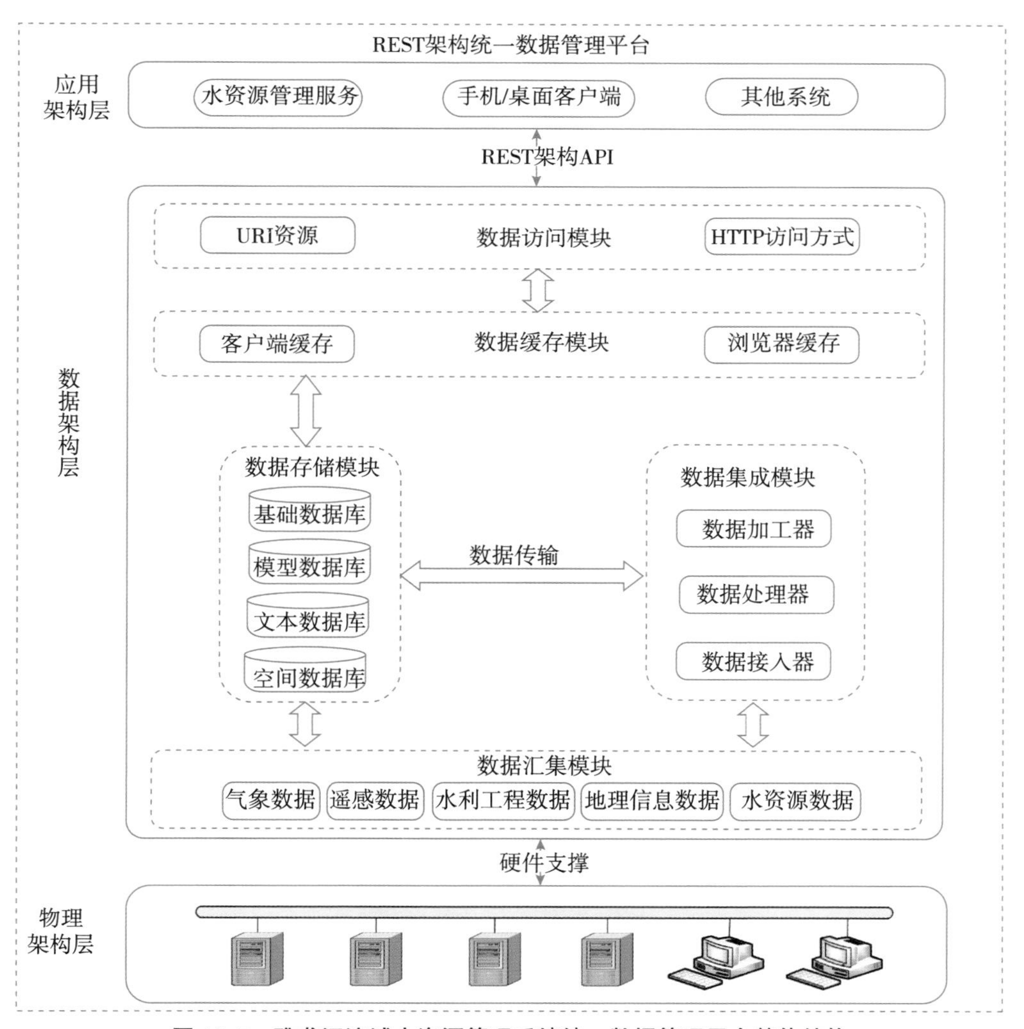

图 10.5　雅砻江流域水资源管理系统统一数据管理平台整体结构

10.5 本章小结

鉴于流域水资源管理系统在数据管理上存在的模型数据耦合度高、交互响应慢且升级维护成本高的现状，本章对数据访问模块、数据缓存模块、数据存储模块、数据集成模块以及数据汇集模块进行设计研究，并构建了 REST 架构统一数据管理平台，平台依照应用架构层—数据架构层—物理架构层的三层模式进行详细设计。该设计架构不仅能增强系统的数据交互请求性能，降低模型与数据的耦合度，而且可减少系统面临的升级换代时间经济成本，更重要的是能为海量异构水资源数据提供统一、规范、简易的数据管理方式，降低业务模型的开发难度。

第11章 水资源管理专业模型库构建

专业模型库是雅砻江流域水资源管理信息化的核心部分，是包括水文预报模型、河道仿真模型、调度模型等相关模型的资源总体。专业模型库对外公布模型资源，通过模型交互来支持更复杂的业务功能，各种模型对收集到的数据进行处理，得到相应的模型结果，为水资源管理的决策者提供信息支持。针对传统水资源管理系统存在的问题，本节设计了一种基于模型服务化的水资源管理模型库体系，通过服务部署的方式将专业模型统一管理和监控，作为系统的公共资源进行复用。采用服务接口的形式对外提供专业模型，实现系统结构的解耦，并基于服务接口进行模型的升级扩展，避免对整个系统的连锁改动。采用轻量级的数据格式实现专业模型服务间的通信和数据交互，链接各模型运行的中间过程，从而快速构建水资源管理系统的上层业务功能。同时，服务化系统可对模型服务进行独立测试和运维，降低对其他模型服务的依赖。

11.1 水资源管理专业模型库架构

水资源管理专业模型种类繁多且结构和运行机制各异，每一种模型都有特定的应用场景，难以对其进行组织和管理，水资源管理模型是上层业务功能的基本支撑，一个业务功能往往需要多个模型协作完成，而同一个模型也可能为多个业务提供支持。服务化(SOA)是一种根据需求通过网络对松散耦合的应用组件进行分布式部署、组合和使用的系统集成方法，被拆分的应用组件通过精确定义的网络请求处理接口(如Servlet)进行调用，即服务。根据系统业务，对系统进行划分，通过接口调用，将基础应用组件进行重组和连接，进而实现系统的各种业务功能，构建多种业务子系统。

在水资源管理系统中，可将单个专业模型作为基本应用组件进行拆分，并定义模型的外部访问接口，实现单个专业模型的服务封装，可得到专业模型服务，所有专业模型服务资源的总和即为模型库。按照系统业务功能将不同的模型服务进行组合调用，形成业务子系统。基于可复用的模型服务，例如让调度模型调用水文预报模型，将预测的径流作为调度模型的输入，实现系统业务的交互。按照需求分析，分别构建所有的业务子系统，完成水资源管理系统的初步集成，为了对模型库的构建提供基本的功能支撑，实现多模型协同作业，需要解决的问题如下。

11.1.1 构建模型的交互方法和数据格式

模型间的交互机制包括模型间数据通信方法和交换数据格式。良好的模型交互方法可以将各模型的运行全过程进行链接，在运行中实现模型的数据通信和状态查询，以支持复杂的上层业务需求。

11.1.2 构建统一的内部数据访问接口

数据是水资源管理系统的起点，更是系统进行决策支持和资源管理的主要依据。水资源管理系统涉及的基础数据包括水利工程数据、实时水雨情数据、气象数据，水量水质数据、居民用水数据、社会经济数据等，数据繁杂且来源多样，包含多种机构化、半结构化及非结构化数据(图 11.1)，缺乏统一的数据调取和处理方法。内部数据访问接口可将数据进行统一的异构融合和预处理，提供统一的高质量数据，便于各种数据资源的分类管理和使用。在水文预报模型的不确定性量化业务中，水文预报模型需要降雨和蒸发等多种数据输入，统一的内部数据访问接口将数据与模型解耦，可极大地提升模型的可扩展性，方便模型代码的升级和维护。

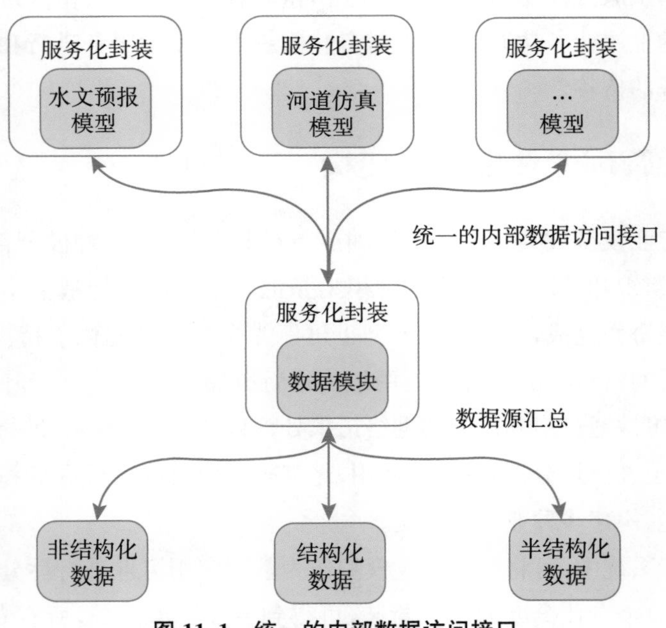

图 11.1 统一的内部数据访问接口

11.1.3 构建通用的外部访问接口数据格式

将水资源管理专业模型进行服务封装，只是完成了基本的系统组件搭建，其中每个模型的参数结构和内部运行机制各异，输入输出各也不相同。构建专业模型服务的通用外部访问接口数据格式，可降低模型服务的使用门槛，对外披露清晰可见的服务调用方法，便于模型服务资源的灵活应用。如图 11.2 所示，对于水文预报和水库调度模型调用者，通过外部访问接口数据格式可以明确模型的功能、输入和输出，不必知道内部实现方法，有利于模块化的高效系统集成。

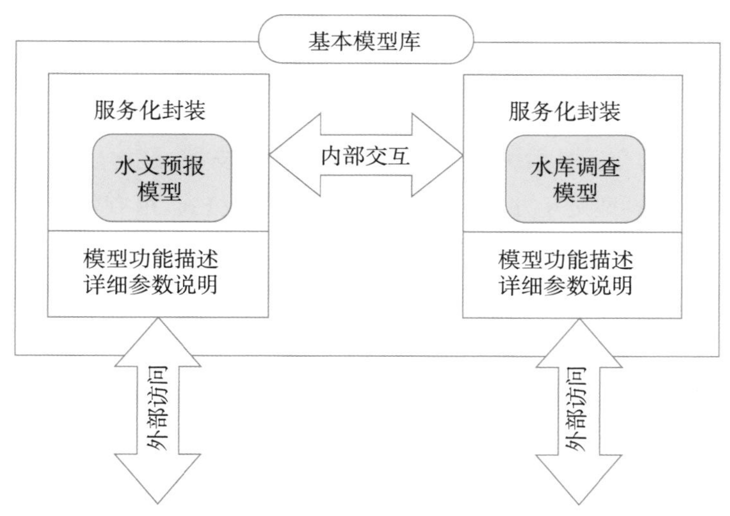

图 11.2　外部访问接口

综合上述问题及设计方法，本书研究设计的水资源管理模型库架构如图 11.3 所示。

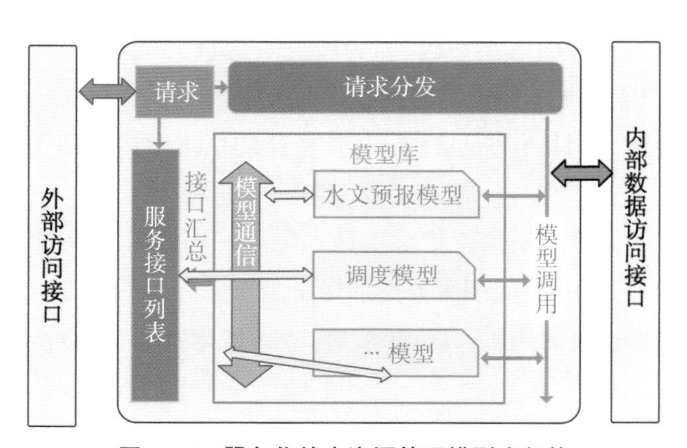

图 11.3　服务化的水资源管理模型库架构

如图 11.3 所示，除了外部访问接口、内部数据访问接口和模型交互外，还需要对外部访问请求进行分发与处理，实现模型的调用并将模型结果进行返回。一次上层业务系统的模型访问请求过程为：首先对模型库接口资源列表进行查询，获取对应的模型服务资源地址；然后根据模型服务地址找到模型服务的实际接口，并触发模型运行；模型服务调用统一的内部数据访问接口，根据需求获取数据资料，并进行模型计算；最后将模型的运算结果返回给外部请求，结束整个调用过程。

模型的数据交互和通信机制将模型的运行全过程进行连接，实现模型的相互调用，便于多个模型协同作业，共同实现系统的复杂业务功能。内部数据接口整合系统数据资源，为模型库提供了统一的数据交互方法，针对数据接口编程的模型库，不依赖具体的数据库版本和种类，对于后续的数据迁移和数据库系统升级等操作完全兼容。将所有模型服务接口进行汇总，并提供模型的交互参数格式，便于根据外部请求对模型服务资源进行查询和监测。

11.2 模型交互与外部访问方法及数据格式

水资源管理模型的交互是系统各个业务的基本功能支撑，是构建水资源管理模型库的重要内容，简单易用的模型交互方法和轻量级的数据交互格式，可有效提高系统的易用性并降低系统升级维护的门槛。传统的 Web 服务的模型交互方法以简单对象访问协议（SOAP）为核心，将模型打包成可链接的组件 Web，这些组件符合一定的接口标准，并作为模型服务为业务功能提供支持。然而随着系统业务的复杂化，组件需要符合的标准变得越来越多，SOAP 变得越来越臃肿，使用起来也越来越复杂。为弥补 SOAP 的不足，基于表述性状态传递（REST）方法因其易于使用和极佳的可扩展性，已经成为主流的 Web 服务模型数据交互方式，可采用表现层状态转换（Representational State Transfer，REST）接口（Lablans et al.，2015）实现水资源管理专业模型服务接口。REST 是一种基于网络应用的架构风格，它包括的一系列规范如下。

1）为所有资源定义了 ID，即 URI，它使所有资源拥有了通用的唯一定义的标识符。

2）通过链接将所有资源联系在一起，因为所有资源已经被 URI 唯一标识，所以在资源的表现上可以使用 URI 的嵌入使资源与资源相互关联。

3）REST 强调组件之间具有统一的接口，使整体的系统架构得到了简化，交互的可见性得到了改善。

4）REST 要求在服务器端不保留除单次请求以外任何与其通信的客户端的通信状态，能降低服务器端的内存占用，使应用服务更加轻量级。

5）REST 具有按需代码的风格，允许扩展客户端，能增加可扩展性，降低可见性，所以它是一个非必需约束。

基于 REST 的模型交互方法如图 11.4 所示，其中的模型提供者称为服务端，模型消费者称为客户端，在水文预报模型不确定性评估业务中，负责预报结果生成的水文预报模型称为可看作服务端，那么对预报结果进行调用的调度模型可以看作客户端；如果将调度模型看作服务端，那么外部访问用户可称为客户端，其区别仅在于调用关系。其中 GET 方法用来获取模型所需的数据，其可携带的数据量较小，一般通过调用公共数据接口来获取基础数据；POST 方法用来提交数据并获取返回结果，其可携带大量的数据，一般用于调用其他水资源管理模型服务接口并获取模型结果数据；PUT 方法用于提交数据，一般对公共数据接口的数据资源进行修改；PATCH 与 PUT 方法类似，但是每次执行都会对数据资源产生影响;DELET 方法用于删除资源,一般通过该方法调用数据接口来删除公共数据资源。

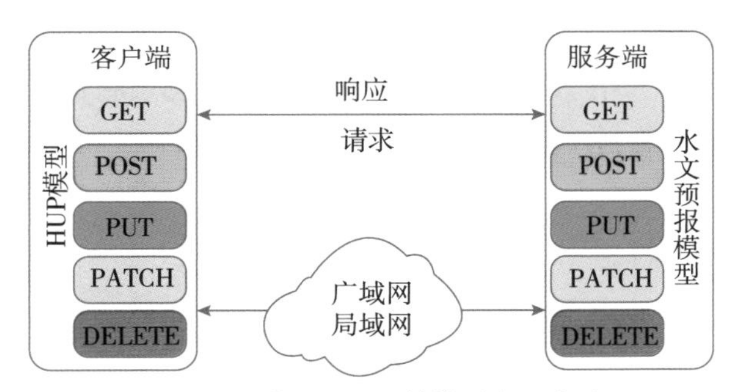

图 11.4 基于 REST 的模型交互方法

基于 REST 的 Web 服务是 Web 服务的一种轻量级实现,可实现水资源管理模型库的模型交互和模型库的外部访问。以 POST 方法实现的水文预报模型接口 A 和调度模型接口 B 为例,调度模型依赖于水文预报模型,所以当外部调用 B 接口时,需要携带 A、B 所需的参数,B 接口将外部请求的参数放在 A 接口的 POST 方法数据结构中,调用 A 接口并对返回的结果进行评估,从而完成一次模型交互过程。

除了简捷和轻量级的优点,REST 还具有良好的平台兼容性,可支持任何满足 REST 风格的水资源管理模型接口。与传统的系统集成方案相比,基于 REST 架构的水利模型库具有更高的可用性和可靠性。REST 风格定义的接口不仅可以实现系统各个模块的相互调用,还可以提高新功能模块的开发效率。基于 REST 架构风格的水资源管理模型服务具有可寻址性、标准的通用性和连接性等优点,为了最大化提升模型库交互效率,采用 Json(JavaScript Object Notation)数据格式(Wang,2011)作为水资源管理模型间交互的数据格式。

Json 是一种轻量级的数据交换格式,是完全独立于编程语言的文本格式存储和表示方法。Json 不仅易于读写,而且易于机器分析和生成,可有效提高数据的网络传输效率,基本的 Json 格式规范如图 11.5 所示。

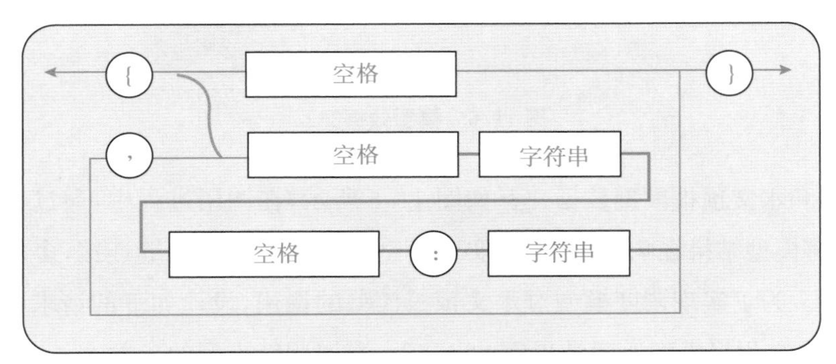

图 11.5 Json 格式规范

Json 采用键值对的模式对数据进行存储和传输,可定义水资源管理模型接口的数据格式,例如对于新安江水文预报模型服务来说,可定义调用参数格式:Json 的键表示参数的名称,Json 的值即为对应参数,在实际运行时代入对应数据。其中 P 代表时序的雨量数据,EM 代表时序的蒸发数据,U 代表预报区间面积,Time 代表洪峰传播时间,paraArray 代表模型已经率定的其他基本参数。

```
{
    "P": double[ ],
    "EM": double[ ],
    "U": double,
    "Time": int,
    "paraArray": double[ ]
}
```

为水文预报模型定义如下响应数据格式。其中 result 代表模型的预报结果。

```
{
    "result": double[ ]
}
```

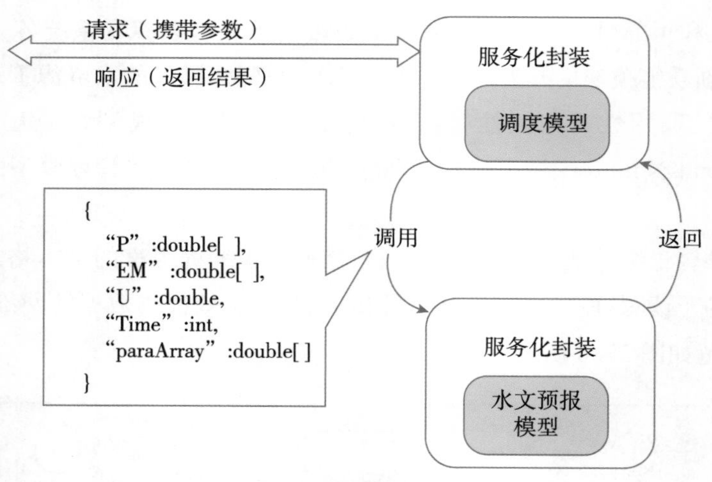

图 11.6 模型数据交互

调度模型和水文预报模型数据交互如图 11.6 所示,在调用过程中,通过请求携带模型所需参数,并将模型结果在响应中返回,实现模型的协同作业和无缝连接,多模型共同完成复杂系统业务。为了实现调度模型对水文预报模型的调用,设计如下的请求数据格式。其中 outflow 为水文预报模型返回结果中的 result,添加调度模型的参数 paraArray(An,Dn,Bn,Tn,c)后即可向调度模型发起请求,返回对应的不确定性量化结果(例如以分布函数曲线的形式)。

```
{
    "outflow": double[ ],
    "paraArray": double[],
}
```

采用 REST 风格的服务接口和轻量级的 Json，为水资源管理模型库的构建提供模型之间、模型库与外部的统一交互方法和数据格式，其中模型交互与外部访问没有本质区别，区别仅在于调用的角色不同，当模型调用请求来自某一模型时称为模型交互，模型调用请求来自外部时称为外部访问。

11.3 统一数据访问接口研究

数据资源是模型库的基础，水资源管理数据种类繁多，包含了多种结构化、半结构化和非结构化数据。此外，数据的存储介质各有不同，包含了关系型数据库、非关系型数据库、键值对数据库等，部分早期的数据甚至保存在纸质文档中，极大增加了数据的使用和管理成本。传统的数据资源往往和模型耦合在一起，随着数据的成倍增加和软件技术的不断升级，现有的数据库系统会面临升级换代和数据迁移等问题，底层数据的改变需要对其上的依赖模型进行连锁式修改，增加整个水资源管理系统的升级维护的时间和经济成本。

为了将数据资源和模型库进行解耦，需要将数据资源进行服务化封装，并提供统一的 REST 风格数据访问接口。采用 Json 作为统一数据服务的交互数据格式，专业模型服务通过统一接口对各种基础数据资源进行访问，统一数据访问接口如图 11.7 所示。将数据资源针对统一接口进行封装，提供完整的数据访问功能，当数据迁移和数据库系统升级换代时，仍然保持原有的接口功能不变，不会对模型库中的模型服务造成影响。

图 11.7 统一数据访问接口

在水资源管理模型库中，模型之间通过 REST 风格的服务接口和轻量级的 Json 格式进行交互；外部请求通过封装的接口资源调用模型功能，使各模型协同作业从而实现系统业务功能；采用同样的接口风格和数据格式封装基础数据资源，提升了系统的可维护性和易扩展性。如图 11.8 所示，只需要维护统一数据访问接口，即可应对系统多种数据库的迁移、升级和变更等情况，对模型库和外部用户几乎不产生影响。

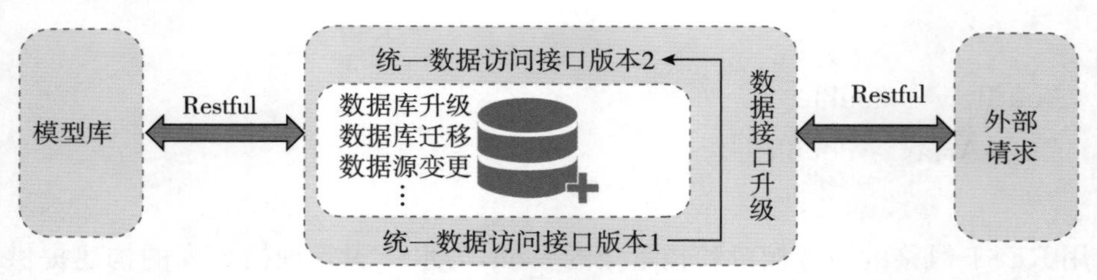

图 11.8　统一数据访问接口扩展及维护

11.4　模型扩展与服务资源复用

水资源管理专业模型库将内部的模型进行服务化封装，并构建了相应的服务化接口，面向接口的编程使得各种模型的扩展升级相对独立，其内部实现对模型调用者透明，只需要关心模型的功能和交互数据格式。同时，服务化的模型与具体的业务和系统结构分离，只要提供接口访问地址及其相关参数说明，就可以重复使用模型服务，节约开发成本。

如图 11.9 所示，模型库独立开发，与数据源、具体业务和应用系统解耦，通过服务接口对外提供模型资源，只要获取模型服务接口地址及其交互数据格式，就可以进行调用，不仅可以多模型组合为复杂业务，而且可以集成具体的应用系统，做到一次开发，多处使用，实现模型资源的复用。

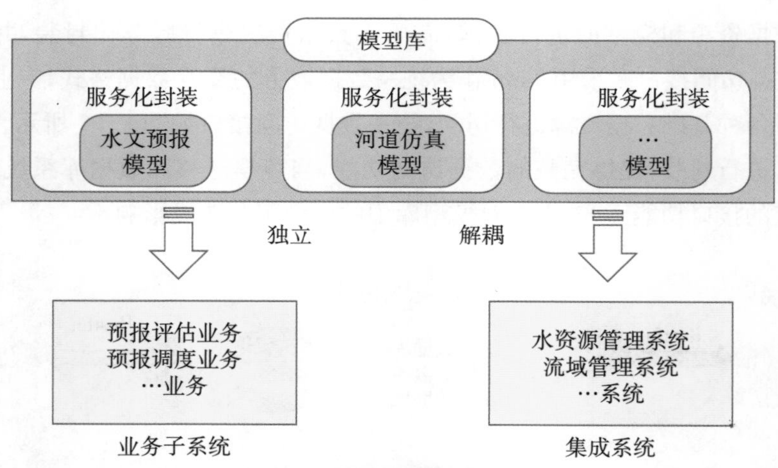

图 11.9　模型库服务资源复用

11.5　本章小结

围绕当前水利信息化研究与应用的热点问题，梳理了雅砻江流域模拟仿真、预报调度工作流程特征，厘清了示范系统业务需求及相关功能；设计了水资源管理相关专业模型库架构，并将专业模型进行了服务化封装改进，实现了模型的解耦与复用；进一步，基于 REST 风格的模型交互接口，提供了一种简单统一的资源访问方法，设计了基础数据的统一接口，将数据与模型解耦，提升了模型的兼容性和可维护性，以节约开发成本。

第12章 梯级电站水资源管理系统服务集群化方法

雅砻江流域水资源管理模型库的构建，为水资源管理系统提供了基本的功能支撑，各模型通过定义的服务接口和数据格式进行交互，并调用统一的数据访问接口。基于底层模型库协同作业，可构建上层的业务系统，进而完成水资源管理系统的集成。然而，构建的模型库中各模型的运行效率受软硬件条件的客观限制，难以应对外部的高并发请求和高性能需求。水资源管理系统的运行性能是影响信息化成效的关键因素，系统运行的高效性和稳定性对于正常发挥水资源管理系统的业务功能至关重要。相对于传统集中式架构，具有技术选型灵活、独立按需扩展、可用性高等优的分布式架构更符合当前水资源管理系统，具有可伸缩性、高可用性的集群技术得到了广泛的应用，以应对现代水资源管理系统中数据规模迅速增长、复杂业务、多用户高并发等需求。本节在微服务系统架构下，结合前述的水资源管理系统多源异构数据处理、多专业模型库构建技术成果，提出了一种有效且实用的水资源管理系统服务集群化方法，其中采用主流的虚拟化容器技术和网关技术，通过将模型服务进行集群化部署并进行服务治理，实现了专业模型服务的负载均衡和核心服务的高可用，横向扩展模型的并发能力，以提升系统整体性能。

12.1 系统集成方法与技术

12.1.1 集群化技术

将水资源管理的专业模型进行集群部署，可快速提升模型并发性能，扩展可用的系统模型资源。集群是一组计算机资源的有机组合，以单个计算机系统作为集群节点，通过网络交互实现节点的连接和调用，内部结构相对外部透明，为外部提供具有扩展性和可用性的服务平台。根据结构和功能的不同，集群可划分为几类：高可用集群（High Availability Cluster）在发生故障时自动替换失效的节点，不间断地对外提供服务；负载均衡集群（Load Balancing Cluster）将服务运行压力分散到多个节点上，通过横向扩展来保证每个服务的高性能；高性能计算集群（High Performance Computing Cluster）是将多台机器连接起来，通过并行和任务分片的方式解决大规模的复杂计算问题。三种类型的集群分别对应不同的应用场景，在实际运用中经常联合使用。

在水资源管理系统服务集群化应用中,可根据模型服务的角色、访问量、性能等特性来使用不同的集群构建方式,系统逻辑结构如图 12.1 所示。针对处于系统枢纽位置的核心应用服务应构建高可用集群,增加备用服务节点,避免单个服务的故障导致整个系统的崩溃;针对访问需求大的应用服务,应构建负载均衡集群,使用多个镜像服务来分担服务压力;针对单体规模大、计算耗时长、精度要求高的复杂计算应用服务,应构建高性能集群,有效利用多节点并行计算能力提升计算效率。

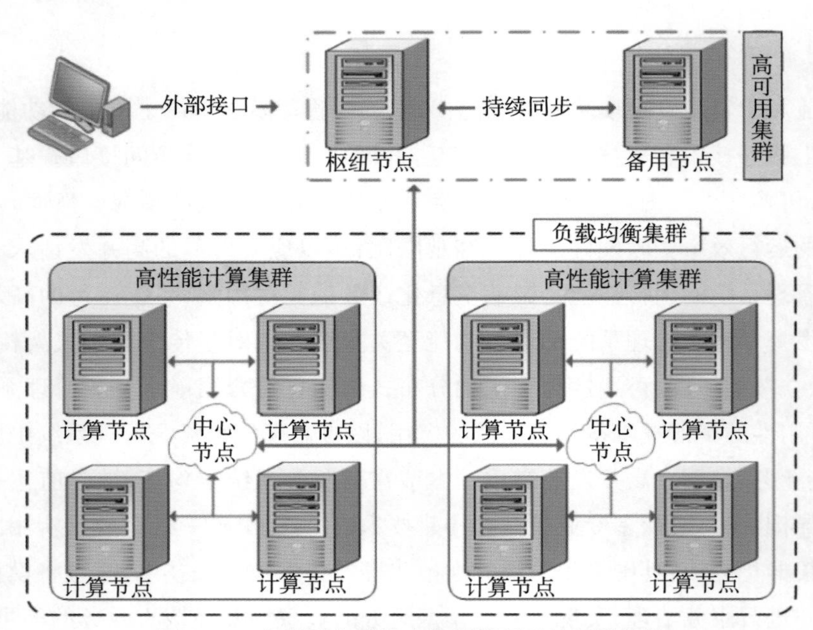

图 12.1 多类型集群的水资源管理系统逻辑结构

12.1.2 虚拟容器封装

随着水资源管理业务的不断扩展,系统软件的规模与日俱增,如何经济、便捷、高效地利用已有的计算机硬件资源,为具有平台异构化、功能差异化、运行独立化等特点的各水资源管理应用提供基础支撑,成为亟待解决的问题。容器技术,是将单个计算机操作系统划分成多个不同的虚拟化运行环境,每个虚拟环境之间互相隔离,进而为有不同配置需求的应用提供虚拟运行环境,是主流的服务资源共享技术。在水资源管理模型集成框架中,容器主要承担基础运行支撑作用,可将模型服务和虚拟运行环境进行集成,同时可以将集成的容器进行快速镜像复制和独立运行,实现服务多实例同时运行。

容器化是实现水资源管理系统服务集群化的关键方法。单个模型服务可以独立运行在基于容器搭建的虚拟环境中,将含有模型服务的容器进行镜像复制,可快速进行模型服务的多实例部署,实现模型服务的集群化横向扩展且不需要额外的配置,能提升模型服务的开发部署效率。

12.1.3 微服务架构系统

传统的集中式水资源管理系统架构包括单体架构和垂直架构。典型的单体架构只包含单一的应用、数据库和WEB容器，能够简单灵活地保证服务的快速上线，服务的访问压力较小，技术要求较低；垂直架构将原有的业务拆分成后台系统、前端系统、监控系统等，更加适应水资源管理系统业务模式的复杂化和系统交互需求的提升。随着垂直子系统的增加，传统的集中式架构将无法应对系统间调用关系的指数级增长，而面向服务的系统架构（SOA）是满足系统开发和维护复杂化的一种解决方案。

微服务体系结构是一种将单个应用程序作为一组小服务来开发的方法，每个小服务运行在自己的进程中，并与轻量级机制（通常是HTTP资源）进行通信。微服务体系结构是一种主流的面向服务的体系结构实现，在模块化和连续交付方面具有公认的优势。服务是围绕内部业务功能构建的，可以独立部署，这是开发具有高可重用性、高可伸缩性和高可维护性的模型的主流技术，因此，微服务是构建水利模型库的理想架构。基本的微服务体系结构如图12.2所示，微服务体系将水利模型服务作为接口资源进行管理，每个水利模型服务都可以通过统一资源定位系统（Uniform Resource Locator，URL）路径进行访问。

基本的微服务体系结构由多个模块组成。其中网关将外部请求转发给水模型服务并返回模型结果，在构建集群化水资源管理系统中，微服务网关通过一系列的过滤器（Filters）对外部请求进行过滤处理，实现用户自定义的各种路由管理。

微服务架构与特定技术无关，支持Java和Python等多种主流编程语言，具有体积小、独立运行、轻量级通信等特点，每个服务独立运行，为水资源管理服务的集群化提供了系统的集成平台，利用微服务架构的服务治理方案，可实现系统的服务注册、服务发现、请求转发和负载均衡等功能。

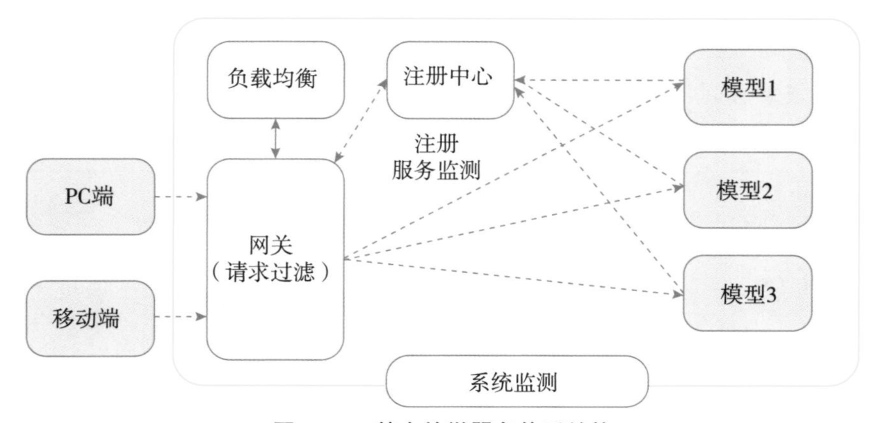

图12.2 基本的微服务体系结构

12.1.4 分布式系统结构 CAP 理论

衡量一个分布式系统的性能，一般会用三个指标来恒定，即一致性(Consistency)、高可用性(High Availability)和分区容错性(Partition Tolerance)。

一致性指的是用户在系统中无论最终访问到那个节点，所获取到的数据值都是严格相同的，即系统的更新操作执行成功后，各个节点均完成了数据的更新，这样的系统被认为具有强一致性。

高可用性是指系统在任何时候均可以对用户的请求给予反映，但是并不保证不同时间返回的结果一致，即从用户的角度来看，不会出现系统操作失败或者访问超时的情况。

分区容错性是分布式系统带来的天然属性或者说必然要求，即在网络和后台节点出现分区的情况下，若某个或者某几个节点出现异常，仍然可以对位提供服务，即部分故障不影响整体使用。

分布式系统的 CAP 理论就是：在一个分布式系统中只能满足 CP 或者 AP，即无法同时满足 CAP 三者。满足 CP 意味着放弃高可用性。在用户更改了某一个数据 G 的值后，必须等待系统内部完成所有节点 G 的值更新，其他用户才能读取到这个值，那么在这个更新同步操纵的时间内，外部用户是无法访问这个系统的，这就放弃了高可用性。满足 AP 意味着放弃一致性。在一个用户更改了某个数据 G 的值后，其他用户依旧可以随时读取到各个节点中 G 的值，但是系统不保证这个值是最新的 G 值，这就放弃了一致性，但是，并不意味着完全放弃一致性，因为系统内部会逐步更新该数据值直到全部一样。图 12.3 解释了 CAP 理论的两种情况。

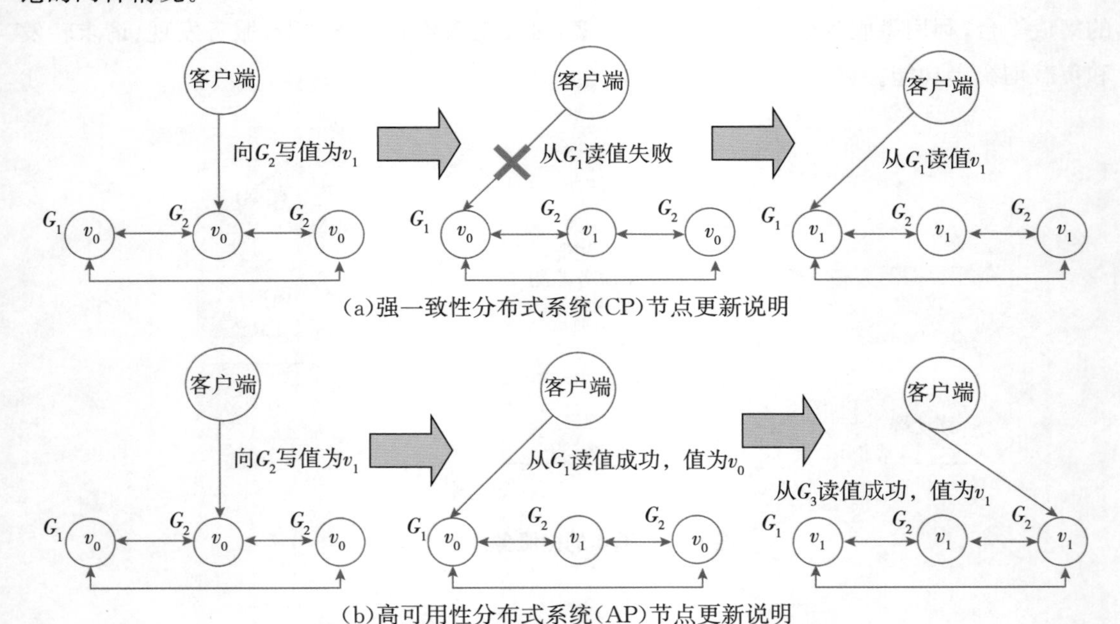

图 12.3 分布式系统 CAP 理论情景

12.2　微服务集群化框架设计

本节基于微服务的服务治理平台构建水资源管理系统服务集群化框架，设计框架如图12.4所示。服务注册中心是服务治理的核心组件，是服务、服务实例和服务地址的数据库，可以感知整个系统内部服务的运行状态。外部请求和上层智能应用从服务注册中心获取服务的真实地址，从而实现服务的调用。对于注册中心这样的核心组件服务，采用多实例部署的方式实现服务的高可用集群化，每个注册中心实例功能相同，当主注册中心节点发生故障时，备用注册中心节点继续运行，从而保障系统安全稳定运行。

将水资源管理相关专业模型封装成服务并对外提供可调用接口，运行在基于容器的独立虚拟运行环境中，将运行服务的容器进行镜像复制，可以快速将模型服务进行多节点部署。同一服务的多个节点既可以部署在一台物理机上，也可以部署在多台物理机上并通过网络进行连接，形成水利模型服务负载均衡集群。当外部和上层智能应用对同一个模型服务同时发送多个请求时，系统网关模块首先通过注册中心获取模型服务集群内所有节点的地址，然后选取不同的节点资源进行服务请求的响应，将服务请求压力分散到多个功能相同的服务节点上，实现专业模型服务的负载均衡集群。为了最大化程度挖掘负载均衡集群的性能，系统网关模块常采用多种负载均衡算法进行集群内节点的选取和调用，判断依据为集群节点的状态和可正常运行节点数量等多种因素，常用的算法有轮询法、随机法、随机轮询法、源地址哈希法、加权轮询法等。

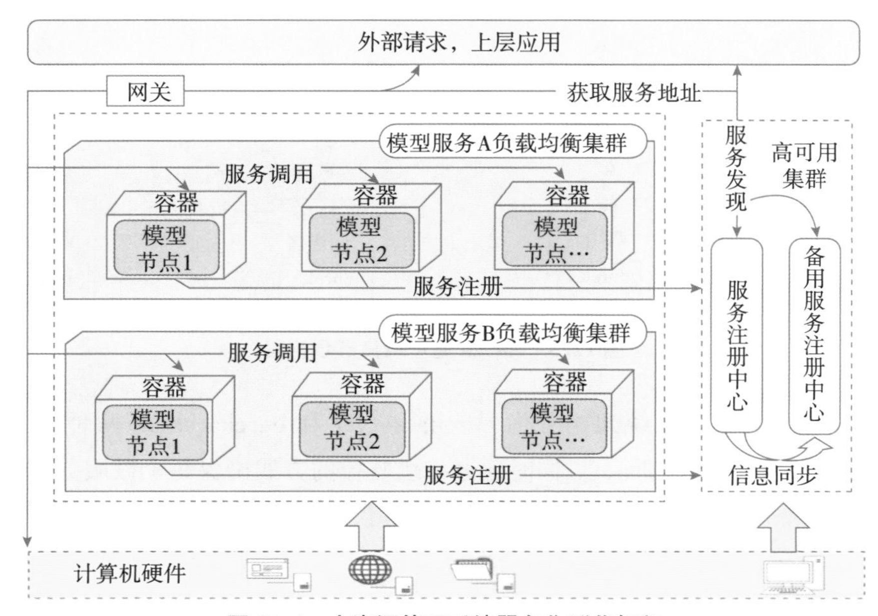

图12.4　水资源管理系统服务集群化框架

由此可见，基于服务集群化框架，可构建水资源管理专业模型服务的负载均衡集群，横向提升单个模型服务性能，从而提升系统整体性能。同时，针对系统关键的枢纽节点构建高可用集群，保证系统关键服务不间断运行，能提高系统整体稳定性。

12.3 基于 SpringCloud 的水资源分布式框架

12.3.1 SpringCloud 微服务框架设计

根据前述的微服务分布式架构体系，提出了一套基于 SpringCloud 的水资源分布式框架。系统中需要有一个角色承担起整合各个微服务的任务，每一个微服务向注册中心注册自身，同时也可向注册中心获取整个系统当前可用的服务清单，调用自己需要的服务。每个微服务向注册中心注册唯一 ID 标识，其他服务直接通过 ID 进行服务调用。

当微服务启动时，会将自身信息（包括 ID 标识、IP 等信息）发送给 eureka 注册中心进行注册，eureka 保存该微服务的信息。当系统中微服务需要调用微服务 B 时，会根据 B 的 ID 标识向 eureka 获取需要调用的信息，然后再通过 http 协议进行调用。

本节以 eureka 为基础，提出了一套满足可用性和分区容错性的分布式系统架构，整体架构如图 12.5 所示。

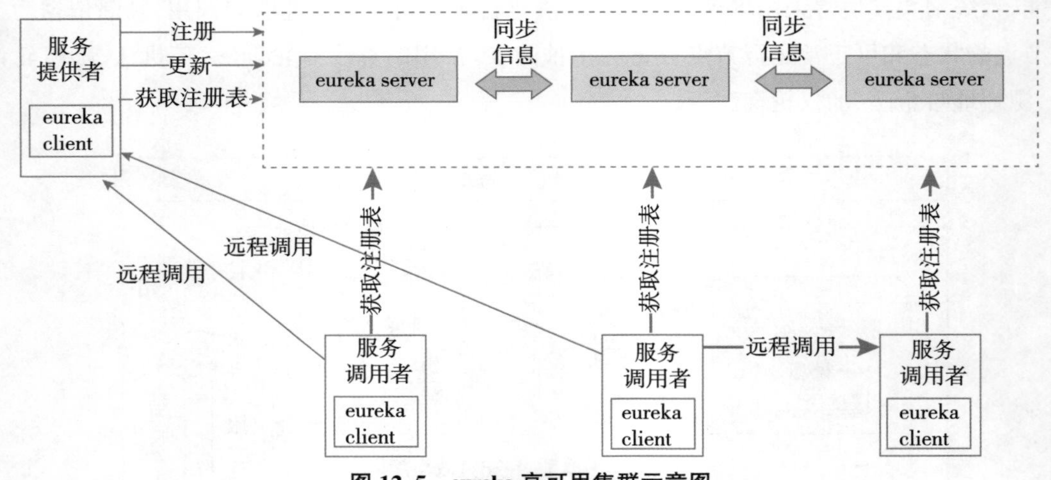

图 12.5 eureka 高可用集群示意图

如图 12.5 所示，整个系统架构分为 eureka server 和 eureka client 两种角色。eureka server 管理所有微服务的注册信息，同时通过心跳监控的方式确保每个微服务的及时更新。eureka client 每个单独的微服务向 eureka server 提供自身的注册信息，并每隔 30s（默认）向 eureka server 发送一次心跳。若 eureka server 超过 90s（默认）没有接收到某 eureka client 发送的心跳，则注销该服务。

整个系统架构共有 3 个 eureka server，即 3 个服务节点可用区，一起构成分布式系统架构。每个 eureka server 的地位都是相等的，在 eureka client 向其中一个节点注册服务后，其他节点会复制该节点的信息以完成注册表的同步。

12.3.2 高可用集群设计

为保证系统的高效稳定运行，研究设计了一套高可用集群框架。集群采用 3 台后台服务器部署模型微服务。每台服务器运行一个 eureka server 服务端，提供服务的注册和发现功能。同时，三台服务器的 eureka server 相互注册互为备用，共同组成 AP 式分布式系统架构。

为方便整体系统便于迁移和维护，每个 eureka server 服务采用 yaml 配置文件的形式指定其他两个 eureka server 服务的 IP 地址，在 defaultZone 字段中，指明了另外两台 eureka server 服务器的 IP 地址，互为备用。用浏览器访问实际部署 eureka server 的端口，如图 12.6 所示。

DS Replicas

192.168.0.183

192.168.0.193

Instances currently registered with eureka

Application	AMIs	Availability Zones	Status
EUREKA-SERVER	n/a (3)	(3)	UP (3) - 192.168.0.193:eureka-server:8761 , 192.168.137.1:eureka-server:8761 , DESKTOP-0BK0Q7H:eureka-server:8761
EVALUATE-SERVICE	n/a (1)	(1)	UP (1) - 192.168.137.1:9018
GATEWAY	n/a (1)	(1)	UP (1) - 192.168.137.1:9002
INPLANT	n/a (1)	(1)	UP (1) - 192.168.137.1:9019
LONGTERMDISPATCH	n/a (1)	(1)	UP (1) - 192.168.137.1:9014

图 12.6 eureka 注册列表详细信息

图中 DS Replicas 字段后即为另外两台 eureka server 服务器名称。为测试集群的高可用性，现其中一个节点注册微服务，可以观察到另外两个 eureka server 的注册列表均显示了该服务可用，说明三者之间已经互通注册信息，如图 12.7 所示。

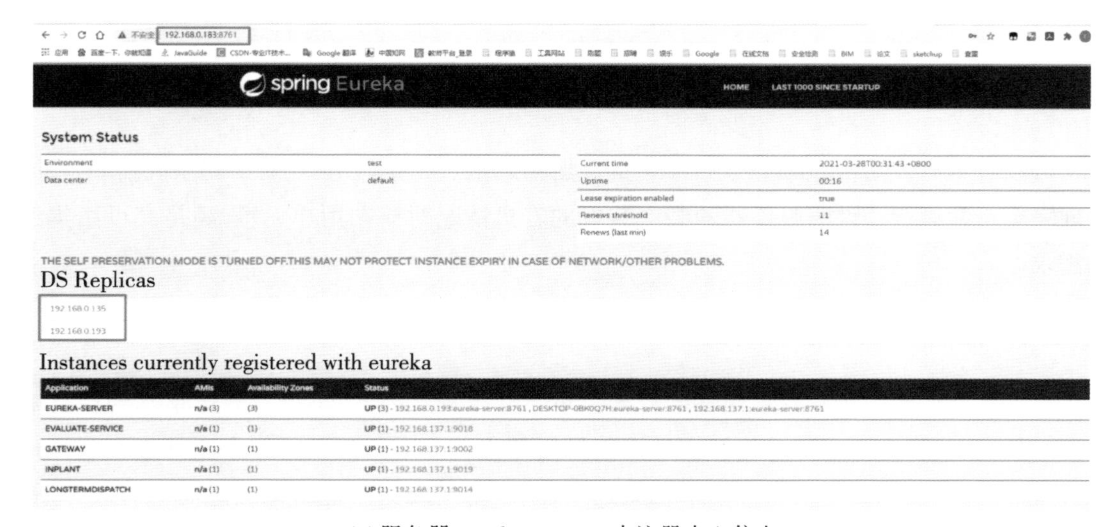

(a)服务器 eureka serve B 中注册中心信息

spring Eureka
HOME
LAST 1000 SINCE STARTUP
System Status
Environment
test
Data center
default
Current time
2021-03-28T00:32:10 +0800
Uptime
00:13
Lease expiration enabled
true
Renews threshold
11
Renews (last min)
14
THE SELF PRESERVATION MODE IS TURNED OFF.THIS MAY NOT PROTECT INSTANCE EXPIRY IN CASE OF NETWORK/OTHER PROBLEMS.
DS Replicas
192.168.0.183
192.168.0.135
Instances currently registered with eureka
Application
AMIs
Availability Zones
Status
EUREKA-SERVER
EVALUATE-SERVICE
GATEWAY
INPLANT
LONGTERMDISPATCH
General Info
Name
Value
total-avail-memory
579mb

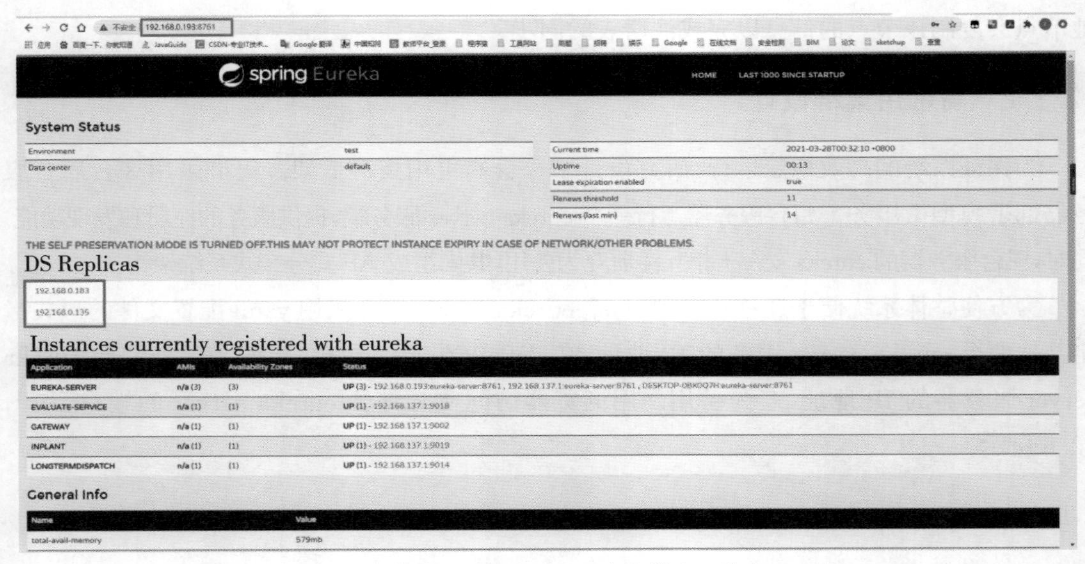

(b)服务器 eureka serve C 中注册中心信息

图 12.7 剩余两台 eureka serve 注册中心信息

现在将 3 个 eureka server 中的一台宕机，观察已经注册的微服务是否依然可以正常工作，如图 12.8 所示。

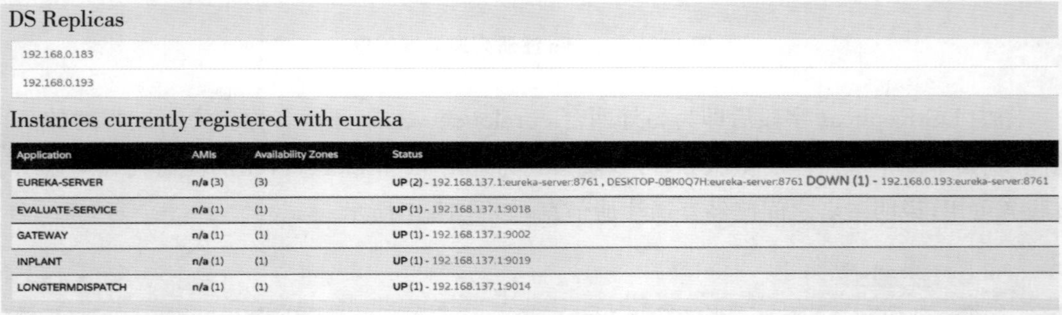

DS Replicas
192.168.0.183
192.168.0.193
Instances currently registered with eureka
Application
AMIs
Availability Zones
Status
EUREKA-SERVER
n/a (3)
(3)
UP (2) - 192.168.137.1:eureka-server:8761 , DESKTOP-0BK0Q7H:eureka-server:8761 DOWN (1) - 192.168.0.193:eureka-server:8761
EVALUATE-SERVICE
n/a (1)
(1)
UP (1) - 192.168.137.1:9018
GATEWAY
n/a (1)
(1)
UP (1) - 192.168.137.1:9002
INPLANT
n/a (1)
(1)
UP (1) - 192.168.137.1:9019
LONGTERMDISPATCH
n/a (1)
(1)
UP (1) - 192.168.137.1:9014

图 12.8 eureka server C 节点宕机后 A 节点服务情况

可以看到另外两台 eureka server 中的注册信息依然完整，并且此时访问系统前端，可以发现完全正常运行。说明服务器的某个节点的宕机情况对前端用户无感，满足高可用集群的需求。

12.3.3 系统可视化技术研究

雅砻江梯级电站水资源管理系统包含大量数据可视化内容，不仅对数据请求与执行响应要求较高，且客户端运行时能够满足方便易用与流畅显示的需要。如今正处于互联网信息大爆炸时代，便携式电脑与移动手机无处不在，因特网成为系统跨终端访问的有效介质，当前绝大多数系统应用采用 B/S 结构以充分发挥网络便利性，使信息得以广泛传播。此外，系统存在多个模型与数据业务相互支撑，而往往会存在功能不断添加更替的需求，低耦合、易扩展与高稳定的特点是系统所必备的。为此，系统基于B/S结构下前后端分离开发模式，后端应用分布式微服务架构，合理拆分功能业务以实现前端与后台的松散耦合。该应用结构的系统通常具备敏捷开发能力，计算机软件开发技术的不断发展进步，使得集成方案框架化。如今，较多前后端应用框架能够实现快速集成开发并提供良好运行稳定性与性能，其中前端较典型的有Vue.js、React.js、Angular.js等基于JavaScript开发的开源框架，而后端Java语言体系下SpringBoot框架成为应用热门。为此，系统设计采用了Vue.js前端框架，以高效可扩展的目标适应系统需求。

前端框架是一个可复用的系统人机交互设计构件，规定了应用的体系结构、依赖关系、责任分配和控制流程，为构件复用提供了上下文关系基础，为大规模构件库的重用提供了技术支持。

Vue.js是一个构建数据驱动的web界面的渐进式框架，其核心是用尽可能简单的模板语法来以声明式的方式将数据渲染进DOM的系统。Vue.js的出现使数据的绑定、视图的组合变得非常方便，同时其完善且强大的组件库为系统界面提供丰富了多样的展示功能。Vue.js采用自底向上增量开发的设计，具有轻量、方便易用等特点，可开发复杂单页应用，Vue.js其与后端交互方式如图12.9所示。

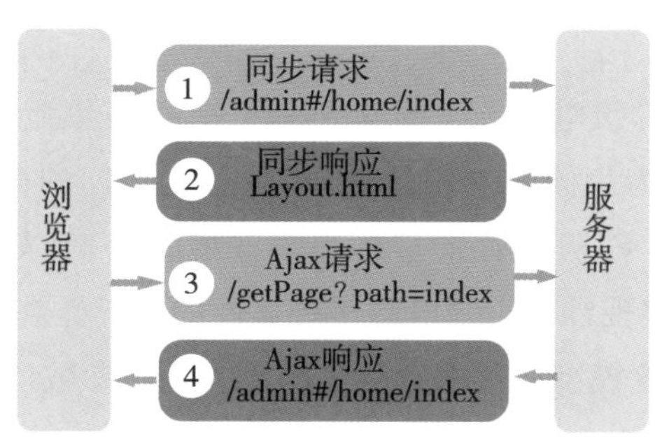

图12.9 Vue.js前后台交互流程

12.4 示范系统软件设计

12.4.1 功能介绍

本节将对雅砻江流域梯级电站安全经济运行应用示范系统软件功能设计进行整体概述，以下具体介绍系统的总体结构、系统功能和系统性能特点等。

12.4.1.1 总体结构

雅砻江梯级电站安全经济运行应用示范系统主要包括流域信息管理、河道模拟仿真、水文预报以及调度决策四个子系统(图12.10)。

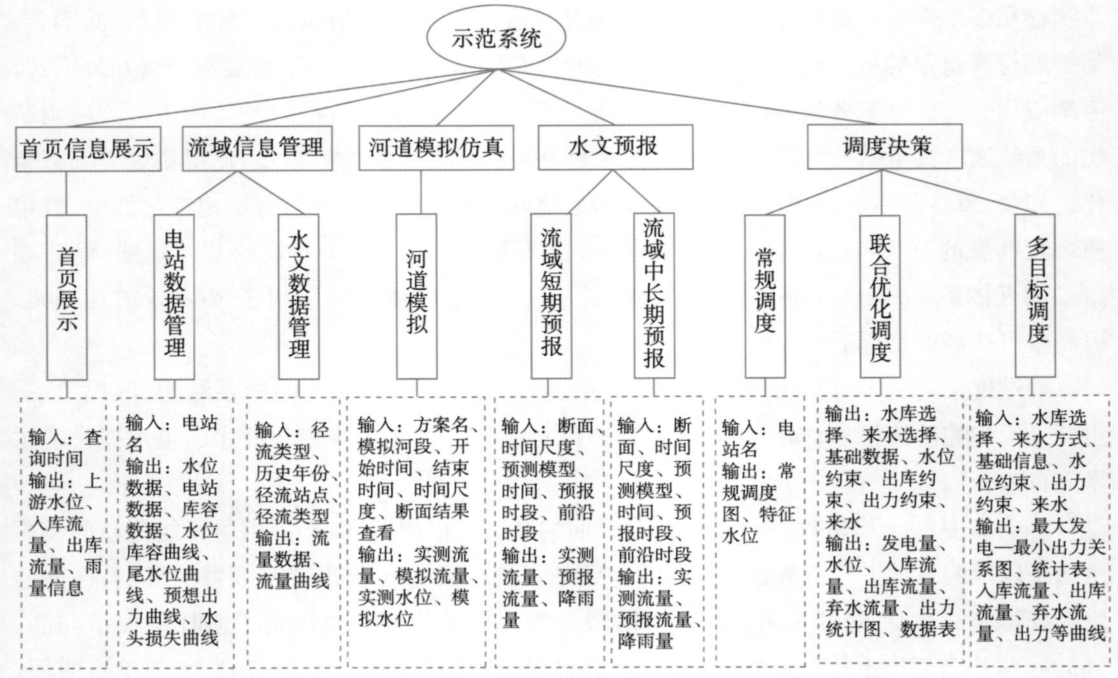

图 12.10　系统总体结构

12.4.1.2　系统功能介绍

本书围绕雅砻江流域梯级电站预报调度应用需求，完成集流域信息管理查询、河道模拟仿真、水文预报、调度决策为一体的应用软件设计；采用热门的微服务 SpringBoot 技术，能降低开发成本、提高开发效率；开发面向多用户多方案的库表、支持图表库联动的控件类以及各种功能的 EJB 组件，实现针对不同电站多种属性的差异性基础数据的简约输入；针对模拟仿真、水文预报、优化调度模型及其求解算法的输入输出参数以及计算过程进行抽象化设计，系统功能主要包括以下几点。

(1)首页信息展示

示范系统主页展示流域示意图，使用 WebGIS 框架，利用 Cesium 技术绘制地理信息图，对选定时间点的水库水情信息以及站点水雨情信息进行展示。其中，水库水情信息包括控制性水库相对的上游水位、入库流量、出库流量信息；站点水雨情信息包括测站相对应的流域信息、站点类型、雨量流量信息。

(2)流域信息管理子系统

流域信息管理子系统包括电站数据管理和水文数据管理两个模块。

电站数据管理模块主要对电站的基础数据进行管理，通过选择电站，可以展示校核洪水位、设计洪水位、正常蓄水位等信息在内的水位数据；装机容量、保证出力、最大和最小发电水头等电站出力数据；总库容、调节库容等的库容数据。此外，还可以对电站的曲线进行管理，包括水位—库容曲线、下泄流量—尾水位曲线、水位—最大下泄能力曲线、预想出力曲线、水头损失曲线。

水文数据管理模块考虑系列来水和历史来水两种情况。当选择历史来水时，在选择历史年份以及径流站点后，点击"查看"按钮即可得到当期该站点的历史来水数据和折线图；当选择系列来水时，在选择系列类型后，点击"查看"按钮即可查看该站点所选类型的系列来水折线图与数据表。

(3)河道模拟仿真子系统

河道演进模拟子系统主要读取上游控制性水库出库流量过程、所在干支流河段断面地形数据、河段区间来水数据，并基于读取的数据设置初始计算条件，计算边界条件，由模型库调用水动力学模型进行河道演进模拟计算，输出关键断面或选择断面的水位、流量过程，结果以图表的形式展示。选择方案后，选择模拟河段和时间尺度，设置开始和结束时间，点击"开始计算"按钮即可得到计算结果。

(4)水文预报子系统

水文预报子系统考虑短期预报和中长期预报。短期预报与中长期预报采用的预报模型不同：短期预报模型包括深度学习模型、新安江模型和 SWAT 模型；中长期预报模型包括 GPR 模型、LSTM 模型、SVM 模型。

在中长期预报与短期预报中，选择尺度、断面、预报模型、预报时段和前沿时段后，点击"预报计算"按钮即可得到预报结果。预报结果以图和表两种形式进行展示。

(5)调度决策子系统

调度决策子系统考虑常规调度、联合优化调度和多目标联合调度。

常规调度按照常规调度图进行调度操作，包括两河口、锦屏一级、二滩，并给出各水库的特征水位。

联合优化调度对象包括锦东、锦西、官地、二滩、桐子林、两河口、杨房沟，可选来水方式包括频率来水和历史来水：考虑频率来水，选择调度水库及来水频率，对水库的基础信息、水位约束、出库约束、出力约束和来水进行设置后，点击"方案计算"按钮即可得到调度计算结果，调度结果分别以图和表的形式进行展示；考虑历史来水，选择时间尺度、开始时间、结束时间并进行相关设置后，点击"计算"按钮即可得到相关结果。

多目标联合调度对象包括锦东等 7 库，考虑频率来水和历史来水，其中，频率来水包括丰、平、枯三种。进行相关设置后，点击"方案计算"按钮，即可得到分别以发电量最大、最小出力最大等目标以及多目标平衡的计算结果，计算结果以饼图、折线图和数据表的形式进行展示。

12.4.1.3 系统性能特点

系统采用 Java 1.8 研制开发，可运行在兼容 Windows、Linux 以及 Mac 平台，采用开源高性能 MySQL 数据库平台。该系统的性能特点如下。

1)人机界面友好,易操作。系统提供多窗口应用界面,窗口间能够互通和联动,展示内容直观而丰富,操作使用便捷而灵活。

2)扩展性好。模块化的设计使新功能的扩展更为容易,系统能够通过扩展随时满足新增加的应用需求。系统包含的一切信息都是资源,利用系统提供的强大的定制功能可以把任何需增加的资源纳入系统。可以通过智能升级不断获得系统新增和完善的功能,保持与旧版本兼容的最新版本,保证系统的优越性能。

3)良好的可伸缩性。系统具备很强的适应能力,能适应不同规模、不同形式的应用,并适合多种数据库。分层技术及特有的中间层设计使得各种应用形式间具有高度的一致性,只与应用层打交道的用户丝毫感觉不到底层和中间层的变化。

4)高度集成设计,保证系统的可靠性和稳定性。系统采用模块化设计,各模块松散耦合,便于程序的调试与维护。各模块经过大量测试,能保证系统的可靠性与稳定性。

12.4.1.4 遵循的规范和标准

1)《软件工程术语》(GB/T 11457—2006);

2)《计算机软件测试文档编制规范》(GB/T 9386—2008);

3)《计算机软件测试规范》(GB/T 15532—2008);

4)《计算机软件可靠性和可维护性管理》(OGB/T 14394—2008);

5)《计算机软件文档编制规范》(GB/T8567—2006)。

12.4.2 开发环境

12.4.2.1 硬件环境

1)CPU:酷睿 i7 2.9GHz×4 及以上;

2)内存:16G 及以上;

3)硬盘:2T 及以上;

4)网卡:100/1000M Ethernet Adapter。

12.4.2.2 软件环境

1)操作系统:Windows10 /Windows11;

2)数据库:MySQL 8.0.21;

3)编程语言及版本号:Java 1.8。

12.4.3 系统结构

12.4.3.1 体系结构

雅砻江流域梯级电站安全经济运行应用示范系统基于浏览器/服务器(Browser/Server,B/S)

结构模式设计，服务器采用高性能工作站，处理重要数据服务以及用户大规模计算任务；客户端则为普通PC机，处理简单的信息展示任务，丰富用户体验。该模式易于维护、响应速度快，用户界面美观，功能强大，能够显著地提升用户体验。系统采用典型的MVC（Model View Controller）结构设计，并采用Springboot+Mybatis+MySQL+Vue的轻量级架构，提高开发效率，简化开发流程。

（1）表示层

系统的表示层基于Vue、HTML、CSS设计，旨在丰富图形界面显示，提升用户体验指数，将示范系统以丰富多彩的形式展现给用户，使用户能够形象地理解系统所展现内容，并轻松使用。

Vue基于标准HTML、CSS和JavaScript构建，是一种内容、结构灵活的Web前端框架，拥有经过编译器优化、完全响应式的渲染系统，几乎不需要手动优化，使得用户的使用体验更加流畅；此外，Vue拥有丰富的、可渐进式集成的生态系统，可以根据应用规模在库和框架间切换自如。此外，系统还结合了Echarts控件。Echarts是一个使用JavaScript实现的开源可视化库，可以流畅地运行在PC和移动设备上，可以给用户提供直观、交互丰富、高度个性化的数据可视化图表，使用户体验更为良好。示范系统通过交互式数据可视化表达方式，使用户可对呈现的数据进行挖掘、整合，辅助用户进行视觉化分析与决策思考。

（2）业务层

系统的业务层包括基础信息查询与工程应用计算，基础信息查询业务处理相关信息的查询更新事务，工程应用则处理河道模拟仿真、水文预报、常规调度、联合优化调度和多目标联合调度相关模型计算事务。模型计算与界面交互统一使用Spring管理，采用依赖注入与控制反转的方式，能有效降低模型与用户操作事务之间的耦合度，提升应用程序的组建速度。在业务逻辑与服务方面，系统采用面向切面的编程技术，使两者有效地分离开来，能提高内聚性，使系统验证服务具有即插即用式的特点。在此基础上，运用分布式远程数据通信技术，实现远端业务计算服务，将原本在客户端执行的业务操作转移到服务端，能极大地缓解客户端进行大规模数据计算的压力。

（3）数据层

系统以Mybatis+JPA（Java Persistence API）为框架构建系统数据服务。该框架对JDBC进行了非常轻量级的对象封装，利用面向对象而非面向数据库的语言查询数据，避免程序的SQL语句紧密耦合；运用数据库连接池技术分配、管理和释放数据库连接，使应用程序能够重复利用现有的数据库连接，而不需要重新建立一个数据库；释放空闲时间超过最大空闲时间的数据库连接来避免没有释放数据库连接而引起的数据库连接遗漏，从而显著地提高数据库操作执行的效率。在此基础上，运用分布式远程数据通信技术，将数据服务与用户软件分离开来，提高数据操作的安全性，保证数据库的一致性，实现数据库的统一管理。

12.4.3.2 类库设计

雅砻江流域梯级电站经济运行示范系统是一个复杂的大型应用软件。考虑到数据规模的不断扩大和今后运行管理方式的改变，需要系统更为灵活方便，能够适应未来发展需要，这就对系统的可靠性、扩展性、维护的方便性提出了很高的要求，因此必须有先进的技术解决方案。面向对象技术是当前软件开发方法的主流，其核心思想是尽量模拟人的思维方式，尽可能地使程序的结构和实现与其所描述的现实世界保持一致，即充分保证计算机领域的概念与问题域的概念之间的一致性，这正是利用传统的程序设计方法难以实现的，而采用面向对象技术能显著提高系统开发效率，以及可重用性、可维护性和可扩展性。

示范系统软件是基于 Vue、HTML、CSS、SpringBoot 和 JPA 以及 Mybatis 组成的 MVC 框架的 C/S 系统。通过深入分析系统各个功能模块，本着通用性、可扩展性和面向可变业务的原则，采用面向对象技术和设计模式，对系统中各种业务需求进行抽象设计。

(1)通用工具类

主要包括适用于各种数据类型的冒泡排序、选择排序、快速排序等方法，最大、最小值、查找值对应索引号的各种查询方法，以及二点插值、三点插值方法和各种编码解码方法。将这些方法设计成类能显著提高代码的可维护性和复用性。

(2)基础数据类

数据库中的表对应的各种基础数据，包括雅砻江流域各测站历史水文数据，各梯级电站历史径流数据、历史运行数据。将这些基础数据抽象成类，在程序中以面向对象的方式来操作。

(3)算法类

算法包括应用于河道模拟仿真的水动力学算法模型、应用于水文预报的诸多预报模型、应用于调度决策的优化算法等。这些算法在以往的项目和研究中已经得到充分测试和检验，以对象的形式来管理可以将其标准化、组件化，从而加快开发速度，提高系统的可靠性和运行效率。

(4)控件类

主要是对各种图表和模型控件的抽象，实现图库表联动，并将这些界面元素进行封装，不仅可以实现图形化建模，而且能提供通用一致的表现形式，统一系统开发的风格，方便操作人员使用。

(5)任务类

通过对业务对象建模与业务流程重构，将相关业务任务抽象为程序语言的任务类。任务类主要包括基础信息管理、水文预报、河道模拟、调度决策等。

(6)通信类

主要用于数据库的存取和用户操作的响应，通过这些类的抽象，屏蔽不同数据库的差别，减小数据层和逻辑层之间的耦合。

12.4.4　示范系统详细设计

12.4.4.1　系统登录模块

系统登录模块完成不同用户组的登录验证，登录界面如图 12.11 所示。登录失败会有警告提示，同时登陆成功后即展示系统首页，如图 12.12 所示。

图 12.11　示范系统软件登录界面设计

图 12.12　示范系统软件首页

12.4.4.2 流域信息管理模块

流域信息管理包括电站数据管理和水文数据管理两部分。图 12.13 展示电站数据管理中的参数管理,可以通过设置不同的电站来对其水位数据、电站出力数据、库容数据进行查看和修改,其中左侧是展示区,右侧是设置区。图 12.14 展示电站数据中的曲线管理,通过选择不同的电站,可以选择查看水位—库容曲线、下泄流量—尾水位曲线、水位—最大下泄能力曲线、预想出力曲线、水头损失曲线。展示区上方展示折线图,下方展示数据表,可以通过编辑数据表来对数据进行修改。

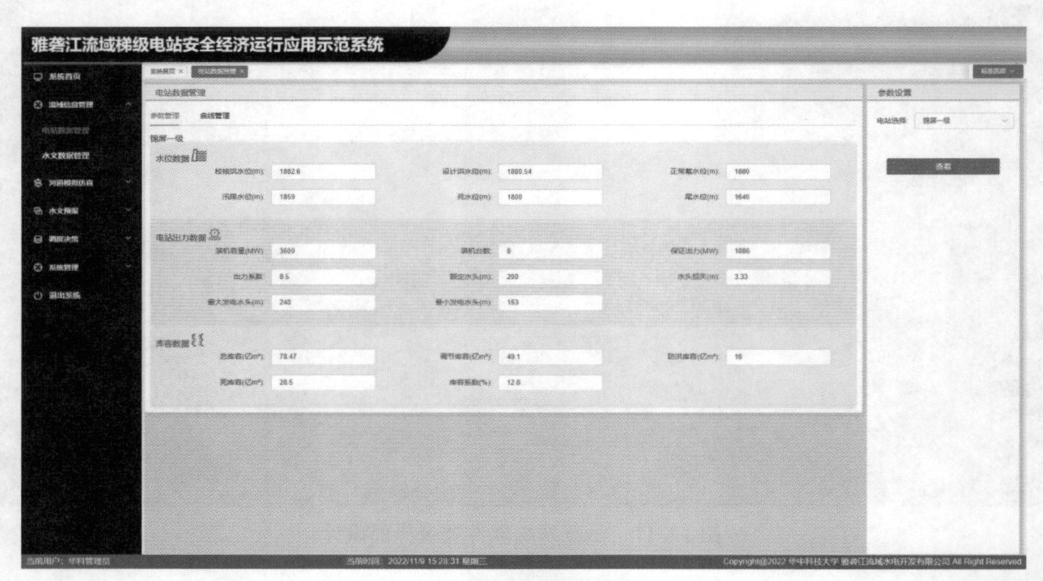

图 12.13 电站参数管理功能界面

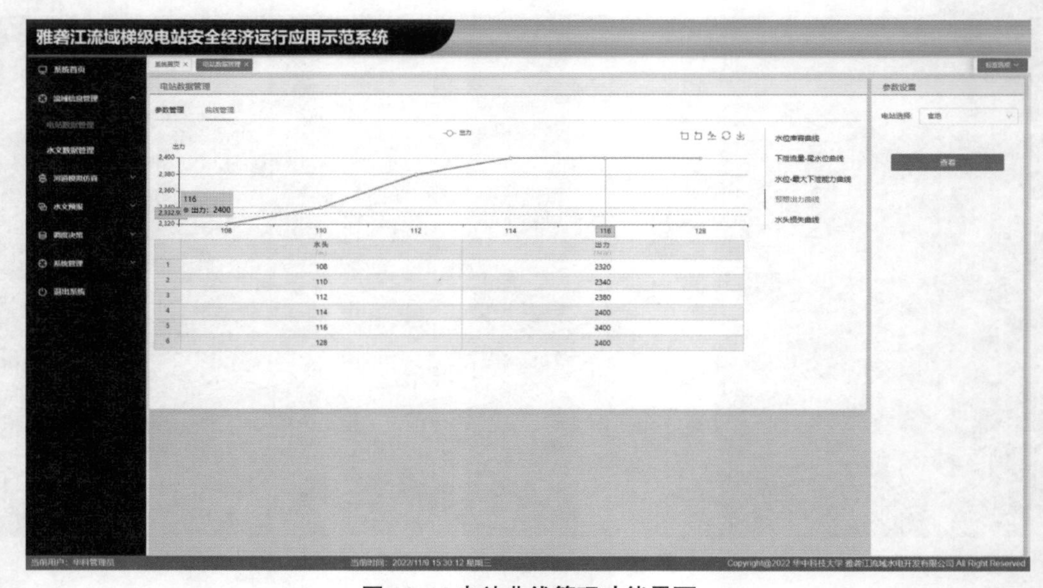

图 12.14 电站曲线管理功能界面

图 12.15 展示水文数据管理功能界面，右侧为设置区，可以设置系列来水或历史来水；左侧为展示区，可以查看并修改相应的来水数据；展示区上方为来水折线图，下方为数据表，可以通过编辑数据表对数据进行修改。

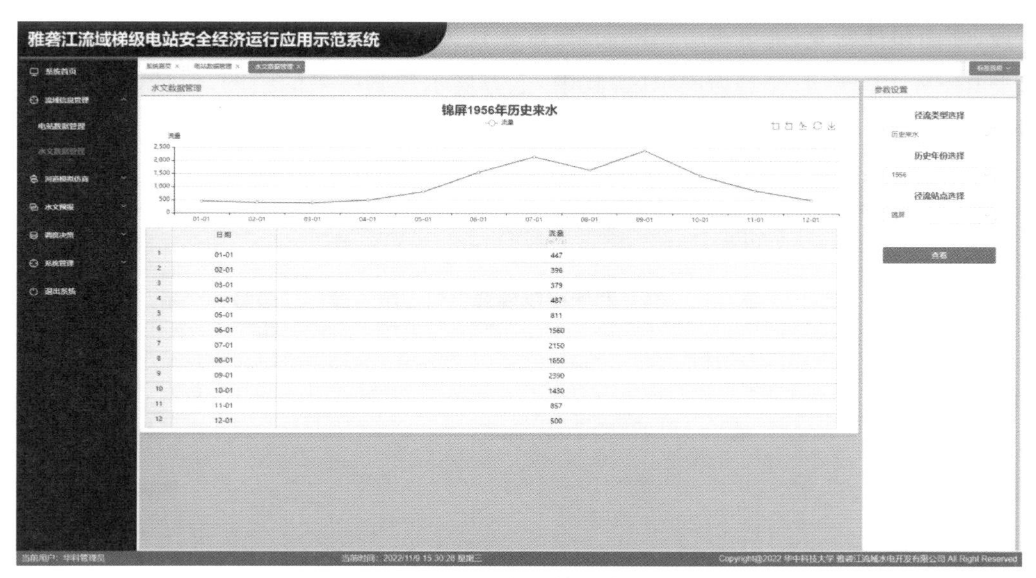

图 12.15　水文数据管理功能界面

12.4.4.3　河道模拟仿真模块

河道模拟模块采用水动力学模型进行计算，并展示结果（图 12.16）。界面上方为设置区，设置变量包括方案名、模拟河段、开始时间、结束时间、时间尺度和断面选择；下方为展示区，其中，左侧展示模拟流量和模拟水位过程；右侧展示数据表。

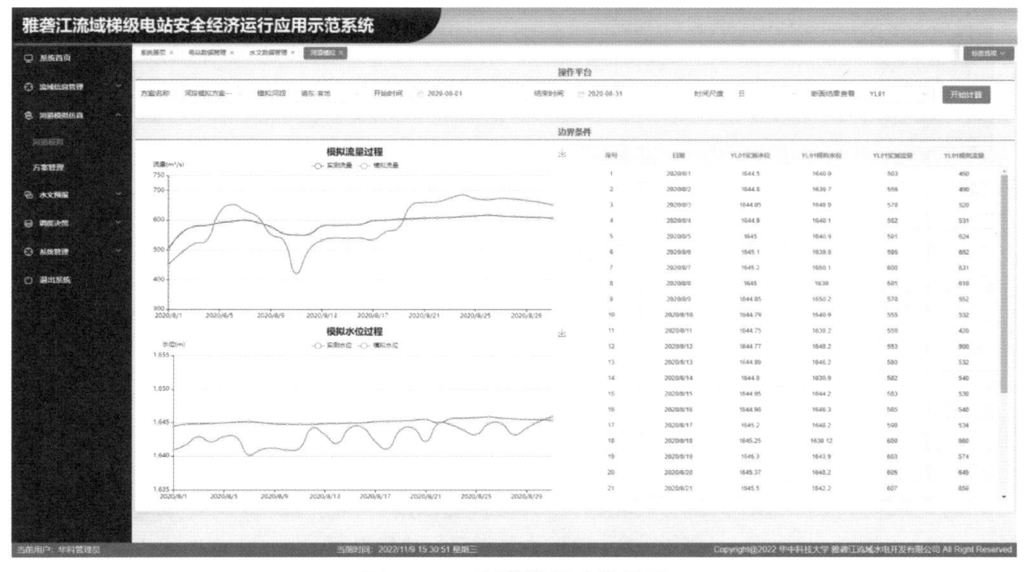

图 12.16　河道模拟功能界面

12.4.4.4 水文预报模块

水文预报模块包括流域短期预报和流域中长期预报两部分。短期预报功能界面如图12.17所示，右侧为设置区，可供选择变量有断面、尺度、预测模型、预报时间、预报时段和前沿时段，断面包括新龙、道孚等7个断面，尺度默认为日，可选模型包括深度学习模型、新安江模型和SWAT模型；左侧为展示区，其中，上方展示预测结果的绘图，包括雨量关系图和流量图；下方展示数据表。

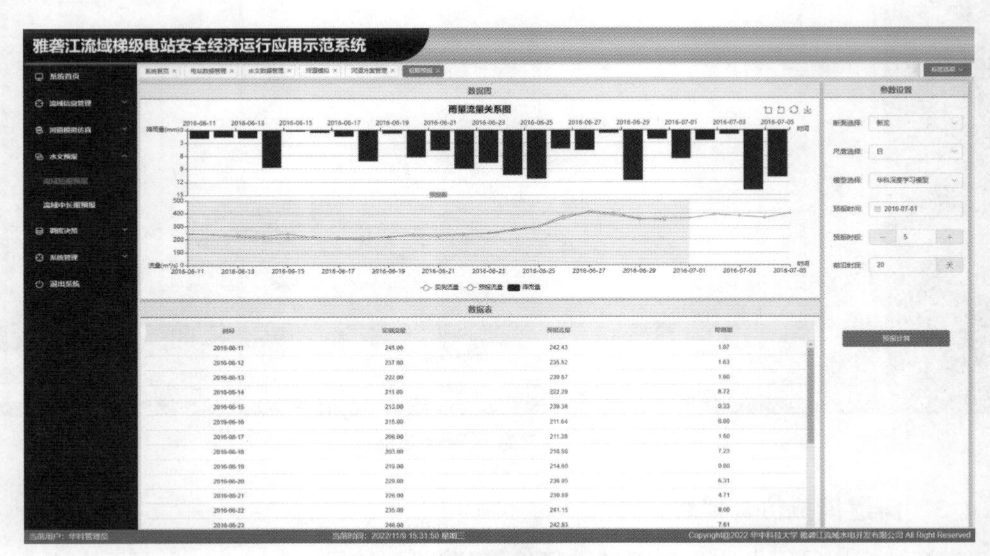

图 12.17　流域短期预报功能界面

流域中长期预报功能界面如图12.18所示。

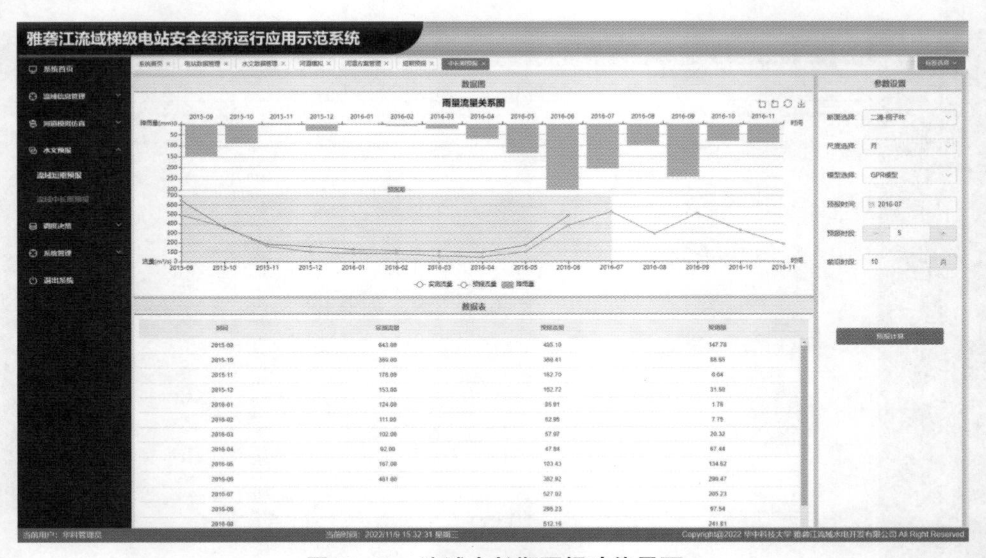

图 12.18　流域中长期预报功能界面

图 12.18 右侧为设置区，可供选择变量有断面、尺度、预测模型、预报时间、预报时段和前沿时段，断面包括二滩—桐子林等 6 个断面，尺度默认为月，可选模型包括 GPR 模型、LSTM 模型、SVM 模型；左侧为展示区，其中，上方展示预测结果的绘图，包括雨量关系图和流量图；下方展示数据表。

12.4.4.5　调度决策模块

调度决策模块包括常规调度、联合优化调度、多目标联合调度三个部分。常规调度功能界面如图 12.19 所示，界面分两部分，上方展示常规调度图，下方展示调度图所对应的特征水位；可选水库包括两河口、锦屏一级、二滩，可以通过点击切换。

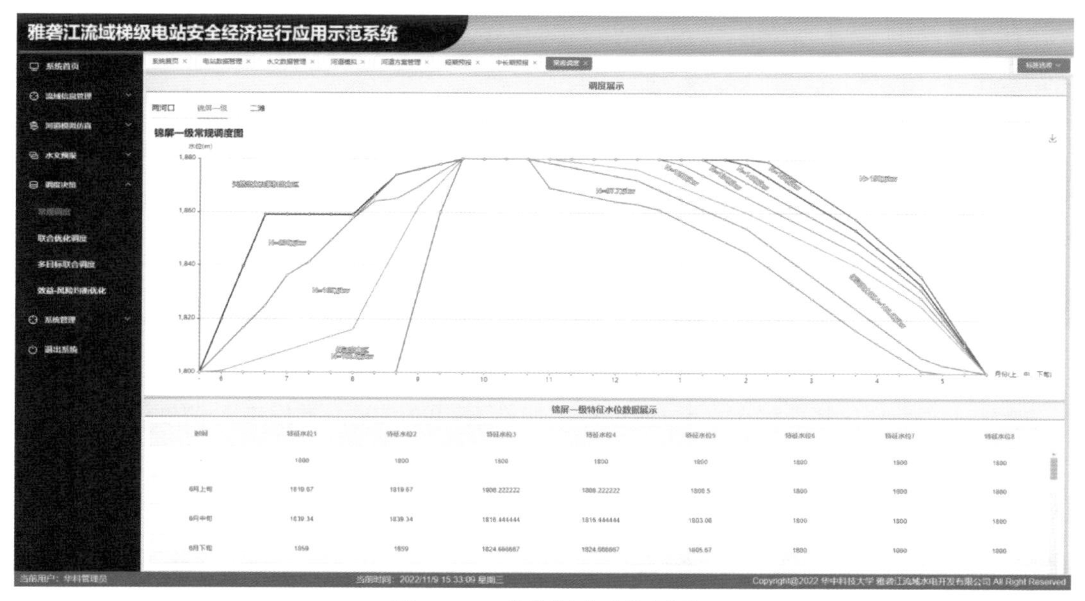

图 12.19　常规调度功能界面

联合优化调度功能界面如图 12.20 所示。右方为设置区，需选择水库和来水类型；水库共锦东、锦西等 7 库，可自由选择；来水方式可选择频率来水和历史来水，若选择历史来水则需要设定时间尺度和开始、结束时间。左侧展示区分三个部分，上方是基础信息面板，包括各库水位约束、出库约束、出力约束和来水，可以通过编辑表格对约束信息进行修改，以进行计算。计算结果在展示区中间和下方进行展示：展示区中间展示联合调度指标信息，通过饼图展示总发电量及各水库占比，其余指标用折线图进行绘制，用户可通过点击进行切换展示。下方以数据表的方式展示计算结果，可以通过点击切换以查看不同水库的指标计算结果。

多目标联合调度功能界面如图 12.21 和图 12.22 所示。用户需要先选择联合调度的水库、来水方式，可供选择水库为包括锦屏一级和锦屏二级在内的 7 座水库，来水方式包括频率来水和历史来水，其中频率来水包括丰、平、枯三种，若选择历史来水则需要设定时间尺度、开始时间和结束时间。用户可以通过左侧展示区上方的实时信息统计面板对各水库的基础信息进行设置；此外，可通过点击切换水位约束、出库约束、出力约束、来水设置面板；完成设置后，点击“开始计算”按钮即可进行计算。计算结果在左侧中间和下方进行展示。

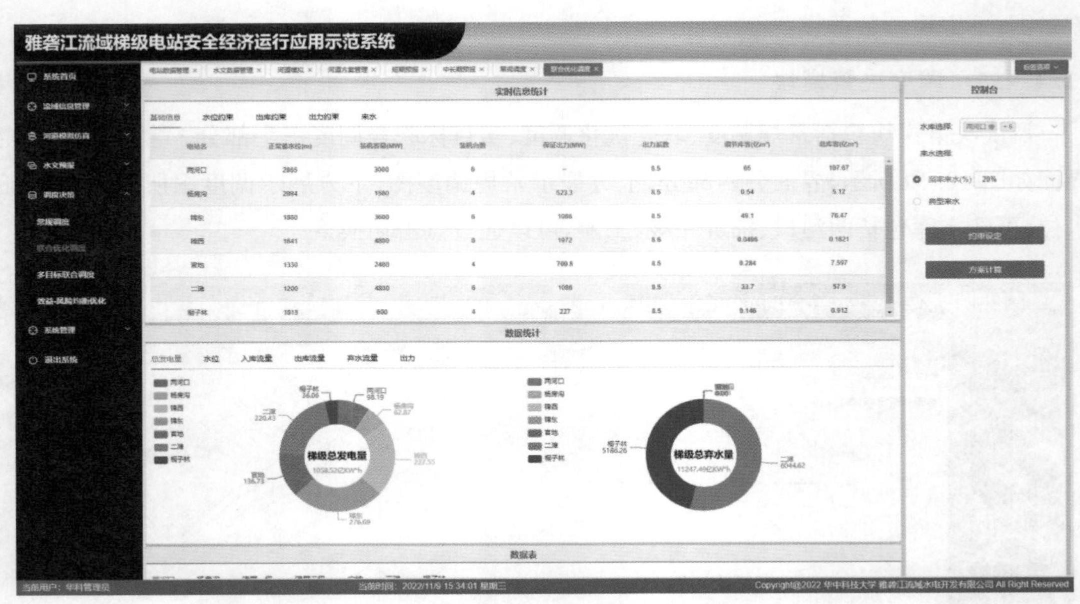

图 12.20 联合优化调度功能界面

左侧中间展示发电量和弃水量，通过点击切换不同的调度目标以查看调度结果；下方以折线图展示水位、入库流量、出库流量、弃水流量和出力的调度过程图，最下方展示各库调度信息数据表。

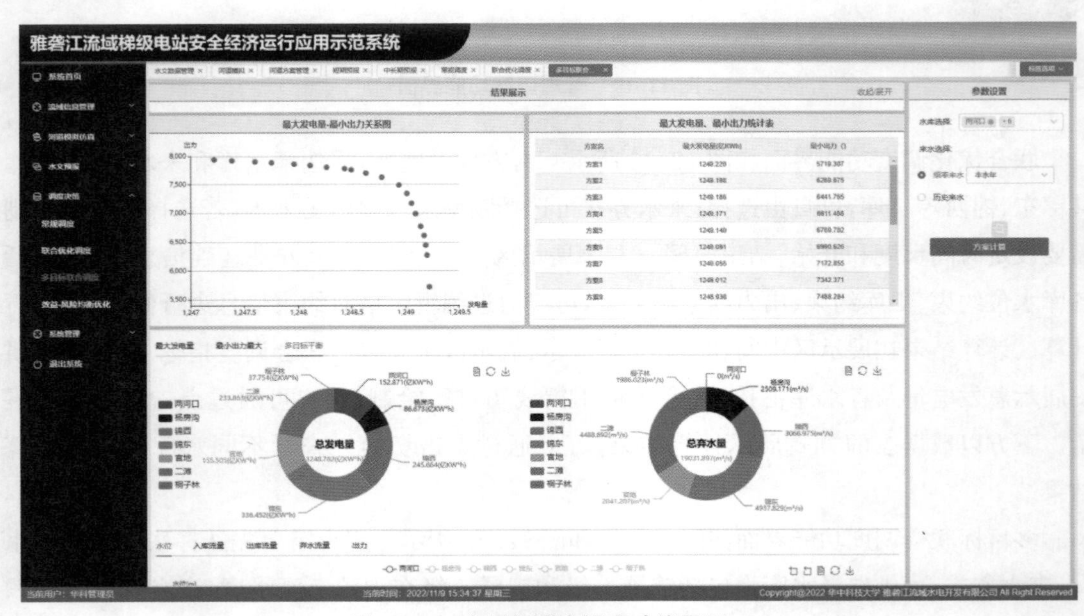

图 12.21 多目标联合调度功能界面一

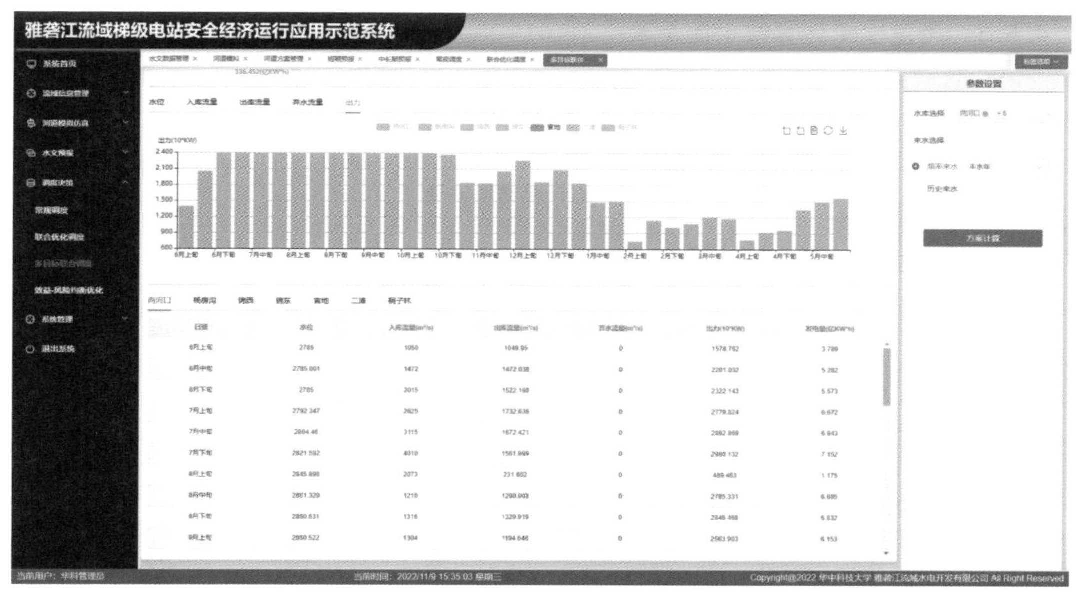

图 12.22　多目标联合调度功能界面二

12.4.5　数据库表设计示例

12.4.5.1　用户组表

用户组表用于存储用户组(表 12.1)。表标识为 APP_GROUP。

表 12.1　　用户组

序号	字段名	字段标识	类型及长度	计量单位	主键序号
1	ID	ID	VARCHAR2(32)		1
2	组名称	NAME	VARCHAR2(50)		
3	组状态	STATUS	NUMBER(2,0)		

12.4.5.2　用户权限表

用户权限表用于存储用户组权限(表 12.2)。表标识为 APP_GROUP_AUTH。

表 12.2　　用户权限

序号	字段名	字段标识	类型及长度	计量单位	主键序号
1	ID	ID	VARCHAR2(32)		1
2	组 ID	GROUPID	VARCHAR2(32)		
3	模块 ID	MODULEID	VARCHAR2(32)		
4	权限值	AUTH	NUMBER(5,0)		

12.4.5.3 河道模拟计算结果流量表

河道模拟计算结果流量表用于存储河道仿真模拟的计算结果流量(表 12.3)。表标识为:FLOWD_FLUX_OUT。

表 12.3 河道模拟计算结果流量

序号	字段名	字段标识	类型及长度	计量单位	主键序号
1	断面编号	S_NUMBER	NUMBER(0,0)		1
2	计算时间	S_TIME	FLOAT(126,0)	s	2
3	流量值	S_VALUE	FLOAT(126,0)	m^3/s	
4	方案名	S_SCHEDULE_NAME	VARCHAR2(255,0)		3
5	用户名	S_USER_NAME	VARCHAR2(255,0)		4
6	计算河段	S_REACH	NUMBER(0,0)		5

12.4.5.4 预报信息表

预报信息表用于存储中长期预报数据(表 12.4)。表标识为:HYDOR_FORECAST。

表 12.4 预报信息

序号	字段名	字段标识	类型及长度	计量单位	主键序号
1	站点	SECTION	VARCHAR2(32)		1
2	模型	MODEL	VARCHAR2(32)		2
3	率定开始时间	LD_TIME_START	DATE(7,0)		3
4	率定结束时间	LD_TIME_END	DATE(7,0)		4
5	降雨开始时间	JY_TIME_START	DATE(7,0)		5
6	降雨结束时间	JY_TIME_END	DATE(7,0)		6
7	时间	TIME	DATE(7,0)		7
8	实测值	REAL	NUMBER(10,0)		
9	预报值	FORECAST	NUMBER(10,0)		
10	区间入流	BETWEEN	NUMBER(8,2)		
11	降雨量	RAIN	NUMBER(8,2)		

12.4.5.5 调度方案存储表

调度方案存储表用于存储部分调度方案具体数据(表 12.5)。表标识为 NEST_DISPATCH_PLAN。

表 12.5　　调度方案存储

序号	字段名	字段标识	类型及长度	计量单位	主键序号
1	优化调度计划名称	PLAN_NAME	VARCHAR2(255,0)		1
2	用户	USER_NAME	VARCHAR2(255,0)		2
3	电站名称	STATION_NAME	VARCHAR2(255,0)		3
4	该时段起始时间	START_TIME	DATE(7,0)		4
5	该时段结束时间	END_TIME	DATE(7,0)		5
6	该时段起始水位	START_LEVEL	NUMBER(16,2)	m	
7	该时段结束水位	END_LEVEL	NUMBER(16,2)	m	
8	该时段平均入库流量	INFLOW	NUMBER(16,2)	m^3/s	
9	该时段平均出库流量	OUTFLOW	NUMBER(16,2)	m^3/s	
10	该时段平均出力	OUTPUT	NUMBER(16,2)	万 kW	
11	该时段平均弃水流量	DESERT	NUMBER(16,2)	m^3/s	
12	该时段累计发电量	GENERATION	NUMBER(16,2)	亿 kW・h	

12.5　本章小结

本章基于前述设计的雅砻江流域水资源管理模型库，针对传统水资源管理系统中单个模型服务运行效率低下的性能瓶颈，探究应用广泛的集群化技术，结合虚拟容器提供的基础运行环境支撑，引入微服务的服务治理框架，提出一种适用于雅砻江流域的水资源管理系统服务集群化方法。模型服务化将河道仿真、水文预报、库群调度等水资源管理专业模型进行服务封装并提供服务访问接口，作为水资源管理系统服务集群化的前提。虚拟容器技术作为轻量级虚拟机技术，将作为服务集群化基础运行环境的支撑。

在系统服务集群化框架基础上，分析研究微服务架构和分布式理论，设计搭建基于SpringCloud的雅砻江流域水资源分布式框架，在保证分布式系统的高可用性的同时充分考虑系统的可拓展性需求，能极大地降低各个模块耦合的困难，大大简化系统后期拓展维护的难度。在此基础上，设计并开发了雅砻江流域梯级电站安全经济运行应用示范系统，该系统分为权限登录、WebGIS全流域信息展示、河道仿真、水文预报、调度决策几大功能模块，本章详细介绍了各模块的功能页面及效果。

主要参考文献

Anastasiou K, Chan C T. Solution of the 2D Shallow Water Equations Using the Finite Volume Method on Unstructured Triangular Meshes[J]. International Journal for Numerical Methods in Fluids, 1997, 24(11): 1225-1245.

Aureli F, Maranzoni A, Mignosa P, et al. A Weighted Surface-Depth Gradient Method for the Numerical Integration of the 2D Shallow Water Equations with Topography[J]. Advances in Water Resources, 2008, 31(7): 962-974.

Begnudelli L, Valiani A, Sanders B F. A Balanced Treatment of Secondary Currents, Turbulence and Dispersion in a Depth-Integrated Hydrodynamic and Bed Deformation Model for Channel Bends[J]. Advances in Water Resources, 2010, 33(1): 17-33.

Casulli V. Eulerian-Lagrangian Methods for the Navier-Stocks Equations at High Reynolds Number[J]. International Journal for Numericial Methods in Fluids, 2010, 8(10): 1349-1360.

Chao L, Zhang K, Li Z, et al. Geographically Weighted Regression Based Methods for Merging Satellite and Gauge Precipitation[J]. Journal of Hydrology, 2018, 558: 275-289.

Chebana F, Ouarda T, Duong T C. Testing for Multivariate Trends in Hydrologic Frequency Analysis[J]. Journal of Hydrology, 2013, 486: 519-530.

Cheng C T, Shen J J, Wu X Y, et al. Operation Challenges for Fast-Growing China's Hydropower Systems and Respondence to Energy Saving and Emission Reduction[J]. Renewable and Sustainable Energy Reviews, 2012, 16(5): 2386-2393.

Conejo A J, Nogales F J, Arroyo J M, et al. Risk-Constrained Self-Scheduling of A Thermal Power Producer[J]. IEEE Transactions on Power Systems, 2004, 19(3): 1569-1574.

Cunge J A. On The Subject of A Flood Propagation Computation Method (Musklngum Method)[J]. Journal of Hydraulic Research, 1969(02): 205-230.

Dahlgren R, Liu C C, Lawarree J. Risk Assessment in Energy Trading[J]. IEEE Transactions on Power Systems, 2003, 18(2): 503-511.

De Saint-Venant A B. Théorie Du Mouvement Non Permanent Des Eaux, Avec Application Aux Crues Des Riviéres et à l' introduction des marées dans leur lit[J]. Compte-Rendu à l'Académie des Sciences de Paris, 1871, 73: 237-240.

Dempster A P, Laird N M, Rubin D B. Maximum Likelihood from Incomplete Data via the EM Algorithm[J]. Journal of the Royal Statistical Society: Series B(Methodological), 1977, 39(1): 1-22.

Dimou K. 3-D Hybrid Eulerian-Lagrangian / particle tracking model for simulating mass transport in coastal water bodies [J]. Cambridge, Massachusetts Institute of Technology, 1992.

Emmanuel I, Andrieu H, Leblois E, et al. Temporal and Spatial Variability of Rainfall at the Urban Hydrological Scale[C]. [s. n.] : Journal of Hydrology Amsterdam, 2012.

Faber B A, Stedinger J R. Reservoir Optimization Using Sampling SDP with Ensemble Streamflow Prediction (ESP) Forecasts[J]. Journal of Hydrology, 2001, 249(1-4): 113-133.

Falconer R, Owens P. Numerical Simulation of Flooding and Drying in A Depth-Averaged Tidal Flow Model[J]. Proceedings of the Institution of Civil Engineers Part Research & Theory, 1987, 83(01): 161-180.

Fletcher T D, Andrieu H, Hamel P. Understanding, Management and Modelling of Urban Hydrology and its Consequences for Receiving Waters: A State of the Art[J]. Advances in Water Resources, 2013(1): 51.

Fraccarollo L, Toro E F. Experimental and Numerical Assessment of the Shallow Water Model for Two-Dimensional Dam-Break Type Problems[J]. Journal of hydraulic research, 1995, 33(6): 843-864.

Gerstner E M, Heinemann G. Real-Time Areal Precipitation Determination from Radar by Means of Statistical Objective Analysis[J]. Journal of Hydrology, 2008, 352(3): 296-308.

Gill M A. Flood Routing by the Muskingum Method[J]. Journal of Hydrology, 1978, 36(3): 353-363.

Godunov S K. A Difference Method for Numerical Calculation of Discontinuous Solutions of the Equations of Hydrodynamics[J]. Matematicheskii Sbornik, 1959, 89(3): 271-306.

Goutal N, Maurel F. Proceedings of the 2nd Workshop on Dam-Break Wave Simulation [R]. Chatou: Department Laboratoire National Hydraulique, 1997.

Guinot V. An Approximate Two-Dimensional Riemann Solver for Hyperbolic Systems

of Conservation Laws[J]. Journal of Computational Physics, 2005, 205(1): 292-314.

Han Z, Reitz R D. Turbulence Modeling of Internal Combustion Engines Using RNG κ-ε Models[J]. Combustion Science and Technology, 1995, 106(4-6): 267-295.

Heitsch H, Römisch W. Scenario Reduction Algorithms in Stochastic Programming [J]. Computational optimization and applications, 2003, 24(2): 187-206.

Hu D, Zhong D, Zhang H, et al. Prediction - Correction Method for Parallelizing Implicit 2D Hydrodynamic Models. I: Scheme[J]. Journal of Hydraulic Engineering, 2015, 141(8): 04015014.

Huang K, Ye L, Chen L, et al. Risk Analysis of Flood Control Reservoir Operation Considering Multiple Uncertainties[J]. Journal of Hydrology, 2018, 565: 672-684.

Islam A, Raghuwanshi N S, Singh R, et al. Comparison of Gradually Varied Flow Computation Algorithms for Open-Channel Network[J]. Journal of irrigation and drainage engineering, 2005, 131(5): 457-465.

Kendall M G. Rank Correlation Methods[J]. British Journal of Psychology, 1948, 25: 86-91.

Kesserwani G, Liang Q H. A Discontinuous Galerkin Algorithm for the Two-Dimensional Shallow Water Equations[J]. Computer Methods in Applied Mechanics and Engineering, 2010, 199(49-52): 3356-3368.

Kesserwani G, Liang Q H. Dynamically Adaptive Grid Based Discontinuous Galerkin Shallow Water Model[J]. Advances in Water Resources, 2012, 37: 23-39.

Lablans M, Borg A, Ückert F. A Restful Interface to Pseudonymization Services in Modern Web Applications[J]. BMC Medical Informatics and Decision Making, 2015, 15(1): 100.

Lee W, Borthwick A G, Taylor P H. A Fast Adaptive Quadtree Scheme for A Two-Layer Shallow Water Model[J]. Journal of Computational Physics, 2011, 230(12): 4848-4870.

Li M, Shao Q. An Improved Statistical Approach to Merge Satellite Rainfall Estimates and Raingauge Data[J]. Journal of Hydrology, 2010, 385(1): 51-64.

Liang Q, Smith L S. A High-Performance Integrated Hydrodynamic Modelling System for Urban Flood Simulations[J]. Journal of Hydroinformatics, 2015, 17(04): 518.

Liang Q H. A Simplified Adaptive Cartesian Grid System for Solving the 2D Shallow Water Equations[J]. International Journal for Numerical Methods in Fluids, 2012, 69(2): 442-458.

Liang Q H. A Structured but Non-Uniform Cartesian Grid-Based Model for the Shallow Water Equations[J]. International Journal for Numerical Methods in Fluids,2011,66(5):537-554.

Liang Q H,Borthwick A. Adaptive Quadtree Simulation of Shallow Flows with Wet-Dry Fronts over Complex Topography[J]. Computers & Fluids,2009,38(2):221-234.

Lu C,Zhou J,Hu D,et al. Fast and High-Precision Simulation of Hydrodynamic and Water Quality Process in River Networks[C]. Beijing:Proceedings of the 1st International Symposium on Water System Operations,ISWSO,2018.

Mann H B. Nonparametric Tests Against Trend[J]. Econometrica:Journal of the Econometric Society,1945:245-259.

Markowitz H. Portfolio selection[J]. The Journal of Finance,1952,7(1):77-91.

Mellor G L,Yamada T. Development of a Turbulence Closure Model for Geophysical Fluid Problems[J]. Reviews of Geophysics,1982,20(4):851-875.

Mellor G,Blumberg A. Wave Breaking and Ocean Surface Layer Thermal Response [J]. Journal of physical oceanography,2004,34(3):693-698.

Muller S,Stiriba Y. A Multilevel Finite Volume Method with Multiscale-Based Grid Adaptation for Steady Compressible Flows[J]. Journal of Computational and Applied Mathematics,2009,227(2):223-233.

Murakami S,Mochida A,Hayashi Y. Examining the κ-ε Model by Means of A Wind Tunnel Test and Large-Eddy Simulation of the Turbulence Structure Around A Cube[J]. Journal of Wind Engineering and Industrial Aerodynamics,1990,35:87-100.

Naidu B J,Bhallamudi S M,Narasimhan S. GVF Computation In Tree-type Channel Networks[J]. Journal of Hydraulic Engineering,1997,123(8):700-708.

Nakanishi M,Niino H. An improved Mellor - Yamada level-3 model with Condensation Physics:Its design and verification[J]. Boundary-Layer Meteorology,2004,112(1):1-31.

Nash J E. A note on the Muskingum Flood-Routing Method[J]. Journal of Geophysical Research,1959,64(8):1053-1056.

Noelle S,Xing Y,Shu C. High-Order Well-Balanced Finite Volume WENO Schemes for Shallow Water Equation with Moving Water[J]. Journal of Computational Physics,2007,226(1):29-58.

Parés C,Castro M. On the Well-Balance Property of Roe's Method for Nonconservative Hyperbolic Systems. Applications to Shallow-Water Systems[J]. ESAIM:Mathematical

Modelling and Numerical Analysis, 2004, 38(5): 821-852.

Park T S, Sung H J. A Nonlinear Low-Reynolds-Number κ-ε Model for Turbulent Separated and Reattaching Flows—I. Flow Field Computations[J]. International Journal of Heat and Mass Transfer, 1995, 38(14): 2657-2666.

Sapiano M, Arkin P A. An Intercomparison and Validation of High-Resolution Satellite Precipitation Estimates with 3-Hourly Gauge Data [J]. Journal of Hydrometeorology, 2009, 10(1): 149-166.

Séguin S, Audet C, Côté P. Scenario-Tree Modeling for Stochastic Short-Term Hydropower Operations Planning [J]. Journal of Water Resources Planning and Management, 2017, 143(12): 4017073.

Sen D J, Garg N K. Efficient Algorithm for Gradually Varied Flows in Channel Networks[J]. Journal Of Irrigation and Drainage Engineering, 2002, 128(6): 351-357.

Shi X J, Chen Z R, Wang H, et al. Convolutional LSTM Network: A Machine Learning Approach for Precipitation Nowcasting [A]. Proceedings of the 28th International Conference on NIPS[C]. Montreat: MIT Press, 2015.

Song L X, Zhou J Z, Guo J, et al. A Robust Well-Balanced Finite Volume Model for Shallow Water Flows with Wetting and Drying over Irregular Terrain[J]. Advances in Water Resources, 2011, 34(7): 915-932.

Stedinger J R. Developments in Stochastic Dynamic Programming for Reservoir Operation Optimization [C]. Zhengzhou: World Environmental and Water Resources Congress, 2013.

Stoker J J. Water Waves: The Mathematical Theory with Applications [M]. New York: Interscience Publishers, 1957.

Taylor C M, Jeu R, Guichard F, et al. Afternoon Rain More Likely Over Drier Soils [J]. Nature, 2012, 489: 423-426.

Toro E F, Spruce M, Speares W. Restoration of the Contact Surface in the HLL-Riemann Solver[J]. Shock Waves, 1994, 4(1): 25-34.

Tung Y K. River Flood Routing by Nolinear Muskingum Method [J]. Journal of Hydraulic Engineering, 1985, 111(111): 1447-1460.

Valiani A, Begnudelli L. Divergence Form for Bed Slope Source Term in Shallow Water Equations[J]. Journal of Hydraulic Engineering, 2006, 132(7): 652-665.

Vázquez-Cendón M E. Improved Treatment of Source Terms in Upwind Schemes for the Shallow Water Equations in Channels with Irregular Geometry [J]. Journal of

Computational Physics,1999,148(2):497-526.

Wu H,Yang Q,Liu J,et al. A Spatiotemporal Deep Fusion Model for Merging Satellite and Gauge Precipitation in China[J]. Journal of Hydrology,2020,584:124664.

Yanenko N N. The Method of Fractional Steps[M]. Heidelberg:Springer,1971.

Yilmaz K K, Adler R F, Tian Y, et al. Evaluation of a Satellite-based Global Flood Monitoring System[J]. International Journal of Remote Sensing,2010,31(14):3763-3782.

Yu H,Huang G,Wu C. Efficient Finite-Volume Model for Shallow-Water Flows Using an Implicit Dual Time-Stepping Method[J]. Journal of Hydraulic Engineering,2015,141(06):04015004.

Zhang S,Jing Z,Yi Y,et al. The Dynamic Capacity Calculation Method and the Flood Control Ability of the Three Gorges Reservoir[J]. Journal of Hydrology,2017,(555):361-370.

Zhao T, Cai X, Yang D. Effect of Streamflow Forecast Uncertainty on Real-Time Reservoir Operation[J]. Advances in Water Resources,2011,34(4):495-504.

Zhao T, Zhao J. Joint and Respective Effects of Long- and Short-Term Forecast Uncertainties on Reservoir Operations[J]. Journal of Hydrology,2014,517:83-94.

Zhou J,Xie M,He Z,et al. Medium-Term Hydro Generation Scheduling (MTHGS) with Chance Constrained Model (CCM) and Dynamic Control Model (DCM)[J]. Water Resources Management,2017,31(11):3543-3555.

Zhou J G,Causon D M,Mingham C G,et al. The Surface Gradient Method for the Treatment of Source Terms in the Shallow-Water Equations[J]. Journal of Computational Physics,2001,168(1):1-25.

Zhu D,Chen Y,Wang Z,et al. Simple,Robust,and Efficient Algorithm for Gradually Varied Subcritical Flow Simulation in General Channel Networks[J]. Journal of Hydraulic Engineering,2011,137(7):766-774.

Zia A,Banihashemi M A. Simple Efficient Algorithm (SEA) for Shallow Flows with Shock Wave on Dry and Irregular Beds[J]. International Journal for Numerical Methods in Fluids,2008,56(11):2021-2043.

陈大宏,蓝霄峰,杨小亭. 求解圣维南方程组的 DORA 算法[J]. 武汉大学学报(工学版),2005(05):43-46.

陈丹. 随机机组组合问题中基于粒子群算法的情景削减方法研究[D]. 长沙:湖南大学,2015.

陈雪菲,周斌. 求解河网一维 N-S 非线性方程组的一种简化延拓法[J]. 广东水利水电,

2015(08):19-21.

陈秀铜. 改进低温下泄水不利影响的水库生态调度方法及影响研究[D]. 武汉:武汉大学,2010.

程海云,陈力,许银山. 断波及其在上荆江河段传播特性研究[J]. 人民长江,2016,47(21):30-34,47.

崔讲学,王俊,田刚,等. 我国流域水文气象业务进展回顾与展望[J]. 气象科技进展,2018,8(04):52-58.

邓创,鞠立伟,刘俊勇,等. 基于模糊 CVaR 理论的水火电系统随机调度多目标优化模型[J]. 电网技术,2016,40(5):1447-1454.

邓子畏,唐朝晖,朱红求,等. 基于改进 EM 算法的混凝土泵车数据治理[J]. 中南大学学报(自然科学版),2021,52(2):443-449.

董磊磊,崔之健,孙明龙. 简述数值模拟中离散化的方法[J]. 云南化工,2020,47(09):23-25.

段金长,吕国曙,丁杰. 市场环境下水电站发电风险调度模型研究[J]. 中国农村水利水电,2010,(2):125-127.

冯新灵,罗隆诚,邱丽丽,等. 青藏高原至中国东部年雨日变化趋势的分形研究[J]. 地理研究,2007,(04):835-843.

符淙斌,王强. 气候突变的定义和检测方法[J]. 大气科学,1992,(04):482-493.

付湘,刘庆红,吴世东. 水库调度性能风险评价方法研究[J]. 水利学报,2012,43(8):987-990.

葛晓琳,钟俊玲. 考虑流量演进过程的丰水期梯级水电风险调度[J]. 水电能源科学,2018,36(7):52-56.

郭倩,刘攀,徐小伟,等. 以平均设计流量为指标的汛期分期方法研究[J]. 中国农村水利水电,2011,(8):53-55.

韩龙喜,张书农,金忠青. 复杂河网非恒定流计算模型——单元划分法[J]. 水利学报,1994,2,52-56.

胡宝清,夏军,王孝礼. 水文时序趋势与变异点的 R/S 分析法[J]. 武汉大学学报(工学版),2002(02):10-12.

胡德超. 三维水沙运动及河床变形数学模型研究[M]. 北京:清华大学,2009.

华祖林,褚克坚. 基于三角形网格的潮汐水域水流水质的一种计算模式[J]. 河海大学学报(自然科学版),2001,29(4):31-37.

黄仁勇. 长江上游梯级水库泥沙输移与泥沙调度研究[J]. 北京:科学出版社,2017.

靳灵莉. 下方差风险计量模型及其改进[D]. 成都:西南财经大学,2011.

金溪，王芳. 基于CUDA架构的内涝一维/二维耦合模型求解方法[J]. 中国给水排水，2020，36(17)：103-109.

雷晓辉，王浩，廖卫红，等. 变化环境下气象水文预报研究进展[J]. 水利学报，2018，49(1)：10.

李洪良，邵孝侯，黄鑫. 应用重标极差法预测农业气候干旱[J]. 人民黄河，2007(03)：46-47.

李继清，张玉山，王丽萍，等. 市场环境下水电站发电风险调度问题研究[J]. 水力发电学报，2005，24(5)：1-6.

李克飞. 水库调度多目标决策与风险分析方法研究[D]. 北京：华北电力大学，2013.

李论，陈晶，荣英姣. EM算法多模型时延多率FIR模型参数辨识[J]. 控制工程，2020，27(9)：1525-1530.

李娜. 一维长距离调水系统水力研究[D]. 大连：大连理工大学，2015.

李庆扬，王能超，易大义. 数值分析(第5版)[M]. 北京：清华大学出版社，2008.

李炜. 水力计算手册[M]. 北京：中国水利水电出版社，2006.

李致家，姚成，张珂，等. 基于网格的精细化降雨径流水文模型及其在洪水预报中的应用[J]. 河海大学学报：自然科学版，2017，45(6)：10.

李志印，熊小辉，吴家鸣. 计算流体力学常用数值方法简介[J]. 广东造船，2004，(03)：5-8.

刘刚. 基于多元GARCH-VaR的水电站短期发电风险调度[J]. 水电能源科学，2018，36(2)：71-74.

刘红岭，蒋传文，张焰. 基于随机规划的水电站中长期合约电量优化策略[J]. 中国电机工程学报，2010，30(13)：101-108.

刘红岭. 电力市场环境下水电系统的优化调度及风险管理研究[D]. 上海：上海交通大学，2009.

刘嘉佳. 电力市场环境下水电的优化调度和风险分析[D]. 成都：四川大学，2007.

刘攀，郭生练，王才君，等. 三峡水库汛期分期的变点分析方法研究[J]. 水文，2005，25(1)：18-23.

刘攀，郭生练，张文选，等. 梯级水库群联合优化调度函数研究[J]. 水科学进展，2007，18(6)：816-822.

刘攀，张文选，李天元. 考虑发电风险率的水库优化调度图编制[J]. 水力发电学报，2013，32(4)：252-259.

刘强. 基于异构并行计算的流域洪水模拟理论与方法研究[D]. 西安：西安理工大学，2018.

刘若兰,江善虎,任立良,等.全球降水观测计划 IMERG 降水产品对中国大陆极端降雨监测能力评估[J].中国农村水利水电,2021(4):57-63.

刘洋.几种水面线推算方法的比较[J].人民黄河,2011,33(02):51-53.

刘志东.Downside-Risk 风险度量方法研究[J].统计与决策,2006(12):25-28.

马建军,伍永刚.能量市场和 AGC 市场中水电优化调度及风险评估[J].水电与抽水蓄能,2006,30(4):1-4.

马新顺,文福拴,倪以信,等.有差价合约日前市场中计及风险约束的最优报价策略[J].电力系统自动化,2004,28(4):4-9.

梅亚东,熊莹,陈立华.梯级水库综合利用调度的动态规划方法研究[J].水力发电学报,2007,26(2):1-4.

潘旸,沈艳,宇婧婧,等.基于贝叶斯融合方法的高分辨率地面-卫星-雷达三源降水融合试验[J].气象学报,2015,73(01):177-186.

彭涛,沈铁元,高玉芳,等.流域水文气象耦合的洪水预报研究及应用进展[J].气象科技进展,2014,4(2):7.

秦智伟,戴明龙,陈炼钢,等.三峡水库汛期分期洪水特征及成因研究[J].人民长江,2018,49(22):1-6.

邱书洋.Redis 缓存技术研究及应用[D].郑州:郑州大学,2016.

任平安.考虑风险约束的水火电实时发电控制策略研究[D].武汉:华中科技大学,2015.

桑燕芳,王中根,刘昌明.小波分析方法在水文学研究中的应用现状及展望[J].地理科学进展,2013,32(09):1413-1422.

宋利祥,周建中,王光谦等.溃坝水流数值计算的非结构有限体积模型[J].水科学进展,2011,22(3):373-381.

孙娜.机器学习理论在径流智能预报中的应用研究[D].武汉:华中科技大学,2019.

唐磊.河流水动力水质模拟及应急调度研究[D].武汉:华中科技大学,2014.

陶利军.决战 Nginx 系统卷高性能 Web 服务器详解与运维[M].北京:清华大学出版社,2012.

汪德爟.计算水力学理论与应用[M].北京:科学出版社,2011.

汪德爟.计算水力学:理论与应用[M].北京:科学出版社,2011.

王船海,李光炽.实用河网水流计算[M].南京:河海大学出版社,2003.

王船海,南岚,李光炽.河道型水库动库容在实时洪水调度中的影响[J].河海大学学报(自然科学版),2004,32(5):526-529.

王金文,石琦,伍永刚,等.水电系统长期发电优化调度模型及其求解[J].电力系统自动化,2002,26(24):22-25.

王立辉.溃坝水流数值模拟与溃坝风险分析研究[D].南京:南京水利科学研究院,2006.

王丽萍,张验科,纪昌明,等.基于概率最优化方法的水库发电调度风险分析[J].电力系统保护与控制,2011,39(16):1-6.

王林军,邓启程,朱大林,等.一种基于改进一次二阶矩法的混合可靠性分析方法[J].三峡大学学报(自然科学版),2016,38(5):91-97.

王壬,尚金成,冯旸,等.基于CVaR风险计量指标的发电商投标组合策略及模型[J].电力系统自动化,2005,29(14):5-9.

王帅.渭河流域分布式水文模拟及水循环演变规律研究[D].天津:天津大学,2013.

王文潇.水-火-新能源电力系统优化调度研究[D].武汉:华中科技大学,2018.

王玉新.嫩江流域径流演变规律及其归因分析[D].吉林:吉林大学,2012.

魏法明.基于随机规划动态投资组合中的情景元素生成研究[D].上海:同济大学,2008.

魏娜.基于REST架构的Web服务的研究与实现[D].北京:北京邮电大学,2011.

吴泽宁,申言霞,王慧亮.多源城市暴雨预报数据融合研究进展[J].水利水电技术,2018,49(11):7.

夏筱筠,张笑东,王帅,等.一种半监督机器学习的EM算法改进方法[J].小型微型计算机系统,2020,41(2):230-235.

许栋,徐彬,Payet D,等.基于GPU并行计算的浅水波运动数值模拟[J].计算力学学报,2016,33(01):113-120.

徐刚,张辉.计及弃水风险的水库优化调度研究[J].水力发电学报,2017,36(9):40-47.

杨策,孙伟卿,韩冬,等.考虑风电出力不确定的分布鲁棒经济调度[J].电网技术,2020,44(10):3649-3655.

叶琰.万安水库发电调度风险分析[D].武汉:武汉大学,2005.

俞黎敏.多核多线程编程Java篇[J].程序员,2007,(4):56-61.

袁柳.水电站短期发电调度不确定性问题及优化方法[D].武汉:华中科技大学,2018.

袁帅,孟庆社,朱成涛,等.一种无资料流域水位流量关系曲线的推导方法及应用分析[J].西北水电,2020,(05):24-28.

张波.雅砻江牙根一级水电站分期设计洪水[J].四川水泥,2017,(11):105.

张海荣,周建中,曾小凡,等.金沙江流域降水和径流时空演变的非一致性分析[J].水文,2015,35(06):90-96.

张俊,闵要武,陈新国.三峡水库动库容特性分析[J].人民长江,2011,42(6):90-93.

张铭,李承军,张勇传,等.最小收益风险模型在水库发电调度中的应用[J].华中科技大学学报(自然科学版),2008,36(9):25-28.

张培,纪昌明,张验科,等.考虑多风险因子的水库群短期优化调度风险分析模型[J].中国农村水利水电,2017,(9):181-185.

张永波.深海输液立管涡激振动预报及抑振技术研究[D].青岛:中国海洋大学,2011.

张云,杨永全,吴持恭.混合 κ-ε 模型研究[J].水动力学研究与进展(A辑),1992,7(A12):571-576.

赵嘉阳.中国1960—2013年气候变化时空特征、突变及未来趋势分析[D].福州:福建农林大学,2017.

赵鲁强,田华,李宛育,等.云南鲁甸堰塞湖流域面雨量决策服务关键技术[J].气象科技进展,2017(1):159-162.

郑雄明.跟踪洪峰(谷)的改进马斯京根河道洪水演算法[J].武汉:华中科技大学,2017.

仲志余,李文俊,安有贵.三峡水库动库容研究及防洪能力分析[J].水电能源科学,2010,28(3):36-38.

周惠成,王峰,唐国磊,等.二滩水电站水库径流描述与优化调度模型研究[J].水力发电学报,2009,28(1):18-23.

周建军,程根伟,袁杰,等.三峡水库动库容特征及其在防洪调度上的应用:1.库水位调度控制的灵敏性[J].水力发电学报,2013,32(1):163-167.

周建军,程根伟,袁杰,等.三峡水库动库容特征及其在防洪调度上的应用:2.动态汛限水位调度方法[J].水力发电学报,2013,32(1):168-173.

周建中,张睿,王超,等.分区优化控制在水库群优化调度中的应用[J].华中科技大学学报(自然科学版),2014,42(08):79-84.

周雪漪.计算水力学[M].北京:清华大学出版社,1995.

附 表

附表 1 **OpenMP 中指令及其含义对照**

指令	含义
parallel	用在代码段之前，表示这段代码将被多个线程并行执行
for	用于 for 循环之前，将循环分配到多个线程中并行执行，须保证每次循环之间无相关性
parallel for	parallel 和 for 语句的结合，用在一个 for 循环之前，表示 for 循环的代码将被多个线程并行执行
sections	用在可能会被并行执行的代码段之前
parallel sections	parallel 和 sections 两个语句的结合
critical	用在一段代码临界区之前
single	用于只被单个线程执行的代码段之前，表示后面的代码段将单线程执行
barrier	用于并行区内代码的线程同步，所有线程执行到 barrier 时要停止，直到所有线程都执行到 barrier 时才继续往下执行
atomic	用于指定一块内存区域被制动更新
master	用于指定一段代码块由主线程执行
ordered	用于指定并行区域的循环按顺序执行
threadprivate	用于指定一个变量是线程私有的

附表 2 **OpenMP 中的常用库函数及作用介绍**

库函数	作用
omp_get_num_procs	返回运行本线程的多处理机的处理器个数
omp_get_num_threads	返回当前并行区域中的活动线程个数
omp_get_thread_num	返回线程号
omp_set_num_threads	设置并行执行代码时的线程个数
omp_init_lock	初始化一个简单锁
omp_set_lock	上锁操作
omp_unset_lock	解锁操作

续表

库函数	作用
omp_destroy_lock	函数的配对操作函数
omp_init_lock	关闭一个锁

附表 3　　OpenMP 中子句及其含义对照

子句	含义
private	指定每个线程都有它自己的变量私有副本
firstprivate	指定每个线程都有它自己的变量私有副本
lastprivate	用来将线程中的私有变量的值在并行处理结束后复制回主线程中的对应变量
reduce	用来指定一个或多个变量是私有的
nowait	忽略指定中暗含的等待
num_threads	指定线程的个数
schedule	指定如何调度 for 循环迭代
shared	指定一个或多个变量为多个线程间的共享变量
ordered	用来指定 for 循环要按顺序执行
copyprivate	用于 single 指令中的指定变量为多个线程的共享变量
copyin	用来指定一个 threadprivate 变量的值要用主线程的值进行初始化
default	用来指定并行处理区域内变量的使用方式，缺省是 shared